机器学习数学基础

赵建容　顾先明　编著

科学出版社

北　京

内 容 简 介

本书是一本为机器学习初学者打造的通用教材，主要介绍回归、分类、聚类和密度估计等机器学习模型所涉及的必备数学基础知识，旨在建立微积分、线性代数、概率论与数理统计和机器学习课程的衔接，从而帮助读者理解机器学习所蕴含的数学原理、所涉及的算法与应用.

本书首先介绍机器学习的矩阵代数基础，包括线性代数基础、范数理论与投影映射、矩阵分解及应用、梯度矩阵；然后介绍机器学习的概率与优化基础，包含概率统计与信息论基础、凸函数、优化理论、迭代算法；最后介绍几个经典的机器学习模型. 阅读本书需要微积分、线性代数和概率论与数理统计的基础知识.

本书可作为数学、会计、统计、计算机、金融等相关专业的高年级本科生和研究生的教学用书或参考书.

图书在版编目(CIP)数据

机器学习数学基础/赵建容, 顾先明编著. —北京：科学出版社，2024.3
ISBN 978-7-03-077330-2

I. ①机… II. ①赵… ②顾… III. ①机器学习 IV. ①TP181

中国国家版本馆 CIP 数据核字(2023)第 250894 号

责任编辑：张中兴 梁 清 孙翠勤／责任校对：杨聪敏
责任印制：师艳茹／封面设计：有道设计

科 学 出 版 社 出版
北京东黄城根北街 16 号
邮政编码：100717
http://www.sciencep.com
北京华宇信诺印刷有限公司印刷
科学出版社发行 各地新华书店经销
*
2024 年 3 月第 一 版 开本: 720 × 1000 1/16
2024 年 11 月第三次印刷 印张: 23 1/2
字数：474 000
定价: 89.00 元
(如有印装质量问题 我社负责调换)

PREFACE / 前言

人工智能引领新一轮科技革命和产业变革，发展数字经济已成为国家重大战略. 为顺应技术变革，引领人才培养转型，西南财经大学以党的二十大精神为指导，深入实施科教兴国战略、人才强国战略，开拓学科发展新思路，以“新财经”战略为引领，探索高层次财经人才培养的新模式，开设了一系列“新财经”课程，围绕这些课程准备打造一系列“新财经”教材. 本书是在此背景下编写而成的.

机器学习是当前人们解决人工智能和数据科学中各种问题的主要技术. 目前的大多数机器学习教科书主要关注机器学习具体技术和方法的应用，并未更多关注算法背后的数学原理. 这可能会带来一种危险，即从业者不知道设计决策，更不知道机器学习算法本身的局限性，极有可能出现应用失误. 数学是机器学习的基础，任何想要钻研机器学习原理的人，就必须加强数学知识.

机器学习背后的数学原理，涉及矩阵分析、拓扑学、泛函分析、数值分析、最优化理论、偏微分方程等专业的数学知识. 如果没有上述数学知识储备，学生仅靠微积分、线性代数和概率论与数理统计等基础课程知识，很难理解和掌握机器学习原理、算法和应用，学生扩展现有算法和开发新的方法的创新能力将会被极大限制. 对于希望涉足人工智能、机器学习的初学者来说，系统学习上述多门数学专业课程是需要大量时间和精力的，基于以上原因，笔者考虑为初学者打造一本机器学习必备数学基础的通用教材.

本书旨在建立微积分、线性代数和概率论与数理统计等数学基础课程与机器学习课程的连接，介绍机器学习所涉及的必备数学基础，以便读者将来用于机器学习课程的学习，有助于读者将来解决机器学习应用中的一些重要问题. 例如，选择合适的算法，要考虑的因素包括算法准确性、训练时间、模型复杂度、参数的数量和特征数量；选择参数设置和验证策略；理解偏差与方差的权衡以确定欠拟合和过拟合.

从 2020 年开始，作者在西南财经大学为数学学院、会计学院本科二年级学生讲授机器学习数学基础课程，并多次开设相应的全校范围的选修课程，本书是在授课过程中所使用多遍的讲义的基础上打磨修改而成的. 本书围绕机器学习的四个支柱 (回归、分类、聚类和密度估计) 编写的，将机器学习数学基础分为矩阵代数、概率与优化两部分，涵盖了矩阵代数、概率论与信息论、优化理论等课程必备的数学基础知识. 并在全书最后介绍几个常见的机器学习模型. 下面, 我们简要介绍每一章的内容以及如此设置内容的考虑.

线性代数是机器学习的数学基石. 人们将机器学习中的数据表示为向量, 利用线性空间和线性映射建立机器学习模型. 我们在第 1 章主要介绍机器学习所需的线性代数基础知识, 包括向量空间、线性映射、内积空间、仿射子空间与仿射映射等，为建立机器学习模型夯实基础.

许多机器学习模型的目标函数可用范数表示, 而投影是解决机器学习中噪声和降维问题的一个极为重要的数学工具. 在第 2 章里主要介绍范数理论与投影映射, 包括向量范数、矩阵范数、条件数和正交投影以及一些相关应用, 便于读者掌握这些重要的数学知识.

大规模数据计算问题的算法核心步骤可归结三类大规模线性方程组 $Ax = b, Ax = \lambda x$ 与 $Av = \sigma u$ 的求解, 矩阵分解是解决求解问题的理论基础. 基于此, 笔者在第 3 章主要介绍几个经典的矩阵分解及应用, 包括 LU 分解、QR 分解、谱分解、奇异值分解和矩阵的低秩逼近等.

为了训练机器学习模型, 通常会找到最大化一些性能度量的参数. 许多优化技术需要梯度和可微的概念, 以便确定解决方案的搜索方向. 于是在第 4 章笔者主要介绍梯度矩阵, 包括矩阵梯度、矩阵微分、链式法则以及标量函数的可微性等, 为更好地训练机器模型打下数学知识基础.

概率与统计在机器学习中地位非常重要. 当预测一个输出向量时, 需要概率分布, 当测量一个输出时, 需要统计数据. 信息论是概率论的延续, 在机器学习通常用于构造目标函数. 所以笔者在第 5 章, 主要介绍概率统计与信息论, 包括概率分布、重要的数字特征和不等式、多元高斯分布、马尔可夫链和信息论等知识, 为此夯实数学基础.

训练机器学习模型通常归结为找到一个 “好” 的参数, 而 “好” 的标准是由优化模型中的目标函数决定的, 而优化问题 “好” 的关键特征之一是目标函数的凸性. 在第 6 章笔者主要介绍凸函数相关的知识, 包括凸集、凸函数、可微性条件、凸分离和次梯度等, 帮读者抓住机器学习所涉及的优化问题的关键.

在机器学习中, 绝大多数算法最后都归结于求解最优化问题, 进而确定模型参数或直接获得预测结果. 优化技术在聚类、回归、分类等领域有广泛的应用, 在机器学习中占有重要地位. 笔者在第 7 章主要介绍优化理论, 包括最优化问题, 非光滑优化与非光滑优化, 以及对偶理论等, 扎实机器学习所需的最优化问题的理论基础.

绝大多数机器学习算法中至关重要的一个环节就是最小化损失函数, 即求解最优化问题. 而对于大多数最优化问题, 通常只能利用数值优化方法求近似解, 迭代算法是求解无约束优化问题的基本方法之一. 在第 8 章笔者重点主要介绍基于线搜索的迭代算法, 包括梯度下降法、牛顿法和共轭梯度法.

最后, 作为理论的实践, 笔者在第 9 章简要介绍几个经典的机器学习模型, 主要包括线性模型、支持向量机、神经网络和主成分分析等基本内容, 它们在回归、分类、聚类等领域有广泛的应用, 通过实际应用案例来帮助读者理解数学基础在机器学习中的重要作用.

阅读本书需要微积分、线性代数和概率论与数理统计的基础知识. 本书适合数学、会计、统计、管理、金融、计算机等相关专业的高年级本科生和研究生用作教材或参考书. 根据本书的结构体系和编者的实际教学情况, 编者建议教学可采用以下三种方式:

(1) 针对开设优化理论相关课程的学生, 学习矩阵代数部分, 建议每周 2—3 学时, 开设课程的学期为大二上或大二下;

(2) 针对未开设优化理论相关课程的学生, 学习矩阵代数和优化理论部分, 建议每周 4 学时, 开设课程的学期为大二下或大三上;

(3) 第一学期学习矩阵代数部分, 建议每周 2—3 学时, 第二学期学习概率统计与信息论和优化理论部分, 建议每周 2 学时, 开设课程的学期为大二和大三的连续两学期.

本书获得西南财经大学“中央高校教育教学改革专项资金”规划教材项目资助. 作者在此感谢西南财经大学教务处、研究生院、数学学院和会计学院的领导给予我们的鼓励和支持. 特别感谢金融学院徐秋华老师和数学学院车茂林老师为本书书稿提出了非常中肯的建议和修改意见. 此外, 衷心感谢杨鸿宇和王智宇两位博士生在撰写初稿上的支持, 感谢张光良、付玉、钟敏雯、赵若汐和荆宇同学在初稿整理中的帮助. 最后, 感谢科学出版社张中兴和梁清两位编辑为本书的出版给予的热情支持和大力帮助.

由于作者水平有限, 书中难免有疏漏之处, 恳请相关专家和读者不吝赐教.

作 者

2023 年 6 月于西南财经大学

CONTENTS / 目录

SYMBOL DESCRIPTION / 符号说明

$\mathbb{Z}$	整数集合
$\mathbb{N}$	自然数集合
$\mathbb{R}$	实数集合
$\mathbb{C}$	复数集合
$F[x]$	F 上的多项式环
$\mathbb{R}^n$	n 维实向量的集合
$\mathbb{R}^{m\times n}$	$m\times n$ 阶实矩阵的集合
x 或 λ	数字
$\boldsymbol{x}$ 或 $\boldsymbol{\lambda}$	向量或者对应点
A	矩阵
$A^\top$	A 的转置矩阵
$r(A)$	A 的秩
$\mathrm{tr}(A)$	方阵 A 的迹
$\det(A)$	方阵 A 的行列式
$\mathrm{adj}(A)$	方阵 A 的伴随矩阵
$C(A)$	A 的列空间
$N(A)$	A 的行空间
$U\oplus W$	直和
$W^\perp$	W 的正交补
$\mathrm{Im}(\Phi)$	线性映射 Φ 的像集
$\ker(\Phi)$	线性映射 Φ 的核
id_V	V 上的恒等映射
$\langle\boldsymbol{x},\boldsymbol{y}\rangle$	$\boldsymbol{x}$ 与 $\boldsymbol{y}$ 的内积
$\{\boldsymbol{x}^{(k)}\}$	向量序列
$\|\|\boldsymbol{x}\|\|$	向量范数
$\|\|\boldsymbol{x}\|\|_1$	向量 $\boldsymbol{x}$ 的 l_1 的范数

$\|\|\boldsymbol{x}\|\|_2$	向量 $\boldsymbol{x}$ 的 l_2 的范数
$\|\|\boldsymbol{x}\|\|_p$	向量 $\boldsymbol{x}$ 的 l_p 的范数
$\|\|\boldsymbol{x}\|\|_\infty$	向量 $\boldsymbol{x}$ 的 l_∞ 的范数
$\|\|\boldsymbol{x}\|\|_A$	向量 $\boldsymbol{x}$ 的加权范数
$\|\|\cdot\|\|^D$	$\|\|\cdot\|\|$ 的对偶范数
$\|\|A\|\|$	矩阵范数
$\|\|A\|\|_F$	矩阵 A 的弗罗贝尼乌斯 (Frobenius) 范数
$\|\|A\|\|_N$	矩阵 A 的核范数
$\|\|A\|\|_p$	由向量 l_p 范数诱导的 p 范数
$\|\|A\|\|_1$	矩阵 A 的列和范数
$\|\|A\|\|_2$	矩阵 A 的谱范数
$\|\|A\|\|_\infty$	矩阵 A 的行和范数
$\rho(A)$	矩阵 A 的谱半径
$\kappa(A)$ 或 $\text{cond}(A)$	矩阵 A 的条件数
$d(\boldsymbol{x}, \boldsymbol{y})$	$\boldsymbol{x}$ 与 $\boldsymbol{y}$ 的距离
$d(\boldsymbol{x}, U)$	$\boldsymbol{x}$ 到集合 U 的距离
f	标量函数
$\boldsymbol{f}$	向量值函数
$\nabla_{\boldsymbol{x}} f,\quad \dfrac{\mathrm{d}f}{\mathrm{d}\boldsymbol{x}},\quad \nabla f(\boldsymbol{x})$	梯度向量
$\mathrm{D}_{\boldsymbol{x}} f,\quad \dfrac{\mathrm{d}f}{\mathrm{d}\boldsymbol{x}^\top},\quad \mathrm{D}f(\boldsymbol{x})$	偏导向量
$\nabla_X f,\quad \dfrac{\mathrm{d}f}{\mathrm{d}X},\quad \nabla f(X)$	标量函数对矩阵的梯度矩阵
$\mathrm{D}_X f,\quad \dfrac{f}{\mathrm{d}X^\top},\quad \mathrm{D}f(X)$	标量函数对矩阵的雅可比 (Jacobi) 矩阵
$\nabla_{\boldsymbol{x}} \boldsymbol{f}$	向量函数的梯度矩阵
$\mathrm{D}_{\boldsymbol{x}} \boldsymbol{f}$	向量函数的 Jacobi 矩阵
$\nabla_X f,\quad \dfrac{\mathrm{d}\ \mathrm{vec}(f(X))}{\mathrm{d}\ \mathrm{vec}(X)}$	矩阵函数的梯度矩阵
$\mathrm{D}_X f,\quad \dfrac{\mathrm{d}\ \mathrm{vec}(f(X))}{\mathrm{d}\ \mathrm{vec}(X)^\top}$	矩阵函数的 Jacobi 矩阵
$A \otimes B$	A 与 B 的克罗内克 (Kronecker) 积
$\mathrm{d}X$	矩阵微分
$\partial f(\boldsymbol{x}_0; \boldsymbol{u})$	f 在点 $\boldsymbol{x}_0$ 沿着方向 $\boldsymbol{u}$ 的方向导数
$H(f(\boldsymbol{x})),\ \nabla^2 f(\boldsymbol{x}),\ \nabla^2_{\boldsymbol{x}} f,\ \mathrm{D}^2_{\boldsymbol{x}} f$	f 在 $\boldsymbol{x}$ 处的黑塞 (Hessian) 矩阵
$B(1, p)$	两点分布
$B(n, p)$	二项分布

$P(\lambda)$	泊松分布
$U[a,b]$	均匀分布
$N(\mu,\sigma^2)$	正态分布
$E(\lambda)$	指数分布
$\mathcal{X}(n)$	卡方分布
$\mathrm{erf}(x)$	误差函数
$F(x,y),\quad P\{X\leqslant x,Y\leqslant y\}$	随机变量 (X,Y) 的联合分布函数
$F_X(x)$	随机变量 X 的边缘分布函数
$f_X(x)$	随机变量 X 的边缘概率密度函数
$E(X)$	随机变量 X 的期望
$\mathrm{Var}(X)$	随机变量 X 的方差
$\mathrm{Cov}(X,Y)$	随机变量 (X,Y) 的协方差
ρ_{XY}	随机变量 (X,Y) 的相关系数
m_n	n 阶矩或 n 阶原点矩
μ_n	n 阶中心矩
$M(t)$	矩母函数
$\phi(t)$	特征函数
$\mathbb{I}_A(x)$	与集合 A 相关的指示函数
$\|A\|$	矩阵 A 的绝对值
$N(\mu,\Sigma)$	多元高斯分布
e^A	矩阵指数
$\mathbb{H}(p,q)$	交叉熵
$\mathbb{H}(X,Y)$	联合熵
$\mathbb{H}(Y\|X)$	条件熵
$\mathrm{per}(p)$	困惑度
$\mathbb{KL}(p\|\|q)$	KL 散度
$\mathbb{I}(X:Y)$	互信息
$B[\boldsymbol{x}_0,r]$	以 $\boldsymbol{x}_0$ 为中心, 半径为 r 的闭球
$B(\boldsymbol{x}_0,r)$	以 $\boldsymbol{x}_0$ 为中心, 半径为 r 的开球
$\mathbf{int}\ \Omega$	Ω 的内部
$\overline{\Omega},\mathbf{cl}(\Omega)$	Ω 的闭包
$\partial\Omega$	Ω 的边界
Ω^c	Ω 的补集
$[\boldsymbol{x}_1,\boldsymbol{x}_2]$	以 $\boldsymbol{x}_1,\boldsymbol{x}_2$ 为端点的线段

aff C	由仿射集合 C 构成的仿射包
relint C	相对内部 **aff** C 的内部
conv C	集合 C 的凸包
conic C	集合 C 的锥包
H	超平面
H^-, H^+	闭半空间
H^{--}, H^{++}	开半空间
$\mathcal{P}$	多面体
$\mathcal{K}_n$	锥
$\mathbf{dom} f$	函数 f 的定义域
$I_C(\boldsymbol{x})$	集合 C 的示性函数
$L_{f,\alpha}$	f 的 α 下水平集
$\mathbf{epi}(f)$	f 的上图
$\mathbf{hypo}(f)$	f 的下图
$\mathbf{P}_C(\boldsymbol{x})$	向量 $\boldsymbol{x}$ 到 C 上的欧几里得投影
$\mathrm{FD}(U, \boldsymbol{x}_0)$	U 中 $\boldsymbol{x}_0$ 处的所有可行方向的集合
$\mathrm{DD}(f, \boldsymbol{x}_0)$	$\boldsymbol{x}_0$ 处的所有下降方向的集合
$\mathrm{AD}(f, \boldsymbol{x}_0)$	$\boldsymbol{x}_0$ 处的所有上升方向的集合
$\mathcal{X}$	可行区域或约束集合
$\mathcal{A}(\boldsymbol{c}, \boldsymbol{x})$	点 $\boldsymbol{x}$ 处的主动约束集
$L(\boldsymbol{x}, r, \boldsymbol{\lambda})$	弗里茨 · 约翰 (Fritz John) 拉格朗日函数
$K(\boldsymbol{x}, \boldsymbol{\lambda})$	库恩-塔克 (Kuhn-Tucker) 拉格朗日函数
$\mathrm{NLL}(\boldsymbol{w}, \sigma^2)$	最小二乘法目标函数
$\mathrm{RSS}(\boldsymbol{w})$	残差函数
$\mathrm{Lossl}_p(\boldsymbol{w})$	正则化回归模型代价函数

Chapter

第1章 线性代数基础

第1章课件

线性代数是机器学习的数学基石. 人们将机器学习中的数据表示为向量, 利用空间和映射建立机器学习模型, 并进行数据优化, 提高大规模处理数据的能力, 这些都需要线性代数的知识. 在本章中, 我们主要介绍向量空间、线性映射、内积空间与仿射空间, 为后续章节提供必要的数学基础.

1.1 向量空间

1.1.1 研究对象与向量

当人们对研究的直观对象进行形式化时, 一种常用的方法是构造一组符号 (集合记号) 和规则 (映射关系) 来处理这些目标对象, 我们称之为代数. 线性代数是研究向量及其线性关系的学科.

中学数学和物理学中的 "几何向量" 是人们最熟悉的一类向量. 一般用 $\boldsymbol{x}$ 和 $\boldsymbol{y}$ 来表示几何向量, 它们具有方向和长度两个属性, 可绘制成有向线段, 见图 1.1. 任意两个几何向量可定义加法: $\boldsymbol{x}+\boldsymbol{y}=\boldsymbol{z}$. 显然 $\boldsymbol{z}$ 也是几何向量. 此外, 数乘 $\lambda\boldsymbol{x}$ 也是一个几何向量, 其中 $\lambda\in\mathbb{R}$. 实际上, 它是对原始向量进行 λ 倍的缩放.

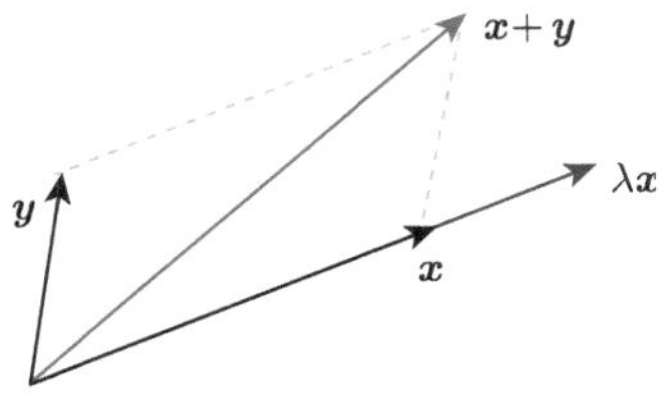

图 1.1 几何向量的加法与数乘

一般来说, 向量是一种特殊的对象, 它们可以通过相加或缩放, 产生一个新的同类对象. 从抽象的数学观点来看, 任何满足这两个性质的对象都可以被认为是一个向量. 由于几何向量的相加与缩放从几何角度来看是线性的, 所以通常称这两种运算为线性运算. 线性代数主要研究满足加法和数乘的对象集合, 其元素称为向量, 一般用英文字母 $\boldsymbol{x}, \boldsymbol{y}$ 来表示向量. 以下是一些向量对象的例子.

- 多项式: 任意两个多项式的和仍为多项式, 任意多项式的倍数仍是多项式.
- 闭区间上的连续函数: 某个闭区间上的两个连续函数的和, 或连续函数的任意倍数仍为该区间上的连续函数.
- 音频信号: 音频信号用一系列数字表示. 把两个音频信号相加或缩放为一个音频信号, 得到的仍为音频信号.
- n 维实向量的集合 $\mathbb{R}^n$: n 维实向量的和与数乘还是 n 维实向量.
- 随机变量: 随机变量的和与数乘还是随机变量.

线性代数关注这些不同向量概念之间的相似性. 由于几何向量的加法与数乘具有优良的几何性质, 在很多时候把向量解释为几何向量, 可以利用对方向和长度的直觉来推理数学运算. 计算机通常将向量视为标准向量空间 $\mathbb{R}^n$ 的元素. 因为 $\mathbb{R}^n$ 中的元素离散地对应于计算机上的实数数组, 而许多编程语言支持数组运算, 这方便实现涉及向量运算的算法. 在本书中, 我们将关注有限维向量空间, 在这种情况下, 任何一类向量的集合与 $\mathbb{R}^n$ 之间都有一一对应关系.

数学中的一个重要概念是"闭包", 其问题是: 对有限个对象进行加法和数乘操作能得到什么样的结果? 用向量的语言的解释是: 从一个小的向量集开始, 将它们不断地进行相加或缩放, 最后将得到什么样的向量集合? 事实上, 这样可得到一个向量空间. 向量空间及其性质是机器学习的基础. 在机器学习中, 通常认为数据为 $\mathbb{R}^n$ 中的向量. 适当的时候, 我们会利用几何向量的直觉, 来考虑基于数组的算法. 图 1.2 体现了上述的想法.

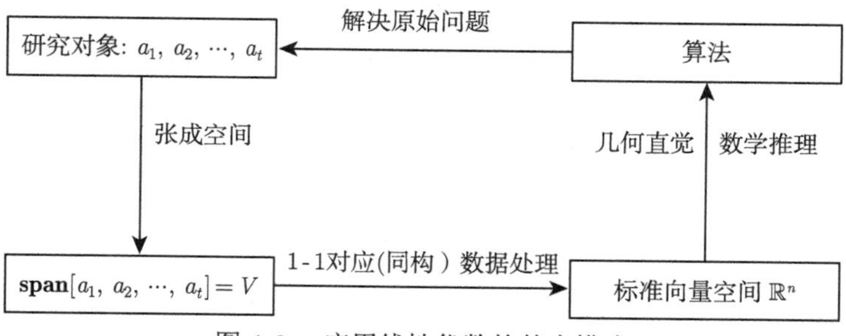

图 1.2　应用线性代数的基本模式

1.1.2　群

群在计算机科学中起着重要作用, 除了提供在几何运算上的基本框架外, 它还在密码学、编码学和图论中大量使用.

设 X 和 Y 为两个集合. 称集合

$$X \times Y := \{(\boldsymbol{x}, \boldsymbol{y}) \mid \boldsymbol{x} \in X, \boldsymbol{y} \in Y\}$$

为 X 和 Y 的**笛卡儿积**, 又称**直积**. 此概念可以推广到多个集合的笛卡儿积.

设 G 为一个集合. 称映射

$$f : G \times G \to G$$

为 G 上的一个**运算**.

定义 1.1 群

设 $\otimes : G \times G \to G$ 是定义在集合 G 上的一个运算. 若下列四个条件成立:
(1) 封闭性 $\forall \boldsymbol{x}, \boldsymbol{y} \in G$, $\boldsymbol{x} \otimes \boldsymbol{y} \in G$;
(2) 结合律 $\forall \boldsymbol{x}, \boldsymbol{y}, \boldsymbol{z} \in G$, $(\boldsymbol{x} \otimes \boldsymbol{y}) \otimes \boldsymbol{z} = \boldsymbol{x} \otimes (\boldsymbol{y} \otimes \boldsymbol{z})$;
(3) 单位元存在 $\exists \boldsymbol{e} \in G$, 使得 $\forall \boldsymbol{x} \in G$, 均有 $\boldsymbol{x} \otimes \boldsymbol{e} = \boldsymbol{e} \otimes \boldsymbol{x} = \boldsymbol{x}$;
(4) 逆元存在 $\forall \boldsymbol{x} \in G, \exists \boldsymbol{y} \in G$, $\boldsymbol{x} \otimes \boldsymbol{y} = \boldsymbol{y} \otimes \boldsymbol{x} = \boldsymbol{e}$ (此时记 $\boldsymbol{y} = \boldsymbol{x}^{-1}$, 称为 $\boldsymbol{x}$ 的逆元),
则称 $\mathbf{G} = (G, \otimes)$ 为一个群. 进一步地, 若 $\otimes$ 还满足交换律, 即

$$\forall \boldsymbol{x}, \boldsymbol{y} \in G, \quad \boldsymbol{x} \otimes \boldsymbol{y} = \boldsymbol{y} \otimes \boldsymbol{x},$$

则称 $\mathbf{G} = (G, \otimes)$ 为阿贝尔群或交换群. ♣

例 1.1 判断下列定义了运算的集合是否为群, 如果是, 说明是否为阿贝尔群:
(1) 定义了加法的整数集合 $(\mathbb{Z}, +)$;
(2) 定义了乘法的整数集合 $(\mathbb{Z}, \times)$;
(3) 定义了矩阵乘法的所有 n 阶可逆实矩阵的集合 $(\mathrm{GL}(n, \mathbb{R}), \times)$.

容易验证 $(\mathbb{Z}, +)$ 是一个阿贝尔群. 因为对任意绝对值大于 1 的整数, 在 $(\mathbb{Z}, \times)$ 不存在逆元, 所以 $(\mathbb{Z}, \times)$ 不是一个群. 可以验证, $(\mathrm{GL}(n, \mathbb{R}), \times)$ 是一个群, 但此群不是阿贝尔群, 因为矩阵乘法不满足交换律. 通常称矩阵乘法群 $(\mathrm{GL}(n, \mathbb{R}), \times)$ 为一般线性群, 这是一类重要的典型群. □

1.1.3 向量空间的定义

在 1.1.2 小节, 我们讨论了群的概念, 主要关注集合 G 的内部运算, 即映射 $G \times G \to G$ (只与 G 中的元素相关). 下面, 我们将考虑集合除内部运算 "+" 外, 也包含了外部运算 "·", 即一个向量 $\boldsymbol{x} \in G$ 与数 $\lambda \in \mathbb{R}$ 的乘法的情形. 我们可以把内部运算看成是加法的一种形式, 外部运算看成是缩放的一种形式. 如果内部和外部运算满足一定条件, 就形成了向量空间的概念.

定义 1.2　向量空间

设集合 V 是一个非空集合, 定义了两个运算

$$+ : V \times V \to V, \quad \cdot : \mathbb{R} \times V \to V,$$

并且满足以下四个条件:

(1) $(V, +)$ 是一个阿贝尔群;

(2) 满足分配律

(a) $\forall \boldsymbol{x}, \boldsymbol{y} \in V, \lambda \in \mathbb{R}, \lambda(\boldsymbol{x} + \boldsymbol{y}) = \lambda\boldsymbol{x} + \lambda\boldsymbol{y}$,

(b) $\forall \boldsymbol{x} \in V, \lambda, \mu \in \mathbb{R}, (\lambda + \mu)\boldsymbol{x} = \lambda\boldsymbol{x} + \mu\boldsymbol{x}$;

(3) 满足结合律　$\forall \boldsymbol{x} \in V, \lambda, \mu \in \mathbb{R},\ \lambda \cdot \mu \cdot \boldsymbol{x} = \lambda \cdot (\mu \cdot \boldsymbol{x})$;

(4) 幺元存在　$\forall \boldsymbol{x} \in V, 1 \cdot \boldsymbol{x} = \boldsymbol{x}$,

则称 $(V, +, \cdot)$ 为 $\mathbb{R}$ 上的向量空间或线性空间, 简记为 V. ♣

根据定义, 易知数域 F 上的多项式集合 $F[x]$、闭区间 $[a, b]$ 上的连续函数 $C[a, b]$、音频信号集合、随机变量的集合, 添加上各自的所定义的加法与数乘两种运算后, 都是向量空间. 在机器学习中, 我们主要关注有限维实向量空间 $(\mathbb{R}^n, +, \cdot)$, 其中的加法和数乘是通常意义下的向量加法与数乘. 而对于矩阵空间 $(\mathbb{R}^{m\times n}, +, \cdot)$, 在很多时候, 我们需要进行矩阵向量化. 设 $A = [a_{ij}] \in \mathbb{R}^{m\times n}$, 可将 A 的元素按照列进行字典排列成列向量

$$\mathrm{vec}(A) = [a_{11}, \cdots, a_{m1}, \cdots, a_{1n}, \cdots, a_{mn}]^\top$$

称为**矩阵 A 的向量化**. 通过矩阵向量化, 我们就可以将 $\mathbb{R}^{m\times n}$ 与 $\mathbb{R}^{mn}$ 等同看待.

接下来, 我们将引入向量子空间. 直观地说, 子空间是包含在原始向量空间中的集合, 并且具有这样的性质: 当我们对这个子空间中的元素执行加法和数乘 (线性运算) 时, 所得元素总是属于该子空间. 从这个意义上来讲, 它们是“封闭的”. 向量子空间是机器学习中的一个重要概念, 例如人们通常需要使用向量子空间对于数据集进行降维处理.

定义 1.3　子空间

设 $(V, +, \cdot)$ 为 $\mathbb{R}$ 上的向量空间, U 为 V 的非空子集. 如果 U 按 V 中加法和数乘构成向量空间 $(U, +, \cdot)$, 那么称 U 为 V 的子空间. ♣

易知, 如果 V 的非空子集 U 对加法和数乘封闭, 那么 U 为 V 的子空间.

例 1.2　判断下列由几何图形中的点构成的集合是否为 $\mathbb{R}^2$ 的子空间 (见图 1.3).

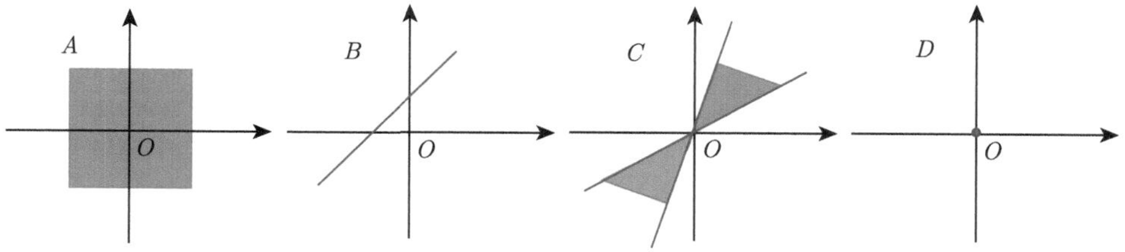

图 1.3 子空间的判定

在图 1.3 中, 容易验证集合 A, B, C 对加法或数乘不封闭, 而 $D=\{0\}$ 是满足封闭性的. 因此, 只有 D 为 $\mathbb{R}^2$ 的子空间. □

研究向量空间主要是考虑向量之间的线性关系. 从几何向量的几何性质中, 人们给出了线性组合、线性无关、线性相关、最大线性无关组和秩等线性代数中的核心概念. 对于一般的抽象向量空间, 可类似地定义这些概念和性质, 在这里我们不予赘述.

在标准列向量空间 $\mathbb{R}^n$ 中, 容易将向量与矩阵联系起来. 例如, 若 $\boldsymbol{x}_1, \boldsymbol{x}_2, \cdots, \boldsymbol{x}_m \in \mathbb{R}^n$, 则 $X=[\boldsymbol{x}_1, \boldsymbol{x}_2, \cdots, \boldsymbol{x}_m]$ 为 $m \times n$ 阶数字矩阵 (本书矩阵符号用 [ ] 表示). 因此, 矩阵和向量的关系十分紧密. 对于一般的抽象向量空间, 我们也可以如此操作. 设 $\boldsymbol{b}_1, \boldsymbol{b}_2, \cdots, \boldsymbol{b}_k$ 为向量空间 V 中的向量. 则可记

$$B=[\boldsymbol{b}_1, \boldsymbol{b}_2, \cdots, \boldsymbol{b}_k],$$

并称 B 为**抽象矩阵** (仍简称矩阵). 由此, 我们通常用以下这种方式讨论向量的线性关系.

设 $\boldsymbol{b}_1, \boldsymbol{b}_2, \cdots, \boldsymbol{b}_k$ 为向量空间 V 中的线性无关向量组, 并且

$$\boldsymbol{x}_j=\lambda_{1j}\boldsymbol{b}_1+\cdots+\lambda_{kj}\boldsymbol{b}_k=\sum_{i=1}^{k}\lambda_{ij}\boldsymbol{b}_i, \quad j=1, \cdots, m,$$

则可记 $\boldsymbol{x}_j=B\boldsymbol{\lambda}_j$, 其中 $\boldsymbol{\lambda}_j=[\lambda_{1j}, \cdots, \lambda_{kj}]^\top$, $j=1,2,\cdots,m$. 如此, 我们就可以通过上式给出判断向量组 $\boldsymbol{x}_1, \boldsymbol{x}_2, \cdots, \boldsymbol{x}_m$ 线性关系的一般方法. 事实上, 当

$$\sum_{j=1}^{m}\mu_j\boldsymbol{x}_j=\mathbf{0}$$

时, 利用上式可得

$$\sum_{j=1}^{m}\mu_j\boldsymbol{x}_j=\sum_{j=1}^{m}\mu_j B\boldsymbol{\lambda}_j=B\sum_{j=1}^{m}\mu_j\boldsymbol{\lambda}_j=\mathbf{0}.$$

注意到 $\boldsymbol{b}_1, \boldsymbol{b}_2, \cdots, \boldsymbol{b}_k$ 线性无关. 于是

$$\sum_{j=1}^{m} \mu_j \boldsymbol{\lambda}_j = \mathbf{0}.$$

所以 $\boldsymbol{x}_1, \boldsymbol{x}_2, \cdots, \boldsymbol{x}_m$ 线性无关当且仅当 $\boldsymbol{\lambda}_1, \boldsymbol{\lambda}_2, \cdots, \boldsymbol{\lambda}_m$ 线性无关. 这样就能够将抽象向量空间的向量组线性关系转化为标准向量空间 $\mathbb{R}^m$ 的向量组的线性关系.

1.1.4 生成集和基

在向量空间 V 中, 如果 V 中任意向量 $\boldsymbol{v}$ 都可由集合 $\mathcal{A}$ 中向量的线性组合得到, 那么人们对如此的集合 $\mathcal{A}$ 特别感兴趣.

定义 1.4　生成集与张成集

设 V 是向量空间, $\mathcal{A} = \{\boldsymbol{x}_1, \cdots, \boldsymbol{x}_k\} \subset V$. 若对 V 中的任意元素均可由 $\boldsymbol{x}_1, \cdots, \boldsymbol{x}_k$ 线性表示, 则称 $\mathcal{A}$ 为 V 的一个生成集. 称集合

$$\mathbf{span}[\mathcal{A}] = \{a_1\boldsymbol{x}_1 + \cdots + a_k\boldsymbol{x}_k \mid a_1, \cdots, a_k \in \mathbb{R}\}$$

为 $\mathcal{A}$ 的张成集. 若 V 是 $\mathcal{A}$ 的张成集, 则可记

$$V = \mathbf{span}[\mathcal{A}] = \mathbf{span}[\boldsymbol{x}_1, \boldsymbol{x}_2, \cdots, \boldsymbol{x}_k].$$ ♣

在解决实际问题时, 我们希望能够找到向量空间的某个生成集, 并且这个生成集所含的元素越少越好.

定义 1.5　基

设 V 是向量空间, $\mathcal{A}$ 是 V 的一个生成集. 如果不存在集合 $\mathcal{B}$, 使得 $\mathcal{B} \subseteq \mathcal{A} \subseteq V$ 且 $\mathcal{B}$ 是 V 的生成集, 则称 $\mathcal{A}$ 是 V 的最小生成集. V 的每个线性无关生成集是最小的, 我们称它为 V 的一组基, 其元素称为基向量. ♣

设 V 是向量空间, $\mathcal{B} \subseteq V$ 且 $\mathcal{B} \neq \mathbf{0}$. 则下列结论是等价的:

(1) $\mathcal{B}$ 是 V 的一组基;

(2) $\mathcal{B}$ 是 V 的一个最小生成集;

(3) $\mathcal{B}$ 是 V 的一个最大线性无关组;

(4) $\forall \boldsymbol{x} \in V$, $\boldsymbol{x}$ 可唯一表示为 $\mathcal{B}$ 中元素的线性组合, 即若

$$\boldsymbol{x} = \sum_{i=1}^{k} \lambda_i \boldsymbol{b}_i = \sum_{i=1}^{k} \mu_i \boldsymbol{b}_i,$$

其中 $\lambda_i, \mu_i \in \mathbb{R}, \boldsymbol{b}_i \in \mathcal{B}$, 则 $\lambda_i = \mu_i, i = 1, 2, \cdots, k$.

定义 1.6 维数

若 $\mathcal{B} = \{\boldsymbol{b}_1, \cdots, \boldsymbol{b}_n\}$ 是向量空间 V 的一组基, 则称 n 为 V 的维数, 记为 $\dim V = n$. ♣

在本书中, 除非特殊说明, 向量空间均是有限维向量空间. 显然, 若 $U \subseteq V$ 是 V 的子空间, 则 $\dim U \leqslant \dim V$, 等式成立当且仅当 $U = V$.

下面, 我们给出关于子空间的一个重要结论.

定理 1.1 扩基定理

设 U 是 n 维向量空间 V 的 k 维子空间. 若 $\boldsymbol{b}_1, \cdots, \boldsymbol{b}_k$ 为 U 的一组基, 则存在 $\boldsymbol{b}_{k+1}, \cdots, \boldsymbol{b}_n \in V$, 使得 $\boldsymbol{b}_1, \cdots, \boldsymbol{b}_n$ 为 V 的一组基. ♡

证明 对维数差 $n-k$ 作归纳法. 当 $n-k=0$ 时, $U = V$, 即 $\boldsymbol{b}_1, \cdots, \boldsymbol{b}_k$ 为 V 的一组基. 假设 $n-k=m$ 时定理成立. 考虑 $n-k=m+1$ 情形. 因为 $\boldsymbol{b}_1, \cdots, \boldsymbol{b}_k \in V$ 线性无关, 并且不是 V 的基, 所以必存在 $\boldsymbol{b}_{k+1} \in V$ 且不能由 $\boldsymbol{b}_1, \cdots, \boldsymbol{b}_k$ 线性表示. 进而 $\boldsymbol{b}_1, \cdots, \boldsymbol{b}_k, \boldsymbol{b}_{k+1}$ 线性无关. 这表明 $W =: \mathbf{span}[\boldsymbol{b}_1, \cdots, \boldsymbol{b}_k, \boldsymbol{b}_{k+1}]$ 是 V 的 $k+1$ 维子空间. 此时, 维数差为

$$n - \dim W = n - (k+1) = m.$$

由归纳假设知, 存在 $\boldsymbol{b}_{k+2}, \cdots, \boldsymbol{b}_n \in V$, 使得 $\boldsymbol{b}_1, \cdots, \boldsymbol{b}_n$ 为 V 的一组基. □

1.1.5 子空间的交与和

在处理实际问题时, 有时需要考虑若干个子空间之间的集合关系. 向量子空间的交与和是处理这类问题的重要运算, 也是由已知子空间构造新的子空间的一种方法.

定义 1.7 子空间的交与和

设 V_1 和 V_2 是向量空间 V 的两个子空间. 称集合

$$V_1 \cap V_2 =: \{\boldsymbol{x} \in V \mid \boldsymbol{x} \in V_1 \text{ 且 } \boldsymbol{x} \in V_2\}$$

为 V_1 与 V_2 的交, 称集合

$$V_1 + V_2 =: \{\boldsymbol{x} + \boldsymbol{y} | \boldsymbol{x} \in V_1,\ \boldsymbol{y} \in V_2\}$$

为 V_1 与 V_2 的和. ♣

由定义容易验证子空间的交与和均是 V 的子空间. 因此, 通常称 $V_1 \cap V_2$ 为 V_1 与 V_2 的**交空间**, 称 $V_1 + V_2$ 为 V_1 与 V_2 的**和空间**.

值得注意的是, 交空间 $V_1 \cap V_2$ 是 V 中同时被 V_1 和 V_2 包含的最大子空间, 和空间 $V_1 + V_2$ 是 V 中包含 V_1 和 V_2 的最小的子空间. 子空间的交与和有如下重要的维数定理.

定理 1.2　维数公式

设 V_1 和 V_2 是有限维向量空间 V 的两个子空间. 则有

$$\dim V_1 + \dim V_2 = \dim(V_1 \cap V_2) + \dim(V_1 + V_2).$$

♡

证明　设 $\dim V_1 = s, \dim V_2 = t$, 且 $\dim(V_1 \cap V_2) = m$. 设 $\boldsymbol{x}_1, \cdots, \boldsymbol{x}_m$ 是 $V_1 \cap V_2$ 的一组基. 由扩基定理可得, 存在 $\boldsymbol{y}_1, \cdots, \boldsymbol{y}_{s-m} \in V_1$ 和 $\boldsymbol{z}_1, \cdots, \boldsymbol{z}_{t-m} \in V_2$, 使得 $\boldsymbol{x}_1, \cdots, \boldsymbol{x}_m, \boldsymbol{y}_1, \cdots, \boldsymbol{y}_{s-m}$ 和 $\boldsymbol{x}_1, \cdots, \boldsymbol{x}_m, \boldsymbol{z}_1, \cdots, \boldsymbol{z}_{t-m}$ 分别为 V_1 和 V_2 的一组基. 于是和空间

$$V_1 + V_2 = \mathbf{span}[\boldsymbol{x}_1, \cdots, \boldsymbol{x}_m, \boldsymbol{y}_1, \cdots, \boldsymbol{y}_{s-m}, \boldsymbol{z}_1, \cdots, \boldsymbol{z}_{t-m}].$$

下证 $\boldsymbol{x}_1, \cdots, \boldsymbol{x}_m, \boldsymbol{y}_1, \cdots, \boldsymbol{y}_{s-m}, \boldsymbol{z}_1, \cdots, \boldsymbol{z}_{t-m}$ 是和空间的一组基. 设

$$\alpha_1 \boldsymbol{x}_1 + \cdots + \alpha_m \boldsymbol{x}_m + \beta_1 \boldsymbol{y}_1 + \cdots + \beta_{s-m} \boldsymbol{y}_{s-m} + \gamma_1 \boldsymbol{z}_1 + \cdots + \gamma_{t-m} \boldsymbol{z}_{t-m} = \mathbf{0}, \quad (1.1)$$

其中 $\alpha_i, \beta_j, \gamma_l \in \mathbb{R}, i = 1, \cdots, m, j = 1, \cdots, s-m, l = 1, \cdots, t-m$. 令

$$\boldsymbol{x} := \alpha_1 \boldsymbol{x}_1 + \cdots + \alpha_m \boldsymbol{x}_m + \beta_1 \boldsymbol{y}_1 + \cdots + \beta_{s-m} \boldsymbol{y}_{s-m}.$$

则 $x \in V_1$, 且由 (1.1) 可知 $x = -\gamma_1 \boldsymbol{z}_1 - \cdots - \gamma_{t-m} \boldsymbol{z}_{t-m} \in V_2$. 这说明 $x \in V_1 \cap V_2$. 进而存在一组数 $\eta_1, \cdots, \eta_m$ 使得 $\boldsymbol{x} = -\gamma_1 \boldsymbol{z}_1 - \cdots - \gamma_{t-m} \boldsymbol{z}_{t-m} = \eta_1 \boldsymbol{x}_1 + \cdots + \eta_m \boldsymbol{x}_m$, 即

$$\gamma_1 \boldsymbol{z}_1 + \cdots + \gamma_{t-m} \boldsymbol{z}_{t-m} + \eta_1 \boldsymbol{x}_1 + \cdots + \eta_m \boldsymbol{x}_m = \mathbf{0}.$$

由 $\boldsymbol{x}_1, \cdots, \boldsymbol{x}_m, \boldsymbol{z}_1, \cdots, \boldsymbol{z}_{t-m}$ 是 V_2 的一组基立即可得 $\gamma_1 = \cdots = \gamma_{t-m} = \mathbf{0}$. 再由 (1.1) 可得

$$\alpha_1 = \cdots = \alpha_m = \beta_1 = \cdots = \beta_{s-m} = \mathbf{0}.$$

这表明 $\boldsymbol{x}_1, \cdots, \boldsymbol{x}_m, \boldsymbol{y}_1, \cdots, \boldsymbol{y}_{s-m}, \boldsymbol{z}_1, \cdots, \boldsymbol{z}_{t-m}$ 线性无关. 于是

$$\dim(V_1 + V_2) = s + t - m,$$

即维数公式成立. □

在上述证明中, 若令 $V_3 = \mathbf{span}[\boldsymbol{z}_1, \cdots, \boldsymbol{z}_{t-m}]$, 则我们有 $V_1 + V_2 = V_1 + V_3$. 虽然 $V_1 + V_2$ 与 $V_1 + V_3$ 的和空间是相同的, 但是我们更愿意采用 $V_1 + V_3$ 的和形式. 因为对于和空间来说, 其中任意向量表示为 V_1 和 V_3 的元素和分解式是唯一的.

定义 1.8 直和

设 V_1 和 V_2 是向量空间 V 的两个子空间. 若和空间 $V_1 + V_2$ 中的任意向量只能唯一地表示为 V_1 中的一个向量和 V_2 中的一个向量之和, 则称 $V_1 + V_2$ 为 V_1 和 V_2 的直和, 记为 $V_1 \oplus V_2$. ♣

若 $V = V_1 \oplus V_2$, 则称 V_1 和 V_2 为 V 的**互补子空间**. 显然, 若 U 是 V 的非平凡子空间, 则 U 在 V 中的补空间不是唯一的.

由直和定义以及维数公式, 不难证明如下结论. 设 V_1 和 V_2 是有限维向量空间 V 的两个子空间. 则下列条件等价:

(1) $V_1 + V_2$ 是直和;

(2) $V_1 \cap V_2 = \{\mathbf{0}\}$;

(3) $\dim V_1 + \dim V_2 = \dim(V_1 + V_2)$;

(4) 向量组 $\boldsymbol{x}_1, \cdots, \boldsymbol{x}_s, \boldsymbol{y}_1, \cdots, \boldsymbol{y}_t$ 是 $V_1 + V_2$ 的一组基, 其中 $\boldsymbol{x}_1, \cdots, \boldsymbol{x}_s$ 和 $\boldsymbol{y}_1, \cdots, \boldsymbol{y}_t$ 分别是 V_1 和 V_2 的一组基.

1.2 线性映射

在这一节中, 我们主要研究保持向量空间线性结构的映射, 即保持向量的加法和数乘运算的映射. 具体来说, 这样的映射应该具有如下性质: 设 V, W 是 $\mathbb{R}^n$ 上的两个向量空间. 如果映射 $\Phi : V \to W$ 对所有的 $\boldsymbol{x}, \boldsymbol{y} \in V, k \in \mathbb{R}$ 均满足

$$\Phi(\boldsymbol{x} + \boldsymbol{y}) = \Phi(\boldsymbol{x}) + \Phi(\boldsymbol{y}), \quad \Phi(k\boldsymbol{x}) = k\Phi(\boldsymbol{x}),$$

那么我们称映射 Φ 保持向量空间的结构. 这实际上也给出线性映射的定义.

1.2.1 线性映射的定义

定义 1.9 线性映射

设 V, W 是两个向量空间. 如果映射 Φ 对所有的 $\boldsymbol{x}, \boldsymbol{y} \in V, k, l \in \mathbb{R}$ 均满足

$$\Phi(k\boldsymbol{x} + l\boldsymbol{y}) = k\Phi(\boldsymbol{x}) + l\Phi(\boldsymbol{y}),$$

则称 Φ 是 V 到 W 上的线性映射或同态. ♣

为了能更好地理解线性映射, 我们先介绍一些重要的映射. 设 V 是 W 任意两个给定的集合, Φ 是 V 到 W 上的映射. 若对任意的 $\boldsymbol{x},\boldsymbol{y}\in V$, $\Phi(\boldsymbol{x})=\Phi(\boldsymbol{y})$ 可推出 $\boldsymbol{x}=\boldsymbol{y}$, 则称 Φ 是**单射**; 若 $W=\Phi(V):=\{\Phi(\boldsymbol{x})\mid \boldsymbol{x}\in V\}$, 则称 Φ 是**满射**; 若 Φ 既是单射又是满射, 则称 Φ 是**双射**或 **一一对应**. 易知, 如果 Φ 是双射, 那么存在一个映射 $\Psi: W\to V$ 使得对任意的 $\boldsymbol{x}\in V$,

$$\Psi\circ\Phi(\boldsymbol{x})=\Psi(\Phi(\boldsymbol{x}))=\boldsymbol{x},$$

进一步地, 我们称 Ψ 是 Φ 的逆映射, 记 $\Psi=\Phi^{-1}$.

下面我们给出关于 V 到 W(或 V) 上的几类特殊的线性映射:

(1) **同构**　$\Phi: V\to W$ 是一一对应的线性映射;

(2) **自同态**　$\Phi: V\to V$ 是线性映射 (线性变换);

(3) **自同构**　$\Phi: V\to V$ 是一一对应的线性变换;

(4) **恒等映射**　$\mathrm{id}_V: V\to V,\ \boldsymbol{x}\mapsto \mathrm{id}_V(\boldsymbol{x})=\boldsymbol{x}$.

设 V,W,U 是向量空间. 则有如下结论, 读者可以自证.

(1) 如果 $\Phi: V\to W,\Psi: W\to U$ 是线性映射, 则 $\Psi\circ\Phi: V\to U$ 也是线性映射, 并称 $\Psi\circ\Phi$ 为 Ψ 和 Φ 的乘积映射;

(2) 如果 $\Phi: V\to W$ 是一个同构映射, 那么 $\Phi^{-1}: W\to V$ 也是同构映射;

(3) 如果 $\Phi: V\to W,\Psi: V\to W$ 是线性映射, 则和映射 $\Psi+\Phi$ 与数乘映射 $\lambda\Phi$ 也是线性映射.

例 1.3　映射

$$\Phi:\mathbb{R}^2\to\mathbb{C},\quad \boldsymbol{x}=\begin{bmatrix}x_1\\x_2\end{bmatrix}\mapsto\Phi(\boldsymbol{x})=x_1+\mathrm{i}x_2$$

是线性映射. 实际上, 我们有

$$\begin{aligned}\Phi\left(k\begin{bmatrix}x_1\\x_2\end{bmatrix}+l\begin{bmatrix}y_1\\y_2\end{bmatrix}\right)&=(kx_1+ly_1)+\mathrm{i}(kx_2+ly_2)=k(x_1+\mathrm{i}x_2)+l(y_1+\mathrm{i}y_2)\\&=k\Phi\left(\begin{bmatrix}x_1\\x_2\end{bmatrix}\right)+l\Phi\left(\begin{bmatrix}y_1\\y_2\end{bmatrix}\right).\end{aligned}$$

□

例 1.3 说明了为什么任一复数可以表示为 $\mathbb{R}^2$ 上的二元向量. 因为有一个双射的线性映射, 它将 $\mathbb{R}^2$ 中二元向量的加法转换成具有相应加法的复数集 $\mathbb{C}$. 事实上, 我们有更一般的结论.

定理 1.3

实数域 $\mathbb{R}$ 上的有限维线性空间 V 和 W 同构的充分必要条件是 $\dim V = \dim W$. ♡

1.2.2 线性映射的矩阵表示

由定理 1.3 可知, $\mathbb{R}$ 上任意 n 维向量空间 V 与 $\mathbb{R}^n$ 同构. 在很多情况下, 我们有必要将基向量按顺序排列. 考虑 n 维向量空间 V 的一组基 $\boldsymbol{b}_1, \cdots, \boldsymbol{b}_n$, 记 $\mathbf{B} = (\boldsymbol{b}_1, \cdots, \boldsymbol{b}_n)$, 并称 $\mathbf{B}$ 为 V 的一组**有序基**. 在这里, 为了避免读者产生阅读困惑, 我们罗列一下容易混淆的记号: 有序基 $\mathbf{B} = (\boldsymbol{b}_1, \cdots, \boldsymbol{b}_n)$, 无序基 $\mathcal{B} = \{\boldsymbol{b}_1, \cdots, \boldsymbol{b}_n\}$, 抽象矩阵 $B = [\boldsymbol{b}_1, \cdots, \boldsymbol{b}_n]$.

定义 1.10 坐标

设 $\mathbf{B} = (\boldsymbol{b}_1, \cdots, \boldsymbol{b}_n)$ 为向量空间 V 的一组有序基. 对任意的 $\boldsymbol{x} \in V$ 可唯一表示为

$$\boldsymbol{x} = \alpha_1 \boldsymbol{b}_1 + \cdots + \alpha_n \boldsymbol{b}_n, \quad \alpha_i \in \mathbb{R}.$$

则称 $\alpha_1, \cdots, \alpha_n$ 为向量 $\boldsymbol{x}$ 在基 $\mathbf{B}$ 下的坐标, 并称向量 $\boldsymbol{\alpha} = [\alpha_1, \cdots, \alpha_n]^\top \in \mathbb{R}^n$ 是 $\boldsymbol{x}$ 关于基 $\mathbf{B}$ 的坐标向量. ♣

设 $\Phi: V \to W$ 为线性映射. 由线性映射性质可知

$$\begin{aligned}
\Phi(\boldsymbol{x}) &= \Phi(\alpha_1 \boldsymbol{b}_1 + \cdots + \alpha_n \boldsymbol{b}_n) = \alpha_1 \Phi(\boldsymbol{b}_1) + \cdots + \alpha_n \Phi(\boldsymbol{b}_n) \\
&= [\Phi(\boldsymbol{b}_1), \cdots, \Phi(\boldsymbol{b}_n)] \begin{bmatrix} \alpha_1 \\ \vdots \\ \alpha_n \end{bmatrix} = [\Phi(\boldsymbol{b}_1), \cdots, \Phi(\boldsymbol{b}_n)] \boldsymbol{\alpha}.
\end{aligned}$$

由此, 我们可将线性映射的像转化为类似矩阵乘法的运算, 在许多时候会起到好的作用. 另一方面, 也可以看出任意向量的像可以由某组基向量的像 (简称基像) 完全决定. 为此, 需要考虑如下重要概念.

定义 1.11 变换矩阵

设 $\mathbf{B} = (\boldsymbol{b}_1, \cdots, \boldsymbol{b}_n)$ 与 $\mathbf{C} = (\boldsymbol{c}_1, \cdots, \boldsymbol{c}_m)$ 分别是向量空间 V 和 W 的有序基. 线性映射 $\Phi: V \to W$ 定义如下:

$$\Phi(\boldsymbol{b}_j) = a_{1j} \boldsymbol{c}_1 + \cdots + a_{mj} \boldsymbol{c}_m, \qquad j = 1, 2, \cdots, n.$$

则称矩阵

$$A=\begin{bmatrix} a_{11} & a_{12} & \cdots & a_{1n} \\ a_{21} & a_{22} & \cdots & a_{2n} \\ \vdots & \vdots & & \vdots \\ a_{m1} & a_{m2} & \vdots & a_{mn} \end{bmatrix}$$

是 Φ 从 V 的有序基 **B** 到 W 的有序基 **C** 的变换矩阵. ♣

根据定义, 可得到如下重要的基下变换矩阵公式 (1.2) 和坐标关系式 (1.3).

(1) 设 $\boldsymbol{a}_j=[a_{1j},\cdots,a_{mj}]^\top, j=1,2,\cdots,n$. 则基像 $\Phi(\boldsymbol{b}_j)$ 在有序基 **C** 下的坐标向量为 $\boldsymbol{a}_j$, 即 A 的第 j 列. 进一步地, 若记

$$\Phi(B)=\Phi([\boldsymbol{b}_1,\cdots,\boldsymbol{b}_n]):=[\Phi(\boldsymbol{b}_1),\cdots,\Phi(\boldsymbol{b}_n)],$$

则线性映射 Φ 在有序基下的矩阵关系式为

$$\Phi(B)=[\Phi(\boldsymbol{b}_1),\cdots,\Phi(\boldsymbol{b}_n)]=[\boldsymbol{c}_1,\cdots,\boldsymbol{c}_m]A=CA. \tag{1.2}$$

(2) 对任意的 $\boldsymbol{x}\in V$ 以及 $\boldsymbol{y}=\Phi(\boldsymbol{x})$, 若 $\boldsymbol{x}$ 在有序基 **B** 下的坐标为 $\hat{\boldsymbol{x}}$, $\boldsymbol{y}$ 在有序基 **C** 下的坐标为 $\hat{\boldsymbol{y}}$, 则

$$\boldsymbol{y}=\Phi(\boldsymbol{x})=\Phi([\boldsymbol{b}_1,\cdots,\boldsymbol{b}_n]\hat{\boldsymbol{x}})=[\Phi(\boldsymbol{b}_1),\cdots,\Phi(\boldsymbol{b}_n)]\hat{\boldsymbol{x}}=\Phi(B)\hat{\boldsymbol{x}}=CA\hat{\boldsymbol{x}}.$$

进而, 由坐标的唯一性可得原像与像之间的坐标关系式

$$\hat{\boldsymbol{y}}=A\hat{\boldsymbol{x}}. \tag{1.3}$$

例 1.4　设 $\Phi:V\to W$ 是线性映射, $\mathbf{B}=(\boldsymbol{b}_1,\boldsymbol{b}_2,\boldsymbol{b}_3)$ 与 $\mathbf{C}=(\boldsymbol{c}_1,\boldsymbol{c}_2,\boldsymbol{c}_3,\boldsymbol{c}_4)$ 分别是向量空间 V 和 W 的有序基, 并且

$$\Phi(\boldsymbol{b}_1)=\boldsymbol{c}_1-2\boldsymbol{c}_2+3\boldsymbol{c}_3-\boldsymbol{c}_4,$$

$$\Phi(\boldsymbol{b}_2)=2\boldsymbol{c}_1+\boldsymbol{c}_2+5\boldsymbol{c}_3+2\boldsymbol{c}_4,$$

$$\Phi(\boldsymbol{b}_3)=3\boldsymbol{c}_2+\boldsymbol{c}_3+4\boldsymbol{c}_4.$$

则 Φ 从 V 的有序基 **B** 到 W 的有序基 **C** 的变换矩阵 A 为 $\begin{bmatrix} 1 & 2 & 0 \\ -2 & 1 & 3 \\ 3 & 5 & 1 \\ -1 & 2 & 4 \end{bmatrix}$. □

例 1.5 过渡矩阵 设 $\mathbf{B}=(\boldsymbol{b}_1,\cdots,\boldsymbol{b}_n)$ 和 $\tilde{\mathbf{B}}=(\tilde{\boldsymbol{b}}_1,\cdots,\tilde{\boldsymbol{b}}_n)$ 是向量空间 V 的两组有序基. 则存在唯一的矩阵 $S\in\mathbb{R}^{n\times n}$, 使得

$$[\tilde{\boldsymbol{b}}_1,\cdots,\tilde{\boldsymbol{b}}_n]=[\boldsymbol{b}_1,\cdots,\boldsymbol{b}_n]S.$$

通常称矩阵 S 为向量空间有序基 $\mathbf{B}$ 到有序基 $\tilde{\mathbf{B}}$ 的**过渡矩阵**. 可以证明过渡矩阵一定是可逆矩阵, 并且

$$[\boldsymbol{b}_1,\cdots,\boldsymbol{b}_n]=[\tilde{\boldsymbol{b}}_1,\cdots,\tilde{\boldsymbol{b}}_n]S^{-1}.$$

令 $\tilde{B}=[\tilde{\boldsymbol{b}}_1,\cdots,\tilde{\boldsymbol{b}}_n]$, 则由矩阵关系式 (1.2) 可知

$$\mathrm{id}_V(\tilde{B})=\mathrm{id}_V([\tilde{\boldsymbol{b}}_1,\cdots,\tilde{\boldsymbol{b}}_n])=[\tilde{\boldsymbol{b}}_1,\cdots,\tilde{\boldsymbol{b}}_n]=[\boldsymbol{b}_1,\cdots,\boldsymbol{b}_n]S,$$

即 $\mathbf{B}$ 到 $\tilde{\mathbf{B}}$ 的过渡矩阵 S 恰为恒等映射 id_V 从 $\tilde{\mathbf{B}}$ 到 $\mathbf{B}$ 的变换矩阵. □

例 1.6 基下矩阵 设 $\mathbf{B}=(\boldsymbol{b}_1,\cdots,\boldsymbol{b}_n)$ 是向量空间 V 的有序基, 令 $B=[\boldsymbol{b}_1,\cdots,\boldsymbol{b}_n]$, 线性变换 $\Phi:V\to V$. 则存在唯一的矩阵 $A\in\mathbb{R}^{n\times n}$, 使得

$$\Phi(B)=[\Phi(\boldsymbol{b}_1),\cdots,\Phi(\boldsymbol{b}_n)]=[\boldsymbol{b}_1,\cdots,\boldsymbol{b}_n]A,$$

我们通常称 A 是线性变换 Φ 关于 $\mathbf{B}$ 的基下矩阵. 显然, A 是线性映射 Φ 从 $\mathbf{B}$ 到 $\mathbf{B}$ 的变换矩阵. □

例 1.7 矩阵映射 设 $\Phi:\mathbb{R}^n\to\mathbb{R}^m$ 为线性映射. 考虑 Φ 从标准基 $\boldsymbol{E}^{(n)}=(\boldsymbol{\varepsilon}_1^{(n)},\cdots,\boldsymbol{\varepsilon}_n^{(n)})$ 到标准基 $\boldsymbol{E}^{(m)}=(\boldsymbol{\varepsilon}_1^{(m)},\cdots,\boldsymbol{\varepsilon}_m^{(m)})$ 的变换矩阵 A. 由定义可知

$$\Phi(\boldsymbol{E}^{(n)})=[\Phi(\boldsymbol{\varepsilon}_1^{(n)}),\cdots,\Phi(\boldsymbol{\varepsilon}_n^{(n)})]=[\boldsymbol{\varepsilon}_1^{(m)},\cdots,\boldsymbol{\varepsilon}_m^{(m)}]A=I_{m\times m}A=A.$$

从而, 对任意的 $\boldsymbol{x}=[x_1,\cdots,x_n]^\top\in\mathbb{R}^n$, 我们有

$$\Phi(\boldsymbol{x})=\Phi(x_1\boldsymbol{\varepsilon}_1^{(n)}+\cdots+x_n\boldsymbol{\varepsilon}_n^{(n)})=[\Phi(\boldsymbol{\varepsilon}_1^{(n)}),\cdots,\Phi(\boldsymbol{\varepsilon}_n^{(n)})]\boldsymbol{x}=A\boldsymbol{x}.$$

所以 $\mathbb{R}^n$ 到 $\mathbb{R}^m$ 上的线性映射都是矩阵映射. 因此, 对于 $\mathbb{R}^n$ 到 $\mathbb{R}^m$ 上的任一线性映射 Φ 通常可直接定义为 $\Phi:\mathbb{R}^n\to\mathbb{R}^m,\ \ \boldsymbol{x}\mapsto\Phi(\boldsymbol{x})=A\boldsymbol{x}$. □

1.2.3 基变换

在本节, 我们将细致地研究线性映射 $\Phi:V\to W$ 的变换矩阵是如何随着 V 和 W 中的基的改变而改变的. 考虑 V 的两个有序基

$$\mathbf{B}=(\boldsymbol{b}_1,\cdots,\boldsymbol{b}_n),\quad \tilde{\mathbf{B}}=(\tilde{\boldsymbol{b}}_1,\cdots,\tilde{\boldsymbol{b}}_n)$$

和 W 的两个有序基

$$\mathbf{C}=(\boldsymbol{c}_1,\cdots,\boldsymbol{c}_m),\quad \tilde{\mathbf{C}}=(\tilde{\boldsymbol{c}}_1,\cdots,\tilde{\boldsymbol{c}}_m).$$

设 $A \in \mathbb{R}^{m\times n}$ 为 Φ 从 $\mathbf{B}$ 到 $\mathbf{C}$ 的变换矩阵, $\tilde{A} \in \mathbb{R}^{m\times n}$ 为 Φ 从 $\tilde{\mathbf{B}}$ 到 $\tilde{\mathbf{C}}$ 的变换矩阵. 下面我们将讨论 A 与 $\tilde{A}$ 的关系, 即如果选择执行从基 $\mathbf{B}$, $\mathbf{C}$ 到基 $\tilde{\mathbf{B}}$, $\tilde{\mathbf{C}}$ 的改变, 那么我们如何将 A 转化为 $\tilde{A}$.

我们的目标是想通过基的改变使得变换矩阵更加简单, 以便更好地用于工作. 在给出主要结论之前, 先看一个例子.

例 1.8 设线性映射 $\Phi : \mathbb{R}^2 \to \mathbb{R}^2$ 在自然基 $\boldsymbol{\varepsilon}_1, \boldsymbol{\varepsilon}_2$ 下的矩阵为 $A = \begin{bmatrix} 3 & 1 \\ 1 & 3 \end{bmatrix}$. 求 Φ 在基 $\mathbf{B} = \left(\begin{bmatrix} 1 \\ 1 \end{bmatrix}, \begin{bmatrix} 1 \\ -1 \end{bmatrix} \right)$ 下的矩阵.

解 由题意知 $\Phi(\boldsymbol{\varepsilon}_1) = \begin{bmatrix} 3 \\ 1 \end{bmatrix}, \Phi(\boldsymbol{\varepsilon}_2) = \begin{bmatrix} 1 \\ 3 \end{bmatrix}$. 令 $\boldsymbol{b}_1 = \begin{bmatrix} 1 \\ 1 \end{bmatrix}, \boldsymbol{b}_2 = \begin{bmatrix} 1 \\ -1 \end{bmatrix}$. 则

$$\Phi(\boldsymbol{b}_1) = \Phi(\boldsymbol{\varepsilon}_1) + \Phi(\boldsymbol{\varepsilon}_2) = \begin{bmatrix} 4 \\ 4 \end{bmatrix} = 4\boldsymbol{b}_1, \quad \Phi(\boldsymbol{b}_2) = \Phi(\boldsymbol{\varepsilon}_1) - \Phi(\boldsymbol{\varepsilon}_2) = \begin{bmatrix} 2 \\ -2 \end{bmatrix} = 2\boldsymbol{b}_2.$$

于是

$$\Phi(\boldsymbol{b}_1, \boldsymbol{b}_2) = [\boldsymbol{b}_1, \boldsymbol{b}_2] \begin{bmatrix} 4 & 0 \\ 0 & 2 \end{bmatrix}.$$

从而 Φ 在基 $\mathbf{B}$ 下的矩阵为 $\begin{bmatrix} 4 & 0 \\ 0 & 2 \end{bmatrix}$. □

从上例可以看出, 线性映射 Φ 在不同基下的矩阵是不同的, 在处理很多问题的时候难度是不一样的. 因此, 选择合适的基是很关键的, 考虑变换矩阵的关系是很重要的. 我们首先陈述主要结果, 然后提供一个解释.

定理 1.4 基变换定理

设 V, W 是向量空间, $\Phi : V \to W$ 是线性映射, $\mathbf{B} = (\boldsymbol{b}_1, \cdots, \boldsymbol{b}_n), \tilde{\mathbf{B}} = (\tilde{\boldsymbol{b}}_1, \cdots, \tilde{\boldsymbol{b}}_n)$ 和 $\mathbf{C} = (\boldsymbol{c}_1, \cdots, \boldsymbol{c}_m), \tilde{\mathbf{C}} = (\tilde{\boldsymbol{c}}_1, \cdots, \tilde{\boldsymbol{c}}_m)$ 分别是 V 和 W 的两组有序基, A 是从 $\mathbf{B}$ 到 $\mathbf{C}$ 的变换矩阵, $\tilde{A}$ 为从 $\tilde{\mathbf{B}}$ 到 $\tilde{\mathbf{C}}$ 的变换矩阵, $S \in \mathbb{R}^{n\times n}$ 是恒等映射 id_V 从 $\tilde{\mathbf{B}}$ 到 $\mathbf{B}$ 的变换矩阵, $T \in \mathbb{R}^{m\times m}$ 为恒等映射 id_W 从 $\tilde{\mathbf{C}}$ 到 $\mathbf{C}$ 的变换矩阵. 则

$$\tilde{A} = T^{-1}AS.$$

♡

证明 令

$$\mathbf{B} = [\boldsymbol{b}_1, \cdots, \boldsymbol{b}_n], \quad \tilde{\mathbf{B}} = [\tilde{\boldsymbol{b}}_1, \cdots, \tilde{\boldsymbol{b}}_n], \quad \mathbf{C} = [\boldsymbol{c}_1, \cdots, \boldsymbol{c}_m], \quad \tilde{\mathbf{C}} = [\tilde{\boldsymbol{c}}_1, \cdots, \tilde{\boldsymbol{c}}_m].$$

根据条件可得 $\tilde{\mathbf{B}} = \mathbf{B}S$, $\tilde{\mathbf{C}} = \mathbf{C}T$. 一方面, 由定义 1.11 知

$$\Phi(\tilde{\mathbf{B}}) = \tilde{\mathbf{C}}\tilde{A} = \mathbf{C}T\tilde{A}. \tag{1.4}$$

另一方面, 利用线性性质可得

$$\Phi(\tilde{\mathbf{B}}) = \Phi(\mathbf{B}S) = \Phi(\mathbf{B})S = \mathbf{C}AS. \tag{1.5}$$

根据 (1.4)、(1.5) 以及坐标的唯一性立即可得 $T\tilde{A} = AS$. 因为过渡矩阵是可逆的, 所以 $\tilde{A} = T^{-1}AS$. □

定理 1.4 告诉我们, 当 V 的基 $\mathbf{B}$ 替换为 $\tilde{\mathbf{B}}$, W 的基 $\mathbf{C}$ 替换为 $\tilde{\mathbf{C}}$ 时, 线性映射 $\Phi: V \to W$ 的变换矩阵 A 替换为矩阵 $\tilde{A} = T^{-1}AS$. 下面我们用交换图 1.4 来解释它们之间的关系.

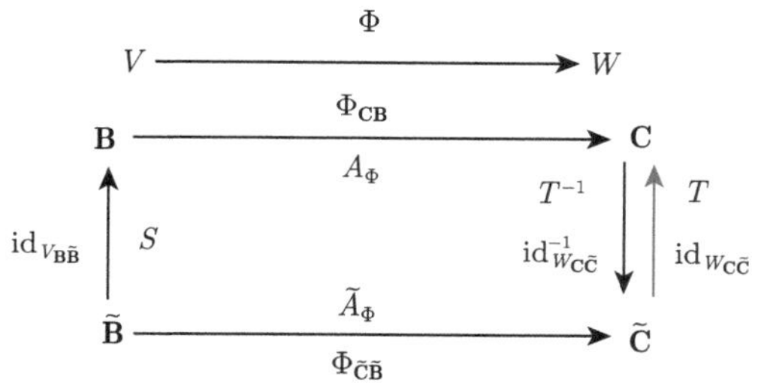

图 1.4 线性映射与基变换矩阵

设映射 $\Phi_{\mathbf{CB}}$ 是 Φ 的实例化, 它将 $\mathbf{B}$ 的基向量映到 $\mathbf{C}$ 的基向量的线性组合上. 假设我们事先知道 $\Phi_{\mathbf{CB}}$ 从 $\mathbf{B}$ 到 $\mathbf{C}$ 的变换矩阵 A. 当执行从基 $\mathbf{B}, \mathbf{C}$ 到基 $\tilde{\mathbf{B}}, \tilde{\mathbf{C}}$ 的改变时, 我们可以利用如下的步骤确定对应的变换矩阵 $\tilde{A}$.

首先, 我们求出恒等映射 $\mathrm{id}_{V\mathbf{B}\tilde{\mathbf{B}}}: V \to V$ 的变换矩阵 S, 其中 $\mathrm{id}_{V\mathbf{B}\tilde{\mathbf{B}}}$ 是将新基 $\tilde{\mathbf{B}}$ 的基向量映射到旧基 $\mathbf{B}$ 的基向量.

其次, 我们利用 $\Phi_{\mathbf{CB}}: V \to W$ 的变换矩阵 A 将 $\mathbf{B}$ 的基向量映射到 $\mathbf{C}$ 的基向量的线性组合上.

最后, 使用恒等映射 $\mathrm{id}_{W\tilde{\mathbf{C}}\mathbf{C}}: W \to W$ 将对应于 $\mathbf{C}$ 的坐标映射到对应于 $\tilde{\mathbf{C}}$ 的坐标上.

因此, 我们可以将线性映射 $\Phi_{\tilde{\mathbf{C}}\tilde{\mathbf{B}}}$ 表示为包含"旧"基的线性映射组合

$$\Phi_{\tilde{\mathbf{C}}\tilde{\mathbf{B}}} = \mathrm{id}_{W\tilde{\mathbf{C}}\mathbf{C}} \circ \Phi_{\mathbf{CB}} \circ \mathrm{id}_{V\mathbf{B}\tilde{\mathbf{B}}} = \mathrm{id}_{W\mathbf{C}\tilde{\mathbf{C}}}^{-1} \circ \Phi_{\mathbf{CB}} \circ \Psi_{\mathbf{B}\tilde{\mathbf{B}}}.$$

之前, 我们已知线性映射 $\Phi: V \to W$, $\Psi: W \to U$ 的乘积映射 $\Psi\circ\Phi: V \to U$ 也是线性映射, $\mathbf{B}, \mathbf{C}, \mathbf{D}$ 分别是 V, W, U 的有序基. 如果 A_Φ 是 Φ 从基 $\mathbf{B}$ 到基 $\mathbf{C}$

的变换矩阵, A_Ψ 是 Ψ 从基 $\mathbf{C}$ 到基 $\mathbf{D}$ 的变换矩阵, 那么 $\Psi\circ\Phi$ 从基 $\mathbf{B}$ 到基 $\mathbf{D}$ 的变换矩阵

$$A_{\Psi\circ\Phi} = A_\Psi A_\Phi.$$

此结论证明可以参考定理 1.4 的证明, 读者自行完成. 根据此结论, 我们可以从线性映射组合的角度来看待基变换:

(1) A 是线性映射 $\Phi_{\mathbf{CB}}: V\to W$ 关于 $\mathbf{B}$ 到 $\mathbf{C}$ 的变换矩阵;

(2) $\tilde{A}$ 是线性映射 $\Phi_{\tilde{\mathbf{C}}\tilde{\mathbf{B}}}: V\to W$ 关于 $\tilde{\mathbf{B}}$ 到 $\tilde{\mathbf{C}}$ 的变换矩阵;

(3) S 是恒等映射 id_V 关于 $\tilde{\mathbf{B}}$ 到 $\mathbf{B}$ 的变换矩阵, 即基 $\mathbf{B}$ 到基 $\tilde{\mathbf{B}}$ 的过渡矩阵;

(4) T 是恒等映射 id_W 关于 $\tilde{\mathbf{C}}$ 到 $\mathbf{C}$ 的变换矩阵, 即基 $\mathbf{C}$ 到基 $\tilde{\mathbf{C}}$ 的过渡矩阵.

这时, 我们 (非正式地) 仅仅从基的角度写下这些变换:

$$A:\mathbf{B}\to\mathbf{C},\quad \tilde{A}:\tilde{\mathbf{B}}\to\tilde{\mathbf{C}},\quad S:\tilde{\mathbf{B}}\to\mathbf{B},\quad T:\tilde{\mathbf{C}}\to\mathbf{C},\quad T^{-1}:\mathbf{C}\to\tilde{\mathbf{C}}$$

且

$$\tilde{\mathbf{B}}\to\tilde{\mathbf{C}} = \tilde{\mathbf{B}}\to\mathbf{B}\to\mathbf{C}\to\tilde{\mathbf{C}},\quad \tilde{A}=T^{-1}AS.$$

进而, 我们有如下坐标向量映射关系:

$$\boldsymbol{x}\mapsto S\boldsymbol{x}\mapsto A(S\boldsymbol{x})\mapsto T^{-1}(A(S\boldsymbol{x}))=\tilde{A}\boldsymbol{x}.$$

根据定理 1.4 以及上面的分析我们可知: 线性映射 $\Phi: V\to W$ 在不同有序基下的变换矩阵之间是等价的. 利用上述方法易得线性变换 $\Phi: V\to V$ 在不同基下的变换矩阵之间是相似的, 见图 1.5.

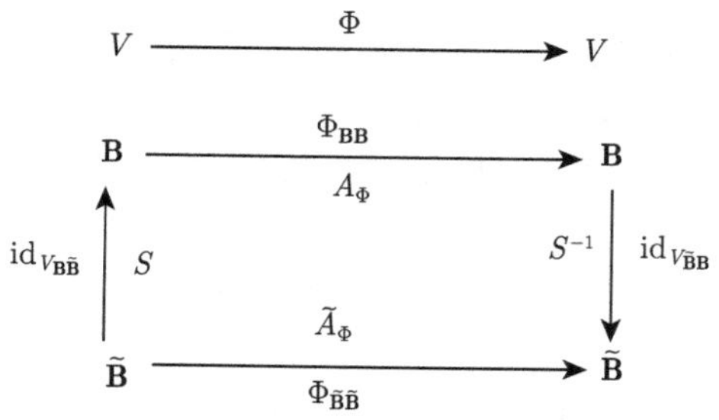

图 1.5　线性变换与基变换矩阵

设矩阵 $A\in\mathbb{R}^{m\times n}$. 则 $m\times n$ 阶矩阵构成的类

$$\{T^{-1}AS \mid S\in\mathbb{R}^{n\times n}, T\in\mathbb{R}^{m\times m}\ \text{为可逆矩阵}\}$$

称为 A 的等价类, 矩阵变换 $A \mapsto T^{-1}AS$ 称为**等价变换**. 特别地, 当矩阵 A 为 n 阶方阵时, 称矩阵类

$$\{P^{-1}AP \mid P \in \mathbb{R}^{n\times n} \text{ 为可逆矩阵}\}$$

为 A 的相似类, 矩阵变换 $A \mapsto P^{-1}AP$ 称为**相似变换**. 称矩阵类

$$\{Q^{-1}AQ \mid Q \in \mathbb{R}^{n\times n} \text{ 为正交矩阵}\}$$

为 A 的正交相似类, 矩阵变换 $A \mapsto Q^{-1}AQ$ 称为**正交相似变换**.

矩阵分析中的一个重要问题是如何寻求向量空间适当的基, 使线性映射在此组基下的矩阵表示尽可能简单, 这就是矩阵在等价变换、相似变换和正交相似变换下的标准形问题或分解问题. 例如, 对于线性变换来说, 一般情况下, 我们希望能够利用相似变换去寻找一组基, 使得在这组基下的矩阵是对角矩阵. 例如, 在机器学习的数据压缩问题中, 需要我们去找到一组基, 使得能够投影数据的同时最小化压缩损失.

例 1.9 设线性映射 $\Phi : \mathbb{R}^3 \to \mathbb{R}^4$ 从自然基 $\mathbf{B}$ 到 $\mathbf{C}$ 的变换矩阵为 $A = \begin{bmatrix} 1 & 2 & 0 \\ -2 & 1 & 3 \\ 3 & 5 & 1 \\ -1 & 2 & 4 \end{bmatrix}$, 其中

$$\mathbf{B} = \left(\begin{bmatrix} 1 \\ 0 \\ 0 \end{bmatrix}, \begin{bmatrix} 0 \\ 1 \\ 0 \end{bmatrix}, \begin{bmatrix} 0 \\ 0 \\ 1 \end{bmatrix} \right), \quad \mathbf{C} = \left(\begin{bmatrix} 1 \\ 0 \\ 0 \\ 0 \end{bmatrix}, \begin{bmatrix} 0 \\ 1 \\ 0 \\ 0 \end{bmatrix}, \begin{bmatrix} 0 \\ 0 \\ 1 \\ 0 \end{bmatrix}, \begin{bmatrix} 0 \\ 0 \\ 0 \\ 1 \end{bmatrix} \right).$$

求 Φ 在基 $\tilde{\mathbf{B}}$ 到基 $\tilde{\mathbf{C}}$ 的变换矩阵 $\tilde{A}$, 其中

$$\tilde{\mathbf{B}} = \left(\begin{bmatrix} 1 \\ 1 \\ 0 \end{bmatrix}, \begin{bmatrix} 0 \\ 1 \\ 1 \end{bmatrix}, \begin{bmatrix} 1 \\ 0 \\ 1 \end{bmatrix} \right), \quad \tilde{\mathbf{C}} = \left(\begin{bmatrix} 1 \\ 1 \\ 0 \\ 0 \end{bmatrix}, \begin{bmatrix} 1 \\ 0 \\ 1 \\ 0 \end{bmatrix}, \begin{bmatrix} 0 \\ 1 \\ 1 \\ 0 \end{bmatrix}, \begin{bmatrix} 1 \\ 0 \\ 0 \\ 1 \end{bmatrix} \right).$$

解 由题意知

$$S = \begin{bmatrix} 1 & 0 & 1 \\ 1 & 1 & 0 \\ 0 & 1 & 1 \end{bmatrix}, \quad T = \begin{bmatrix} 1 & 1 & 0 & 1 \\ 1 & 0 & 1 & 0 \\ 0 & 1 & 1 & 0 \\ 0 & 0 & 0 & 1 \end{bmatrix}.$$

于是,

$$\tilde{A}=T^{-1}AS=\begin{bmatrix}1&1&0&1\\1&0&1&0\\0&1&1&0\\0&0&0&1\end{bmatrix}^{-1}\begin{bmatrix}1&2&0\\-2&1&3\\3&5&1\\-1&2&4\end{bmatrix}\begin{bmatrix}1&0&1\\1&1&0\\0&1&1\end{bmatrix}=\begin{bmatrix}-\frac{7}{2}&-3&-\frac{5}{2}\\\frac{11}{2}&-1&\frac{1}{2}\\\frac{5}{2}&7&\frac{7}{2}\\1&6&3\end{bmatrix},$$

即为所求. □

1.2.4 像集与核

线性映射的像集与核是具有重要性质的向量子空间. 下面我们给出它们的定义.

定义 1.12 像集与核

设 V, W 是向量空间, $\Phi: V \to W$ 是线性映射. 则我们称

$$\ker(\Phi) := \Phi^{-1}(\mathbf{0}_W) = \{\boldsymbol{v} \in V \mid \Phi(\boldsymbol{v}) = \mathbf{0}_W\}$$

为核空间 (零空间), 称

$$\operatorname{Im}(\Phi) := \Phi(V) = \{\boldsymbol{w} \in W \mid \exists \boldsymbol{v} \in V, \Phi(\boldsymbol{v}) = \boldsymbol{w}\}$$

为像集 (值域). 分别称 V, W 为定义域与值域. ♣

可以用下面的图 1.6 来解释这两个概念.

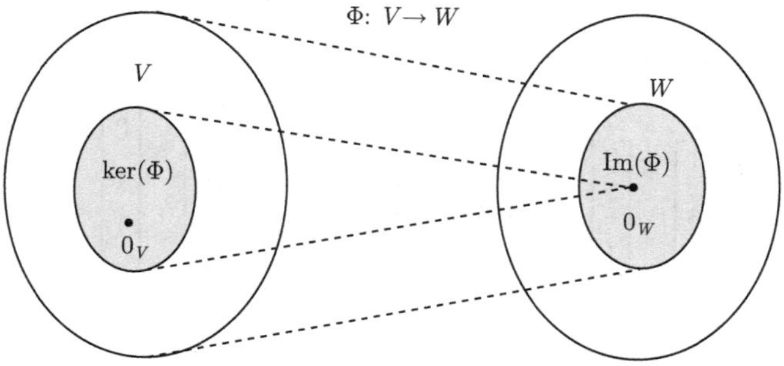

图 1.6　像集与核

根据像集与核的定义, 我们容易得到如下简单结论.

(1) 因为 $\Phi(\mathbf{0}_V) = \mathbf{0}_W$, 即 $\mathbf{0}_V \in \ker(\Phi)$, 所以零空间是非空的;

(2) $\operatorname{Im}(\Phi) \subseteq W$ 是 W 的子空间, $\ker(\Phi) \subseteq V$ 是 V 的子空间;

(3) Φ 是单射当且仅当 $\ker(\Phi)=\{\mathbf{0}\}$.

在实际应用中, 人们对像集与核的维数十分关注. 事实上, 任意线性映射的像集与核有如下重要的维数关系.

定理 1.5 秩零化度定理

设 V, W 是向量空间, $\Phi: V \to W$ 是线性映射, 则

$$\dim(\ker(\Phi)) + \dim(\operatorname{Im}(\Phi)) = \dim V.$$

♡

证明 设 $\mathbf{B}=(\boldsymbol{b}_1,\cdots,\boldsymbol{b}_n)$ 与 $\mathbf{C}=(\boldsymbol{c}_1,\cdots,\boldsymbol{c}_m)$ 分别是 V 和 W 的有序基,

$$\Phi(B)=[\Phi(\boldsymbol{b}_1),\cdots,\Phi(\boldsymbol{b}_n)]=[\boldsymbol{c}_1,\cdots,\boldsymbol{c}_m]A=CA, \tag{1.6}$$

其中 $A=[\boldsymbol{a}_1,\cdots,\boldsymbol{a}_n]\in\mathbb{R}^{m\times n}$.

一方面, 对任意的

$$\boldsymbol{x}=\sum_{i=1}^{n} x_i\boldsymbol{b}_i = B\hat{\boldsymbol{x}}\in V,$$

均有

$$\Phi(\boldsymbol{x})=\sum_{i=1}^{n} x_i\Phi(\boldsymbol{b}_i)=\Phi(B)\hat{\boldsymbol{x}}\in W.$$

进而

$$\operatorname{Im}(\Phi)=\mathbf{span}[\Phi(\boldsymbol{b}_1),\cdots,\Phi(\boldsymbol{b}_n)].$$

注意到一个向量组的线性关系与这个向量组在某组基下的坐标列向量组的线性关系完全相同. 因此, 由 (1.6) 可得

$$\dim(\operatorname{Im}(\Phi))=r(\Phi(\boldsymbol{b}_1),\cdots,\Phi(\boldsymbol{b}_n))=r(\boldsymbol{a}_1,\cdots,\boldsymbol{a}_n)=r(A).$$

另一方面, 有

$$\begin{aligned}\ker(\Phi)&=\{\boldsymbol{x}=B\hat{\boldsymbol{x}}\in V \mid \Phi(B\hat{\boldsymbol{x}})=\mathbf{0}, \hat{\boldsymbol{x}}\in\mathbb{R}^n\}\\&=\{\boldsymbol{x}=B\hat{\boldsymbol{x}}\in V \mid \Phi(B)\hat{\boldsymbol{x}}=CA\hat{\boldsymbol{x}}=\mathbf{0}, \hat{\boldsymbol{x}}\in\mathbb{R}^n\}\\&=\{\boldsymbol{x}=B\hat{\boldsymbol{x}}\in V \mid A\hat{\boldsymbol{x}}=\mathbf{0}, \hat{\boldsymbol{x}}\in\mathbb{R}^n\}.\end{aligned}$$

从而可定义 $\ker(\Phi)$ 与 $A\hat{\boldsymbol{x}}=\mathbf{0}$ 的解空间之间的一个同构映射 (即 $\boldsymbol{x}$ 与 $\hat{\boldsymbol{x}}$ 一一对应). 因此,

$$\dim(\ker(\Phi))=n-r(A)=\dim V - r(A),$$

即维数公式成立. □

秩零化度定理是线性映射的基本定理. 由此定理我们可直接得到以下结论:

(1) 如果 $0 < \dim(\mathrm{Im}(\Phi)) < \dim V$, 那么 $\ker(\Phi)$ 是非平凡的, 即

$$\dim(\ker(\Phi)) \geqslant 1;$$

(2) 如果 A 是 Φ 是给定有序基下的变换矩阵且 $0 < \dim(\mathrm{Im}(\Phi)) < \dim V$, 则齐次线性方程组 $A\boldsymbol{x} = \boldsymbol{0}$ 有无穷多个解;

(3) 如果 $\dim V = \dim W$, 那么由 $\mathrm{Im}(\Phi) \subseteq W$ 可得

$$\Phi \text{ 是单射 } \Leftrightarrow \Phi \text{ 是满射 } \Leftrightarrow \Phi \text{ 是双射}.$$

1.3 内 积 空 间

在线性空间中, 定义了加法和数乘两种运算, 这与几何空间比较, 缺乏了向量的度量性质, 例如向量的长度、向量间的夹角和正交等. 而度量性质在许多问题都是很重要的. 因此, 我们需要在线性空间中引入度量的概念.

1.3.1 内积空间的定义

在几何空间中, 向量的长度、向量间的夹角等度量性质都可以通过向量的内积定义出来. 因此, 在抽象的向量空间中, 我们需要取内积作为度量性质的基本概念.

定义 1.13 内积

设 V 是 $\mathbb{R}$ 上的线性空间, $\langle\cdot,\cdot\rangle$ 是 $V \times V \to \mathbb{R}$ 为二元实值函数. 若对任意的 $\boldsymbol{x}, \boldsymbol{y}, \boldsymbol{z} \in V$, $k \in \mathbb{R}$, $\langle\cdot,\cdot\rangle$ 满足如下四个条件:

(1) 对称性 $\langle \boldsymbol{x}, \boldsymbol{y} \rangle = \langle \boldsymbol{y}, \boldsymbol{x} \rangle$;

(2) 齐次性 $\langle k\boldsymbol{x}, \boldsymbol{y} \rangle = k\langle \boldsymbol{x}, \boldsymbol{y} \rangle$;

(3) 可加性 $\langle \boldsymbol{x}+\boldsymbol{y}, \boldsymbol{z} \rangle = \langle \boldsymbol{x}, \boldsymbol{z} \rangle + \langle \boldsymbol{y}, \boldsymbol{z} \rangle$;

(4) 正定性 $\langle \boldsymbol{x}, \boldsymbol{x} \rangle \geqslant \boldsymbol{0}$, 当且仅当 $\boldsymbol{x} = \boldsymbol{0}$ 时, $\langle \boldsymbol{x}, \boldsymbol{x} \rangle = \boldsymbol{0}$,

则称 $\langle\cdot,\cdot\rangle$ 为 V 的内积, 称定义了内积的线性空间 V 为内积空间或欧几里得空间. ♣

向量空间的内涵十分丰富, 引入内积的方法也是多种多样, 只要符合内积的四条性质即可. 需要指出的是, 同一向量空间引入不同的内积, 所定义的内积空间认为是不同的. 下面, 我们介绍几个常见向量空间的标准内积.

例 1.10 $\mathbb{R}^n$ 的标准内积 对任意的向量 $\boldsymbol{x} = [x_1, \cdots, x_n]^\top, \boldsymbol{y} = [y_1, \cdots, y_n]^\top \in \mathbb{R}^n$, 由

$$\langle \boldsymbol{x}, \boldsymbol{y} \rangle = \sum_{i=1}^{n} x_i y_i = \boldsymbol{x}^\top \boldsymbol{y}$$

定义的函数满足内积的四条性质, 称为 $\mathbb{R}^n$ 上的标准内积. 进而, 定义了标准内积的 $\mathbb{R}^n$ 是内积空间. □

例 1.11 $\mathbb{R}^{m\times n}$ 的标准内积 对任意的矩阵 $A=[a_{ij}],B=[b_{ij}]\in\mathbb{R}^{m\times n}$, 由

$$\langle A,B\rangle=\sum_{i=1}^{m}\sum_{j=1}^{n}a_{ij}b_{ij}=\operatorname{tr}(A^\top B)$$

定义的函数满足内积的四条性质 (留作习题), 即对任意的 $A,B,C\in\mathbb{R}^{m\times n}$, $k\in\mathbb{R}$, 有

(1) $\operatorname{tr}(A^\top B)=\operatorname{tr}(B^\top A)$,

(2) $\operatorname{tr}((A+C)^\top B)=\operatorname{tr}(A^\top B)+\operatorname{tr}(C^\top B)$,

(3) $\operatorname{tr}((kA)^\top B)=k\operatorname{tr}(A^\top B)$,

(4) $\operatorname{tr}(A^\top A)\geqslant 0,\quad \operatorname{tr}(A^\top A)=0\Leftrightarrow A=O$.

因此, 同型矩阵可以通过矩阵乘积的迹函数定义内积, 此内积称为 $\mathbb{R}^{m\times n}$ 上的标准内积. 进而, 定义了标准内积的 $\mathbb{R}^{m\times n}$ 是内积空间. 同型矩阵的内积是理解奇异值分解的外积形式的关键概念之一.

显然, 当 A,B 为向量时, 上述内积就是通常意义的向量内积. □

例 1.12 连续函数空间的标准内积 对于连续函数线性空间 $C[a,b]$ 中的函数 $f(x),g(x)$, 由

$$\langle f(x),g(x)\rangle=\int_a^b f(x)g(x)\mathrm{d}x$$

定义的函数根据定积分性质易知满足内积的四条性质. 因此, 它是 $C[a,b]$ 上的内积, 称之为 $C[a,b]$ 的标准内积. □

1.3.2 常见概念与相关结论

在本小节中, 我们将给出一些常见概念和相关结论, 由于一般线性代数书籍中均有介绍, 故未给出相关结论的证明.

仿照几何空间, 对一般内积空间中的元素也可以给出长度、夹角和正交等度量概念. 在给出这些定义之前, 我们先介绍称为柯西-施瓦茨 (Cauchy-Schwarz) 不等式的内积的重要性质.

定理 1.6 Cauchy-Schwarz 不等式

设 V 是线性空间. 若 $\langle\cdot,\cdot\rangle$ 是 V 上的内积, 则对任意的 $\boldsymbol{x},\boldsymbol{y}\in V$, 有

$$\langle\boldsymbol{x},\boldsymbol{y}\rangle^2\leqslant\langle\boldsymbol{x},\boldsymbol{x}\rangle\langle\boldsymbol{y},\boldsymbol{y}\rangle,$$

且等号成立充分必要条件是 $\boldsymbol{x}$ 与 $\boldsymbol{y}$ 线性相关. ♡

该定理的证明留作习题, 请读者自证.

设 V 为内积空间. 对任意的 $\boldsymbol{x} \in V$, 称非负实数 $\sqrt{\langle \boldsymbol{x}, \boldsymbol{x} \rangle}$ 为 $\boldsymbol{x}$ 的**长度** (**范数**), 记为 $||\boldsymbol{x}||$. 若 $||\boldsymbol{x}|| = 1$, 则称 $\boldsymbol{x}$ 为**单位向量**. 由 Cauchy-Schwarz 不等式知

$$|\langle \boldsymbol{x}, \boldsymbol{y} \rangle| \leqslant ||\boldsymbol{x}||||\boldsymbol{y}||.$$

于是可定义 V 中的非零向量 $\boldsymbol{x}$ 与 $\boldsymbol{y}$ 的**夹角** ω 为

$$\omega = \arccos \frac{\langle \boldsymbol{x}, \boldsymbol{y} \rangle}{||\boldsymbol{x}||||\boldsymbol{y}||}.$$

对任意的 $\boldsymbol{x}, \boldsymbol{y} \in V$, 如果 $\langle \boldsymbol{x}, \boldsymbol{y} \rangle = 0$, 那么称 $\boldsymbol{x}$ 与 $\boldsymbol{y}$ **正交**, 记为 $\boldsymbol{x} \perp \boldsymbol{y}$.

与几何向量类似, 向量间的夹角是刻画向量间的线性相关程度, 夹角的余弦越大, 说明两个向量的相关性就越大, 而夹角的余弦越小, 两个向量的相关性就越差, 当两个向量正交时, 即夹角余弦为 0 时, 两个向量无线性相关性.

向量正交是内积空间中的重要概念, 在实际应用中, 经常将向量正交推广到向量组正交以及子空间的正交.

若内积空间中一组非零向量两两正交, 则称该向量组为正交向量组. 可以证明正交向量组必为线性无关组.

在 n 维内积空间中, 由 n 个非零向量组成正交向量组称为正交基. 由单位向量组成的正交基称为标准正交基.

有限维内积空间的任意一组基总可以通过 Gram-Schmidt 正交化方法化为标准正交基. 因此, 有限维内积空间总存在标准正交基.

设 V 是内积空间, W, W_1 和 W_2 是 V 的子空间.

(1) 如果 $\boldsymbol{x} \in V$ 与子空间 W 中的所有向量正交, 那么称 $\boldsymbol{x}$ 与 W 正交, 记为 $\boldsymbol{x} \perp W$.

(2) 如果 W_1 中的任何向量均正交于子空间 W_2, 那么称 W_1 与 W_2 正交, 记为 $W_1 \perp W_2$.

(3) 称子空间 $\{\boldsymbol{x} \in V \mid \boldsymbol{x} \perp \boldsymbol{y}, \forall\ \boldsymbol{y} \in W\}$ 为 W 的正交补子空间, 简称正交补, 记为 $W^{\perp}$.

根据定义, 如果 W 为 V 的子空间, 那么 $V = W \oplus W^{\perp}$. 同时, 可以证明 $W^{\perp}$ 是唯一的.

由于在内积空间中定义了三种运算, 我们不仅关注保持线性运算的变换, 而且对保持内积不变的变换特别感兴趣. 此类变换称之为正交变换.

定义 1.14 正交变换

设 V 为内积空间, $\Phi: V \to V$ 是线性变换. 若对任意的 $\boldsymbol{x}, \boldsymbol{y} \in V$, 有

$$\langle \boldsymbol{x}, \boldsymbol{y} \rangle = \langle \Phi(\boldsymbol{x}), \Phi(\boldsymbol{y}) \rangle,$$

则称 Φ 为 V 上的正交变换. ♣

可以证明正交变换在任意的标准正交基下的矩阵都是正交矩阵. 向量的内积、向量的长度以及向量间的夹角均是正交变换下的不变量.

1.3.3 四个基本子空间

从秩零化度定理的证明中不难发现, 线性映射的值域和核与变换矩阵紧密相关. 因此, 了解与变换矩阵相关的子空间很有必要. 在本小节, 我们将介绍与矩阵相关的四个基本子空间, 它们在机器学习中经常用到.

定义 1.15

给定 $A \in \mathbb{R}^{m \times n}$, 设 $\boldsymbol{u}_1, \cdots, \boldsymbol{u}_n \in \mathbb{R}^m$, $\boldsymbol{v}_1, \cdots, \boldsymbol{v}_m \in \mathbb{R}^n$ 分别是 A 和 $A^\top$ 的列向量组. 则定义如下四个子空间.

1. 列空间 $C(A)$: 由 A 的列向量组张成的子空间, 即

$$C(A) = \mathbf{span}[\boldsymbol{u}_1, \cdots, \boldsymbol{u}_n] = \left\{ \sum_{i=1}^{n} x_i \boldsymbol{u}_i \mid x_1, \cdots, x_n \in \mathbb{R} \right\} \subset \mathbb{R}^m.$$

2. 行空间 $C(A^\top)$: 由 $A^\top$ 的列向量组张成的子空间, 即

$$C(A^\top) = \mathbf{span}[\boldsymbol{v}_1, \cdots, \boldsymbol{v}_m] = \left\{ \sum_{i=1}^{m} y_i \boldsymbol{v}_i \mid y_1, \cdots, y_m \in \mathbb{R} \right\} \subset \mathbb{R}^n.$$

3. 零空间 $N(A)$: 齐次线性方程组 $A\boldsymbol{x} = \mathbf{0}$ 的解空间, 即

$$N(A) = \{\boldsymbol{x} \mid A\boldsymbol{x} = \mathbf{0}, \boldsymbol{x} \in \mathbb{R}^n\}.$$

4. 左零空间 $N(A^\top)$: 齐次线性方程组 $A^\top \boldsymbol{y} = \mathbf{0}$ 的解空间, 即

$$N(A^\top) = \{\boldsymbol{y} \mid A^\top \boldsymbol{y} = \mathbf{0}, \boldsymbol{y} \in \mathbb{R}^m\}.$$

♣

任意给定 $A = [\boldsymbol{u}_1, \cdots, \boldsymbol{u}_n] \in \mathbb{R}^{m \times n}$, 可定义线性映射

$$\Phi: \mathbb{R}^n \to \mathbb{R}^m, \quad \boldsymbol{x} \mapsto A\boldsymbol{x}.$$

则

$$\Phi(\mathbb{R}^n) = \{A\boldsymbol{x} \mid \boldsymbol{x} \in \mathbb{R}^n\} = \left\{\sum_{i=1}^{n} x_i\boldsymbol{u}_i \mid x_1, \cdots, x_n \in \mathbb{R}\right\}$$

$$= \mathbf{span}[\boldsymbol{u}_1, \cdots, \boldsymbol{u}_n] \subseteq \mathbb{R}^m,$$

即像集 $\Phi(\mathbb{R}^n) = C(A)$, 并且是 $\mathbb{R}^m$ 子空间, 其中 m 是矩阵的“高度”. 而线性映射 Φ 的核空间 $\ker(\Phi)$ 恰好是齐次线性方程组 $A\boldsymbol{x} = \mathbf{0}$ 的解空间 $N(A)$, 是 $\mathbb{R}^n$ 的子空间, 其中 n 是矩阵的“宽度”.

下面, 我们需要关注这些子空间的联系. 若任取 $\boldsymbol{x} \in N(A)$, 则 $A\boldsymbol{x} = \mathbf{0}$, 即

$$A\boldsymbol{x} = \begin{bmatrix} \boldsymbol{v}_1^\top \\ \vdots \\ \boldsymbol{v}_m^\top \end{bmatrix} \boldsymbol{x} = \begin{bmatrix} \boldsymbol{v}_1^\top\boldsymbol{x} \\ \vdots \\ \boldsymbol{v}_m^\top\boldsymbol{x} \end{bmatrix} = \mathbf{0}.$$

于是

$$\boldsymbol{v}_i^\top\boldsymbol{x} = 0, \quad i = 1, \cdots, m.$$

这表明零空间 $N(A)$ 与行空间 $C(A^\top)$ 正交. 又

$$\dim(C(A^\top)) + \dim(N(A)) = r(A^\top) + n - r(A) = n,$$

故零空间 $N(A)$ 是行空间 $C(A^\top)$ 在 $\mathbb{R}^n$ 的正交补. 同理, 左零空间 $N(A^\top)$ 是列空间 $C(A)$ 在 $\mathbb{R}^m$ 的正交补. 即我们有如下结论:

$$N(A)^\perp = C(A^\top), \quad N(A) \oplus C(A^\top) = \mathbb{R}^n;$$

$$N(A^\top)^\perp = C(A), \quad N(A^\top) \oplus C(A) = \mathbb{R}^m.$$

显然, 对任意 $\boldsymbol{x}_{\text{row}} \in C(A^\top)$, $A\boldsymbol{x}_{\text{row}} \in C(A)$; 对任意的 $\boldsymbol{x}_{\text{null}} \in N(A)$, $A\boldsymbol{x}_{\text{null}} = \mathbf{0}$. 于是我们有如下的四个子空间的关系图 (图 1.7).

任取 $\boldsymbol{x} \in \mathbb{R}^n$, 由 $N(A) \oplus C(A^\top) = \mathbb{R}^n$ 可设

$$\boldsymbol{x} = \boldsymbol{x}_{\text{row}} + \boldsymbol{x}_{\text{null}},$$

其中 $\boldsymbol{x}_{\text{row}} \in C(A^\top)$, $\boldsymbol{x}_{\text{null}} \in N(A)$. 于是

$$A\boldsymbol{x} = A(\boldsymbol{x}_{\text{row}} + \boldsymbol{x}_{\text{null}}) = A\boldsymbol{x}_{\text{row}} + A\boldsymbol{x}_{\text{null}} = A\boldsymbol{x}_{\text{row}}.$$

进而, 由直和分解的唯一性可知, 任取 $\boldsymbol{x} \in \mathbb{R}^n$, $A\boldsymbol{x}$ 均可以由 $A\boldsymbol{x}_{\text{row}}$ 唯一确定. 这表明, 如果我们考虑矩阵映射: $\Phi : \mathbb{R}^n \to \mathbb{R}^m$, $\boldsymbol{x} \mapsto A\boldsymbol{x}$, 那么只需要考虑此映射在行空间的限制, 即

$$\Phi_{C(A^\top)} : C(A^\top) \to C(A), \qquad \boldsymbol{x} \mapsto A\boldsymbol{x}_{\text{row}}.$$

注意到, 不仅空间维数降低了, 而且此映射是同构映射, 在实际问题处理过程中比原映射容易得多.

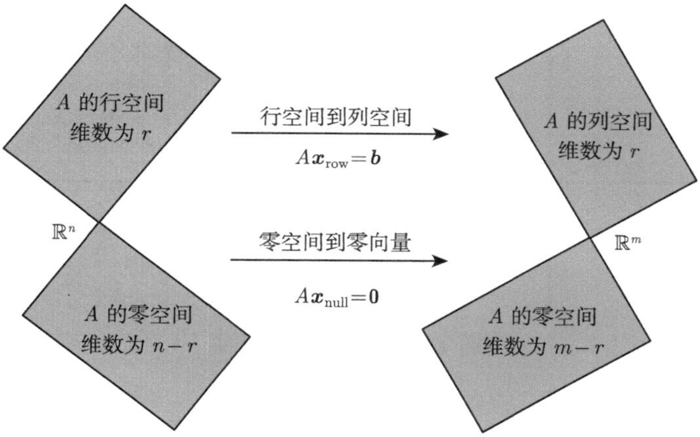

图 1.7 四个基本子空间: 维数从 n 到 m

例 1.13 设 $\boldsymbol{u} = \begin{bmatrix} 1 \\ 3 \end{bmatrix}$, $\boldsymbol{v} = \begin{bmatrix} 1 \\ 2 \end{bmatrix}$. 则 $A = \boldsymbol{u}\boldsymbol{v}^\top = \begin{bmatrix} 1 & 2 \\ 3 & 6 \end{bmatrix}$. 矩阵 A 的四个基本子空间 (见图 1.8) 为

(1) 列空间 $C(A)$ 是通过 $\boldsymbol{u} = [1, 3]^\top$ 的直线.

(2) 行空间 $C(A^\top)$ 是通过 $\boldsymbol{v} = [1, 2]^\top$ 的直线.

(3) 零空间 $N(A)$ 是通过 $\boldsymbol{x} = [2, -1]^\top$ 的直线, 其中 $A\boldsymbol{x} = \boldsymbol{0}$.

(4) 左零空间 $N(A^\top)$ 是通过 $\boldsymbol{y} = [3, -1]^\top$ 的直线, 其中 $A^\top\boldsymbol{y} = \boldsymbol{0}$. □

例 1.14 设 $B = \begin{bmatrix} 1 & -2 & -2 \\ 3 & -6 & -6 \end{bmatrix}$. 容易看出矩阵 B 与上例 A 的列空间和左零空间是相同的. 行空间 $C(B^\top)$ 是通过 $\boldsymbol{v} = [1, -2, -2]^\top$ 的直线, 是 $\mathbb{R}^3$ 的子空间. 又 $B\boldsymbol{x} = \boldsymbol{0}$ 的基础解系为

$$\boldsymbol{x}_1 = \begin{bmatrix} 2 \\ 1 \\ 0 \end{bmatrix}, \quad \boldsymbol{x}_2 = \begin{bmatrix} 2 \\ 0 \\ 1 \end{bmatrix},$$

故 $N(B)$ 是通过 $\boldsymbol{x}_1, \boldsymbol{x}_2$ 的平面. 此时, $\boldsymbol{x}_1$ 与 $\boldsymbol{x}_2$ 不正交, 可寻找到该空间的一组标准正交基

$$\boldsymbol{v}_2 = \frac{1}{3}\begin{bmatrix} 2 \\ -1 \\ 2 \end{bmatrix}, \quad \boldsymbol{v}_3 = \frac{1}{3}\begin{bmatrix} 2 \\ 2 \\ -1 \end{bmatrix}.$$

同时, 我们可将 $\boldsymbol{v}$ 单位化得到 $\boldsymbol{v}_1 = \dfrac{1}{3}[1, -2, -2]^{\top}$. 这样 $\boldsymbol{v}_1, \boldsymbol{v}_2, \boldsymbol{v}_3$ 就构成了 $\mathbb{R}^3$ 的一组标准正交基. 于是, 我们有如下关系图 1.9.

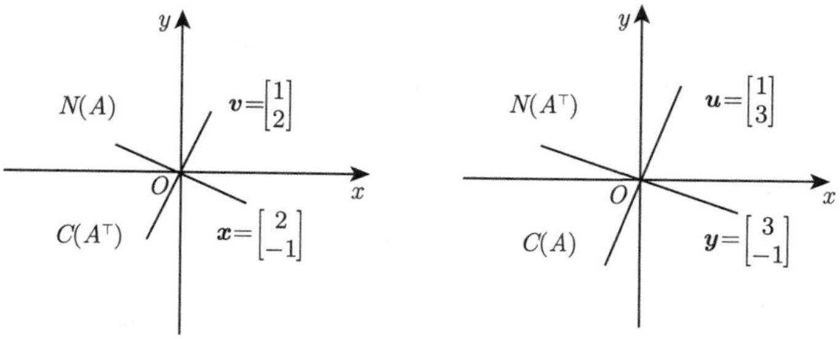

图 1.8　四个基本子空间

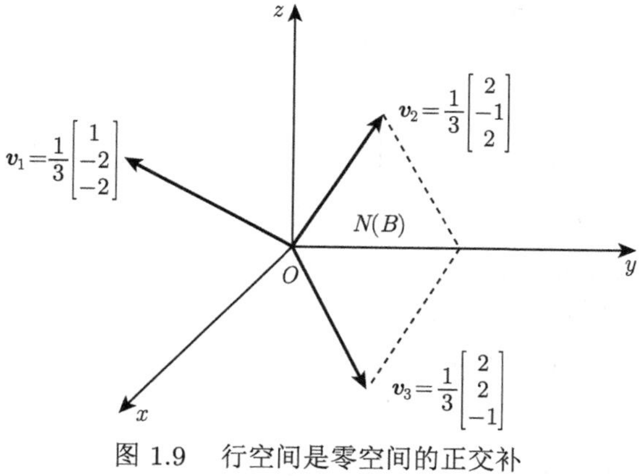

图 1.9　行空间是零空间的正交补

□

下面是一个关于图的关联矩阵的例子. 图是离散数学在应用中最重要的模型, 你到处都能看到图表: 道路、管道、血液流动、大脑、网络、国家或世界经济. 这个例子是值得理解的, 四个子空间在图上都有意义. 当理解了关联矩阵的四个基本子空间 (关联矩阵及转置的列空间和零空间) 时, 你就掌握了线性代数的一个中心思想.

例 1.15 图的关联矩阵与子空间 图 1.10 的左边是一个简单的图, 有 4 个节点和 5 条边. 图 1.10 的右边是该图的关联矩阵 A, 它每一行上都有 1 和 -1, 以显示每条边的结束节点和开始节点.

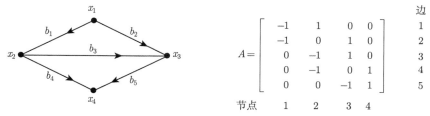

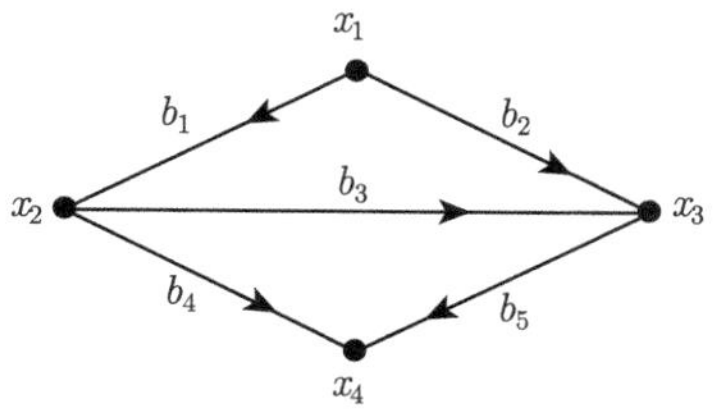

$$A=\begin{bmatrix} -1 & 1 & 0 & 0 \\ -1 & 0 & 1 & 0 \\ 0 & -1 & 1 & 0 \\ 0 & -1 & 0 & 1 \\ 0 & 0 & -1 & 1 \end{bmatrix}\begin{matrix} \text{边} \\ 1 \\ 2 \\ 3 \\ 4 \\ 5 \end{matrix}$$

节点 1 2 3 4

图 1.10 图与关联矩阵

在图 1.10 中, 每个节点代表未知数, 每条边都对应一个方程, 其中方程有四个未知数 (图 1.10 中每个节点代表一个). 例如: 包含节点 1 和节点 2 的这条边, 可用方程 $x_1+b_1=x_2$ 来表示. 图中所有的边就构成了线性方程组

$$\begin{cases} -x_1 & +x_2 & & & =b_1, \\ -x_1 & & +x_3 & & =b_2, \\ & -x_2 & +x_3 & & =b_3, \\ & -x_2 & & +x_4 & =b_4, \\ & & -x_3 & +x_4 & =b_5. \end{cases}$$

这个方程组的系数矩阵恰好是图的关联矩阵 A, 故可记为 $A\boldsymbol{x}=\boldsymbol{b}$, 其中 $\boldsymbol{b}=[b_1,\cdots,b_5]^\top$.

现在, 我们来看 A 的四个基本子空间.

零空间 $N(A)$: 因为齐次方程组 $A\boldsymbol{x}=\boldsymbol{0}$ 的基础解系为 $\boldsymbol{u}=[1,1,1,1]^\top$, 所以

$$N(A)=\textbf{span}[\boldsymbol{u}]\subset\mathbb{R}^4,$$

即由所有分量相同的向量构成的集合.

列空间 $C(A)$: 对于列空间, 容易找到 A 的列向量 $\boldsymbol{c}_1,\boldsymbol{c}_2,\boldsymbol{c}_3,\boldsymbol{c}_4$ 的最大线性无关组

$$\boldsymbol{c}_1=\begin{bmatrix} -1 \\ -1 \\ 0 \\ 0 \\ 0 \end{bmatrix},\quad \boldsymbol{c}_2=\begin{bmatrix} 1 \\ 0 \\ -1 \\ -1 \\ 0 \end{bmatrix},\quad \boldsymbol{c}_3=\begin{bmatrix} 0 \\ 1 \\ 1 \\ 0 \\ -1 \end{bmatrix},$$

故

$$C(A)=\mathbf{span}[\boldsymbol{c}_1,\boldsymbol{c}_2,\boldsymbol{c}_3]\subset\mathbb{R}^5.$$

而 $\boldsymbol{c}_4=-\boldsymbol{c}_1-\boldsymbol{c}_2-\boldsymbol{c}_3$, 说明节点 4 的信息可由前三个节点得到.

行空间 $C(A^\top)$: 考虑 A 的行向量 $\boldsymbol{r}_1,\boldsymbol{r}_2,\boldsymbol{r}_3,\boldsymbol{r}_4,\boldsymbol{r}_5$. 容易得知 $\boldsymbol{r}_3=\boldsymbol{r}_2-\boldsymbol{r}_1$, 说明 $\boldsymbol{r}_1,\boldsymbol{r}_2,\boldsymbol{r}_3$ 线性相关. 而 $\boldsymbol{r}_1,\boldsymbol{r}_2,\boldsymbol{r}_4$ 线性无关. 这说明

$$C(A^\top)=\mathbf{span}[\boldsymbol{r}_1,\boldsymbol{r}_2,\boldsymbol{r}_4]\subset\mathbb{R}^4.$$

图中的每条边对于与关联矩阵的行, 我们可以发现 (图 1.11)

- 边 1, 2, 3 在图中是一个**圈** (loop), 对应的行向量 $\boldsymbol{r}_1,\boldsymbol{r}_2,\boldsymbol{r}_3$ 线性相关;
- 边 1, 2, 4 在图中是一个**树** (tree), 对应的行向量 $\boldsymbol{r}_1,\boldsymbol{r}_2,\boldsymbol{r}_4$ 线性无关.

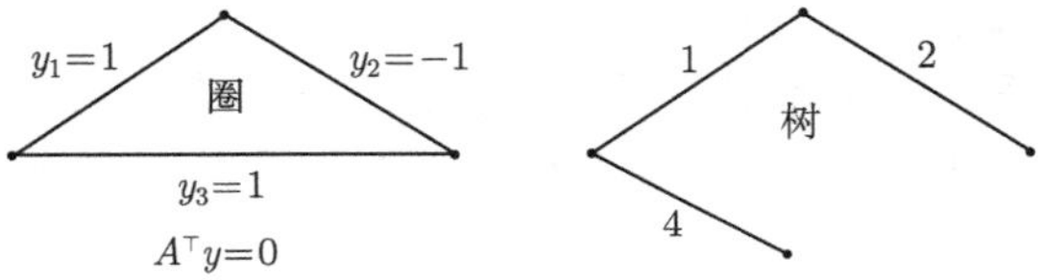

图 1.11　圈与树

左零空间 $N(A^\top)$: 此时需要求解 $A^\top\boldsymbol{y}=\mathbf{0}$. 由 $\boldsymbol{r}_3=\boldsymbol{r}_2-\boldsymbol{r}_1$ 知, $\boldsymbol{r}_1-\boldsymbol{r}_2+\boldsymbol{r}_3=\mathbf{0}$. 于是 $\boldsymbol{v}_1=[1,-1,1,0,0]^\top$ 是 $A^\top\boldsymbol{y}=\mathbf{0}$ 的一个解. 通过图 1.11 中的圈, 我们可以这样理解: 边 1 和边 3 是正向运动, 而边 2 是反向运动的.

通过观察图 1.10 可以得到: 边 3, 边 4 和边 5 也构成了圈, 并且边 4 是正向的, 边 3 和边 5 是反向的. 说明 $\boldsymbol{r}_3,\boldsymbol{r}_4,\boldsymbol{r}_5$ 线性相关, 并且 $-\boldsymbol{r}_3+\boldsymbol{r}_4-\boldsymbol{r}_5=\mathbf{0}$. 进而 $\boldsymbol{v}_2=[0,0,-1,1,-1]^\top$ 是 $A^\top\boldsymbol{y}=\mathbf{0}$ 的一个解. 因为

$$\dim(N(A^\top))=5-\dim(C(A^\top))=2,$$

所以 $\boldsymbol{v}_1,\boldsymbol{v}_2$ 构成了 $N(A^\top)$ 的一组基. 从而

$$N(A^\top)=\mathbf{span}[\boldsymbol{v}_1,\boldsymbol{v}_2]\subset\mathbb{R}^5.$$

在实际情况中, 我们一般不会采用 "圈" 和 "树" 来计算解 $A^\top\boldsymbol{y}=\mathbf{0}$ 的解. 但是圈和树是我们鉴别矩阵行向量线性相关和线性无关的一种很好的方法. 图的应用十分广泛, 例如在电气网络中, 方程 $A^\top\boldsymbol{y}=\mathbf{0}$ 的解给出了图的五条边上的 "电流" $\boldsymbol{y}_1,\boldsymbol{y}_2,\boldsymbol{y}_3,\boldsymbol{y}_4,\boldsymbol{y}_5$, 绕圈流动遵循基尔霍夫定律: 输入 = 输出. 这些词用于电气网络. 但这些词背后的思想同样适用于工程技术、自然科学和经济管理. 例如: 均势、流动和预算. □

1.4 仿射子空间与仿射映射

在本节中, 我们将介绍与原点偏移的仿射空间. 此外, 我们还将简要讨论这些仿射空间之间类似于线性映射的仿射映射. 在机器学习许多文献中, 线性和仿射之间的区别有时分不清楚, 使得我们可能找到仿射空间 (映射) 作为线性空间 (映射) 引用的情况.

1.4.1 仿射子空间

定义 1.16 仿射子空间

设 V 是向量空间, $\boldsymbol{x}_0 \in V$ 且 U 是 V 的子空间. 那么子集合

$$L = \boldsymbol{x}_0 + U = \{\boldsymbol{x}_0 + \boldsymbol{u} \mid \boldsymbol{u} \in U\}$$

称为 V 的仿射子空间或线性流形, U 称为方向或方向空间, $\boldsymbol{x}_0$ 称为支持点, 子空间 U 的维数称为 L 的维数. ♣

注意到, 由定义知: 若 $\boldsymbol{x}_0 \notin U$, 则仿射子空间不包含零元. 进而, 仿射子空间就不是 V 的线性子空间. 例如, 在 $\mathbb{R}^3$ 中, 仿射子空间为单点、直线和平面, 它们未必通过原点.

定理 1.7

设 $L = \boldsymbol{x}_0 + U$ 和 $\tilde{L} = \tilde{\boldsymbol{x}}_0 + \tilde{U}$ 是向量空间 V 的仿射子空间. 那么 $L \subseteq \tilde{L}$ 当且仅当 $U \subseteq \tilde{U}$ 且 $\boldsymbol{x}_0 - \tilde{\boldsymbol{x}}_0 \in \tilde{U}$. ♡

证明 必要性. 设 $L \subseteq \tilde{L}$. 先证 $\boldsymbol{x}_0 - \tilde{\boldsymbol{x}}_0 \in \tilde{U}$. 因为 $\boldsymbol{x}_0 \in L \subseteq \tilde{L}$, 所以存在 $\tilde{\boldsymbol{u}}_0 \in \tilde{U}$, 使得 $\boldsymbol{x}_0 = \tilde{\boldsymbol{x}}_0 + \tilde{\boldsymbol{u}}_0$. 故 $\boldsymbol{x}_0 - \tilde{\boldsymbol{x}}_0 \in \tilde{U}$. 下证 $U \subseteq \tilde{U}$.

任取 $\boldsymbol{u} \in U$, 我们有 $\boldsymbol{x}_0 + \boldsymbol{u} \in L \subseteq \tilde{L}$. 于是存在 $\tilde{\boldsymbol{u}} \in U$, 使得

$$\boldsymbol{x}_0 + \boldsymbol{u} = \tilde{\boldsymbol{x}}_0 + \tilde{\boldsymbol{u}}.$$

从而

$$\boldsymbol{u} = \tilde{\boldsymbol{x}}_0 - \boldsymbol{x}_0 + \tilde{\boldsymbol{u}} \in \tilde{U}.$$

充分性. 设 $U \subseteq \tilde{U}$ 且 $\boldsymbol{x}_0 - \tilde{\boldsymbol{x}}_0 \in \tilde{U}$. 任取 $\boldsymbol{l} \in L$, 则存在 $\boldsymbol{u} \in U \subseteq \tilde{U}$ 使得

$$\boldsymbol{l} = \boldsymbol{x}_0 + \boldsymbol{u} = \tilde{\boldsymbol{x}}_0 + \boldsymbol{x}_0 - \tilde{\boldsymbol{x}}_0 + \boldsymbol{u}.$$

注意到 $\boldsymbol{x}_0 - \tilde{\boldsymbol{x}}_0 + \boldsymbol{u} \in \tilde{U}$, 我们有 $\boldsymbol{l} \in \tilde{L}$. □

仿射子空间通常用参数来描述: 考虑 V 上 k 维仿射空间 $L = \boldsymbol{x}_0 + U$. 如果 $(\boldsymbol{b}_1, \cdots, \boldsymbol{b}_k)$ 是 U 的一组有序基, 那么对任意 $\boldsymbol{x} \in L$ 均能唯一地表示为

$$\boldsymbol{x} = \boldsymbol{x}_0 + \lambda_1 \boldsymbol{b}_1 + \cdots + \lambda_k \boldsymbol{b}_k = \boldsymbol{x}_0 + \sum_{i=1}^{k} \lambda_i \boldsymbol{b}_i,$$

其中 $\lambda_1, \cdots, \lambda_k \in \mathbb{R}$. 这种表示法称为带方向 $\boldsymbol{b}_1, \cdots, \boldsymbol{b}_k$ 和参数 $\lambda_1, \cdots, \lambda_k$ 的 L 的参数方程.

例 1.16　仿射子空间

(1) 一维仿射子空间通常称为**直线**, 可表示为 $\boldsymbol{y} = \boldsymbol{x}_0 + \lambda \boldsymbol{x}_1$, 其中 $\lambda \in \mathbb{R}$, $U = \mathbf{span}[\boldsymbol{x}_1] \subseteq \mathbb{R}^n$ 是一维线性子空间. 这意味着该直线由支撑点 $\boldsymbol{x}_0$ 和向量 $\boldsymbol{x}_1$ 张成的方向空间所确定, 如图 1.12 所示.

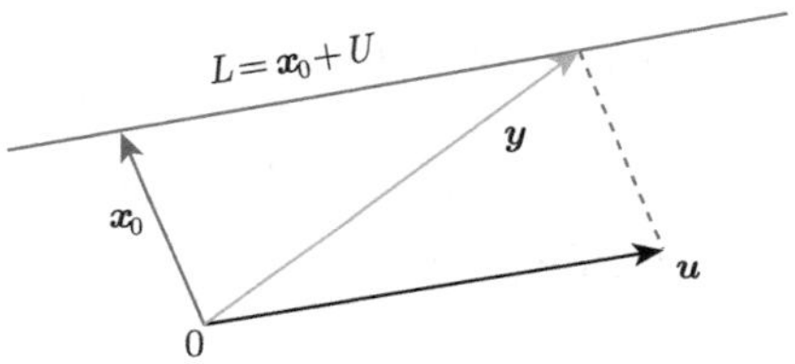

图 1.12　一维仿射子空间

(2) 二维仿射子空间通常称为**平面**, 其参数方程可表示为

$$\boldsymbol{y} = \boldsymbol{x}_0 + \lambda_1 \boldsymbol{x}_1 + \lambda_2 \boldsymbol{x}_2,$$

其中 $\lambda_1, \lambda_2 \in \mathbb{R}$, $U = \mathbf{span}[\boldsymbol{x}_1, \boldsymbol{x}_2] \subseteq \mathbb{R}^2$ 是二维线性子空间. 这表明该平面由支撑点 $\boldsymbol{x}_0$ 和两个线性无关的向量 $\boldsymbol{x}_1$ 和 $\boldsymbol{x}_2$ 生成的方向空间所确定 (见图 1.13).

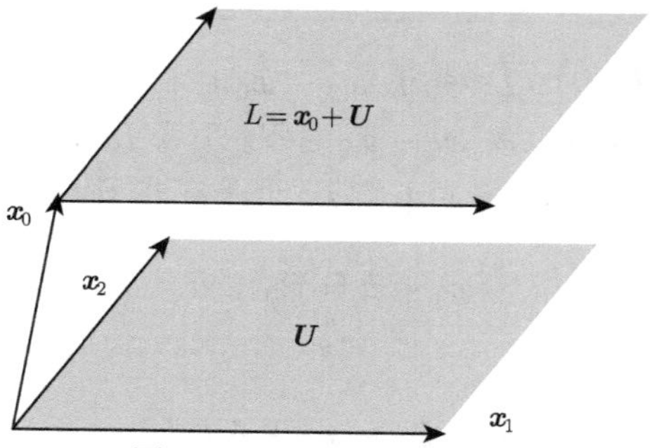

图 1.13　二维仿射子空间

(3) 在 $\mathbb{R}^n$ 中, $n-1$ 维仿射子空间称为**超平面**, 其对应的参数方程为

$$\boldsymbol{y} = \boldsymbol{x}_0 + \lambda_1 \boldsymbol{x}_1 + \cdots + \lambda_{n-1} \boldsymbol{x}_{n-1} = \boldsymbol{x}_0 + \sum_{i=1}^{n-1} \lambda_i \boldsymbol{x}_i,$$

其中 $U = \mathbf{span}[\boldsymbol{x}_1, \cdots, \boldsymbol{x}_{n-1}] \subseteq \mathbb{R}^n$ 是 $n-1$ 维线性子空间. 在 $\mathbb{R}^2$ 中, 直线也是超平面, 在 $\mathbb{R}^3$ 中, 平面是超平面. □

对任意给定的 $A \in \mathbb{R}^{m\times n}$ 和 $\boldsymbol{b} \in \mathbb{R}^m$, 线性方程组 $A\boldsymbol{x} = \boldsymbol{b}$ 的解集是空集或 $n - r(A)$ 维仿射子空间. 特别地, 线性方程组

$$\lambda_1\boldsymbol{x}_1 + \cdots + \lambda_n\boldsymbol{x}_n = \boldsymbol{b}$$

的解集是 $\mathbb{R}^n$ 的超平面, 其中 $[\lambda_1, \cdots, \lambda_n]^\top$ 为非零向量. 反之, 在 $\mathbb{R}^n$ 中任意 k 维仿射子空间 $L = \boldsymbol{x}_0 + U$ 均可以作为某个线性方程组 $A\boldsymbol{x} = \boldsymbol{b}$ 的解集, 其中 $A \in \mathbb{R}^{m\times n}, \boldsymbol{b} \in \mathbb{R}^m$, $N(A) = U$ 且 $\boldsymbol{x}_0$ 为 $A\boldsymbol{x} = \boldsymbol{b}$ 的任一特解. 特别地, 在 $\mathbb{R}^n$ 中任意 k 维线性子空间是 $A\boldsymbol{x} = \boldsymbol{0}$ 的解集, 只需取 $\boldsymbol{x}_0 = \boldsymbol{0}$ 即可.

1.4.2 仿射映射

与先前讨论的向量空间之间的线性映射类似, 可定义两个仿射空间之间的如下映射.

定义 1.17 仿射映射

设 V, W 是向量空间, $\Phi: V \to W$ 是线性映射, $\boldsymbol{a} \in W$. 则映射

$$\phi: V \to W, \quad \boldsymbol{x} \mapsto \boldsymbol{a} + \Phi(\boldsymbol{x})$$

称为 V 到 W 的一个仿射映射, 向量 $\boldsymbol{a}$ 称为 ϕ 的平移向量. ♣

线性映射和仿射映射密切相关, 线性映射中许多性质仍适用于仿射映射. 例如, 线性映射的合成 (乘积) 是线性映射, 也适用于仿射映射.

每个仿射映射 $\phi: V \to W$ 可以看成线性映射 $\Phi: V \to W$ 和平移映射 $\tau: W \to W$ 的合成, 可记为 $\phi = \tau \circ \Phi$. 其映射过程如下:

$$\begin{aligned} \phi = \tau \circ \Phi: V &\xrightarrow{\Phi} W \xrightarrow{\tau} W, \\ \boldsymbol{x} &\mapsto \Phi(\boldsymbol{x}) \mapsto \boldsymbol{a} + \Phi(\boldsymbol{x}). \end{aligned}$$

显然, 映射是唯一的. 特别地, 若 $\phi: \mathbb{R}^n \to \mathbb{R}^m$ 为仿射映射, 则存在 $A \in \mathbb{R}^{m\times n}$, $a \in \mathbb{R}^m$ 使得对任意的 $\boldsymbol{x} \in \mathbb{R}^n$, 有 $\phi(\boldsymbol{x}) = A\boldsymbol{x} + \boldsymbol{a}$.

仿射映射的合成 (乘积) 仍是仿射映射, 即仿射映射 $\phi: V \to W$ 和 $\phi': W \to U$ 的合成映射 $\phi' \circ \phi: V \to U$ 仍是仿射映射. 此结论读者可以自证.

从几何上看, 仿射映射保持几何结构不变, 保留了维度和平行度.

习　题　1

1. 判断下列定义了运算的集合是否为群, 如果是, 说明是否为阿贝尔群:

(1) 定义了加法的自然数集合 $(\mathbb{N},+)$;

(2) 定义了乘法的实数集合 $(\mathbb{R},\times)$;

(3) 定义了乘法的非零实数集 $(\mathbb{R}\setminus\{0\},\times)$;

(4) 定义了向量加法的 n 维实向量集合 $(\mathbb{R}^n,+)$ 和整向量集合 $(\mathbb{Z}^n,+)$;

(5) 定义了矩阵加法的同型实矩阵集合 $(\mathbb{R}^{m\times n},+)$;

(6) 定义了矩阵乘法的 n 阶实矩阵集合 $(\mathbb{R}^{n\times n},\times)$.

2. 考虑 $(\mathbb{R}\backslash\{-1\},\star)$, 其中运算 $\star$ 定义如下:

$$a\star b:=ab+a+b,\quad a,b\in\mathbb{R}\backslash\{-1\}.$$

(1) 证明 $(\mathbb{R}\backslash\{-1\},\star)$ 是一个阿贝尔群;

(2) 在阿贝尔群 $(\mathbb{R}\backslash\{-1\},\star)$ 中, 求解方程 $3\star x\star x=15$.

3. 定义 3×3 矩阵集合 $\mathcal{G}$ 如下:

$$\mathcal{G}=\left\{\begin{bmatrix}1&x&z\\0&1&y\\0&0&1\end{bmatrix}\in\mathbb{R}^{3\times 3}\,\middle|\,x,y,z\in\mathbb{R}\right\}.$$

若运算 $\cdot$ 是标准的矩阵乘法, 说明 $(\mathcal{G},\cdot)$ 是否为群. 如果是, 说明是否为阿贝尔群.

4. 判断以下哪些集合在标准的向量加法和数乘下是 $\mathbb{R}^3$ 的子空间?

(1) $A=\{(\lambda,\lambda+\mu^3,\lambda-\mu^3)\mid\lambda,\mu\in\mathbb{R}\}$;

(2) $B=\{(\lambda^2,-\lambda^2,0)\mid\lambda\in\mathbb{R}\}$;

(3) $C=\{(\xi_1,\xi_2,\xi_3)\in\mathbb{R}^3\mid\xi_1-2\xi_2+3\xi_3=\gamma,\ \gamma\in\mathbb{R}\}$;

(4) $D=\{(\xi_1,\xi_2,\xi_3)\in\mathbb{R}^3\mid\xi_2\in\mathbb{Z}\}$.

5. 设 U_1 和 U_2 分别是 A_1 和 A_2 的零空间, V_1 和 V_2 分别是 A_1 和 A_2 的列空间, 其中

$$A_1=\begin{bmatrix}1&0&1\\1&-2&-1\\2&1&3\\1&0&1\end{bmatrix},\quad A_2=\begin{bmatrix}3&-3&0\\1&2&3\\7&-5&2\\3&-1&2\end{bmatrix}.$$

(1) 求 U_1 和 U_2 的维数和一组基;

(2) 求 V_1 和 V_2 的维数和一组基;

(3) 求 $U_1\cap U_2$ 和 $V_1\cap V_2$ 的维数和一组基.

6. 判断以下映射是否为线性映射.

(1) 设 $a,b\in\mathbb{R}$,

$$\Phi:L^1([a,b])\to\mathbb{R},\quad f\mapsto\Phi(f)=\int_a^b f(x)\mathrm{d}x,$$

其中 $L^1([a,b])$ 表示 $[a,b]$ 上的可积函数的集合;

(2) 设

$$\Phi: C^1 \to C^0, \quad f \mapsto \Phi(f) = f',$$

其中对于整数 $k \geqslant 1, C^k$ 表示 k 次连续可微函数的集合, C^0 表示连续函数的集合;

(3) $\Phi: \mathbb{R} \to \mathbb{R}, \quad x \mapsto \Phi(x) = \cos x$;

(4) $\Phi: \mathbb{R}^3 \to \mathbb{R}^2, \boldsymbol{x} \mapsto \begin{bmatrix} 1 & 2 & 3 \\ 1 & 4 & 3 \end{bmatrix} \boldsymbol{x}$;

(5) $\Phi: \mathbb{R}^2 \to \mathbb{R}^2,\ \boldsymbol{x} \mapsto \begin{bmatrix} \cos\theta & \sin\theta \\ -\sin\theta & \cos\theta \end{bmatrix} \boldsymbol{x}$, 其中 $0 \leqslant \theta \leqslant \pi$.

7. 试验证如下映射是否为线性映射, 并说明理由:

(1) 设 $U = \mathbb{P}^n, V = \mathbb{P}^m,\ n > m$, 则

$$\Phi: U \to V, \quad [x_1, \cdots, x_m, \cdots, x_n]^\top \mapsto [x_1, \cdots, x_m]^\top,$$

常称为 U 在 V 上的投影;

(2) 设 $U = \mathbb{P}^n, V = \mathbb{P}^m,\ n > m$, 则

$$\Psi: V \to U, \quad (x_1, \cdots, x_m)^\top \mapsto (x_1, \cdots, x_m, 0, \cdots, 0)^\top,$$

常称为 V 在 U 中的嵌入;

(3) 数域 $\mathbb{P}$ 上线性空间之间的映射

$$\Phi: \mathbb{P}^{n\times n} \to \mathbb{P}, \quad X \mapsto \det(X);$$

(4) 数域 $\mathbb{P}$ 上线性空间之间的映射 $\Psi: \mathbb{P}^{n\times n} \to \mathbb{P},\ X \mapsto \operatorname{tr}(X)$.

8. 考虑线性映射 $\Phi: \mathbb{R}^3 \to \mathbb{R}^4, \quad \Phi\left(\begin{bmatrix} x_1 \\ x_2 \\ x_3 \end{bmatrix}\right) = \begin{bmatrix} 3x_1 + 2x_2 + x_3 \\ x_1 + x_2 + x_3 \\ x_1 - 3x_2 \\ 2x_1 + 3x_2 + x_3 \end{bmatrix}$.

(1) 求在标准基下的变换矩阵 A;

(2) 求 $r(A)$;

(3) 计算 Φ 的核与像集以及它们的维数.

9. 设线性映射 $\Phi: \mathbb{R}^3 \to \mathbb{R}^3$ 在标准基下的变换矩阵为 $A = \begin{bmatrix} 1 & 1 & 0 \\ 1 & -1 & 0 \\ 1 & 1 & 1 \end{bmatrix}$.

(1) 求核空间 $\ker(\Phi)$ 和像集 $\operatorname{Im}(\Phi)$;

(2) 求在基 $\mathbf{B}$ 下的变换矩阵 $\tilde{A}$, 其中 $\mathbf{B} = \left(\begin{bmatrix} 1 \\ 1 \\ 1 \end{bmatrix}, \begin{bmatrix} 1 \\ 2 \\ 1 \end{bmatrix}, \begin{bmatrix} 1 \\ 0 \\ 0 \end{bmatrix}\right)$.

10. 设

$$\boldsymbol{b}_1 = \begin{bmatrix} 2 \\ 1 \end{bmatrix}, \quad \boldsymbol{b}_2 = \begin{bmatrix} -1 \\ -1 \end{bmatrix}, \quad \boldsymbol{b}_1' = \begin{bmatrix} 2 \\ -2 \end{bmatrix}, \quad \boldsymbol{b}_2' = \begin{bmatrix} 1 \\ 1 \end{bmatrix}.$$

(1) 证明 $\mathbf{B}=(\boldsymbol{b}_1,\boldsymbol{b}_2)$ 和 $\mathbf{B}'=(\boldsymbol{b}_1',\boldsymbol{b}_2')$ 是 $\mathbb{R}^2$ 的两组基, 并画出这些基向量;

(2) 计算恒等映射 $\mathrm{id}_{\mathbb{R}^2}$ 从 $\mathbf{B}'$ 到 $\mathbf{B}$ 的变换矩阵 P_1;

(3) 记 $\mathbf{C}'=(\boldsymbol{\varepsilon}_1,\boldsymbol{\varepsilon}_2,\boldsymbol{\varepsilon}_3)$ 为 $\mathbb{R}^3$ 的标准基. 考虑 $\mathbf{C}=(\boldsymbol{c}_1,\boldsymbol{c}_2,\boldsymbol{c}_3)$, 其中

$$\boldsymbol{c}_1=\begin{bmatrix}1\\2\\-1\end{bmatrix},\quad \boldsymbol{c}_2=\begin{bmatrix}0\\-1\\2\end{bmatrix},\quad \boldsymbol{c}_3=\begin{bmatrix}1\\0\\-1\end{bmatrix},$$

证明 $\mathbf{C}$ 是 $\mathbb{R}^3$ 的基, 并计算恒等映射 $\mathrm{id}_{\mathbb{R}^3}$ 从 $\mathbf{C}$ 到标准基 $\mathbf{C}'$ 的变换矩阵 P_2;

(4) 设线性映射 $\Phi:\mathbb{R}^2\longrightarrow\mathbb{R}^3$ 使得

$$\Phi(\boldsymbol{b}_1+\boldsymbol{b}_2)=\boldsymbol{c}_2+\boldsymbol{c}_3,$$

$$\Phi(\boldsymbol{b}_1-\boldsymbol{b}_2)=2\boldsymbol{c}_1-\boldsymbol{c}_2+3\boldsymbol{c}_3.$$

求 Φ 在有序基 $\mathbf{B}$ 和 $\mathbf{C}$ 下变换矩阵 A;

(5) 求 Φ 在有序基 $\mathbf{B}'$ 和 $\mathbf{C}'$ 下的变换矩阵 A';

(6) 设向量 $\boldsymbol{x}\in\mathbb{R}^2$ 在 $\mathbf{B}'$ 的坐标为 $[2,3]^\top$, 即 $\boldsymbol{x}=2\boldsymbol{b}_1'+3\boldsymbol{b}_2'$.

1) 计算 $\boldsymbol{x}$ 在 $\mathbf{B}$ 中的坐标.

2) 计算 $\Phi(\boldsymbol{x})$ 在 $\mathbf{C}$ 中的坐标.

3) 用 $\boldsymbol{\varepsilon}_1,\boldsymbol{\varepsilon}_2,\boldsymbol{\varepsilon}_3$ 表示 $\Phi(\boldsymbol{x})$.

4) 用 $\boldsymbol{x}$ 在 B' 中的表示和矩阵 A' 来直接表示 $\Phi(\boldsymbol{x})$.

11. 已知

$$\boldsymbol{\alpha}_1=\begin{bmatrix}1\\1\\1\end{bmatrix},\ \boldsymbol{\alpha}_2=\begin{bmatrix}0\\1\\1\end{bmatrix},\ \boldsymbol{\alpha}_3=\begin{bmatrix}0\\0\\1\end{bmatrix},\ \boldsymbol{\beta}_1=\begin{bmatrix}1\\0\end{bmatrix},\ \boldsymbol{\beta}_2=\begin{bmatrix}0\\1\end{bmatrix},\ \boldsymbol{\beta}_3=\begin{bmatrix}1\\1\end{bmatrix}$$

是否存在满足如下条件的线性映射 Φ? 如果存在, 求出一个这样的 Φ.

(1) $\Phi:\mathbb{R}^3\to\mathbb{R}^2$ 将 $\boldsymbol{\alpha}_1,\boldsymbol{\alpha}_2,\boldsymbol{\alpha}_3$ 分别映射到 $\boldsymbol{\beta}_1,\boldsymbol{\beta}_2,\boldsymbol{\beta}_3$;

(2) $\Phi:\mathbb{R}^2\to\mathbb{R}^3$ 将 $\boldsymbol{\beta}_1,\boldsymbol{\beta}_2,\boldsymbol{\beta}_3$ 分别映射到 $\boldsymbol{\alpha}_1,\boldsymbol{\alpha}_2,\boldsymbol{\alpha}_3$.

12. 考虑线性映射 $\mathbb{R}^3\to\mathbb{R}^4$:

$$\Phi(x_1,x_2,x_3)=[4x_1+2x_2+x_3,x_1+x_2+x_3,x_1-3x_2,2x_1+3x_2+x_3]^\top,$$

(1) 求其在标准基下的变换矩阵 A;

(2) 若线性空间 $\mathbb{R}^3$ 和 $\mathbb{R}^4$ 的有序基分别变成 $\boldsymbol{\alpha}_1=[1,1,1]^\top,\boldsymbol{\alpha}_2=[0,1,1]^\top,\boldsymbol{\alpha}_3=[0,0,1]^\top$ 和 $\boldsymbol{\beta}_1=[1,1,1,1]^\top,\boldsymbol{\beta}_2=[0,1,1,1]^\top,\boldsymbol{\beta}_3=[0,0,1,1]^\top,\boldsymbol{\beta}_4=[0,0,0,1]^\top$, 那么线性映射 Φ 从有序基 $(\boldsymbol{\alpha}_1,\boldsymbol{\alpha}_2,\boldsymbol{\alpha}_3)$ 到有序基 $(\boldsymbol{\beta}_1,\boldsymbol{\beta}_2,\boldsymbol{\beta}_3,\boldsymbol{\beta}_4)$ 的变换矩阵;

(3) 试求线性方程组 $A\boldsymbol{x}=\mathbf{0}$ 的解空间.

13. 设线性映射

$$\Phi:\mathbb{R}^4\to\mathbb{R}^3,\quad \boldsymbol{x}\mapsto A\boldsymbol{x},$$

其中 $A=\begin{bmatrix}1&2&3&4\\2&3&4&5\\3&4&5&6\end{bmatrix}$. 求 $\mathbb{R}^4$ 的有序基 $\mathbf{M}_1=(\boldsymbol{x}_1,\boldsymbol{x}_2,\boldsymbol{x}_3,\boldsymbol{x}_4)$ 与 $\mathbb{R}^3$ 的有序基 $\mathbf{M}_2=(\boldsymbol{y}_1,\boldsymbol{y}_2,\boldsymbol{y}_3)$, 使得 Φ 在有序基 $\mathbf{M}_1$ 和 $\mathbf{M}_2$ 下的变换矩阵具有如下形式:

$$A_\Phi=\begin{bmatrix}I_r&\\&O\end{bmatrix},$$

其中 I_r 是一个 r 阶的单位阵.

14. 证明: 对任意的矩阵 $A=[a_{ij}],B=[b_{ij}]\in\mathbb{R}^{m\times n}$, 由

$$\langle A,B\rangle=\sum_{i=1}^{m}\sum_{j=1}^{n}a_{ij}b_{ij}=\operatorname{tr}(A^\top B)$$

定义的函数是 $\mathbb{R}^{m\times n}$ 的内积.

15. 试证明:

(1) 对任意 $A,B\in\mathbb{P}^{n\times n}$, 则 $\operatorname{tr}(AB)=\operatorname{tr}(BA)$;

(2) 设 $A\in\mathbb{R}^{m\times n}$, $S\in\mathbb{R}^{m\times m}$ 是一个对称正定矩阵, 则 $\operatorname{tr}(A^\top SA)=0$ 的充要条件是 $A=O$.

16. 证明 Cauchy-Schwarz 不等式, 即若 $\langle\cdot,\cdot\rangle$ 是线性空间 V 上的内积, 则对任意的 $\boldsymbol{x},\boldsymbol{y}\in V$, 有

$$\langle\boldsymbol{x},\boldsymbol{y}\rangle^2\leqslant\langle\boldsymbol{x},\boldsymbol{x}\rangle\langle\boldsymbol{y},\boldsymbol{y}\rangle,$$

且等号成立充分必要条件是 $\boldsymbol{x}$ 与 $\boldsymbol{y}$ 线性相关.

17. 设线性映射 $\Phi:V\to W$, $\mathbf{B}=(\boldsymbol{b}_1,\boldsymbol{b}_2,\boldsymbol{b}_3)$ 和 $\mathbf{C}=(\boldsymbol{c}_1,\boldsymbol{c}_2,\boldsymbol{c}_3,\boldsymbol{c}_4)$ 分别为 V 和 W 的有序基, 并且

$$\Phi(\boldsymbol{b}_1)=-\boldsymbol{c}_1+\boldsymbol{c}_2-\boldsymbol{c}_3+\boldsymbol{c}_4,$$

$$\Phi(\boldsymbol{b}_2)=2\boldsymbol{c}_1+\boldsymbol{c}_2+\boldsymbol{c}_3-\boldsymbol{c}_4,$$

$$\Phi(\boldsymbol{b}_3)=\boldsymbol{c}_1+2\boldsymbol{c}_2.$$

求解:

(1) Φ 在有序基 $\mathbf{B}$ 和 $\mathbf{C}$ 下的变换矩阵 A;

(2) 矩阵 A 的列空间和零空间.

18. 设线性映射:

$$\Phi:\mathbb{R}^4\to\mathbb{R}^3,\quad\begin{bmatrix}x_1\\x_2\\x_3\\x_4\end{bmatrix}\mapsto\begin{bmatrix}x_1+2x_3-3x_4\\x_2+x_3+2x_4\\x_1+x_2+3x_3-x_4\end{bmatrix},$$

求解:

(1) 线性映射 Φ 在标准基下的变换矩阵 A;

(2) $\mathrm{Im}(\Phi)$ 和 $\ker(\Phi)$ 的基和维数;

(3) 线性方程组 $A\boldsymbol{x}=\boldsymbol{b}$ 的解集 (仿射子空间), 其中 $\boldsymbol{b}=[0,4,4]^\top$.

19. 设 $\Phi:\mathbb{R}^{1\times 3}\to\mathbb{R}^{1\times 2}$, $(x_1,x_2,x_3)\mapsto(x_1,x_2,x_3)\begin{bmatrix}1 & 3\\ 2 & 4\\ 3 & 5\end{bmatrix}$.

(1) 求证: Φ 是线性映射, 并求出 Φ 在 $\mathbb{R}^{1\times 3}$, $\mathbb{R}^{1\times 2}$ 的标准基下的矩阵.

(2) 求 Φ 在基 $\mathbf{M}_1=(\boldsymbol{\alpha}_1,\boldsymbol{\alpha}_2,\boldsymbol{\alpha}_3)$, $\mathbf{M}_2=(\boldsymbol{\beta}_1,\boldsymbol{\beta}_2)$ 下的矩阵, 其中

$$\boldsymbol{\alpha}_1=(1,1,0),\quad \boldsymbol{\alpha}_2=(1,0,1),\quad \boldsymbol{\alpha}_3=(0,1,1),\quad \boldsymbol{\beta}_1=(1,0),\quad \boldsymbol{\beta}_2=(1,1).$$

20. 设 U 和 V 分别是数域 $\mathbb{P}$ 上的 n 维 m 维线性空间, 将由 U 到 V 的全体线性映射组成一个集合 $\mathcal{L}(U,V)$. 定义线性映射的加法和数乘运算如下: 若 $\Phi,\Psi\in\mathcal{L}(U,V)$,

$$\forall\boldsymbol{\alpha}\in U,\quad (\Phi+\Psi)(\boldsymbol{\alpha})=\Phi(\boldsymbol{\alpha})+\Psi(\boldsymbol{\alpha}),$$

$$\forall k\in\mathbb{P},\quad \mathcal{K}\Phi(\boldsymbol{\alpha})=k\Phi(\boldsymbol{\alpha}),$$

其中 $\mathcal{K}(\boldsymbol{\alpha})=k\boldsymbol{\alpha}$ 是一个数乘映射. 试证明集合 $\mathcal{L}(U,V)$ 是数域 $\mathbb{P}$ 上的一个线性空间, 且与另一个线性空间 $\mathbb{P}^{n\times m}$ 同构.

Chapter

第2章 范数理论与投影映射

第2章课件

范数理论是矩阵分析的基础, 度量向量之间的距离、求序列极限等都会用到范数, 范数还在机器学习、模式识别等领域有着广泛的应用. 在机器学习中, 许多问题的最优求解都可以归结为: 提取某个所希望的信息, 而抑制掉其他所有干扰或者噪声. 投影是解决这类问题的一个极为重要的数学工具.

在本章中, 首先介绍了向量范数和矩阵范数的概念, 讨论其分析和代数性质, 细致分析了一些重要的向量范数和矩阵范数, 通过范数刻画向量序列的收敛性, 并给出一些应用; 然后着重分析了正交投影, 介绍了正交投影相关的几个机器学习模型原理.

2.1 向量范数

对于实数和复数, 由于定义了它们的绝对值或模, 我们可以用这个度量来表示它们的大小 (几何上就是长度), 进而可以考察两个实数或复数的距离. 对 n 维线性空间, 定义了内积以后, 其中的向量就有了长度 (大小)、角度、距离等度量概念, 这显然是 3 维实向量空间中相应概念的推广. 利用公理化的方法, 可进一步把向量长度的概念推广到范数.

2.1.1 向量范数的定义

定义 2.1 向量序列的收敛性

设 $\{\boldsymbol{x}^{(k)}\}_{k=1}^{\infty}$ 为 $\mathbb{R}^n$ 中的向量序列, 简记为 $\{\boldsymbol{x}^{(k)}\}$, 其中 $\boldsymbol{x}^{(k)}=[x_1^{(k)},\cdots,x_n^{(k)}]^\top$. 如果当 $k\to\infty$ 时, $\boldsymbol{x}^{(k)}$ 的每个分量 $x_i^{(k)}$ 都收敛于 $x_i(i=1,\cdots,n)$, 那么称向量序列 $\{\boldsymbol{x}^{(k)}\}$ 收敛于向量 $\boldsymbol{x}=[x_1,\cdots,x_n]^\top\in\mathbb{R}^n$, 记为

$$\lim_{k\to\infty} \boldsymbol{x}^{(k)} = \boldsymbol{x} \quad 或 \quad \boldsymbol{x}^{(k)} \to \boldsymbol{x}.$$

如果 $\{\boldsymbol{x}^{(k)}\}$ 不收敛, 那么称向量序列 $\{\boldsymbol{x}^{(k)}\}$ 是发散的. ♣

例 2.1 判断向量序列

$$\boldsymbol{x}^{(k)} = \begin{bmatrix} \dfrac{1}{2^k} \\ \dfrac{\sin k}{k} \end{bmatrix}, \quad \boldsymbol{y}^{(k)} = \begin{bmatrix} \sum\limits_{i=0}^{k} \dfrac{1}{2^i} \\ \sum\limits_{i=0}^{k} \dfrac{1}{i} \end{bmatrix}, \quad k = 1, 2, \cdots$$

的收敛性.

解 因为

$$\lim_{k\to\infty} \frac{1}{2^k} = \lim_{k\to\infty} \frac{\sin k}{k} = 0,$$

所以

$$\lim_{k\to\infty} \boldsymbol{x}^{(k)} = \begin{bmatrix} \lim\limits_{k\to\infty} \dfrac{1}{2^k} \\ \lim\limits_{k\to\infty} \dfrac{\sin k}{k} \end{bmatrix} = \begin{bmatrix} 0 \\ 0 \end{bmatrix} = \mathbf{0},$$

即向量序列 $\{\boldsymbol{x}^{(k)}\}$ 是收敛的. 又

$$\lim_{k\to\infty} \sum_{i=0}^{k} \frac{1}{i} = +\infty,$$

故向量序列 $\{\boldsymbol{y}^{(k)}\}$ 是发散的. □

显然, 在向量空间 $\mathbb{R}^n$ 中, 序列 $\{\boldsymbol{x}^{(k)}\}$ 收敛于 $\boldsymbol{x}$ 等价于序列 $\{\boldsymbol{x}^{(k)} - \boldsymbol{x}\}$ 收敛于零向量, 也等价于欧氏长度

$$||\boldsymbol{x}^{(k)} - \boldsymbol{x}||_2 = \sqrt{(x_1^{(k)} - x_1)^2 + \cdots + (x_n^{(k)} - x_n)^2}$$

收敛于零.

由此可见, 向量长度可以刻画向量序列的收敛性. 对于一般的线性空间, 我们需将向量长度的概念推广到范数的概念. 范数是在广义长度意义下, 对函数、向量和矩阵的一种度量定义. 任何对象的范数值都是一个非负实数. 使用范数可以测量两个函数、向量或矩阵之间的距离. 现定义如下.

定义 2.2 向量范数

设 V 是 $\mathbb{R}$ 上的线性空间, $||\cdot||$ 是 V 上的实值函数. 若对任意的 $\boldsymbol{x},\boldsymbol{y}\in V$, $||\cdot||$ 满足以下三个条件:

(1) 正定性 $||\boldsymbol{x}||\geqslant 0$, 且$||\boldsymbol{x}||=0\Leftrightarrow \boldsymbol{x}=\boldsymbol{0}$;

(2) 齐次性 $||k\boldsymbol{x}||=|k|||\boldsymbol{x}||$, $k\in\mathbb{R}$;

(3) 三角不等式 $||\boldsymbol{x}+\boldsymbol{y}||\leqslant||\boldsymbol{x}||+||\boldsymbol{y}||$,

则称 $||\cdot||$ 为 V 的向量范数. 称定义了范数的线性空间 V 为赋范线性空间. ♣

例 2.2 设 V 是内积空间. 则由内积性质容易验证: 由

$$||\boldsymbol{x}||:=\sqrt{\langle\boldsymbol{x},\boldsymbol{x}\rangle},\quad \forall\boldsymbol{x}\in V$$

定义的范数 $||\cdot||$ 是 V 上的向量范数, 并称 $||\cdot||$ 是由内积 $\langle\cdot,\cdot\rangle$ 所诱导的范数. 由内积诱导的范数, 均满足如下著名的 Cauchy-Schwarz 不等式

$$|\langle\boldsymbol{x},\boldsymbol{y}\rangle|\leqslant||\boldsymbol{x}||||\boldsymbol{y}||,\quad \forall\boldsymbol{x},\boldsymbol{y}\in V.$$

需要指出并不是所有的范数都可由内积诱导. □

例 2.3 在赋范线性空间 V 中, 定义任意两个向量之间的距离为

$$d(\boldsymbol{x},\boldsymbol{y}):=||\boldsymbol{x}-\boldsymbol{y}||,\quad \forall\boldsymbol{x},\boldsymbol{y}\in V.$$

称此距离 $d(\cdot,\cdot)$ 为由范数 $||\cdot||$ 诱导的距离. 此时定义了距离的线性空间 V 满足度量空间 (距离空间) 的三个条件 (对称性、三角不等式和非负性). 所以赋范线性空间按由范数导出的距离构成一个特殊的度量空间. □

2.1.2 常用的向量范数

例 2.4 $\boldsymbol{l_1}$ **范数** 由

$$||\boldsymbol{x}||_1:=\sum_{i=1}^{n}|x_i|=|x_1|+\cdots+|x_n|,\quad \boldsymbol{x}=[x_1,\cdots,x_n]^\top\in\mathbb{R}^n$$

定义的 $||\cdot||_1$ 是 $\mathbb{R}^n$ 上的向量范数, 称为 l_1 **范数**. 此范数也称为**曼哈顿范数**, 或**出租车范数**, 因为它模拟的是出租车在垂直的街道以及大道组成的网络上穿越的距离.

因为 l_1 范数不满足 Cauchy-Schwarz 不等式, 所以它不能由内积导出. 在机器学习中, l_1 范数通常称为稀疏规则算子, 对于具有稀疏特性的数据集, 可以通过 l_1 范数实现稀疏的特征 (例如 Lasso 回归), 过滤掉无用的特征. □

例 2.5 l_2 范数 由

$$\|\boldsymbol{x}\|_2 := \sqrt{\sum_{i=1}^{n} x_i^2} = \sqrt{x_1^2 + \cdots + x_n^2}, \quad \boldsymbol{x} = [x_1, \cdots, x_n]^\top \in \mathbb{R}^n$$

定义的 $\|\cdot\|_2$ 是 $\mathbb{R}^n$ 上的向量范数, 称为 **2-范数**或 l_2 **范数**, 也称为**欧几里得 (Euclid) 范数**.

在机器学习中, 通常利用 l_2 范数优化目标函数的正则化项 (例如, 岭回归), 防止模型过拟合, 提升模型的泛化能力. □

例 2.6 l_∞ 范数 由

$$\|\boldsymbol{x}\|_\infty := \max_{1 \leqslant i \leqslant n} |x_i|, \quad \boldsymbol{x} = [x_1, \cdots, x_n]^\top \in \mathbb{R}^n$$

定义的 $\|\cdot\|_\infty$ 是 $\mathbb{R}^n$ 上的向量范数, 称为 **∞-范数**或 l_∞ **范数**. 也称为**极大范数**. □

例 2.7 l_p 范数 设 $1 \leqslant p < \infty$. 由

$$\|\boldsymbol{x}\|_p := \left(\sum_{i=1}^{n} |x_i|^p\right)^{\frac{1}{p}}, \quad \boldsymbol{x} = [x_1, \cdots, x_n]^\top \in \mathbb{R}^n$$

定义的 $\|\cdot\|_p$ 是 $\mathbb{R}^n$ 上的向量范数, 称为 **p-范数**或 l_p **范数**.

证明 正定性和齐次性是显然的. 当 $1 \leqslant p < \infty$ 时, 则有闵可夫斯基 (Minkowski) 不等式

$$\left(\sum_{i=1}^{n} |x_i + y_i|^p\right)^{\frac{1}{p}} \leqslant \left(\sum_{i=1}^{n} |x_i|^p\right)^{\frac{1}{p}} + \left(\sum_{i=1}^{n} |y_i|^p\right)^{\frac{1}{p}}, \tag{2.1}$$

其中 $\boldsymbol{x} = [x_1, \cdots, x_n]^\top, \boldsymbol{y} = [y_1, \cdots, y_n]^\top \in \mathbb{R}^n$ (留作习题), 即三角不等式

$$\|\boldsymbol{x} + \boldsymbol{y}\|_p \leqslant \|\boldsymbol{x}\|_p + \|\boldsymbol{y}\|_p \tag{2.2}$$

成立. □

设 $\boldsymbol{x} = [x_1, \cdots, x_n]^\top, \boldsymbol{y} = [y_1, \cdots, y_n]^\top \in \mathbb{R}^n$. 若 $1 \leqslant p, q < \infty$, 满足 $\dfrac{1}{p} + \dfrac{1}{q} = 1$, 则有著名的赫尔德 (Hölder) 不等式

$$\sum_{i=1}^{n} |x_i y_i| \leqslant \left(\sum_{i=1}^{n} |x_i|^p\right)^{\frac{1}{p}} \left(\sum_{i=1}^{n} |y_i|^q\right)^{\frac{1}{q}} \tag{2.3}$$

也可表示为

$$|\boldsymbol{x}^\top \boldsymbol{y}| \leqslant ||\boldsymbol{x}||_p ||\boldsymbol{y}||_q. \tag{2.4}$$

特别地, 当 $p = 2$ 时, 不等式即为 Cauchy-Schwarz 不等式. 通过 Hölder 不等式, 容易证明 Minkowski 不等式. 公式 (2.2) 和 (2.4) 分别是 (2.1) 和 (2.3) 的范数表达形式.

在例 2.7 中, 分别令 $p = 1$ 和 2 可得向量范数 $||\cdot||_1$ 和 $||\cdot||_2$. 自然地, 人们会考虑在广义实数范围内, p 能否取到正无穷大呢? 具体而言, 如何计算这种范数呢?

事实上, 我们有 $\lim\limits_{p\to\infty} ||\boldsymbol{x}||_p = ||\boldsymbol{x}||_\infty$. 下面我们给出证明: 当 $\boldsymbol{x} = \mathbf{0}$ 时, 结论显然成立. 下设 $\boldsymbol{x} \neq \mathbf{0}$. 则存在 $1 \leqslant j \leqslant n$, 使得

$$||\boldsymbol{x}||_\infty = \max_{1\leqslant i\leqslant n} |x_i| = |x_j|.$$

于是

$$\begin{aligned}
||\boldsymbol{x}||_\infty = |x_j| = \Big(|x_j|^p\Big)^{\frac{1}{p}} &\leqslant \left(\sum_{i=1}^n |x_i|^p\right)^{\frac{1}{p}} \\
&= ||\boldsymbol{x}||_p \leqslant \Big(n|x_j|^p\Big)^{\frac{1}{p}} = n^{\frac{1}{p}}|x_j| \\
&= n^{\frac{1}{p}}||\boldsymbol{x}||_\infty.
\end{aligned}$$

再由 $\lim\limits_{p\to\infty} n^{\frac{1}{p}} = 1$ 可得命题 $\lim\limits_{p\to\infty} ||\boldsymbol{x}||_p = ||\boldsymbol{x}||_\infty$ 成立.

由上述命题可知, 式 (2.1)—(2.4) 在 p 为正无穷大时, 结论也成立. 但遗憾的是, 当 $0 < p < 1$ 时, 通过类似方式定义的函数并不是范数, 见如下例 2.8.

例 2.8 设 $0 < p < 1$. 由

$$||\boldsymbol{x}||_p = \left(\sum_{i=1}^n |x_i|^p\right)^{\frac{1}{p}}, \quad \boldsymbol{x} = [x_1, \cdots, x_n]^\top \in \mathbb{R}^n$$

定义的 $||\cdot||_p$ 不是 $\mathbb{R}^n$ 上的向量范数.

证明 取 $\boldsymbol{\alpha} = [1, 0, \cdots, 0]^\top, \boldsymbol{\beta} = [0, 0, \cdots, 1]^\top$, 则

$$||\boldsymbol{\alpha}||_p = ||\boldsymbol{\beta}||_p = 1, \quad ||\boldsymbol{\alpha} + \boldsymbol{\beta}||_p = 2^{\frac{1}{p}}.$$

注意到 $0 < p < 1$, 我们有 $||\boldsymbol{\alpha} + \boldsymbol{\beta}||_p > ||\boldsymbol{\alpha}||_p + ||\boldsymbol{\beta}||_p$, 即不满足三角不等式. 因此, 当 $0 < p < 1$ 时, $||\cdot||_p$ 不是 $\mathbb{R}^n$ 上的向量范数. □

例 2.9　计算向量 $\boldsymbol{x}=[1,3,a]^\top$ 的 l_1 范数、l_2 范数和 l_∞ 范数.

解　由定义可得

$$\begin{aligned}||\boldsymbol{x}||_1&=1+3+|a|=4+|a|,\\||\boldsymbol{x}||_2&=(1^2+3^2+a^2)^{\frac{1}{2}}=\sqrt{10+a^2},\\||\boldsymbol{x}||_\infty&=\max\{1,3,|a|\}.\end{aligned}$$

□

设 $1\leqslant p\leqslant\infty$. 这些范数在几何上如何理解呢? 我们可以通过例 2.10 来了解.

例 2.10　在 $\mathbb{R}^2$ 中, 闭单位圆 $||\boldsymbol{x}||\leqslant 1$ 的图形如图 2.1 所示.

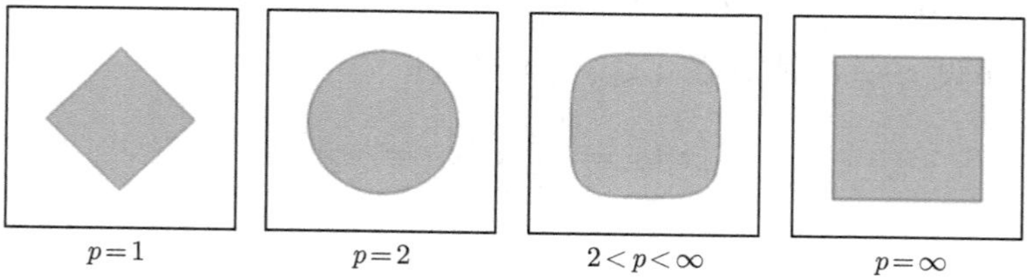

图 2.1　l_p 范数的闭单位圆

□

对于实数域 $\mathbb{R}$ 上的有限维线性空间, 可通过如下方式定义类似范数.

例 2.11　设 $\boldsymbol{u}_1,\cdots,\boldsymbol{u}_n$ 为 $\mathbb{R}$ 上线性空间 V 的一组基, 对 V 的任意元素 $\boldsymbol{x}$, 在 $\boldsymbol{u}_1,\cdots,\boldsymbol{u}_n$ 基下的坐标向量可设为 $\boldsymbol{\xi}=[\xi_1,\cdots,\xi_n]^\top$, 那么由

$$||\boldsymbol{x}||_p:=||\boldsymbol{\xi}||_p\quad(1\leqslant p\leqslant\infty)$$

定义的 $||\cdot||_p$ 是 V 上的向量范数 (证明留作习题), 也称为 **V 上的 l_p 范数**.　□

按照此种方式, 有限维线性空间 V 上可定义不同的向量范数, 依赖于 $\mathbb{R}^n$ 上的向量范数, 并且与选取的基密切相关. 接着, 我们来了解一下无限维线性空间 $C[a,b]$ 的 p-范数, 以便对比离散型和连续型的范数.

例 2.12　L_p 范数　设 $C[a,b]$ 为区间 $[a,b]$ 上全体实值连续函数构成的集合, 它是数域 $\mathbb{R}$ 上的线性空间. 对任意的 $f(t)\in C[a,b]$, 由

$$||f(t)||_p=\left(\int_a^b|f(t)|^p\mathrm{d}t\right)^{\frac{1}{p}},\quad p\geqslant 1$$

定义的 $||\cdot||_p$ 为 $C[a,b]$ 上的向量范数, 并称为 **L_p 范数**. 特别地, L_1,L_2 和 L_∞ 范数分别定义为

$$||f(t)||_1=\int_a^b|f(t)|\mathrm{d}t,\quad ||f(t)||_2=\left(\int_a^b|f(t)|^2\mathrm{d}t\right)^{\frac{1}{2}},\quad ||f(t)||_\infty=\max_{a\leqslant t\leqslant b}|f(t)|.$$

例 2.13 椭圆范数 设矩阵 $A \in \mathbb{R}^{n\times n}$ 为对称正定矩阵. 则由

$$\|\boldsymbol{x}\|_A := \sqrt{\boldsymbol{x}^\top A\boldsymbol{x}}, \quad \boldsymbol{x} \in \mathbb{R}^n$$

定义的 $\|\cdot\|_A$ 是 $\mathbb{R}^n$ 上的向量范数, 称为**加权范数**或**椭圆范数**.

证明 齐次性显然. 当 $\boldsymbol{x}=\boldsymbol{0}$ 时, $\|\boldsymbol{x}\|_A=0$. 由 A 为对称正定矩阵知, 当 $\boldsymbol{x}\neq\boldsymbol{0}$ 时, $\boldsymbol{x}^\top A\boldsymbol{x}>0$, 进而 $\|\boldsymbol{x}\|_A>0$. 这就满足了正定性.

下证满足三角不等式. 因为 A 为对称正定矩阵, 所以存在可逆矩阵 B, 使得 $A=B^\top B$. 从而

$$\|\boldsymbol{x}\|_A=\sqrt{\boldsymbol{x}^\top A\boldsymbol{x}}=\sqrt{\boldsymbol{x}^\top B^\top B\boldsymbol{x}}=\sqrt{(B\boldsymbol{x})^\top B\boldsymbol{x}}=\|B\boldsymbol{x}\|_2.$$

于是对任意的 $\boldsymbol{x},\boldsymbol{y}\in\mathbb{R}^n$,

$$\|\boldsymbol{x}+\boldsymbol{y}\|_A=\|B(\boldsymbol{x}+\boldsymbol{y})\|_2\leqslant\|B\boldsymbol{x}\|_2+\|B\boldsymbol{y}\|_2=\|\boldsymbol{x}\|_A+\|\boldsymbol{y}\|_A.$$

这就证明了三角不等式, 进而说明 $\|\cdot\|_A$ 是 $\mathbb{R}^n$ 上的向量范数. □

因为 A 是对称正定矩阵, 所以存在可逆矩阵 W, 使得 $A=W^\top W$. 于是

$$\|\boldsymbol{x}\|_A=\sqrt{(W\boldsymbol{x})^\top W\boldsymbol{x}}=\|W\boldsymbol{x}\|_2.$$

这从几何上可以理解成求可逆变换 W 的像的"长度" $\|W\boldsymbol{x}\|_2$. 这说明只要运算 $W\boldsymbol{x}$ 成立即可. 因此, 对矩阵 W 的要求可放宽为列满秩矩阵. 若记 $W=\mathrm{diag}(w_1,\cdots,w_n)$, 此时,

$$\|\boldsymbol{x}\|_A=\left(\sum_{i=1}^n|w_ix_i|^2\right)^{\frac{1}{2}}.$$

这就是加权范数或椭圆范数名称的由来. 在现代控制理论中, 称二次型函数

$$V(x):=\boldsymbol{x}^\top P\boldsymbol{x}$$

为李雅普诺夫 (Lyapunov) 函数, 这里 P 是对称正定矩阵. 此函数是讨论线性和非线性系统稳定性的重要工具.

2.1.3 向量序列的收敛性

例 2.11 表明, 在有限维实线性空间上可定义各种各样的向量范数, 同一向量可得到不同的范数值. 那么, 这些向量范数之间是否具有联系呢? 回答是肯定的. 本小节, 我们将说明有限维实线性空间中的任意向量范数都是等价的. 进而可利用向量范数刻画向量序列的收敛性. 首先, 我们给出向量序列关于范数收敛和范数等价的定义.

定义 2.3　范数收敛

设 V 是 $\mathbb{R}$ 上的线性空间, $||\cdot||$ 为 V 上的向量范数, $\{\boldsymbol{x}^{(k)}\}$ 是 V 中的向量序列. 若存在 $\boldsymbol{x}\in V$, 使得当 $k\to\infty$ 时, $||\boldsymbol{x}^{(k)}-\boldsymbol{x}||\to 0$, 则 $\{\boldsymbol{x}^{(k)}\}$ 关于范数 $||\cdot||$ 收敛于 $\boldsymbol{x}$. ♣

定义 2.4　范数等价

设 $||\cdot||_\alpha$ 和 $||\cdot||_\beta$ 为线性空间 V 的两个向量范数. 若 V 中的任意向量序列 $\{\boldsymbol{x}^{(k)}\}$ 关于范数 $||\cdot||_\alpha$ 收敛于 $\boldsymbol{x}$ 等价于关于范数 $||\cdot||_\beta$ 收敛于 $\boldsymbol{x}$, 则称 $||\cdot||_\alpha$ 与 $||\cdot||_\beta$ 等价. ♣

其次, 我们需要讨论有限维线性空间 V 上任意两个向量范数的关系.

定理 2.1

设 $||\cdot||_\alpha$ 和 $||\cdot||_\beta$ 是有限维向量空间 V 上的任意两个向量范数. 则存在两个正常数 C_m 和 C_M, 使得对任意 $\boldsymbol{x}\in V$ 均有

$$C_m||\boldsymbol{x}||_\alpha \leqslant ||\boldsymbol{x}||_\beta \leqslant C_M||\boldsymbol{x}||_\alpha. \tag{2.5}$$

♡

证明　首先注意到, 我们只需要证明: 任意向量范数 $||\cdot||_\beta$ 与 $||\cdot||_2$ 满足不等式 (2.5), 即

$$C_m||\boldsymbol{x}||_2 \leqslant ||\boldsymbol{x}||_\beta \leqslant C_M||\boldsymbol{x}||_2. \tag{2.6}$$

这是因为如果存在常数 a_1, a_2 和 b_1, b_2 使得

$$a_1||\boldsymbol{x}||_2 \leqslant ||\boldsymbol{x}||_\beta \leqslant a_2||\boldsymbol{x}||_2$$

和

$$b_1||\boldsymbol{x}||_\alpha \leqslant ||\boldsymbol{x}||_2 \leqslant b_2||\boldsymbol{x}||_\alpha$$

成立, 那么令 $C_m = a_1b_1, C_M = a_2b_2$, 立即可得不等式 (2.5).

设 $\dim V = n$ 且 $\boldsymbol{u}_1,\cdots,\boldsymbol{u}_n$ 为 V 给定的一组基. 于是对任意的 $\boldsymbol{x}\in V$, 可设

$$\boldsymbol{x} = \xi_1\boldsymbol{u}_1 + \cdots + \xi_n\boldsymbol{u}_n.$$

若令

$$\varphi(\boldsymbol{x}) := ||\boldsymbol{x}||_\beta = ||\xi_1\boldsymbol{u}_1 + \cdots + \xi_n\boldsymbol{u}_n||_\beta,$$

则 $\varphi(\boldsymbol{x})$ 可视为 n 个变量 $\xi_1,\cdots,\xi_n$ 的多元函数.

下证 $\varphi(\boldsymbol{x})$ 为连续函数. 任取 $\boldsymbol{x}'=\xi_1'\boldsymbol{u}_1+\cdots+\xi_n'\boldsymbol{u}_n\in V$, 则

$$\begin{aligned}|\varphi(\boldsymbol{x}')-\varphi(\boldsymbol{x})|&=\big|||\boldsymbol{x}'||_\beta-||\boldsymbol{x}||_\beta\big|\leqslant||\boldsymbol{x}'-\boldsymbol{x}||_\beta\\&=||(\xi_1'-\xi_1)\boldsymbol{u}_1+\cdots+(\xi_n'-\xi_n)\boldsymbol{u}_n||_\beta\\&\leqslant|\xi_1'-\xi_1|||\boldsymbol{u}_1||_\beta+\cdots+|\xi_n'-\xi_n|||\boldsymbol{u}_n||_\beta.\end{aligned}$$

因为 $||\boldsymbol{u}_i||_\beta$ $(i=1,\cdots,n)$ 为常数, 所以当 $\boldsymbol{x}'\to\boldsymbol{x}$ 时, 即 $\xi_i'\to\xi_i$ $(i=1,\cdots,n)$ 时, $\varphi(\boldsymbol{x}')\to\varphi(\boldsymbol{x})$. 这就表明 $\varphi(\boldsymbol{x})$ 为连续函数.

另一方面, 对任意的 $\boldsymbol{x}=\xi_1\boldsymbol{u}_1+\cdots+\xi_n\boldsymbol{u}_n\in V$, 由例 2.11 知,

$$||\boldsymbol{x}||_2=\sqrt{\xi_1^2+\cdots+\xi_n^2}.$$

考虑有界闭集

$$S=\{[\xi_1,\cdots,\xi_n]^\top|\xi_1^2+\cdots+\xi_n^2=1,\xi_i\in\mathbb{R}\}\subseteq\mathbb{R}^n.$$

显然, 若 $||\boldsymbol{x}||_2=1$, 则 $\boldsymbol{x}$ 在基 $\boldsymbol{u}_1,\cdots,\boldsymbol{u}_n$ 下的坐标向量 $[\xi_1,\cdots,\xi_n]^\top\in S$. 根据连续函数的性质可知, 在有界闭集 S 上, 函数 $\varphi(\boldsymbol{x})$ 取得最大值 C_M 和最小值 C_m. 注意到在 S 中, $[\xi_1,\cdots,\xi_n]^\top\neq\boldsymbol{0}$. 进而由范数的正定性可知, $\varphi(\boldsymbol{x})$ 的最小值 $C_m>0$. 当 $\boldsymbol{x}\neq\boldsymbol{0}$ 时, 记 $\boldsymbol{y}=\dfrac{\boldsymbol{x}}{||\boldsymbol{x}||_2}$. 则

$$||\boldsymbol{y}||_2=\left\|\frac{\boldsymbol{x}}{||\boldsymbol{x}||_2}\right\|_2=\frac{||\boldsymbol{x}||_2}{||\boldsymbol{x}||_2}=1,$$

这表明 $\boldsymbol{y}$ 的坐标向量属于 S. 于是 $0<C_m\leqslant\varphi(\boldsymbol{y})\leqslant C_M$. 又

$$\varphi(\boldsymbol{y})=\varphi\left(\frac{\boldsymbol{x}}{||\boldsymbol{x}||_2}\right)=\frac{\varphi(\boldsymbol{x})}{||\boldsymbol{x}||_2}=\frac{||\boldsymbol{x}||_\beta}{||\boldsymbol{x}||_2},$$

故

$$C_m||\boldsymbol{x}||_2\leqslant||\boldsymbol{x}||_\beta\leqslant C_M||\boldsymbol{x}||_2.$$

这就证明了 (2.6), 即定理 2.1 成立. □

对于 $\mathbb{R}^n$ 上的 l_1, l_2 和 l_∞ 范数, 可以证明有下列关系式:

$$||\boldsymbol{x}||_2\leqslant||\boldsymbol{x}||_1\leqslant\sqrt{n}||\boldsymbol{x}||_2,$$

$$||\boldsymbol{x}||_\infty\leqslant||\boldsymbol{x}||_2\leqslant\sqrt{n}||\boldsymbol{x}||_\infty,$$

$$||\boldsymbol{x}||_\infty\leqslant||\boldsymbol{x}||_1\leqslant n||\boldsymbol{x}||_\infty.$$

上述向量范数不等式的证明留作习题.

定理 2.2　范数等价

有限维实线性空间上不同的范数是等价的. ♡

证明　设 V 是 $\mathbb{R}$ 上的有限维线性空间, $||\cdot||_\alpha$ 和 $||\cdot||_\beta$ 为 V 上的任意两个向量范数. 对 V 上的任意给定的向量序列 $\{\boldsymbol{x}^{(k)}\}$, 由定理 2.1 知: 存在正数 C_M 和 C_m, 使得对任意 $k\in\mathbb{N}$ 和 $\boldsymbol{x}\in V$, 我们有

$$C_m||\boldsymbol{x}^{(k)}-\boldsymbol{x}||_\alpha \leqslant ||\boldsymbol{x}^{(k)}-\boldsymbol{x}||_\beta \leqslant C_M||\boldsymbol{x}^{(k)}-\boldsymbol{x}||_\alpha,$$

从而 $||\boldsymbol{x}^{(k)}-\boldsymbol{x}||_\alpha\to 0$ 当且仅当 $||\boldsymbol{x}^{(k)}-\boldsymbol{x}||_\beta\to 0$. 这说明 $||\cdot||_\alpha$ 和 $||\cdot||_\beta$ 是等价的, 由任意性即可知定理 2.2 成立. □

定理 2.2 告诉我们, 有限维实线性空间上的任意两个范数都是等价的. 但是, 无限维实线性空间上的两个向量范数的却不一定等价, 见例 2.14.

例 2.14　考虑 $C[0,1]$ 中的函数序列 $\{f_k\}$:

$$f_k=\begin{cases}0, & 0\leqslant x\leqslant \dfrac{1}{k},\\ 2\sqrt{k}(kx-1), & \dfrac{1}{k}<x\leqslant\dfrac{3}{2k},\\ -2\sqrt{k}(kx-2), & \dfrac{3}{2k}<x\leqslant\dfrac{2}{k},\\ 0, & \dfrac{2}{k}<x\leqslant 1,\end{cases}\qquad k=2,3,\cdots.$$

容易验证

$$\lim_{k\to\infty}||f_k||_1=\lim_{k\to\infty}\frac{1}{2\sqrt{k}}=0,$$

$$\lim_{k\to\infty}||f_k||_2=\lim_{k\to\infty}\frac{1}{\sqrt{3}}=\frac{1}{\sqrt{3}},$$

$$\lim_{k\to\infty}||f_k||_\infty=\lim_{k\to\infty}\sqrt{k}=\infty.$$

所以范数 L_1, L_2 和 L_∞ 互不等价. □

最后, 利用向量范数的等价性可得如下的重要结果.

定理 2.3

设 $\boldsymbol{x}\in\mathbb{R}^n$ 且 $\{\boldsymbol{x}^{(k)}\}$ 是 $\mathbb{R}^n$ 上的向量序列. 则 $\{\boldsymbol{x}^{(k)}\}$ 收敛于 $\boldsymbol{x}$ 的充分必要条件是对 $\mathbb{R}^n$ 上的任意一种范数 $||\cdot||$, 有 $||\boldsymbol{x}^{(k)}-\boldsymbol{x}||\to 0$. ♡

证明 由 $\mathbb{R}^n$ 上向量范数的等价性知, 只需证明定理对于 $||\cdot||_\infty$ 成立即可. 令 $\boldsymbol{x}=[x_1,\cdots,x_n]^\top$, $\boldsymbol{x}^{(k)}=[x_1^{(k)},\cdots,x_n^{(k)}]^\top(k=1,2,\cdots)$.

充分性. 设 $||\boldsymbol{x}^{(k)}-\boldsymbol{x}||_\infty\to 0$. 因为对任意的 $j\in\{1,\cdots,n\}$,

$$|x_j^{(k)}-x_j|\leqslant\max_{1\leqslant i\leqslant n}|x_i^{(k)}-x_i|=||\boldsymbol{x}^{(k)}-\boldsymbol{x}||_\infty\to 0,$$

所以 $\boldsymbol{x}^{(k)}\to\boldsymbol{x}$.

必要性. 设 $\boldsymbol{x}^{(k)}\to\boldsymbol{x}$, 即对任意的 $i\in\{1,\cdots,n\}$, $x_i^{(k)}\to x_i$. 于是, 对任意给定的 $\varepsilon>0$, 存在正整数 k_i, 使得当 $k>k_i$ 时, $|x_i^{(k)}-x_i|<\varepsilon$. 进而, 当 $k>\max\{k_1,\cdots,k_n\}$ 时, 对所有的 $i\in\{1,\cdots,n\}$, 均有 $|x_i^{(k)}-x_i|<\varepsilon$ 成立. 所以

$$||\boldsymbol{x}^{(k)}-\boldsymbol{x}||_\infty=\max_{1\leqslant i\leqslant n}|x_i^{(k)}-x_i|<\varepsilon,$$

即 $||\boldsymbol{x}^{(k)}-\boldsymbol{x}||_\infty\to 0$. □

2.1.4 向量范数的对偶范数

在本小节, 我们简要讨论向量范数的对偶范数, 对偶范数在凸优化中有重要的应用.

定理 2.4

若 f 为 $\mathbb{R}^n$ 上的向量范数, 则由

$$f^D(\boldsymbol{y}):=\max_{f(\boldsymbol{x})=1}|\boldsymbol{y}^\top\boldsymbol{x}|,\quad \boldsymbol{y}\in\mathbb{R}^n$$

定义的函数为 $\mathbb{R}^n$ 上的范数, 并称为 f 的对偶范数, 记为 f^D. ♡

证明 对于任意给定的向量 $\boldsymbol{y}\in\mathbb{R}^n$, 显然 $|\boldsymbol{y}^\top\boldsymbol{x}|$ 为 y 的连续函数. 因为 $S=\{\boldsymbol{x}\mid f(\boldsymbol{x})=1\}$ 为 $\mathbb{R}^n$ 上的有界闭集, 所以 $|\boldsymbol{y}^\top\boldsymbol{x}|$ 在 S 可取得最大值. 因此, f^D 的定义是有意义的.

下面我们证明 f^D 满足范数三个条件. 函数 f^D 齐次性显然. 当 $\boldsymbol{y}=\boldsymbol{0}$ 时, 则 $f^D(\boldsymbol{y})=0$. 当 $\boldsymbol{y}\neq\boldsymbol{0}$ 时, 则由 f 的齐次性知 $\dfrac{\boldsymbol{y}}{f(\boldsymbol{y})}\in S$. 进而

$$f^D(\boldsymbol{y})\geqslant\left|\boldsymbol{y}^\top\frac{\boldsymbol{y}}{f(\boldsymbol{y})}\right|=\frac{|\boldsymbol{y}^\top\boldsymbol{y}|}{f(\boldsymbol{y})}=\frac{||\boldsymbol{y}||_2^2}{f(\boldsymbol{y})}>0.$$

所以 f^D 满足正定性. 下证 f^D 满足三角不等式. 对任意的 $\boldsymbol{y},\boldsymbol{z}\in\mathbb{R}^n$,

$$f^D(\boldsymbol{y}+\boldsymbol{z})=\max_{f(\boldsymbol{x})=1}|(\boldsymbol{y}+\boldsymbol{z})^\top\boldsymbol{x}|=\max_{f(\boldsymbol{x})=1}|\boldsymbol{y}^\top\boldsymbol{x}+\boldsymbol{z}^\top\boldsymbol{x}|\leqslant\max_{f(\boldsymbol{x})=1}\left(|\boldsymbol{y}^\top\boldsymbol{x}|+|\boldsymbol{z}^\top\boldsymbol{x}|\right)$$

$$\leqslant \max_{f(\boldsymbol{x})=1} |\boldsymbol{y}^\top \boldsymbol{x}| + \max_{f(\boldsymbol{x})=1} |\boldsymbol{z}^\top \boldsymbol{x}| = f^D(\boldsymbol{y}) + f^D(\boldsymbol{z}),$$

这说明三角不等式成立. □

例 2.15 若 $1 \leqslant p, q \leqslant \infty$, 满足 $\dfrac{1}{p} + \dfrac{1}{q} = 1$, 则 l_p 范数与 l_q 范数互为对偶范数, 即 $||\cdot||_p^D = ||\cdot||_q$ 且 $||\cdot||_q^D = ||\cdot||_p$.

证明 首先, 由 Hölder 不等式 (2.4) 可得

$$||\boldsymbol{y}||_p^D = \max_{||\boldsymbol{x}||_p=1} |\boldsymbol{y}^\top \boldsymbol{x}| \leqslant \max_{||\boldsymbol{x}||_p=1} ||\boldsymbol{x}||_p ||\boldsymbol{y}||_q = ||\boldsymbol{y}||_q, \quad \forall \boldsymbol{x}, \boldsymbol{y} \in \mathbb{R}^n.$$

其次, 我们证明对任意给定的 $\boldsymbol{y} = [y_1, \cdots, y_n]^\top \in \mathbb{R}^n$, 均有 $||\boldsymbol{y}||_p^D \geqslant ||\boldsymbol{y}||_q$ 成立. 当 $p = 1$ 时, 我们设

$$||\boldsymbol{y}||_\infty = \max_{1 \leqslant i \leqslant n} |y_i| = |y_j|.$$

于是取 $\boldsymbol{x}_0 = \boldsymbol{\varepsilon}_j$, 可得

$$||\boldsymbol{y}||_1^D = \max_{||\boldsymbol{x}||_1=1} |\boldsymbol{y}^\top \boldsymbol{x}| \geqslant |\boldsymbol{y}^\top \boldsymbol{x}_0| = |y_j| = ||\boldsymbol{y}||_\infty.$$

这表明 $||\cdot||_1^D = ||\cdot||_\infty$. 当 $p > 1$ 时, 取

$$\boldsymbol{x}_0 = \left[\left(\frac{\boldsymbol{y}_1}{||\boldsymbol{y}||_q} \right)^{\frac{q}{p}}, \cdots, \left(\frac{\boldsymbol{y}_n}{||\boldsymbol{y}||_q} \right)^{\frac{q}{p}} \right]^\top,$$

则 Hölder 不等式 (2.4) 中等式成立, 并且 $||\boldsymbol{x}_0||_p = 1$. 从而

$$||\boldsymbol{y}||_p^D = \max_{||\boldsymbol{x}||_p=1} |\boldsymbol{y}^\top \boldsymbol{x}| \geqslant |\boldsymbol{y}^\top \boldsymbol{x}_0| = ||\boldsymbol{x}_0||_p ||\boldsymbol{y}||_q = ||\boldsymbol{y}||_q.$$

故 $||\cdot||_p^D = ||\cdot||_q$. 由 p 和 q 的对称性可知 $||\cdot||_q^D = ||\cdot||_p$, 进而定理成立. □

定理 2.5

若 f 为 $\mathbb{R}^n$ 上的向量范数, 则对任意的 $\boldsymbol{x}, \boldsymbol{y} \in \mathbb{R}^n$, 有

$$|\boldsymbol{y}^\top \boldsymbol{x}| \leqslant f(\boldsymbol{x}) f^D(\boldsymbol{y}), \quad |\boldsymbol{x}^\top \boldsymbol{y}| \leqslant f^D(\boldsymbol{x}) f(\boldsymbol{y}).$$

♡

证明 若 $\boldsymbol{x} = \boldsymbol{0}$, 则结论显然成立. 若 $\boldsymbol{x} \neq \boldsymbol{0}$, 则

$$\boldsymbol{y}^\top \frac{\boldsymbol{x}}{f(\boldsymbol{x})} \leqslant \max_{f(\boldsymbol{z})=1} |\boldsymbol{y}^\top \boldsymbol{z}| = f^D(\boldsymbol{y}),$$

由此立即可得第一个不等式. 再由对称性可知第二个不等式成立. □

定理 2.5 所给的关于对偶范数的两个不等式是 Cauchy-Schwarz 不等式的自然推广.

2.2 矩阵范数

矩阵空间 $\mathbb{R}^{m\times n}$ 是 $\mathbb{R}$ 上的一个 mn 维的线性空间, 将 $m\times n$ 矩阵 A 看成 $\mathbb{R}^{mn}$ 中的"向量", 我们可按例 2.11 的方式定义 A 的向量范数. 此外, 定义矩阵范数时也需考虑矩阵之间的乘法运算.

2.2.1 矩阵范数的定义和性质

定义 2.5 广义矩阵范数

设 $\|\cdot\|$ 是 $\mathbb{R}^{m\times n}$ 到 $\mathbb{R}$ 的一个实值函数. 如果对任意的 $A,B\in\mathbb{R}^{m\times n}$, 满足

(1) 正定性 $\|A\|\geqslant 0$ 且 $\|A\|=0\Leftrightarrow A=O$;

(2) 齐次性 $\|kA\|=|k|\|A\|$, $\forall k\in\mathbb{R}$;

(3) 三角不等式 $\|A+B\|\leqslant\|A\|+\|B\|$,

那么称 $\|\cdot\|$ 为 $\mathbb{R}^{m\times n}$ 的广义矩阵范数. ♣

定义 2.6 矩阵范数

若 $\|\cdot\|$ 为 $\mathbb{R}^{m\times n}$,$\mathbb{R}^{n\times l}$ 和 $\mathbb{R}^{m\times l}$ 上同类广义范数 (具有相同的运算规则) 且对任意的 $A\in\mathbb{R}^{m\times n}$, $B\in\mathbb{R}^{n\times l}$ 还满足与矩阵乘法的相容性条件:

$$\|AB\|\leqslant\|A\|\|B\|,$$

则称 $\|\cdot\|$ 为 $\mathbb{R}^{m\times n}$ 的矩阵范数. ♣

根据定义, 广义矩阵范数除了不要求满足相容性之外, 与向量范数的要求是一致的. 因此, $\mathbb{R}^{m\times n}$ 上的广义矩阵范数也可以看成 $\mathbb{R}^{mn}$ 上的向量范数, 它具有向量范数的所有性质. 进而, 可以利用矩阵范数刻画矩阵序列的收敛性. 矩阵序列的收敛性定义如下:

定义 2.7 矩阵序列的收敛性

设 $\{A^{(k)}\}$ 是 $\mathbb{R}^{m\times n}$ 中的一个矩阵序列, 其中 $A^{(k)}=[a_{ij}^{(k)}]\in\mathbb{R}^{m\times n}$. 如果当 $k\to\infty$ 时, $A^{(k)}$ 中的每个元素 $a_{ij}^{(k)}$ 构成的数列 $\{a_{ij}^{(k)}\}$ 有极限 a_{ij}, 那么称矩阵序列 $\{A^{(k)}\}$ 有极限 $A=[a_{ij}]$, 或收敛于矩阵 A, 记为

$$\lim_{k\to\infty}A^{(k)}=A \quad 或 \quad A^{(k)}\to A.$$

如果矩阵序列 $\{A^{(k)}\}$ 不收敛, 那么称 $\{A^{(k)}\}$ 是发散的. ♣

因为广义矩阵范数具有向量范数的性质, 所以由定理 2.1 可得

定理 2.6

设 $||\cdot||_\alpha$ 和 $||\cdot||_\beta$ 是 $\mathbb{R}^{m\times n}$ 上的任意两个广义矩阵范数. 则存在两个正常数 C_m 和 C_M, 使得对任意 $A\in\mathbb{R}^{m\times n}$, 有

$$C_m||A||_\alpha \leqslant ||A||_\beta \leqslant C_M||A||_\alpha.$$

♡

这表明矩阵范数也具有和向量范数一样的等价性. 于是, 我们有如下推论

定理 2.7

设 $A\in\mathbb{R}^{m\times n}$ 且 $\{A^{(k)}\}$ 是 $\mathbb{R}^{m\times n}$ 上的矩阵序列. 则 $\{A^{(k)}\}$ 收敛于 A 的充分必要条件是对 $\mathbb{R}^{m\times n}$ 上的任意一种广义矩阵范数 $||\cdot||$, $||A^{(k)}-A||\to 0$.♡

利用数值方法进行分析计算时, 矩阵范数常常与向量范数混合在一起. 因此, 考虑矩阵范数时, 很多时候需要将其与向量范数联系起来. 故需要引入范数的相容性概念.

定义 2.8　范数的相容性

设 $||\cdot||_M$ 为 $\mathbb{R}^{m\times n}$ 的矩阵范数, $||\cdot||_V$ 为 $\mathbb{R}^m$ 和 $\mathbb{R}^n$ 上同类向量范数. 若对任意给定的 $A\in\mathbb{R}^{m\times n}$ 和 $\boldsymbol{x}\in\mathbb{R}^n$, 有

$$||A\boldsymbol{x}||_V \leqslant ||A||_M||\boldsymbol{x}||_V,$$

则称矩阵范数 $||\cdot||_M$ 和向量范数 $||\cdot||_V$ 相容.

♣

定理 2.8

设 $||\cdot||_M$ 为 $\mathbb{R}^{n\times n}$ 的矩阵范数, 则存在 $\mathbb{R}^n$ 上的向量范数 $||\cdot||_V$, 使得矩阵范数 $||\cdot||_M$ 和向量范数 $||\cdot||_V$ 相容.

♡

证明　任意给定一个非零向量 $\boldsymbol{y}\in\mathbb{R}^n$, 定义

$$||\boldsymbol{x}||_V = ||\boldsymbol{x}\boldsymbol{y}^\top||_M,\quad \forall\boldsymbol{x}\in\mathbb{R}^n.$$

首先, 我们证明 $||\cdot||_V$ 为 $\mathbb{R}^n$ 上的向量范数. 正定性和齐次性显然. 对任意的 $\boldsymbol{x}_1,\boldsymbol{x}_2\in\mathbb{R}^n$, 有

$$||\boldsymbol{x}_1+\boldsymbol{x}_2||_V = ||(\boldsymbol{x}_1+\boldsymbol{x}_2)\boldsymbol{y}^\top||_M = ||\boldsymbol{x}_1\boldsymbol{y}^\top+\boldsymbol{x}_2\boldsymbol{y}^\top||_M$$

$$\begin{aligned}&\leqslant \|\boldsymbol{x}_1\boldsymbol{y}^\top\|_M + \|\boldsymbol{x}_2\boldsymbol{y}^\top\|_M\\&= \|\boldsymbol{x}_1\|_V + \|\boldsymbol{x}_2\|_V,\end{aligned}$$

即三角不等式成立.

其次, 证明两个范数相容. 由相容性条件知, 对任意矩阵 $A \in \mathbb{R}^{n\times n}$ 和 $\boldsymbol{x} \in \mathbb{R}^n$, 有

$$\|A\boldsymbol{x}\|_V = \|A\boldsymbol{x}\boldsymbol{y}^\top\|_M \leqslant \|A\|_M\|\boldsymbol{x}\boldsymbol{y}^\top\|_M = \|A\|_M\|\boldsymbol{x}\|_V,$$

这就表明 $\|\cdot\|_M$ 和 $\|\cdot\|_V$ 相容. □

2.2.2 几种常用的矩阵范数

例 2.16 由

$$\|A\|_{m_1} = \sum_{i=1}^{m}\sum_{j=1}^{n}|a_{ij}|, \quad A = [a_{ij}] \in \mathbb{R}^{m\times n}$$

定义的 $\|\cdot\|_{m_1}$ 是 $\mathbb{R}^{m\times n}$ 上的矩阵范数, 称为 l_1 范数.

证明 显然 $\|\cdot\|_{m_1}$ 是 $\mathbb{R}^{m\times n}$ 上的广义矩阵范数. 下证满足相容性条件. 对任意的 $A \in \mathbb{R}^{m\times n}, B \in \mathbb{R}^{n\times l}$, 有

$$\begin{aligned}\|AB\|_{m_1} &= \sum_{i=1}^{m}\sum_{j=1}^{l}\left|\sum_{k=1}^{n}a_{ik}b_{kj}\right| \leqslant \sum_{i=1}^{m}\sum_{j=1}^{l}\sum_{k=1}^{n}|a_{ik}b_{kj}|\\&\leqslant \sum_{i=1}^{m}\sum_{k=1}^{n}\sum_{t=1}^{n}\sum_{j=1}^{l}|a_{ik}b_{tj}| = \left(\sum_{i=1}^{m}\sum_{k=1}^{n}|a_{ik}|\right)\left(\sum_{t=1}^{n}\sum_{j=1}^{l}|b_{tj}|\right)\\&= \|A\|_{m_1}\|B\|_{m_1},\end{aligned}$$

这表明相容性成立. □

例 2.17 F-范数 由

$$\|A\|_F = \left(\sum_{i=1}^{m}\sum_{j=1}^{n}|a_{ij}|^2\right)^{\frac{1}{2}}, \quad A = [a_{ij}] \in \mathbb{R}^{m\times n}$$

定义的 $\|\cdot\|_F$ 是 $\mathbb{R}^{m\times n}$ 上的矩阵范数, 称为 l_2 范数, 通常称为弗罗贝尼乌斯 (Frobenius) 范数.

证明 容易验证 $\|\cdot\|_F$ 满足正定性和齐次性. 对任意的 $A, B \in \mathbb{R}^{m\times n}$, 分别记

$$A = [\boldsymbol{a}_1, \cdots, \boldsymbol{a}_n], \quad B = [\boldsymbol{b}_1, \cdots, \boldsymbol{b}_n].$$

因为

$$\begin{aligned}
\|A+B\|_F^2 &= \sum_{j=1}^n \|\boldsymbol{a}_j + \boldsymbol{b}_j\|_2^2 \leqslant \sum_{j=1}^n (\|\boldsymbol{a}_j\|_2 + \|\boldsymbol{b}_j\|_2)^2 \\
&= \sum_{j=1}^n \|\boldsymbol{a}_j\|_2^2 + \sum_{j=1}^n \|\boldsymbol{b}_j\|_2^2 + 2\sum_{j=1}^n \|\boldsymbol{a}_j\|_2 \|\boldsymbol{b}_j\|_2 \\
&\leqslant \|A\|_F^2 + \|B\|_F^2 + 2\|A\|_F \|B\|_F \\
&= (\|A\|_F + \|B\|_F)^2,
\end{aligned}$$

即三角不等式成立, 这说明 $\|\cdot\|_F$ 是广义矩阵范数. 下证明相容性. 对任意的 $B \in \mathbb{R}^{n\times l}$, 有

$$\begin{aligned}
\|AB\|_F^2 &= \sum_{i=1}^m \sum_{j=1}^l \left|\sum_{k=1}^n a_{ik} b_{kj}\right|^2 \leqslant \sum_{i=1}^m \sum_{j=1}^l \left(\sum_{k=1}^n |a_{ik} b_{kj}|\right)^2 \\
&\leqslant \sum_{i=1}^m \sum_{j=1}^l \left(\sum_{k=1}^n |a_{ik}|^2\right) \left(\sum_{k=1}^n |b_{kj}|^2\right) \\
&= \left(\sum_{i=1}^m \sum_{k=1}^n |a_{ik}|^2\right) \left(\sum_{k=1}^n \sum_{j=1}^l |b_{kj}|^2\right) \\
&= \|A\|_F^2 \|B\|_F^2.
\end{aligned}$$

于是 $\|\cdot\|_F$ 满足相容性. □

Frobenius 范数是十分重要的一类矩阵范数, 它与矩阵的迹和特征值的关系都十分紧密. 因其在矩阵逼近中的重要作用, 故在机器学习、统计学、计算机图形学中占有重要地位. 事实上, 因为 A 的格拉姆 (Gram) 矩阵

$$A^\top A = \begin{bmatrix} \boldsymbol{a}_1^\top \boldsymbol{a}_1 & \boldsymbol{a}_1^\top \boldsymbol{a}_2 & \cdots & \boldsymbol{a}_1^\top \boldsymbol{a}_n. \\ \boldsymbol{a}_2^\top \boldsymbol{a}_1 & \boldsymbol{a}_2^\top \boldsymbol{a}_2 & \cdots & \boldsymbol{a}_2^\top \boldsymbol{a}_n \\ \vdots & \vdots & & \vdots \\ \boldsymbol{a}_n^\top \boldsymbol{a}_1 & \boldsymbol{a}_n^\top \boldsymbol{a}_2 & \cdots & \boldsymbol{a}_n^\top \boldsymbol{a}_n \end{bmatrix},$$

所以

$$||A||_F^2 = \mathrm{tr}(A^\top A) = \sigma_1^2 + \sigma_2^2 + \cdots + \sigma_n^2, \tag{2.7}$$

其中 $\sigma_1^2 \geqslant \sigma_2^2 \geqslant \cdots \geqslant \sigma_n^2$ 为 $A^\top A$ 的特征值.

例 2.18 由

$$||A||_{m_\infty} = \max_{\substack{1\leqslant i\leqslant m\\1\leqslant j\leqslant n}} |a_{ij}|, \quad A = [a_{ij}] \in \mathbb{R}^{m\times n}$$

定义的 $||\cdot||_{m_\infty}$ 是 $\mathbb{R}^{m\times n}$ 上的广义矩阵范数, 称为 l_∞ 范数.

但是 $||\cdot||_{m_\infty}$ 不是 $\mathbb{R}^{m\times n}$ 的矩阵范数, 它不满足相容性的条件. 例如, 设 $A = \begin{bmatrix}1 & 1\\1 & 1\end{bmatrix}$. 则 $||A||_{m_\infty} = 1$, 而

$$||A^2||_{m_\infty} = ||2A||_{m_\infty} = 2 > ||A||_{m_\infty}^2 = 1.$$

但是, 我们可将广义矩阵范数 $||\cdot||_{m_\infty}$ 修正为

$$||A|| = n||A||_{m_\infty} = n \max_{\substack{1\leqslant i\leqslant m\\1\leqslant j\leqslant n}} |a_{ij}|, \quad A = [a_{ij}] \in \mathbb{R}^{m\times n},$$

则 $||\cdot||$ 是 $\mathbb{R}^{m\times n}$ 的矩阵范数. 事实上, 对任意的 $B \in \mathbb{R}^{n\times l}$ 有

$$\begin{aligned}
||AB|| &= l \max_{\substack{1\leqslant i\leqslant m\\1\leqslant j\leqslant l}} \left|\sum_{k=1}^n a_{ik}b_{kj}\right| \leqslant l \max_{\substack{1\leqslant i\leqslant m\\1\leqslant j\leqslant l}} \sum_{k=1}^n |a_{ik}b_{kj}| \\
&\leqslant l \max_{\substack{1\leqslant i\leqslant m\\1\leqslant j\leqslant l}} \sum_{k=1}^n ||A||_{m_\infty}||B||_{m_\infty} = n||A||_{m_\infty} \times l||B||_{m_\infty} \\
&= ||A||||B||.
\end{aligned}$$

这说明如此修正的范数满足相容性条件. □

2.2.3 由向量范数诱导的矩阵范数

在第 1 章中, 我们知道矩阵不仅可视为向量, 它还可以看成线性映射或算子. 在实际中, 从映射或算子的角度来定义矩阵范数更加有用. 在本节中, 我们将从任一个向量范数出发, 诱导出相应的矩阵范数, 它可以反映线性映射的几何性质, 这在机器学习相关的数值方法和优化理论有广泛的应用.

设 $||\cdot||$ 为 $\mathbb{R}^m$ 和 $\mathbb{R}^n$ 上的同类向量范数. 对任意的 $A \in \mathbb{R}^{m\times n}$, $||A\boldsymbol{x}||$ 为 $\boldsymbol{x} \in \mathbb{R}^n$ 的连续函数 (参见定理 2.1 证明), 在有界闭集

$$S = \{\boldsymbol{x} \in \mathbb{R}^n \mid ||\boldsymbol{x}|| = 1\}$$

上可以达到最大值. 因此, 可定义

$$||A|| := \max_{||\boldsymbol{x}||=1} ||A\boldsymbol{x}||.$$

进一步地, 对任意 $\mathbb{R}^n$ 中的非零向量 $\boldsymbol{x}$, 由向量范数的齐次性可知 $\left\|\dfrac{\boldsymbol{x}}{||\boldsymbol{x}||}\right\| = 1$, 所以

$$\max_{||\boldsymbol{x}||\neq 0} \frac{||A\boldsymbol{x}||}{||\boldsymbol{x}||} = \max_{||\boldsymbol{x}||\neq 0} \left\|A\frac{\boldsymbol{x}}{||\boldsymbol{x}||}\right\| = \max_{||\boldsymbol{x}||=1} ||A\boldsymbol{x}|| = ||A||.$$

定理 2.9

若 $||\cdot||$ 为 $\mathbb{R}^m$ 和 $\mathbb{R}^n$ 上的同类向量范数, 则由

$$||A|| = \max_{||\boldsymbol{x}||=1} ||A\boldsymbol{x}|| = \max_{||\boldsymbol{x}||\neq 0} \frac{||A\boldsymbol{x}||}{||\boldsymbol{x}||}, \quad A \in \mathbb{R}^{m\times n} \tag{2.8}$$

定义的 $||\cdot||$ 是 $\mathbb{R}^{m\times n}$ 上的矩阵范数, 而且与向量范数相容. ♡

证明　首先, 我们证明 $||\cdot||$ 是 $\mathbb{R}^{m\times n}$ 上的广义矩阵范数.

正定性. 若 $A = O$, 则

$$||A|| = \max_{||\boldsymbol{x}||=1} ||O\boldsymbol{x}|| = 0.$$

若 $A \neq O$, 则必存在向量 $\boldsymbol{x}_0 \in \mathbb{R}^n$, 使得 $||A\boldsymbol{x}_0|| \neq 0$ 且 $||\boldsymbol{x}_0|| = 1$. 进而

$$||A|| \geqslant ||A\boldsymbol{x}_0|| > 0.$$

齐次性. 对任意 $k \in \mathbb{R}$, 我们有

$$||kA|| = \max_{||\boldsymbol{x}||=1} ||kA\boldsymbol{x}|| = |k| \max_{||\boldsymbol{x}||=1} ||A\boldsymbol{x}|| = |k|||A||.$$

三角不等式. 对任意的 $A, B \in \mathbb{R}^{m\times n}$, 存在 $\boldsymbol{x}_1 \in \mathbb{R}^n$, 使得 $||\boldsymbol{x}_1|| = 1$ 且

$$||A + B|| = ||(A + B)\boldsymbol{x}_1||.$$

进而

$$||A + B|| = ||(A + B)\boldsymbol{x}_1|| \leqslant ||A\boldsymbol{x}_1|| + ||B\boldsymbol{x}_1|| \leqslant ||A|| + ||B||.$$

其次, 我们证明 $||\cdot||$ 与向量范数相容, 即对任意的 $A \in \mathbb{R}^{m\times n}, \boldsymbol{x} \in \mathbb{R}^n$, 有

$$||A\boldsymbol{x}|| \leqslant ||A||||\boldsymbol{x}||.$$

当 $\boldsymbol{x}=\boldsymbol{0}$ 时, 结论显然成立. 当 $\boldsymbol{x}\neq\boldsymbol{0}$ 时, 由 (2.8) 式可得

$$\frac{||A\boldsymbol{x}||}{||\boldsymbol{x}||}\leqslant ||A||.$$

这说明 $||\cdot||$ 与向量范数相容.

最后, 证明相容性条件. 对任意的 $A\in\mathbb{R}^{m\times n}, B\in\mathbb{R}^{n\times l}$, 由定义知, 存在向量 $\boldsymbol{x}_2\in\mathbb{R}^l$, 使得 $||\boldsymbol{x}_2||=1$ 且 $||AB||=||(AB)\boldsymbol{x}_2||$. 因为 $||\cdot||$ 与向量范数相容, 所以

$$||AB||=||(AB)\boldsymbol{x}_2||=||A(B\boldsymbol{x}_2)||\leqslant||A||||B\boldsymbol{x}_2||\leqslant||A||||B||||\boldsymbol{x}_2||=||A||||B||.$$

因此, 相容性条件成立. □

定义 2.9

称由 (2.8) 所定义的范数 $||\cdot||$ 是由向量范数诱导的矩阵范数或算子范数. ♣

由定理 2.9 可以看出, 任一给定的向量范数都可以诱导出相应的算子范数, 并且都与此向量范数相容. 而定理 2.8 告诉我们, 与同一向量范数相容的矩阵范数有无穷多个, 这些范数与算子范数有如下重要的关系.

定理 2.10

设 $||\cdot||_V$ 为 $\mathbb{R}^m$ 和 $\mathbb{R}^n$ 上的同类向量范数. 若 $||\cdot||$ 为 $\mathbb{R}^{m\times n}$ 上由 $||\cdot||_V$ 诱导的算子范数, 则对 $\mathbb{R}^{m\times n}$ 上与 $||\cdot||_V$ 相容的任意矩阵范数 $||\cdot||_M$, 有

$$||A||\leqslant||A||_M,\quad A\in\mathbb{R}^{m\times n}.$$ ♡

证明 对任意的 $A\in\mathbb{R}^{m\times n}$, 存在 $\boldsymbol{x}\in\mathbb{R}^n$, 使得 $||\boldsymbol{x}||_V=1$ 且 $||A||=||A\boldsymbol{x}||_V$. 从而

$$||A||=||A\boldsymbol{x}||_V\leqslant||A||_M||\boldsymbol{x}||_V=||A||_M.$$

因此, 定理得证. □

例 2.19 单位矩阵的矩阵范数 设 $||\cdot||$ 为 $\mathbb{R}^n$ 上的任一向量范数, $||\cdot||_M$ 为 $\mathbb{R}^{n\times n}$ 上与 $||\cdot||$ 相容的矩阵范数, $||\cdot||$ 为 $\mathbb{R}^n$ 上由 $||\cdot||$ 诱导的矩阵范数. 则由定理 2.10 知

$$||I||_M\geqslant||I||=\max_{||\boldsymbol{x}||=1}||I\boldsymbol{x}||=\max_{||\boldsymbol{x}||=1}||\boldsymbol{x}||=1.$$ □

例 2.20 加权范数 设 $M\in\mathbb{R}^{m\times m}$, $N\in\mathbb{R}^{n\times n}$ 均为对称正定矩阵, $||\cdot||_N$ 为加权向量范数 (见例 2.13). 则由

$$||A||_{MN}=\max_{||\boldsymbol{x}||_N=1}||A\boldsymbol{x}||_M,\quad A\in\mathbb{R}^{m\times n}$$

定义的函数 $||\cdot||_{MN}$ 是 $\mathbb{R}^{n\times n}$ 上的矩阵范数, 也称为**加权范数.** □

上述表明, 算子范数与向量范数密切相关, 有什么样的向量范数就有什么样的算子范数.

定义 2.10 p 范数

对于 $p\geqslant 1$, 由向量 l_p 范数可以诱导出相应的算子范数

$$||A||_p=\max_{||\boldsymbol{x}||_p=1}||A\boldsymbol{x}||_p,\quad A\in\mathbb{R}^{m\times n}$$

称为 p 范数. ♣

特别地, 取三种常用的向量范数为 $||\cdot||_1, ||\cdot||_2, ||\cdot||_\infty$, 就会得到相应的三种常用算子范数. 通常称算子范数 $||\cdot||_1, ||\cdot||_2$ 和 $||\cdot||_\infty$ 为**列和范数**、**谱范数**和**行和范数**, 因为这些范数有如下计算公式.

定理 2.11

设 $A=[a_{ij}]\in\mathbb{R}^{m\times n}$. 则下列结论是成立的:

(1) 由向量范数 $||\cdot||_1$ 诱导的算子范数为矩阵的最大列和, 即

$$||A||_1=\max_{1\leqslant j\leqslant n}\sum_{i=1}^{m}|a_{ij}|;$$

(2) 由向量范数 $||\cdot||_2$ 诱导的算子范数为

$$||A||_2=\sqrt{\lambda_1},$$

其中 λ_1 为 $A^\top A$ 的最大特征值;

(3) 由向量范数 $||\cdot||_\infty$ 诱导的算子范数为矩阵的最大行和, 即

$$||A||_\infty=\max_{1\leqslant i\leqslant m}\sum_{j=1}^{n}|a_{ij}|.$$

♡

证明 (1) 设 $A=[\boldsymbol{a}_1,\cdots,\boldsymbol{a}_n]$. 对任意 $\boldsymbol{x}=[x_1,\cdots,x_n]^\top\in\mathbb{R}^n$, 我们有

$$\begin{aligned}||A\boldsymbol{x}||_1&=||x_1\boldsymbol{a}_1+\cdots+x_n\boldsymbol{a}_n||_1\leqslant\sum_{i=1}^{n}||x_i\boldsymbol{a}_i||_1=\sum_{i=1}^{n}|x_i|||\boldsymbol{a}_i||_1\\&\leqslant\max_{1\leqslant j\leqslant n}||\boldsymbol{a}_j||_1\sum_{i=1}^{n}|x_i|=||\boldsymbol{x}||_1\max_{1\leqslant j\leqslant n}||\boldsymbol{a}_j||_1.\end{aligned}$$

于是

$$||A||_1 = \max_{||\boldsymbol{x}||_1=1} ||A\boldsymbol{x}||_1 \leqslant \max_{1\leqslant j\leqslant n} ||\boldsymbol{a}_j||_1. \tag{2.9}$$

另一方面, 因为

$$\max_{||\boldsymbol{x}||_1=1} ||A\boldsymbol{x}||_1 \geqslant ||A\boldsymbol{\varepsilon}_j||_1 = ||\boldsymbol{a}_j||_1, \quad j=1,2,\cdots,n.$$

所以

$$||A||_1 = \max_{||\boldsymbol{x}||_1=1} ||A\boldsymbol{x}||_1 \geqslant \max_{1\leqslant j\leqslant n} ||\boldsymbol{a}_j||_1. \tag{2.10}$$

由 (2.9) 和 (2.10) 立即可得定理 2.11(1) 成立.

(2) 注意到 $A^\top A$ 是半正定矩阵, 它所有特征值都是非负实数且存在 n 个正交单位特征向量作为 $\mathbb{R}^n$ 的一组基. 故可设其特征值为 $\lambda_1 \geqslant \lambda_2 \geqslant \cdots \geqslant \lambda_n \geqslant 0$, 且 $\boldsymbol{\eta}_1, \boldsymbol{\eta}_2, \cdots, \boldsymbol{\eta}_n$ 分别是上述特征值对应的正交单位特征向量.

一方面, 对任意的 $\boldsymbol{x} \in \mathbb{R}^n$, 可表示为

$$\boldsymbol{x} = \xi_1\boldsymbol{\eta}_1 + \xi_2\boldsymbol{\eta}_2 + \cdots + \xi_n\boldsymbol{\eta}_n, \quad \xi_i \in \mathbb{R}.$$

进而, 我们有 $||\boldsymbol{x}||_2 = \sqrt{|\xi_1^2| + \cdots + |\xi_n|^2}$, 且

$$A^\top A\boldsymbol{x} = A^\top A(\xi_1\boldsymbol{\eta}_1 + \xi_2\boldsymbol{\eta}_2 + \cdots + \xi_n\boldsymbol{\eta}_n) = \lambda_1\xi_1\boldsymbol{\eta}_1 + \lambda_2\xi_2\boldsymbol{\eta}_2 + \cdots + \lambda_n\xi_n\boldsymbol{\eta}_n.$$

于是

$$\begin{aligned} ||A\boldsymbol{x}||_2^2 &= \boldsymbol{x}^\top A^\top A\boldsymbol{x} = \langle \boldsymbol{x}, A^\top A\boldsymbol{x}\rangle = \lambda_1|\xi_1|^2 + \cdots + \lambda_n|\xi_n|^2 \\ &\leqslant \lambda_1(|\xi_1^2| + \cdots + |\xi_n|^2) = \lambda_1||\boldsymbol{x}||_2^2, \end{aligned}$$

这表明

$$\max_{||\boldsymbol{x}||_2=1} ||A\boldsymbol{x}||_2 \leqslant \sqrt{\lambda_1}. \tag{2.11}$$

另一方面, 注意到 $||\boldsymbol{\eta}_1||_2 = 1$, 我们有

$$||A\boldsymbol{\eta}_1||_2^2 = \boldsymbol{\eta}_1^\top A^\top A\boldsymbol{\eta}_1 = \langle \boldsymbol{\eta}_1, A^\top A\boldsymbol{\eta}_1\rangle = \langle \boldsymbol{\eta}_1, \lambda_1\boldsymbol{\eta}_1\rangle = \lambda_1,$$

所以

$$||A||_2 = \max_{||\boldsymbol{x}||_2=1} ||A\boldsymbol{x}||_2 \geqslant ||A\boldsymbol{\eta}_1||_2 = \sqrt{\lambda_1}, \tag{2.12}$$

因此, 由 (2.11) 和 (2.12) 知定理 2.11 (2) 成立.

(3) 记 $A = [a_{ij}]$. 则对任意的 $\boldsymbol{x} = [x_1, \cdots, x_n]^\top \in \mathbb{R}^n$, 有

$$||A\boldsymbol{x}||_\infty = \max_{1\leqslant i\leqslant m}\left|\sum_{j=1}^n a_{ij}x_j\right| \leqslant \max_{1\leqslant i\leqslant m}\sum_{j=1}^n |a_{ij}x_j| \leqslant ||\boldsymbol{x}||_\infty \max_{1\leqslant i\leqslant m}\sum_{j=1}^n |a_{ij}|,$$

于是

$$\max_{||\boldsymbol{x}||_\infty=1} ||A\boldsymbol{x}||_\infty \leqslant \max_{1\leqslant i\leqslant m}\sum_{j=1}^n |a_{ij}|.$$

另一方面, 我们必能找到合适的 k, 使得

$$\max_{1\leqslant i\leqslant m}\sum_{j=1}^n |a_{ij}| = \sum_{j=1}^n |a_{kj}|.$$

此时, 我们可设 $\boldsymbol{y} = [y_1, \cdots, y_n]^\top$, 其中

$$y_j = \begin{cases} 1, & a_{kj} = 0, \\ \dfrac{|a_{kj}|}{a_{kj}}, & a_{kj} \neq 0. \end{cases}$$

于是 $||\boldsymbol{y}||_\infty = 1$, 且 $A\boldsymbol{y}$ 的第 k 分量为 $\sum_{j=1}^n |a_{kj}|$. 从而

$$||A||_\infty = \max_{||\boldsymbol{x}||_\infty=1} ||A\boldsymbol{x}||_\infty \geqslant ||A\boldsymbol{y}||_\infty \geqslant \sum_{j=1}^n |a_{kj}| = \max_{1\leqslant i\leqslant m}\sum_{j=1}^n |a_{ij}|.$$

综上所述, $||A||_\infty = \max\limits_{1\leqslant i\leqslant m} \sum_{j=1}^n |a_{ij}|$. □

最后, 我们来看算子范数的几何性质. 线性映射把一个向量映射为另一个向量, 像与原像的 “长度” 缩放比例在优化理论中十分重要. 几何上看, 算子范数反映了像与原像的向量 “长度” 缩放比例的上界. 事实上, 由

$$||A|| = \max_{||\boldsymbol{x}||\neq 0} \frac{||A\boldsymbol{x}||}{||\boldsymbol{x}||}$$

知, 对任意非零向量 $\boldsymbol{x} \in \mathbb{R}^n$, 有

$$||A\boldsymbol{x}|| \leqslant ||A||||\boldsymbol{x}||,$$

可以看出算子范数很好地给出了像与原像长度之间的上界关系. 例如, 对应于 $||\cdot||_1, ||\cdot||_2, ||\cdot||_\infty$ 三种向量范数的闭单位圆

$$S = \{\boldsymbol{x} \in \mathbb{R}^2 \mid ||\boldsymbol{x}||_p \leqslant 1\}$$

在矩阵 $A=\begin{bmatrix}1 & 2\\0 & 2\end{bmatrix}$ 作用下效果如图 2.2 所示.

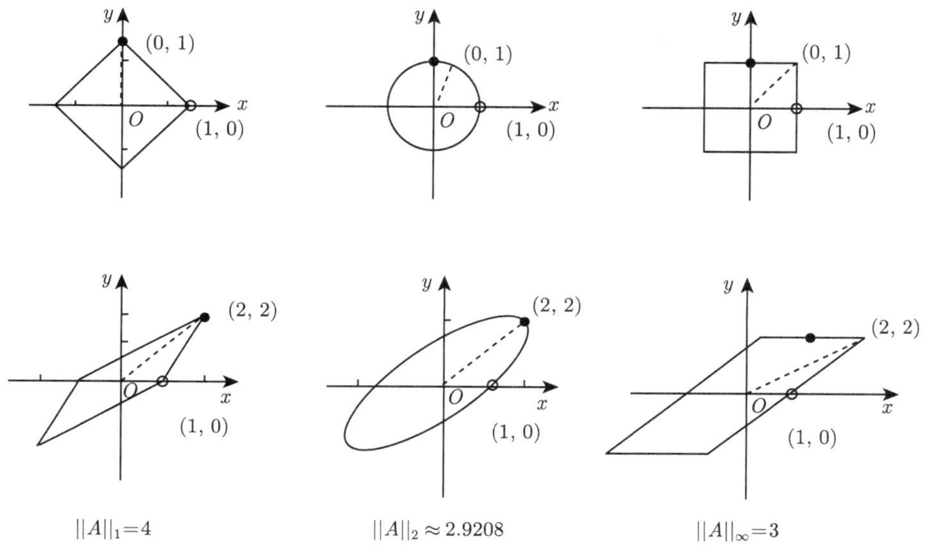

图 2.2　像与原像的缩放比例

2.3　范数的一些应用

范数具有十分广泛的应用, 本节主要讨论范数在矩阵特征值的估计和线性方程组解的扰动分析中的应用.

2.3.1　谱半径与矩阵范数

在本小节, 为了讨论方便, 我们将讨论范围扩展到复数域 $\mathbb{C}$ 上. 事实上, 前两节的范数理论自然且容易推广到复向量空间 $\mathbb{C}^n$ 上. 矩阵的谱半径在特征值估计和数值分析等理论中具有重要作用. 首先, 我们来看谱半径的定义.

定义 2.11　谱半径

设 $A\in\mathbb{C}^{n\times n}$, A 的全体复特征值的集合记为 $\lambda(A)$. 则称

$$\rho(A)=\max\{|\lambda| \mid \lambda\in\lambda(A)\}$$

为 A 的谱半径, 其中 $|\lambda|$ 表示特征值 λ 的模. ♣

定理 2.12

设 $A \in \mathbb{R}^{m\times n}$. 则

$$||A||_2 = \rho^{\frac{1}{2}}(A^\top A) = \rho^{\frac{1}{2}}(AA^\top).$$

特别地, 当 A 为实对称矩阵时,

$$||A||_2 = \rho(A).$$

♡

证明 对任意的 $A \in \mathbb{R}^{m\times n}$, $B \in \mathbb{R}^{n\times m}$, AB 与 BA 在复数域上具有相同的非零特征值 (留作习题). 所以 $A^\top A$ 与 $AA^\top$ 具有相同的谱半径. 由定理 2.11 (2) 可知

$$||A||_2 = \max\sqrt{|\lambda(A^\top A)|} = \rho^{\frac{1}{2}}(A^\top A) = \rho^{\frac{1}{2}}(AA^\top).$$

特别地, 当 $A^\top = A$ 时, 我们有

$$||A||_2^2 = \rho(A^\top A) = \rho(A^2) = \rho^2(A),$$

这表明 $||A||_2 = \rho(A)$. □

对于一般的矩阵范数, 下述定理表明任意矩阵的谱半径均被矩阵范数所控制.

定理 2.13

设 $A \in \mathbb{C}^{n\times n}$. 则

(1) 对 $\mathbb{C}^{n\times n}$ 上的任意矩阵范数 $||\cdot||$, 有

$$\rho(A) \leqslant ||A||;$$

(2) 对任意的 $\varepsilon > 0$, 存在 $\mathbb{C}^{n\times n}$ 上的算子范数 $||\cdot||$, 使得

$$||A|| \leqslant \rho(A) + \varepsilon.$$

♡

证明 (1) 设 $\lambda_1 \in \lambda(A)$ 且满足 $|\lambda_1| = \rho(A)$. 设 $\boldsymbol{x}_1, \cdots, \boldsymbol{x}_n \in \mathbb{C}^n$ 为 A 的属于 λ_1 的 n 个特征向量. 令 $X = [\boldsymbol{x}_1, \cdots, \boldsymbol{x}_n] \in \mathbb{C}^{n\times n}$, 则 $AX = \lambda_1 X$. 于是有

$$|\lambda_1|||X|| = ||\lambda_1 X|| = ||AX|| \leqslant ||A||||X||.$$

注意到 $||X|| \neq 0$, 故

$$\rho(A) = |\lambda_1| \leqslant ||A||.$$

(2) 由若尔当 (Jordan) 分解定理知, 存在可逆矩阵 $P \in \mathbb{C}^{n\times n}$, 使得

$$P^{-1}AP = \begin{bmatrix} \lambda_1 & \delta_1 & & & \\ & \lambda_2 & \delta_2 & & \\ & & \ddots & \ddots & \\ & & & \lambda_{n-1} & \delta_{n-1} \\ & & & & \lambda_n \end{bmatrix} =: J,$$

其中 $\lambda_i \in \lambda(A)$, $\delta_i = 0$ 或 1. 对任意给定的 $\varepsilon > 0$, 令

$$D_\varepsilon = \operatorname{diag}[1, \varepsilon, \varepsilon^2, \cdots, \varepsilon^{n-1}]$$

且 $S = PD_\varepsilon$, 则

$$S^{-1}AS = (PD_\varepsilon)^{-1}A(PD_\varepsilon) = D_\varepsilon^{-1}JD_\varepsilon = \begin{bmatrix} \lambda_1 & \varepsilon\delta_1 & & & \\ & \lambda_2 & \varepsilon\delta_2 & & \\ & & \ddots & \ddots & \\ & & & \lambda_{n-1} & \varepsilon\delta_{n-1} \\ & & & & \lambda_n \end{bmatrix} =: J(\varepsilon)$$

定义 $||\cdot||_\varepsilon$ 如下:

$$||G||_\varepsilon := ||S^{-1}GS||_\infty, \quad G \in \mathbb{C}^{n\times n},$$

则 $||\cdot||_\varepsilon$ 是 $\mathbb{C}^{n\times n}$ 上的矩阵范数 (见习题 2 第 8 题), 或可验证 $||\cdot||_\varepsilon$ 可由如下定义的向量范数 $||\cdot||_S$ 诱导:

$$||\boldsymbol{x}||_S = ||S^{-1}\boldsymbol{x}||_\infty, \quad \boldsymbol{x} \in \mathbb{C}^n.$$

从而

$$||A||_\varepsilon = ||S^{-1}AS||_\infty = ||J(\varepsilon)||_\infty = \max_{1\leqslant i\leqslant n}\{|\lambda_i| + \varepsilon|\delta_i|\} \leqslant \rho(A) + \varepsilon,$$

其中补充定义 $\delta_n = 0$. □

由定理 2.13 立即可得谱半径和矩阵范数有如下关系: 设 $A \in \mathbb{C}^{n\times n}$, 则

$$\rho(A) = \inf\{||A|| \mid ||\cdot||\text{为矩阵范数}\}.$$

利用由谱半径和矩阵范数的关系, 可得如下结论:

定理 2.14

设 $A \in \mathbb{C}^{n\times n}$, 则

$$\lim_{k\to\infty} A^k = O \iff \rho(A) < 1.$$

♡

证明　必要性. 设 $\lim\limits_{k\to\infty} A^k = O$. 则由定理 2.7 知

$$\lim_{k\to\infty} ||A^k||_2 = 0.$$

令 $\lambda \in \lambda(A)$ 满足 $\rho(A) = |\lambda|$. 于是对任意的 $k \in \mathbb{Z}$, $\lambda^k \in \lambda(A^k)$. 进而, 根据定理 2.13 可得

$$\rho^k(A) = |\lambda|^k = \rho(A^k) \leqslant ||A^k||_2$$

对所有 k 均成立. 因此, $\rho(A) < 1$.

充分性. 设 $\rho(A) < 1$. 由定理 2.13 (2) 知, 存在矩阵范数 $||\cdot||$ 满足 $||A|| < 1$. 从而由相容性可得

$$0 \leqslant \lim_{k\to\infty} ||A^k|| \leqslant \lim_{k\to\infty} ||A||^k = 0.$$

所以 $\lim\limits_{k\to\infty} ||A^k|| = 0$, 即 $\lim\limits_{k\to\infty} A^k = O$. □

2.3.2 线性方程组解的扰动分析

一个线性方程组 $A\boldsymbol{x} = \boldsymbol{b}$ 是由系数矩阵 A 和右端的常数向量 $\boldsymbol{b}$ 所确定的. 在实际问题中, 由观察或计算确定 A 和 $\boldsymbol{b}$, 其数据不可避免地会存在误差, 即 A 与 $\boldsymbol{b}$ 会受到扰动. 通常这种扰动相对于精确数都是微小的. 一个自然的问题是: A 和 $\boldsymbol{b}$ 微小的扰动是否代表 $A\boldsymbol{x} = \boldsymbol{b}$ 解的误差也是微小的呢? 我们来看一个例子.

例 2.21　线性方程组

$$\begin{bmatrix} 1 & 0.99 \\ 0.99 & 0.98 \end{bmatrix} \begin{bmatrix} x_1 \\ x_2 \end{bmatrix} = \begin{bmatrix} 1 \\ 1 \end{bmatrix}$$

的精确解为 $x = [100, -100]^\top$. 若系数矩阵 A 和常数项 $\boldsymbol{b}$ 分别受到一个微扰

$$\Delta A = \begin{bmatrix} 0 & 0 \\ 0 & 0.01 \end{bmatrix}, \quad \Delta \boldsymbol{b} = \begin{bmatrix} 0 \\ 0.001 \end{bmatrix},$$

则扰动后的线性方程组为

$$\begin{bmatrix} 1 & 0.99 \\ 0.99 & 0.99 \end{bmatrix} \begin{bmatrix} x_1 \\ x_2 \end{bmatrix} = \begin{bmatrix} 1 \\ 1.001 \end{bmatrix}.$$

它的精确解为

$$\boldsymbol{x}+\Delta\boldsymbol{x}=\begin{bmatrix}x_1+\Delta x_1\\x_2+\Delta x_2\end{bmatrix}=\begin{bmatrix}-0.1\\ \dfrac{10}{9}\end{bmatrix},$$

与初始解差别很大. □

例 2.21 表明, 线性方程组的系数和常数项的微小扰动可能会引起解的大幅变化. 那么该如何处理这个问题呢? 一般情况下, 可用范数来刻画此问题, 考虑 $||\Delta\boldsymbol{x}||$ 与 $||\boldsymbol{x}||$ 比例的大小关系, 即讨论相对误差 $\dfrac{||\Delta\boldsymbol{x}||}{||\boldsymbol{x}||}$.

下面我们来讨论非奇异线性方程组 $A\boldsymbol{x}=\boldsymbol{b}$ 解的扰动问题, 首先需要介绍一个引理.

引理 2.1

设 $A\in\mathbb{C}^{n\times n}$. 若 $\mathbb{C}^{n\times n}$ 上的矩阵范数 $||\cdot||$ 满足 $||A||<1$, 则矩阵 $I-A$ 非奇异且

$$||(I-A)^{-1}||\leqslant\frac{||I||}{1-||A||}.$$

♡

证明 对任意的 $\lambda\in\lambda(A)$, 由定理 2.13 知 $|\lambda|\leqslant||A||<1$, 进而 $I-A$ 的特征值不为 0. 于是 $I-A$ 是非奇异的. 另一方面, 由 $(I-A)^{-1}(I-A)=I$ 可得

$$(I-A)^{-1}=I+(I-A)^{-1}A.$$

所以

$$||(I-A)^{-1}||=||I+(I-A)^{-1}A||\leqslant||I||+||(I-A)^{-1}||||A||.$$

因此,

$$||(I-A)^{-1}||\leqslant\frac{||I||}{1-||A||}.$$ □

设非奇异线性方程组 $A\boldsymbol{x}=\boldsymbol{b}$ 受到微扰后变成

$$(A+\Delta A)(\boldsymbol{x}+\Delta\boldsymbol{x})=\boldsymbol{b}+\Delta\boldsymbol{b}.$$

将 $A\boldsymbol{x}=\boldsymbol{b}$ 代入可得

$$(A+\Delta A)\Delta\boldsymbol{x}=\Delta\boldsymbol{b}-\Delta A\boldsymbol{x}.\tag{2.13}$$

由 A 非奇异知, 当 ΔA 充分小时, 可使得

$$||A^{-1}||||\Delta A||<1,$$

进而

$$A + \Delta A = A(I + A^{-1}\Delta A)$$

是非奇异的, 并且根据引理 2.1 可得

$$||(I + A^{-1}\Delta A)^{-1}|| \leqslant \frac{||I||}{1 - ||A^{-1}\Delta A||} \leqslant \frac{||I||}{1 - ||A^{-1}||||\Delta A||}. \tag{2.14}$$

于是由 (2.13) 知

$$\begin{aligned}\Delta \boldsymbol{x} &= (A + \Delta A)^{-1}(\Delta \boldsymbol{b} - \Delta A\boldsymbol{x}) \\ &= (I + A^{-1}\Delta A)^{-1}A^{-1}(\Delta \boldsymbol{b} - \Delta A\boldsymbol{x}).\end{aligned}$$

两边取算子范数 $||\cdot||$, 注意到 $||I|| = 1$, 根据范数的相容性和 (2.14) 可得

$$\begin{aligned}||\Delta \boldsymbol{x}|| &\leqslant ||(I + A^{-1}\Delta A)^{-1}||||A^{-1}||||\Delta \boldsymbol{b} - \Delta A\boldsymbol{x}|| \\ &\leqslant \frac{||A^{-1}||}{1 - ||A^{-1}||||\Delta A||}(||\Delta \boldsymbol{b}|| + ||\Delta A||||\boldsymbol{x}||).\end{aligned}$$

显然 $||\boldsymbol{x}|| \neq \mathbf{0}$ 且 $||\boldsymbol{b}|| \leqslant ||A||||\boldsymbol{x}||$. 进而

$$\begin{aligned}\frac{||\Delta \boldsymbol{x}||}{||\boldsymbol{x}||} &\leqslant \frac{||A^{-1}||}{1 - ||A^{-1}||||\Delta A||}\left(\frac{||\Delta \boldsymbol{b}||}{||\boldsymbol{x}||} + ||\Delta A||\right) \\ &\leqslant \frac{||A^{-1}||||A||}{1 - ||A^{-1}||||\Delta A||}\left(\frac{||\Delta A||}{||A||} + \frac{||\Delta \boldsymbol{b}||}{||\boldsymbol{b}||}\right).\end{aligned}$$

因此, 可得到如下重要定理.

定理 2.15

设 $||\cdot||$ 是 $\mathbb{R}^{n\times n}$ 上满足 $||I|| = 1$ 的矩阵范数, $A \in \mathbb{R}^{n\times n}$ 是非奇异的, $\boldsymbol{b} \in \mathbb{R}^n$ 是非零向量, $\Delta A \in \mathbb{R}^{n\times n}$, 并且 $||A^{-1}||||\Delta A|| < 1$. 若 $\boldsymbol{x}$ 和 $\boldsymbol{x} + \Delta \boldsymbol{x}$ 分别是线性方程组 $A\boldsymbol{x} = \boldsymbol{b}$ 和 $(A + \Delta A)(\boldsymbol{x} + \Delta \boldsymbol{x}) = \boldsymbol{b} + \Delta \boldsymbol{b}$ 的解, 则

$$\frac{||\Delta \boldsymbol{x}||}{||\boldsymbol{x}||} \leqslant \frac{\kappa(A)}{\gamma(A)}\left(\frac{||\Delta A||}{||A||} + \frac{||\Delta \boldsymbol{b}||}{||\boldsymbol{b}||}\right),$$

其中

$$\kappa(A) = ||A^{-1}||||A||, \quad \gamma(A) = 1 - \kappa(A)\frac{||\Delta A||}{||A||}.$$

♡

由定理 2.15 可以看出: 当 $\dfrac{||\Delta A||}{||A||}$ 较小时, 有 $\dfrac{\kappa(A)}{\gamma(A)} \approx \kappa(A)$. 于是有

$$\frac{||\Delta \boldsymbol{x}||}{||\boldsymbol{x}||} \leqslant \kappa(A)\left(\frac{||\Delta A||}{||A||}+\frac{||\Delta \boldsymbol{b}||}{||\boldsymbol{b}||}\right).$$

由此可知, $A\boldsymbol{x}=\boldsymbol{b}$ 的解的相对误差的上界被 $\boldsymbol{b}$ 和 A 的相对误差乘以放大倍数 $\kappa(A)$ 所控制. 因此 $A\boldsymbol{x}=\boldsymbol{b}$ 的扰动与 $\kappa(A)$ 的关系十分紧密.

定义 2.12　条件数

称 $||A^{-1}||||A||$ 为线性方程组 $A\boldsymbol{x}=\boldsymbol{b}$ 的条件数, 记为 $\kappa(A)$ 或 $\mathrm{cond}(A)$. ♣

条件数一定程度上刻画了扰动对方程组解的影响程度. 若 $\kappa(A)$ 很大, 称 A 为**病态的**; 若 $\kappa(A)$ 很小, 则称 A 为**良态的**. 此外, $\kappa(A)=||A^{-1}||||A||$ 也可作为矩阵求逆问题的条件数. 事实上, 由 (2.14) 可得到如下定理, 有兴趣读者可以自证.

定理 2.16

设 $||\cdot||$ 为 $\mathbb{R}^{n\times n}$ 上满足 $||I||=1$ 的矩阵范数, $A\in\mathbb{R}^{n\times n}$ 非奇异, $\Delta A\in\mathbb{R}^{n\times n}$ 满足 $||A^{-1}||||\Delta A||<1$, 则 $A+\Delta A$ 也是非奇异的, 并且有

$$\frac{||(A+\Delta A)^{-1}-A^{-1}||}{||A^{-1}||} \leqslant \frac{\kappa(A)}{\gamma(A)}\frac{||\Delta A||}{||A||}.$$

♡

最后, 我们来看条件数的几何意义.

定理 2.17

设 $A\in\mathbb{R}^{n\times n}$ 非奇异. 则

$$\min\left\{\frac{||\Delta A||_2}{||A||_2}\,\middle|\, A+\Delta A \text{ 奇异}\right\}=\frac{1}{||A||_2||A^{-1}||_2}=\frac{1}{\kappa_2(A)},$$

即在谱范数下, 矩阵的条件数恰为该矩阵与全体奇异矩阵集合的相对距离. ♡

证明　只需证明

$$\min\{||\Delta A||_2 \mid A+\Delta A \text{ 奇异}\}=\frac{1}{||A^{-1}||_2} \tag{2.15}$$

即可. 一方面, 由引理 2.1 可知, 当 $||A^{-1}||_2||\Delta A||_2<1$ 时, $A+\Delta A$ 必是非奇异的, 进而

$$\min\{||\Delta A||_2 \mid A+\Delta A \text{ 奇异}\} \geqslant \frac{1}{||A^{-1}||_2}.$$

另一方面, 存在 $\boldsymbol{x} \in \mathbb{R}^n$ 满足 $||\boldsymbol{x}||_2 = 1$, 使得 $||A^{-1}\boldsymbol{x}||_2 = ||A^{-1}||_2$. 令

$$\boldsymbol{y} = \frac{A^{-1}\boldsymbol{x}}{||A^{-1}\boldsymbol{x}||_2}, \quad \Delta A = -\frac{\boldsymbol{x}\boldsymbol{y}^\top}{||A^{-1}||_2}.$$

则 $||\boldsymbol{y}||_2 = 1$, 而且

$$(A + \Delta A)\boldsymbol{y} = A\boldsymbol{y} + \Delta A\boldsymbol{y} = \frac{\boldsymbol{x}}{||A^{-1}\boldsymbol{x}||_2} - \frac{\boldsymbol{x}}{||A^{-1}||_2} = 0,$$

$$||\Delta A||_2 = \max_{||\boldsymbol{z}||_2=1} \left|\left| \frac{\boldsymbol{x}\boldsymbol{y}^\top}{||A^{-1}||_2}\boldsymbol{z} \right|\right|_2 = \frac{||\boldsymbol{x}||_2}{||A^{-1}||_2} \max_{||\boldsymbol{z}||_2=1} |\boldsymbol{y}^\top \boldsymbol{z}| = \frac{1}{||A^{-1}||_2}.$$

这说明存在一个 $\Delta A \in \mathbb{R}^{n\times n}$ 使得 $A + \Delta A$ 奇异, 且 $||\Delta A||_2 = \dfrac{1}{||A^{-1}||_2}$.

综上所得, (2.15) 成立. □

定理 2.17 表明, 当 $A \in \mathbb{R}^{n\times n}$ 十分病态时, A 已与一个奇异矩阵十分靠近了.

2.4 投影映射

投影是一类重要的线性映射, 在图形、编码、统计和机器学习中起着重要作用. 在机器学习中, 我们经常处理高维的数据, 而高维数据通常很难分析或可视化. 在实际问题中, 高维数据往往少数几个维度包含了大部分关键信息的属性, 而其他大多数维度对于描述数据的关键属性并不重要. 当压缩或可视化高维数据时, 我们将会丢失信息. 为了使压缩损失最小化, 我们需要在数据中找到信息量最大的维度.

投影是处理这类高维数据的有力工具, 它将高维原始数据投影到低维特征子空间中, 并在特征子空间中处理, 以便收集并提取有用信息. 本节主要关注正交投影, 对于给定的低维子空间, 高维数据的正交投影尽可能多地保留信息, 并使原始数据与相应投影之间的差异误差最小. 它广泛应用于线性回归、线性降维和分类等机器学习算法. 在详细说明如何获得这些投影之前, 让我们先看一下投影的实际含义.

2.4.1 投影映射

定义 2.13 投影映射

设 V 为线性空间, $U \subseteq V$ 为子空间, $\pi: V \to U$ 为线性映射. 若 $\pi^2 = \pi \circ \pi = \pi$, 则称 π 为投影映射, 简称投影. ♣

从定义中可以看出, 如果将投影映射可看作 V 上的线性变换, 实际上就是**幂等变换**. 因此, 当 V 是有限维线性空间且 $\mathbf{B}$ 为 V 的一组有序基时, 我们称 π 在基 $\mathbf{B}$ 下的矩阵 P_π 为**投影矩阵**. 根据线性变换与变换矩阵之间的关系易知: 投影矩阵是**幂等矩阵**, 即

$$P_\pi^2 = P_\pi.$$

例 2.22 设 $V = U \oplus W$. 对任意的 $\boldsymbol{x} \in V$, 有

$$\boldsymbol{x} = \boldsymbol{x}_u + \boldsymbol{x}_w,$$

其中 $\boldsymbol{x}_u \in U$, $\boldsymbol{x}_w \in W$. 则线性映射

$$\begin{aligned} \pi_U:\ & V \to U, \\ & \boldsymbol{x} \mapsto \pi_U(\boldsymbol{x}) = \boldsymbol{x}_u \end{aligned}$$

为投影映射, 并称 $\boldsymbol{x}_u$ 为 $\boldsymbol{x}$ 沿着 W 到 U 的投影. □

事实上, 对任意的 $\boldsymbol{x} \in V$,

$$\pi_U^2(\boldsymbol{x}) = \pi_U(\pi_U(\boldsymbol{x})) = \pi_U(\boldsymbol{x}_u) = \boldsymbol{x}_u = \pi_U(\boldsymbol{x}).$$

于是 $\pi_U^2 = \pi_U$, 这说明 π_U 为投影映射.

在欧几里得空间中, 利用向量正交的概念, 可以定义正交投影. 此类投影具有非常良好的性质, 是投影映射中最重要的情形.

定义 2.14 正交投影

设 V 为欧几里得空间, $U \subseteq V$ 为子空间, $U^\perp$ 是 U 在 V 中的正交补. 若线性映射

$$\pi_U:\ V \to U, \quad \boldsymbol{x} \mapsto \pi(\boldsymbol{x}) = \boldsymbol{x}_u,$$

其中 $\boldsymbol{x} = \boldsymbol{x}_u + \boldsymbol{x}_{u^\perp}, \boldsymbol{x}_u \in U, \boldsymbol{x}_{u^\perp} \in U^\perp$, 则称 π_U 为正交投影, $\pi_U(x)$ 为 $\boldsymbol{x}$ 在 U 上的正交投影. ♣

从定义可以看出, 如果 π_U 为正交投影, 那么对任意的 $\boldsymbol{x} \in V$, 必有 $(\boldsymbol{x} - \pi_U(\boldsymbol{x}))\perp U$. 注意到, 由内积 $<\cdot,\cdot>$ 可诱导出的向量范数 $||\cdot||$. 进而, 对任意的 $\boldsymbol{x}, \boldsymbol{y} \in V$, 可定义 $\boldsymbol{x}$ 与 $\boldsymbol{y}$ 是距离 $d(\boldsymbol{x}, \boldsymbol{y}) = ||\boldsymbol{x} - \boldsymbol{y}||$. 正交投影有下面重要的极值性质.

定理 2.18

设 V 是欧几里得空间, $U \subseteq V$ 为子空间, $U^\perp$ 是 U 在 V 中的正交补. 若

$x \in V$ 且 $\pi_U(x)$ 是 x 在 U 上的正交投影, 则

$$d(\boldsymbol{x}, \pi_U(\boldsymbol{x})) \leqslant d(\boldsymbol{x}, \boldsymbol{y}), \quad \forall \boldsymbol{y} \in U.$$

♡

证明　设 $\boldsymbol{y} \in U$. 因为 $\boldsymbol{x} - \boldsymbol{y} = \boldsymbol{x} - \pi_U(\boldsymbol{x}) + \pi_U(\boldsymbol{x}) - \boldsymbol{y}$ 且 $\pi_U(\boldsymbol{x}) - \boldsymbol{y} \in U$, 所以 $(\boldsymbol{x} - \pi_U(\boldsymbol{x})) \perp (\pi_U(\boldsymbol{x}) - \boldsymbol{y})$. 故由“勾股定理”知

$$||\boldsymbol{x} - \boldsymbol{y}||^2 = ||\boldsymbol{x} - \pi_U(\boldsymbol{x})||^2 + ||\pi_U(\boldsymbol{x}) - \boldsymbol{y}||^2.$$

由上式立即可知 $d(\boldsymbol{x}, \pi_U(\boldsymbol{x})) \leqslant d(\boldsymbol{x}, \boldsymbol{y})$, 并且等式成立当且仅当 $\boldsymbol{y} = \pi_U(\boldsymbol{x})$. □

设 V 是欧几里得空间, $U \subseteq V$ 为子空间, $\boldsymbol{x} \in V$. 则称

$$d(\boldsymbol{x}, U) := \min_{\boldsymbol{u} \in U} d(\boldsymbol{x}, \boldsymbol{u}) = \min_{\boldsymbol{u} \in U} ||\boldsymbol{x} - \boldsymbol{u}||$$

为**向量 $\boldsymbol{x}$ 到子空间 U 的距离**. 由定理 2.18 可知, 我们可以找到

$$d(\boldsymbol{x}, U) = ||\boldsymbol{x} - \pi_U(\boldsymbol{x})||.$$

这说明用 U 中的元素逼近 $\boldsymbol{x}$ 时, 当且仅当 $\boldsymbol{y}$ 等于 $\boldsymbol{x}$ 在 U 上的正交投影 $\pi_U(\boldsymbol{x})$ 时, 逼近的程度最好. 因此在随机过程理论和逼近论中常常采用正交投影的这个性质来研究逼近. 注意到, 当我们用 $\pi_U(\boldsymbol{x})$ 代替 $\boldsymbol{x}$ 时, 就实现了降维. 故投影映射是处理降维的有效工具.

下面我们主要讨论 $\mathbb{R}^n$ 到子空间 U 的正交投影. 在讨论之前, 我们回顾一下关于任一矩阵的秩与其 Gram 矩阵的秩相等的结论, 即对任意的矩阵 $A \in \mathbb{R}^{m \times n}$, 有

$$r(A) = r(A^\top A).$$

证明此结论只需证明 $A\boldsymbol{x} = \boldsymbol{0}$ 与 $A^\top A\boldsymbol{x} = \boldsymbol{0}$ 同解即可. 显然, $A\boldsymbol{x} = \boldsymbol{0}$ 的解是 $A^\top A\boldsymbol{x} = \boldsymbol{0}$ 的解. 设 $\boldsymbol{x}_0$ 是 $A^\top A\boldsymbol{x} = \boldsymbol{0}$ 的任一解. 则 $A^\top A\boldsymbol{x}_0 = \boldsymbol{0}$, 进而 $\boldsymbol{x}_0^\top A^\top A\boldsymbol{x}_0 = (A\boldsymbol{x}_0)^\top A\boldsymbol{x}_0 = 0$. 于是 $A\boldsymbol{x}_0 = \boldsymbol{0}$, 这表明 $A^\top A\boldsymbol{x} = \boldsymbol{0}$ 的解也是 $A\boldsymbol{x} = \boldsymbol{0}$ 的解.

现在我们讨论正交投影. 设 $\boldsymbol{b}_1, \cdots, \boldsymbol{b}_m \in \mathbb{R}^n$ 线性无关, $U = \mathbf{span}[\boldsymbol{b}_1, \cdots, \boldsymbol{b}_m]$. 图 2.3 是投影空间分别是 1 维和 2 维的情形. 令 $B = [\boldsymbol{b}_1, \cdots, \boldsymbol{b}_m]$. 在实际问题中, 我们主要关注如何求出

(1) 投影矩阵 P_π;

(2) 给定 $\boldsymbol{x} \in \mathbb{R}^n$, 求 $\boldsymbol{x}$ 在 U 中的最佳逼近元 $\pi_U(\boldsymbol{x})$;

(3) 求 $\boldsymbol{\lambda}$, 其中 $\pi_U(\boldsymbol{x}) = B\boldsymbol{\lambda}$, $\boldsymbol{\lambda} = [\lambda_1, \lambda_2, \cdots, \lambda_m]^\top$.

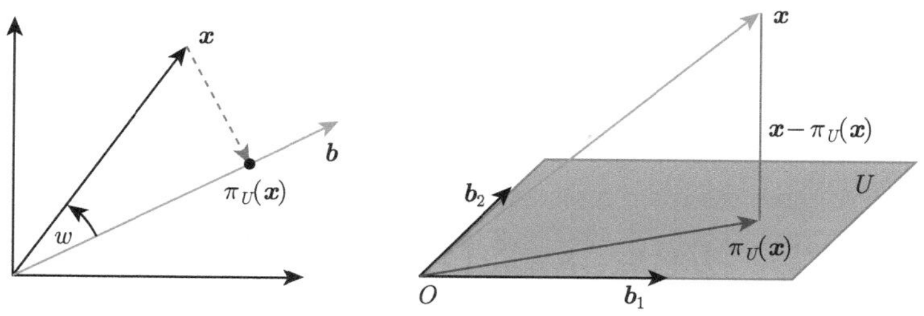

图 2.3 正交投影

首先, 由 $(\boldsymbol{x}-\pi_U(\boldsymbol{x}))\perp U$ 可得 $\boldsymbol{x}-\pi_U(\boldsymbol{x})$ 与 $\boldsymbol{b}_i$ 正交, $i=1,\cdots,m$. 所以

$$\begin{cases}\langle \boldsymbol{x}-\pi_U(\boldsymbol{x}),\boldsymbol{b}_1\rangle=\boldsymbol{b}_1^\top(\boldsymbol{x}-\pi_U(\boldsymbol{x}))=0,\\ \qquad\qquad\cdots\cdots\\ \langle \boldsymbol{x}-\pi_U(\boldsymbol{x}),\boldsymbol{b}_m\rangle=\boldsymbol{b}_m^\top(\boldsymbol{x}-\pi_U(\boldsymbol{x}))=0,\end{cases}$$

即 $B^\top(\boldsymbol{x}-\pi_U(\boldsymbol{x}))=0$. 进而, 由 $\pi_U(\boldsymbol{x})=B\boldsymbol{\lambda}$ 可得

$$B^\top B\boldsymbol{\lambda}=B^\top\boldsymbol{x}. \tag{2.16}$$

又 $r(B)=r(B^\top B)=m$, 故 $B^\top B$ 非奇异. 因此, 由 (2.16) 依次可得我们所需的

$$\begin{cases}\lambda=(B^\top B)^{-1}B^\top\boldsymbol{x},\\ \pi_u(\boldsymbol{x})=B(B^\top B)^{-1}B^\top\boldsymbol{x},\\ P_\pi=B(B^\top B)^{-1}B^\top.\end{cases} \tag{2.17}$$

公式 (2.17) 告诉了我们如何去计算投影矩阵、正交投影以及投影新坐标, 它们仅仅依赖于子空间 U 的基 $\boldsymbol{b}_1,\cdots,\boldsymbol{b}_m$. 通常称 $(B^\top B)^{-1}B^\top$ 是矩阵 B 的摩尔–彭罗斯 (Moore-Penrose) 伪逆, 但一般情形下, 其计算十分困难. 若 $B^\top B=I$, 则有

$$\pi_u(\boldsymbol{x})=B(B^\top B)^{-1}B^\top\boldsymbol{x}=BB^\top\boldsymbol{x}.$$

这样计算就变得容易很多. 因此, 在一般情况还需要考虑将原始基转化为标准正交基. 对子空间

$$U=\mathbf{span}[\boldsymbol{b}_1,\boldsymbol{b}_2,\cdots,\boldsymbol{b}_m],$$

原始基 $\boldsymbol{b}_1,\cdots,\boldsymbol{b}_m$ 不一定正交. 我们可以先对原基进行 Gram-Schmidt 正交化, 可得 $\boldsymbol{\eta}_1,\cdots,\boldsymbol{\eta}_m$ 为标准正交基. 故在计算条件允许下, 可取标准正交基 $\boldsymbol{\eta}_1,\cdots,\boldsymbol{\eta}_m$ 作为投影的基.

例 2.23 设 $\boldsymbol{x}=[1,1,1]^\top$, $\boldsymbol{b}=[1,2,3]^\top$, 求 $\mathbb{R}^3$ 到 $\mathbf{span}[\boldsymbol{b}]$ 的正交投影矩阵 P_π, $\boldsymbol{x}$ 的正交投影 $\pi_u(\boldsymbol{x})$ 及坐标 $\boldsymbol{\lambda}$.

解 由 (2.17) 可得

$$\lambda=\frac{\boldsymbol{b}^\top\boldsymbol{x}}{||\boldsymbol{b}||^2}=\frac{3}{7},\quad \pi_u(\boldsymbol{x})=\frac{3}{7}\boldsymbol{b}=\frac{3}{7}\begin{bmatrix}1\\2\\3\end{bmatrix},\quad P_\pi=\frac{\boldsymbol{b}\boldsymbol{b}^\top}{||\boldsymbol{b}||^2}=\frac{1}{14}\begin{bmatrix}1&2&3\\2&4&6\\3&6&9\end{bmatrix}. \quad \square$$

2.4.2 正交投影的几个应用

例 2.24 方程组求解问题 设 $A\boldsymbol{x}=\boldsymbol{b}$. 当方程组有解时, 我们可以用高斯消元法求解; 当无解时, 应该如何处理? 而在实际问题中, 无解更加常见. 自然地, 我们希望能寻找到近似解. 例如: 容易验证线性方程组

$$\begin{cases}2x+y=4,\\x+2y=3,\\x+4y=9\end{cases}$$

无解. 设 $A=[\boldsymbol{b}_1,\boldsymbol{b}_2]$, $\boldsymbol{b}_1=\begin{bmatrix}2\\1\\1\end{bmatrix}$, $\boldsymbol{b}_2=\begin{bmatrix}1\\2\\4\end{bmatrix}$, $\boldsymbol{b}=\begin{bmatrix}4\\3\\9\end{bmatrix}$. 用线性空间的语言描述无解原因是 $\boldsymbol{b}\notin C(A)=\mathbf{span}[\boldsymbol{b}_1,\boldsymbol{b}_2]$. 这需要我们在 A 的列空间 $C(A)$ 中寻找与 $\boldsymbol{b}$ 距离最小的逼近向量 $\pi(\boldsymbol{b})$. 此时, 根据定理 2.18, 我们可以将 $\boldsymbol{b}$ 正交投影到 $C(A)$ 上, 则根据 (2.17) 可得

$$\lambda=(A^\top A)^{-1}A^\top\boldsymbol{b}=\begin{bmatrix}0.84\\1.87\end{bmatrix}$$

且

$$A\lambda=\begin{bmatrix}2&1\\1&2\\1&4\end{bmatrix}\begin{bmatrix}0.84\\1.87\end{bmatrix}=\begin{bmatrix}3.55\\4.58\\8.32\end{bmatrix}$$

是 $\boldsymbol{b}=[4,3,9]^\top$ 的近似解. $\square$

例 2.25 最小二乘法 在实际问题中经常会遇到这样的线性拟合问题: 设有 $n+1$ 个变量 $x_0,x_1,\cdots,x_n$, 在 m 次观察中它们每次的观察值是 $x_0^{(j)},x_1^{(j)},\cdots,x_n^{(j)}$,

$j=1,\cdots,m$. 现在我们需要用变量 $x_1,\cdots,x_n$ 的线性组合近似地去表达 x_0. 就是要寻找数 $\alpha_1,\alpha_2,\cdots,\alpha_n$ 使得

$$x_0^{(j)}-\sum_{i=1}^{n}\alpha_i x_i^{(j)},\quad j=1,\cdots,m$$

尽可能小, 我们如果用这些误差的平方和来作为衡量总误差的标准, 那么问题就归结为求 $\alpha_1,\cdots,\alpha_n$, 使得

$$\sum_{j=1}^{m}\left(x_0^{(j)}-\sum_{i=1}^{n}\alpha_i x_i^{(j)}\right)^2=\min_{\lambda_1,\cdots,\lambda_n}\sum_{j=1}^{m}\left(x_0^{(j)}-\sum_{i=1}^{n}\lambda_i x_i^{(j)}\right)^2. \tag{2.18}$$

若令

$$\boldsymbol{x}_i=[x_i^{(1)},\cdots,x_i^{(m)}]^\top\in\mathbb{R}^m,\quad i=1,\cdots,n,$$

则 (2.18) 可记为

$$\left\|\boldsymbol{x}_0-\sum_{i=1}^{n}\alpha_i\boldsymbol{x}_i\right\|_2^2=\min_{\lambda_1,\cdots,\lambda_n}||\boldsymbol{x}_0-\sum_{i=1}^{n}\lambda_i\boldsymbol{x}_i||_2^2=d(\boldsymbol{x}_0,U),$$

其中 $U=\mathbf{span}[\boldsymbol{x}_1,\cdots,\boldsymbol{x}_n]$. 一般情况下, 只要观察数据次数足够多, 即 m 足够大, 我们可以使得 $\boldsymbol{x}_1,\cdots,\boldsymbol{x}_n$ 线性无关. 因此, 原问题就转为寻找 $\boldsymbol{x}_0$ 在子空间 U 的正交投影 $\pi_U(\boldsymbol{x}_0)$ 在基 $\boldsymbol{x}_1,\cdots,\boldsymbol{x}_n$ 的坐标 $\boldsymbol{\alpha}=[\alpha_1,\alpha_2,\cdots,\alpha_n]^\top$, 即利用 (2.17) 即可解决问题.

此方法通常称为**最小二乘法** (least square method). □

例 2.26 支持向量机 线性函数计算简单, 训练时易于求解, 是机器学习领域被研究得最深入的模型之一. **支持向量机** (support vector machine, SVM) 是最大化分类间隔的线性分类器. 所谓的线性分类器是 d 维空间中的分类超平面, 将空间分切成两部分. 在 1.4 节中, 我们知道 $d-1$ 维超平面可以用方程

$$\boldsymbol{w}^\top\boldsymbol{x}+b=0,$$

其中 $\boldsymbol{w}=[w_1,\cdots,w_d]^\top\in\mathbb{R}^d$ 为法向量, 决定超平面的方向, b 决定超平面到原点的距离, 见图 2.4.

对于一个样本如果满足

$$\boldsymbol{w}^\top\boldsymbol{x}+b\geqslant 0,$$

则判别为正样本, 否则为负样本, 见图 2.5, 黑点为正样本, 白点为负样本.

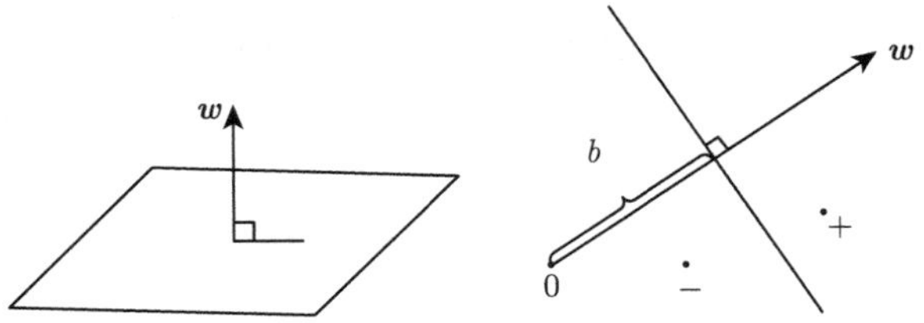

图 2.4　分离超平面

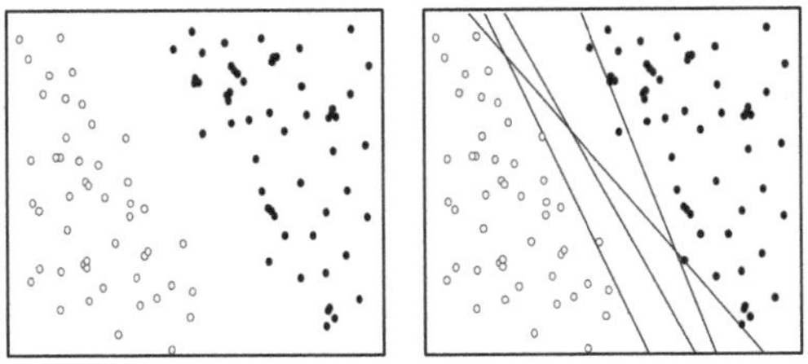

图 2.5　二维线性分类器

支持向量机的目标是寻找一个分类超平面, 它不仅能正确地分类每一个样本, 并且使得每一类样本中的距离超平面最近的样本与超平面的距离尽可能远. 假设训练样本集有 N 个样本

$$(\boldsymbol{x}_1, y_1), \cdots, (\boldsymbol{x}_N, y_N),$$

其中 $\boldsymbol{x}_i$ 是 d 维特征向量, y_i 为类别标签, 取值为 1 或 −1, 分别对应正样本和负样本.

首先, 我们保证每个样本被正确分类. 根据假设我们可以统一写成如下不等式约束:

$$y_i(\boldsymbol{w}^\top \boldsymbol{x}_i + b) \geqslant 0. \tag{2.19}$$

其次, 要求超平面与两类样本的距离尽可能大. 我们需要利用正交投影计算样本到超平面的距离 r. 如图 2.6 所示, 设 $\boldsymbol{x}_a$ 在超平面 $\boldsymbol{w}^\top \boldsymbol{x} + b = 0$ 上的投影是 $\boldsymbol{x}'_a$.

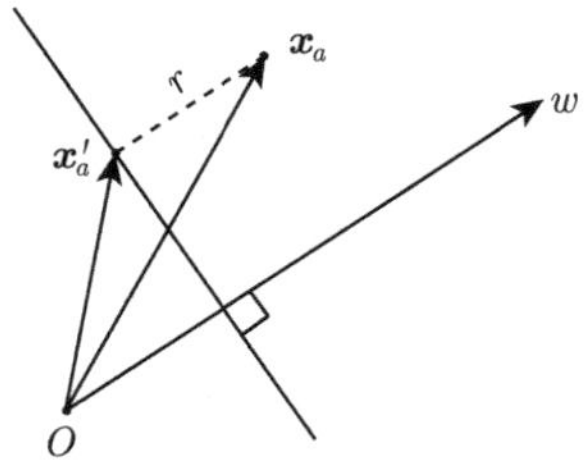

图 2.6　样本到超平面的距离

因此

$$\boldsymbol{x}_a = \boldsymbol{x}'_a + y_i r \frac{\boldsymbol{w}}{||\boldsymbol{w}||}.$$

两边与 $\boldsymbol{w}$ 作内积可得

$$\boldsymbol{w}^\top \boldsymbol{x}_a = \boldsymbol{w}^\top \boldsymbol{x}'_a + y_i r||\boldsymbol{w}||.$$

注意到 $\boldsymbol{w}^\top \boldsymbol{x}'_a + b = 0$, 简单整理可得

$$r = \frac{y_i(\boldsymbol{w}^\top \boldsymbol{x}_a + b)}{||\boldsymbol{w}||} = \frac{|\boldsymbol{w}^\top \boldsymbol{x}_a + b|}{||\boldsymbol{w}||},$$

其中 $||\boldsymbol{w}||$ 为 $\boldsymbol{w}$ 的 l_2 范数. 于是约束条件 (2.19) 修改为

$$y_i(\boldsymbol{w}^\top \boldsymbol{x}_i + b) \geqslant r||\boldsymbol{w}||. \tag{2.20}$$

为了避免最短距离太小带来的计算麻烦, 我们需要将最短距离进行缩放, 见图 2.7.

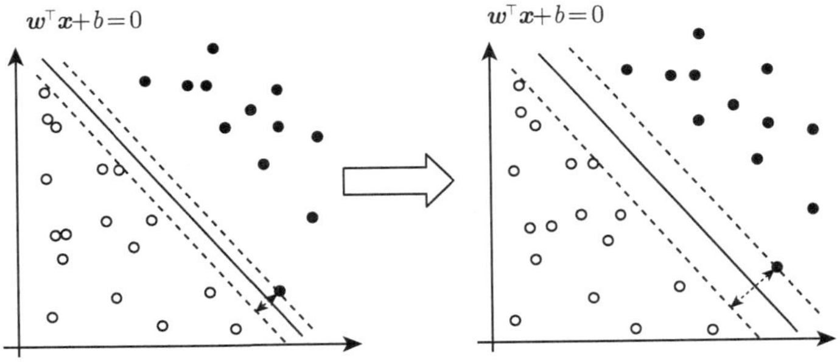

图 2.7 距离缩放变换

因为法向量 $\boldsymbol{w}$ 的长度不会改变超平面 $\boldsymbol{w}^\top \boldsymbol{x} + b = 0$, 所以可用 $||\boldsymbol{w}||$ 对 $\boldsymbol{w}$ 和 b 加上约束条件:

$$\min_{\boldsymbol{x}_i} |\boldsymbol{w}^\top \boldsymbol{x}_i + b| = 1.$$

即所有样本到超平面的最短距离恰为 $\frac{1}{||\boldsymbol{w}||}$, 进而两个异类间隔距离就是 $\frac{2}{||\boldsymbol{w}||}$, 见图 2.8.

我们的目标就是要最大化间隔 $\frac{2}{||\boldsymbol{w}||}$, 这等价于最小化下面目标函数

$$\frac{1}{2}||\boldsymbol{w}||^2 \tag{2.21}$$

因此, 结合 (2.20) 和 (2.21), 求解的优化问题可以写成

$$\min_{\boldsymbol{w},b} \quad \frac{1}{2}||\boldsymbol{w}||^2,$$
$$\text{s.t.} \quad y_i(\boldsymbol{w}^\top \boldsymbol{x}_i + b) \geqslant 1.$$

这就是支持向量机的基本模型. □

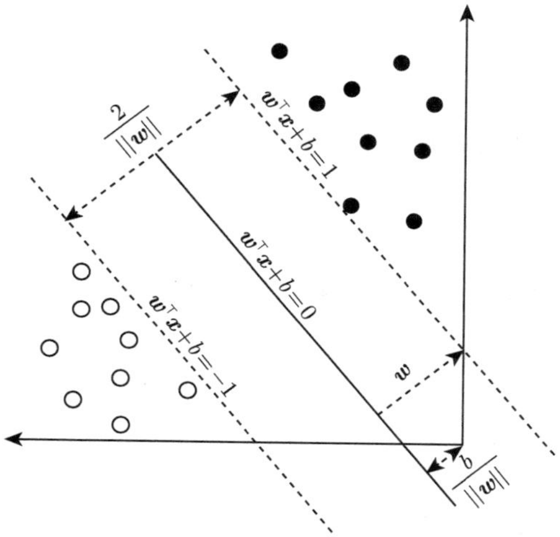

图 2.8　线性支持向量机几何解释

例 2.27　线性判别分析 (linear discriminant analysis, LDA) 是一种典型的线性学习方法. 它也是一种子空间投影的技术, 既可以用作线性分类, 让投影后的向量对分类任务来说有很好的区分度, 也可以单纯用来对数据进行降维. 目前在人脸识别、雷达目标识别、疾病分级、经济学的市场定位、产品管理、市场研究及机器学习领域有广泛的应用.

线性判别分析的基本思想是通过线性投影来最小化同类样本间的差异, 最大化不同样本间的差异. 简单地说就是将数据在低维子空间上进行投影, 投影后希望同一种类别数据的投影点尽可能接近, 而不同类别的数据的类别中心之间的距离尽可能大. 先来看最简单的情形. 如图 2.9 所示, 假设有两类数据, 分别为黑点和白点, 这些数据的特征是二维的. 我们希望将这些数据投影到一维的某条直线, 让同一种类别数据的投影点尽可能接近, 而黑点和白点数据中心之间的距离尽可能大. 图 2.9 提供了两种投影方式, 哪一种能更好地满足我们的标准呢？从几何直观上看, (b) 图要比 (a) 图的投影效果好, 因为 (b) 图中同类数据分布较为集中, 且类别之间的距离明显. (a) 图则在边界处数据混杂.

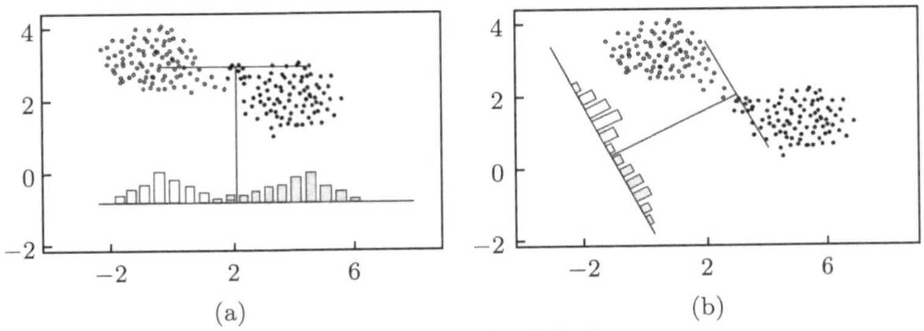

图 2.9 两种投影方式

这里, 我们仅考虑二类线性判别分析情形, 即把向量投影到一维空间上. 下面, 我们来分析二类 LDA 的数学原理. 假设我们的样本数据集 $D=\{\boldsymbol{x}_1,\cdots,\boldsymbol{x}_n\}$, 样本 $\boldsymbol{x}_i$ 为 m 维向量, 属于两个不同的类. 属于 C_1 的样本集为 D_1, 有 n_1 个样本; 属于 C_2 的样本集为 D_2, 有 n_2 个样本. 由于是两类数据, 我们只需将数据投影的一条直线即可. 假设投影直线为向量 $\boldsymbol{w}$ 所在的直线. 不妨假设 $||\boldsymbol{w}||=1$. 则任意样本 $\boldsymbol{x}$ 在直线的正交投影可以得到一个标量 $y=\boldsymbol{w}^\top\boldsymbol{x}(=||\boldsymbol{x}||\cos\theta)$, 见图 2.10.

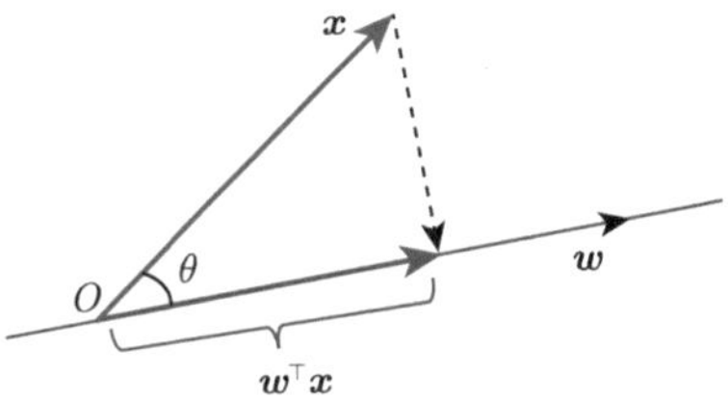

图 2.10 样本 $\boldsymbol{x}$ 在向量 $\boldsymbol{w}$ 上的正交投影

首先, 类间差异可以用投影后的样本均值的差的平方来衡量. 假设投影之前每类样本均值为

$$\boldsymbol{\mu}_i=\frac{1}{n_i}\sum_{\boldsymbol{x}\in D_i}\boldsymbol{x},\quad i=1,2.$$

则投影后的均值为

$$\mu_i'=\frac{1}{n_i}\sum_{\boldsymbol{x}\in D_i}\boldsymbol{w}^\top\boldsymbol{x}=\boldsymbol{w}^\top\boldsymbol{\mu}_i,\quad i=1,2.$$

这相当于样本均值 $\boldsymbol{\mu}_i$ 在 $\boldsymbol{w}$ 上的投影. 于是投影后两类样本均值差的平方 (总类间散布)

$$(\mu_1'-\mu_2')^2=(\boldsymbol{w}^\top(\boldsymbol{\mu}_1-\boldsymbol{\mu}_2))^2=\boldsymbol{w}^\top(\boldsymbol{\mu}_1-\boldsymbol{\mu}_2)(\boldsymbol{\mu}_1-\boldsymbol{\mu}_2)^\top\boldsymbol{w}=\boldsymbol{w}^\top S_B\boldsymbol{w},$$

其中

$$S_B:=(\boldsymbol{\mu}_1-\boldsymbol{\mu}_2)(\boldsymbol{\mu}_1-\boldsymbol{\mu}_2)^\top$$

为总类间散布矩阵.

其次, 类内的差异大小可以用方差来衡量. 设经过投影运算, 可得到与 C_1 和 C_2 相对应的两个集合 Y_1 和 Y_2. 定义类别 C_i 的类内散布为

$$\begin{aligned} s'^2_i &= \sum_{y\in Y_i}(y-\mu'_i)^2 = \sum_{\boldsymbol{x}\in D_i}(\boldsymbol{w}^\top\boldsymbol{x}-\boldsymbol{w}^\top\boldsymbol{\mu}_i)^2 \\ &= \sum_{\boldsymbol{x}\in D_i}\boldsymbol{w}^\top(\boldsymbol{x}-\boldsymbol{\mu}_i)(\boldsymbol{x}-\boldsymbol{\mu}_i)^\top\boldsymbol{w} = \boldsymbol{w}^\top S_i\boldsymbol{w}, \end{aligned}$$

其中

$$S_i := \sum_{\boldsymbol{x}\in D_i}(\boldsymbol{x}-\boldsymbol{\mu}_i)(\boldsymbol{x}-\boldsymbol{\mu}_i)^\top, \quad i=1,2$$

为类内散布矩阵. 我们称

$$S_W = S_1 + S_2$$

为总类内散布矩阵. 因为总类内散布

$$s'^{\,2}_1 + s'^{\,2}_2 = \boldsymbol{w}^\top(S_1+S_2)\boldsymbol{w} = \boldsymbol{w}^\top S_W\boldsymbol{w}$$

是全体样本方差 $\frac{1}{n}(s'^{\,2}_1+s'^{\,2}_2)$ 的常数倍, 所以总类内散布可以衡量类内差异大小.

我们要寻找的最佳投影需要满足总类内散布最小, 总类间散布最大. 因此, 我们需要使下面的目标函数最大化:

$$L(\boldsymbol{w}) = \frac{\boldsymbol{w}^\top S_B\boldsymbol{w}}{\boldsymbol{w}^\top S_W\boldsymbol{w}}. \tag{2.22}$$

此目标函数称为**广义瑞利商**. 通常称

$$R(\boldsymbol{x}) = \frac{\boldsymbol{x}^\top A\boldsymbol{x}}{\boldsymbol{x}^\top\boldsymbol{x}}$$

为**瑞利商** (Rayleigh quotient), 其中 A 为实对称矩阵. 显然优化问题 (2.22) 的解不唯一, 因为如果 $\boldsymbol{w}^*$ 为是最优解, 它的任意常数倍 $k\boldsymbol{w}^*$ 也是最优解. 因此, 可将上面的最优化问题化为带约束条件的极大值问题:

$$\begin{aligned} &\max \quad \boldsymbol{w}^\top S_B\boldsymbol{w}, \\ &\text{s.t.} \quad \boldsymbol{w}^\top S_W\boldsymbol{w} = 1. \end{aligned}$$

这个优化问题可以利用拉格朗日乘数法求解, 可得目标函数的最大值为 $S_W^{-1}S_B$ 的最大特征值 λ, 其对应的特征向量是最优解, 具体如何得到这里暂时不做叙述. □

习 题 2

1. 证明 Hölder 不等式, 即若 $1 \leqslant p, q < \infty$ 满足 $\frac{1}{p}+\frac{1}{q}=1$, 则

$$\sum_{i=1}^{n}|x_i y_i| \leqslant \left(\sum_{i=1}^{n}|x_i|^p\right)^{\frac{1}{p}}\left(\sum_{i=1}^{n}|y_i|^q\right)^{\frac{1}{q}},$$

并确定等式成立的条件.

2. 证明 Minkowski 不等式, 即若 $1 \leqslant p < \infty$ 时, 则

$$\left(\sum_{i=1}^{n}|x_i+y_i|^p\right)^{\frac{1}{p}} \leqslant \left(\sum_{i=1}^{n}|x_i|^p\right)^{\frac{1}{p}}+\left(\sum_{i=1}^{n}|y_i|^p\right)^{\frac{1}{p}}.$$

3. 分别求向量 $\boldsymbol{e}=[1,1,\cdots,1]^\top$ 和 $\boldsymbol{a}=[1,a,1-a+a^2]^\top$ 的 l_1, l_2 及 l_∞ 范数.

4. 设矩阵

$$A=\begin{bmatrix}4&1&1&-1\\1&4&-1&1\\1&-1&4&1\\-1&1&1&4\end{bmatrix},\quad B=\begin{bmatrix}1&1&-1\\0&-1&1\\-1&0&1\\1&1&0\end{bmatrix},\quad \boldsymbol{x}=\begin{bmatrix}1\\-1\\-1\\1\end{bmatrix}.$$

令 $C=B^\top B$. 分别求 $\boldsymbol{x}$ 的椭圆范数 $||\boldsymbol{x}||_A$ 和 $||\boldsymbol{x}||_C$.

5. 证明:

(1) $||\boldsymbol{x}||_2 \leqslant ||\boldsymbol{x}||_1 \leqslant \sqrt{n}||\boldsymbol{x}||_2$;

(2) $||\boldsymbol{x}||_\infty \leqslant ||\boldsymbol{x}||_2 \leqslant \sqrt{n}||\boldsymbol{x}||_\infty$;

(3) $||\boldsymbol{x}||_\infty \leqslant ||\boldsymbol{x}||_1 \leqslant n||\boldsymbol{x}||_\infty$.

6. 设 $A=\begin{bmatrix}5&1&1\\0&3&0\\0&1&6\end{bmatrix}$. 计算范数 $||A||_1, ||A||_2, ||A||_\infty, ||A||_F$.

7. 对于定理 2.11 中的范数, 请举出矩阵例子, 使得它的一种范数小于 1, 而其他两种范数并不小于 1.

8. 设 $S \in \mathbb{R}^{n\times n}$ 为可逆矩阵, $||\cdot||_M$ 是 $\mathbb{R}^{n\times n}$ 上的矩阵范数. 证明: 由

$$||A|| = ||S^{-1}AS||_M, \quad \forall A \in \mathbb{R}^{n\times n}$$

定义的 $||\cdot||$ 是 $\mathbb{R}^{n\times n}$ 的矩阵范数.

9. 设 $A \in \mathbb{R}^{n\times n}$ 且可逆. 试证明:

(1) 若 $\|\cdot\|$ 是 $\mathbb{R}^n$ 上一个向量范数, 则 $\|A^{-1}\|^{-1} = \min\limits_{\|x\|=1}\|A\boldsymbol{x}\|$;

(2) 若 $\|\cdot\|$ 是 $\mathbb{R}^{n\times n}$ 上的矩阵范数, 则 $||A^{-1}|| \geqslant ||A||^{-1}$.

10. 设 $\|\cdot\|$ 是空间 $\mathbb{R}^n$ 上的一个向量范数, $A \in \mathbb{R}^{m\times n}$, 且 $r(A)=n$. 证明: $\|\|\boldsymbol{x}\|\| := \|A\boldsymbol{x}\|$ 也是一个向量范数.

11. 设 $A, B \in \mathbb{R}^{n\times n}$, 设分块矩阵

$$H = \begin{bmatrix} A & O \\ O & B \end{bmatrix}, \quad S = \begin{bmatrix} O & A \\ B & O \end{bmatrix},$$

证明: $\|H\|_2 = \|S\|_2 = \max\{\|A\|_2, \|B\|_2\}$.

12. 设任意矩阵 $A \in \mathbb{R}^{m\times n}$, 则 $\|A\|_2 \leqslant \sqrt{\|A\|_1\|A\|_\infty}$. 若将条件改成矩阵 A 是 n 阶实对称矩阵, 会得到怎样的结论呢?

13. 设 $A \in \mathbb{R}^{m\times n}$, 试证明如下结论:

(1) $\|A\|_2 = \max\{|\boldsymbol{y}^\top A\boldsymbol{x}| \mid \boldsymbol{x} \in \mathbb{R}^n, \boldsymbol{y} \in \mathbb{R}^m, \|\boldsymbol{x}\|_2 = \|\boldsymbol{y}\|_2 = 1\}$;

(2) 对任意正交矩阵 $U \in \mathbb{R}^{m\times m}$ 和 $V \in \mathbb{R}^{n\times n}$, 都有 $\|UA\|_2 = \|AV\|_2 = \|A\|_2$;

(3) 对任意正交矩阵 $U \in \mathbb{R}^{m\times m}$ 和 $V \in \mathbb{R}^{n\times n}$, 有 $\|UAV\|_2 = \|A\|_2$ 和 $\|UAV\|_F = \|A\|_F$ (即谱范数和 Frobenius 范数具有正交不变性).

14. 设 $A = \begin{bmatrix} 375 & 374 \\ 752 & 750 \end{bmatrix}$. 计算在 $\|\cdot\|_\infty$ 下的条件数 $\kappa_\infty(A)$.

15. 设线性方程组 $A\boldsymbol{x} = \boldsymbol{b}$ 为

$$\begin{bmatrix} 1 & 1.0001 \\ 1 & 1 \end{bmatrix} \begin{bmatrix} x_1 \\ x_2 \end{bmatrix} = \begin{bmatrix} 2 \\ 2 \end{bmatrix}.$$

(1) 求 $\kappa_\infty(A)$ 以及 $A\boldsymbol{x} = \boldsymbol{b}$ 的解 $\boldsymbol{x}$;

(2) 设 $\boldsymbol{b}$ 变化为 $\boldsymbol{b} + \Delta\boldsymbol{b} = [2.0001, 2]^\top$, 试求 $A(\boldsymbol{x} + \Delta\boldsymbol{x}) = \boldsymbol{b} + \Delta\boldsymbol{b}$ 的解 $\boldsymbol{x} + \Delta\boldsymbol{x}$;

(3) 计算 $\dfrac{||\Delta\boldsymbol{b}||_\infty}{||\boldsymbol{b}||_\infty}$ 和 $\dfrac{||\Delta\boldsymbol{x}||_\infty}{||\boldsymbol{x}||_\infty}$.

16. 已知 $A = \begin{bmatrix} 2 & 1 \\ 1 & 3 \end{bmatrix}$, $\Delta A = \begin{bmatrix} 0 & 0.5 \\ 0.2 & 0 \end{bmatrix}$. 试估计下式的值:

$$\frac{||A^{-1} - (A + \Delta A)^{-1}||_\infty}{||A^{-1}||_\infty}.$$

17. 设 A 为 n 阶半正定矩阵, λ_1 为 A 的最大特征值. 证明:

$$\max_{\boldsymbol{x}\neq\boldsymbol{0}} \frac{\boldsymbol{x}^\top A\boldsymbol{x}}{\boldsymbol{x}^\top\boldsymbol{x}} = \lambda_1.$$

18. 设 U 是由向量 $\boldsymbol{b}_1 = [1,1,1]^\top$, $\boldsymbol{b}_2 = [1,1,0]^\top$ 张成的子空间. 求 $\mathbb{R}^3$ 到 U 的正交投影矩阵 P, 向量 $[1,3,2]^\top$ 在 U 上的正交投影及投影坐标.

19. 在空间 $\mathbb{R}^4$ 中, 设 U 是矩阵 A 的零空间 $N(A)$, 其中 $A = \begin{bmatrix} 1 & 2 & 3 & 4 \\ 2 & 3 & 4 & 5 \\ 3 & 4 & 5 & 6 \end{bmatrix}$, 试求从 $\mathbb{R}^4$ 到 U 的正交投影矩阵, 并求向量 $\boldsymbol{x}_0 = [1,-1,0,1]^\top$ 在 U 上的正交投影及其坐标.

20. 试根据正交投影矩阵 P_π 的性质和表达式, 证明:

(1) $\|P_\pi\|_2 = 1$;

(2) $\|\boldsymbol{x}\|_2^2 = \|P_\pi \boldsymbol{x}\|_2^2 + \|(I - P_\pi)\boldsymbol{x}\|_2^2$.

21. **模型处理与求解** 预测一个时间序列的未来走向, 其中一种最简单常用的方法就是线性预测. 例如研究一个运营良好的上市公司在近十年的股票日涨势规律并预测其以后股票的走势, 就可将每天的股票涨势数据按天建立一个时间序列. 线性预测的基本原理就是假定一个时间序列在 t_i 时刻的值 g_i 线性依赖于其前 m 个时刻的值

$$g_{i-1}, g_{i-2}, \cdots, g_{i-m}.$$

若现在已经测得该时间序列的前 n 个值 $g_j, j = 0, 1, \cdots, n-1$, 这里假定 $n \gg m$. 那么该如何预测其未来的取值呢? 试建立数学模型并给出求解方案.

Chapter

第3章 矩阵分解及应用

第3章课件

矩阵分解是矩阵分析中十分重要的方法, 它是通过矩阵变换将给定的矩阵分解成若干个性质优良且形式简单的矩阵乘积或和, 进而有助于对矩阵性质进行深入分析或设计相关算法. 在实际问题中, 许多科学与工程的大型数据计算问题的算法核心步骤可归结为求解以下三类大规模线性方程组:

$$A\boldsymbol{x} = \boldsymbol{b}, \quad A\boldsymbol{x} = \lambda \boldsymbol{x}, \quad A\boldsymbol{v} = \sigma \boldsymbol{u}.$$

在本章中, 我们首先回顾方阵的两个主要数字特征: 行列式与迹, 并说明它们的几何意义. 其次本章详细讲述与上述问题相关的矩阵分解, 包括 LU 分解、QR 分解、谱分解和奇异值分解, 这些矩阵分解在理论研究和应用领域中发挥着重要作用. 本章最后介绍了矩阵低秩最优逼近, 它是若干机器学习算法的基础.

3.1 方阵的两个重要数字特征

在本节中, 我们回顾一下方阵两个重要的数字特征, 它们与矩阵分解紧密相关.

3.1.1 行列式

为了更好地理解行列式, 我们来了解一下行列式的几何意义. 在解析几何中, 矩阵的二阶和三阶行列式的绝对值分别是矩阵的列向量组形成的平行四边形的面积和平行六面体的体积, 符号是由向量的方向决定的, 见图 3.1.

现在, 我们来看一般情形. 设 $A = [a_{ij}] = [\boldsymbol{a}_1, \boldsymbol{a}_2, \cdots, \boldsymbol{a}_n] \in \mathbb{R}^{n \times n}$. 类似地, A 的行列式

$$\det(A) = \begin{vmatrix} a_{11} & a_{12} & \cdots & a_{1n} \\ a_{21} & a_{22} & \cdots & a_{2n} \\ \vdots & \vdots & & \vdots \\ a_{n1} & a_{n2} & \cdots & a_{nn} \end{vmatrix}$$

的绝对值可以看作 $\mathbb{R}^n$ 上由列向量 $\boldsymbol{a}_1, \boldsymbol{a}_2, \cdots, \boldsymbol{a}_n$ 张成的“平行四边形”的面积(测度). 显然, 如果 $\boldsymbol{a}_1, \boldsymbol{a}_2, \cdots, \boldsymbol{a}_n$ 线性相关, 即若 $\det(A) = 0$, 那么这样的“面积”为零.

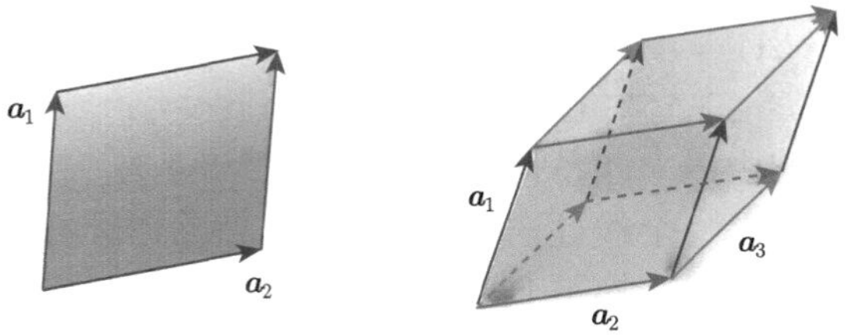

图 3.1 二阶、三阶行列式的几何意义

如果 A 为可逆矩阵, 且令

$$\Phi : \mathbb{R}^n \to \mathbb{R}^n, \quad \boldsymbol{x} \mapsto \Phi(\boldsymbol{x}) = A\boldsymbol{x},$$

那么 Φ 是可逆线性变换. 因为

$$\Phi(\boldsymbol{\varepsilon}_i) = A\boldsymbol{\varepsilon}_i = \boldsymbol{a}_i, \quad i = 1, \cdots, n,$$

所以 $\det(A)$ 的绝对值可以看作可逆线性变换的单位“面积”的伸缩比例, 例 3.1 是其二维情形. 特别地, 多元微积分学换元法中的雅可比 (Jacobi) 行列式就是一个典型的例子.

例 3.1 设 $A = \begin{bmatrix} a_{11} & a_{12} \\ a_{21} & a_{22} \end{bmatrix}$ 为可逆矩阵, $\Phi(\boldsymbol{x}) = A\boldsymbol{x}$, $\forall \boldsymbol{x} \in \mathbb{R}^2$. 则有

$$\Phi(\boldsymbol{\varepsilon}_1) = A\boldsymbol{\varepsilon}_1 = \boldsymbol{a}_1 = [a_{11}, a_{21}]^\top, \quad \Phi(\boldsymbol{\varepsilon}_2) = A\boldsymbol{\varepsilon}_2 = \boldsymbol{a}_2 = [a_{21}, a_{22}]^\top.$$

该变换的单位面积的变化如图 3.2 所示. □

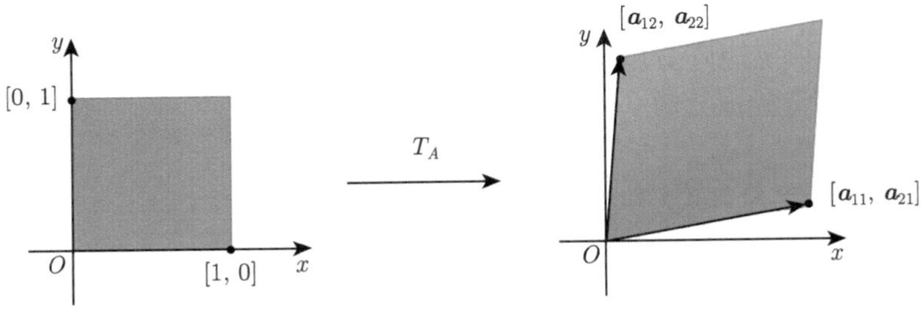

图 3.2 可逆变换的单位面积变化

3.1.2　迹函数

设 $A=[a_{ij}]\in\mathbb{R}^{n\times n}$. 熟知矩阵 A 的迹函数为

$$\mathrm{tr}(A)=\sum_{i=1}^{n}a_{ii}.$$

容易验证迹函数满足以下四条性质:

(1) $\mathrm{tr}(A+B)=\mathrm{tr}(A)+\mathrm{tr}(B)$;

(2) $\mathrm{tr}(I_n)=n$;

(3) $\forall\alpha\in\mathbb{R}$, $\mathrm{tr}(\alpha A)=\alpha\mathrm{tr}(A)$;

(4) $\forall A\in\mathbb{R}^{n\times k}, B\in\mathbb{R}^{k\times n}$, $\mathrm{tr}(AB)=\mathrm{tr}(BA)$.

事实上, 可以证明由以上四条性质可唯一确定迹函数, 此处不予证明. 这四条性质表明, 迹函数不仅是一个线性函数, 并且满足轮换不变性 (性质 (4)). 这使得迹函数具有良好的性质. 由轮换不变性 $\mathrm{tr}(AB)=\mathrm{tr}(BA)$ 知

$$\mathrm{tr}(AKL)=\mathrm{tr}(KLA)=\mathrm{tr}(LAK),\quad \forall A,K,L\in\mathbb{R}^{n\times n},$$

$$\mathrm{tr}(\boldsymbol{x}\boldsymbol{y}^\top)=\mathrm{tr}(\boldsymbol{y}^\top\boldsymbol{x})=\boldsymbol{y}^\top\boldsymbol{x},\quad \forall\boldsymbol{x},\boldsymbol{y}\in\mathbb{R}^n.$$

这是两个常用的结论. 在线性代数中, 我们已知相似矩阵具有相同的迹, 一般需要用特征值来证明. 而利用轮换不变性, 容易得到该结果: 若 $B=S^{-1}AS$, 则

$$\mathrm{tr}(B)=\mathrm{tr}(S^{-1}AS)=\mathrm{tr}(ASS^{-1})=\mathrm{tr}(A).$$

读者需要注意到, 轮换不变性不是任意交换这些乘积矩阵顺序, 而是只能循环轮换.

对于任意的 $A\in\mathbb{R}^{n\times n}$, 设 $\lambda_1,\cdots,\lambda_n$ 为 A 的特征值, 则

$$\det(A)=\prod_{i=1}^{n}\lambda_i,\quad \mathrm{tr}(A)=\sum_{i=1}^{n}\lambda_i.$$

如果把特征值 λ_i 看作边长, 那么我们不仅可以将行列式理解为 “面积”, 而且可将迹理解为 “周长” 的一半. 因此, 迹函数与行列式的关系十分紧密.

在矩阵分解中, 当我们将给定矩阵分解为简单矩阵的乘积时, 分解与我们的 “面积” 行列式相关, 此时关注行列式容易计算的矩阵分解, 例如 LU 分解和 QR 分解; 当我们将给定矩阵分解成简单矩阵的和时, 分解与我们的 “周长” 迹相关, 例如特征分解和奇异值分解.

3.2　LU 分解

在本节中, 我们主要介绍 LU 分解及平方根分解, 它们是求解大规模线性方程组 $A\boldsymbol{x}=\boldsymbol{b}$ 的算法基础.

3.2.1 LU 分解

LU 分解通常也称为**三角分解**, 其核心技术是著名的高斯 (Gauss) 消元法. 一般称系数矩阵是上下三角形矩阵的方程组为三角方程组. 当三角方程组的系数矩阵是非奇异的时, 方程组有唯一解且求解简单. 高斯消元法的思想是将给定的方程组 $A\boldsymbol{x}=\boldsymbol{b}$ 转化为等价的三角方程组以便于求解, LU 分解的目的就是对这一核心算法给出完整的叙述并用矩阵分解的语言来刻画它. 我们先看其定义.

定义 3.1 LU 分解

设矩阵 $A=[a_{ij}]\in\mathbb{R}^{n\times n}$. 如果存在 n 阶单位下三角形矩阵 L(即主对角元均为 1) 和 n 阶上三角形矩阵 U, 使得 A 可分解为

$$A=LU,$$

那么称该分解为 A 的 LU 分解. ♣

若 A 有 LU 分解, 则

$$\det(A)=\prod_{i=1}^{n}u_{ii},$$

其中 u_{ii} 为 U 的主对角元. 需要指出的是, 一个矩阵的 LU 分解不一定是唯一的. 但对于非奇异矩阵 A, 如果 A 存在 LU 分解, 则其分解是唯一的. 事实上, 如果 L_1U_1 和 L_2U_2 均为 A 的 LU 分解, 即

$$A=L_1U_1=L_2U_2.$$

因为 A 为非奇异的, 所以 L_1,L_2,U_1,U_2 均为非奇异的. 进而

$$L_2^{-1}L_1=U_2U_1^{-1}.$$

上式左边为单位下三角形矩阵, 右边为上三角形矩阵, 从而这两个矩阵必为单位矩阵. 于是 $L_1=L_2$ 和 $U_1=U_2$.

在实际问题中, 人们主要关注方程组 $A\boldsymbol{x}=\boldsymbol{b}$ 有唯一解的情形, 即 A 为非奇异的情形. 自然地要问: 若 A 是非奇异的, 那么什么时候 A 有 LU 分解呢? 事实上, 有如下定理.

定理 3.1

设矩阵 $A=[a_{ij}]\in\mathbb{R}^{n\times n}$ 是非奇异方阵. 如果 A 的前 $n-1$ 个顺序主子式均不为零, 那么 A 有 LU 分解. ♡

证明 设 P_i 为 A 的顺序主子式. 因为 $P_1 = a_{11} \neq 0$, 所以可用 a_{11} 将 A 的对角线下方的第一列元素全变为零. 令

$$L_1 = \begin{bmatrix} 1 & & & \\ l_{21} & 1 & & \\ \vdots & & \ddots & \\ l_{n1} & & & 1 \end{bmatrix},$$

其中 $l_{i1} = \dfrac{a_{i1}}{a_{11}}, i = 2, \cdots, n$. 记 $A^{(1)} = L_1^{-1}A$. 于是

$$A^{(1)} = \begin{bmatrix} a_{11} & a_{12} & \cdots & a_{1n} \\ & a_{22}^{(1)} & \cdots & a_{2n}^{(1)} \\ & \vdots & & \vdots \\ & a_{n2}^{(1)} & \cdots & a_{nn}^{(1)} \end{bmatrix},$$

且 A 的二阶顺序主子式为 $P_2 = a_{11}a_{22}^{(1)}$. 又 $P_2 \neq 0$, 故 $a_{22}^{(1)} \neq 0$. 令

$$L_2 = \begin{bmatrix} 1 & & & & \\ & 1 & & & \\ & l_{32} & 1 & & \\ & \vdots & & \ddots & \\ & l_{n2} & & & 1 \end{bmatrix},$$

其中 $l_{i2} = \dfrac{a_{i2}^{(1)}}{a_{22}^{(1)}}, i = 3, \cdots, n$. 记 $A^{(2)} = L_2^{-1}A^{(1)}$. 则有

$$A^{(2)} = L_2^{-1}L_1^{-1}A = \begin{bmatrix} a_{11} & a_{12} & a_{13} & \cdots & a_{1n} \\ & a_{22}^{(1)} & a_{23}^{(1)} & \cdots & a_{2n}^{(1)} \\ & & a_{33}^{(2)} & \cdots & a_{3n}^{(2)} \\ & & \vdots & & \vdots \\ & & a_{n3}^{(2)} & \cdots & a_{nn}^{(2)} \end{bmatrix},$$

且 A 的三阶顺序主子式为 $P_3 = a_{11}a_{22}^{(1)}a_{33}^{(2)}$. 因为 $P_3 \neq 0$, 所以 $a_{33}^{(2)} \neq 0$. 上述步骤可继续下去直到第 $n-1$ 步为止, 并且依次可得单位下三角形矩阵 $L_1, L_2, \cdots, L_{n-1}$.

令

$$L = L_1 L_2 \cdots L_{n-1} = \begin{bmatrix} 1 & & & & \\ l_{21} & 1 & & & \\ l_{31} & l_{32} & 1 & & \\ \vdots & \vdots & & \ddots & \\ l_{n1} & l_{n_2} & \cdots & l_{n,n-1} & 1 \end{bmatrix}$$

及

$$U = L^{-1}A = \begin{bmatrix} a_{11} & a_{12} & a_{13} & \cdots & a_{1n} \\ & a_{22}^{(1)} & a_{23}^{(1)} & \cdots & a_{2n}^{(1)} \\ & & a_{33}^{(2)} & \cdots & a_{3n}^{(2)} \\ & & & a_{n-1,n-1}^{(n-2)} & a_{n-1,n}^{(n-2)} \\ & & & & a_{nn}^{(n-1)} \end{bmatrix}.$$

则 L 为单位下三角形矩阵, U 为上三角形矩阵. 从而 $A = LU$ 为矩阵 A 的 LU 分解. □

上述的证明过程实际上给出了用高斯消元法求矩阵 LU 分解的详细过程. 下面给出上述过程的具体算法, 见算法 3.1.

算法 3.1 LU 分解

输入: 输入一个待分解的矩阵 A

输出: 单位下三角形矩阵 L 和上三角形矩阵 U, 满足 $A = LU$

Set $L = I, U = O$ % 将 L 设为单位矩阵, U 设为零矩阵
for $k = 1$ to $n-1$ **do**
  for $i = k+1$ to n **do**
    $l_{ik} = a_{ik}/a_{kk}$ % 计算 L 的第 k 列
  end for
  for $j = k$ to n **do**
    $u_{kj} = a_{kj}$ % 计算 U 的第 k 行
  end for
  for $i = k+1$ to n **do**
    for $j = k+1$ to n **do**
      $a_{ij} = a_{ij} - l_{ik}u_{kj}$ % 更新 $A(k+1:n, k+1:n)$
    end for
  end for
end for

高斯消元法的运算量 由算法 3.1 可知, LU 分解的运算量 (含加减乘除) 为

$$
\sum_{i=1}^{n-1}\left(\sum_{j=i+1}^{n}1+\sum_{j=i+1}^{n}\sum_{k=i+1}^{n}2\right)=\sum_{i=1}^{n-1}[n-i+2(n-i)^2]
$$
$$
=\frac{2}{3}n^3+\mathcal{O}(n^2).
$$

由于回代过程的运算量为 $\mathcal{O}(n^2)$, 所以高斯消元法的总运算量为 $\dfrac{2}{3}n^3+\mathcal{O}(n^2)$.

进一步地, 我们不予证明地给出如下结论:

定理 3.2

若 $A \in \mathbb{R}^{n\times n}$ 非奇异, 则 A 有唯一的 LU 分解的充要条件是 A 的前 $n-1$ 个顺序主子式均不为零. ♡

对于任意的非奇异矩阵 $A \in \mathbb{R}^{n\times n}$, 显然可能存在前 $n-1$ 个顺序主子式中有为零的情况. 我们不能直接用定理 3.1 给出 LU 分解. 但是可以证明: 存在**置换矩阵** P(由单位矩阵作若干次行对换得到的矩阵), 使得 PA 的 n 个顺序主子式均不为零. 故 PA 有唯一的 LU 分解.

当我们得到 A 的 LU 分解, 最后需要用回代法求解两个三角方程组

$$
L\boldsymbol{y}=\boldsymbol{b}, \quad U\boldsymbol{x}=\boldsymbol{y}, \tag{3.1}
$$

其中 L 是单位下三角形矩阵, U 为非奇异上三角形矩阵. 下面给出一般上、下三角方程组的求解算法.

算法 3.2　向前回代求解 $L\boldsymbol{y}=\boldsymbol{b}$

输入: 输入下三角形系数矩阵 L 和右端项 $\boldsymbol{b}$

输出: 解向量 $\boldsymbol{y}$

$y_1 = b_1/l_{11}$
for $i=2$ to n **do**
　for $j=1$ to $i-1$ **do**
　　$b_i = b_i - l_{ij}y_j$
　end for
　$y_i = b_i/l_{ii}$
end for

算法 3.3　向后回代求解 $U\boldsymbol{x}=\boldsymbol{y}$

输入: 输入上三角形系数矩阵 U 和右端项 $\boldsymbol{y}$

输出: 解向量 $\boldsymbol{x}$

for $k=n-1:-1:1$ **do**
　$x_k = y_k/u_{kk}$

  for $i = k-1:-1:1$ **do**
    $y_i = y_i - x_k u_{ik}$
  end for
end for

注 这两个算法的运算量均为 $n^2 + \mathcal{O}(n)$.

多右端项线性方程组的求解 在许多科学工程计算问题和机器学习算法中常常会遇到求解多右端项线性方程组:

$$A\boldsymbol{x}^{(j)} = \boldsymbol{b}^{(j)}, \quad A \in \mathbb{R}^{n\times n}, \quad \boldsymbol{b}^{(j)} \in \mathbb{R}^n, \quad j = 1, 2, \cdots, m,$$

其中 $\boldsymbol{x}^{(j)} \in \mathbb{R}^n$ 是未知量, 实际上, 我们可以利用 LU 分解来给出如下算法, 用于求解此类方程组.

算法 3.4 求解 $A\boldsymbol{x}^{(j)} = \boldsymbol{b}^{(j)}$

输入: 输入系数矩阵 A 和右端项组 $\{\boldsymbol{b}^{(1)}, \boldsymbol{b}^{(2)}, \cdots, \boldsymbol{b}^{(m)}\}$
输出: 解向量组 $\{\boldsymbol{x}^{(1)}, \boldsymbol{x}^{(2)}, \cdots, \boldsymbol{x}^{(m)}\}$
1: 计算 LU 分解: $A = LU$ % 利用算法 3.1
2: **for** $k = 1$ to m **do**
3:   $\boldsymbol{y}^{(k)} = L\backslash\boldsymbol{b}^{(k)}$ % 利用算法 3.2
4:   $\boldsymbol{x}^{(k)} = U\backslash\boldsymbol{y}^{(k)}$ % 利用算法 3.3
5: **end for**
6: 组装解向量组: $X = [\boldsymbol{x}^{(1)}, \boldsymbol{x}^{(2)}, \cdots, \boldsymbol{x}^{(m)}]$

实际上, 算法 3.4 的第 2—5 行是可以并行化实现的, 且只需要做一个矩阵的 LU 分解, 即可重复用来 (独立) 求解 m 个线性方程组, 大大地降低了运算量. 另外, 还可以利用一次 LU 分解和算法 3.4 的思路设计出一种实用的矩阵求逆算法 (留作习题).

本小节最后, 我们来看一个具体例子.

例 3.2 设 $A = \begin{bmatrix} 1 & 4 & 7 \\ 2 & 5 & 8 \\ 3 & 6 & 10 \end{bmatrix}$. 用 LU 分解求解 $A\boldsymbol{x} = \boldsymbol{b}$, 其中 $\boldsymbol{b} = \begin{bmatrix} 1 \\ 1 \\ 1 \end{bmatrix}$.

解 首先求 A 的 LU 分解. 由题意知 A 的顺序主子式均不为零. 于是 A 有唯一的 LU 分解. 令

$$A = LU = \begin{bmatrix} 1 & & \\ l_{21} & 1 & \\ l_{31} & l_{32} & 1 \end{bmatrix} \begin{bmatrix} u_{11} & u_{12} & u_{13} \\ & u_{22} & u_{23} \\ & & u_{33} \end{bmatrix} = \begin{bmatrix} 1 & 4 & 7 \\ 2 & 5 & 8 \\ 3 & 6 & 10 \end{bmatrix}.$$

根据矩阵乘法, 依次计算可得

$$L=\begin{bmatrix}1&0&0\\2&1&0\\3&2&1\end{bmatrix},\quad U=\begin{bmatrix}1&4&7\\0&-3&-6\\0&0&1\end{bmatrix}.$$

求 L 和 U 也可以直接利用定理 3.1 的证明过程:

$$A^{(1)}=L_1^{-1}A=\begin{bmatrix}1&0&0\\-2&1&0\\-3&0&1\end{bmatrix}\begin{bmatrix}1&4&7\\2&5&8\\3&6&10\end{bmatrix}=\begin{bmatrix}1&4&7\\0&-3&-6\\0&-6&-11\end{bmatrix}.$$

从而

$$U=A^{(2)}=L_2^{-1}L_1^{-1}A=\begin{bmatrix}1&0&0\\0&1&0\\0&-2&1\end{bmatrix}\begin{bmatrix}1&4&7\\0&-3&-6\\0&-6&-11\end{bmatrix}=\begin{bmatrix}1&4&7\\0&-3&-6\\0&0&1\end{bmatrix}.$$

有了 LU 分解, 我们下面来求解线性方程组 $A\boldsymbol{x}=\boldsymbol{b}$. 先求解 $L\boldsymbol{y}=\boldsymbol{b}$, 即求解

$$\begin{bmatrix}1&0&0\\2&1&0\\3&2&1\end{bmatrix}\begin{bmatrix}y_1\\y_2\\y_3\end{bmatrix}=\begin{bmatrix}1\\1\\1\end{bmatrix},$$

可得 $\boldsymbol{y}=[1,-1,0]^\top$. 再求 $U\boldsymbol{x}=\boldsymbol{y}$, 即求

$$\begin{bmatrix}1&4&7\\0&-3&-6\\0&0&1\end{bmatrix}\begin{bmatrix}x_1\\x_2\\x_3\end{bmatrix}=\begin{bmatrix}1\\-1\\0\end{bmatrix},$$

得到 $\boldsymbol{x}=\left[-\frac{1}{3},\frac{1}{3},0\right]^\top$. 根据 (3.1) 可知 $\boldsymbol{x}=\left[-\frac{1}{3},\frac{1}{3},0\right]^\top$ 是方程组的解. □

3.2.2 平方根分解

在机器学习算法中常常需要计算或近似一个对称正定矩阵. 因为对称正定矩阵的所有顺序主子式都是大于零的, 所以可以用 LU 分解来计算它. 但这样就忽视了对称正定矩阵自身所具备的良好性质. 简而言之, 我们该如何充分利用对称正定矩阵的数学性质来找到更好的矩阵分解形式呢?

由线性代数的知识可知：对任意给定的对称正定矩阵 $A \in \mathbb{R}^{n\times n}$，必存在正交矩阵 Q，使得

$$A = Q^\top \begin{bmatrix} \lambda_1 & & & \\ & \lambda_2 & & \\ & & \ddots & \\ & & & \lambda_n \end{bmatrix} Q,$$

其中 $\lambda_1 \geqslant \lambda_2 \geqslant \cdots \geqslant \lambda_n > 0$ 是 A 的特征值. 注意到

$$A = Q^\top \Lambda Q = (Q^\top \Lambda^{1/2} Q) \cdot (Q^\top \Lambda^{1/2} Q) = S^2,$$

其中

$$\Lambda^{1/2} = \operatorname{diag}(\sqrt{\lambda_1}, \sqrt{\lambda_2}, \cdots, \sqrt{\lambda_n}), \quad S = Q^\top \Lambda^{1/2} Q.$$

注意到 S 也是对称正定矩阵.

定理 3.3 平方根分解

对于任一对称正定矩阵 $A \in \mathbb{R}^{n\times n}$，一定存在对称正定矩阵 S 使得

$$A = S^2 = S^\top S \tag{3.2}$$

成立，称 (3.2) 为对称正定矩阵 A 的**平方根分解**. ♡

另一方面，若从可逆矩阵的 LU 分解角度出发，实际上对称正定矩阵 A 可以分解为一个下三角形矩阵 L 和其转置的乘积，即 $A = LL^\top$，这就是著名的楚列斯基 (Cholesky) 分解，它是当 A 为对称正定矩阵时，LU 分解的变形.

定理 3.4 Cholesky 分解

任意对称正定矩阵 A 有如下唯一分解

$$A = LL^\top$$

其中 L 为对角元全为正的下三角形矩阵，满足该分解的 L 称为 Cholesky 因子. ♡

证明 由 A 对称正定矩阵知，A 的顺序主子式均大于 0，故存在唯一的 LU 分解

$$A = L_0 U_0 = L_0 \begin{bmatrix} d_1 & u_{12} & u_{13} & \cdots & u_{1n} \\ & d_2 & u_{23} & \cdots & u_{2n} \\ & & d_3 & \cdots & u_{3n} \\ & & & \ddots & \\ & & & & d_n \end{bmatrix}$$

且 $d_i > 0, i = 1, \cdots, n$. 进而,

$$A = L_0 U_0 = L_0 \begin{bmatrix} d_1 & & & & \\ & d_2 & & & \\ & & d_3 & & \\ & & & \ddots & \\ & & & & d_n \end{bmatrix} \begin{bmatrix} 1 & \dfrac{u_{12}}{d_1} & \dfrac{u_{13}}{d_1} & \cdots & \dfrac{u_{1n}}{d_1} \\ & 1 & \dfrac{u_{23}}{d_2} & \cdots & \dfrac{u_{2n}}{d_2} \\ & & 1 & \cdots & \dfrac{u_{3n}}{d_3} \\ & & & \ddots & \\ & & & & 1 \end{bmatrix} := L_0 D U_1.$$

因为 LU 分解是唯一的, 所以 $A = L_0 D U_1$ 是唯一的. 注意到 $A^\top = A$, 故

$$L_0 D U_1 = U_1^\top D L_0^\top.$$

由分解唯一知 $U_1 = L_0^\top$. 令

$$L = L_0 \mathrm{diag}[\sqrt{d_1}, \sqrt{d_2}, \cdots, \sqrt{d_n}],$$

即得到 $A = LL^\top$. □

显然, 由 Cholesky 分解定理可知, A 的行列式计算可以简化为

$$|A| = |L|^2 = \prod_{i=1}^{n} l_{ii}^2.$$

设 $A = [a_{ij}] \in \mathbb{R}^{n\times n}$ 为对称正定矩阵. 令

$$L = \begin{bmatrix} l_{11} & & & & \\ l_{21} & l_{22} & & & \\ l_{31} & l_{32} & l_{33} & & \\ \vdots & \vdots & & \ddots & \\ l_{n1} & l_{n2} & \cdots & l_{n,n-1} & l_{nn} \end{bmatrix}.$$

满足 Cholesky 分解 $A = LL^\top$. 则对任意的 $i = 1, \cdots, n$, 有

$$a_{ij} = l_{i1} l_{j1} + l_{i2} l_{j2} + \cdots + l_{ij} l_{jj}, \quad j < i.$$

$$a_{ii} = l_{i1}^2 + l_{i2}^2 + \cdots + l_{ii}^2.$$

进而, 对 $i = 1, \cdots, n$, 计算

$$l_{ii} = \left(a_{ii} - \sum_{k=1}^{i-1} l_{ik}^2 \right)^{\frac{1}{2}}$$

$$l_{ji} = \frac{1}{l_{ii}} \left(a_{ij} - \sum_{k=1}^{i-1} l_{ik} l_{jk} \right), \quad j = i+1, \cdots, n.$$

由此, 我们给出如下的 Cholesky 分解算法.

算法 3.5 Cholesky 分解

输入: 输入对称正定矩阵 A

输出: Cholesky 因子 L

```
for i = 1 to n do
    l_ii = (a_ii - Σ_{k=1}^{i-1} l_ik^2)^{1/2}
    for j = i+1 to n do
        l_ji = (1/l_ii)(a_ij - Σ_{k=1}^{i-1} l_ik l_jk)
    end for
end for
```

关于 Cholesky 算法的几点注释

- 与 LU 分解一样, Cholesky 分解可以利用 L 的下三角形部分来存储 A;
- Cholesky 分解算法的运算量为 $\frac{1}{3}n^3 + \mathcal{O}(n^2)$, 大约为 LU 分解的一半;
- 若想使得 Cholesky 因子 L 的主对角元都是 1 且避免平方根运算, 则可以修改上述 Cholesky 分解得到所谓的 $LDL^\top$ 分解, 即 $A = LDL^\top$, 此时 L 是单位下三角形矩阵.

在机器学习中, 我们需要对对称正定矩阵频繁地操作. Cholesky 分解是机器学习中数值计算的重要工具. 例如非退化的多元高斯分布的协方差矩阵是对称正定矩阵, 这个协方差矩阵的 Cholesky 分解允许我们从高斯分布中生成样本. Cholesky 分解还允许我们执行随机变量的线性变换, 在计算深度随机模型中的梯度时被大量运用, 例如变分自动编码器.

3.3 QR 分解

在这一节, 我们将介绍著名的 QR 分解. 当线性方程组 $A\boldsymbol{x} = \boldsymbol{b}$ 病态时, 基于 LU 分解的算法可能会导致精度很差或者数值不稳定. 而基于 QR 分解的算法具有较高的数值稳定性, 它在求解方程组、最小二乘解和计算矩阵特征值等问题中的有深刻的应用.

定义 3.2 QR 分解

设矩阵 $A=[a_{ij}]\in\mathbb{R}^{m\times n}$. 如果存在上三角形矩阵 $R\in\mathbb{R}^{n\times n}$ 和列正交矩阵 $Q\in\mathbb{R}^{m\times n}$ (即 $Q^\top Q=I$), 使得 A 可分解为

$$A=QR,$$

那么称该分解为 A 的 QR 分解或消减的 QR 分解. ♣

对矩阵进行 QR 分解有 Gram-Schmidt 正交化算法、豪斯霍尔德 (Householder) 变换法和吉文斯 (Givens) 变换法三种著名的方法. 在本节我们将介绍这三种方法.

3.3.1 Gram-Schmidt 正交化算法与 QR 分解

在研究欧氏空间 $\mathbb{R}^n$ 时, 常常需要找到此空间的一组标准正交基, 即单位正交向量组. 一般不难确定此空间的线性无关向量组, 通过 **Gram-Schmidt 正交化过程**可将此线性无关向量组变成单位正交向量组.

让我们来回顾一下 Gram-Schmidt 正交化过程: 设 $A=[\boldsymbol{a}_1,\boldsymbol{a}_2,\cdots,\boldsymbol{a}_n]\in\mathbb{R}^{m\times n}(m\geqslant n)$ 的列向量组是 $\mathbb{R}^m$ 中线性无关的向量, $\|\cdot\|$ 为 l_2 范数. 进行如下步骤:

(1) 令 $\boldsymbol{y}_1=\boldsymbol{a}_1,\ \boldsymbol{q}_1=\dfrac{\boldsymbol{y}_1}{\|\boldsymbol{y}_1\|}$.

(2) 对 $j=2,\cdots,n$, 令

$$\boldsymbol{y}_j=\boldsymbol{a}_j-\sum_{k=1}^{j-1}\boldsymbol{q}_k\langle\boldsymbol{q}_k,\boldsymbol{a}_j\rangle,\quad \boldsymbol{q}_j=\frac{\boldsymbol{y}_j}{\|\boldsymbol{y}_j\|}.$$

(3) 引入新的记号

$$r_{jj}=\|\boldsymbol{y}_j\|,\quad r_{kj}=\langle\boldsymbol{q}_k,\boldsymbol{a}_j\rangle=\boldsymbol{q}_k^\top\boldsymbol{a}_j.$$

则

$$\boldsymbol{a}_1=r_{11}\boldsymbol{q}_1,\quad \boldsymbol{a}_2=r_{12}\boldsymbol{q}_1+r_{22}\boldsymbol{q}_2,\quad \cdots,\quad \boldsymbol{a}_n=r_{1n}\boldsymbol{q}_1+r_{2n}\boldsymbol{q}_2+\cdots+r_{nn}\boldsymbol{q}_n.$$

令 $Q=[\boldsymbol{q}_1,\cdots,\boldsymbol{q}_n]\in\mathbb{R}^{m\times n}$, $R=[r_{ij}]\in\mathbb{R}^{n\times n}$. 将其写成矩阵的形式为 $A=QR$, 即可得消减的 QR 分解

$$A=[\boldsymbol{a}_1,\boldsymbol{a}_2,\cdots,\boldsymbol{a}_n]=[\boldsymbol{q}_1,\boldsymbol{q}_2,\cdots,\boldsymbol{q}_n]\begin{bmatrix} r_{11} & r_{12} & \cdots & r_{1n}\\ & r_{22} & \cdots & r_{2n}\\ & & \ddots & \vdots\\ & & & r_{nn}\end{bmatrix}=QR. \tag{3.3}$$

不难看出 Gram-Schmidt 正交化过程的矩阵化描述即对给定矩阵进行 QR 分解. 进一步地, 若想把一组线性无关向量组正交化以后再扩充成 $\mathbb{R}^m$ 上的一组基, 这就要用到矩阵的**完全 QR 分解**: 将由 $\boldsymbol{a}_1, \cdots, \boldsymbol{a}_n \in \mathbb{R}^m$ 正交化得到的单位正交向量组 $\boldsymbol{q}_1, \cdots, \boldsymbol{q}_n$ 扩基, 使得

$$\boldsymbol{q}_1, \cdots, \boldsymbol{q}_n, \boldsymbol{q}_{n+1} \cdots, \boldsymbol{q}_m$$

为 $\mathbb{R}^m$ 的一组标准正交基. 则消减的 QR 分解 (3.3) 进一步可表示为

$$A = [\boldsymbol{q}_1, \cdots, \boldsymbol{q}_n, \boldsymbol{q}_{n+1}, \cdots, \boldsymbol{q}_m] \begin{bmatrix} r_{11} & r_{12} & \cdots & r_{1n} \\ 0 & r_{22} & \cdots & r_{2n} \\ \vdots & \vdots & & \vdots \\ 0 & 0 & \cdots & r_{nn} \\ 0 & 0 & \cdots & 0 \\ \vdots & \vdots & & \vdots \\ 0 & 0 & \cdots & 0 \end{bmatrix} = [Q, Q'] \begin{bmatrix} R \\ O \end{bmatrix},$$

其中 $Q' = [\boldsymbol{q}_{n+1}, \cdots, \boldsymbol{q}_m]$, $[Q, Q'] \in \mathbb{R}^{m\times m}$ 为正交矩阵.

例 3.3 用 Gram-Schmidt 正交化过程找出 $A = \begin{bmatrix} 1 & -4 \\ 2 & 3 \\ 2 & 2 \end{bmatrix}$ 的消减的 QR 分解.

解 令 $\boldsymbol{a}_1 = [1, 2, 2]^\top$, $\boldsymbol{a}_2 = [-4, 3, 2]^\top$. 于是 $A = [\boldsymbol{a}_1, \boldsymbol{a}_2]$. 对 $\boldsymbol{a}_1, \boldsymbol{a}_2$ 进行正交化可得

$$\boldsymbol{y}_1 = \boldsymbol{a}_1 = \begin{bmatrix} 1 \\ 2 \\ 2 \end{bmatrix}, \quad \boldsymbol{q}_1 = \frac{\boldsymbol{y}_1}{r_{11}} = \frac{1}{3} \begin{bmatrix} 1 \\ 2 \\ 2 \end{bmatrix},$$

$$\boldsymbol{y}_2 = \boldsymbol{a}_2 - \boldsymbol{q}_1 \langle \boldsymbol{q}_1, \boldsymbol{a}_2 \rangle = \boldsymbol{a}_2 - \boldsymbol{q}_1 r_{12} = \boldsymbol{a}_2 - 2\boldsymbol{q}_1 = \frac{1}{3} \begin{bmatrix} -14 \\ 5 \\ 2 \end{bmatrix},$$

$$\boldsymbol{q}_2 = \frac{\boldsymbol{y}_2}{r_{22}} = \frac{1}{5} \boldsymbol{y}_2 = \frac{1}{15} \begin{bmatrix} -14 \\ 5 \\ 2 \end{bmatrix}.$$

从而 A 的 QR 分解为

$$A=\begin{bmatrix}1&-4\\2&3\\2&2\end{bmatrix}=\begin{bmatrix}\frac{1}{3}&\frac{-14}{15}\\\frac{2}{3}&\frac{1}{3}\\\frac{2}{3}&\frac{2}{15}\end{bmatrix}\begin{bmatrix}3&2\\0&5\end{bmatrix}=QR. \qquad \square$$

3.3.2 Householder 变换法与 QR 分解

定义 3.3

设 $\boldsymbol{u}\in\mathbb{R}^n$ 为单位向量. 则称

$$H_{\boldsymbol{u}}=I-2\boldsymbol{u}\boldsymbol{u}^\top$$

为 Householder 矩阵, 并称由 H_u 所确定的线性变换为 Householder 变换.♣

若将 $\boldsymbol{u}$ 扩充为 $\mathbb{R}^n$ 的一组标准正交基 $\boldsymbol{u},\boldsymbol{u}_2,\cdots,\boldsymbol{u}_n$. 则有

$$H_{\boldsymbol{u}}\boldsymbol{u}=(I-2\boldsymbol{u}\boldsymbol{u}^\top)\boldsymbol{u}=\boldsymbol{u}-2\boldsymbol{u}\boldsymbol{u}^\top\boldsymbol{u}=-\boldsymbol{u},$$

$$H_{\boldsymbol{u}}\boldsymbol{u}_j=(I-2\boldsymbol{u}\boldsymbol{u}^\top)\boldsymbol{u}_j=\boldsymbol{u}_j-2\boldsymbol{u}\boldsymbol{u}^\top\boldsymbol{u}_j=\boldsymbol{u}_j,\quad j=2,\cdots,n. \tag{3.4}$$

对任意的 $\boldsymbol{x}\in\mathbb{R}^n$, 我们可设 $\boldsymbol{x}=x_1\boldsymbol{u}+x_2\boldsymbol{u}_2+\cdots+x_n\boldsymbol{u}_n$. 进而由 (3.4) 可得

$$H_{\boldsymbol{u}}\boldsymbol{x}=H_{\boldsymbol{u}}(x_1\boldsymbol{u}+x_2\boldsymbol{u}_2+\cdots+x_n\boldsymbol{u}_n)=-x_1\boldsymbol{u}+x_2\boldsymbol{u}_2+\cdots+x_n\boldsymbol{u}_n.$$

由此可见, Householder 变换实际上是将任意向量 $\boldsymbol{x}$ 映射到关于“与 $\boldsymbol{u}$ 正交的超平面”的对称向量的镜像变换. 图 3.3 是三维空间中的 Householder 变换.

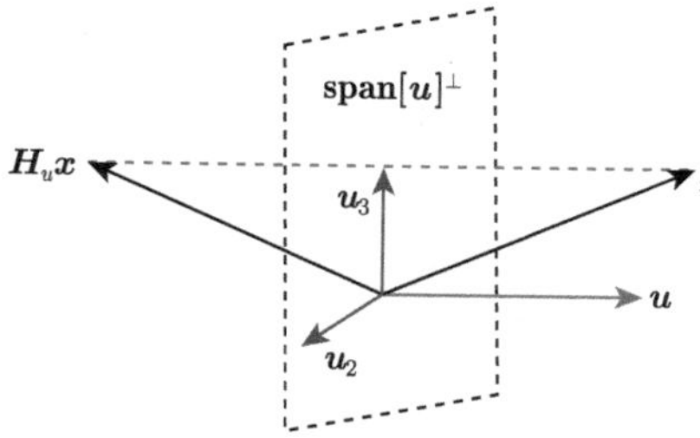

图 3.3　关于超平面对称的 Householder 变换

容易证明 Householder 矩阵 H 具有如下性质:

(1) $H^\top=H$;

(2) H 为正交矩阵;

(3) $H^2 = I$;

(4) $\det(H) = -1$;

(5) 分块对角矩阵 $\mathrm{diag}[I_p, H, I_q]$ 也为 Householder 矩阵.

Householder 变换除了上述良好性质外, 主要用途是可以通过适当选取单位向量 $\boldsymbol{u}$, 将某一给定向量的若干指定分量变为零.

定理 3.5

对任意的非零向量 $\boldsymbol{x} \in \mathbb{R}^n (n \geqslant 2)$, 存在 Householder 矩阵 H, 使得

$$H\boldsymbol{x} = ||\boldsymbol{x}||_2 \boldsymbol{\varepsilon}_1,$$

其中 $\boldsymbol{\varepsilon}_1 = [1, 0, \cdots, 0]^\top$. ♡

证明 当 $\boldsymbol{x} = ||\boldsymbol{x}||_2 \boldsymbol{\varepsilon}_1$ 时, 则取与 $\boldsymbol{x}$ 正交的单位向量 $\boldsymbol{u}$. 进而

$$H_{\boldsymbol{u}}\boldsymbol{x} = (I - 2\boldsymbol{u}\boldsymbol{u}^\top)\boldsymbol{x} = \boldsymbol{x} - 2\boldsymbol{u}\boldsymbol{u}^\top\boldsymbol{x} = \boldsymbol{x} = ||\boldsymbol{x}||_2 \boldsymbol{\varepsilon}_1.$$

当 $\boldsymbol{x} \neq ||\boldsymbol{x}||_2 \boldsymbol{\varepsilon}_1$ 时, 令

$$\boldsymbol{u} = \frac{\boldsymbol{x} - ||\boldsymbol{x}||_2 \boldsymbol{\varepsilon}_1}{||\boldsymbol{x} - ||\boldsymbol{x}||_2 \boldsymbol{\varepsilon}_1||_2}.$$

则由

$$\begin{aligned} ||\boldsymbol{x} - ||\boldsymbol{x}||_2 \boldsymbol{\varepsilon}_1||_2^2 &= (\boldsymbol{x} - ||\boldsymbol{x}||_2 \boldsymbol{\varepsilon}_1)^\top (\boldsymbol{x} - ||\boldsymbol{x}||_2 \boldsymbol{\varepsilon}_1) = \boldsymbol{x}^\top \boldsymbol{x} + ||\boldsymbol{x}||_2^2 - 2||\boldsymbol{x}||_2 \boldsymbol{\varepsilon}_1^\top \boldsymbol{x} \\ &= 2(\boldsymbol{x} - ||\boldsymbol{x}||_2 \boldsymbol{\varepsilon}_1)^\top \boldsymbol{x}. \end{aligned}$$

可得

$$\begin{aligned} H_{\boldsymbol{u}}\boldsymbol{x} &= (I - 2\boldsymbol{u}\boldsymbol{u}^\top)\boldsymbol{x} = \boldsymbol{x} - 2\frac{\boldsymbol{x} - ||\boldsymbol{x}||_2 \boldsymbol{\varepsilon}_1}{||\boldsymbol{x} - ||\boldsymbol{x}||_2 \boldsymbol{\varepsilon}_1||_2} \frac{(\boldsymbol{x} - ||\boldsymbol{x}||_2 \boldsymbol{\varepsilon}_1)^\top \boldsymbol{x}}{||\boldsymbol{x} - ||\boldsymbol{x}||_2 \boldsymbol{\varepsilon}_1||_2} \\ &= \boldsymbol{x} - (\boldsymbol{x} - ||\boldsymbol{x}||_2 \boldsymbol{\varepsilon}_1) = ||\boldsymbol{x}||_2 \boldsymbol{\varepsilon}_1, \end{aligned}$$

定理得证. □

利用定理 3.5, 我们可以得到如下结论, 通常称为 QR 分解的 **Householder 变换法**.

定理 3.6

任意非奇异矩阵均可通过左乘一系列 Householder 矩阵化为上三角形矩阵. ♡

证明　设 $A=[a_{ij}]\in\mathbb{R}^{n\times n}$ 为非奇异矩阵，并记 $A^{(0)}=A$. 由 $\det(A^{(0)})$ 非奇异知 $A^{(0)}$ 的第一列 $\boldsymbol{a}^{(1)}\neq\mathbf{0}$. 令 $a_{11}^{(1)}=\|\boldsymbol{a}^{(1)}\|_2$. 由定理 3.5 知存在 Householder 矩阵 H_1, 使得

$$H_1\boldsymbol{a}^{(1)}=\|\boldsymbol{a}^{(1)}\|_2\boldsymbol{\varepsilon}_1^{(n)},$$

其中 $\boldsymbol{\varepsilon}_1^{(n)}\in\mathbb{R}^n$ 是第一个 n 维基本向量. 于是

$$H_1A^{(0)}=\begin{bmatrix}a_{11}^{(1)} & a_{12}^{(1)} & \cdots & a_{1n}^{(1)}\\ 0 & & & \\ \vdots & & A^{(1)} & \\ 0 & & & \end{bmatrix}.$$

由 $\det(A^{(0)})\neq 0$ 知 $\det(A^{(1)})\neq 0$. 进而 $A^{(1)}$ 的第一列 $\boldsymbol{a}^{(2)}\neq\mathbf{0}$. 令 $a_{22}^{(2)}=\|\boldsymbol{a}^{(2)}\|_2$. 由定理 3.5 知存在 Householder 矩阵 H_2, 使得

$$H_2\boldsymbol{a}^{(2)}=\|\boldsymbol{a}^{(2)}\|_2\boldsymbol{\varepsilon}_1^{(n-1)},$$

其中 $\boldsymbol{\varepsilon}_1^{(n-1)}\in\mathbb{R}^{n-1}$ 第一个 $(n-1)$ 维基本向量. 从而

$$H_2A^{(1)}=\begin{bmatrix}a_{22}^{(2)} & a_{23}^{(2)} & \cdots & a_{2n}^{(2)}\\ 0 & & & \\ \vdots & & A^{(2)} & \\ 0 & & & \end{bmatrix}.$$

按此方法继续下去，可得 $A^{(i)}$ 以及对应的 Householder 矩阵 H_i, $i=1,\cdots,n-1$, 并且有矩阵递推式

$$H_iA^{(i-1)}=\begin{bmatrix}a_{ii}^{(i)} & a_{i,i+1}^{(i)} & \cdots & a_{in}^{(i)}\\ 0 & & & \\ \vdots & & A^{(i)} & \\ 0 & & & \end{bmatrix},$$

其中 $A^{(n-1)}=a_{nn}^{(n-1)}$. 令

$$H=\begin{bmatrix}I_{n-2} & \\ & H_{n-1}\end{bmatrix}\cdots\begin{bmatrix}I_2 & \\ & H_3\end{bmatrix}\begin{bmatrix}1 & \\ & H_2\end{bmatrix}H_1.$$

则我们有

$$HA = \begin{bmatrix} a_{11}^{(1)} & a_{12}^{(1)} & \cdots & a_{1,n-1}^{(1)} & a_{1n}^{(1)} \\ & a_{22}^{(2)} & \cdots & a_{2,n-1}^{(2)} & a_{2,n}^{(2)} \\ & & \ddots & \vdots & \vdots \\ & & & a_{n-1,n-1}^{(n-1)} & a_{n-1,n}^{(n-1)} \\ & & & & a_{n,n}^{(n-1)} \end{bmatrix}.$$

根据性质 (5) 知 H 为 $(n-1)$ 个 Householder 矩阵的乘积, 故定理得证. □

在定理 3.6 中, H 为 $(n-1)$ 个 Householder 矩阵的乘积, 而 Householder 矩阵是正交矩阵, 故 H 为正交矩阵. 若令 $R = HA$, 则 $A = H^\top R$ 就是 A 的 QR 分解. 因此, 定理 3.6 实际上给出了用 Householder 变换方法求矩阵 QR 分解的一种算法.

例 3.4 用 Householder 变换求矩阵 A 的 QR 分解, 其中 $A = \begin{bmatrix} 0 & 4 & 1 \\ 1 & 1 & 1 \\ 0 & 3 & 2 \end{bmatrix}$.

解 对 A 的第一列 $\boldsymbol{a}^{(1)}$ 构造 Householder 矩阵, 根据定理 3.5 和定理 3.6 可得

$$\boldsymbol{a}^{(1)} = \begin{bmatrix} 0 \\ 1 \\ 0 \end{bmatrix}, \quad \boldsymbol{a}^{(1)} - ||\boldsymbol{a}^{(1)}||_2 \boldsymbol{\varepsilon}_1^{(3)} = \begin{bmatrix} -1 \\ 1 \\ 0 \end{bmatrix}, \quad \boldsymbol{u}_1 = \frac{1}{\sqrt{2}} \begin{bmatrix} -1 \\ 1 \\ 0 \end{bmatrix},$$

$$H_1 = I - 2\boldsymbol{u}_1\boldsymbol{u}_1^\top = \begin{bmatrix} 0 & 1 & 0 \\ 1 & 0 & 0 \\ 0 & 0 & 1 \end{bmatrix}, \quad H_1A = \begin{bmatrix} 1 & 1 & 1 \\ 0 & 4 & 1 \\ 0 & 3 & 2 \end{bmatrix}.$$

对 $A^{(1)} = \begin{bmatrix} 4 & 1 \\ 3 & 2 \end{bmatrix}$ 的第一列 $\boldsymbol{a}^{(2)}$ 构造 Householder 矩阵, 有

$$\boldsymbol{a}^{(2)} = \begin{bmatrix} 4 \\ 3 \end{bmatrix}, \quad \boldsymbol{a}^{(2)} - ||\boldsymbol{a}^{(2)}||_2 \boldsymbol{\varepsilon}_1^{(2)} = \begin{bmatrix} -1 \\ 3 \end{bmatrix}, \quad \boldsymbol{u}_2 = \frac{1}{\sqrt{10}} \begin{bmatrix} -1 \\ 3 \end{bmatrix},$$

$$H_2 = I - 2\boldsymbol{u}_2\boldsymbol{u}_2^\top = \frac{1}{5} \begin{bmatrix} 4 & 3 \\ 3 & -4 \end{bmatrix}, \quad H_2A^{(1)} = \begin{bmatrix} 5 & 2 \\ 0 & -1 \end{bmatrix}.$$

令

$$H=\begin{bmatrix}1 & \\ & H_2\end{bmatrix}H_1=\begin{bmatrix}0 & 1 & 0\\ \frac{4}{5} & 0 & \frac{3}{5}\\ \frac{3}{5} & 0 & -\frac{4}{5}\end{bmatrix}.$$

则有

$$A=QR=H^{\top}R=\begin{bmatrix}0 & \frac{4}{5} & \frac{3}{5}\\ 1 & 0 & 0\\ 0 & \frac{3}{5} & -\frac{4}{5}\end{bmatrix}\begin{bmatrix}1 & 1 & 1\\ 0 & 5 & 2\\ 0 & 0 & -1\end{bmatrix}.$$

□

3.3.3 Givens 旋转和 QR 分解

为了简单, 本书仅讨论实数域上的 Givens 旋转. 熟知, 在平面 $\mathbb{R}^2$ 中将非零向量 $\boldsymbol{x}$ 顺时针旋转角度 θ 变化为 y 的变换为

$$\boldsymbol{y}=\begin{bmatrix}\cos\theta & \sin\theta\\ -\sin\theta & \cos\theta\end{bmatrix}\boldsymbol{x}.$$

对于一般情形, 设 $\boldsymbol{\varepsilon}_1,\cdots,\boldsymbol{\varepsilon}_n$ 为 $\mathbb{R}^n$ 的标准正交基, 可在 $\boldsymbol{\varepsilon}_i$ 和 $\boldsymbol{\varepsilon}_j(i\neq j)$ 构成的平面进行旋转变换.

定义 3.4

设 $c=\cos\theta, s=\sin\theta$, 其中 $\theta\in[0,2\pi)$. 我们称矩阵

$$G(i,j,\theta)=\begin{bmatrix}1 & & & & & & \\ & \ddots & & & & & \\ & & c & & s & & \\ & & & \ddots & & & \\ & & -s & & c & & \\ & & & & & \ddots & \\ & & & & & & 1\end{bmatrix}\in\mathbb{R}^{n\times n},\quad i\leqslant j$$

为 Givens 矩阵 (或初等旋转矩阵), 记为 $G(i,j,\theta)$, 并称由该矩阵所确定的线性变换为 Givens 变换 (或初等旋转变换). ♣

从定义中可以看出: 将单位矩阵的 (i,i) 和 (j,j) 位置上的元素用 c 代替, 而 (i,j) 和 (j,i) 位置上的元素分别用 s 和 $-s$ 代替, 所得到的矩阵就是 $G(i,j,\theta)$.

Givens 矩阵具有如下性质:

(1) Givens 矩阵是正交矩阵, 且 $G(i,j,\theta)^{-1}=G(i,j,\theta)^{\top}=G(i,j,-\theta)$;

(2) $\det(G(i,j,\theta))=1$;

(3) 分块对角矩阵 $\mathrm{diag}(I_p,G(i,j,\theta),I_q)$ 为 Givens 矩阵;

(4) Givens 矩阵可以分解为两个 Householder 矩阵的乘积.

性质 (1)—(3) 可直接验证. 令

$$H_{\boldsymbol{u}}=I-2\boldsymbol{u}\boldsymbol{u}^{\top},\quad H_{\boldsymbol{v}}=I-2\boldsymbol{v}\boldsymbol{v}^{\top},$$

其中 $\boldsymbol{u}\in\mathbb{R}^n$ 是第 i 和 j 个分量分别为 $\cos\frac{\theta}{4}$ 和 $\sin\frac{\theta}{4}$, 其余分量为 0 的向量, $\boldsymbol{v}\in\mathbb{R}^n$ 是第 i 和 j 个分量分别为 $\cos\frac{3\theta}{4}$ 和 $\sin\frac{3\theta}{4}$, 其余分量为 0 的向量. 则 $H_{\boldsymbol{u}}$ 和 $H_{\boldsymbol{v}}$ 是 Householder 矩阵, 且可验证 $G(i,j,\theta)=H_{\boldsymbol{u}}H_{\boldsymbol{v}}$, 即性质 (4) 成立.

接下来, 我们通过举例说明, 当一个矩阵左乘一个 Givens 矩阵时, 只会影响其第 i 行和第 j 行的元素, 而当一个矩阵右乘一个 Givens 矩阵时, 只会影响其第 i 列和第 j 列元素.

例 3.5 设 $\boldsymbol{x}=[x_1,x_2]^{\top}\in\mathbb{R}^2$, 则存在一个 Givens 矩阵 $G=\begin{bmatrix}c & s\\ -s & c\end{bmatrix}\in\mathbb{R}^{2\times2}$ 使得 $G\boldsymbol{x}=\begin{bmatrix}r\\0\end{bmatrix}$, 其中 c,s 和 r 的值如下:

(1) 若 $x_1=x_2=0$, 则 $c=1,s=0,r=0$;

(2) 若 $x_1=0$ 但 $x_2\neq0$, 则 $c=0,s=x_2/|x_2|,r=|x_2|$;

(3) 若 $x_1\neq0$ 但 $x_2=0$, 则 $c=\mathrm{sign}(x_1),s=0,r=|x_1|$;

(4) 若 $x_1\neq0$ 且 $x_2\neq0$, 则 $c=x_1/r,s=x_2/r,r=\sqrt{x_1^2+x_2^2}$.

上述结论表明通过 Givens 变换, 可将任意向量 $\boldsymbol{x}\in\mathbb{R}^2$ 的第二个分量化为 0, 具体过程详见如下算法 3.6. □

算法 3.6 计算 Givens 变换

输入: 给定向量 $\boldsymbol{x}=[a,b]^{\top}\in\mathbb{R}^2$

输出: 标量 c, s 满足 $G\boldsymbol{x}=[r,0]^{\top}$, 其中 $r=\|\boldsymbol{x}\|_2$

if $b=0$ **then**

    if $a\geqslant0$ **then**

        $c=1,\ s=0$

    else
        $c=-1,\ s=0$
    end if
else
    if $|b|>|a|$ **then**
        $\tau=\dfrac{a}{b},\ s=\dfrac{\text{sign}(b)}{\sqrt{1+\tau^2}},\ c=s\tau$
    else
        $\tau=\dfrac{b}{a},\ c=\dfrac{\text{sign}(a)}{\sqrt{1+\tau^2}},\ s=c\tau$
    end if
end if

实际上, 对于任意一个 n 维向量 $\boldsymbol{x}$, 我们都可以利用 Givens 变换将其任意一个位置上的分量化为 0. 更进一步地, 也可以通过若干个 Givens 变换, 将 $\boldsymbol{x}$ 中除第一个分量外的所有元素都化为零. 若设 $\boldsymbol{x}\in\mathbb{R}^n$, 令 $\boldsymbol{y}=G(i,j,\theta)\boldsymbol{x}$, 则有

$$\begin{cases} y_i = cx_i + sx_j, \\ y_j = -sx_i + cx_j, \\ y_k = x_k, \quad k\neq i,j. \end{cases}$$

因此, 若要 $y_j=0$, 只要取

$$c=\frac{x_i}{\sqrt{x_i^2+x_j^2}},\quad s=\frac{x_j}{\sqrt{x_i^2+x_j^2}},$$

则有

$$y_i=\sqrt{x_i^2+x_j^2},\quad y_j=0.$$

从几何角度来看, $G(i,j,\theta)\boldsymbol{x}$ 是在 (i,j) 坐标平面内将向量 $\boldsymbol{x}$ 按顺时针方向旋转了 θ 度, 所以 Givens 变换亦称为**平面旋转变换**.

从上述 Givens 的定义和性质来看, 不难看出可以用其对给定矩阵 A 做 QR 分解, 通常称为 QR 分解的 **Givens 旋转法**.

定理 3.7

任意给定 n 阶矩阵 A 均可以通过左乘一系列 Givens 矩阵化为上三角形矩阵.

证明　首先构造一个 Givens 矩阵 G_{21}, 作用在 A 的最前面的两行上, 使得

$$
G_{21}\begin{bmatrix} a_{11} \\ a_{21} \\ a_{31} \\ \vdots \\ a_{n,1} \end{bmatrix} = \begin{bmatrix} \tilde{a}_{11} \\ 0 \\ a_{31} \\ \vdots \\ a_{n1} \end{bmatrix}.
$$

由于 G_{21} 只改变矩阵 A 的第一行和第二行的值, 所以其他行保持不变. 然后再构造一个 Givens 矩阵 G_{31}, 作用在 $G_{21}A$ 的第一行和第三行, 将其第一列的第三个元素化为零, 即

$$
G_{31}\begin{bmatrix} \tilde{a}_{11} \\ 0 \\ a_{31} \\ \vdots \\ a_{n1} \end{bmatrix} = \begin{bmatrix} \tilde{a}_{11} \\ 0 \\ 0 \\ \vdots \\ a_{n1} \end{bmatrix}.
$$

由于 G_{31} 只改变矩阵的第一行和第三行的值, 所以第二行的零元素维持不变. 以此类推, 我们可以构造一系列的 Givens 矩阵 $G_{41}, G_{51}, \cdots, G_{n1}$, 使得 $G_{n1}\cdots G_{21}A$ 的第一列中除第一个元素外, 其他元素都化为零, 即

$$
G_{n1}\cdots G_{21}A = \begin{bmatrix} * & * & \cdots & * \\ 0 & * & \cdots & * \\ \vdots & \vdots & \ddots & \vdots \\ 0 & * & \cdots & * \end{bmatrix}.
$$

下面我们可以对第二列进行类似的处理, 构造 Givens 矩阵 $G_{32}, G_{42}, \cdots, G_{n2}$, 将第二列的第三至 n 个元素全部化为零, 同时保持第一列不变.

以此类推, 我们对其他列也做类似的操作. 最后, 通过构造 $\dfrac{1}{2}n(n-1)$ 个 Givens 矩阵, 将 A 转为一个上三角形矩阵, 即

$$
R = G_{n,n-1}\cdots G_{21}A = \begin{bmatrix} * & * & * & \cdots & * \\ & * & * & \cdots & * \\ & & \ddots & \ddots & \vdots \\ & & & * & * \\ & & & & * \end{bmatrix},
$$

进而定理得证. □

在上述定理中, 令 $Q=(G_{n,n-1}\cdots G_{21})^\top$. 由于 Givens 矩阵是正交矩阵, 所以 Q 也是正交矩阵. 于是, 就可以得到 n 阶矩阵 A 的 QR 分解, 即 $A=QR$. 因此, 定理 3.7 的证明过程实际上给出了一种用 Givens 旋转求矩阵 QR 分解的算法. 不难看出对于稠密矩阵来说, 基于 Givens 变换的 QR 分解的运算量比 Householder 变换要多很多. 因此基于 Givens 变换的 QR 分解主要用于矩阵的非零下三角形元素相对较少时的情形, 比如对海森伯 (Hessenberg) 矩阵进行 QR 分解.

3.3.4　QR 分解的应用

设 $Q\in\mathbb{R}^{n\times n}$ 为正交矩阵. 则对任意的 $\boldsymbol{x}\in\mathbb{R}^n$,

$$||Q\boldsymbol{x}||_2^2=(Q\boldsymbol{x})^\top Q\boldsymbol{x}=\boldsymbol{x}^\top Q^\top Q\boldsymbol{x}=\boldsymbol{x}^\top\boldsymbol{x}=||\boldsymbol{x}||_2^2.$$

于是 $||Q\boldsymbol{x}||_2=||\boldsymbol{x}||_2$. 此时, 我们称 l_2 范数是**正交不变范数**. 正交不变范数的优点是保持范数不变, 进而在计算过程中不会改变误差, 具有较好的精度和数值稳定性. 下面介绍 QR 的两个应用.

例 3.6　基于 QR 分解的最小二乘法　求解线性方程组 $A\boldsymbol{x}=\boldsymbol{b}$ 常常采用最小二乘法, 即将

$$\min_{\boldsymbol{x}\in\mathbb{R}^n}||A\boldsymbol{x}-\boldsymbol{b}||_2^2$$

的解 $\hat{\boldsymbol{x}}$ 作为 $A\boldsymbol{x}=\boldsymbol{b}$ 解的估计, 称为**最小二乘估计**, 并称

$$\varepsilon=||A\hat{\boldsymbol{x}}-\boldsymbol{b}||_2^2$$

为**最小二乘残差平方和**. 若 A 为列满秩的, 则最小二乘法的求解等价于求解 $A^\top A\boldsymbol{x}=A^\top\boldsymbol{b}$. 我们容易求得最小二乘解和残差平方和分别为

$$\begin{aligned}\hat{\boldsymbol{x}}&=(A^\top A)^{-1}A^\top\boldsymbol{b};\\ \varepsilon&=\boldsymbol{b}^\top\boldsymbol{b}-\boldsymbol{b}^\top A(A^\top A)^{-1}A^\top\boldsymbol{b}.\end{aligned}\tag{3.5}$$

但矩阵 A 比较病态时, 用高斯消元法 (LU 分解) 求解 (3.5) 可能会导致数值不稳定.

下面介绍基于 QR 分解的最小二乘法. 设 $A\in\mathbb{R}^{m\times n}$ 为列满秩矩阵, $\boldsymbol{b}\in\mathbb{R}^m$, 其中 $m>n$. 首先, 求出 A 的 QR 分解

$$A=QR,$$

其中 $Q\in\mathbb{R}^{m\times n}$ 为列正交矩阵, $R\in\mathbb{R}^{n\times n}$ 为可逆上三角形阵. 其次, 将 Q 扩充为一个正交矩阵, 记为 $[Q,Q']\in\mathbb{R}^{m\times m}$. 于是有

$$||A\boldsymbol{x}-\boldsymbol{b}||_2^2=\left\|[Q,Q']^\top(A\boldsymbol{x}-\boldsymbol{b})\right\|_2^2=\left\|[Q,Q']^\top(QR\boldsymbol{x}-\boldsymbol{b})\right\|_2^2$$

$$= \left\| \begin{bmatrix} R\boldsymbol{x} - Q^\top \boldsymbol{b} \\ -Q'^\top b \end{bmatrix} \right\|_2^2 = \left\| R\boldsymbol{x} - Q^\top \boldsymbol{b} \right\|_2^2 + \left\| -Q'^\top \boldsymbol{b} \right\|_2^2$$

$$\geqslant \left\| -Q'^\top \boldsymbol{b} \right\|_2^2.$$

上述等式成立当且仅当 $R\boldsymbol{x} = Q^\top \boldsymbol{b}$. 所以最小二乘解和最小残差平方和为

$$\hat{\boldsymbol{x}} = R^{-1} Q^\top \boldsymbol{b}, \quad \varepsilon = \left\| -Q'^\top \boldsymbol{b} \right\|_2^2.$$ □

例 3.7 QR 迭代法求特征值 从理论上看, 利用特征多项式求解矩阵特征值似乎是行之有效的方法. 实际上, 多项式分解是十分困难的问题, 通常求解矩阵特征值并不采用对特征多项式分解进行求解. QR 方法是目前计算一般矩阵的全部特征值的最有效方法之一. 它的本质是利用正交相似变换把给定矩阵逐步化为一个近似上三角形或近似分块上三角形矩阵, 从而求得到该矩阵的特征值或特征值的近似值.

这里仅简单介绍一下基本 QR 迭代方法. 设 $A_0 = A \in \mathbb{R}^{n\times n}$. QR 方法的基本迭代格式如下:

$$A_{m-1} = Q_m R_m, \quad A_m = R_m Q_m, \quad m = 1, 2, \cdots, \tag{3.6}$$

其中 Q_m 为正交矩阵, R_m 为上三角形矩阵. 由 (3.6) 易得

$$A_m = Q_m^\top A_{m-1} Q_m, \quad m = 1, 2, \cdots,$$

这表明矩阵序列 $\{A_m\}_{m=1}^\infty$ 中的每一个矩阵与原矩阵正交相似. 因此, 每个矩阵都与原矩阵的特征值完全相同. 在适当的条件下, 可以证明 A_m 的对角线下方所有元素将趋近于零, 即矩阵序列的极限为上三角形矩阵. 而上三角形矩阵的特征值即为主对角元, 这样就得到了原矩阵的特征值或近似值.

从实用的角度来说, 基本 QR 迭代法是没有竞争力的, 这是因为该算法需要的计算量较大且收敛速度很慢. 但是基本 QR 迭代算法是很多算法的基础, 希望进行深入学习的读者可阅读矩阵计算相关书籍和文献. 对于一般中小型矩阵, 使用 QR 方法求解全部特征值和特征向量是十分有效的方法. □

3.4 奇异值分解

矩阵的奇异值分解定理是线性代数的基本定理, 是现代数值分析最基本和最重要的工具之一, 在机器学习、优化理论、统计学、信息处理及工程技术等方面都有非常重要的应用. 实矩阵的奇异值分解与实对称矩阵的特征值分解有着密切的关系. 首先, 我们来回顾一下矩阵的特征值分解.

3.4.1 特征值分解

定义 3.5

设 $A \in \mathbb{R}^{n\times n}$. 若存在可逆矩阵 P 和对角矩阵 Λ, 使得 $A = P\Lambda P^{-1}$, 则称上述分解为 A 的特征值分解 (EVD). ♣

熟知, 对任意给定的 n 阶实矩阵, 其存在特征值分解的充分必要条件是该矩阵存在特征向量构成 $\mathbb{R}^n$ 的一组基. 而实对称矩阵具有良好的特性, 其结果也更加深刻和优美.

定理 3.8

设 $A \in \mathbb{R}^{n\times n}$ 为实对称矩阵. 则存在一个正交矩阵 Q 和实对角矩阵 Λ, 使得

$$A = Q\Lambda Q^{\top}. \tag{3.7}$$

♡

通常也称上述分解为**谱分解**. 设 $Q = [\boldsymbol{q}_1, \cdots, \boldsymbol{q}_n]$, $\Lambda = \operatorname{diag}[\lambda_1, \cdots, \lambda_n]$, 其中 $|\lambda_1| \geqslant |\lambda_2| \geqslant \cdots \geqslant |\lambda_n|$. 则 (3.7) 可改成

$$A = [\boldsymbol{q}_1, \boldsymbol{q}_2, \cdots, \boldsymbol{q}_n] \begin{bmatrix} \lambda_1 & & & \\ & \lambda_2 & & \\ & & \ddots & \\ & & & \lambda_n \end{bmatrix} \begin{bmatrix} \boldsymbol{q}_1^{\top} \\ \boldsymbol{q}_2^{\top} \\ \vdots \\ \boldsymbol{q}_n^{\top} \end{bmatrix} = \lambda_1 \boldsymbol{q}_1 \boldsymbol{q}_1^{\top} + \lambda_2 \boldsymbol{q}_2 \boldsymbol{q}_2^{\top} + \cdots + \lambda_n \boldsymbol{q}_n \boldsymbol{q}_n^{\top}. \tag{3.8}$$

通常称 (3.8) 为实对称矩阵 A 谱分解的**外积展开式**.

我们来了解一下特征分解的几何解释. 若将矩阵 A 看成线性变换, 则正交矩阵一般可理解为旋转或反射变换, 对角矩阵是将坐标轴进行伸缩的变换. 如果将实对称矩阵 A 看成线性变换, 则根据分解式 (3.7), 可以将线性变换依次化为三个简单变换 (见图 3.4): 正交变换 $Q^{\top}$(旋转或反射)、坐标轴的伸缩变换 Λ、正交变换 Q (旋转或反射).

3.4.2 奇异值分解的定义

在 3.4.1 节, 我们知道特征值分解的适用对象是方阵, 而且并不是所有方阵均存在特征值分解. 自然地, 如果矩阵不是方阵或为不能特征分解的方阵, 能否对其进行类似的分解呢? 在本小节中, 我们主要介绍一种更通用的矩阵分解技术——奇异值分解.

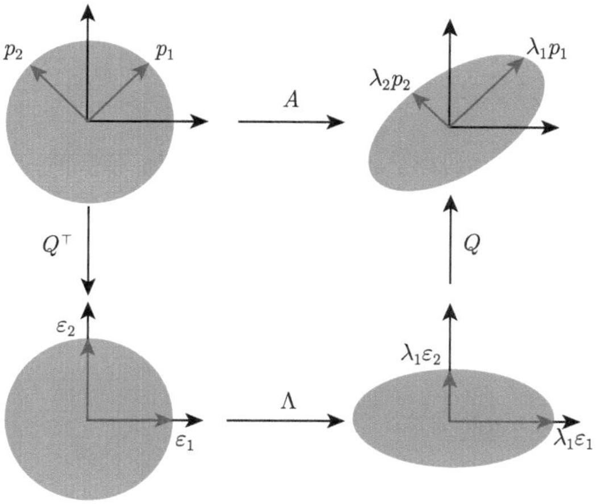

图 3.4 特征分解的几何解释

定理 3.9 奇异值分解 (SVD) 定理

设 $A \in \mathbb{R}^{m\times n}$ 且 A 的秩为 r. 则存在两个正交矩阵 $U \in \mathbb{R}^{m\times m}$ 和 $V \in \mathbb{R}^{n\times n}$, 使得

$$A = U\Sigma V^\top, \tag{3.9}$$

其中 $\Sigma = \begin{bmatrix} \Sigma_r & O \\ O & O \end{bmatrix} \in \mathbb{R}^{m\times n}$, 且 $\Sigma_r = \mathrm{diag}[\sigma_1, \cdots, \sigma_r]$, 其对角元满足

$$\sigma_1 \geqslant \sigma_2 \geqslant \cdots \geqslant \sigma_r > 0.$$

称 (3.9) 为 A 为奇异值分解. ♡

在证明定理 3.9 之前, 我们对奇异值和奇异值分解作几点解释.

(1) 记 $\sigma_{r+1} = \cdots = \sigma_n = 0$. 称 $\sigma_1, \cdots, \sigma_r, \sigma_{r+1}, \cdots, \sigma_n$ 为矩阵 A 的**奇异值**, 并称 $\Sigma = \begin{bmatrix} \Sigma_r & O \\ O & O \end{bmatrix} \in \mathbb{R}^{m\times n}$ 为奇异值矩阵.

(2) 设 $V = [\boldsymbol{v}_1, \boldsymbol{v}_2, \cdots, \boldsymbol{v}_n]$, $U = [\boldsymbol{u}_1, \boldsymbol{u}_2, \cdots, \boldsymbol{u}_m]$. 由 (3.9) 可得

$$A = [\boldsymbol{u}_1, \cdots, \boldsymbol{u}_r, \cdots, \boldsymbol{u}_m] \begin{bmatrix} \sigma_1 & & & \\ & \ddots & & O \\ & & \sigma_r & \\ & O & & O \end{bmatrix} \begin{bmatrix} \boldsymbol{v}_1^\top \\ \vdots \\ \boldsymbol{v}_r^\top \\ \vdots \\ \boldsymbol{v}_n^\top \end{bmatrix}$$

$$= \sigma_1 \boldsymbol{u}_1 \boldsymbol{v}_1^\top + \sigma_2 \boldsymbol{u}_2 \boldsymbol{v}_2^\top + \cdots + \sigma_r \boldsymbol{u}_r \boldsymbol{v}_r^\top \tag{3.10}$$

$$= U_r \Sigma_r V_r^\top, \tag{3.11}$$

其中 $U_r = [\boldsymbol{u}_1, \cdots, \boldsymbol{u}_r]$, $V_r = [\boldsymbol{v}_1, \cdots, \boldsymbol{v}_r]$. 称 (3.10) 为矩阵 A 奇异值分解的**外积展开式**, (3.11) 称为矩阵 A 的**截尾奇异值分解**或**紧奇异值分解**. 作为对照, 我们称 (3.9) 为**全奇异值分解**.

(3) 因为 V 为正交矩阵, 所以由 (3.9) 可知

$$AV = U\Sigma.$$

对比上式两边的列向量可得

$$A\boldsymbol{v}_i = \begin{cases} \sigma_i \boldsymbol{u}_i, & i = 1, \cdots, r, \\ 0, & i = r+1, \cdots, n. \end{cases}$$

因此, 称 V 为 A 的**右奇异向量矩阵**, 并称 V 的列向量 v_i 为矩阵 A 的**右奇异向量**. 同样地, 由 U 是正交矩阵和 (3.9) 知

$$U^\top A = \Sigma V^\top,$$

其列向量形式为

$$\boldsymbol{u}_i^\top A = \begin{cases} \sigma_i \boldsymbol{v}_i^\top, & i = 1, \cdots, r, \\ 0, & i = r+1, \cdots, m. \end{cases}$$

于是称 U 为 A 的**左奇异向量矩阵**, 并称 U 的列向量 u_i 为矩阵 A 的**左奇异向量**.

现在, 我们给出定理 3.9 的证明.

证明　我们采用构造性的方法证明 $A = U\Sigma V^\top$.

首先, 我们去寻找合适的正交矩阵 V 并确定奇异值. 考虑对称半正定矩阵 $A^\top A \in \mathbb{R}^{n\times n}$. 由 $r(A) = r(A^\top A) = r$ 和惯性定理知: $A^\top A$ 中恰有 r 个非零特征值. 于是根据谱分解定理 (定理 3.8) 可得: 存在正交矩阵 $Q \in \mathbb{R}^{n\times n}$, 使得

$$A^\top A = Q \begin{bmatrix} \lambda_1 & & \\ & \ddots & \\ & & \lambda_n \end{bmatrix} Q^\top, \tag{3.12}$$

其中 $\lambda_1 \geqslant \cdots \geqslant \lambda_r > 0 = \lambda_{r+1} = \cdots = \lambda_n$. 如果奇异值分解 $A = U\Sigma V^\top$ 成立, 那么由 U 和 V 是正交矩阵知, 必有

$$A^\top A = (U\Sigma V^\top)^\top U\Sigma V^\top = V\Sigma^\top U^\top U\Sigma V^\top = V\Sigma^\top \Sigma V^\top$$

$$= V \begin{bmatrix} \sigma_1^2 & & \\ & \ddots & \\ & & \sigma_n^2 \end{bmatrix} V^\top. \tag{3.13}$$

于是 $\sigma_1^2, \cdots, \sigma_n^2$ 是 $A^\top A$ 的特征值, 且 V 的列向量组是 $A^\top A$ 的单位正交的特征向量组. 对比 (3.12) 和 (3.13), 可确定 Q 就是我们需要寻找的 V, 且奇异值

$$\sigma_i = \sqrt{\lambda_i}, \quad i = 1, \cdots, n, \tag{3.14}$$

并满足 $\sigma_1 \geqslant \cdots \geqslant \sigma_r > 0 = \sigma_{r+1} = \cdots = \sigma_n$.

其次, 我们通过 V 去构造相对应的正交矩阵 U. 设 $V = [\boldsymbol{v}_1, \boldsymbol{v}_2, \cdots, \boldsymbol{v}_n]$. 因为 V 的列向量组为 $A^\top A$ 的单位正交的特征向量组, 所以由 (3.13) 可得

$$(A\boldsymbol{v}_i)^\top A\boldsymbol{v}_j = \boldsymbol{v}_i^\top (A^\top A\boldsymbol{v}_j) = \boldsymbol{v}_i^\top \lambda_j \boldsymbol{v}_j = \lambda_j \boldsymbol{v}_i^\top \boldsymbol{v}_j = \begin{cases} \sigma_i^2 = \lambda_i, & i = j, \\ 0, & i \neq j. \end{cases} \tag{3.15}$$

从而由 (3.14) 知 $A\boldsymbol{v}_1, A\boldsymbol{v}_2, \cdots, A\boldsymbol{v}_r$ 为 A 的列空间 $C(A)$ 的一组正交基. 注意到 $\sigma_1 \geqslant \cdots \geqslant \sigma_r > 0$. 令

$$\boldsymbol{u}_i = \frac{A\boldsymbol{v}_i}{||A\boldsymbol{v}_i||} = \frac{A\boldsymbol{v}_i}{\sigma_i}, \quad i = 1, 2, \cdots, r.$$

于是

$$A\boldsymbol{v}_i = \sigma_i \boldsymbol{u}_i, \quad i = 1, 2, \cdots, r. \tag{3.16}$$

将 $\boldsymbol{u}_1, \cdots, \boldsymbol{u}_r$ 扩充为 $\mathbb{R}^m$ 的一组标准正交基 $\boldsymbol{u}_1, \cdots, \boldsymbol{u}_r, \boldsymbol{u}_{r+1}, \cdots, \boldsymbol{u}_m$, 并记 $U = [\boldsymbol{u}_1, \cdots, \boldsymbol{u}_m]$.

最后, 我们来验证 V 和 U 使得 (3.9) 成立. 由 (3.15) 和 $\sigma_{r+1} = \cdots = \sigma_n = 0$ 可知

$$A\boldsymbol{v}_j = 0, \quad j = r+1, r+2, \cdots, n.$$

注意到 $\Sigma_r = \mathrm{diag}[\sigma_1, \cdots, \sigma_r]$, 我们有

$$A[\boldsymbol{v}_1, \cdots, \boldsymbol{v}_n] = [\boldsymbol{u}_1, \cdots, \boldsymbol{u}_m] \begin{bmatrix} \Sigma_r & O \\ O & O \end{bmatrix} = [\boldsymbol{u}_1, \cdots, \boldsymbol{u}_m]\Sigma,$$

这表明 (3.9) 成立, 即定理得证. □

定理 3.9 的证明可以看出, 矩阵的奇异值是唯一确定的, 但正交矩阵 V 和 U 不是唯一的. 因此, 矩阵的奇异值分解并不是唯一的. 如果考虑 $AA^\top \in \mathbb{R}^{m \times m}$, 我们有

$$AA^\top = U\Sigma V^\top (U\Sigma V^\top)^\top = U\Sigma\Sigma^\top U^\top = U \begin{bmatrix} \sigma_1^2 & & \\ & \ddots & \\ & & \sigma_m^2 \end{bmatrix} U^\top, \tag{3.17}$$

其中 $\sigma_j = 0, j = r+1, \cdots, m$. 根据定理 3.9 的证明和 (3.17) 不难得到如下结论:

(1) V 的列向量组是 $A^\top A$ 的单位正交的特征向量组.

(2) U 的列向量组是 $AA^\top$ 的单位正交的特征向量组.

(3) A 与 $A^\top$ 具有相同的非零奇异值, 其非零奇异值为 $A^\top A$ 或 $AA^\top$ 的非零特征值的正平方根.

(4) U 的前 r 列为矩阵 A 列空间的标准正交基.

(5) V 的前 r 列为矩阵 A 行空间的标准正交基.

(6) U 的后 $m-r$ 列为矩阵 $A^\top$ 零空间的标准正交基.

(7) V 的后 $n-r$ 列为矩阵 A 零空间的标准正交基.

同时, 定理 3.9 的证明实际上也给出矩阵奇异值分解的一种算法, 并且可通过如下步骤进行.

(1) 求 $A^\top A$ 的谱分解可得到右奇异矩阵 V 和奇异值 σ_i.

(2) 利用左右奇异向量的关系式 (3.16) 求得左奇异矩阵 U 的前 r 列 $\boldsymbol{u}_1, \cdots, \boldsymbol{u}_r$.

(3) 再求 $A^\top \boldsymbol{x} = 0$ 的解空间 $N(A^\top)$ 的标准正交基 $\boldsymbol{u}_{r+1}, \cdots, \boldsymbol{u}_m$, 进而求得完整的 U.

(4) 给出矩阵的奇异值分解式 (3.9).

例 3.8 求矩阵 $A = \begin{bmatrix} 1 & 0 & 1 \\ -2 & 1 & 0 \end{bmatrix}$ 的奇异值分解.

解 首先计算

$$A^\top A = \begin{bmatrix} 1 & -2 \\ 0 & 1 \\ 1 & 0 \end{bmatrix} \begin{bmatrix} 1 & 0 & 1 \\ -2 & 1 & 0 \end{bmatrix} = \begin{bmatrix} 5 & -2 & 1 \\ -2 & 1 & 0 \\ 1 & 0 & 1 \end{bmatrix}.$$

再对 $A^\top A$ 进行特征分解可得

$$A^\top A = \begin{bmatrix} \frac{5}{\sqrt{30}} & 0 & \frac{-1}{\sqrt{6}} \\ \frac{-2}{\sqrt{30}} & \frac{1}{\sqrt{5}} & \frac{-2}{\sqrt{6}} \\ \frac{1}{\sqrt{30}} & \frac{2}{\sqrt{5}} & \frac{1}{\sqrt{6}} \end{bmatrix} \begin{bmatrix} 6 & 0 & 0 \\ 0 & 1 & 0 \\ 0 & 0 & 0 \end{bmatrix} \begin{bmatrix} \frac{5}{\sqrt{30}} & \frac{-2}{\sqrt{30}} & \frac{1}{\sqrt{30}} \\ 0 & \frac{1}{\sqrt{5}} & \frac{2}{\sqrt{5}} \\ \frac{-1}{\sqrt{6}} & \frac{-2}{\sqrt{6}} & \frac{1}{\sqrt{6}} \end{bmatrix} = Q\Lambda Q^\top.$$

于是可得右奇异矩阵

$$V = Q = \begin{bmatrix} \frac{5}{\sqrt{30}} & 0 & \frac{-1}{\sqrt{6}} \\ \frac{-2}{\sqrt{30}} & \frac{1}{\sqrt{5}} & \frac{-2}{\sqrt{6}} \\ \frac{1}{\sqrt{30}} & \frac{2}{\sqrt{5}} & \frac{1}{\sqrt{6}} \end{bmatrix}.$$

因为 A 的秩为 2, 所以 A 仅有两个非零奇异值 $\sqrt{6}$ 和 1. 故奇异值矩阵为

$$\Sigma = \begin{bmatrix} \sqrt{6} & 0 & 0 \\ 0 & 1 & 0 \end{bmatrix}.$$

下面计算左奇异矩阵. 根据 (3.14) 可得

$$\boldsymbol{u}_1 = \frac{1}{\sigma_1} A\boldsymbol{v}_1 = \frac{1}{\sqrt{6}} \begin{bmatrix} 1 & 0 & 1 \\ -2 & 1 & 0 \end{bmatrix} \begin{bmatrix} \frac{5}{\sqrt{30}} \\ \frac{-2}{\sqrt{30}} \\ \frac{1}{\sqrt{30}} \end{bmatrix} = \begin{bmatrix} \frac{1}{\sqrt{5}} \\ \frac{-2}{\sqrt{5}} \end{bmatrix},$$

$$\boldsymbol{u}_2 = \frac{1}{\sigma_2} A\boldsymbol{v}_2 = \frac{1}{\sqrt{1}} \begin{bmatrix} 1 & 0 & 1 \\ -2 & 1 & 0 \end{bmatrix} \begin{bmatrix} 0 \\ \frac{1}{\sqrt{5}} \\ \frac{2}{\sqrt{5}} \end{bmatrix} = \begin{bmatrix} \frac{2}{\sqrt{5}} \\ \frac{1}{\sqrt{5}} \end{bmatrix}.$$

于是

$$U = [\boldsymbol{u}_1, \boldsymbol{u}_2] = \frac{1}{\sqrt{5}} \begin{bmatrix} 1 & 2 \\ -2 & 1 \end{bmatrix}.$$

因此, 矩阵 A 的奇异值分解式为

$$A = U\Sigma V^\top = \begin{bmatrix} \frac{1}{\sqrt{5}} & \frac{2}{\sqrt{5}} \\ \frac{-2}{\sqrt{5}} & \frac{1}{\sqrt{5}} \end{bmatrix} \begin{bmatrix} \sqrt{6} & 0 & 0 \\ 0 & 1 & 0 \end{bmatrix} \begin{bmatrix} \frac{5}{\sqrt{30}} & \frac{-2}{\sqrt{30}} & \frac{1}{\sqrt{30}} \\ 0 & \frac{1}{\sqrt{5}} & \frac{2}{\sqrt{5}} \\ \frac{-1}{\sqrt{6}} & \frac{-2}{\sqrt{6}} & \frac{1}{\sqrt{6}} \end{bmatrix}. \qquad \square$$

注意到, 分别用 $A^\top A$ 和 $AA^\top$ 的谱分解求的 V 和 U, 不一定能得到分解式 (3.9).

例 3.9　SVD 与消费者评级　假设张三、李四、王五对水煮肉片、辣子鸡丁、糖醋排骨、北京烤鸭等四道菜品进行喜爱度评级, 评级的分数介于 0—5 之间. 根据他们的评分, 得到如下评分数据表格 (表 3.1).

表 3.1

	张三	李四	王五
水煮肉片	5	4	0
辣子鸡丁	5	5	1
糖醋排骨	0	1	5
北京烤鸭	1	0	4

这样, 我们得到了一个数据矩阵 $A \in \mathbb{R}^{4\times 3}$, 其中 A 的行代表菜品, 列代表消费者. 我们对 A 进行 SVD 分解如下 (精确到两位小数):

$$A = U\Sigma V^\top = \begin{bmatrix} -0.64 & 0.25 & 0.32 & -0.66 \\ -0.73 & 0.12 & -0.31 & 0.60 \\ -0.19 & -0.76 & -0.51 & -0.36 \\ -0.17 & -0.60 & 0.73 & -0.28 \end{bmatrix}$$

$$\cdot \begin{bmatrix} 9.75 & 0 & 0 \\ 0 & 6.22 & 0 \\ 0 & 0 & 1.10 \\ 0 & 0 & 0 \end{bmatrix} \cdot \begin{bmatrix} 0.72 & 0.65 & -0.25 \\ 0.21 & 0.14 & -0.97 \\ 0.67 & -0.75 & -0.04 \end{bmatrix}. \tag{3.18}$$

使用 SVD 分解 A 为我们提供了一种获取顾客偏好和菜品属性之间联系的评价方法, 其展现了一个内在结构: 哪些人喜欢哪些菜品. 若将奇异值分解应用到数据矩阵 A 中, 还需要做一些假设:

(1) 所有消费者使用相同的线性映射对菜品进行评分.

(2) 评级中没有错误或噪声.

(3) 把左奇异向量 $\boldsymbol{u}_i$ 作为典型的菜品和右奇异向量 $\boldsymbol{v}_j$ 作为典型的消费者.

然后, 我们假设任何消费者对特定菜品的偏好都可以表示为 $\boldsymbol{v}_j$ 的线性组合. 同样地, 任何菜品的被喜欢程度都可以用 $\boldsymbol{u}_i$ 的线性组合来表示. 因此, SVD 定义域中的向量可以解释为“消费者空间”中的消费者, 而 SVD 值域中的向量则相应地被解释为“菜品空间”中的菜品.

从 (3.18) 中可以看出，A 的奇异值为 $9.75, 6.22$ 和 1.10. 第一个奇异值 9.75 较大, 代表这个内在结构最重要的特征. 第一个左奇异向量为 $\boldsymbol{u}_1 = [-0.64, -0.73, -0.19, -0.17]^\top$，对应两道辣味重的菜品的分量 -0.64 和 -0.73 具有较大的绝对值, 体现了菜品的辣味属性. 同时, $\boldsymbol{v}_1 = [0.72, 0.65, -0.25]^\top$ 显示, 对应于张三和李四的分量 0.72 和 0.65 有较大绝对值, 说明他们给辣味菜品有很高的评价, 这表

明 $\boldsymbol{v}_1$ 反映了辣味菜品爱好者的特征. 因此, 我们可将张三和李四这类消费者与辣味菜品组合在一起.

第二个奇异值 6.22 也比较大, 代表这个内在结构的第二特征. 第二个左奇异向量为 $\boldsymbol{u}_2 = [0.25, 0.12, -0.76, -0.60]^\top$ 对应两道无辣的菜品的分量 -0.76 和 -0.60 具有较大的绝对值, 体现了菜品无辣的属性, 而 $\boldsymbol{v}_2 = [0.21, 0.14, -0.97]^\top$ 显示对应王五的分量 -0.97 有较大的绝对值, 说明他对无辣的菜品有很好的评价, 这表明 $\boldsymbol{v}_2$ 反映了无辣菜品爱好者的特征. 因此, 可将王五这一类消费者与无辣菜品组合在一起.

第三个奇异值非常小, 说明该内在结构的第三个特征不够明显, 往往可以忽略该特征.

综上所述, 一道特定的菜品可以通过线性分解来分解成典型的菜品来表现. 同样, 一个消费者也可以通过线性分解来分解成典型的消费者来表现. □

3.4.3 奇异值分解的几何解释与性质

我们先来看奇异值分解的几何解释. 如果将矩阵 A 看成 $\mathbb{R}^n$ 到 $\mathbb{R}^m$ 的某个线性映射在标准基下的变换矩阵, 则奇异值分解提供了变换矩阵 A 的几何解释. 则根据分解式 $A = U\Sigma V^\top$, 可以将线性映射依次化为三个简单映射 (见图 3.5):

(1) $\mathbb{R}^n$ 上的正交变换 $V^\top$(旋转或反射).

(2) $\mathbb{R}^n$ 到 $\mathbb{R}^m$ 的坐标轴伸缩映射 Σ.

(3) $\mathbb{R}^m$ 上的正交变换 U(旋转或反射).

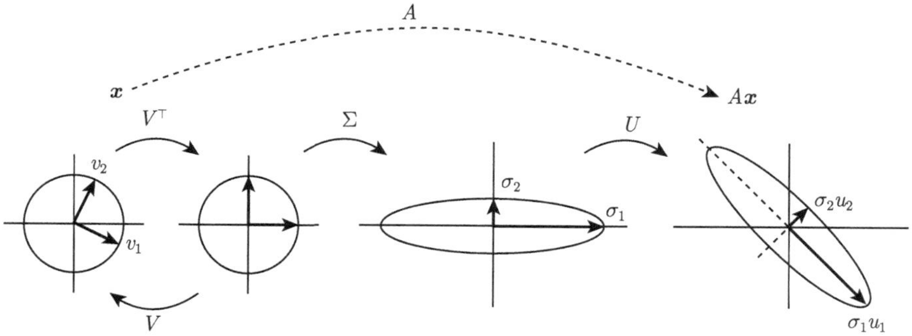

图 3.5 奇异值分解的几何意义

例 3.10 设线性映射 $\Phi : \mathbb{R}^2 \to \mathbb{R}^3$ 在标准基下的变换矩阵 A 有如下的奇异值分解:

$$A = \begin{bmatrix} 2 & 1 \\ 1 & 2 \\ 3 & 1 \end{bmatrix} = U\Sigma V^\top$$

$$= \begin{bmatrix} -0.53 & 0.10 & -0.85 \\ -44 & -0.88 & 0.17 \\ -0.72 & 0.46 & 0.50 \end{bmatrix} \begin{bmatrix} 4.25 & 0 \\ 0 & 1.39 \\ 0 & 0 \end{bmatrix} \begin{bmatrix} -0.86 & 0.50 \\ -0.50 & -0.86 \end{bmatrix}.$$

考虑以原点为中心边长为 2 的正方形网格, 其中图 3.6(a) 的阴影部分表示正方形网格中的向量 $\boldsymbol{\chi}$. 现在将线性映射 Φ 作用到向量 $\boldsymbol{\chi}$. 我们分三步解释该变换.

首先, 我们通过右奇异矩阵 $V^\top \in \mathbb{R}^{2\times 2}$ 将向量 $\boldsymbol{\chi}$ 进行旋转得到 $V^\top\boldsymbol{\chi}$, 见图 3.6(b).

然后, 利用奇异值矩阵 Σ 将向量 $V^\top\boldsymbol{\chi}$ 映到 $\Sigma V^\top\boldsymbol{\chi} \in \mathbb{R}^3$, 此时原正方形网格中的向量全部已落在 x_1-x_2 平面上. 注意到, 这些新向量的坐标第三个分量全为 0, 并且 x_1-x_2 平面已经被奇异值拉伸, 见图 3.6(c).

最后, 通过左奇异矩阵 $U \in \mathbb{R}^{3\times 3}$ 将向量 $\Sigma V^\top\boldsymbol{\chi}$ 进行旋转得到 $U\Sigma V^\top\boldsymbol{\chi} = A\boldsymbol{\chi}$, 见图 3.6(d). 此时, 向量不再限制在 x_1-x_2 平面上, 但是仍然是一个平面.

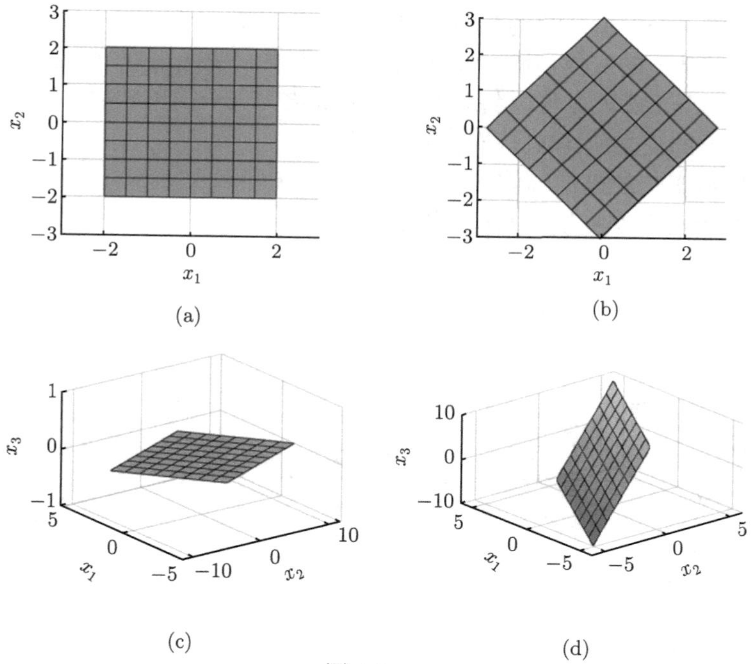

(a) (b) (c) (d)

图 3.6

□

接下来, 我们介绍奇异值的几个性质.

性质 1 设 $A \in \mathbb{R}^{n\times n}$ 为对称矩阵. 则矩阵 A 的奇异值恰好是其特征值的绝对值.

性质 1 直接用定理 3.9 可得.

性质 2 设 $A\in\mathbb{R}^{n\times n}$. 则矩阵 A 的行列式的绝对值等于矩阵奇异值的乘积, 即

$$|\det(A)| = \sigma_1\cdots\sigma_n.$$

证明 由 $A^\top A$ 的特征值为 $\sigma_1^2,\cdots,\sigma_n^2$ 知

$$(\det(A))^2 = \det(A^\top A) = \sigma_1^2\cdots\sigma_n^2,$$

这表明性质 2 成立.

性质 2 表明, 如果方阵 A 存在零奇异值, 那么 A 为奇异矩阵. 这也是 σ_i 称为奇异值的来源.

性质 3 设 $A\in\mathbb{R}^{m\times n}$, $p=\min\{m,n\}$. 则 v

$$||A||_F^2 = \mathrm{tr}(A^\top A) = \mathrm{tr}(AA^\top) = \sum_{i=1}^{p}\sigma_i^2,$$

即矩阵 A 的 Frobenius 范数恰好是所有奇异值平方和的正平方根.

性质 4 设 $A\in\mathbb{R}^{m\times n}$. 则矩阵 A 的谱范数等于 A 的最大奇异值 σ_1, 即 $||A||_2=\sigma_1$.

性质 3 和性质 4 分别可由 (2.7) 和定理 2.11 (2) 直接得到. 由性质 3 知, Frobenius 范数与谱范数一样, 都是正交不变范数, 即如果 Q 为正交矩阵, 那么

$$||QA||_F^2 = ||A||_F^2.$$

性质 5 设 $A\in\mathbb{R}^{m\times n}$, $m\geqslant n$. 若 σ_1 和 σ_n 分别是矩阵 A 的最大和最小奇异值, 则有

$$\sigma_1^2 = \max_{\boldsymbol{x}\neq\boldsymbol{0}}\frac{\boldsymbol{x}^\top A^\top A\boldsymbol{x}}{\boldsymbol{x}^\top\boldsymbol{x}} = \max_{||\boldsymbol{x}||_2=1}\boldsymbol{x}^\top A^\top A\boldsymbol{x} \tag{3.19}$$

以及

$$\sigma_n^2 = \min_{\boldsymbol{x}\neq\boldsymbol{0}}\frac{\boldsymbol{x}^\top A^\top A\boldsymbol{x}}{\boldsymbol{x}^\top\boldsymbol{x}} = \min_{||\boldsymbol{x}||_2=1}\boldsymbol{x}^\top A^\top A\boldsymbol{x}. \tag{3.20}$$

性质 5 中的 (3.19) 是谱范数的结论, 而 (3.20) 见习题 2 的 17 题. 利用性质 5, 我们立即可得.

性质 6 设 $A\in\mathbb{R}^{n\times n}$ 是非奇异的, 若 σ_1 和 σ_n 分别是矩阵 A 的最大和最小奇异值, 则 $1/\sigma_1$ 和 $1/\sigma_n$ 分别是矩阵 A^{-1} 的最小和最大奇异值.

性质 7 设 $A\in\mathbb{R}^{n\times n}$ 是非奇异的. 若 σ_1 和 σ_n 分别是矩阵 A 的最大和最小奇异值, 则矩阵 A 的条件数为

$$\kappa_2(A) = \frac{\sigma_1}{\sigma_n}. \tag{3.21}$$

性质 7 的证明留作习题. 由性质 1 和性质 7 知: 对任意的列满秩矩阵 $A \in \mathbb{R}^{m\times n}$, 有

$$\kappa_2(A^\top A) = \frac{\sigma_1^2}{\sigma_n^2} = \kappa_2^2(A). \tag{3.22}$$

因此, 如果我们知道矩阵 A 的奇异值, 通过 (3.21) 或 (3.22) 可以得到矩阵 A 的条件数. 当 A 的最小奇异值 σ_n 非常小时, 矩阵 A 非常接近奇异矩阵, 是病态矩阵, 在数值计算中很不稳定或精度不高.

例 3.11　基于奇异值分解的最小二乘法　在例 3.6 中, 我们给出了基于 QR 分解的最小二乘法. 设 $A \in \mathbb{R}^{m\times n}$ 是列满秩矩阵, 则 A 的奇异值分解可表示为

$$A = U\begin{bmatrix}\Sigma_n\\ O\end{bmatrix}V^\top.$$

令 $U = [U_n, \hat{U}]$, 其中 U_n 为 U 的前 n 列组成的矩阵. 由谱范数是正交不变范数可知

$$\begin{aligned}
||A\boldsymbol{x}-\boldsymbol{b}||_2^2 &= \left|\left|U\begin{bmatrix}\Sigma_n\\ O\end{bmatrix}V^\top\boldsymbol{x}-\boldsymbol{b}\right|\right|_2^2\\
&= \left|\left|\begin{bmatrix}\Sigma_n\\ O\end{bmatrix}V^\top\boldsymbol{x}-[U_n,\hat{U}]^\top\boldsymbol{b}\right|\right|_2^2\\
&= \left|\left|\begin{bmatrix}\Sigma_n V^\top\boldsymbol{x}-U_n^\top\boldsymbol{b}\\ -\hat{U}^\top\boldsymbol{b}\end{bmatrix}\right|\right|_2^2\\
&= ||\Sigma_n V^\top\boldsymbol{x}-U_n^\top\boldsymbol{b}||_2^2 + ||\hat{U}^\top\boldsymbol{b}||_2^2\\
&\geqslant ||\hat{U}^\top\boldsymbol{b}||_2^2,
\end{aligned}$$

等号成立当且仅当 $\Sigma_n V^\top\boldsymbol{x} - U_n^\top\boldsymbol{b} = \boldsymbol{0}$, 即

$$\boldsymbol{x} = (\Sigma_n V^\top)^{-1}U_n^\top\boldsymbol{b} = V\Sigma_n^{-1}U_n^\top\boldsymbol{b}.$$ □

3.5　矩阵的低秩逼近

在应用科学和工程领域 (例如图像处理、语音视频处理、网络搜索、电子商务、人脸识别等) 中, 数据往往是高维的, 需要对数据信息进行压缩, 发现和利用高维数据中的低维结构, 在这些应用中尤其重要. 在本节, 我们将通过矩阵的奇异值分解, 给出与数据压缩紧密相关的矩阵低秩逼近理论.

3.5.1 秩 k 逼近

在数据压缩中, 需要寻求一个低秩矩阵 B 去逼近原矩阵 A, 即求优化问题

$$\min_{R(B)=k} ||A-B||, \quad k<r(A). \tag{3.23}$$

不难发现, 优化问题 (3.23) 依赖于矩阵范数的选择. 从奇异值的性质 3 和性质 4 知, 谱范数和 Frobenius 范数与奇异值关系十分紧密. 因此, 在很多应用中经常考虑选择谱范数和 Frobenius 范数, 利用矩阵的奇异值分解来求解上述矩阵逼近问题.

设 $A\in\mathbb{R}^{m\times n}$, $r(A)=r$, 且 A 的奇异值分解如定理 3.9 所定义. 对任意的正整数 $k<r$, 称

$$A_k:=\sum_{i=1}^{k}\sigma_i\boldsymbol{u}_i\boldsymbol{v}_i^{\top} \tag{3.24}$$

为矩阵 A 的**截断奇异值分解**. 由 (3.24) 和 (3.9) 可知

$$A_k=U\begin{bmatrix}\Sigma_k & O\\ O & O\end{bmatrix}V^{\top},$$

其中 $\Sigma_k=\operatorname{diag}[\sigma_1,\cdots,\sigma_k]$. 于是 $r(A_k)=k$ 且由 (3.10) 可得

$$A-A_k=\sum_{i=1}^{r}\sigma_i\boldsymbol{u}_i\boldsymbol{v}_i^{\top}-\sum_{i=1}^{k}\sigma_i\boldsymbol{u}_i\boldsymbol{v}_i^{\top}=\sum_{i=k+1}^{r}\sigma_i\boldsymbol{u}_i\boldsymbol{v}_i^{\top}.$$

进而

$$A-A_k=U\begin{bmatrix}O_{k\times k} & & \\ & \Sigma_{r-k} & \\ & & O\end{bmatrix}V^{\top}, \tag{3.25}$$

其中 $\Sigma_{r-k}=\operatorname{diag}[\sigma_{k+1},\cdots,\sigma_r]\in\mathbb{R}^{(r-k)\times(r-k)}$.

下面, 我们给出关于谱范数和 Frobenius 范数下矩阵的低秩最优逼近.

定理 3.10 埃卡特-杨 (Eckart-Young) 定理

设 $A\in\mathbb{R}^{m\times n}$ 的秩为 r. 则对任意正整数 $k<r$, 有

$$\min_{r(B)=k}||A-B||_2=||A-A_k||_2=\sigma_{k+1}, \tag{3.26}$$

$$\min_{r(B)=k} ||A-B||_F = ||A-A_k||_F = \Big(\sum_{i=k+1}^{r} \sigma_i^2\Big)^{\frac{1}{2}}. \tag{3.27}$$

♡

证明　(1) 由 (3.25) 知 $||A-A_k||_2 = \sigma_{k+1}$. 设 $B \in \mathbb{R}^{m\times n}$ 且满足 $r(B)=k$. 下证 $||A-B||_2 \geqslant \sigma_{k+1}$.

令 $V_{k+1} = \mathbf{span}[\boldsymbol{v}_1, \cdots, \boldsymbol{v}_k, \boldsymbol{v}_{k+1}]$. 于是 $\dim(V_{k+1}) + \dim(N(B)) = n+1$, 进而可得 $V_{k+1} \cap N(B) \neq \{\mathbf{0}\}$. 则我们可选取单位向量

$$\boldsymbol{x} = \sum_{i=1}^{k+1} x_i \boldsymbol{v}_i \in V_{k+1} \cap N(B).$$

则 $B\boldsymbol{x} = \mathbf{0}$. 从而

$$(A-B)\boldsymbol{x} = A\boldsymbol{x} = \sum_{i=1}^{k+1} \sigma_i \boldsymbol{u}_i (\boldsymbol{v}_i^\top \boldsymbol{x}) = \sum_{i=1}^{k+1} \sigma_i x_i \boldsymbol{u}_i.$$

所以由 $\sigma_1 \geqslant \sigma_2 \geqslant \cdots \geqslant \sigma_{k+1}$ 可得

$$||(A-B)\boldsymbol{x}||_2^2 = \sum_{i=1}^{k+1} \sigma_i^2 x_i^2 \geqslant \sigma_{k+1}^2 ||\boldsymbol{x}||_2^2 = \sigma_{k+1}^2.$$

因此

$$||A-B||_2 \geqslant \frac{||(A-B)\boldsymbol{x}||_2}{||\boldsymbol{x}||_2} \geqslant \sigma_{k+1}.$$

这表明 (3.26) 成立.

(2) 根据 (3.25) 可得 (3.27) 右边等式成立. 下证左边等式成立. 由 Frobenius 范数是正交不变范数可知

$$||A-B||_F^2 = ||U^\top (A-B) V||_F^2 = ||U^\top AV - U^\top BV||_F^2 = ||\Sigma - C||_F^2,$$

其中 $C = U^\top BV$. 从而可得

$$\min_{r(B)=k} ||A-B||_F^2 = \min_{r(C)=k} \left\| \begin{bmatrix} \Sigma_r & O \\ O & O \end{bmatrix} - C \right\|_F^2. \tag{3.28}$$

注意到, 问题 (3.28) 的中矩阵 C 可假设为

$$C = \begin{bmatrix} C_r & O \\ O & O \end{bmatrix},$$

其中 $C_r = \mathrm{diag}[c_1, \cdots, c_r]$. 我们首先断言 C 的最优选择是

$$c_i = \begin{cases} \sigma_i, & i = 1, \cdots, k, \\ 0, & i = k+1, \cdots, r. \end{cases} \tag{3.29}$$

事实上, 考虑非零的非对角元 (即 $c_{ij} \neq 0, i \neq j$), 只会恶化问题 (3.28) 中的 Frobenius 范数目标函数. 于是, 我们有

$$\min_{r(C)=k} \left\| \begin{bmatrix} \Sigma_r & O \\ O & O \end{bmatrix} - C \right\|_F^2 = \min_{r(C_r)=k} ||\Sigma_r - C_r||_F^2 = \min_{r(C_r)=k} \sum_{i=1}^{r} (\sigma_i - c_i)^2. \tag{3.30}$$

因为 $r(C_r) = k$, 所以 $c_1, \cdots, c_r$ 中恰好有 k 个不为零. 故 (3.30) 是最优选择.

其次, 由 (3.29) 和 (3.30) 我们有

$$\min_{r(C)=k} \left\| \begin{bmatrix} \Sigma_r & O \\ O & O \end{bmatrix} - C \right\|_F^2 = \sum_{i=k+1}^{r} \sigma_i^2.$$

因此, 根据 $C = U^\top BV$, 秩 k 的最优选择的矩阵为

$$B = UCV^\top = U \begin{bmatrix} \Sigma_k & O \\ O & O \end{bmatrix} V^\top = A_k.$$

并且由 (3.30) 立即可得 (3.27) 成立. □

Eckart-Young 定理表明, 在秩为 k 的 $m \times n$ 矩阵集合中, 在谱范数和 Frobenius 范数意义下, A 的最优逼近矩阵是其截断奇异值分解 A_k. 因此, 我们通常称 A_k 为矩阵 A 的**秩-k 最优逼近矩阵**. 显然, 截尾奇异值分解是这两个范数下的无损压缩形式, 而截断奇异值分解是 A 的有损压缩形式, 其损失是由非零奇异值决定的. 令

$$\eta_k = \frac{||A_k||_F^2}{||A||_F^2} = \frac{\sigma_1^2 + \cdots + \sigma_k^2}{\sigma_1^2 + \cdots + \sigma_r^2}.$$

通常, 我们用 η_k 来解释 A 的秩 k 逼近的近似程度, $1 - \eta_k$ 表示近似误差 (损失率).

例 3.12 求矩阵 $A = \begin{bmatrix} 1 & 0 & 1 \\ -2 & 1 & 0 \end{bmatrix}$ 的秩 1 最优逼近矩阵.

解 由例 3.8 可知, A 的最大奇异值、第一右奇异向量、第一左奇异向量分别为

$$\sigma_1=\sqrt{6},\quad \boldsymbol{v}_1=\frac{1}{\sqrt{30}}\begin{bmatrix}5\\-2\\1\end{bmatrix},\quad \boldsymbol{u}_1=\frac{1}{\sqrt{5}}\begin{bmatrix}1\\-2\end{bmatrix}.$$

于是矩阵 A 的秩 1 最优逼近矩阵为

$$A_1=\sigma_1\boldsymbol{u}_1\boldsymbol{v}_1^\top=\begin{bmatrix}1 & -\frac{2}{5} & \frac{1}{5}\\ -2 & \frac{4}{5} & -\frac{2}{5}\end{bmatrix}.$$ □

在机器学习中, 还有一类与奇异值相关的矩阵范数, 称之为核范数. 对任意的 $A\in\mathbb{R}^{m\times n}$, 称

$$||A||_N=\sum_{i=1}^{\min(m,n)}\sigma_i,$$

为矩阵 A 的**核范数**, 即矩阵的核范数为该矩阵的奇异值之和. 核范数 $||A||_N$ 是矩阵范数, 因证明需要涉及更多的奇异值性质, 这里我们不予证明. 核范数是矩阵秩的一个很好的凸近似. 因此, 对于稀疏性质的数据而言, 其矩阵是低秩的且会包含大量冗余信息, 核范数常用于约束矩阵的低秩, 这可用于恢复数据和提取特征.

3.5.2 低秩逼近的应用

矩阵的低秩逼近出现在许多机器学习应用中, 例如图像处理、噪声滤波和不适定问题的正则化. 此外, 它还在数据降维和主成分分析中起着关键作用.

为了能够更好地理解奇异值分解的外积形式, 我们需要回顾同型矩阵的内积: 对任意 $A,B\in\mathbb{R}^{m\times n}$, 同型矩阵 A 与 B 的内积定义为

$$\langle A,B\rangle=\operatorname{tr}(A^\top B).$$

设 $A\in\mathbb{R}^{m\times n}$, $r(A)=r$, 且 A 的奇异值分解如定理 3.9 所定义. 记

$$A(i)=\boldsymbol{u}_i\boldsymbol{v}_i^\top,\quad i=1,\cdots,r.$$

接下来, 我们需要对 $A(i)$ 进行细致分析, 以便与实际问题联系起来.

由 U 和 V 是正交矩阵可得

$$A^\top(i)A(j)=(\boldsymbol{u}_i\boldsymbol{v}_i^\top)^\top(\boldsymbol{u}_j\boldsymbol{v}_j^\top)=\boldsymbol{v}_i(\boldsymbol{u}_i^\top\boldsymbol{u}_j)\boldsymbol{v}_j^\top=\begin{cases}O, & i\neq j,\\ \boldsymbol{v}_i\boldsymbol{v}_i^\top, & i=j,\end{cases}\tag{3.31}$$

其中 $i,j=1,\cdots,r$. 因为

$$\operatorname{tr}(\boldsymbol{v}_i\boldsymbol{v}_i^\top)=\operatorname{tr}(\boldsymbol{v}_i^\top\boldsymbol{v}_i)=||\boldsymbol{v}_i||_2^2=1,$$

所以由 (3.31) 知

$$\langle A(i), A(j)\rangle = \mathrm{tr}\big(A^\top(i)A(j)\big) = \begin{cases} 0, & i \neq j, \\ 1, & i = j. \end{cases} \tag{3.32}$$

因此, $A(1), \cdots, A(r)$ 是两两正交且单位的秩 1 矩阵, 可将它们视为 $\mathbf{span}[A(1), \cdots, A(r)]$ 的标准正交基. 由 (3.10) 可知

$$A = \sum_{i=1}^{r} \sigma_i A(i), \tag{3.33}$$

即 A 是 $A(1), \cdots, A(r)$ 的线性组合. 故在实际问题中, 奇异值分解式 (3.9) 相当于将数据矩阵 A 分解成 r 个特征数据矩阵 $A(1), \cdots, A(r)$, 其中 $A(i)$ 代表矩阵的第 i 个特征信息, 并且由正交性可知与其他特征信息无关.

下面, 我们需要说明特征信息 $A(i)$ 的重要性由奇异值 σ_i 大小决定. 设

$$B_i = A - \sigma_i A(i),$$

即 B_i 为 A 减去与第 i 个特征信息相关的所有信息. 于是 $A(i)$ 特征信息的重要性可由 B_i 的范数大小来衡量. B_i 的范数越大, 说明丢失的信息越少, 那么 $A(i)$ 特征信息的重要性就越小. 我们选择 Frobenius 范数来计算. 由 (3.32) 和 (3.33) 可推得

$$\begin{aligned}
||B_i||_F^2 = ||A - \sigma_i A_i||_F^2 &= \mathrm{tr}\Big((A - \sigma_i A(i))^\top (A - \sigma_i A(i))\Big) \\
&= \mathrm{tr}\Big(A^\top A - \sigma_i\big(A(i)^\top A + A^\top A(i)\big) + \sigma_i^2 A(i)^\top A(i)\Big) \\
&= \mathrm{tr}\big(A^\top A\big) - \sigma_i \mathrm{tr}\big(2A(i)^\top A\big) + \sigma_i^2 \mathrm{tr}\big(A(i)^\top A(i)\big) \\
&= \sum_{j=1, j\neq i}^{r} \sigma_j^2.
\end{aligned}$$

由上式立即可得, 奇异值 σ_i 越小, $||B_i||_F^2$ 越大, 进而说明特征信息 $A(i)$ 的重要性由奇异值 σ_i 大小决定.

例 3.13 图像压缩 数字图像的本质是一个多维矩阵, 例如图 3.7(a) 是西南财经大学的 Logo 图像, 它可以用矩阵 $A \in \mathbb{R}^{595\times 605}$ 表示. 图 3.7(b)—(f) 分别是矩阵 A 的前五个数据特征矩阵. 虽然这五个特征矩阵对应的图像分别带有原始图像的某些特征, 但若分别从单个数据特征矩阵上来看, 我们很难知道原图片是什么样的. 由于合成的图像可表示为 (特征) 矩阵之间的加法运算的结果, 且矩阵 A

的低秩逼近刚好可以看成若干个特征矩阵相加，那么将这些特征矩阵相加之后会得到“较为清晰”的图像. 图 3.8(b)—(i) 显示了西南财经大学的 Logo 图像 A 的低秩逼近矩阵 A_k. 随着 k 的逐渐增加, Logo 的形状和轮廓变得越来越明显, 在秩 15 近似下可以较为清楚地识别 (增大秩至 $k=20$, 可以明显看到近似图片更加清晰). 原始图像我们需要存储

$$595 \times 605 = 359975$$

个数字 (字节), 而秩 15 近似下我们只需要存储十五个奇异值以及对应的左右奇异向量, 总共需要存储

$$15 \times (595 + 605 + 1) = 18015$$

个数字 (字节), 大概只有原始数字 (字节) 的 5.00%, 大大降低了存储量.

(a)原始图像矩阵A　(b) $A(1)$, $\sigma_1 \approx 118358.4$　(c) $A(2)$, $\sigma_2 \approx 23585.6$

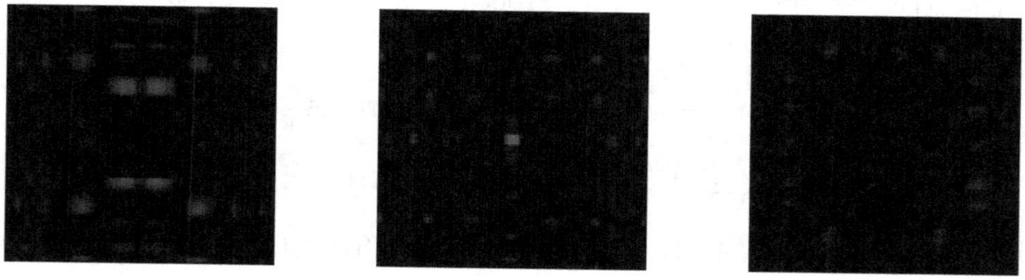

(d) $A(3)$, $\sigma_3 \approx 20936.5$　(e) $A(4)$, $\sigma_4 \approx 14158.1$　(f) $A(5)$, $\sigma_5 \approx 12490.4$

图 3.7　图像的数据特征矩阵

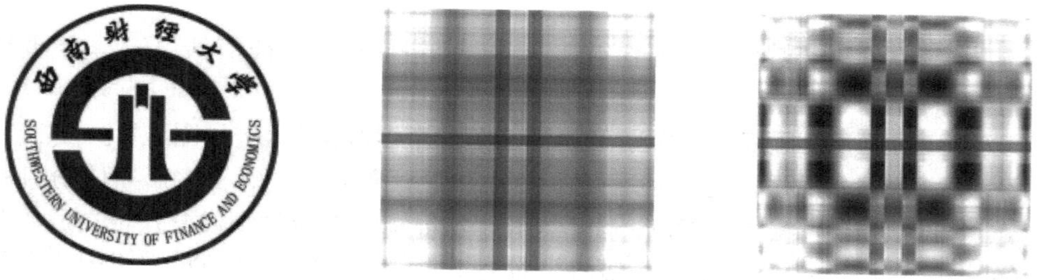

(a) 原始图像矩阵A　(b) 秩1逼近矩阵A_1　(c) 秩2逼近矩阵A_2

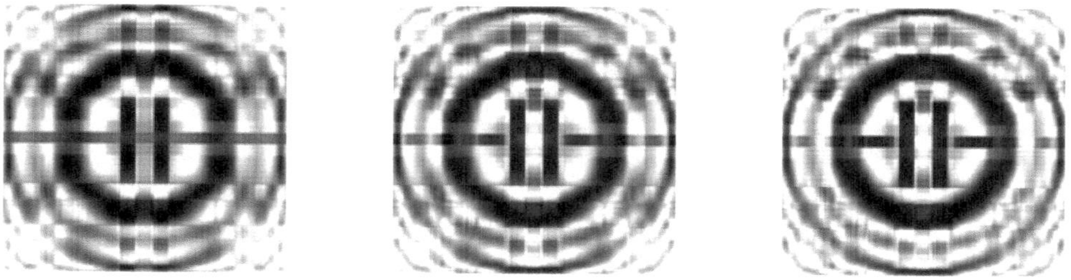

(d) 秩3逼近矩阵A_3 (e) 秩4逼近矩阵A_4 (f) 秩5逼近矩阵A_5

(g) 秩10逼近矩阵A_{10} (h) 秩15逼近矩阵A_{15} (i) 秩20逼近矩阵A_{20}

图 3.8 图像的低秩逼近

□

例 3.14 SVD 与消费者评级 (续) 在例 3.9 中, 我们用 SVD 对消费者对菜品的评分矩阵进行了分析. 现在应用低秩近似的概念来逼近原始数据矩阵 A. 回想一下, 我们通过第一个奇异值捕捉了菜品和消费者关于辣味的特征信息. 因此, 如果只使用第一个奇异值对消费者评分矩阵进行秩 1 近似, 我们可得预测评分

$$A(1)=\boldsymbol{u}_1\boldsymbol{v}_1^\top=\begin{bmatrix}-0.64\\-0.73\\-0.19\\-0.17\end{bmatrix}\begin{bmatrix}-0.72 & -0.65 & -0.25\end{bmatrix}=\begin{bmatrix}0.46 & 0.41 & 0.16\\0.52 & 0.48 & 0.18\\0.14 & 0.13 & 0.05\\0.12 & 0.11 & 0.04\end{bmatrix}.$$

从上式看, 秩 1 数据特征矩阵 A_1 是有洞察力的: 它告诉我们张三和李四喜欢辣味菜品, 因为水煮肉片和辣子鸡丁所对应的分量绝对值大于 0.4, 但没有捕捉到王五关于菜品的偏好. 这并不奇怪, 因为王五的菜品偏好没有被第一个奇异值所捕捉到. 因而, 我们需要去考虑第二个奇异值的信息, 通过计算可得

$$A(2)=\boldsymbol{u}_2\boldsymbol{v}_2^\top=\begin{bmatrix}0.05\\0.12\\-0.76\\-0.60\end{bmatrix}\begin{bmatrix}0.21 & 0.14 & -0.97\end{bmatrix}=\begin{bmatrix}-0.05 & 0.03 & -0.25\\-0.02 & 0.02 & -0.12\\-0.16 & -0.10 & 0.73\\-0.12 & -0.08 & 0.58\end{bmatrix}.$$

数据特征矩阵 A_2 很好地捕捉了王五和其他两个菜品的无辣特征, 但没有捕捉到辣味的特征. 这样使得我们需要考虑秩 2 的逼近矩阵

$$A_2 = \sigma_1 A(1) + \sigma_2 A(2) = \begin{bmatrix} 4.76 & 4.26 & -0.01 \\ 5.23 & 4.74 & 1.01 \\ 0.37 & 0.58 & 5.02 \\ 0.46 & 0.60 & 3.97 \end{bmatrix}.$$

可以发现, 这与原矩阵

$$A = \begin{bmatrix} 5 & 4 & 0 \\ 5 & 5 & 1 \\ 0 & 1 & 5 \\ 1 & 0 & 4 \end{bmatrix}$$

已经很接近了. 这表明我们可以忽略 $A(3)$ 的贡献. 我们可以解释这一点, 评分数据表中没有体现菜品特点或消费者偏好的其他特征. 这也意味着, 在我们的例子中, 菜品属性或消费者偏好的整个空间是由辣味和无辣特征构成的二维空间. □

习　题　3

1. 证明: 当非齐次线性方程组 $A\boldsymbol{x} = \boldsymbol{b}$ 的系数矩阵 A 有较小的非零奇异值且可逆时, 其解 $\boldsymbol{x} = A^{-1}\boldsymbol{b}$ 的 2-范数仍然可能很大.

2. 求矩阵 $A = \begin{bmatrix} 2 & -1 & 3 \\ 1 & 2 & 1 \\ 2 & 4 & -2 \end{bmatrix}$ 的 LU 分解, 并利用分解计算 $\det(A)$.

3. 将可逆矩阵 $H \in \mathbb{R}^{n\times n}$ 写成如下分块矩阵形式:

$$\begin{bmatrix} A & B \\ C & D \end{bmatrix},$$

其中, $A \in \mathbb{R}^{k\times k}$ $(k < n)$ 是非奇异矩阵, 试解答如下问题:

(1) 求解线性方程组

$$\begin{bmatrix} A & B \\ C & D \end{bmatrix} \begin{bmatrix} \boldsymbol{x} \\ \boldsymbol{y} \end{bmatrix} = \begin{bmatrix} \boldsymbol{u} \\ \boldsymbol{v} \end{bmatrix},$$

即写出 $\boldsymbol{x}$, $\boldsymbol{y}$ 的表达式, 并根据二者的表达式写出 H^{-1} 的计算公式 (提示: 上述计算过程中会用到一类特殊矩阵 $S = D - CA^{-1}B$, 它叫作 $(1,1)$ 分块 A 在矩阵 H 中的**舒尔** (Schur) **补**);

(2) 验证等式

$$\begin{bmatrix} A & B \\ C & D \end{bmatrix} = \begin{bmatrix} I_k & O \\ CA^{-1} & I_{n-k} \end{bmatrix} \begin{bmatrix} A & O \\ O & S \end{bmatrix} \begin{bmatrix} I_k & A^{-1}B \\ O & I_{n-k} \end{bmatrix} := LDU,$$

称上述分解为分块矩阵的**块 LDU 分解**, 并思考这个等式与上述问题 (1) 之间有何种联系.

4. 设 $A=\begin{bmatrix}5 & -2 & 0\\ -2 & 3 & -1\\ 0 & -1 & 1\end{bmatrix}$, 求 A 的 Cholesky 分解.

5. 设矩阵 $A=\begin{bmatrix}2 & -1 & 0\\ -1 & 2 & a\\ 0 & a & 2\end{bmatrix}$, 试问: 当 a 取何值时, A 存在唯一的 Cholesky 分解.

6. 用 Householder 变换求矩阵 $A=\begin{bmatrix}3 & 14 & 9\\ 6 & 43 & 3\\ 6 & 22 & 15\end{bmatrix}$ 的 QR 分解.

7. 利用 Householder 变换计算矩阵 $A=\begin{bmatrix}1 & 1 & 1\\ 2 & -1 & -1\\ 2 & -4 & 10\end{bmatrix}$ 的 QR 分解, 并据此分解计算 A 的逆矩阵.

8. 利用 Givens 变换法计算矩阵 $A=\begin{bmatrix}2 & 2 & 1\\ 0 & 2 & 2\\ 2 & 1 & 2\end{bmatrix}$ 的 QR 分解.

9. 已知向量 $\boldsymbol{x}=[1,2,3]^\top$, 试通过若干次 Givens 旋转将其变为与 $\boldsymbol{\varepsilon}_1$ 同方向的向量 (需写出完整过程).

10. 证明: 任何一个正交矩阵都可以写成若干个 Householder 矩阵或者 Givens 矩阵的乘积.

11. 利用 Gram-Schmidt 正交化过程计算出矩阵 $A=\begin{bmatrix}2 & -4\\ -1 & 3\\ 2 & 2\end{bmatrix}$ 的 QR 分解.

12. 分别对矩阵 $A=\begin{bmatrix}1 & -1\\ 3 & -3\\ -3 & 3\end{bmatrix}$ 和 $B=\begin{bmatrix}3 & 2 & 2\\ 2 & 3 & -2\end{bmatrix}$ 进行奇异值分解.

13. 设 $A\in\mathbb{R}^{m\times n}$, $m\geqslant n$. 若 σ_n 是矩阵 A 的最小奇异值, 则有

$$\sigma_n^2=\min_{\boldsymbol{x}\neq 0}\frac{\boldsymbol{x}^\top A^\top A\boldsymbol{x}}{\boldsymbol{x}^\top\boldsymbol{x}}=\min_{||\boldsymbol{x}||_2=1}\boldsymbol{x}^\top A^\top A\boldsymbol{x}.$$

14. 设 $A\in\mathbb{R}^{n\times n}$ 是非奇异的. 若 σ_1 和 σ_n 分别是矩阵 A 的最大和最小奇异值, 则矩阵 A 的条件数为

$$\kappa_2(A)=\frac{\sigma_1}{\sigma_n}.$$

15. 设 $A\in\mathbb{R}^{m\times n}$, $Q\in\mathbb{R}^{m\times m}$ 为正交矩阵. 证明 QA 与 A 的奇异值相同, 并说明 QA 与 A 的左、右奇异向量有何关系.

16. 设 $A\in\mathbb{R}^{n\times n}$, 试说明其谱半径 $\rho(A)$ 与最大奇异值 $\sigma_1(A)$ 之间的关系?

17. 设 $A \in \mathbb{R}^{m\times n}$ $(m \geqslant n)$, $\boldsymbol{w} \in \mathbb{R}^n$, 定义矩阵 $B = \begin{bmatrix} A \\ \boldsymbol{w}^\top \end{bmatrix}$. 试证明:

$$\sigma_n(B) \geqslant \sigma_n(A), \quad \sigma_1(B) \leqslant \sqrt{\|A\|_2^2 + \|\boldsymbol{w}\|_2^2}.$$

18. 分别求矩阵 $A = \begin{bmatrix} 3 & 2 \\ 2 & 3 \\ 2 & -2 \end{bmatrix}$ 和 $B = \begin{bmatrix} 1 & 0 & 1 \\ 0 & 1 & 1 \end{bmatrix}$ 的秩 1 逼近矩阵分解.

19. 设 $A \in \mathbb{R}^{m\times n}$, $m \geqslant n$ 且 $r(A) = n$. 将其划分为 $A = [A_1\ A_2]$, 其中 $A_1 \in \mathbb{R}^{m\times n_1}$, $n_1 = \lfloor n/2 \rfloor$($\lfloor\cdot\rfloor$ 表示向下取整函数). 假定已计算得到 A_1 的 QR 分解, 即 $A_1 = Q_1R_{11}$. 同时, 计算 $R_{12} = Q_1^\top A_2$. 若使得如下式子成立:

$$[A_1\ A_2] = [Q_1\ Q_2]\begin{bmatrix} R_{11} & R_{12} \\ O & R_{22} \end{bmatrix},$$

则需要 $Q_2, R_{22} \in \mathbb{R}^{m\times(n-n_1)}$ 满足何种条件. 实际上, 若矩阵 A 的前 n_1 列向量组已经单位正交, 该如何利用上述过程降低 A 的 QR 分解的计算量呢? (提示: 考虑某个矩阵的 QR 分解得到所需条件. 另外, 上述过程常常也被称为分块递归 QR 分解技术.)

20. 第 2 章曾提到求解线性方程组 $A\boldsymbol{x} = \boldsymbol{b}$ 会常常受到系数矩阵的条件数 $\mathrm{cond}(A)$ 大小的影响而使得解很难达到高精度, 为此学者们给出了一种迭代校正策略:

(1) 设近似解 $\hat{\boldsymbol{x}}$, 残差 $\boldsymbol{r} = \boldsymbol{b} - A\hat{\boldsymbol{x}}$. 当 $\hat{\boldsymbol{x}}$ 没达到精度要求时, 考虑求解 $A\boldsymbol{z} = \boldsymbol{r}$, 设 $\boldsymbol{z}$ 是该方程组的精确解, 试证明: $\hat{\boldsymbol{x}} + \boldsymbol{z}$ 就是原方程 $A\boldsymbol{x}$ 的精确解.

(2) 在实际计算中, 我们可能得到的是近似解 $\hat{\boldsymbol{z}}$, 但通常 $\|\boldsymbol{r} - A\hat{\boldsymbol{z}}\|_2$ 应该比较小, 特别地, 比 $\|\boldsymbol{r}\|_2$ 更小时, 说明 $\hat{\boldsymbol{x}} + \hat{\boldsymbol{z}}$ 应该比 $\hat{\boldsymbol{x}}$ 更接近精确解.

(3) (实践题) 考虑利用上述思想设计一种算法来提高求解线性方程组 $A\boldsymbol{x} = \boldsymbol{b}$ 的精度, 并尝试说明它的优缺点.

Chapter

第4章 梯度矩阵

第4章课件

在这一章中，我们将讨论如何计算函数的梯度，这在机器学习模型学习中是必不可少的. 向量微积分是机器学习中的基本数学工具之一. 机器学习中的许多算法根据一组期望模型参数来优化目标函数，这些参数控制着模型对数据的解释能力：找到好的参数可以用优化问题来表述. 因为梯度指向最陡峭的上升方向，所以我们往往需要通过使用梯度信息的优化算法来解决这些问题.

在本章，我们首先给出标量函数关于向量、矩阵的梯度矩阵，介绍几个重要标量函数的梯度. 其次，介绍矩阵函数关于向量和矩阵的梯度矩阵. 接着，我们通过矩阵梯度的链式法则，介绍反向传播和自动微分. 然后给出矩阵的高阶导数以及泰勒 (Taylor) 展开式.

4.1 标量函数的梯度矩阵

本节主要讨论实值标量函数的梯度矩阵. 若

$$f:\ \mathbb{R}^{m\times n}\to\mathbb{R},\quad X\mapsto f(X),$$

则称 f 为 $\mathbb{R}^{m\times n}$ 上的实值标量函数，简称**标量函数**. 事实上，标量函数是微积分中的多元函数. 从定义不难看出，f 是以矩阵 $X=[x_{ij}]\in\mathbb{R}^{m\times n}$ 为自变量的 mn 元函数.

4.1.1 标量函数的梯度定义

在本小节中，我们给出标量函数的梯度定义，并叙述其运算法则. 首先，我们来看标量函数的梯度.

定义 4.1 标量函数的梯度矩阵

设 $f(X)$ 为 $\mathbb{R}^{m\times n}$ 上的标量函数, 其中自变量为矩阵 $X=[x_{ij}]\in\mathbb{R}^{m\times n}$. 若偏导数

$$\frac{\partial f}{\partial x_{ij}}\ (i=1,\cdots,m,j=1,\cdots,n)$$

均存在, 则 f 对 X 的梯度矩阵或导数定义如下:

$$\nabla_X f=\frac{\mathrm{d}f}{\mathrm{d}X}=\left[\frac{\partial f}{\partial x_{ij}}\right]_{m\times n}=\begin{bmatrix}\dfrac{\partial f}{\partial x_{11}} & \dfrac{\partial f}{\partial x_{12}} & \cdots & \dfrac{\partial f}{\partial x_{1n}}\\ \dfrac{\partial f}{\partial x_{21}} & \dfrac{\partial f}{\partial x_{22}} & \cdots & \dfrac{\partial f}{\partial x_{2n}}\\ \vdots & \vdots & & \vdots\\ \dfrac{\partial f}{\partial x_{m1}} & \dfrac{\partial f}{\partial x_{m2}} & \cdots & \dfrac{\partial f}{\partial x_{mn}}\end{bmatrix}\in\mathbb{R}^{m\times n}. \tag{4.1}$$

♣

从定义中可以看出, 标量函数的梯度矩阵 $\nabla_X f$ 与自变量 X 同型, 其位置元素是 f 对自变量相应位置元素的偏导. 同时, 我们还需要作以下几点解释.

(1) **梯度向量** 若 $f:\mathbb{R}^n\to\mathbb{R}$ 为标量函数, 则 f 对自变量 $\boldsymbol{x}=[x_1,\cdots,x_n]^\top\in\mathbb{R}^n$ 的梯度

$$\nabla_{\boldsymbol{x}}f=\frac{\mathrm{d}f}{\mathrm{d}\boldsymbol{x}}=\left[\frac{\partial f}{\partial x_1},\quad\cdots,\quad\frac{\partial f}{\partial x_n}\right]^\top\in\mathbb{R}^n$$

为列向量, 是微积分中多元函数 $f(x_1,\cdots,x_n)$ 的梯度向量, 有时也记为 $\mathrm{grad}f$. 而梯度向量方向是函数 f 在点 $\boldsymbol{x}$ 处变化最快的方向, 即梯度向量指向最陡峭的方向.

(2) **偏导向量** 若 $f:\mathbb{R}^n\to\mathbb{R}$ 为标量函数, $\boldsymbol{x}=[x_1,\cdots,x_n]^\top\in\mathbb{R}^n$. 则

$$(\nabla_{\boldsymbol{x}}f)^\top=\frac{\mathrm{d}f}{\mathrm{d}\boldsymbol{x}^\top}=\left[\frac{\partial f}{\partial x_1},\quad\cdots,\quad\frac{\partial f}{\partial x_n}\right]\in\mathbb{R}^{1\times n} \tag{4.2}$$

为行向量, 称为多元函数 $f(x_1,\cdots,x_n)$ 的偏导向量, 记为 $\mathrm{D}_{\boldsymbol{x}}f$. 显然 $\mathrm{D}_{\boldsymbol{x}}f=\nabla_{\boldsymbol{x}^\top}f$.

(3) **Jacobi 矩阵** 称梯度矩阵 $\nabla_X f$ 的转置为 Jacobi 矩阵, 记为 $\mathrm{D}_X f$. 简记 $(\nabla_X f)^\top=\nabla_X^\top f$ 且 $(\mathrm{D}_X f)^\top=\mathrm{D}_X^\top f$. 根据 (4.1) 可得

$$\mathrm{D}_X f=\nabla_X^\top f=\left[\frac{\partial f}{\partial x_{ji}}\right]_{n\times m}=\begin{bmatrix}\dfrac{\partial f}{\partial x_{11}} & \dfrac{\partial f}{\partial x_{21}} & \cdots & \dfrac{\partial f}{\partial x_{m1}}\\ \dfrac{\partial f}{\partial x_{12}} & \dfrac{\partial f}{\partial x_{22}} & \cdots & \dfrac{\partial f}{\partial x_{m2}}\\ \vdots & \vdots & & \vdots\\ \dfrac{\partial f}{\partial x_{1n}} & \dfrac{\partial f}{\partial x_{2n}} & \cdots & \dfrac{\partial f}{\partial x_{mn}}\end{bmatrix}\in\mathbb{R}^{n\times m}.$$

因此,

$$\mathrm{D}_X f = \nabla_X^\top f = \frac{\mathrm{d}f}{\mathrm{d}X^\top}, \quad \mathrm{D}_X^\top f = \nabla_X f = \frac{\mathrm{d}f}{\mathrm{d}X}.$$

在矩阵微分中, 采用偏导向量和 Jacobi 矩阵是最自然的选择. 但在最优化和工程问题中, 采用梯度向量和梯度矩阵却是更自然的选择.

因为标量函数的梯度实质上多元函数的偏导矩阵表达式, 所以标量函数的梯度与多元函数具有相同的运算法则. 下面, 我们不予证明地给出标量函数梯度矩阵的运算法则.

设 $X \in \mathbb{R}^{m\times n}$, $f(X)$ 和 $g(X)$ 分别是 X 的标量函数. 则下列结论成立.

(1) 若 $f(X) = c$ 为常数, 则梯度为

$$\frac{\mathrm{d}c}{\mathrm{d}X} = O_{m\times n}.$$

(2) **线性法则** 对任意的 $c_1, c_2 \in \mathbb{R}$, 有

$$\frac{\mathrm{d}\big(c_1 f(X) + c_2 g(X)\big)}{\mathrm{d}X} = c_1 \frac{\mathrm{d}f(X)}{\mathrm{d}X} + c_2 \frac{\mathrm{d}g(X)}{\mathrm{d}X}.$$

(3) **乘积法则**

$$\frac{\mathrm{d}\big(f(X)g(X)\big)}{\mathrm{d}X} = g(X)\frac{\mathrm{d}f(X)}{\mathrm{d}X} + f(X)\frac{\mathrm{d}g(X)}{\mathrm{d}X}.$$

(4) **商法则** 若 $g(X) \neq 0$, 则

$$\frac{\mathrm{d}\big(f(X)/g(X)\big)}{\mathrm{d}X} = \frac{1}{g^2(X)}\left(g(X)\frac{\mathrm{d}f(X)}{\mathrm{d}X} - f(X)\frac{\mathrm{d}g(X)}{\mathrm{d}X}\right).$$

(5) **链式法则** 设 $y = f(X)$, $h(y)$ 是关于 y 的标量函数, 则

$$\frac{\mathrm{d}h\big(f(X)\big)}{\mathrm{d}X} = \frac{\partial h(y)}{\partial y}\frac{\partial f(X)}{\partial X}.$$

4.1.2 标量函数对向量的梯度

向量内积和二次型是以向量为自变量的两个常见的标量函数, 在优化问题、统计学、机器学习中经常需要计算它们的梯度.

例 4.1 向量内积的梯度 设 $\boldsymbol{x} = [x_1, \cdots, x_n]^\top$, $\boldsymbol{y} = [y_1, \cdots, y_n]^\top \in \mathbb{R}^n$. 则

$$\frac{\mathrm{d}\boldsymbol{x}^\top\boldsymbol{y}}{\mathrm{d}\boldsymbol{x}} = \frac{\mathrm{d}\boldsymbol{y}^\top\boldsymbol{x}}{\mathrm{d}\boldsymbol{x}} = \boldsymbol{y}. \tag{4.3}$$

证明 因为

$$\boldsymbol{x}^\top \boldsymbol{y} = \boldsymbol{y}^\top \boldsymbol{x} = x_1y_1 + \cdots + x_ny_n = \sum_{i=1}^n x_iy_i,$$

所以

$$\frac{\partial \boldsymbol{x}^\top \boldsymbol{y}}{\partial x_i} = y_i, \quad i = 1, \cdots, n.$$

于是

$$\frac{\mathrm{d}\boldsymbol{x}^\top \boldsymbol{y}}{\mathrm{d}\boldsymbol{x}} = \left[\frac{\partial \boldsymbol{x}^\top \boldsymbol{y}}{\partial x_1}, \quad \cdots, \quad \frac{\partial \boldsymbol{x}^\top \boldsymbol{y}}{\partial x_n}\right]^\top = [y_1, \cdots, y_n]^\top = \boldsymbol{y}.$$

故结论得证. □

例 4.2 二次型的梯度 设 $\boldsymbol{x} = [x_1, \cdots, x_n]^\top \in \mathbb{R}^n$, $A = [a_{ij}] \in \mathbb{R}^{n\times n}$. 则

$$\frac{\mathrm{d}\boldsymbol{x}^\top A\boldsymbol{x}}{\mathrm{d}\boldsymbol{x}} = (A + A^\top)\boldsymbol{x}. \tag{4.4}$$

特别地, 若 A 对称, 则

$$\frac{\mathrm{d}\boldsymbol{x}^\top A\boldsymbol{x}}{\mathrm{d}\boldsymbol{x}} = 2A\boldsymbol{x}. \tag{4.5}$$

证明 设 $f(\boldsymbol{x}) = \boldsymbol{x}^\top A\boldsymbol{x}$. 因为

$$f(\boldsymbol{x}) = \boldsymbol{x}^\top A\boldsymbol{x} = \sum_{i=1}^n\sum_{j=1}^n a_{ij}x_ix_j.$$

所以对任意的 $k = 1, \cdots, n$, 有

$$\frac{\partial f}{\partial x_k} = \frac{\partial}{\partial x_k}\left(\sum_{i=1}^n\sum_{j=1}^n a_{ij}x_ix_j\right) = \sum_{i=1}^n a_{ik}x_i + \sum_{j=1}^n a_{kj}x_j.$$

于是

$$\frac{\mathrm{d}f}{\mathrm{d}\boldsymbol{x}} = \begin{bmatrix} \dfrac{\partial f}{\partial x_1} \\ \vdots \\ \dfrac{\partial f}{\partial x_n} \end{bmatrix} = \begin{bmatrix} \sum\limits_{i=1}^n a_{i1}x_i + \sum\limits_{j=1}^n a_{1j}x_j \\ \vdots \\ \sum\limits_{i=1}^n a_{in}x_i + \sum\limits_{j=1}^n a_{nj}x_j \end{bmatrix} = A^\top\boldsymbol{x} + A\boldsymbol{x},$$

这表明 (4.4) 成立. 特别地, 当 A 对称时, (4.5) 成立. □

在例 4.2 中，二次型表达式中出现了两次变量 $\boldsymbol{x}$，用定义去求导很繁琐. 事实上，如果在某函数表达式中多次出现某个变量，可以先单独计算函数对自变量每一次出现的导数，然后结果相加. 比如在例 4.2 中，表达式中 $\boldsymbol{x}$ 出现两次，我们可以将 $\boldsymbol{x}$ 分别视为两个变量 $\boldsymbol{y}$ 和 $\boldsymbol{z}$，则 $f=\boldsymbol{y}^\top A\boldsymbol{z}$. 然后由 (4.3) 可分别计算

$$\frac{\partial f}{\partial \boldsymbol{y}}=\frac{\partial \boldsymbol{y}^\top(A\boldsymbol{z})}{\partial \boldsymbol{y}}=A\boldsymbol{z},\quad \frac{\partial f}{\partial \boldsymbol{z}}=\frac{\partial \boldsymbol{z}^\top A^\top \boldsymbol{y}}{\partial \boldsymbol{z}}=A^\top \boldsymbol{y}.$$

最后，将上述的偏导数相加，并将 $\boldsymbol{y}$ 和 $\boldsymbol{z}$ 替换为 $\boldsymbol{x}$，即得结果.

在机器学习模型中，如果目标优化函数是 l_2 范数表示，那么我们可以直接利用例 4.1 和例 4.2 的结果进行计算.

例 4.3　岭回归　在线性回归问题中，为防止过拟合，需要在目标损失函数加上一个正则化项. 如果正则化项是参数向量的 l_2 范数，我们称为岭回归. 它有如下正则化形式：

$$\min_{\boldsymbol{x}\in\mathbb{R}^n}||A\boldsymbol{x}-\boldsymbol{b}||_2^2+\lambda||\boldsymbol{x}||_2^2,$$

其中 $A\in\mathbb{R}^{m\times n}$，$\boldsymbol{b}\in\mathbb{R}^m$. 因此，我们需要最小化目标函数

$$L(\boldsymbol{x})=||A\boldsymbol{x}-\boldsymbol{b}||_2^2+\lambda||\boldsymbol{x}||_2^2.$$

这时，我们常常采用的方法是求满足 $L(\boldsymbol{x})$ 的梯度等于零的 $\boldsymbol{x}$. 首先

$$L(\boldsymbol{x})=(A\boldsymbol{x}-\boldsymbol{b})^\top(A\boldsymbol{x}-\boldsymbol{b})+\lambda\boldsymbol{x}^\top\boldsymbol{x}=\boldsymbol{x}^\top A^\top A\boldsymbol{x}-2\boldsymbol{b}^\top A\boldsymbol{x}+\boldsymbol{b}^\top\boldsymbol{b}+\lambda\boldsymbol{x}^\top\boldsymbol{x}.$$

进而，由 (4.3)—(4.8) 可得

$$\frac{\partial L(\boldsymbol{x})}{\partial \boldsymbol{x}}=2A^\top A\boldsymbol{x}-2A^\top\boldsymbol{b}+2\lambda\boldsymbol{x}.$$

若 $\dfrac{\partial L(\boldsymbol{x})}{\partial \boldsymbol{x}}=\mathbf{0}$，则

$$(A^\top A+\lambda I)\boldsymbol{x}=A^\top\boldsymbol{b},$$

由此可得最优参数为

$$\boldsymbol{x}=(A^\top A+\lambda I)^{-1}A^\top\boldsymbol{b}.$$

当 $\lambda=0$ 时，上述结果即为最小二乘估计. □

4.1.3　标量函数对矩阵的梯度

迹函数和行列式是矩阵的重要数字特征，它的梯度矩阵在许多应用中具有重要作用. 在机器学习中，经常会碰到以矩阵作为目标的最优化问题，它们在理论分析和实际计算中具有相当的难度. 在许多情况，常常将目标函数转化为迹函数，例如二次型目标函数、矩阵逼近损失函数. 因此，熟悉并掌握计算迹的梯度矩阵是十分重要的.

例 4.4　两个矩阵乘积的迹的梯度　设 $A, B \in \mathbb{R}^{m\times n}$. 则

$$\frac{\partial \mathrm{tr}(B^\top A)}{\partial A} = B, \quad \frac{\partial \mathrm{tr}(B^\top A)}{\partial B} = A.$$

证明　设 $B = [\boldsymbol{b}_1, \cdots, \boldsymbol{b}_n] = [b_{ij}]$, $A = [\boldsymbol{a}_1, \cdots, \boldsymbol{a}_n] = [a_{ij}]$. 则

$$B^\top A = \begin{bmatrix} \boldsymbol{b}_1^\top \\ \vdots \\ \boldsymbol{b}_n^\top \end{bmatrix} \begin{bmatrix} \boldsymbol{a}_1 & \cdots & \boldsymbol{a}_n \end{bmatrix} = \begin{bmatrix} \boldsymbol{b}_1^\top \boldsymbol{a}_1 & \boldsymbol{b}_1^\top \boldsymbol{a}_2 & \cdots & \boldsymbol{b}_1^\top \boldsymbol{a}_n \\ \boldsymbol{b}_2^\top \boldsymbol{a}_1 & \boldsymbol{b}_2^\top \boldsymbol{a}_2 & \cdots & \boldsymbol{b}_2^\top \boldsymbol{a}_n \\ \vdots & \vdots & & \vdots \\ \boldsymbol{b}_n^\top \boldsymbol{a}_1 & \boldsymbol{b}_n^\top \boldsymbol{a}_2 & \cdots & \boldsymbol{b}_n^\top a_n \end{bmatrix}.$$

故可得

$$\mathrm{tr}(B^\top A) = \sum_{s=1}^{n} \boldsymbol{b}_s^\top \boldsymbol{a}_s = \sum_{s=1}^{n}\sum_{t=1}^{m} a_{ts} b_{ts}. \tag{4.6}$$

进而，我们有

$$\frac{\partial \mathrm{tr}(B^\top A)}{\partial a_{ij}} = \frac{\partial}{\partial a_{ij}} \left(\sum_{s=1}^{n}\sum_{t=1}^{m} a_{ts} b_{ts} \right) = b_{ij}.$$

于是由定义式 (4.1) 可得

$$\frac{\partial \mathrm{tr}(B^\top A)}{\partial A} = \left[\frac{\partial \mathrm{tr}(B^\top A)}{\partial a_{ij}} \right]_{m\times n} = \left[b_{ij} \right]_{m\times n} = B. \tag{4.7}$$

又 $\mathrm{tr}(B^\top A) = \mathrm{tr}((B^\top A)^\top) = \mathrm{tr}(A^\top B)$, 故由 (4.7) 可知

$$\frac{\partial \mathrm{tr}(B^\top A)}{\partial B} = A.$$

定理得证.　□

由例 4.4 立即可得: 设 $A \in \mathbb{R}^{n\times n}$. 则

$$\frac{\mathrm{d}\mathrm{tr}(A)}{\mathrm{d}A} = \frac{\mathrm{d}\mathrm{tr}(A^\top)}{\mathrm{d}A} = \frac{\mathrm{d}\mathrm{tr}(A^\top I)}{\mathrm{d}A} = I.$$

例 4.5 矩阵 F 范数平方的梯度 设 $A \in \mathbb{R}^{m\times n}$. 则

$$\frac{\mathrm{d}}{\mathrm{d}A}(||A||_F^2) = 2A.$$

证明 (法一) 因为

$$||A||_F^2 = \mathrm{tr}(A^\top A) = \sum_{s=1}^{n}\sum_{t=1}^{m} a_{st}^2,$$

所以

$$\frac{\partial\ \mathrm{tr}(A^\top A)}{\partial a_{ij}} = \frac{\partial}{\partial a_{ij}}\Big(\sum_{s=1}^{n}\sum_{t=1}^{m} a_{st}^2\Big) = 2a_{ij}.$$

这表明 $\dfrac{\mathrm{d}}{\mathrm{d}A}(||A||_F^2) = 2A$.

(法二) 因为 $||A||_F^2 = \mathrm{tr}(A^\top A)$ 出现了两次变量 A, 所以

$$\frac{\partial\ \mathrm{tr}(A^\top A)}{\partial A} = \frac{\partial\ \mathrm{tr}(A^\top A_c)}{\partial A} + \frac{\partial\ \mathrm{tr}(A_c^\top A)}{\partial A} = A_c + A_c = 2A,$$

其中 A_c 代表在求偏导时视为常量的 A. □

例 4.6 设 $A \in \mathbb{R}^{m\times m}, X \in \mathbb{R}^{m\times n}$. 则

$$\frac{\partial \mathrm{tr}(X^\top AX)}{\partial X} = (A + A^\top)X.$$

证明 因为 $\mathrm{tr}(X^\top AX)$ 出现了两次变量 X, 所以

$$\begin{aligned}\frac{\partial\ \mathrm{tr}(X^\top AX)}{\partial X} &= \frac{\partial\ \mathrm{tr}(X^\top AX_c)}{\partial X} + \frac{\partial\ \mathrm{tr}(X_c^\top AX)}{\partial X}\\ &= AX_c + (X_c^\top A)^\top = AX_c + A^\top X_c\\ &= (A + A^\top)X,\end{aligned}$$

其中 X_c 为 X 的常量形式. □

例 4.7 行列式的梯度 设 $A \in \mathbb{R}^{n\times n}$ 为非奇异的. 则

$$\frac{\mathrm{d}\det(A)}{\mathrm{d}A} = \det(A)(A^{-1})^\top.$$

证明　设 $A=[a_{ij}]$, A_{ij} 为 a_{ij} 的代数余子式. 则对任意的 $j=1,\cdots,n$, 有

$$\det(A)=\sum_{i=1}^{n}a_{ij}A_{ij}.$$

注意到 A_{ij} 不包含 a_{ij}. 进而, 我们有

$$\frac{\mathrm{d}\det(A)}{\mathrm{d}A}=\Big[A_{ij}\Big]=\Big[\mathrm{adj}(A)\Big]^{\top}=\det(A)(A^{-1})^{\top},$$

其中 $\mathrm{adj}(A)$ 为 A 的伴随矩阵. □

4.2 矩阵函数的梯度矩阵

在 4.1 节中, 我们讨论了标量函数 $f:\ \mathbb{R}^{m\times n}\to\mathbb{R}$ 的梯度矩阵和 Jacobi 矩阵. 在本节中, 我们将梯度的概念推广到矩阵函数上. 首先来定义向量函数的梯度.

4.2.1 向量函数的梯度矩阵

设 $f_i:\ \mathbb{R}^n\to\mathbb{R}(i=1,\cdots,m)$ 是以 $\boldsymbol{x}=[x_1,\cdots,x_n]^{\top}\in\mathbb{R}^n$ 为自变量的标量函数. 则称

$$\boldsymbol{f}:\ \mathbb{R}^n\to\mathbb{R}^m,\quad \boldsymbol{x}=\begin{bmatrix}x_1\\ \vdots\\ x_n\end{bmatrix}\mapsto\boldsymbol{f}(\boldsymbol{x})=\begin{bmatrix}f_1(\boldsymbol{x})\\ \vdots\\ f_m(\boldsymbol{x})\end{bmatrix}$$

为 $\mathbb{R}^n$ 到 $\mathbb{R}^m$ 上的**向量函数**. 下面, 我们给出向量函数的梯度矩阵的定义.

定义 4.2　向量函数的梯度

设 $\boldsymbol{f}:\mathbb{R}^n\to\mathbb{R}^m$ 为向量函数, 其中自变量为 $\boldsymbol{x}=[x_1,\cdots,x_n]^{\top}$. 若偏导数

$$\frac{\partial f_j}{\partial x_i}\quad(i=1,\cdots,n,j=1,\cdots,m)$$

均存在, 则向量函数 $\boldsymbol{f}(\boldsymbol{x})$ 的梯度矩阵定义如下:

$$\nabla_{\boldsymbol{x}}\boldsymbol{f}=\frac{\mathrm{d}\boldsymbol{f}}{\mathrm{d}\boldsymbol{x}}=\left[\frac{\partial f_j}{\partial x_i}\right]_{n\times m}=\begin{bmatrix}\dfrac{\partial f_1}{\partial x_1}&\dfrac{\partial f_2}{\partial x_1}&\cdots&\dfrac{\partial f_m}{\partial x_1}\\ \dfrac{\partial f_1}{\partial x_2}&\dfrac{\partial f_2}{\partial x_2}&\cdots&\dfrac{\partial f_m}{\partial x_2}\\ \vdots&\vdots&&\vdots\\ \dfrac{\partial f_1}{\partial x_n}&\dfrac{\partial f_2}{\partial x_n}&\cdots&\dfrac{\partial f_m}{\partial x_n}\end{bmatrix}\in\mathbb{R}^{n\times m}.\tag{4.8}$$

♣

若在定义 4.2 中取 $m=1$, 则向量函数的梯度就退化为标量函数的梯度. 由此可见, 向量函数的梯度是标量函数的推广. 与标量函数的 Jacobi 矩阵类似, 我们将向量函数梯度矩阵的转置称为**向量函数的 Jacobi 矩阵**, 即称

$$\mathrm{D}_{\boldsymbol{x}}\boldsymbol{f}=\nabla_{\boldsymbol{x}}^{\top}\boldsymbol{f}=\left[\frac{\partial f_i}{\partial x_j}\right]_{m\times n}\in\mathbb{R}^{m\times n} \tag{4.9}$$

为 $\boldsymbol{f}(\boldsymbol{x})$ 的 Jacobi 矩阵. 由 (4.2) 和 (4.8) 可知, Jacobi 矩阵可以具体表示为

$$\mathrm{D}_{\boldsymbol{x}}\boldsymbol{f}=\begin{bmatrix}\dfrac{\partial f_1}{\partial \boldsymbol{x}^{\top}}\\ \dfrac{\partial f_2}{\partial \boldsymbol{x}^{\top}}\\ \vdots\\ \dfrac{\partial f_m}{\partial \boldsymbol{x}^{\top}}\end{bmatrix}=\begin{bmatrix}\dfrac{\partial f_1}{\partial x_1} & \dfrac{\partial f_1}{\partial x_2} & \cdots & \dfrac{\partial f_1}{\partial x_n}\\ \dfrac{\partial f_2}{\partial x_1} & \dfrac{\partial f_2}{\partial x_2} & \cdots & \dfrac{\partial f_2}{\partial x_n}\\ \vdots & \vdots & & \vdots\\ \dfrac{\partial f_m}{\partial x_1} & \dfrac{\partial f_m}{\partial x_2} & \cdots & \dfrac{\partial f_m}{\partial x_n}\end{bmatrix}\in\mathbb{R}^{m\times n}. \tag{4.10}$$

由 (4.10) 可以看出, Jacobi 矩阵的表示可以用分块矩阵的方式呈现. 因此, 在求矩阵偏导的表示式来说, 选择 Jacobi 矩阵比梯度矩阵更加自然, 其矩阵运算更加方便.

例 4.8 设 $\boldsymbol{f}(\boldsymbol{x})=A\boldsymbol{x}$, 其中 $A=[a_{ij}]\in\mathbb{R}^{m\times n}$, $\boldsymbol{x}=[x_1,\cdots,x_n]^{\top}\in\mathbb{R}^n$. 求 $\nabla_{\boldsymbol{x}}\boldsymbol{f}$ 和 $\mathrm{D}_{\boldsymbol{x}}\boldsymbol{f}$.

解 因为

$$\boldsymbol{f}(\boldsymbol{x})=A\boldsymbol{x}=\begin{bmatrix}\sum\limits_{j=1}^{n}a_{1j}x_j\\ \vdots\\ \sum\limits_{j=1}^{n}a_{mj}x_j\end{bmatrix}\in\mathbb{R}^m,$$

所以可设

$$f_i:=\sum_{j=1}^{n}a_{ij}x_j,\quad i=1,\cdots,m.$$

于是

$$\frac{\partial f_i}{\partial x_j}=\frac{\partial}{\partial x_j}\left(\sum_{j=1}^{n}a_{ij}x_j\right)=a_{ij}.$$

因此, 由 (4.8) 和 (4.9) 可得 $\nabla_{\boldsymbol{x}}\boldsymbol{f}=A^{\top}$, $\mathrm{D}_{\boldsymbol{x}}\boldsymbol{f}=A$. □

4.2.2 矩阵函数的梯度矩阵

这一小节, 我们介绍以矩阵为变元的矩阵函数的梯度矩阵. 设

$$f_{st}:\ \mathbb{R}^{m\times n}\to\mathbb{R},\quad s=1,\cdots,p,\ t=1,\cdots,q$$

是以 $X=[x_{ij}]\in\mathbb{R}^{m\times n}$ 为自变量的标量函数. 则称

$$f:\ \mathbb{R}^{m\times n}\to\mathbb{R}^{p\times q},\quad X\mapsto f(X)=\begin{bmatrix} f_{11}(X) & f_{12}(X) & \cdots & f_{1q}(X)\\ f_{21}(X) & f_{22}(X) & \cdots & f_{2q}(X)\\ \vdots & \vdots & & \vdots\\ f_{p1}(X) & f_{p2}(X) & \cdots & f_{pq}(X)\end{bmatrix}\in\mathbb{R}^{p\times q}$$

为 $\mathbb{R}^{m\times n}$ 到 $\mathbb{R}^{p\times q}$ 上的**矩阵函数**. 显然, 向量函数是矩阵函数的特殊情形.

在不同的相关书籍中, 矩阵函数的梯度会有不同定义, 有些定义不是良好的定义, 甚至会出现错误情况. 我们这里采取马格努斯 (Magnus) 和诺伊德克 (Neudeckerd) 的定义.

首先, 将 (4.10) 中的矩阵函数 $f(X)$ 和 X 进行列向量化, 转换为 pq 维列向量函数

$$\mathrm{vec}(f(X))=[f_{11}(X),\cdots,f_{p1}(X),\cdots,f_{1q}(X),\cdots,f_{pq}(X)]^\top\in\mathbb{R}^{pq}$$

和 mn 维列向量

$$\mathrm{vec}(X)=[x_{11},\cdots,x_{m1},\cdots,x_{1n},\cdots,x_{mn}]^\top\in\mathbb{R}^{mn}.$$

然后, 定义矩阵函数的梯度为向量函数 $\mathrm{vec}(f(X))$ 对 $\mathrm{vec}(X)$ 的梯度矩阵, 即

$$\nabla_X f=\frac{\mathrm{dvec}(f(X))}{\mathrm{dvec}(X)}=\begin{bmatrix} \dfrac{\partial f_{11}}{\partial x_{11}} & \cdots & \dfrac{\partial f_{p1}}{\partial x_{11}} & \cdots & \dfrac{\partial f_{1q}}{\partial x_{11}} & \cdots & \dfrac{\partial f_{pq}}{\partial x_{11}}\\ \vdots & & \vdots & & \vdots & & \vdots\\ \dfrac{\partial f_{11}}{\partial x_{m1}} & \cdots & \dfrac{\partial f_{p1}}{\partial x_{m1}} & \cdots & \dfrac{\partial f_{1q}}{\partial x_{m1}} & \cdots & \dfrac{\partial f_{pq}}{\partial x_{m1}}\\ \vdots & & \vdots & & \vdots & & \vdots\\ \dfrac{\partial f_{11}}{\partial x_{1n}} & \cdots & \dfrac{\partial f_{p1}}{\partial x_{1n}} & \cdots & \dfrac{\partial f_{1q}}{\partial x_{1n}} & \cdots & \dfrac{\partial f_{pq}}{\partial x_{1n}}\\ \vdots & & \vdots & & \vdots & & \vdots\\ \dfrac{\partial f_{11}}{\partial x_{mn}} & \cdots & \dfrac{\partial f_{p1}}{\partial x_{mn}} & \cdots & \dfrac{\partial f_{1q}}{\partial x_{mn}} & \cdots & \dfrac{\partial f_{pq}}{\partial x_{mn}} \end{bmatrix}\in\mathbb{R}^{mn\times pq}. \tag{4.11}$$

同样地, $f(X)$ 的 Jacobi 矩阵 $\mathrm{D}_X f$ 定义为梯度矩阵的转置. 进而

$$\mathrm{D}_X f = \nabla_X^{\top} f = \frac{\mathrm{dvec}(f(X))}{\mathrm{d}(\mathrm{vec}(X))^{\top}} = \begin{bmatrix} \dfrac{\partial f_{11}}{\partial(\mathrm{vec}(X))^{\top}} \\ \vdots \\ \dfrac{\partial f_{p1}}{\partial(\mathrm{vec}(X))^{\top}} \\ \vdots \\ \dfrac{\partial f_{1q}}{\partial(\mathrm{vec}(X))^{\top}} \\ \vdots \\ \dfrac{\partial f_{pq}}{\partial(\mathrm{vec}(X))^{\top}} \end{bmatrix}$$

$$= \begin{bmatrix} \dfrac{\partial f_{11}}{\partial x_{11}} & \cdots & \dfrac{\partial f_{11}}{\partial x_{m1}} & \cdots & \dfrac{\partial f_{11}}{\partial x_{1n}} & \cdots & \dfrac{\partial f_{11}}{\partial x_{mn}} \\ \vdots & & \vdots & & \vdots & & \vdots \\ \dfrac{\partial f_{p1}}{\partial x_{11}} & \cdots & \dfrac{\partial f_{p1}}{\partial x_{m1}} & \cdots & \dfrac{\partial f_{p1}}{\partial x_{1n}} & \cdots & \dfrac{\partial f_{p1}}{\partial x_{mn}} \\ \vdots & & \vdots & & \vdots & & \vdots \\ \dfrac{\partial f_{1q}}{\partial x_{11}} & \cdots & \dfrac{\partial f_{1q}}{\partial x_{m1}} & \cdots & \dfrac{\partial f_{1q}}{\partial x_{1n}} & \cdots & \dfrac{\partial f_{1q}}{\partial x_{mn}} \\ \vdots & & \vdots & & \vdots & & \vdots \\ \dfrac{\partial f_{pq}}{\partial x_{11}} & \cdots & \dfrac{\partial f_{pq}}{\partial x_{m1}} & \cdots & \dfrac{\partial f_{pq}}{\partial x_{1n}} & \cdots & \dfrac{\partial f_{pq}}{\partial x_{mn}} \end{bmatrix} \tag{4.12}$$

为 $pq \times mn$ 阶矩阵. 有些时候为了方便记忆, 仍记

$$\nabla_X f = \frac{\mathrm{d}f}{\mathrm{d}X}, \quad \mathrm{D}_X f = \frac{\mathrm{d}f}{\mathrm{d}X^{\top}}.$$

注意到, 当 $f(\boldsymbol{x})$ 为标量函数时, 将 (4.1) 中 X 列向量化后, 就是 (4.11) 的特殊情形.

在求矩阵函数的梯度或 Jacobi 矩阵时, 我们要特别注意偏导数 $\dfrac{\partial f_{uv}}{\partial x_{ij}}$ 在梯度和 Jacobi 矩阵中所在的位置. 以 Jacobi 矩阵为例, 根据 $f(X)$ 的列数 q 和 X 的列数 n, 可将 Jacobi 矩阵分成 qn 个子块. 那么 $\dfrac{\partial f_{uv}}{\partial x_{ij}}$ 的位置就在 Jacobi 矩阵的第 v 行 j 列子矩阵的第 u 行 i 列.

从 (4.11) 和 (4.12) 来看, 矩阵函数的梯度矩阵或者 Jacobi 矩阵表示形式很复杂. 为了能够更好地表示, 我们可以引入克罗内克 (Kronecker) 积.

定义 4.3　Kronecker 积

设 $A=[a_{vj}]\in\mathbb{R}^{m\times n}$, $B=[b_{ui}]\in\mathbb{R}^{p\times q}$. 则称如下的 $mp\times nq$ 阶矩阵

$$A\otimes B=[a_{ij}B]=\begin{bmatrix} a_{11}B & a_{12}B & \cdots & a_{1n}B \\ a_{21}B & a_{22}B & \cdots & a_{2n}B \\ \vdots & \vdots & & \vdots \\ a_{m1}B & a_{m2}B & \cdots & a_{mn}B \end{bmatrix}$$

为 A 与 B 的 Kronecker 积, 记为 $A\otimes B$. ♣

从定义可以看出, $A\otimes B$ 的第 v 行 j 列子矩阵的第 u 行 i 列元素为 $a_{vj}b_{ui}$. 同时, 根据定义, 容易验证 Kronecker 积有如下简单性质:

(1) $I_n\otimes I_m=I_{mn}$;

(2) $(A\otimes B)^\top=A^\top\otimes B^\top$.

在求矩阵梯度或 Jacobi 矩阵时, 我们往往还需要 Kronecker 函数:

$$\delta_{ij}=\begin{cases} 1, & i=j, \\ 0, & i\neq j. \end{cases}$$

下面我们来看几个例子.

例 4.9　设 $f(X)=X$, 其中 $X=[x_{ij}]\in\mathbb{R}^{m\times n}$. 求 $\nabla_X f$ 和 $\mathrm{D}_X f$.

解　根据定义可得

$$\frac{\partial f_{uv}}{\partial x_{ij}}=\frac{\partial x_{uv}}{\partial x_{ij}}=\delta_{vj}\delta_{ui}=\begin{cases} 1, & u=i \text{ 且 } v=j, \\ 0, & \text{其他}. \end{cases}$$

进而,

$$\mathrm{D}_X X=I_n\otimes I_m=I_{mn},\quad \nabla_X X=\mathrm{D}_X^\top X=I_{mn}.$$ □

例 4.10　设 $f(X)=AXB$, 其中 $A=[a_{us}]\in\mathbb{R}^{p\times m}$, $X=[x_{ij}]\in\mathbb{R}^{m\times n}$, $B=[b_{tv}]\in\mathbb{R}^{n\times q}$. 求 $\nabla_X f$ 和 $\mathrm{D}_X f$.

解　计算偏导可得

$$\frac{\partial f_{uv}}{\partial x_{ij}}=\frac{\partial (AXB)_{uv}}{\partial x_{ij}}=\frac{\partial}{\partial x_{ij}}\left(\sum_{s=1}^{m}\sum_{t=1}^{n}a_{us}x_{st}b_{tv}\right)=b_{jv}a_{ui}.$$

于是可得 $mn\times pq$ 阶梯度矩阵和 $pq\times mn$ 阶 Jacobi 矩阵为

$$\mathrm{D}_X(AXB)=B^\top\otimes A,\quad \nabla_X(AXB)=B\otimes A^\top.$$ □

例 4.11 设 $f(X)=AX^\top B$, 其中 $A=[a_{us}]\in\mathbb{R}^{p\times n}$, $X=[a_{ij}]\in\mathbb{R}^{n\times n}$, $B=[b_{tv}]\in\mathbb{R}^{n\times q}$. 求 $\nabla_X f$ 和 $\mathrm{D}_X f$.

解 计算偏导可得

$$\frac{\partial f_{uv}}{\partial x_{ij}}=\frac{\partial(AX^\top B)_{uv}}{\partial x_{ij}}=\frac{\partial}{\partial x_{ij}}\left(\sum_{s=1}^{m}\sum_{t=1}^{n}a_{us}x_{ts}b_{tv}\right)=b_{iv}a_{uj}.$$

显然, $b_{iv}a_{uj}$ 是 $B^\top\otimes A$ 中的 v 行 i 列子矩阵中第 u 行 j 列元素, 并没有位于 Jacobi 矩阵的第 v 行 j 列子矩阵的第 u 行 i 列. 因此, 需要将 $B^\top\otimes A$ 进行合适的置换后才能变为 Jacobi 矩阵, 即需要在 $B^\top\otimes A$ 的右边乘上一个置换矩阵 P_{mn} 即可. 于是可得 $mn\times pq$ 阶梯度矩阵和 $pq\times mn$ 阶 Jacobi 矩阵为

$$\nabla_X(AX^\top B)=P_{nm}(B\otimes A^\top),\quad \mathrm{D}_X(AX^\top B)=(B^\top\otimes A)P_{mn},$$

其中 P_{mn} 和 P_{nm} 为置换矩阵. □

例 4.10 和例 4.11 是我们求矩阵乘积函数的梯度矩阵或 Jacobi 矩阵的重要例子, 很多情况可由这两个例子推出.

4.3 矩阵微分

在 4.2 节中, 可以看出直接计算 $\dfrac{\partial f_{uv}}{\partial x_{ij}}$ 能求出很多矩阵函数的梯度矩阵和 Jacobi 矩阵. 但是对于复杂的矩阵函数, 偏导计算非常繁琐和困难. 自然地, 我们希望能够找到容易记忆和掌握的数学工具, 有效地计算梯度矩阵或 Jacobi 矩阵. 矩阵微分是解决这个问题的一个有效数学工具.

4.3.1 矩阵微分的定义与性质

定义 4.4 矩阵微分

设 $X=[x_{ij}]\in\mathbb{R}^{m\times n}$. 则称矩阵

$$\mathrm{d}X=[\mathrm{d}x_{ij}]\in\mathbb{R}^{m\times n}$$

为矩阵 X 的矩阵微分, 其中 $\mathrm{d}x_{ij}$ 为 x_{ij} 的微分. ♣

例 4.12 设 $X=[x_{ij}]\in\mathbb{R}^{n\times n}$. 则

$$\mathrm{d}(\mathrm{tr}X)=\mathrm{d}\left(\sum_{i=1}^{n}x_{ii}\right)=\sum_{i=1}^{n}\mathrm{d}x_{ii}=\mathrm{tr}(\mathrm{d}X).$$ □

例 4.13 设 $X=[x_{ij}]\in\mathbb{R}^{m\times n}$, $Y=[y_{ij}]\in\mathbb{R}^{n\times q}$. 因为

$$\begin{aligned}\mathrm{d}(XY)_{ij}&=\mathrm{d}\left(\sum_{k=1}^{n}x_{ik}y_{kj}\right)=\sum_{k=1}^{n}\mathrm{d}(x_{ik}y_{kj})\\&=\sum_{k=1}^{n}\left((\mathrm{d}x_{ik})y_{kj}+x_{ik}\mathrm{d}y_{kj}\right)\\&=\big((\mathrm{d}X)Y\big)_{ij}+\big(X\mathrm{d}Y\big)_{ij},\end{aligned}$$

所以 $\mathrm{d}(XY)=(\mathrm{d}X)Y+X\mathrm{d}Y$. □

矩阵微分有很多良好的性质, 下面是矩阵微分的一些常用性质和计算公式, 有兴趣的读者可以自证.

(1) 矩阵转置的微分等于矩阵微分的转置, 即

$$\mathrm{d}X^{\top}=(\mathrm{d}X)^{\top}.$$

(2) 常数矩阵 C 的矩阵微分为零矩阵, 即

$$\mathrm{d}C=O.$$

(3) 矩阵微分保持线性运算, 即

$$\mathrm{d}(kX+lY)=k\mathrm{d}X+l\mathrm{d}Y. \tag{4.13}$$

(4) 常数矩阵 A, B 与矩阵 X 乘积的矩阵微分为

$$\mathrm{d}(AXB)=A(\mathrm{d}X)B.$$

(5) 矩阵函数 $f(X)$ 与 $g(X)$ 乘积的矩阵微分为

$$\mathrm{d}(f(X)g(X))=\mathrm{d}f(X)\cdot g(X)+f(X)\mathrm{d}g(X). \tag{4.14}$$

(6) 矩阵函数 $f(X)$ 迹的微分等于其矩阵微分的迹, 即

$$\mathrm{d}(\mathrm{tr}\ f(X))=\mathrm{tr}(\mathrm{d}\ f(X)).$$

特别地, 矩阵 X 迹的微分等于矩阵微分的迹, 即 $\mathrm{d}(\mathrm{tr}X)=\mathrm{tr}(\mathrm{d}X)$.

(7) 矩阵函数 $f(X)$ 行列式的微分为

$$\mathrm{d}(\det f(X))=\det f(X)\mathrm{tr}\Big((f(X))^{-1}\mathrm{d}f(X)\Big). \tag{4.15}$$

特别地, 矩阵行列式的矩阵微分为

$$\mathrm{d}(\det X) = \det X \mathrm{tr}\big(X^{-1}\mathrm{d}X\big).$$

(8) 矩阵函数的 Kronecker 积的矩阵微分为

$$\mathrm{d}(X \otimes Y) = (\mathrm{d}X) \otimes Y + X \otimes \mathrm{d}Y.$$

(9) 矩阵对数的矩阵微分为

$$\mathrm{d}(\ln X) = X^{-1}\mathrm{d}X.$$

(10) 逆矩阵的矩阵微分为

$$\mathrm{d}(X^{-1}) = -X^{-1}(\mathrm{d}X)X^{-1}.$$

(11) 向量化函数 $\mathrm{vec}(X)$ 的矩阵微分等于 X 的矩阵微分的向量化函数, 即

$$\mathrm{d}(\mathrm{vec}(X)) = \mathrm{vec}(\mathrm{d}X).$$

4.3.2 标量函数的矩阵微分

在本小节中, 我们主要介绍标量函数的矩阵微分与 Jacobi 矩阵的关系.

首先, 我们讨论以向量为自变量的标量函数. 熟知, 若多元函数 $f(x_1, \cdots, x_n)$ 的偏导数 $\dfrac{\partial f}{\partial x_i}(i = 1, \cdots, n)$ 均存在, 则多元函数在点 $(x_1, \cdots, x_n)$ 可微分, 且全微分为

$$\mathrm{d}f(x_1, \cdots, x_n) = \frac{\partial f}{\partial x_1}\mathrm{d}x_1 + \cdots + \frac{\partial f}{\partial x_n}\mathrm{d}x_n. \tag{4.16}$$

设 $\boldsymbol{x} = [x_1, \cdots, x_n]^\top \in \mathbb{R}^n$. 则多元函数 $f(x_1, \cdots, x_n)$ 就转化为标量函数 $f(\boldsymbol{x})$. 由 (4.16) 可得

$$\mathrm{d}f(\boldsymbol{x}) = \frac{\partial f}{\partial x_1}\mathrm{d}x_1 + \cdots + \frac{\partial f}{\partial x_n}\mathrm{d}x_n = \left[\frac{\partial f(\boldsymbol{x})}{\partial x_1}, \quad \cdots, \quad \frac{\partial f(\boldsymbol{x})}{\partial x_n}\right]\begin{bmatrix}\mathrm{d}x_1 \\ \vdots \\ \mathrm{d}x_n\end{bmatrix}.$$

于是

$$\mathrm{d}f(\boldsymbol{x}) = \frac{\partial f}{\partial \boldsymbol{x}^\top}\mathrm{d}\boldsymbol{x} = (\mathrm{D}_{\boldsymbol{x}} f)\mathrm{d}\boldsymbol{x} = (\mathrm{d}\boldsymbol{x})^\top \frac{\partial f}{\partial \boldsymbol{x}} = (\mathrm{d}\boldsymbol{x})^\top \nabla_{\boldsymbol{x}} f. \tag{4.17}$$

式 (4.17) 是多元函数全微分的向量形式, 它给我们提供了一个重要应用.

若令 $J = \dfrac{\partial f}{\partial \boldsymbol{x}^\top}$, 则标量函数的矩阵微分可表示为迹函数的形式

$$\mathrm{d}f(\boldsymbol{x}) = \frac{\partial f}{\partial \boldsymbol{x}^\top}\mathrm{d}\boldsymbol{x} = \mathrm{tr}\Big(\frac{\partial f}{\partial \boldsymbol{x}^\top}\mathrm{d}\boldsymbol{x}\Big) = \mathrm{tr}(J\mathrm{d}\boldsymbol{x}).$$

这意味着, 标量函数的 Jacobi 矩阵 $\mathrm{D}_{\boldsymbol{x}}f$ 与矩阵微分之间存在如下等价关系:

$$\mathrm{d}f(\boldsymbol{x}) = \mathrm{tr}(J\mathrm{d}\boldsymbol{x}) \Longleftrightarrow \mathrm{D}_{\boldsymbol{x}}f = \frac{\partial f}{\partial \boldsymbol{x}^\top} = J.$$

简言之, 若以向量为变元的标量函数 $f(\boldsymbol{x})$ 的全微分可以写作 $\mathrm{d}f(\boldsymbol{x}) = \mathrm{tr}(J\mathrm{d}\boldsymbol{x})$, 则矩阵 J 就是函数 $f(\boldsymbol{x})$ 的 Jacobi 矩阵, J 的转置为 $f(\boldsymbol{x})$ 的梯度矩阵.

接着, 我们考虑以矩阵为变量的标量函数. 设 $X = [x_{ij}] \in \mathbb{R}^{m\times n}$, $f(X)$ 为标量函数. 若偏导数 $\dfrac{\partial f(x)}{\partial x_{ij}}$ 均存在, 则 $f(X)$ 的全微分为

$$\mathrm{d}f(X) = \sum_{i=1}^{m}\sum_{j=1}^{n}\frac{\partial f(X)}{\partial x_{ij}}\mathrm{d}x_{ij}. \tag{4.18}$$

对比 (4.6), 由梯度矩阵和 Jacobi 矩阵的定义以及 (4.18), 我们也可将全微分 $\mathrm{d}f(X)$ 表示为迹函数

$$\mathrm{d}f(X) = \mathrm{tr}\big(\mathrm{D}_X f\mathrm{d}X\big) = \mathrm{tr}\big((\mathrm{d}X)^\top \nabla_X f\big). \tag{4.19}$$

因此, 由 (4.19) 可得以矩阵为变量的标量函数的 Jacobi 矩阵 $\mathrm{D}_X f$ 与矩阵微分之间存在如下等价关系:

$$\mathrm{d}f(X) = \mathrm{tr}(J\mathrm{d}X) \Longleftrightarrow \mathrm{D}_X f = \frac{\partial f}{\partial X^\top} = J. \tag{4.20}$$

综上所述, 标量函数的梯度矩阵或 Jacobi 矩阵可以通过矩阵微分与迹函数的关系进行求解, 步骤如下:

(1) 利用矩阵微分运算法则, 求出矩阵微分 $\mathrm{d}f(X)$, 并将其表示为规范形式

$$\mathrm{d}f(X) = \mathrm{tr}(J\mathrm{d}X)$$

(2) 根据 (4.20), 直接给出 $\mathrm{D}_X f = J$, $\nabla_X f = J^\top$.

例如, 考虑二次型函数 $f(\boldsymbol{x}) = \boldsymbol{x}^\top A\boldsymbol{x}$ 关于 $\boldsymbol{x}$ 的梯度矩阵. 因为

$$\mathrm{d}f(\boldsymbol{x}) = \mathrm{d}\big(\mathrm{tr}(\boldsymbol{x}^\top A\boldsymbol{x})\big) = \mathrm{tr}\big(\mathrm{d}\boldsymbol{x}^\top A\boldsymbol{x}\big) = \mathrm{tr}\big(\mathrm{d}\boldsymbol{x}^\top A\boldsymbol{x} + \boldsymbol{x}^\top A\mathrm{d}\boldsymbol{x}\big)$$

$$= \operatorname{tr}\big((\mathrm{d}\boldsymbol{x}^\top A\boldsymbol{x})^\top + \boldsymbol{x}^\top A\mathrm{d}\boldsymbol{x}\big) = \operatorname{tr}\big(\boldsymbol{x}^\top A^\top \mathrm{d}\boldsymbol{x} + \boldsymbol{x}^\top A\mathrm{d}\boldsymbol{x}\big)$$
$$= \operatorname{tr}\big(\boldsymbol{x}^\top(A^\top + A)\mathrm{d}\boldsymbol{x}\big) = \operatorname{tr}\big(J\mathrm{d}\boldsymbol{x}\big),$$

所以

$$\nabla_{\boldsymbol{x}} f = J^\top = (\boldsymbol{x}^\top(A^\top + A))^\top = (A^\top + A)\boldsymbol{x}.$$

例 4.14 设 $A, B, X \in \mathbb{R}^{n\times n}$. $f(X) = \operatorname{tr}(XAXB)$, $g(X) = \operatorname{tr}(AX^{-1})$. 求 $\mathrm{D}_X f(X)$ 与 $\mathrm{D}_X g(X)$.

解 根据迹函数的性质以及矩阵微分运算法则, 我们有

$$\mathrm{d}\operatorname{tr}(XAXB) = \operatorname{tr}\Big(\mathrm{d}(XAXB)\Big) = \operatorname{tr}\Big((\mathrm{d}X)AXB + XA(\mathrm{d}X)B\Big)$$
$$= \operatorname{tr}\Big(\big(AXB + BXA\big)\mathrm{d}X\Big)$$

且

$$\mathrm{d}\operatorname{tr}(AX^{-1}) = \operatorname{tr}\big(\mathrm{d}(AX^{-1})\big) = \operatorname{tr}\big(A(\mathrm{d}X^{-1})\big)$$
$$= -\operatorname{tr}\big(AX^{-1}(\mathrm{d}X)X^{-1}\big) = -\operatorname{tr}\big(X^{-1}AX^{-1}\mathrm{d}X\big),$$

所以

$$\mathrm{D}_X f(X) = AXB + BXA, \quad \mathrm{D}_X g(X) = -X^{-1}AX^{-1}. \qquad \square$$

例 4.15 设 $X \in \mathbb{R}^{m\times n}$. 求 $\ln\det X$ 的梯度矩阵.

解 由行列式和对数的矩阵微分公式可得

$$\mathrm{d}\ln\det X = |X|^{-1}\mathrm{d}\det X = \det X^{-1}\operatorname{tr}(\det X X^{-1}\mathrm{d}X) = \operatorname{tr}(X^{-1}\mathrm{d}X).$$

故我们有

$$\nabla_X(\ln\det X) = (X^{-1})^\top = X^{-\top}. \qquad \square$$

4.3.3 矩阵函数的矩阵微分

设 $f_{st}(X)$ 表示矩阵函数 $f(X)$ 第 s 行第 t 列的元素. 则 $f_{st}(X)$ 的矩阵微分为

$$\mathrm{d}f_{st}(X) = \sum_{i=1}^{m}\sum_{j=1}^{n}\frac{\partial f_{st}}{\partial x_{ij}}\mathrm{d}x_{ij}$$

$$= \left[\frac{\partial f_{st}}{\partial x_{11}}, \cdots, \frac{\partial f_{st}}{\partial x_{m1}}, \cdots, \frac{\partial f_{st}}{\partial x_{1n}}, \cdots, \frac{\partial f_{st}}{\partial x_{mn}}\right] \begin{bmatrix} \mathrm{d}x_{11} \\ \vdots \\ \mathrm{d}x_{m1} \\ \vdots \\ \mathrm{d}x_{1n} \\ \vdots \\ \mathrm{d}x_{mn} \end{bmatrix}.$$

由此可得, 全微分矩阵的向量化函数 $\mathrm{d}(\mathrm{vec} f(X))$ 具有如下形式:

$$\mathrm{d}(\mathrm{vec}\, f(X)) = J\mathrm{d}(\mathrm{vec} X),$$

其中

$$J = \begin{bmatrix} \frac{\partial f_{11}}{\partial x_{11}} & \cdots & \frac{\partial f_{11}}{\partial x_{m1}} & \cdots & \frac{\partial f_{11}}{\partial x_{1n}} & \cdots & \frac{\partial f_{11}}{\partial x_{mn}} \\ \vdots & & \vdots & & \vdots & & \vdots \\ \frac{\partial f_{p1}}{\partial x_{11}} & \cdots & \frac{\partial f_{p1}}{\partial x_{m1}} & \cdots & \frac{\partial f_{p1}}{\partial x_{1n}} & \cdots & \frac{\partial f_{p1}}{\partial x_{mn}} \\ \vdots & & \vdots & & \vdots & & \vdots \\ \frac{\partial f_{1q}}{\partial x_{11}} & \cdots & \frac{\partial f_{1q}}{\partial x_{m1}} & \cdots & \frac{\partial f_{1q}}{\partial x_{1n}} & \cdots & \frac{\partial f_{1q}}{\partial x_{mn}} \\ \vdots & & \vdots & & \vdots & & \vdots \\ \frac{\partial f_{pq}}{\partial x_{11}} & \cdots & \frac{\partial f_{pq}}{\partial x_{m1}} & \cdots & \frac{\partial f_{pq}}{\partial x_{1n}} & \cdots & \frac{\partial f_{pq}}{\partial x_{mn}} \end{bmatrix}.$$

于是矩阵 J 是矩阵函数 $f(X)$ 的 Jacobi 矩阵 $\mathrm{D}_X f(X)$.

在很多情况, 矩阵函数 $f(X)$ 包含 X 和 $X^\top$, 例如 $X^\top X$. 设矩阵函数 $f(X) \in \mathbb{R}^{p\times q}$ 包含了 X 和 $X^\top$, 其中 $X \in \mathbb{R}^{m\times n}$. 根据矩阵微分的线性性质 (4.13) 和乘积公式 (4.14) 可知, 矩阵微分具有如下形式:

$$\mathrm{d}(\mathrm{vec}\, f(X)) = A\mathrm{d}(\mathrm{vec} X) + B\mathrm{d}(\mathrm{vec} X^\top). \tag{4.21}$$

注意到, 微分矩阵 $\mathrm{d}(\mathrm{vec} X^\top)$ 与 $\mathrm{d}(\mathrm{vec} X)$ 含有相同的元素, 但排列次序不同. 可以证明存在置换矩阵 P_{mn}, 使得 $\mathrm{d}(\mathrm{vec} X^\top) = P_{mn}\mathrm{d}(\mathrm{vec} X)$. 于是由 (4.21) 可得

$$\mathrm{d}(\mathrm{vec}\, f(X)) = (A + BP_{mn})\mathrm{d}(\mathrm{vec} X).$$

综上所得, 矩阵函数的 Jacobi 矩阵与矩阵微分有如下等价关系:

$$\mathrm{d}(\mathrm{vec}\, f(X)) = (A + BP_{mn})\mathrm{d}(\mathrm{vec} X) \Longleftrightarrow \mathrm{D}_X f(X) = A + BP_{mn}. \tag{4.22}$$

于是

$$\nabla_X f(\boldsymbol{x}) = A^\top + P_{mn}^\top B^\top.$$

同时, 利用例 4.10 和例 4.11, 我们有如下重要结果:

$$\mathrm{d}(f(X)) = A(\mathrm{d}X)B \Longleftrightarrow \mathrm{d}(\mathrm{vec}\, f(X)) = (B^\top \otimes A)\mathrm{d}(\mathrm{vec}X), \tag{4.23}$$

$$\mathrm{d}(f(X)) = C(\mathrm{d}X^\top)D \Longleftrightarrow \mathrm{d}(\mathrm{vec}\, f(X)) = (D^\top \otimes C)P_{mn}\mathrm{d}(\mathrm{vec}X). \tag{4.24}$$

式 (4.22)—(4.24) 是矩阵函数求 Jacobi 矩阵或梯度矩阵的重要公式. 例如, 若 $A \in \mathbb{R}^{m\times n}$, $\boldsymbol{b} \in \mathbb{R}^n$. 则 $f(A) = A\boldsymbol{b}$ 的矩阵微分为 $\mathrm{d}(A\boldsymbol{b}) = (\mathrm{d}A)\boldsymbol{b}$. 故由 (4.23) 可得

$$\mathrm{D}_A(A\boldsymbol{b}) = \boldsymbol{b}^\top \otimes I_m.$$

例 4.16 设 $f(X) = X^\top AX$ 为矩阵函数, 其中 $X \in \mathbb{R}^{m\times n}$, $A \in \mathbf{R}^{m\times m}$. 容易求得 $f(X)$ 的矩阵微分为

$$\mathrm{d}(X^\top AX) = X^\top A\mathrm{d}X + \mathrm{d}(X^\top)AX,$$

可知 Jacobi 矩阵为

$$\mathrm{D}_X(X^\top AX) = I \otimes (X^\top A) + ((AX)^\top \otimes I)P_{mn}.$$ □

4.4 链式法则

在许多机器学习应用中, 我们通过执行梯度下降来找到良好的模型参数, 其核心是计算目标函数对参数的梯度. 而直接计算目标函数的梯度并不简单, 我们需要微积分中复合函数的链式法则转化为矩阵乘法的形式, 以便对梯度计算进行简化.

我们来回忆一下微积分中多元函数的链式法则. 先来看一个简单例子. 设 $f(\boldsymbol{x})$ 为二元可微函数, 其中 $\boldsymbol{x} = [x_1, x_2]^\top$. 若 $x_1(t)$ 与 $x_2(t)$ 是 t 的一元可微函数, 则根据链式法则, 我们有

$$\frac{\mathrm{d}f}{\mathrm{d}t} = \frac{\partial f}{\partial x_1}\frac{\partial x_1}{\partial t} + \frac{\partial f}{\partial x_2}\frac{\partial x_2}{\partial t} = \begin{bmatrix} \dfrac{\partial f}{\partial x_1}, & \dfrac{\partial f}{\partial x_2} \end{bmatrix} \begin{bmatrix} \dfrac{\partial x_1}{\partial t} \\ \dfrac{\partial x_2}{\partial t} \end{bmatrix}.$$

由此可得

$$\frac{\mathrm{d}f}{\mathrm{d}t} = \frac{\partial f}{\partial \boldsymbol{x}^\top}\frac{\partial \boldsymbol{x}}{\partial t} = \mathrm{D}_{\boldsymbol{x}} f\ \mathrm{D}_t \boldsymbol{x}.$$

若 $x_1(\boldsymbol{t}), x_2(\boldsymbol{t})$ 是关于 $\boldsymbol{t}=[t_1,t_2]^\top$ 的二元可微函数, 则我们有

$$\frac{\partial f}{\partial t_1}=\frac{\partial f}{\partial x_1}\frac{\partial x_1}{\partial t_1}+\frac{\partial f}{\partial x_2}\frac{\partial x_2}{\partial t_1}=\left[\frac{\partial f}{\partial x_1},\quad\frac{\partial f}{\partial x_2}\right]\begin{bmatrix}\dfrac{\partial x_1}{\partial t_1}\\ \dfrac{\partial x_2}{\partial t_1}\end{bmatrix},$$

$$\frac{\partial f}{\partial t_2}=\frac{\partial f}{\partial x_1}\frac{\partial x_1}{\partial t_2}+\frac{\partial f}{\partial x_2}\frac{\partial x_2}{\partial t_2}=\left[\frac{\partial f}{\partial x_1},\quad\frac{\partial f}{\partial x_2}\right]\begin{bmatrix}\dfrac{\partial x_1}{\partial t_2}\\ \dfrac{\partial x_2}{\partial t_2}\end{bmatrix}.$$

于是

$$\left[\frac{\partial f}{\partial t_1},\quad\frac{\partial f}{\partial t_2}\right]=\left[\frac{\partial f}{\partial x_1},\quad\frac{\partial f}{\partial x_2}\right]\begin{bmatrix}\dfrac{\partial x_1}{\partial t_1} & \dfrac{\partial x_1}{\partial t_2}\\ \dfrac{\partial x_2}{\partial t_1} & \dfrac{\partial x_2}{\partial t_2}\end{bmatrix}.$$

进而, 我们有

$$\mathrm{D}_{\boldsymbol{t}}f=\mathrm{D}_{\boldsymbol{x}}f\ \mathrm{D}_{\boldsymbol{t}}\boldsymbol{x}, \tag{4.25}$$

即

$$\frac{\mathrm{d}f}{\mathrm{d}\boldsymbol{t}^\top}=\frac{\partial f}{\partial \boldsymbol{x}^\top}\frac{\partial \boldsymbol{x}}{\partial \boldsymbol{t}^\top}. \tag{4.26}$$

式 (4.25) 或 (4.26) 就是链式法则的矩阵乘积形式.

对于更一般情形, 我们也具有类似 (4.25) 或 (4.26) 的链式法则. 设

$$f:\ \mathbb{R}^{m\times n}\to\mathbb{R}^{s\times t},\quad X\mapsto f(X),$$

$$g:\ \mathbb{R}^{s\times t}\to\mathbb{R}^{p\times q},\quad Y\mapsto g(Y)$$

为矩阵函数, 则

$$g\circ f:\ \mathbb{R}^{m\times n}\to\mathbb{R}^{p\times q},\quad X\mapsto g\circ f(X)=g(f(X))$$

是 f 和 g 的复合函数. 若 f 和 g 的 Jacobi 矩阵或梯度矩阵均存在, 则有

$$\mathrm{D}_X g=\mathrm{D}_f\ g\ \mathrm{D}_X f,\quad 即\ \frac{\mathrm{d}g(X)}{\mathrm{d}\,X^\top}=\frac{\partial g}{\partial f^\top}\frac{\partial f}{\partial X^\top}. \tag{4.27}$$

或

$$\nabla_X g=\nabla_X f\ \nabla_f\ g,\quad 即\ \frac{\mathrm{d}g(X)}{\mathrm{d}\,X}=\frac{\partial f}{\partial X}\frac{\partial g}{\partial f}. \tag{4.28}$$

式 (4.27) 和 (4.28) 称为**矩阵函数的链式法则**, 其中 (4.27) 是 Jacobi 矩阵形式, (4.28) 是梯度矩阵形式.

注意到, 本书所定义的 $\dfrac{\mathrm{d}\,f}{\mathrm{d}X}$ 是梯度矩阵 $\nabla_X f$. 而有些书籍用 $\dfrac{\mathrm{d}\,f}{\mathrm{d}\,X}$ 代表 Jacobi 矩阵 $\mathrm{D}_X f$, 这样链式法则 (4.27) 就可表示为大家熟悉的链式法则形式

$$\frac{\mathrm{d}\ g(X)}{\mathrm{d}\,X}=\frac{\partial g}{\partial f}\frac{\partial f}{\partial X}.$$

例 4.17 设 $f(\boldsymbol{y})=\cos\boldsymbol{y}:=[\cos y_1,\cos y_2,\cos y_3]^\top$, $\boldsymbol{y}=[y_1,y_2,y_3]^\top=A\boldsymbol{x}+\boldsymbol{b}$, 其中 $\boldsymbol{x}\in[x_1,x_2]^\top\in\mathbb{R}^2$, $A\in\mathbb{R}^{3\times 2}$, $\boldsymbol{b}\in\mathbb{R}^3$. 求梯度矩阵 $\dfrac{\mathrm{d}f}{\mathrm{d}\boldsymbol{x}}$.

解 通过计算可得

$$\frac{\partial f}{\partial \boldsymbol{y}^\top}=\frac{\partial\cos\boldsymbol{y}}{\partial\boldsymbol{y}^\top}=\begin{bmatrix}\dfrac{\partial\cos y_1}{\partial y_1} & \dfrac{\partial\cos y_1}{\partial y_2} & \dfrac{\partial\cos y_1}{\partial y_3}\\ \dfrac{\partial\cos y_2}{\partial y_1} & \dfrac{\partial\cos y_2}{\partial y_2} & \dfrac{\partial\cos y_2}{\partial y_3}\\ \dfrac{\partial\cos y_3}{\partial y_1} & \dfrac{\partial\cos y_3}{\partial y_2} & \dfrac{\partial\cos y_3}{\partial y_3}\end{bmatrix}=-\begin{bmatrix}\sin y_1 & 0 & 0\\ 0 & \sin y_2 & 0\\ 0 & 0 & \sin y_3\end{bmatrix}$$

和

$$\frac{\partial\boldsymbol{y}}{\partial\boldsymbol{x}^\top}=\frac{\partial}{\partial\boldsymbol{x}^\top}(A\boldsymbol{x}+\boldsymbol{b})=A.$$

故由链式法则知

$$\frac{\mathrm{d}f}{\mathrm{d}\boldsymbol{x}^\top}=\frac{\partial f}{\partial\boldsymbol{y}^\top}\frac{\partial\boldsymbol{y}}{\partial\boldsymbol{x}^\top}=-\begin{bmatrix}\sin y_1 & 0 & 0\\ 0 & \sin y_2 & 0\\ 0 & 0 & \sin y_3\end{bmatrix}A.$$

故梯度矩阵

$$\frac{\mathrm{d}f}{\mathrm{d}\boldsymbol{x}}=-A^\top\begin{bmatrix}\sin y_1 & 0 & 0\\ 0 & \sin y_2 & 0\\ 0 & 0 & \sin y_3\end{bmatrix}.$$ □

矩阵函数的链式法则被使用到极致的一个领域是深度学习中的深度网络. 设函数

$$\boldsymbol{y}=(f_K\circ f_{K-1}\circ\cdots\circ f_1)(\boldsymbol{x})=f_K(f_{K-1}(\cdots(f_1(\boldsymbol{x})\cdots)))$$

为一个多层的复合函数, 其中 $\boldsymbol{x}$ 是输入值 (例如, 图像、音频), $\boldsymbol{y}$ 是输出值 (例如, 类标签、回归值), 每层函数 f_i 都有自己的参数. 在多层神经网络中, 函数 f_i 称为

激活函数, 一般取逻辑 sigmoid 函数 $\dfrac{1}{1+\mathrm{e}^{-\boldsymbol{x}}}$, 双曲正切 Tanh 函数 $\dfrac{\mathrm{e}^{\boldsymbol{x}}-\mathrm{e}^{-\boldsymbol{x}}}{\mathrm{e}^{\boldsymbol{x}}+\mathrm{e}^{-\boldsymbol{x}}}$, 或线性修正单元 ReLU 函数 $\max(0,\boldsymbol{x})$. 激活函数对于人工神经网络模型学习、理解非常复杂和非线性的函数来说具有十分重要的作用, 它们将非线性特性引入到深度网络中. 见图 4.1, 神经网络第 i 层的变换可以表示为矩阵和向量形式

$$\boldsymbol{x}^{(0)}=\boldsymbol{x},$$

$$\boldsymbol{x}^{(i)}=f_i(A_{i-1}\boldsymbol{x}^{(i-1)}+\boldsymbol{b}_{i-1}),\quad i=1,\cdots,K,$$

其中 $\boldsymbol{x}^{(i-1)}$ 为 $i-1$ 的输出向量, 也是第 i 层接收的输入向量, $\boldsymbol{x}^{(i)}$ 为第 i 层的输出向量, A_{i-1} 为第 i 层和第 $i-1$ 层的连接权重矩阵, $\boldsymbol{b}_{i-1}$ 为 $i-1$ 层的偏置项向量.

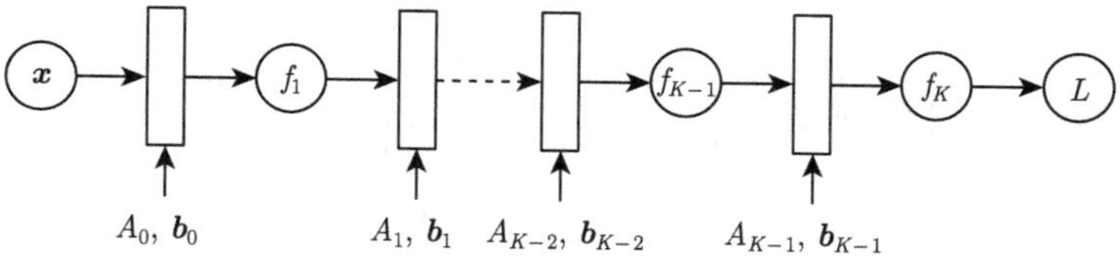

图 4.1　多层神经网络

为了训练模型, 我们需求对损失函数平方

$$L(\theta)=||\boldsymbol{y}-f_K(\theta,\boldsymbol{x})||_2^2$$

最小化, 其中 $\theta=\{A_0,\boldsymbol{b}_0,\cdots,A_{K-1},\boldsymbol{b}_{K-1}\}$ 为模型参数. 这就需要我们求 L 对参数 θ 的梯度. 为了获得关于参数 θ 的梯度, 我们需要计算 L 相对于每一层参数 $\theta_j=\{A_j,\boldsymbol{b}_j\}(j=0,\cdots,K-1)$ 的梯度. 根据梯度链式法则 (4.28), 我们有如下关系:

$$\frac{\partial L}{\partial\theta_{K-1}}=\frac{\partial f_K}{\partial\theta_{K-1}}\frac{\partial L}{\partial f_K};$$

$$\frac{\partial L}{\partial\theta_{K-2}}=\boxed{\frac{\partial f_{K-1}}{\partial\theta_{K-2}}\frac{\partial f_K}{\partial f_{K-1}}}\frac{\partial L}{\partial f_K};$$

$$\frac{\partial L}{\partial\theta_{K-3}}=\boxed{\frac{\partial f_{K-2}}{\partial\theta_{K-3}}\frac{\partial f_{K-1}}{\partial f_{K-2}}}\frac{\partial f_K}{\partial f_{K-1}}\frac{\partial L}{\partial f_K};$$

$$\frac{\partial L}{\partial\theta_i}=\boxed{\frac{\partial f_{i+1}}{\partial\theta_i}\frac{\partial f_{i+2}}{\partial f_{i+1}}}\cdots\frac{\partial f_K}{\partial f_{K-1}}\frac{\partial L}{\partial f_K}.$$

上述梯度关系公式中, 每个公式右边的所有中间项是一层输出向量相对其输入向量的梯度, 而第一项是一层输出向量相对其参数的梯度. 假设我们已经计算了梯度 $\dfrac{\partial L}{\partial \theta_{i+1}}$, 那么大部分计算结果都可以重复使用来计算 $\dfrac{\partial L}{\partial \theta_i}$, 而我们需要计算的附加项由方框表示. 图 4.2 体现了梯度通过网络反向传递. 这种算法在机器学习中称为**反向传播算法**, 上述过程体现了该算法的数学原理. 对于训练深层神经网络模型, 反向传播算法是计算误差函数关于模型参数梯度的有效方法.

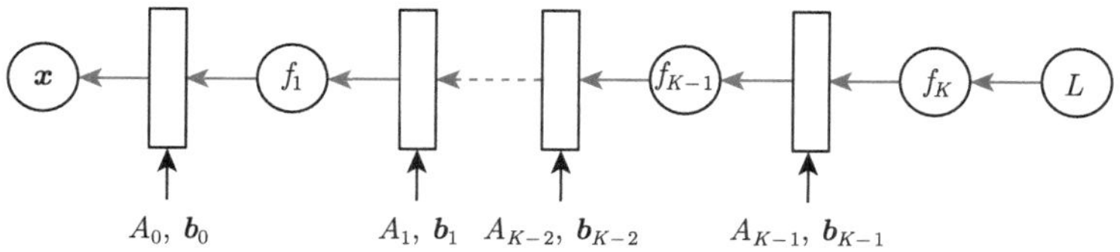

图 4.2 反向传播

4.5 标量函数的可微性

在本节中, 我们主要介绍标量函数 $f:\ \mathbb{R}^{m\times n} \to \mathbb{R}$ 的两种常见的可微性概念, 这在优化算法理论分析中起着关键作用.

4.5.1 Fréchet 可微与 Gâteaux 可微

在介绍两种可微性的定义之前, 我们先回顾多元微分学中的方向导数的定义. 设 $f:\mathbb{R}^n \to \mathbb{R}$ 是多元函数, $\boldsymbol{x}_0, \boldsymbol{u} \in \mathbb{R}^n$. 若极限

$$\lim_{t\downarrow 0} \frac{f(\boldsymbol{x}_0 + t\boldsymbol{u}) - f(\boldsymbol{x}_0)}{t}$$

存在, 其中 $t \downarrow 0$ 表示 t 单调下降趋于 0, 则称该极限是函数 f 在点 $\boldsymbol{x}_0$ 沿着方向 $\boldsymbol{u}$ 的**方向导数**, 记为 $\partial f(\boldsymbol{x}_0; \boldsymbol{u})$. 在数学分析中, 熟知

$$\partial f(\boldsymbol{x}_0; \boldsymbol{u}) = \lim_{t\downarrow 0} \frac{f(\boldsymbol{x}_0 + t\boldsymbol{u}) - f(\boldsymbol{x}_0)}{t} = \mathrm{D}_{\boldsymbol{x}} f(\boldsymbol{x}_0)\boldsymbol{u} = \nabla_{\boldsymbol{x}} f(\boldsymbol{x}_0)^\top \boldsymbol{u}. \tag{4.29}$$

我们将要介绍的弗雷歇 (Fréchet) 可微是多元函数微分学中可微性概念的自然推广.

定义 4.5　Fréchet 可微

设 $f: \mathbb{R}^{m\times n} \to \mathbb{R}$, $\|\cdot\|$ 是任意的矩阵范数, $\langle\cdot,\cdot\rangle$ 是 $\mathbb{R}^{m\times n}$ 的标准内积. 若 f 在 X 处的邻域内有定义, 且存在 $G \in \mathbb{R}^{m\times n}$ 满足

$$\lim_{H\to O} \frac{f(X+H) - f(X) - \langle G, H\rangle}{\|H\|} = 0, \tag{4.30}$$

则称 f 在 X 处 Fréchet 可微, $\langle G, H\rangle$ 为 f 在 X 处的 Fréchet 微分, G 为 f 在 Fréchet 可微意义下的梯度. ♣

如果对 $C \in \mathbb{R}^{m\times n}$ 上的每一个点都 Fréchet 可微, 那么称 f 在 C 上 Fréchet 可微, 简称可微. 除非另作说明, 本书的可微性均是 Fréchet 可微.

由矩阵范数的等价性可得, (4.30) 中矩阵范数取任一种范数, G 都是唯一的. 因此, 通常取 $\|\cdot\|$ 是由 $\mathbb{R}^{m\times n}$ 的标准内积诱导的 F 范数 $\|\cdot\|_F$. 下面我们将说明, 定义中的 G 恰好是梯度矩阵

$$\nabla_X f = \begin{bmatrix} \dfrac{\partial f}{\partial x_{11}} & \dfrac{\partial f}{\partial x_{12}} & \cdots & \dfrac{\partial f}{\partial x_{1n}} \\ \dfrac{\partial f}{\partial x_{21}} & \dfrac{\partial f}{\partial x_{22}} & \cdots & \dfrac{\partial f}{\partial x_{2n}} \\ \vdots & \vdots & & \vdots \\ \dfrac{\partial f}{\partial x_{m1}} & \dfrac{\partial f}{\partial x_{m2}} & \cdots & \dfrac{\partial f}{\partial x_{mn}} \end{bmatrix} \in \mathbb{R}^{m\times n}.$$

事实上, 我们可以参照微积分中处理 (4.29) 的方法来证明该结论. 设 $G = [g_{ij}]$, E_{ij} 为第 i 行 j 列元素为 1, 其他位置元素为 0 的矩阵. 如果 f 在点 $X = [x_{ij}]$ 处可微, 在 (4.30) 中令 $H = \varepsilon E_{ij}$, 那么

$$\begin{aligned} \lim_{H\to O} \frac{f(X+H) - f(X) - \langle G, H\rangle}{\|H\|_F} &= \lim_{\varepsilon\to 0} \frac{f(X+\varepsilon E_{ij}) - f(X)}{\varepsilon} - \langle G, E_{ij}\rangle \\ &= \frac{\partial f}{\partial x_{ij}} - g_{ij} = 0. \end{aligned}$$

这说明 G 的第 i 行第 j 列元素为 $\dfrac{\partial f(\boldsymbol{x})}{\partial x_{ij}}$. 因此 $G = \nabla_X f$.

下面, 我们介绍另一种可微的定义, 它可以看作是方向导数的推广.

定义 4.6 Gâteaux 可微

设 $f:\mathbb{R}^{m\times n}\to\mathbb{R}$, $\langle\cdot,\cdot\rangle$ 是 $\mathbb{R}^{m\times n}$ 的标准内积. 如果存在矩阵 $G\in\mathbb{R}^{m\times n}$, 对任意方向 $U\in\mathbb{R}^{m\times n}$, 均满足

$$\lim_{t\to 0}\frac{f(X+tU)-f(X)}{t}=\langle G,U\rangle,$$

则称 f 在 X 处是加托 (Gâteaux) 可微的, 称 G 为 f 在 X 处在 Gâteaux 可微意义下的梯度. ♣

如果对 $C\in\mathbb{R}^{m\times n}$ 上的每一个点都是 Gâteaux 可微的, 则称 f 在 C 上 Gâteaux 可微. 显然, 若 $f:\mathbb{R}^n\to\mathbb{R}$ 在 $\boldsymbol{x}$ 处 Gâteaux 可微, 那么 $\boldsymbol{x}$ 沿着任何方向的方向导数都存在.

与 Fréchet 可微类似, 我们可得 f 在 X 处在 Gâteaux 可微意义下的梯度 G 也是 $\nabla_X f$. 因此, 在 Fréchet 可微和 Gâteaux 可微意义下, 二者梯度是相同的. 事实上, 从定义可以看出, 若 f 是 Fréchet 可微的, 则要求 f 在 X 处的收敛方式是任意的, 而 Gâteaux 可微的收敛方式要求沿着任意给定方向逼近. 因此, 若 f 是 Fréchet 可微的, 则 f 也是 Gâteaux 可微的, 反之则不成立.

显然, 除了之前计算梯度的方法, 我们还可以利用 Fréchet 可微和 Gâteaux 可微的定义去计算梯度. 但在实际应用中, Fréchet 可微的定义和使用往往比较繁琐, 而 Gâteaux 可微针对一元函数考虑极限, 利用 Gâteaux 可微计算梯度是相对容易实现的.

例 4.18 设 $f(X,Y)=\dfrac{1}{2}||XY-A||_F^2$, 其中 $X\in\mathbb{R}^{m\times p}$, $Y\in\mathbb{R}^{p\times n}$. 求 $\nabla_X f$ 和 $\nabla_Y f$.

解 对变量 X, 取任意方向 $V\in\mathbb{R}^{m\times p}$ 和 $t\in\mathbb{R}$, 我们有

$$\begin{aligned}f(X+tV,Y)-f(X,Y)&=\frac{1}{2}||(X+tV)Y-A||_F^2-\frac{1}{2}||XY-A||_F^2\\&=t\langle VY,XY-A\rangle+\frac{1}{2}t^2||VY||_F^2.\end{aligned}$$

于是由 Gâteaux 可微定义可知 $\nabla_X f=(XY-A)Y^\top$.

对于变量 Y, 取任意方向 $V\in\mathbb{R}^{p\times n}$ 和 $t\in\mathbb{R}$, 我们有

$$\begin{aligned}f(X,Y+tV)-f(X,Y)&=\frac{1}{2}||X(Y+tV)-A||_F^2-\frac{1}{2}||XY-A||_F^2\\&=t\langle XV,XY-A\rangle+\frac{1}{2}t^2||XV||_F^2.\end{aligned}$$

于是由 Gâteaux 可微定义可知 $\nabla_Y f=X^\top(XY-A)$. □

4.5.2 多元函数的 Taylor 公式

在本小节, 主要考虑多元函数 $f: \mathbb{R}^n \to \mathbb{R}$ 的 Taylor 公式. 多元函数的梯度矩阵在优化理论中具有十分重要的地位. 在多元微分学中, 函数 f 的梯度或 Jacobi 矩阵常用于点 $\boldsymbol{x}_0$ 附近 $f(\boldsymbol{x})$ 的局部线性近似.

设 $f: \mathbb{R}^n \to \mathbb{R}$ 在点 $\boldsymbol{x}_0$ 处都 Fréchet 可微. 根据 Fréchet 可微的定义可得

$$\lim_{\boldsymbol{h}\to\boldsymbol{0}} \frac{f(\boldsymbol{x}_0+\boldsymbol{h}) - f(\boldsymbol{x}_0) - \nabla_{\boldsymbol{x}} f(\boldsymbol{x}_0)^\top \boldsymbol{h}}{||\boldsymbol{h}||} = 0, \tag{4.31}$$

其中 $||\cdot||$ 是任意的向量范数. 进一步地, 由 (4.31) 和极限定义可得

$$f(\boldsymbol{x}_0+\boldsymbol{h}) = f(\boldsymbol{x}_0) + \nabla_{\boldsymbol{x}} f(\boldsymbol{x}_0)^\top \boldsymbol{h} + \omega(\boldsymbol{x}+\boldsymbol{h})||\boldsymbol{h}||, \tag{4.32}$$

其中 $\omega: \mathbb{R}^n \to \mathbb{R}$ 为 $\boldsymbol{x}$ 处连续的函数并满足 $\omega(\boldsymbol{x}) = 0$. 若记

$$o(\boldsymbol{h}) := o(||\boldsymbol{h}||).$$

则 $\omega(\boldsymbol{x}+\boldsymbol{h})||\boldsymbol{h}|| = o(\boldsymbol{h})$. 于是 (4.32) 可修改为

$$f(\boldsymbol{x}_0+\boldsymbol{h}) = f(\boldsymbol{x}_0) + \nabla_{\boldsymbol{x}} f(\boldsymbol{x}_0)^\top \boldsymbol{h} + o(\boldsymbol{h}). \tag{4.33}$$

从 (4.33) 可以看出, $f(\boldsymbol{x}_0) + \nabla_{\boldsymbol{x}} f(\boldsymbol{x}_0)^\top \boldsymbol{h}$ 是 $f(\boldsymbol{x}_0+\boldsymbol{h})$ 在点 $\boldsymbol{x}_0$ 处的线性近似估计. 这种近似是局部精确的, 但离 $\boldsymbol{x}_0$ 越远, 近似就越差.

下面, 我们来回顾一下微积分中多元函数的黑塞 (Hessian) 矩阵定义. Hessian 矩阵常用于刻画函数在某点的弯曲情况、判定极值点或二阶近似.

定义 4.7 Hessian 矩阵

设 $f(x_1, \cdots, x_n)$ 为二阶可导连续的多元函数. 则称矩阵

$$H(f) = \left[\frac{\partial^2 f}{\partial x_i \partial x_j}\right] = \begin{bmatrix} \dfrac{\partial^2 f}{\partial x_1 \partial x_1} & \dfrac{\partial^2 f}{\partial x_1 \partial x_2} & \cdots & \dfrac{\partial^2 f}{\partial x_1 \partial x_n} \\ \dfrac{\partial^2 f}{\partial x_2 \partial x_1} & \dfrac{\partial^2 f}{\partial x_2 \partial x_2} & \cdots & \dfrac{\partial^2 f}{\partial x_2 \partial x_n} \\ \vdots & \vdots & & \vdots \\ \dfrac{\partial^2 f}{\partial x_n \partial x_1} & \dfrac{\partial^2 f}{\partial x_n \partial x_2} & \cdots & \dfrac{\partial^2 f}{\partial x_n \partial x_n} \end{bmatrix} \in \mathbb{R}^{n\times n}$$

为 f 的 Hessian 矩阵. ♣

根据二阶可导连续函数的偏导与求导顺序无关可得, Hessian 矩阵是一个对称矩阵. 下面, 我们讨论 Hessian 矩阵与梯度之间的关系.

令 $\boldsymbol{x} = [x_1, \cdots, x_n]^\top \in \mathbb{R}^n$. 则 $f(x_1, \cdots, x_n) = f(\boldsymbol{x})$ 是关于向量 $\boldsymbol{x}$ 的标量函数. 则我们有

$$H(f) = \frac{\partial}{\partial \boldsymbol{x}}\left(\frac{\partial f}{\partial \boldsymbol{x}^\top}\right) = \nabla_{\boldsymbol{x}}(\mathrm{D}_{\boldsymbol{x}} f) = \mathrm{D}_{\boldsymbol{x}}(\nabla_{\boldsymbol{x}} f).$$

很多时候为记忆方便, Hessian 也记作 $\mathrm{D}_{\boldsymbol{x}}^2 f$ 或 $\nabla_{\boldsymbol{x}}^2 f$.

类似于一元函数的 Taylor 展开, 对于多元函数也有如下形式的 Taylor 展开式, 这将允许有更好的近似. 限于篇幅, 本书不予证明地给出多元 Taylor 公式. 我们先介绍带佩亚诺 (Peano) 余项的多元 Taylor 公式.

定理 4.1 多元 Taylor 公式 (Peano 余项)

设 $f: \mathbb{R}^n \to \mathbb{R}$ 在点 $\boldsymbol{x}_0$ 处 m 阶可微. 若 $\Delta \boldsymbol{x} = \boldsymbol{x} - \boldsymbol{x}_0 = [\Delta_1, \cdots, \Delta_n]^\top \to \mathbf{0}$, 则

$$f(\boldsymbol{x}) = \sum_{k=0}^{m} \frac{1}{k!} \mathrm{D}_{\boldsymbol{x}}^k f(\boldsymbol{x}_0) \Delta^k \boldsymbol{x} + o(||\Delta \boldsymbol{x}||^m), \tag{4.34}$$

其中

$$\mathrm{D}_{\boldsymbol{x}}^k f(\boldsymbol{x}_0) \Delta^k \boldsymbol{x} = \sum_{i_1=1}^{n} \cdots \sum_{i_k=1}^{n} \frac{\partial^k f(\boldsymbol{x}_0)}{\partial x_{i_1} \cdots \partial x_{i_k}} \Delta_{i_1} \cdots \Delta_{i_k}. \tag{4.35}$$

♡

当 $m = 1$ 时, (4.34) 就是 (4.33). 有时为了推导方便, 我们可将 (4.34) 中的余项 $o(||\Delta \boldsymbol{x}||^m)$ 替换为 $\frac{1}{m!}||\Delta \boldsymbol{x}||^m \omega(\boldsymbol{x})$, 其中 $\omega: \mathbb{R}^n \to \mathbb{R}$ 为 $\boldsymbol{x}$ 处连续的函数并满足 $\omega(\boldsymbol{x}) = 0$. 则

$$f(\boldsymbol{x}) = \sum_{k=0}^{m} \frac{1}{k!} \mathrm{D}_{\boldsymbol{x}}^k f(\boldsymbol{x}_0) \Delta^k \boldsymbol{x} + \frac{||\Delta \boldsymbol{x}||^m}{m!} \omega(\boldsymbol{x}).$$

我们对 (4.35) 的前几项进行如下简单分析.

当 $k = 0$ 时, 有

$$\mathrm{D}_{\boldsymbol{x}}^0 f(\boldsymbol{x}_0) \Delta^0 \boldsymbol{x} = f(\boldsymbol{x}_0).$$

当 $k = 1$ 时, 有

$$\mathrm{D}_{\boldsymbol{x}}^1 f(\boldsymbol{x}_0) \Delta^1 \boldsymbol{x} = \sum_{i=1}^{n} \frac{\partial f(\boldsymbol{x}_0)}{\partial x_i} \Delta_i = \mathrm{D}_{\boldsymbol{x}} f(\boldsymbol{x}_0) \Delta \boldsymbol{x} = \nabla_{\boldsymbol{x}}^\top f(\boldsymbol{x}_0) \Delta \boldsymbol{x}.$$

当 $k = 2$ 时, 有

$$\mathrm{D}_{\boldsymbol{x}}^2 f(\boldsymbol{x}_0) \Delta^2 \boldsymbol{x} = \sum_{i=1}^{n} \sum_{j=1}^{n} \frac{\partial^2 f(\boldsymbol{x}_0)}{\partial x_i \partial x_j} \Delta_i \Delta_j = (\Delta \boldsymbol{x})^\top H(f(\boldsymbol{x}_0)) \Delta \boldsymbol{x}.$$

当 $k=3$ 时, 我们有

$$\mathrm{D}_{\boldsymbol{x}}^3 f(\boldsymbol{x}_0)\Delta^3\boldsymbol{x}=\sum_{i=1}^n\sum_{j=1}^n\sum_{t=1}^n\frac{\partial^3 f(\boldsymbol{x}_0)}{\partial x_i\partial x_j\partial x_t}\Delta_i\Delta_j\Delta_t.$$

同样地, 多元 Taylor 公式也有带拉格朗日 (Lagrange) 余项的形式.

定理 4.2 多元 Taylor 公式 (Lagrange 余项)

设 $f: B(\boldsymbol{x}_0,r)\to\mathbb{R}$ 是 m 阶连续可微的函数, 其中 $B(\boldsymbol{x}_0,r)=\{\boldsymbol{x}\mid ||\boldsymbol{x}-\boldsymbol{x}_0||<r\}\subseteq\mathbb{R}^n$. 若 $\boldsymbol{h}\in\mathbb{R}^n$ 满足 $||\boldsymbol{h}||<r$, 则存在 $\theta\in(0,1)$ 使得

$$f(\boldsymbol{x}_0+\boldsymbol{h})=\sum_{k=0}^{m-1}\frac{1}{k!}\mathrm{D}_{\boldsymbol{x}}^k f(\boldsymbol{x}_0)\Delta^k\boldsymbol{x}+\frac{1}{m!}\mathrm{D}_{\boldsymbol{x}}^m f(\boldsymbol{x}_0+\theta\boldsymbol{h})\Delta^m\boldsymbol{x}.$$

特别地, 当 $m=2$ 时,

$$f(\boldsymbol{x}_0+\boldsymbol{h})=f(\boldsymbol{x}_0)+\nabla_{\boldsymbol{x}}f(\boldsymbol{x}_0)^\top\boldsymbol{h}+\frac{1}{2}\boldsymbol{h}^\top\nabla_{\boldsymbol{x}}^2 f(\boldsymbol{x}_0+\theta\boldsymbol{h})\boldsymbol{h}. \tag{4.36}$$

♡

综上所述, 我们可以看出, 多元 Taylor 公式的第一项就是函数值, 第二项与梯度相关, 第三项与 Hessian 矩阵相关. 在优化理论中, 如果目标函数是一阶可微函数, 那么我们可以利用梯度信息进行优化, 例如梯度下降法. 而如果目标函数是二阶可微函数, 则可利用 Hessian 矩阵的信息进行优化, 例如牛顿 (Newton) 法.

习 题 4

1. 设 $\boldsymbol{x}\in\mathbb{R}^n$, $f(\boldsymbol{x})=\sin(\ln(\boldsymbol{x}^\top\boldsymbol{x}))$ 是 $\boldsymbol{x}$ 的实值函数. 求 $\dfrac{\mathrm{d}f}{\mathrm{d}\boldsymbol{x}}$.
2. 设 $\boldsymbol{a},\boldsymbol{b}\in\mathbb{R}^n$, $X\in\mathbb{R}^{n\times n}$, $f(\boldsymbol{x})=\boldsymbol{a}^\top X\boldsymbol{b}$. 求 $\dfrac{\mathrm{d}f}{\mathrm{d}X}$.
3. 设 $A\in\mathbb{R}^{m\times n}$, $X\in\mathbb{R}^{n\times l}$, $B\in\mathbb{R}^{l\times m}$, $f(X)=\mathrm{tr}(AXB)$. 求 $\nabla_X f$.
4. 设 $A\in\mathbb{R}^{n\times n}$, $X\in\mathbb{R}^{m\times n}$, $B\in\mathbb{R}^{m\times m}$, $f(X)=\mathrm{tr}(XAX^\top B)$. 求 $\nabla_X f$.
5. 设 $X\in\mathbb{R}^{m\times n}$, $\boldsymbol{a},\boldsymbol{b}\in\mathbb{R}^n$. 求

$$\frac{\mathrm{d}\,\boldsymbol{a}^\top X^\top X\boldsymbol{b}}{\mathrm{d}X}.$$

6. 设 $A\in\mathbb{R}^{m\times n}$, $C\in\mathbb{R}^{m\times l}$, $B\in\mathbb{R}^{l\times n}$, $\varepsilon=||A-CB||_F^2$. 求 $\dfrac{\partial\varepsilon}{\partial C}$, $\dfrac{\partial\varepsilon}{\partial B}$.
7. 设

$$A=\begin{bmatrix}2 & -1\\ 1 & 3\end{bmatrix},\quad X=\begin{bmatrix}x_{11} & x_{12}\\ x_{21} & x_{22}\end{bmatrix}.$$

求 $\dfrac{\mathrm{d}(AX)}{\mathrm{d}X}$ 和 $\dfrac{\mathrm{d}(XA)}{\mathrm{d}X}$.

8. 设 $X \in \mathbb{R}^{n\times n}$ 是一可逆矩阵, 那么

(1) 证明 $\mathrm{d}(X^{-1}) = -X^{-1}(\mathrm{d}X)X^{-1}$;

(2) 计算矩阵函数 $f(X) = X^{-1}$ 的梯度矩阵 $\nabla_X f(X)$.

9. 设 $\boldsymbol{f} = \tanh(\boldsymbol{z}) \in \mathbb{R}^m$, $\boldsymbol{z} = A\boldsymbol{x} + \boldsymbol{b}$, 其中 $\boldsymbol{x} \in \mathbb{R}^n$, $A \in \mathbb{R}^{m\times n}$, $\boldsymbol{b} \in \mathbb{R}^m$. 利用链式法则, 说明 $\boldsymbol{f}$ 关于 $A, \boldsymbol{x}, \boldsymbol{b}$ 的梯度矩阵的维数 (不需要写出具体的梯度).

10. (加权岭回归) 试求出如下加权正则化问题

$$\min_{\boldsymbol{x}\in\mathbb{R}^n} \|A\boldsymbol{x} - \boldsymbol{b}\|_2^2 + \lambda\|\boldsymbol{x}\|_W^2$$

的解满足何种条件, 其中 $A \in \mathbb{R}^{m\times n}, \boldsymbol{b} \in \mathbb{R}^m, \lambda \geqslant 0$ 和 $W = C^\top C$ ($C \in \mathbb{R}^{m\times n}$ 是一个列满秩矩阵, $m \geqslant n$).

11. 若 $W, V \in \mathbb{R}^{m\times n}$, $\sigma \neq 0$, I_m 是 m 阶单位阵, 试解答如下问题:

(1) 求出函数

$$f(W) = \|WV^\top - I_m\|_F^2 + \sigma^2\|W\|_F^2$$

的梯度矩阵 $\nabla_W f$ 和 Jacobi 矩阵 $\mathrm{D}_W f$;

(2) 求出最小化问题 $\min\limits_{W\in\mathbb{R}^{m\times n}} f(W)$ 的解需要满足的条件.

12. 试分别求矩阵函数 $f(X) = AX$ 和 $g(Y) = YB$ 的 $\mathrm{D}_X f$, $\nabla_X f$, $D_Y g$ 和 $\nabla_Y g$, 其中 $A, B \in \mathbb{R}^{m\times n}$, $X \in \mathbb{R}^{n\times \ell}$ 和 $Y \in \mathbb{R}^{s\times m}$.

13. 证明: 若矩阵 $X \in \mathbb{R}^{m\times n}$, $Y \in \mathbb{R}^{s\times t}$, $U \in \mathbb{R}^{n\times p}$ 和 $V \in \mathbb{R}^{t\times q}$, 则

$$(X \otimes Y)(U \otimes V) = (XU) \otimes (YV) \in \mathbb{R}^{ms\times pq}.$$

14. 试写出多元函数 $f(x_1, x_2, x_3) = \mathrm{e}^{-x_1}\sin(x_2x_3)$ 在点 $(0, 1, \pi)$ 处的 Taylor 展开形式 (带 Peano 余项).

15. 非线性方程组 $\boldsymbol{f}(\boldsymbol{x}) = [f_1(\boldsymbol{x}), f_2(\boldsymbol{x}), \cdots, f_n(\boldsymbol{x})]^\top = \boldsymbol{0}$, 其中 $\boldsymbol{x} \in \mathbb{R}^n$, $f_i(\boldsymbol{x})$ 是 $\boldsymbol{x}$ 的实值函数, 且至少有一个不是线性的, 其广泛存在于电路问题、飞行动力学研究和经济与非线性规划问题等诸多工程技术领域. 但非线性方程组一般不存在所谓的直接解法, 因此常常需要构建迭代算法来求解它. 其中最著名的迭代算法之一当属 "牛顿法": 给定 $\boldsymbol{x}^{(0)} \in \mathbb{R}^n$,

$$\begin{cases} \mathrm{D}_{\boldsymbol{x}}\boldsymbol{f}(\boldsymbol{x}^{(k)})\delta\boldsymbol{x}^{(k)} = -\boldsymbol{f}(\boldsymbol{x}^{(k)}), \\ \boldsymbol{x}^{(k+1)} = \boldsymbol{x}^{(k)} + \delta\boldsymbol{x}^{(k)}, \quad k = 0, 1, \cdots, \end{cases}$$

其中 $\mathrm{D}_{\boldsymbol{x}}\boldsymbol{f}(\boldsymbol{x}^{(k)})$ 表示向量函数 $\boldsymbol{f}$ 在点 $\boldsymbol{x}^{(k)}$ 的 Jacobi 矩阵, 若当 $\|\boldsymbol{x}^{(k+1)} - \boldsymbol{x}^{(k)}\|_2 < \varepsilon\ (= 10^{-8})$ 时, 上述迭代法停止得到 $\boldsymbol{x}^{(k+1)}$ 即为 $\boldsymbol{f}(\boldsymbol{x}) = \boldsymbol{0}$ 的近似解. 试给出求解如下非线性方程组

$$\begin{cases} 3x_1 - \cos(x_2x_3) - \dfrac{1}{2} = 0, \\ x_1^2 - 81(x_2 + 0.1)^2 + \sin x_3 + 1.06 = 0, \\ \mathrm{e}^{-x_1x_2} + 20x_3 + \dfrac{10\pi - 3}{3} = 0 \end{cases}$$

的牛顿法的具体形式, 其中初值 $\boldsymbol{x}^{(0)} = [0.1, 0.1, -0.1]^\top$.

Chapter

第5章 概率统计与信息论基础

第5章课件

本章将要介绍概率统计与信息论的核心知识. 概率与统计在机器学习中的地位非常重要. 当预测一个输出向量时, 我们需要它的概率分布, 当测量一个输出时, 我们需要它的统计数据. 信息论是概率论的延续, 在机器学习里通常用于构造目标函数.

5.1 概率分布、期望和方差

在本小节, 我们简要回顾一下概率分布概念以及常见分布的期望与方差.

5.1.1 一维随机变量的概率分布

定义 5.1 分布函数

设 X 为一个随机变量, 称 $F(x)=P\{X\leqslant x\}, x\in\mathbb{R}$ 为随机变量 X 的分布函数. ♣

易知分布函数有以下几条性质.

(1) **单调不减性** 对于任意的 $a,b\in\mathbb{R}$, 若 $a<b$, 则有 $F(a)\leqslant F(b)$ 且 $P\{a<X\leqslant b\}=F(b)-F(a)$.

(2) **右连续性** $F(x)$ 是一个单调右连续的函数.

(3) **有界性** 对于任意 $x\in\mathbb{R}$, 总有 $0\leqslant F(x)\leqslant 1$, $\lim\limits_{x\to-\infty}F(x)=0$ 且 $\lim\limits_{x\to+\infty}F(x)=1$.

对于离散型随机变量 X, 若记 $p_k=P\{X=x_k\}$, $k=1,2,\cdots$, 则离散型随机

变量 X 的分布函数为

$$F(x)=P\{X\leqslant x\}=P\left\{\bigcup_{x_k\leqslant x}\{X=x_k\}\right\}=\sum_{x_k\leqslant x}P\{X=x_k\}=\sum_{x_k\leqslant x}p_k.$$

对于连续型随机变量 X, 若 $p(x)$ 为其密度函数, 则连续型随机变量 X 的分布函数为

$$F(x)=\int_{-\infty}^{x}p(t)\mathrm{d}t,\qquad x\in\mathbb{R},$$

即分布函数是密度函数的变上限积分.

接下来, 我们介绍一些常用的离散分布和连续分布.

(1) **两点分布** (伯努利 (Bernoulli) 分布) 设一个随机试验只有两种可能的结果, 用 $\Omega=\{\omega_1,\omega_2\}$ 表示其样本空间且 $P\{\omega_1\}=p$, $P\{\omega_2\}=1-p$. 令 $X(\omega)=\begin{cases}1, & \omega=\omega_1,\\ 0, & \omega=\omega_2,\end{cases}$ 于是有 $X\sim\begin{pmatrix}0 & 1\\ 1-p & p\end{pmatrix}$. 称 X 服从参数为 p 的两点分布, 通常记为 $X\sim B(1,p)$, 其中

$$P\{X=k\}=p^k(1-p)^{1-k},\quad k=0,1.$$

(2) **二项分布** 设 $X_1,X_2,\cdots,X_n$ 独立同分布, 且 $X_i\sim B(1,p)$, 令 $X=\sum_{i=1}^{n}X_i$, 于是有

$$P\{X=k\}=\binom{n}{k}p^k(1-p)^{n-k},\quad k=0,1,\cdots,n,$$

则称 X 服从参数为 (n,p) 的二项分布, 记为 $X\sim B(n,p)$.

(3) **泊松分布** 即稀有事件对应的分布. 设随机变量 X 的所有可能取值为 $0,1,2,\cdots$, 并且

$$P\{X=k\}=\frac{\lambda^k}{k!}\mathrm{e}^{-\lambda},\quad k=0,1,2,\cdots,$$

其中 $\lambda>0$ 为常数. 易知 $P\{X=k\}\geqslant 0$, $k=0,1,2,\cdots$ 并且 $\sum_{k=0}^{\infty}\frac{\lambda^k}{k!}\mathrm{e}^{-\lambda}=1$. 称 X 服从参数为 λ 的泊松分布, 记为 $X\sim P(\lambda)$.

(4) **均匀分布** 若 $X\sim U[a,b]$, 其中 $a<b$, 其密度函数为

$$p(x)=\begin{cases}\dfrac{1}{b-a}, & a\leqslant x\leqslant b,\\ 0, & \text{其他},\end{cases}$$

则分布函数为

$$F(x)=\int_{-\infty}^{x}p(t)\mathrm{d}t=\begin{cases}0, & x<a,\\ \dfrac{x-a}{b-a}, & a\leqslant x<b,\\ 1, & x\geqslant b,\end{cases}$$

且对于满足 $a\leqslant c\leqslant d\leqslant b$ 的 c 和 d, 总有 $P\{c\leqslant X\leqslant d\}=\dfrac{d-c}{b-a}$.

(5) **正态分布** 若 $X\sim N(\mu,\sigma^2)$, 其密度函数为

$$p(x)=\frac{1}{\sqrt{2\pi}\sigma}\mathrm{e}^{-\frac{(x-\mu)^2}{2\sigma^2}},$$

则称 X 服从参数为 μ 和 σ 的正态分布. 而 $X\sim N(0,1)$ 称为**标准正态分布**, 此时 $p(x)=\dfrac{1}{\sqrt{2\pi}}\mathrm{e}^{-\frac{x^2}{2}}$, 分布函数为

$$\Phi(x)=\int_{-\infty}^{x}\frac{1}{\sqrt{2\pi}}\mathrm{e}^{-\frac{t^2}{2}}\mathrm{d}t.$$

函数 $\mathrm{erf}(x)=\dfrac{2}{\sqrt{\pi}}\displaystyle\int_0^x\mathrm{e}^{-s^2}\mathrm{d}s$ 称为**误差函数**. $\Phi(x)$ 和 $\mathrm{erf}(x)$ 之间满足如下关系:

$$\begin{aligned}\Phi(x)&=\int_{-\infty}^{x}\frac{1}{\sqrt{2\pi}}\mathrm{e}^{-\frac{t^2}{2}}\mathrm{d}t=\frac{1}{\sqrt{2\pi}}\left[\int_{-\infty}^{0}\mathrm{e}^{-\frac{t^2}{2}}\mathrm{d}t+\int_0^x\mathrm{e}^{-\frac{t^2}{2}}\mathrm{d}t\right]\\&=\frac{1}{\sqrt{2\pi}}\int_0^{+\infty}\sqrt{2}\mathrm{e}^{-y^2}\mathrm{d}y+\frac{1}{\sqrt{2\pi}}\int_0^{\frac{x}{\sqrt{2}}}\sqrt{2}\mathrm{e}^{-s^2}\mathrm{d}s\\&=\frac{1}{2}+\frac{1}{2}\mathrm{erf}\left(\frac{x}{\sqrt{2}}\right).\end{aligned}$$

(6) **指数分布** 设 $X\sim e(\lambda)$, 其概率密度函数为 $p(x)=\begin{cases}\lambda\mathrm{e}^{-\lambda x}, & x\geqslant 0,\\ 0, & 其他,\end{cases}$ 其中 $\lambda>0$ 为常数, 则称 X 服从参数为 λ 的指数分布, 其分布函数为

$$F(x)=\begin{cases}1-\mathrm{e}^{-\lambda x}, & x\geqslant 0,\\ 0, & x<0.\end{cases}$$

5.1.2 二维随机变量的联合分布

定义 5.2 二维随机变量的联合分布

设 (X,Y) 是二维随机变量, 对于任意实数 x 和 y, 称二元函数

$$F(x,y)=P\{X\leqslant x,Y\leqslant y\}$$

为 (X,Y) 的联合分布函数. ♣

联合分布函数有如下简单性质:

(1) $F(x,y)$ 是关于 x 或 y 的非减函数.

(2) 对任意的 $x,y\in\mathbb{R}$, 有 $0\leqslant F(x,y)\leqslant 1$.

(3) $\lim\limits_{x\to-\infty}F(x,y)=0$; $\lim\limits_{y\to-\infty}F(x,y)=0$; $\lim\limits_{\substack{x\to-\infty\\ y\to-\infty}}F(x,y)=0$; $\lim\limits_{\substack{x\to+\infty\\ y\to+\infty}}F(x,y)=1$.

设 $F(x,y)$ 为二维随机变量 (X,Y) 的联合分布函数, 则分别称

$$F_X(x)=P\{X\leqslant x\}=\lim_{y\to\infty}F(x,y),\quad F_Y(y)=P\{Y\leqslant y\}=\lim_{x\to\infty}F(x,y)$$

为 X 和 Y 的**边缘分布函数**.

如果二维随机变量 (X,Y) 的所有可能取值为有限对或可列无限对, 并且满足

$$P(X=x_i,Y=y_j)=p_{ij},\quad i,j=1,2,\cdots,$$

则称 (X,Y) 为**二维离散型随机变量**, p_{ij} 称为 (X,Y) 的**联合分布律**. 并且分别称

$$P_{i\cdot}=P\{X=x_i\}=\sum_j p_{ij},\quad P_{\cdot j}=P\{Y=y_j\}=\sum_i p_{ij}$$

为 X 和 Y 的**边缘概率分布**.

若存在非负函数 $f(x,y)$, 使得对任意的 $x,y\in\mathbb{R}$, 总有

$$F(x,y)=\int_{-\infty}^{y}\int_{-\infty}^{x}f(u,v)\mathrm{d}u\mathrm{d}v,$$

则称 (X,Y) 为**连续型随机变量**, $f(x,y)$ 为 (X,Y) 的**联合概率密度函数**, 分别称

$$f_X(x)=\int_{-\infty}^{+\infty}f(x,y)\mathrm{d}y,\quad f_Y(y)=\int_{-\infty}^{+\infty}f(x,y)\mathrm{d}x$$

为 X 和 Y 的**边缘概率密度函数**.

设 (X, Y) 是二维随机变量, 若对任意实数对 (x, y) 总有

$$P\{X \leqslant x, Y \leqslant y\} = P\{X \leqslant x\} \cdot P\{Y \leqslant y\},$$

即 $F(x, y) = F_X(x)F_Y(y)$, 则称 X 与 Y **相互独立**. 从定义易得: 如果 (X, Y) 是连续型随机变量, 那么随机变量 X 与 Y 相互独立等价于 $f(x, y) = f_X(x) \cdot f_Y(y)$.

5.1.3 期望与方差

设离散型随机变量 X 的概率分布为 $P\{X = x_i\} = p_i$, 其中 $i = 1, 2, \cdots$. 若 $\sum |x_i|p_i < +\infty$, 则称

$$E(X) = \sum_{i=1}^{\infty} x_i p_i$$

为**离散型随机变量 X 的期望**. 设连续型随机变量 X 的概率密度函数为 $p(x)$. 若 $\int_{-\infty}^{+\infty} |x|p(x)\mathrm{d}x < +\infty$, 则称

$$E(X) = \int_{-\infty}^{+\infty} xp(x)\mathrm{d}x$$

为**连续型随机变量 X 的期望**.

随机变量的期望有如下重要性质.

(1) 设 C 为常数, 则 $E(C) = C$.

(2) 设 k_1 和 k_2 均为常数, 则 $E(k_1X_1 + k_2X_2) = k_1E(X_1) + k_2E(X_2)$.

(3) 设 X 和 Y 相互独立且 $E(XY) < \infty$, 则 $E(XY) = E(X)E(Y)$.

(4) 设 X 为一个随机变量, 而 $Y = g(X)$, 则 $E(Y) = E(g(X))$.

设 X 为随机变量, 如果 X 和 X^2 的期望均存在, 那么称

$$\mathrm{Var}(X) = E[(X - E(X))^2] = E(X^2) - [E(X)]^2$$

为**随机变量 X 的方差**.

对于离散型随机变量 $X \sim \begin{pmatrix} x_1 & x_2 & \cdots & x_n \\ p_1 & p_2 & \cdots & p_n \end{pmatrix}$, 其方差为

$$\mathrm{Var}(X) = \sum_{i=1}^{n} p_i(x_i - E(X))^2.$$

对于连续型随机变量 X, 其方差为

$$\mathrm{Var}(X) = \int_{-\infty}^{+\infty} (x - E(X))^2 p(x)\mathrm{d}x.$$

随机变量的方差有如下重要性质.

(1) 设 C 为常数, 则 $\mathrm{Var}(C)=0$.

(2) 设 $X_1, X_2, \cdots, X_n$ 相互独立, 且 $k_1, k_2, \cdots, k_n$ 是常数, 则

$$\mathrm{Var}\left(\sum_{i=1}^{n} k_i X_i\right)=\sum_{i=1}^{n} {k_i}^2 \mathrm{Var}(X_i).$$

(3) $\mathrm{Var}(X)=0$ 当且仅当 $P\{X=E(X)\}=1$.

下面, 我们直接给出常见概率分布的期望与方差.

两点分布 $X \sim B(1,p)$ 的期望与方差为

$$E(X)=p, \quad \mathrm{Var}(X)=p(1-p).$$

二项分布 $X \sim B(n,p)$ 的期望与方差为

$$E(X)=np, \quad \mathrm{Var}(X)=np(1-p).$$

泊松分布 $X \sim P(\lambda)$ 的期望与方差为

$$E(X)=\mathrm{Var}(X)=\lambda.$$

均匀分布 $X \sim U[a,b]$ 的期望与方差为

$$E(X)=\frac{a+b}{2}, \quad \mathrm{Var}(X)=\frac{(b-a)^2}{12}.$$

正态分布 $X \sim N(\mu,\sigma^2)$ 的期望与方差为

$$E(X)=\mu, \quad \mathrm{Var}(X)=\sigma^2.$$

指数分布 $X \sim e(\lambda)$ 的期望与方差为

$$E(X)=\frac{1}{\lambda}, \quad \mathrm{Var}(X)=\frac{1}{\lambda^2}.$$

下面我们介绍伽马分布, 它是概率统计中一类重要的概率分布. 函数 $\Gamma(r)=\int_0^{+\infty} x^{r-1}\mathrm{e}^{-x}\mathrm{d}x$ 称为伽马函数. 通过分部积分法, 可得伽马函数有如下递归性质 $\Gamma(r+1)=r\Gamma(r)$. 若连续型随机变量 X 的密度函数为

$$p(x)=\begin{cases}\dfrac{\lambda^r}{\Gamma(r)}x^{r-1}\mathrm{e}^{-\lambda x}, & x>0,\\ 0, & x \leqslant 0,\end{cases}$$

则称 X 服从参数为 r 和 λ 的**伽马分布**, 记为 $X \sim \Gamma(r,\lambda)$. 特别地, 当 $r=1$ 时, X 服从参数为 λ 的**指数分布**, 即 $X \sim e(\lambda)=\Gamma(1,\lambda)$; 当 $r=\dfrac{n}{2}$ 且 $\lambda=\dfrac{1}{2}$ 时, X 服从参数为 n 的**卡方分布**, 即 $X \sim \mathcal{X}^2(n)=\Gamma\left(\dfrac{n}{2},\dfrac{1}{2}\right)$.

现在我们来计算伽马分布的期望与方差. 根据伽马函数的性质, 可得伽马分布 $X \sim \Gamma(r,\lambda)$ 的期望为

$$E(X)=\int_0^{+\infty} x\frac{\lambda^r}{\Gamma(r)}x^{r-1}\mathrm{e}^{-\lambda x}\mathrm{d}x=\frac{1}{\lambda\Gamma(r)}\int_0^{+\infty}(\lambda x)^r\mathrm{e}^{-\lambda x}\mathrm{d}(\lambda x)=\frac{\Gamma(r+1)}{\lambda\Gamma(r)}=\frac{r}{\lambda},$$

并且我们有

$$E(X^2)=\int_{-\infty}^{+\infty} x^2p(x)\mathrm{d}x=\int_0^{+\infty} x^2\frac{\lambda^r x^{r-1}}{\Gamma(r)}\mathrm{e}^{-rx}\mathrm{d}x=\frac{1}{\lambda^2}\frac{\Gamma(r+2)}{\Gamma(r)}=\frac{r(r+1)}{\lambda^2}.$$

因此, 伽马分布 $X \sim \Gamma(r,\lambda)$ 的方差为

$$\mathrm{Var}(X)=\frac{r(r+1)}{\lambda^2}-\frac{r^2}{\lambda^2}=\frac{r}{\lambda^2}.$$

5.1.4 协方差矩阵与相关系数

设 X 和 Y 为随机变量. 若 $E[(X-E(X))(Y-E(Y))]$ 存在, 则称其为 X 与 Y 的**协方差**, 记为 $\mathrm{Cov}(X,Y)$. 协方差有如下的性质:

(1) $\mathrm{Cov}(X,Y)=\mathrm{Cov}(Y,X)$.

(2) $\mathrm{Cov}(aX+b,cY+d)=ac\mathrm{Cov}(X,Y)$, 其中 a,b,c,d 是常数.

(3) $\mathrm{Cov}(X_1+X_2,Y)=\mathrm{Cov}(X_1,Y)+\mathrm{Cov}(X_2,Y)$.

(4) $\mathrm{Cov}(X,Y)=E(XY)-E(X)E(Y)$, 当且仅当 X 与 Y 相互独立时 $\mathrm{Cov}(X,Y)=0$.

(5) $\mathrm{Var}(X+Y)=\mathrm{Var}(X)+\mathrm{Var}(Y)+2\mathrm{Cov}(X,Y)$.

容易验证: $E(XY)$ 可作为随机变量 X 与 Y 的**内积**, 即 $\langle X,Y\rangle=E(XY)$. 因此, 协方差 $\mathrm{Cov}(X,Y)$ 可看作 $X-E(X)$ 和 $Y-E(Y)$ 的内积, 进而满足 Cauchy 不等式

$$\mathrm{Cov}^2(X,Y)\leqslant \mathrm{Var}(X)\cdot\mathrm{Var}(Y).$$

设 $X=[X_1,X_2,\cdots,X_n]^\top$ 为随机列向量, $E(X)=[E(X_1),E(X_2),\cdots,E(X_n)]^\top$ 为其期望向量, 则称 $\Sigma=E[(X-E(X))(X-E(X))^\top]$ 为随机变量

$X_1, X_2, \cdots, X_n$ 的协方差矩阵, 即

$$\Sigma = \begin{bmatrix} \mathrm{Var}(X_1) & \mathrm{Cov}(X_1, X_2) & \cdots & \mathrm{Cov}(X_1, X_n) \\ \mathrm{Cov}(X_2, X_1) & \mathrm{Var}(X_2) & \cdots & \mathrm{Cov}(X_2, X_n) \\ \vdots & \vdots & & \vdots \\ \mathrm{Cov}(X_n, X_1) & \mathrm{Cov}(X_n, X_2) & \cdots & \mathrm{Var}(X_n) \end{bmatrix}.$$

如果 $X_1, X_2, \cdots, X_n$ 相互独立, 则由协方差性质 (4) 可知协方差矩阵为对角矩阵.

协方差矩阵的重要性质之一是协方差阵为**半正定矩阵**, 说明协方差矩阵可正交相似于对角阵, 这在实际应用中非常有用. 事实上, 对任意的 $C \in \mathbb{R}^{n \times n}$, 有

$$C^\top \Sigma C = E[C^\top (X - E(X))(X - E(X))^\top C] = \mathrm{Var}(C^\top X) \geqslant 0.$$

故协方差阵是半正定的.

协方差的大小在一定程度上反映了 X 与 Y 相互之间的关系, 但它还受 X 与 Y 本身度量单位的影响, 为了克服这一缺陷, 需要对协方差进行标准化, 于是引入相关系数.

若 X 与 Y 是随机变量满足 $\mathrm{Var}(X) > 0, \mathrm{Var}(Y) > 0$, 则称

$$\rho_{XY} = \frac{\mathrm{Cov}(X, Y)}{\sqrt{\mathrm{Var}(X)\mathrm{Var}(Y)}}$$

为 X 与 Y 的**相关系数.** 在不引起混淆时, 记 ρ_{XY} 为 ρ. 若随机变量 X 与 Y 的相关系数 $\rho = 0$, 则称 X 与 Y **线性不相关**. 相关系数有以下两个性质:

(1) 由 $\mathrm{Cov}^2(X, Y) \leqslant \mathrm{Var}(X) \cdot \mathrm{Var}(Y)$ 知 $|\rho| \leqslant 1$.

(2) 若 X 与 Y 独立, 则 $\rho = 0$, 但其逆不真.

设 $X_1, X_2, \cdots, X_n$ 是随机变量, X_i 与 X_j 的相关系数记为

$$\rho_{ij} = \frac{\mathrm{Cov}(X_i, X_j)}{\sqrt{\mathrm{Var}(X_i)\mathrm{Var}(X_j)}},$$

则称矩阵

$$R = \begin{bmatrix} 1 & \rho_{12} & \cdots & \rho_{1n} \\ \rho_{21} & 1 & \cdots & \rho_{2n} \\ \vdots & \vdots & & \vdots \\ \rho_{n1} & \rho_{n2} & \cdots & 1 \end{bmatrix}$$

为 $X_1, X_2, \cdots, X_n$ 的**相关系数矩阵**.

对于任意的 i, 有

$$\rho_{ii} = \frac{\operatorname{Cov}(X_i, X_i)}{\sqrt{(\operatorname{Var}(X_i))^2}} = \frac{\operatorname{Var}(X_i)}{\operatorname{Var}(X_i)} = 1,$$

故相关系数矩阵的主对角线元素为 1. 特别地, 当随机变量 $X_1, X_2, \cdots, X_n$ 相互独立时, 相关系数矩阵 R 为单位矩阵.

5.1.5　样本期望与方差

在数理统计中, 称研究问题所涉及的对象的全体为**总体**; 总体中的每个成员称为**个体**; 从总体中随机地抽取一些个体进行观测, 称这些个体为**样本**. 样本具有二重性, 既有数的性质又有随机变量的性质.

最常见的随机抽样是在相同的条件下对总体 X 进行 n 次独立重复观测, 满足

(1) 随机性: 抽样是随机的, 每个个体被抽取的可能性相同.

(2) 独立性: 每次抽样是独立进行的.

因此, 可以认为所获得的 n 个样本 $X_1, X_2, \cdots, X_n$ 是 n 个独立且与总体具有相同分布的随机变量. 我们称

$$\overline{X} = \frac{1}{n}\sum_{i=1}^{n} X_i$$

为**样本均值**, 称

$$\begin{aligned} S^2 &= \frac{1}{n-1}\sum_{i=1}^{n}(X_i - \overline{X})^2 = \frac{1}{n-1}\sum_{i=1}^{n}\left(X_i{}^2 - 2X_i\overline{X} + \overline{X}^2\right) \\ &= \frac{1}{n-1}\left[\sum_{i=1}^{n} X_i{}^2 - n\overline{X}^2\right] \end{aligned}$$

为**样本方差**.

设 $X_1, X_2, \cdots, X_n$ 独立同分布, 且对于任意的 i 有 $E(X_i) = \mu, \operatorname{Var}(X_i) = \sigma^2$, 记 $\overline{X} = \frac{1}{n}\sum_{i=1}^{n} X_i$, 则 $\overline{X}$ 的期望与方差为

$$E(\overline{X}) = \frac{1}{n}\sum_{i=1}^{n} E(X_i) = \mu, \quad \operatorname{Var}(\overline{X}) = \frac{1}{n^2}\sum_{i=1}^{n}\operatorname{Var}(X_i) = \frac{\sigma^2}{n}.$$

大数定律和中心极限定理是概率与统计学的重要基本理论, 它们揭示了随机现象的重要统计规律, 在概率论、统计学、社会科学和自然科学的理论研究和实际应用中都具有重要的意义. 这里我们简述其中具有代表性的两个定理.

定理 5.1 大数定律

设 $X_1, \cdots, X_n$ 是独立同分布的随机变量序列. 若 $E(X_i)=\mu$, 则对任意的 $\varepsilon>0$, 有

$$\lim_{n\to+\infty} P\left(\left|\frac{1}{n}\sum_{i=1}^{n} X_i-\mu\right| \leqslant \varepsilon\right)=1.$$

♡

大数定律保证样本均值在 n 依概率收敛于 μ.

定理 5.2 中心极限定理

设 $X_1, \cdots, X_n$ 独立同分布的随机变量序列. 若 $E(X_i)=\mu, \operatorname{Var}(X_i)=\sigma^2$, 则

$$\lim_{n\to+\infty} P\left(\sum_{i=1}^{n} \frac{X_i-\mu}{\sigma\sqrt{n}} \leqslant x\right)=\Phi(x).$$

♡

中心极限定理告诉我们, 当 n 很大时, $Y_n=\sum\limits_{i=1}^{n} \dfrac{X_i-\mu}{\sigma\sqrt{n}}$ 近似地服从标准正态分布 $N(0,1)$, 即独立同分布的随机变量之和的极限分布为正态分布.

5.1.6 蒙特卡罗模拟

蒙特卡罗模拟 (方法), 也称为计算机随机模拟方法, 是基于 "随机数" 的计算方法, 或者说是把概率现象作为研究对象的数值模拟方法, 其数学基础是大数定律与中心极限定理. 它基本思想是: 为了求解问题, 先建立一个概率模型或随机过程, 再通过观察或抽样试验来计算参数或数字特征, 最后求出解的近似值. 蒙特卡罗模拟的基本步骤如下.

(1) 根据问题特点, 构造概率统计模型, 使所求的解是所求问题的概率分布或期望.

(2) 给出模型中各种不同分布的随机变量的抽样方法.

(3) 统计处理模拟结果, 给出问题解的统计估计值和精确估计值.

在现实中所关心问题的概率分布通常是未知的, 蒙特卡罗方法通过构造符合一定规则的随机数来解决各种问题. 使用样本均值 $\overline{X}=\dfrac{1}{n}\sum_{i=1}^{n} x_i$ 来近似所关心的期望值 $E(X)$, 其中 x_i 为第 i 次蒙特卡罗模拟实验的观测值. 假设观测值 $x(b)$ 依赖于输入数据 b, 即每次实验随机选择 b_i 得到观察值 x_i. 我们可以对不同的输入 b_i 计算输出 x_i 并取平均值, 而 $\dfrac{1}{n}\sum_{i=1}^{n} x_i$ 与 $E(X)$ 之间近似误差一般为 $o\left(\dfrac{1}{\sqrt{n}}\right)$, 随着 n 的增加, 收敛的速度非常缓慢.

蒙特卡罗模拟实验在相同条件下独立重复进行, 则 $\mathrm{Var}\left(\frac{1}{n}\sum_{i=1}^{n} x_i\right) = \frac{\sigma^2}{n}$. 如果使用伪蒙特卡罗模拟有时可能会降低这个方差到 $\frac{\sigma^2}{n^2}$, 这是很大的一个区别. 该方法对输入 b_i 的要求是不仅仅是随机地选取, 而且还要求进行分阶段去模拟.

假设现在需要去模拟一个与 $x(b)$ 接近的变量 $y(b)$(要求得到 $y(b)$ 比得到 $x(b)$ 计算量要小得多), 使用 n 个 $y(b_i)$ 和 $n_1 < n$ 个 $x(b_i)$ 去估计 $E(X)$, 则

$$E(X) \approx \frac{1}{n}\sum_{i=1}^{n} y(b_i) + \frac{1}{n_1}\sum_{i=1}^{n_1}[x(b_i) - y(b_i)].$$

这称为二阶段蒙特卡罗模拟. 这样做的想法是 $x-y$ 有比 x 更小的方差 σ_1. 我们进行了 n 次 "便宜" 的模拟去寻找 y, 每一次的成本为 c; 进行了 n_1 次 "昂贵" 的模拟去寻找 x, 每一次的成本为 c_1. 因此, 总计算成本为 $nc + n_1c_1$, 最优比率为 $\frac{n_1}{n} = \sqrt{\frac{c}{c_1}\frac{\sigma_1}{\sigma}}$.

类似地, 三阶段蒙特卡罗模拟可以模拟 x, y 和 z.

$$E(X) \approx \frac{1}{n}\sum_{i=1}^{n} z(b_i) + \frac{1}{n_1}\sum_{i=1}^{n_1}[y(b_i) - z(b_i)] + \frac{1}{n_2}\sum_{i=1}^{n_2}[x(b_i) - y(b_i)].$$

5.2　矩和重要不等式

5.2.1　矩

对于随机变量 X, 我们可以通过了解它的矩提供 X 的分布信息. 下面我们来介绍随机变量的矩的概念.

设 X 为随机变量, n 为非负整数, 则称 $m_n = E(X^n)$ 为 n **阶矩**或 n **阶原点矩**. 易知: 0 阶矩恒为 1, 1 阶矩是期望 $E(X)$, 而 2 阶矩为 $m_2 = E(X^2) = \mathrm{Var}(X) + (E[X])^2$.

我们称 $\mu_n = E\left((X - E(X))^n\right)$ 为 n **阶中心矩.** 由定义可知, $\mu_0 = 1$, $\mu_1 = 0$. 每一阶中心距可以刻画 X 分布的信息. 例如, 2 阶中心矩为方差, 即 $\mu_2 = \mathrm{Var}(X)$. 3 阶中心矩 μ_3 可用于定义**偏度**

$$\gamma = \frac{\mu_3}{\sigma^3}.$$

而 4 阶中心矩 μ_4 可用于定义**峰度**

$$\kappa = \frac{\mu_4 - 3\sigma^4}{\sigma^4} = \frac{\mu_4}{\sigma^4} - 3,$$

其中 $3\sigma^4$ 为标准正态分布的 4 阶中心矩.

接下来, 我们将要介绍四个重要的函数, 它们可以用数学期望来定义.

设 X 为随机变量, 则称 $G(z)=E(z^X)$ 为 X 的**生成函数**, $\phi(t)=E(\mathrm{e}^{\mathrm{i}tX})$ 为**特征函数**, i 为虚数单位, $M(t)=E(\mathrm{e}^{tX})$ 为**矩母函数**.

若 $X\sim\begin{pmatrix}0 & 1 & 2 & \cdots\\ p_0 & p_1 & p_2 & \cdots\end{pmatrix}$, 则由定义可推得

$$G(z)=\sum_{n=0}^{\infty}p_nz^n,\qquad \phi(t)=\sum_{n=0}^{\infty}p_n\mathrm{e}^{\mathrm{i}tn},\qquad M(t)=\sum_{n=0}^{\infty}m_n\frac{t^n}{n!}.\tag{5.1}$$

进而由 (5.1) 可得

$$p_n=\frac{1}{n!}\frac{\mathrm{d}^nG(z)}{\mathrm{d}z^n}\bigg|_{z=0},\quad m_n=\frac{\mathrm{d}^nM(t)}{\mathrm{d}t^n}\bigg|_{t=0}.\tag{5.2}$$

从 (5.1) 可以看出, 离散型随机变量的生成函数、特征函数和矩母函数也可以由概率 p_n 和矩 m_n 构造而得.

若 X 为连续型随机变量, 则由定义可得特征函数和矩母函数为

$$\phi(t)=E(\mathrm{e}^{\mathrm{i}tX})=\int_{-\infty}^{+\infty}p(x)\mathrm{e}^{\mathrm{i}tx}\mathrm{d}x,\quad M(t)=E(\mathrm{e}^{tX})=\int_{-\infty}^{+\infty}p(x)\mathrm{e}^{tx}\mathrm{d}x.\tag{5.3}$$

如果对矩母函数取对数, 我们可以得到 X 的**累积生成函数**

$$K_X(t)=\ln M(t)=\ln E(\mathrm{e}^{tX}),$$

并称

$$\kappa_n=\frac{\mathrm{d}^nK(t)}{\mathrm{d}t^n}\bigg|_{t=0}$$

为 n 阶**累积量**. 在不引起混淆的情况下, 简记 $K(t)=K_X(t)$. 当 X 与 Y 独立时, 我们有

$$E(\mathrm{e}^{t(X+Y)})=E(\mathrm{e}^{tX})E(\mathrm{e}^{tY}),$$

进一步地,

$$K_{X+Y}(t)=K_X(t)+K_Y(t).$$

例 5.1　泊松分布　设 $X\sim P(\lambda)$. 则由定义可得矩母函数为

$$M(t)=\sum_{k=0}^{\infty}\frac{\lambda^k}{k!}\mathrm{e}^{-\lambda}\mathrm{e}^{tk}=\mathrm{e}^{-\lambda}\sum_{k=0}^{\infty}\frac{\lambda^k\mathrm{e}^{tk}}{k!}=\mathrm{e}^{-\lambda}\sum_{k=0}^{\infty}\frac{(\lambda\mathrm{e}^t)^k}{k!}=\mathrm{e}^{\lambda(\mathrm{e}^t-1)}.$$

于是累积生成函数为

$$K(t)=\ln M(t)=\lambda(\mathrm{e}^t-1).$$

从而 $\dfrac{\mathrm{d}^n K(t)}{\mathrm{d}t^n}=\lambda\mathrm{e}^t$, 这说明累积量 $\kappa_n=\lambda$. □

下面我们来看正态分布的特征函数与矩母函数.

例 5.2 正态分布 设 $X\sim N(\mu,\sigma^2)$, 由 (5.3) 可得正态分布的特征函数为

$$\begin{aligned}\phi(t)&=\int_{-\infty}^{+\infty}\frac{1}{\sqrt{2\pi}\sigma}\mathrm{e}^{-\frac{(x-\mu)^2}{2\sigma^2}}\cdot\mathrm{e}^{\mathrm{i}tx}\mathrm{d}x=\int_{-\infty}^{+\infty}\frac{1}{\sqrt{2\pi}\sigma}\mathrm{e}^{-\frac{1}{2\sigma^2}((x-\mu)^2-2\mathrm{i}t\sigma^2x)}\mathrm{d}x\\&=\int_{-\infty}^{+\infty}\frac{1}{\sqrt{2\pi}\sigma}\mathrm{e}^{-\frac{1}{2\sigma^2}((x-\mu-\mathrm{i}t\sigma^2)^2-\mathrm{i}^2t^2\sigma^4-2\mathrm{i}t\mu\sigma^2)}\mathrm{d}x\\&=\mathrm{e}^{\frac{\mathrm{i}^2t^2\sigma^4}{2\sigma^2}}\cdot\mathrm{e}^{\frac{2\mathrm{i}t\mu\sigma^2}{2\sigma^2}}\cdot\int_{-\infty}^{+\infty}\frac{1}{\sqrt{2\pi}\sigma}\mathrm{e}^{-\frac{(x-\mu-\mathrm{i}t\sigma^2)^2}{2\sigma^2}}\mathrm{d}x=\mathrm{e}^{-\frac{t^2\sigma^2}{2}+\mathrm{i}t\mu},\end{aligned}$$

矩母函数为

$$\begin{aligned}M(t)&=\int_{-\infty}^{+\infty}\frac{1}{\sqrt{2\pi}\sigma}\mathrm{e}^{-\frac{(x-\mu)^2}{2\sigma^2}}\cdot\mathrm{e}^{tx}\mathrm{d}x=\int_{-\infty}^{+\infty}\frac{1}{\sqrt{2\pi}\sigma}\mathrm{e}^{-\frac{1}{2\sigma^2}((x-\mu)^2-2t\sigma^2x)}\mathrm{d}x\\&=\int_{-\infty}^{+\infty}\frac{1}{\sqrt{2\pi}\sigma}\mathrm{e}^{-\frac{1}{2\sigma^2}((x-\mu-t\sigma^2)^2-t^2\sigma^4-2t\mu\sigma^2)}\mathrm{d}x\\&=\mathrm{e}^{\frac{t^2\sigma^2}{2}}\cdot\mathrm{e}^{t\mu}\cdot\int_{-\infty}^{+\infty}\frac{1}{\sqrt{2\pi}\sigma}\mathrm{e}^{-\frac{(x-\mu-t\sigma^2)^2}{2\sigma^2}}\mathrm{d}x=\mathrm{e}^{\mu t+\frac{1}{2}t^2\sigma^2}.\end{aligned}\tag{5.4}$$

特别地, 当 $X\sim N(0,1)$, 即 X 服从标准正态分布时,

$$\phi(t)=\mathrm{e}^{-\frac{t^2}{2}},\quad M(t)=\mathrm{e}^{\frac{t^2}{2}}.$$

由 (5.4) 立即可得, 累积生成函数为

$$K(t)=\ln M(t)=\mu t+\frac{1}{2}t^2\sigma^2.$$

由定义立即可得 $\kappa_1=\mu,\kappa_2=\sigma^2,\kappa_i=0,i\geqslant 3$. □

事实上, 可以证明特征函数和矩母函数可以唯一确定随机变量的分布. 例如, 若已知 X 的特征函数 $\phi(t)=E(\mathrm{e}^{itx})=\mathrm{e}^{-\frac{t^2}{2}}$, 则可知 $X\sim N(0,1)$.

矩母函数可生成随机变量的各阶原点矩和中心矩. 例如, 若 $X\sim N(\mu,\sigma^2)$, 则利用矩母函数容易得到 $E[(x-\mu)^4]=3\sigma^4$(正态分布的 4 阶中心矩), 证明留作习题. 而累积量与矩紧密相关, 实际上, 我们有如下结果: 1 阶累积量 κ_1 为期望, 2 阶累积量 κ_2 是方差, 3 阶累积量 κ_3 是 3 阶中心矩 μ_3.

5.2.2 重要不等式

在实际应用中，人们经常利用一些不等式去估计某些随机事件的概率，这些不等式在概率统计中起着重要的作用．在本小节，我们主要介绍马尔可夫不等式和切比雪夫不等式．

定理 5.3 马尔可夫不等式

设 X 为非负随机变量，即对任意的 $w \in \Omega$ 均有 $X(w) \geqslant 0$，则对任意的 $a>0$，有

$$P\{X \geqslant a\} \leqslant \frac{E(X)}{a}.$$

♡

证明 令事件 $A=\{w \in \Omega | X(w) \geqslant a\}$，其指示函数为

$$\mathbb{I}_A(w)=\begin{cases}1, & \text{当 } w \in A, \\ 0, & \text{当 } w \notin A.\end{cases}$$

由定义易知 $X(w) \geqslant a \cdot \mathbb{I}_A(w)$ 对任意的 $w \in \Omega$ 成立．两边取期望立即可得

$$E(X) \geqslant E(a \cdot \mathbb{I}_A)=aE(\cdot \mathbb{I}_A)=aP\{A\}=aP\{X \geqslant a\},$$

这表明马尔可夫不等式成立． □

该不等式建立了概率与期望之间的一个不等式关系．例如，若 $a=2E(X)$，则由马尔可夫不等式知 $P\{X \geqslant 2E(X)\} \leqslant \frac{1}{2}$. 同理 $P\{X \geqslant 3E(X)\} \leqslant \frac{1}{3}$.

利用马尔可夫不等式，我们可以得到切比雪夫不等式．

定理 5.4 切比雪夫不等式

设随机变量 X 具有期望 μ 和方差 σ^2，则对任意的 $a>0$，有

$$P\{|X-\mu| \geqslant a\} \leqslant \frac{\sigma^2}{a^2}.$$

♡

证明 令 $Y=(X-\mu)^2$，则 Y 为非负随机变量，且 $E(Y)=\operatorname{Var}(X)=\sigma^2$. 由马尔可夫不等式知

$$P\{|X-\mu| \geqslant a\}=P\{(X-\mu)^2 \geqslant a^2\}=P\{Y \geqslant a^2\} \leqslant \frac{E(Y)}{a^2}=\frac{\sigma^2}{a^2},$$

即定理得证． □

由切比雪夫不等式可得 $P\{|X-\mu|<a\}\geqslant 1-\dfrac{\sigma^2}{a^2}$. 因此, 切比雪夫不等式说明 X 的方差越小, 事件 $\{|X-\mu|<a\}$ 的概率越大, 即 X 的取值越集中于其期望 μ 附近. 利用切比雪夫不等式, 可在 X 的分布未知的情况下估计概率值 $P\{|X-\mu|<\xi\}$. 例如 $P\{|X-\mu|<3\sigma\}\geqslant 1-\dfrac{\sigma^2}{9\sigma^2}=0.8889$.

现在, 考虑 $X_1,\cdots,X_n$ 相互独立的情形, 其中 $\mathrm{Var}(X_i)=\sigma_i^2$, $1\leqslant i\leqslant n$. 记 $X=\sum_{i=1}^n X_i, \bar{X}=\sum_{i=1}^n E(X_i)$. 则 $E[X]=\bar{X}$ 且 $\mathrm{Var}(X)=\sum_{i=1}^n \mathrm{Var}(X_i)=\sigma_1^2+\cdots+\sigma_n^2$. 再由切比雪夫不等式可知, 对任意的 $a>0$ 有

$$P\{|X-\bar{X}|\geqslant a\}\leqslant \frac{\mathrm{Var}(X)}{a^2}=\frac{\sigma_1^2+\cdots+\sigma_n^2}{a^2}.$$

这是相互独立随机变量和的切比雪夫不等式.

在实际应用中, 我们通常需要用到一些除了均值和方差以外的其他变量, 如矩和累积量. 例如由马尔可夫不等式可得

- 上切比雪夫不等式: $P\{X\geqslant a\}=P\{\mathrm{e}^{sx}\geqslant \mathrm{e}^{sa}\}\leqslant \dfrac{E[\mathrm{e}^{sx}]}{\mathrm{e}^{sa}}$.
- 下切比雪夫不等式: $P\{X\leqslant a\}=P\{\mathrm{e}^{-sx}\geqslant \mathrm{e}^{-sa}\}\leqslant \dfrac{E[\mathrm{e}^{-sx}]}{\mathrm{e}^{-sa}}$.

注意到 $M(s)=E[\mathrm{e}^{sx}]$. 此时上界与矩母函数相关. 例如, 若 $X_i\sim\begin{pmatrix}0 & 1\\ 1-p_i & p_i\end{pmatrix}$, 则可计算 (见习题 5 的第 4 题)

- 上切比雪夫不等式: $P\{X\geqslant (1+\xi)\bar{X}\}\leqslant \mathrm{e}^{-\bar{X}\frac{\xi^2}{2+\xi}}$,
- 下切比雪夫不等式: $P\{X\leqslant (1-\xi)\bar{X}\}\leqslant \mathrm{e}^{-\bar{X}\frac{\xi^2}{2}}$.

接下来, 我们来介绍矩阵形式的马尔可夫不等式和切比雪夫不等式, 它们在机器学习和深度学习的算法分析与收敛性证明中起着重要作用.

在此之前, 我们需要建立矩阵的 “大小” 关系. 当 $A-X$ 是半正定矩阵时, 我们称 $X\leqslant A$, 即矩阵 $A-X$ 所有的特征值都是非负的; 否则, 称 $X\nleqslant A$, 即矩阵 $A-X$ 存在负的特征值. 下面, 我们给出矩阵马尔可夫不等式.

定理 5.5　矩阵马尔可夫不等式

设 X 是 n 阶非负的正定或者半正定随机矩阵. 若 A 为任一 n 阶对称正定矩阵, 则

$$P\{X\nleqslant A\}\leqslant \mathrm{tr}(E(X)A^{-1}).$$

♡

证明 设 $A-X$ 不是半正定矩阵. 则存在 $v\in\mathbb{R}^n$, 使得 $v^\top(A-X)v<0$, 即 $v^\top Av<v^\top Xv$. 因为 A 为对称正定矩阵, 所以存在对称正定矩阵 $A^{\frac{1}{2}}$, 使得 $A=A^{\frac{1}{2}}\cdot A^{\frac{1}{2}}$. 于是 $v^\top Av=(v^\top A^{\frac{1}{2}})(A^{\frac{1}{2}}v)$. 记 $w=A^{\frac{1}{2}}v$. 则 $v=A^{-\frac{1}{2}}w$, 进而有

$$w^\top w=v^\top Av<v^\top Xv=w^\top A^{-\frac{1}{2}}XA^{-\frac{1}{2}}w\Rightarrow\frac{w^\top A^{-\frac{1}{2}}XA^{-\frac{1}{2}}w}{w^\top w}>1.$$

而 $A^{-\frac{1}{2}}XA^{\frac{1}{2}}$ 的最大特征值

$$\lambda_{\max}=\max_{y\neq0}\frac{y^\top A^{-\frac{1}{2}}XA^{-\frac{1}{2}}y}{y^\top y}\geqslant\frac{w^\top A^{-\frac{1}{2}}XA^{-\frac{1}{2}}w}{w^\top w}>1.$$

又 $A^{-\frac{1}{2}}XA^{-\frac{1}{2}}$ 相似于 X, 故由 X 正定或半正定可得 $\mathrm{tr}(A^{-\frac{1}{2}}XA^{-\frac{1}{2}})>1$. 因此, 若 $X\not\preceq A$, 则

$$\mathrm{tr}(A^{-\frac{1}{2}}XA^{-\frac{1}{2}})>1\cdot\mathbb{I}_{\{X\not\preceq A\}}.$$

两边同时取期望, 则有

$$P\{X\not\preceq A\}\leqslant E(\mathrm{tr}(A^{-\frac{1}{2}}XA^{-\frac{1}{2}}))=\mathrm{tr}(A^{-\frac{1}{2}}E(X)A^{-\frac{1}{2}})=\mathrm{tr}(E(X)A^{-1}),$$

这就证明了矩阵形式的马尔可夫不等式. □

该不等式告诉我们, $A-X$ 不是半正定矩阵的概率有一个上界, 这无疑是非常有用的结论. 当 X 和 A 是标量 x 和 a, 上述不等式就是马尔可夫不等式 $P\{x\geqslant a\}\leqslant\dfrac{E(X)}{a}$.

现在, 我们给出矩阵形式的切比雪夫不等式. 我们需要定义矩阵的 "绝对值". 设 $A=[a_{ij}]\in\mathbb{R}^{n\times n}$, 则称非负矩阵 $[|a_{ij}|]\in\mathbb{R}^{n\times n}$ 为**矩阵 A 的绝对值**, 记为 $|A|$. 注意到, 我们需要将这个符号与矩阵行列式的符号进行区分. 矩阵的绝对值有很多好的性质, 例如

(1) 如果 A 为对称矩阵, 其特征分解为 $A=Q\Lambda Q^\top$, 那么 $|A|=Q|\Lambda|Q^\top$.

(2) 如果 A^2-B^2 为半正定矩阵, 那么 $|A|-|B|$ 也半正定, 但是反之不成立.

定理 5.6 矩阵切比雪夫不等式

设 X 为随机矩阵, 且其期望为 0. 若 A 为对称正定矩阵, 则

$$P\{|X|\not\preceq A\}<\mathrm{tr}(E(X^2)A^{-2}).$$

♡

证明 若 $A-|X|$ 不是半正定矩阵, 则由上述性质 (2) 可知 A^2-X^2 也不是半正定矩阵. 故

$$P\{|X|\not\preceq A\}\leqslant P\{X^2\not\preceq A^2\}<\mathrm{tr}(E(X^2)A^{-2}),$$

这就证明了不等式. □

最后, 我们不予证明地给出矩阵切尔诺夫不等式, 它常用于估计 Y 的最小特征值的下界和最大特征值的上界.

定理 5.7　矩阵切尔诺夫不等式

设 $X_1,\cdots,X_N$ 为 n 阶正定或半正定矩阵, $Y=\sum_{k=1}^N X_k$, 其中每个 X_k 的特征值满足 $0\leqslant\lambda\leqslant C$. 令 $\mu_{\min}$ 和 $\mu_{\max}$ 分别为 $E(Y)$ 的最小和最大特征值. 则

$$E(\lambda_{\min}(Y))\geqslant\left(1-\frac{1}{\mathrm{e}}\right)\mu_{\min}-C\ln n,\quad E(\lambda_{\max}(Y))\leqslant(\mathrm{e}-1)\mu_{\max}+C\ln n,$$

并且对任意的 $t>\mathrm{e}$, 有

$$P\{\lambda_{\min}(Y)\leqslant t\mu_{\min}\}\leqslant n\mathrm{e}^{-\frac{(1-t)^2}{2C}\mu_{\min}},\quad P\{\lambda_{\max}(Y)\geqslant t\mu_{\max}\}\leqslant n\left(\frac{\mathrm{e}}{t}\right)^{\frac{t}{C}\mu_{\max}}.$$ ♡

5.3　多元高斯分布和加权最小二乘法

5.3.1　多元高斯分布

设 M 维的随机向量 $X=[X_1,\cdots,X_M]^\top$ 具有期望向量 $\boldsymbol{\mu}=[E(X_1),\cdots,E(X_M)]^\top$ 和正定的协方差矩阵 $\Sigma=E[(X-\mu)(X-\boldsymbol{\mu})^\top]$. 若其还具有联合密度:

$$p(x)=\frac{1}{(\sqrt{2\pi})^M\sqrt{\det\Sigma}}\mathrm{e}^{-(x-\boldsymbol{\mu})^\top\Sigma^{-1}(x-\boldsymbol{\mu})/2},$$

其中 $\boldsymbol{x}=[x_1,\cdots,x_M]^\top$, 则称 X 服从**多元高斯分布**, 记为 $X\sim N_M(\boldsymbol{\mu},\Sigma)$.

对于任意的多元高斯分布, 我们总能找到 M 维随机变量 $Y=[Y_1,\cdots,Y_M]^\top$ 是独立的. 现在我们来说明这个事实. 因为协方差矩阵 Σ 是正定的, 所以可对 Σ 进行特征分解 $\Sigma=Q\Lambda Q^\top$, 其中 Q 为正交矩阵, $\Lambda=\mathrm{diag}(\lambda_1,\cdots,\lambda_M)$. 令

$$Y=Q^\top(X-\boldsymbol{\mu})=[Y_1,\cdots,Y_M].$$

下面只需验证其协方差阵 Σ_Y 是对角矩阵即可. 因为

$$E(Y)=E\left[Q^\top(X-\boldsymbol{\mu})\right]=Q^\top(E(X)-\boldsymbol{\mu})=\mathbf{0}.$$

所以

$$\Sigma_Y=E((Y-E(Y))(Y-E(Y))^\top)=E(YY^\top)=E(Q^\top(X-\boldsymbol{\mu})(X-\boldsymbol{\mu})^\top Q)$$

$$= Q^\top E((X-\boldsymbol{\mu})(X-\boldsymbol{\mu})^\top)Q = Q^\top \Sigma Q = \Lambda.$$

这就说明 Y 是独立的.

实际上, 我们还可以令 $Z = Q^\top X$, 则 $E(Z) = Q^\top E(X)$, 进而

$$\Sigma_Z = E[(Z-E(Z))(Z-E(Z))^\top] = E(Q^\top(X-\boldsymbol{\mu})(X-\boldsymbol{\mu})^\top Q) = \Lambda,$$

即 $Z = Q^\top X$ 也是统计上独立的.

接下来, 我们列举多元高斯分布的性质.

(1) 多元高斯分布的特征函数为 $\phi(\boldsymbol{t}) = \mathrm{e}^{\mathrm{i}\boldsymbol{t}^\top\boldsymbol{\mu}-\frac{1}{2}\boldsymbol{t}^\top\Sigma\boldsymbol{t}}$, 其中 $\mathrm{i}^2=-1, t = [t_1,\cdots,t_M]^\top$.

(2) X 服从多元高斯分布当且仅当其任何线性函数 $\boldsymbol{a}^\top X$ 服从一元正态分布.

(3) 若 $X \sim N_M(\boldsymbol{\mu},\Sigma)$, $Y = CX+\boldsymbol{b}$, 其中 C 为 $N\times M$ 的矩阵, $\boldsymbol{b}$ 为 $N\times 1$ 的向量, 则 $Y \sim N_M(C\boldsymbol{\mu}+\boldsymbol{b}, C\Sigma C^\top)$.

(4) 若 $X \sim N_M(\boldsymbol{\mu},\Sigma)$, 则 X 的任何子向量也服从多元高斯分布.

(5) 设 $X_i \sim N_M(\mu_i,\Sigma_i), i=1,2,\cdots,n$ 且相互独立, 则对常数 $k_1,\cdots,k_n$ 有

$$\sum_{i=1}^n k_iX_i \sim N_M\left(\sum_{i=1}^n k_i\mu_i, \sum_{i=1}^n k_i^2\Sigma_i\right).$$

(6) 若 $X \sim N_M(\boldsymbol{\mu},\Sigma)$, 则 $(X-\boldsymbol{\mu})^\top V^{-1}(X-\boldsymbol{\mu}) \sim \chi^2(\boldsymbol{\mu})$.

(7) 若 $X \sim N_M(0, I_M)$, 而 $Y = AX+\boldsymbol{\mu}$, $Z = BX+\nu$, 其中 A 为 $p\times M$ 的矩阵, B 为 $q\times M$ 的矩阵, 且 A, B 均行满秩, 则 Z 与 Y 相互独立当且仅当 $AB^\top = O$.

5.3.2 最小二乘估计

当线性方程组 $A\boldsymbol{x}=\boldsymbol{b}$ 无解时, 通常的做法是寻找满足问题的 $\min\limits_{x}||A\boldsymbol{x}-\boldsymbol{b}||_2^2$ 的最优解 $\hat{\boldsymbol{x}}$, 我们知道其最优解 $\hat{\boldsymbol{x}}$ 恰好是 $\boldsymbol{b}$ 在 A 的列空间的正交投影, 并且在 A 列满秩时, 有 $\hat{\boldsymbol{x}} = (A^\top A)^{-1}A^\top\boldsymbol{b}$, 称其为**普通最小二乘估计**, 可记为 $\hat{\boldsymbol{x}}_{\mathrm{OLS}}$.

在实际问题中, 线性回归模型 $A\boldsymbol{x}=\boldsymbol{b}$ 具有随机性, 此时 $\min\limits_{\boldsymbol{x}}||A\boldsymbol{x}-\boldsymbol{b}||_2^2$ 是否是合理的测量误差? 在本小节, 我们主要讨论该问题.

我们首先看经典线性回归模型, 其需要有如下几个假定条件:

(1) **线性性** $\boldsymbol{b} = A\boldsymbol{x}+\boldsymbol{\varepsilon}$, 其中 $\boldsymbol{\varepsilon} = [\varepsilon_1,\cdots,\varepsilon_n]^\top$ 称为残差.

(2) **零均值** 对任意的 $i=1,\cdots,M$, 均有 $E(\varepsilon_i)=0$.

(3) **列满秩** A 是列满秩矩阵.

(4) **球形扰动** ε_i 与 ε_j 同方差且无自相关, 即 $\Sigma_{\boldsymbol{\varepsilon}} = \sigma^2 I$.

(5) **正态性** $\boldsymbol{\varepsilon} \sim N_M(\boldsymbol{0}, \sigma^2 I)$.

定理 5.8　高斯-马尔可夫定理

在满足上述经典假定时, $\hat{\boldsymbol{x}}_{\mathrm{OLS}}$ 是最佳线性无偏估计, 即在所有线性无偏估计中, $\hat{\boldsymbol{x}}_{\mathrm{OLS}}$ 的方差最小. ♡

证明　首先, 我们证明 $\hat{\boldsymbol{x}}_{\mathrm{OLS}}$ 是线性无偏估计. 由 $\hat{\boldsymbol{x}}_{\mathrm{OLS}} = (A^\top A)^{-1}A^\top \boldsymbol{b}$ 可知 $\hat{\boldsymbol{x}}_{\mathrm{OLS}}$ 线性依赖于 $\boldsymbol{b}$. 而 $\boldsymbol{\varepsilon} \sim N_M(0, \sigma^2 I)$ 说明 $\boldsymbol{b} = A\boldsymbol{x} + \boldsymbol{\varepsilon}$ 服从正态分布, 故 $\hat{\boldsymbol{x}}_{\mathrm{OLS}}$ 也服从正态分布. 这表明 $\hat{\boldsymbol{x}}_{\mathrm{OLS}}$ 是线性估计. 因为

$$\hat{\boldsymbol{x}}_{\mathrm{OLS}} = \left(A^\top A\right)^{-1} A^\top \boldsymbol{b} = \left(A^\top A\right)^{-1} A^\top (A\boldsymbol{x} + \boldsymbol{\varepsilon}) = \boldsymbol{x} + \left(A^\top A\right)^{-1} A^\top \boldsymbol{\varepsilon},$$

所以

$$E\left(\hat{\boldsymbol{x}}_{\mathrm{OLS}}\right) = E\left(\boldsymbol{x} + \left(A^\top A\right)^{-1} A^\top \boldsymbol{\varepsilon}\right) = \boldsymbol{x} + \left(A^\top A\right)^{-1} A^\top E(\boldsymbol{\varepsilon}) = \boldsymbol{x},$$

这就证明了 $\hat{\boldsymbol{x}}_{\mathrm{OLS}}$ 的无偏性.

其次, 我们设 $\tilde{\boldsymbol{x}}$ 为 $\boldsymbol{x}$ 的任一线性无偏估计, 且协方差矩阵为 $\Sigma_{\tilde{\boldsymbol{x}}}$. 注意到, 由于是高维随机变量, "方差最小" 指的是 $\Sigma_{\tilde{\boldsymbol{x}}} - \Sigma_{\hat{\boldsymbol{x}}_{\mathrm{OLS}}}$ 为半正定矩阵. 一方面, 由 $\hat{\boldsymbol{x}}_{\mathrm{OLS}}$ 的无偏性以及 $E(\boldsymbol{\varepsilon}\boldsymbol{\varepsilon}^\top) = \Sigma_{\boldsymbol{\varepsilon}} = \sigma^2 I$, 我们有

$$\begin{aligned}\Sigma_{\hat{\boldsymbol{x}}_{\mathrm{OLS}}} &= E\left(\left(\hat{\boldsymbol{x}}_{\mathrm{OLS}} - \boldsymbol{x}\right)\left(\hat{\boldsymbol{x}}_{\mathrm{OLS}} - \boldsymbol{x}\right)^\top\right) = E\left(\left(A^\top A\right)^{-1} A^\top \boldsymbol{\varepsilon} \cdot \boldsymbol{\varepsilon}^\top A \left(A^\top A\right)^{-1}\right) \\ &= \left(A^\top A\right)^{-1} A^\top E(\boldsymbol{\varepsilon}\boldsymbol{\varepsilon}^\top) A \left(A^\top A\right)^{-1} = \sigma^2 \left(A^\top A\right)^{-1}.\end{aligned}$$

另一方面, 由于 $\tilde{\boldsymbol{x}}$ 为 $\boldsymbol{x}$ 的线性估计, 故存在常数矩阵 C 使得 $\tilde{\boldsymbol{x}} = C\boldsymbol{b}$, 并记 $D = C - (A^\top A)^{-1}A^\top$, 从而

$$\tilde{\boldsymbol{x}} = C\boldsymbol{b} = \left(D + \left(A^\top A\right)^{-1} A^\top\right)\boldsymbol{b} = Db + \hat{\boldsymbol{x}}_{\mathrm{OLS}} = D(A\boldsymbol{x} + \boldsymbol{\varepsilon}) + \hat{\boldsymbol{x}}_{\mathrm{OLS}}. \tag{5.5}$$

因为 $\tilde{\boldsymbol{x}}$ 为 $\boldsymbol{x}$ 的无偏估计, 所以 $E(\tilde{\boldsymbol{x}}) = \boldsymbol{x}$. 在 (5.5) 两边取期望可得

$$\boldsymbol{x} = E\left(DA\boldsymbol{x} + D\boldsymbol{\varepsilon} + \hat{\boldsymbol{x}}_{\mathrm{OLS}}\right) = DA\boldsymbol{x} + DE(\boldsymbol{\varepsilon}) + E(\hat{\boldsymbol{x}}_{\mathrm{OLS}}) = DA\boldsymbol{x} + \boldsymbol{x}.$$

于是 $DA = O$. 进而再由 (5.5) 可得 $\tilde{\boldsymbol{x}} = D\boldsymbol{\varepsilon} + \hat{\boldsymbol{x}}_{\mathrm{OLS}}$. 故

$$\tilde{\boldsymbol{x}} - \boldsymbol{x} = D\boldsymbol{\varepsilon} + \left(\hat{\boldsymbol{x}}_{\mathrm{OLS}} - \boldsymbol{x}\right) = D\boldsymbol{\varepsilon} + \left(A^\top A\right)^{-1} A^\top \boldsymbol{\varepsilon}.$$

因此, 我们有

$$\Sigma_{\tilde{\boldsymbol{x}}} = E\left((\tilde{\boldsymbol{x}} - \boldsymbol{x})(\tilde{\boldsymbol{x}} - \boldsymbol{x})^\top\right) = E\left(\left(D + (A^\top A)^{-1}A^\top\right)\boldsymbol{\varepsilon}\boldsymbol{\varepsilon}^\top\left(D^\top + A(A^\top A)^{-1}\right)\right)$$

$$= \sigma^2 \left[\left(D + \left(A^\top A\right)^{-1} A^\top \right) \left(D^\top + A\left(A^\top A\right)^{-1} \right) \right]$$
$$= \sigma^2 \left[DD^\top + 2DA(A^\top A)^{-1} + \left(A^\top A\right)^{-1} \right]$$
$$= \sigma^2 DD^\top + \Sigma_{\hat{\boldsymbol{x}}_{\text{OLS}}},$$

这表明 $\Sigma_{\tilde{\boldsymbol{x}}} - \Sigma_{\hat{\boldsymbol{x}}_{\text{OLS}}} = \sigma^2 DD^\top$ 为半正定矩阵, 定理得证. □

上述定理表明, 当线性回归模型 $A\boldsymbol{x} = \boldsymbol{b}$ 满足经典假设时, $\min\limits_{x} ||A\boldsymbol{x} - \boldsymbol{b}||_2^2$ 是正确的衡量误差的标准, 而最小二乘解就是其最佳的选择.

下面, 我们考虑非球形扰动的线性模型. 此时 $\Sigma_\varepsilon \neq \sigma^2 I$. 记 $\Sigma_\varepsilon = \sigma^2\Omega$, 其中 $\Omega \neq I$ 为对称正定矩阵. 因为 Ω 正定, 所以存在非奇异矩阵 P, 使得 $P^\top \Omega P = I$. 在 $\boldsymbol{b} = A\boldsymbol{x} + \boldsymbol{\varepsilon}$ 的两边同时左乘 P^{-1} 可得

$$P^{-1}\boldsymbol{\varepsilon} = P^{-1}(\boldsymbol{b} - A\boldsymbol{x}). \tag{5.6}$$

于是

$$\Sigma_{P^{-1}\boldsymbol{\varepsilon}} = P^{-1}\Sigma_{\boldsymbol{\varepsilon}}(P^{-1})^\top = P^{-1}(\sigma^2\Omega)(P^{-1})^\top = \sigma^2 I,$$

这表明 $P^{-1}\boldsymbol{\varepsilon}$ 为球形扰动. 因此, (5.6) 满足全部五个假定. 故运用最小二乘法可得

$$\min_{\boldsymbol{x}} ||P^{-1}(\boldsymbol{b} - A\boldsymbol{x})||_2^2 \tag{5.7}$$

的最优解为

$$\hat{\boldsymbol{x}}_{\text{GLS}} = (A^\top\Omega^{-1}A)^{-1}A^\top\Omega^{-1}\boldsymbol{b} = (A^\top\Sigma_\varepsilon^{-1}A)^{-1}A^\top\Sigma_{\boldsymbol{\varepsilon}}^{-1}\boldsymbol{b}, \tag{5.8}$$

我们称 $\hat{x}_{\text{GLS}}$ 为**广义最小二乘估计**. 可以计算

$$E\left(\hat{\boldsymbol{x}}_{\text{GLS}}\right) = \boldsymbol{x}, \quad \Sigma_{\hat{\boldsymbol{x}}_{\text{GLS}}} = \left(A^\top\Sigma_{\boldsymbol{\varepsilon}}^{-1}A\right)^{-1}.$$

事实上, 广义最小二乘估计 $\hat{\boldsymbol{x}}_{\text{GLS}}$ 是 $\boldsymbol{x}$ 的无偏的、一致的、渐近正态的估计量, 换句话说 $\hat{x}_{\text{GLS}}$ 是广义模型中的线性无偏最小方差估计, 此为艾特肯 (Aitken) 定理, 当 $\Omega = I$ 时的高斯–马尔可夫定理为其特例. 因此, 当线性模型不满足球形扰动时, (5.7) 是衡量误差的标准, 广义最小二乘估计是最佳选择.

现在, 我们考虑非球形扰动模型的一种重要情形: 设 $\boldsymbol{\varepsilon} = (\varepsilon_1, \cdots, \varepsilon_M)^\top$ 仍然满足零均值、无自相关, 但不再是同方差, 即 $\Sigma_{\boldsymbol{\varepsilon}} = \operatorname{diag}(\sigma_1^2, \cdots, \sigma_M^2) \neq \sigma^2 I$. 令 $P^{-1}\Sigma_{\boldsymbol{\varepsilon}}^{-\frac{1}{2}} = \operatorname{diag}\left(\dfrac{1}{\sigma_1}, \cdots, \dfrac{1}{\sigma_M}\right)$. 我们用广义最小二乘法步骤来修正异方差, 由 (5.8) 可得

$$\hat{\boldsymbol{x}}_{\text{WLS}} = \left(A^\top\Sigma_{\boldsymbol{\varepsilon}}^{-1}A\right)^{-1}A^\top\Sigma_{\boldsymbol{\varepsilon}}^{-1}\boldsymbol{b} = \left(A^\top\Sigma_{\boldsymbol{\varepsilon}}^{-\frac{1}{2}}\Sigma_{\boldsymbol{\varepsilon}}^{-\frac{1}{2}}A\right)^{-1}A^\top\Sigma_{\boldsymbol{\varepsilon}}^{-\frac{1}{2}}\Sigma_{\boldsymbol{\varepsilon}}^{-\frac{1}{2}}\boldsymbol{b}.$$

由于 $\hat{\boldsymbol{x}}_{\text{WLS}}$ 是线性方程组

$$\Sigma_{\boldsymbol{\varepsilon}}^{-\frac{1}{2}}\boldsymbol{\varepsilon} = \Sigma_{\boldsymbol{\varepsilon}}^{-\frac{1}{2}}(\boldsymbol{b} - A\boldsymbol{x})$$

的最小二乘估计, 且 $\Sigma_{\boldsymbol{\varepsilon}}^{-\frac{1}{2}}$ 为对角阵, 故称 $\hat{\boldsymbol{x}}_{\text{WLS}}$ 为**加权最小二乘估计**, 其中 $\frac{1}{\sigma_1}, \cdots, \frac{1}{\sigma_M}$ 为**加权系数**.

5.4 马尔可夫链

马尔可夫链 (Markov chain) 在机器学习中非常重要, 特别是在强化学习、自然语言处理方面都有着极其广泛的应用. 在本节中, 我们从矩阵角度简要介绍马尔可夫链.

5.4.1 离散时间的马尔可夫链

考虑一个取值于有限或可数个可能值的随机过程 $\{X(n), n = 1, 2, \cdots\}$, 随机过程的可能值的集合是正整数的集合. 若 $X_n = i$, 则称该过程在时刻 n 的状态为 i. 如果给定过去的状态 $X(1), \cdots, X(n-1)$ 和现在的状态 $X(n)$, 任意未来的状态 $X(n+1)$ 的条件分布与过去的状态无关, 而只依赖于现在的状态, 即我们假设对一切状态 $i_1, \cdots, i_{n-1}, i, j$ 和所有的 $n \geqslant 1$ 有

$$P\{X(n+1) = j | X(n) = i, \cdots, X(1) = i_1\} = P\{X(n+1) = j | X(n) = i\}, \tag{5.9}$$

那么随机过程 $\{X_n, n = 1, 2, \cdots\}$ 称为**离散时间的马尔可夫链**, 由 (5.9) 定义的性质称为**马尔可夫性质**, 也被称为**无记忆性**. 记

$$p_{ji} = P\{X(n+1) = j | X(n) = i\},$$

称 p_{ji} 为 n 时刻的状态 i 转移到时刻 $n+1$ 时的状态 j 的**转移概率**. 因为概率都是非负的, 且过程必须转移到某个状态, 所以我们有

$$p_{ji} \geqslant 0, \quad i, j \geqslant 1; \quad \sum_j p_{ji} = 1, \quad i = 1, 2, \cdots. \tag{5.10}$$

现在, 我们主要考虑有 m 个状态的有限状态马尔可夫链. 记 P 为一步转移概率 p_{ji} 的矩阵, 即

$$P = \begin{bmatrix} p_{11} & p_{12} & \cdots & p_{1m} \\ p_{21} & p_{22} & \cdots & p_{2m} \\ \vdots & \vdots & & \vdots \\ p_{m1} & p_{m2} & \cdots & p_{mm} \end{bmatrix},$$

并称 P 为**转移概率矩阵**或**马尔可夫矩阵**, 其中 P 的第 j 行元素表示其他状态转移到状态 j 的条件概率, P 的第 i 列元素表示状态 i 转移到其他状态的条件概率. 记 $\boldsymbol{p}_i=[p_{1i},\cdots,p_{mi}]^\top$, $i=1,\cdots,m$. 由 (5.10) 可得

$$p_{1i}+\cdots+p_{mi}=\mathbf{1}^\top\boldsymbol{p}_i=1,$$

其中 $\mathbf{1}=[1,\cdots,1]^\top$. 这表明 P 的列和全为 1. 下面, 我们来看一个简单例子.

例 5.3 假设每个月出租车在城市甲和城市乙之间移动, 有 80% 的城市甲出租车停留在城市甲, 30% 的城市乙出租车移动到城市甲; 20% 的城市甲出租车移动到城市乙, 70% 的城市乙出租车停留在城市乙. 试分析在出租车总量不变的情况下, 两个城市的出租车的变化规律.

事实上, 这是状态为 2 的马尔可夫链, 其转移概率矩阵为

$$P=\begin{bmatrix}0.8 & 0.3\\ 0.2 & 0.7\end{bmatrix}.$$

令 $y_1^{(n)}$ 和 $y_2^{(n)}$ 分别为城市甲和城市乙的第 n 个月出租车数量并记 $\boldsymbol{y}_n=[y_1^{(n)},y_2^{(n)}]^\top$. 于是从第 n 月到第 $n+1$ 月的出租车转移为

$$\boldsymbol{y}_{n+1}=P\boldsymbol{y}_n=P^n\boldsymbol{y}_0.$$

可见出租车的数量与 P 紧密相关, 需要计算 P^n. 对如果对 P 作特征分解可得

$$P=X\Lambda X^{-1}=\begin{bmatrix}0.6 & 1\\ 0.4 & -1\end{bmatrix}\begin{bmatrix}1 & 0\\ 0 & 0.5\end{bmatrix}\begin{bmatrix}1 & 1\\ 0.4 & -0.6\end{bmatrix}.$$

进而

$$P^n=\begin{bmatrix}0.6 & 1\\ 0.4 & -1\end{bmatrix}\begin{bmatrix}1^n & 0\\ 0 & 0.5^n\end{bmatrix}\begin{bmatrix}1 & 1\\ 0.4 & -0.6\end{bmatrix}=\begin{bmatrix}0.6 & 0.6\\ 0.4 & 0.4\end{bmatrix}+0.5^n\begin{bmatrix}0.4 & -0.6\\ -0.4 & 0.6\end{bmatrix}.$$

从而

$$\lim_{n\to\infty}\boldsymbol{y}_{n+1}=\lim_{n\to\infty}P^n\boldsymbol{y}_0=\begin{bmatrix}0.6 & 0.6\\ 0.4 & 0.4\end{bmatrix}\boldsymbol{y}_0=(y_1^{(0)}+y_2^{(0)})\begin{bmatrix}0.6\\ 0.4\end{bmatrix}.$$

这表明出租车的极限分布是一种**稳定状态**, 即不管初始值是多少, 最后两地出租车的最终比例是 6:4 的稳定状态. 实际上, 这是有转移概率矩阵的最大特征值是 1 决定的, 而第二大特征值决定着向稳定状态趋近的速度. □

一个自然的问题, 是否所有的马尔可夫链都具有上述的稳定状态? 答案是否定的. 例如, 如果转移矩阵为 $P = \begin{bmatrix} 0 & 1 \\ 1 & 0 \end{bmatrix}$, 取初始向量为 $\boldsymbol{y}_0 = \begin{bmatrix} 1 \\ 0 \end{bmatrix}$, 那么由 $\boldsymbol{y}_{n+1} = P\boldsymbol{y}_n$ 可得

$$y_1 = \begin{bmatrix} 0 \\ 1 \end{bmatrix}, \ y_2 = \begin{bmatrix} 1 \\ 0 \end{bmatrix}, \ y_3 = \begin{bmatrix} 0 \\ 1 \end{bmatrix}, \cdots, y_n = \begin{bmatrix} 1 \\ 0 \end{bmatrix}, \ y_{n+1} = \begin{bmatrix} 0 \\ 1 \end{bmatrix}, \cdots.$$

故这个系统在每一个时刻均会改变状态, 不存在一个稳定状态. 事实上, 其原因在于此矩阵的特征值为 $\lambda_1 = 1$, $\lambda_2 = -1$, 不能得到类似于例 5.3 的式子, 即 P^n 不收敛.

因此, 一个马尔可夫链的基本问题是: 矩阵 P^n 是否在 $n \to \infty$ 时存在极限 P^∞, 也就是说向量 $\boldsymbol{y}_n = P^n\boldsymbol{y}_0$ 是否在 $n \to \infty$ 时存在极限 $\boldsymbol{y}_\infty$.

现在, 我们来分析上述问题. 之前已经知道, P 的列和为 1, 说明 1 是 P 的特征值. 于是由定理 2.11 和定理 2.13 知, $1 \leqslant \rho(P) \leqslant ||P||_1 = 1$. 这就表明 1 是 P 的最大特征值, 故可设

$$1 = \lambda_1 \geqslant |\lambda_2| \geqslant \cdots \geqslant |\lambda_m|.$$

如果 P 可相似对角化, 且 $|\lambda_2| < 1$, 那么利用特征分解容易证明

$$\lim_{n\to\infty} P^n = [\boldsymbol{x}_1, \cdots, \boldsymbol{x}_1] = \boldsymbol{x}_1\boldsymbol{1}^\top,$$

其中 $\boldsymbol{x}_1$ 为 $\lambda_1 = 1$ 的特征向量.

事实上, 对于一般转移矩阵, 在同样的条件下我们也有类似结果.

定理 5.9

设 m 个状态马尔可夫链的转移矩阵为 P, 其特征值 $\lambda_1, \cdots, \lambda_m$ 满足 $1 = \lambda_1 \geqslant |\lambda_2| \geqslant \cdots \geqslant |\lambda_m|$. 若 $|\lambda_2| < 1$, 则

$$\lim_{n\to\infty} P^n = [\boldsymbol{x}_1, \cdots, \boldsymbol{x}_1],$$

其中 $\boldsymbol{x}_1$ 为特征值 1 对应的特征向量且分量和为 1. ♡

证明 首先, 我们寻找可逆矩阵 X, 使得

$$X^{-1}PX = \begin{bmatrix} 1 & 0 \\ 0 & A \end{bmatrix}, \quad A \in \mathbb{R}^{(m-1)\times(m-1)}. \tag{5.11}$$

其中 X^{-1} 的第一行全为 1. 设 $X^{-1}=[\mathbf{1},\boldsymbol{v}_2,\cdots,\boldsymbol{v}_m]^\top$, $X=[\boldsymbol{x}_1,\boldsymbol{x}_2,\cdots,\boldsymbol{x}_m]$. 现在根据 (5.11) 的要求去确定 X^{-1} 和 X. 由 $X^{-1}X=I$ 可得 $\mathbf{1}^\top\boldsymbol{x}_1=1$. 因为 X 需满足 $PX=X\begin{bmatrix}1&0\\0&A\end{bmatrix}$, 所以有 $P\boldsymbol{x}_1=\boldsymbol{x}_1$, 即 x_1 为特征值 1 对应的特征向量. 于是我们已经确定 $\boldsymbol{x}_1$ 是特征值 1 对应的特征向量且 $\mathbf{1}^\top\boldsymbol{x}_1=1$. 下面, 我们需要寻找余下的 $\boldsymbol{x}_2,\cdots,\boldsymbol{x}_m$ 和 $\boldsymbol{v}_2,\cdots,\boldsymbol{v}_m$. 又

$$X^{-1}PX=\begin{bmatrix}\mathbf{1}^\top\\\boldsymbol{v}_2^\top\\\vdots\\\boldsymbol{v}_m^\top\end{bmatrix}P[\boldsymbol{x}_1,\boldsymbol{x}_2,\cdots,\boldsymbol{x}_m]=\begin{bmatrix}\mathbf{1}^\top P\boldsymbol{x}_1 & \mathbf{1}^\top P\boldsymbol{x}_2 & \cdots & \mathbf{1}^\top P\boldsymbol{x}_m\\\boldsymbol{v}_2^\top P\boldsymbol{x}_1 & & & \\\vdots & & A & \\\boldsymbol{v}_m^\top P\boldsymbol{x}_1 & & & \end{bmatrix},$$

故若要 (5.11) 成立, 注意到 $P\boldsymbol{x}_1=\boldsymbol{x}_1$ 和 $\mathbf{1}^\top P=\mathbf{1}^\top$, 只需如下条件成立:

$$v_i^\top P\boldsymbol{x}_1=v_i^\top\boldsymbol{x}_1=0,\qquad i=2,3,\cdots,m$$

且

$$\mathbf{1}^\top P\boldsymbol{x}_j=\mathbf{1}^\top\boldsymbol{x}_j=0,\qquad j=2,3,\cdots,m.$$

因此, 我们只需选取 $\boldsymbol{v}_2,\cdots,\boldsymbol{v}_m$ 为 $\mathbf{span}[\boldsymbol{x}_1]^\perp$ 的一组基, 以及选取 $\boldsymbol{x}_2,\cdots,\boldsymbol{x}_m$ 为 $\mathbf{1}^\top\boldsymbol{x}=0$ 的基础解系即可满足 (5.11).

其次, 我们需要证明 $\lim\limits_{n\to\infty}A^n=O$. 根据 (5.11) 和相似矩阵的性质可知 P 的特征值 $\lambda_2,\cdots,\lambda_m$ 为 A 的特征值, 故由 $|\lambda_2|<1$ 可得 $\rho(A)<1$. 根据定理 2.14 可得 $\lim\limits_{n\to\infty}A^n=O$.

最后, 根据之前所得结果, 我们有

$$\begin{aligned}P^\infty&=\lim_{n\to\infty}P^n=\lim_{n\to\infty}X(X^{-1}PX)^nX^{-1}=\lim_{n\to\infty}X\begin{bmatrix}1&0\\0&A^n\end{bmatrix}X^{-1}\\&=X\begin{bmatrix}1&0\\0&0\end{bmatrix}X^{-1}=\boldsymbol{x}_1\mathbf{1}^\top=[\boldsymbol{x}_1,\cdots,\boldsymbol{x}_1].\end{aligned}$$

□

5.4.2 连续时间的马尔可夫链

在 5.4.1 小节中, 我们考虑离散时间的有限状态马尔可夫链. 在本小节, 我们简要介绍连续时间的有限状态马尔可夫链. 设 $\{X(t),t\geqslant0\}$ 为取值非负整数的连续时间随机过程, 如果对一切时间 $s,t\geqslant0$, $0\leqslant u<s$, 以及非负整数 i,j, $x(u)$ 有

$$P\{X(t+s)=j|X(s)=i,X(u)=x(u),0\leqslant u<s\}=P\{X(t+s)=j|X(s)=i\}.$$

则称随机过程 $\{X(t), t \geqslant 0\}$ 为**连续时间的马尔可夫链**.

我们考虑有 m 个状态的马尔可夫链. 为此, 我们需要介绍矩阵指数的概念. 回顾一下矩阵无穷级数的概念:

$$\sum_{k=1}^{\infty} A_k = A_1 + A_2 + \cdots + A_k + \cdots = \left[\sum_{k=1}^{\infty} a_{ij}^{(k)}\right]_{n\times n},$$

其中 ${a_{ij}}^{(k)}$ 为第 k 个矩阵 A_k 的第 i 行第 j 列的元素.

若每个 $\sum_{k=1}^{\infty} {a_{ij}}^{(k)}$, $i, j = 1, 2, \cdots, n$ 收敛, 则 $\sum_{k=1}^{\infty} A_k$ 收敛. 判断矩阵无穷级数 $\sum_{k=1}^{\infty} A_k$ 收敛的常用法则如下: 若对任意的 k, 均存在 M_k, 使得 $||A_k|| \leqslant M_k$ 且 $\sum_{k=1}^{\infty} M_k$ 收敛, 则 $\sum_{k=1}^{\infty} A_k$ 收敛. 给定方阵 A, 我们称

$$\mathrm{e}^A = \sum_{k=0}^{\infty} \frac{A^k}{k!} = I + A + \frac{A^2}{2!} + \cdots + \frac{A^k}{k!} + \cdots$$

为 A 的**矩阵指数**. 下面说明矩阵指数是收敛的. 事实上, 对任意的 $k = 1, 2, \cdots$, 有

$$\left\|\frac{A^k}{k!}\right\| = \frac{1}{k!}||A^k|| \leqslant \frac{1}{k!}||A||^k.$$

从而

$$\sum_{k=0}^{\infty}\left\|\frac{A^k}{k!}\right\| = ||I|| + \sum_{k=1}^{\infty}\left\|\frac{A^k}{k!}\right\| \leqslant ||I|| + \sum_{k=0}^{\infty}\frac{||A||^k}{k!} = ||I|| + \mathrm{e}^{||A||} - 1.$$

则根据收敛法则, $\mathrm{e}^A = \sum_{k=1}^{\infty} \dfrac{A^k}{k!}$ 是收敛的.

矩阵指数有如下良好的性质:

(1) 若方程 A 和 B 可交换, 则 $\mathrm{e}^{A+B} = \mathrm{e}^A\mathrm{e}^B$.

(2) 矩阵指数 e^A 是可逆的且 $(\mathrm{e}^A)^{-1} = \mathrm{e}^{-A}$.

(3) 若 T 为非零奇异矩阵, 则 $\mathrm{e}^{T^{-1}AT} = T^{-1}\mathrm{e}^A T$.

(4) 方阵 A 的矩阵指数函数

$$\mathrm{e}^{At} := \sum_{k=0}^{\infty} \frac{(At)^k}{k!}$$

在 t 的任何有限区间上是一致收敛的.

现在, 我们考虑线性微分方程

$$\frac{\mathrm{d}\boldsymbol{p}}{\mathrm{d}t} = A\boldsymbol{p}, \tag{5.12}$$

其中 $\boldsymbol{p}(t)$ 为一个概率向量, 分量是非负的且和为 1, 矩阵 A 的对角元为负数或零, 非对角元为正数或零, 且列和为 0.

下面, 我们来验证 e^{At} 是马尔可夫矩阵, 即 e^{At} 的列和为 1, 且每个元素属于区间 $(0,1)$. 一方面, 因为 A 的列和为 0, 所以我们有

$$\begin{aligned}\mathbf{1}^\top \mathrm{e}^{At} &= \mathbf{1}^\top \left(I + At + \frac{A^2t^2}{2!} + \cdots\right)\\ &= [1,1,\cdots,1] + t[0,0,\cdots,0] + \frac{t^2}{2}[0,0,\cdots,0]A + \cdots\\ &= [1,1,\cdots,1],\end{aligned}$$

这表明 e^{At} 的列和为 1. 另一方面, 当 n 充分大时, 可知 $I + \dfrac{tA}{n}$ 的列和为 1 且每个元素均属于 $(0,1)$, 即 $I + \dfrac{tA}{n}$ 为马尔可夫矩阵, 那么

$$\lim_{n\to\infty}\left(I + \frac{tA}{n}\right)^n = \mathrm{e}^{At},$$

则 e^{At} 的每个元素均属于 $(0,1)$. 综上所得, e^{At} 为马尔可夫矩阵.

因此, 方程 (5.12) 实际上定义了一个连续时间的马尔可夫链, 我们称其为**主方程**. 而这个连续马尔可夫过程的概率分布为

$$\boldsymbol{p}(t) = \mathrm{e}^{At}\boldsymbol{p}(0),$$

其中 e^{At} 是转移概率矩阵, $\boldsymbol{p}(0)$ 是在 $t=0$ 时刻的概率向量.

5.5 熵

在本节, 我们主要介绍信息论的一些基本概念. 概率分布的熵可以被解释为一种不确定性的度量或者不可预测性的度量, 与服从给定分布的随机变量相关.

我们还可以使用熵来定义数据源的信息含量. 例如, 假设我们观察一个由分布 p 产生的序列 $X_n \sim p$. 如果 p 有很高的熵, 说明很难去预测每一个 X_n 的值.

因此, 我们说数据集 $\mathcal{D}=\{X_1,X_2,\cdots,X_n\}$ 的信息含量高. 相比之下, 如果 p 是一个熵为 0 (最小值) 的退化分布, 那么每一个 X_n 都是相同的, 说明数据集 $\mathcal{D}$ 的信息含量低.

5.5.1 离散随机变量的熵

设 X 为取值有 K 个状态的分布为 p 的离散型随机变量, 则 X 的熵定义为

$$\mathbb{H}(X):=-\sum_{k=1}^{K}p(X=k)\log p(X=k)=-E(\log p(X)).$$

$\mathbb{H}(X)$ 也经常记为 $\mathbb{H}(p)$. 通常我们在熵的计算中使用以 2 为底的对数函数, 此时熵的单位为 bit; 使用以 e 为底的对数函数, 此时熵的单位为 nat. 例如设

$$X\sim\begin{pmatrix}1 & 2 & 3 & 4 & 5\\ 0.25 & 0.25 & 0.2 & 0.15 & 0.15\end{pmatrix},$$

若以 2 为对数底, 可以计算出 $\mathbb{H}(X)=2.29$ bit; 若以 e 为对数底, 可以计算出 $\mathbb{H}(X)=1.58$ nat.

熵最大的离散分布是均匀分布. 对于取值有 K 个状态的随机变量 X, 当 $p(X=k)=\dfrac{1}{K}$ 时熵最大, 即

$$\mathbb{H}(X)=-\sum_{k=1}^{K}\frac{1}{K}\log\frac{1}{K}=-\log\frac{1}{K}=\log(K).$$

相反地, 熵最小 (熵为 0) 的分布是任何 δ-函数, 即随机变量只在一个状态下有取值. 这样的一个退化分布没有不确定性, 因此熵为 0.

伯努利分布 $X\sim B(1,p)$ 的熵变为

$$\mathbb{H}(X)=-[p\log p+(1-p)\log(1-p)].$$

这被称为二元熵函数, 有时也写成 $\mathbb{H}(p)$. 将其关于 p 的函数图像绘制处理, 如图 5.1 所示. 我们看到当 $p=0.5$ 时, 熵取得最大值为 1 bit. 正如抛掷硬币时需要使用一个简单的正面或反面来决定它的状态.

我们还可以定义分布 p 和 q 之间的**交叉熵**, 其定义如下:

$$\mathbb{H}(p,q):=-\sum_{k=1}^{K}p_k\log q_k.$$

交叉熵表示的是使用基于分布 q 的代码, 压缩来自分布 p 的一些数据样本的预期所需比特数. 当分布 $p = q$ 时, 交叉熵达到最小值, 此时优化代码的预期比特数为 $\mathbb{H}(p,p) = \mathbb{H}(p)$, 这被称为香农源编码定理.

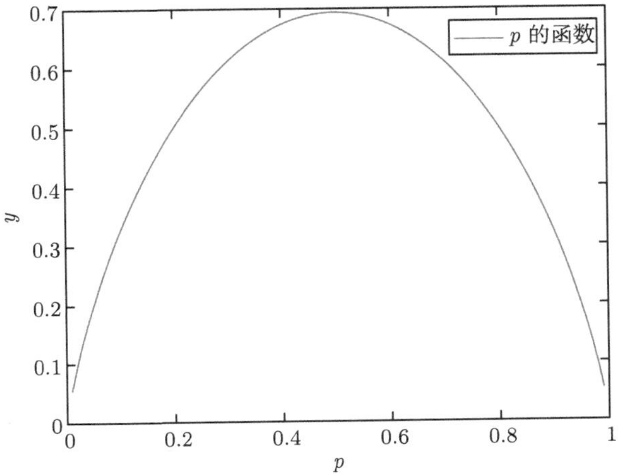

图 5.1 伯努利分布随机变量的熵作为 p 的函数, 最大熵为 $\log_2 2 = 1$ bit

对于二维离散型随机变量 X 和 Y, 可以定义**联合熵**如下:

$$\mathbb{H}(X,Y) := -\sum_{x,y} p(x,y)\log p(x,y).$$

例 5.4 设随机变量 X 和 Y 的联合分布为

$p(X,Y)$	$Y=0$	$Y=1$
$X=0$	$1/8$	$3/8$
$X=1$	$3/8$	$1/8$

则 X 和 Y 的联合熵为

$$\mathbb{H}(X,Y) = -\left[\frac{1}{8}\log_2\frac{1}{8} + \frac{3}{8}\log_2\frac{3}{8} + \frac{3}{8}\log_2\frac{3}{8} + \frac{1}{8}\log_2\frac{1}{8}\right] = 1.81 \text{ bit}.$$

因为 X 和 Y 的边缘分布是均匀的, 所以 $\mathbb{H}(X) = \mathbb{H}(Y) = 1$ bit. 故

$$\mathbb{H}(X,Y) = 1.81 \text{ bit} < \mathbb{H}(X) + \mathbb{H}(Y) = 2 \text{ bit}.$$ □

实际上, 关于联合熵的上界关系是一般成立的. 如果 X 和 Y 相互独立, 由定义易知

$$\mathbb{H}(X,Y) = \mathbb{H}(X) + \mathbb{H}(Y).$$

因此这个上界是紧的. 这具有直观的意义: 当各个部分以某种方式相互关联时, 它会降低系统的 "自由度", 从而降低总体的熵.

那么 $\mathbb{H}(X,Y)$ 的下界是什么呢? 如果 Y 是 X 的确定性函数, 则 $\mathbb{H}(X,Y)=\mathbb{H}(X)$. 因此, 我们有

$$\mathbb{H}(X,Y)\geqslant\max\{\mathbb{H}(X),\mathbb{H}(Y)\}\geqslant 0.$$

直观地说, 将变量组合在一起并不会使熵下降, 不能通过向问题中添加更多的未知数来减少不确定性.

考虑两个随机变量 X 和 Y. 自然地, 给定 X 时 Y 的**条件熵**, 是在已知 X 时 Y 的不确定性在 X 可能值下的期望, 即

$$\begin{aligned}\mathbb{H}(Y|X):=E(\mathbb{H}(p(Y|X)))&=\sum_x p(x)\mathbb{H}(p(Y|X))\\&=-\sum_x p(x)\sum_y p(y|x)\log p(y|x)\\&=-\sum_{x,y}p(x,y)\log p(y|x)=-\sum_{x,y}p(x,y)\log\frac{p(x,y)}{p(x)}\\&=-\sum_{x,y}p(x,y)\log p(x,y)+\sum_{x,y}p(x,y)\log p(x)\\&=\mathbb{H}(X,Y)-\mathbb{H}(X).\end{aligned}\tag{5.13}$$

如果 Y 是 X 的确定性函数, 那么 $\mathbb{H}(Y|X)=0$. 如果 X 和 Y 相互独立, 即已知 X 不会提供任何关于 Y 的信息, 则 $\mathbb{H}(Y|X)=\mathbb{H}(Y)$. 因为 $\mathbb{H}(X,Y)\geqslant\max\{\mathbb{H}(X),\mathbb{H}(Y)\}$, 所以

$$\mathbb{H}(Y|X)\leqslant\mathbb{H}(Y),$$

当且仅当 X 和 Y 独立时等号成立. 这表明, 平均而言对数据的制约并不会增加不确定性. 这里强调 "平均" 是有必要的, 因为对于任何特定的观察 (X 的值), 它可能会更加 "迷惑" (即 $\mathbb{H}(Y|X=x)>\mathbb{H}(Y)$). 然而, 就预测而言查看数据是一件好事.

我们可以将公式 (5.13) 改写为

$$\mathbb{H}(X,Y)=\mathbb{H}(X)+\mathbb{H}(Y|X),$$

并自然地将上式扩展为熵的链式法则

$$\mathbb{H}(X_1,X_2,\cdots,X_n)=\sum_{i=1}^n\mathbb{H}(X_i|X_1,X_2,\cdots,X_{i-1}).$$

一般我们用困惑度来度量概率分布的可预测性. 离散概率分布 p 的**困惑度**定义为

$$\operatorname{per}(p) := 2^{\mathbb{H}(p)}.$$

如果 p 是有 K 个状态的均匀分布, 那么容易得知困惑度为 K. 显然困惑度的下界为 $2^0 = 1$, 如果一个分布能够完美地预测结果, 那么它的困惑度就会达到这个下限.

假设现在有一个基于数据 $\mathcal{D}$ 的经验分布:

$$p_{\mathcal{D}}(x|\mathcal{D}) = \frac{1}{N}\sum_{n=1}^{N}\delta_{x_n}(x).$$

我们可以利用困惑度

$$\operatorname{per}(p_{\mathcal{D}}, p) := 2^{\mathbb{H}(p_{\mathcal{D}}, p)}$$

去度量 p 能在多大程度上预测 $\mathcal{D}$.

困惑度常被用来评估统计语言模型的质量, 统计语言模型是符号序列的生成模型. 假设数据是一个长度为 N 的长文档 x, 假设 p 是一个简单的一元语言模型. 基于数据的经验分布为均匀分布, 在这种情况下, 交叉熵项为

$$\mathbb{H}(p_{\mathcal{D}}, p) = -\frac{1}{N}\sum_{n=1}^{N}\log p(x_n).$$

因此困惑度是

$$\operatorname{per}(p_{\mathcal{D}}, p) = 2^{\mathbb{H}(p_{\mathcal{D}}, p)} = \sqrt[N]{\prod_{n=1}^{N}\frac{1}{p(x_n)}}.$$

有时这被称为交叉熵的指数化, 这是反向预测概率的几何平均值.

在语言模型的例子中, 通常我们在预测下一个单词时以前面的单词作为条件. 例如, 在双元语言模型中, 我们使用形式为 $p(x_i|x_{i-1})$ 的二阶马尔可夫模型. 将语言模型的分支因子定义为可以跟随任何给定单词的可能单词数量. 因此, 可以将困惑度解释为分支因子的加权平均. 比如, 假设模型预测每个单词都是等可能的, 不考虑上下文, 即 $p(x_i|x_{i-1}) = \frac{1}{K}$. 那么困惑度就是 $\left(\left(\frac{1}{K}\right)^N\right)^{-\frac{1}{N}} = K$. 如果某些符号比其他符号更有可能出现, 并且模型可以正确地反映这一点, 则其困惑度将低于 K. 然而, 如同在之后章节中展示的 $\mathbb{H}(p^*) \leqslant \mathbb{H}(p^*, p)$, 我们并不能将困惑度降低到潜在随机过程 p^* 的熵以下.

5.5.2 连续型随机变量的微分熵

如果 X 是一个概率密度函数为 $p(x)$ 的连续型随机变量, 如果积分

$$h(X) := -\int_{\mathcal{X}} p(x)\log p(x)\mathrm{d}x$$

存在, 那么称 $h(X)$ 为 $p(x)$ 的微分熵. 例如若 $X \sim U(0,a)$, 则

$$h(X) = -\int_0^a \frac{1}{a}\log\frac{1}{a}\mathrm{d}x = \log a.$$

与离散型随机变量的熵不同, 微分熵可以为负数. 这是因为概率密度函数的取值可以大于 1, 例如假设 $X \sim U\left(0,\frac{1}{8}\right)$, 则 $h(X) = \log_2\left(\frac{1}{8}\right) = -3$.

理解微分熵的一种方法是认识到所有的实值量只能以有限的精度表示. 可以证明连续型随机变量 X 的 n 比特量化熵近似为 $h(X)+n$. 例如, 假设 $X \sim U\left(0,\frac{1}{8}\right)$, 那么在 X 的二进制表示中, 二进制位右边的前 3bit 必须是 0 (因为这个数字 $\leqslant \frac{1}{8}$). 因此, 要描述 X 到 $n$bit 的精度只需要 $n-3$bit, 这与上面计算的 $h(X)=-3$ 一致.

下面, 我们来看高斯分布的熵. 设 $X \sim N_d(\boldsymbol{\mu},\Sigma)$ 是一个 d 元高斯分布, 则通过计算可得 X 的熵为

$$h(N_d(\boldsymbol{\mu},\Sigma)) = \frac{1}{2}\ln\det(2\pi\mathrm{e}\Sigma) = \frac{1}{2}\ln[(2\pi\mathrm{e})^d\det\Sigma] = \frac{d}{2}+\frac{d}{2}\ln(2\pi)+\frac{1}{2}\ln\det\Sigma.$$

特别地, 对于一元高斯分布的熵为

$$h(N(\boldsymbol{\mu},\sigma^2)) = \frac{1}{2}\ln(2\pi\mathrm{e}\sigma^2).$$

在一般情况下, 计算连续型随机变量的微分熵是很困难的. 一种简单的近似是将变量进行离散化或量化. 有各种方法可以用来近似随机变量, 见文献 [27–29].

5.6 KL 散度与互信息

5.6.1 KL 散度

给定两个概率分布 p 和 q, 有必要定义一个距离度量来度量它们有多 “接近” 或 “相似”. 事实上, 我们将更一般地考虑散度度量 $D(p,q)$ 来量化分布 p 到 q

的距离, 而不需要 D 是一个标准距离. 更准确地说, 如果 $D(p,q) \geqslant 0$ 当且仅当 $p=q$ 时等号成立, 则称 D 是一个**散度**. 在这里, 我们关注的是两个分布 p 和 q 的 Kullback-Leibler 散度 (KL 散度).

给定两个离散分布 p 和 q, 我们称

$$\mathbb{KL}(p||q) := \sum_{k=1}^{K} p_k \log \frac{p_k}{q_k}$$

为离散分布的 **KL 散度**, 或称为**相对熵**. 我们可以将 KL 散度改写为

$$\mathbb{KL}(p||q) = \sum_{k=1}^{K} p_k \log p_k - \sum_{k=1}^{K} p_k \log q_k = -\mathbb{H}(p) + \mathbb{H}(p,q).$$

这说明 KL 散度可以写为熵的相反数与交叉熵的和. 因此, 我们可以将 KL 散度解释为使用分布 q 作为编码方案的基础, 压缩来自 p 的数据样本时需要支付的 "额外的比特数".

类似地, 连续分布的 KL 散度定义如下

$$\mathbb{KL}(p||q) := \int p(x) \log \frac{p(x)}{q(x)} \mathrm{d}x.$$

可以证明两个多元高斯分布之间的 KL 散度为

$$\begin{aligned}
&\mathbb{KL}(N(x|\mu_1,\Sigma_1)||N(x|\mu_2,\Sigma_2)) \\
&= \frac{1}{2}\left[\mathrm{tr}({\Sigma_2}^{-1}\Sigma_1) + (\mu_2-\mu_1)^{\top}{\Sigma_2}^{-1}(\mu_2-\mu_1) + \log\frac{\det(\Sigma_2)}{\det(\Sigma_1)}\right].
\end{aligned}$$

在两个一元高斯分布的情况下, 上述就变为

$$\mathbb{KL}(N(x|\mu_1,\sigma_1)||N(x|\mu_2,\sigma_2)) = \log\frac{\sigma_2}{\sigma_1} + \frac{{\sigma_1}^2 + (\mu_1+\mu_2)^2}{2{\sigma_2}^2} - \frac{1}{2}.$$

下面, 我们需要去证明 KL 散度总是非负的.

定理 5.10 信息不等式

$\mathbb{KL}(p||q) \geqslant 0$, 当且仅当 $p=q$ 时等号成立. ♡

证明 记 $A=\{x: p(x)>0\}$. 利用 $\log(x)$ 是严格凹函数以及 Jensen 不等式 (见 6.3 节), 我们有

$$-\mathbb{KL}(p||q) = -\sum_{x\in A} p(x) \log\frac{p(x)}{q(x)} = \sum_{x\in A} p(x) \log\frac{q(x)}{p(x)}$$

$$\leqslant \log\left[\sum_{x\in A} p(x)\frac{q(x)}{p(x)}\right] = \log\left[\sum_{x\in A} q(x)\right] \tag{5.14}$$

$$\leqslant \log\left[\sum_{x\in \mathcal{X}} q(x)\right] = \log 1 = 0. \tag{5.15}$$

因为 $\log(x)$ 是严格凹函数, 所以不等式 (5.14) 当且仅当 $p(x) = cq(x)$ 时等号成立. 而不等式 (5.15) 当且仅当

$$\sum_{x\in A} q(x) = \sum_{x\in\mathcal{X}} q(x) = 1$$

时等号成立, 这说明 $c = 1$. 因此 $\mathbb{KL}(p||q) = 0$ 当且仅当对于所有的 x 有 $p(x) = q(x)$. □

这个定理有许多重要的含义. 例如, 我们可以证明均匀分布使熵最大化.

推论 5.1　均匀分布使熵最大化

$\mathbb{H}(X) \leqslant \log\sharp(\mathcal{X})$, 等号成立当且仅当 $p(x)$ 是均匀分布. 记 $\sharp(\mathcal{X})$ 是 X 的状态数, 即 X 所有可能的取值的个数. ♡

证明　设 $u(x) = \dfrac{1}{\sharp(\mathcal{X})}$, 则由定理 5.10 可得

$$0 \leqslant \mathbb{KL}(p||u) = \sum_x p(x)\log\frac{p(x)}{q(x)} = \log\sharp(\mathcal{X}) - \mathbb{H}(X),$$

这表明结论是正确的. □

假设我们想要去寻找与分布 p 尽可能接近的分布 q, 可以利用 KL 散度进行度量

$$q^* = \arg\min_q \mathbb{KL}(p||q) = \arg\min_q \left\{\int p(x)\log\frac{p(x)}{q(x)}\mathrm{d}x\right\}.$$

现在假设 p 是经验分布, 它把一个概率原子放在观察到的训练数据上, 而其他地方的质量为零, 则

$$p_{\mathcal{D}}(x) = \frac{1}{N}\sum_{n=1}^{N}\delta(x - x_n).$$

利用 δ 函数的筛选性质, 我们得到

$$\mathbb{KL}(p_{\mathcal{D}}||q) = -\int p_{\mathcal{D}}(x)\log q(x)\mathrm{d}x + C = -\int\left[\frac{1}{N}\sum_{n=1}^{N}\delta(x - x_n)\right]\log q(x)\mathrm{d}x + C$$

$$= -\frac{1}{N}\sum_{n=1}^{N}\log q(x_n) + C,$$

其中 $C = \int p(x)\log p(x)\mathrm{d}x$ 是与 q 独立的常数. 这被称为交叉熵目标, 它等于 q 在训练集上的负对数似然函数平均值. 因此, 我们看到最小化分布 q 到经验分布的 KL 散度等价于最大化分布 q 的似然函数. 这一观点指出了基于似然函数训练的缺陷, 即训练集的权重过大.

假设我们想用更简单的分布 q 来近似一个分布 p. 我们可以通过最小化 $\mathbb{KL}(q||p)$ 或 $\mathbb{KL}(p||q)$. 这将导致不同的行为, 我们将在下面讨论.

首先我们考虑正向 KL, 也叫包含 KL, 即

$$\mathbb{KL}(p||q) = \int p(x)\log\frac{p(x)}{q(x)}\mathrm{d}x.$$

使得上式最小化的 q 称为**矩投影**.

我们可以通过考虑使得 $p(x) > 0$ 且 $q(x) = 0$ 的输入 x 来理解最优的 q. 在这种情况下, $\log\frac{p(x)}{q(x)}$ 项将是无穷. 因此, 最小化正向 KL 将迫使 q 包括 p 具有非零概率的所有空间区域. 换句话说, 这被称为零-回避或模式覆盖行为, 并且通常会高估 p 的支持.

现在考虑反向 KL, 也称为独特 KL, 即

$$\mathbb{KL}(q||p) = \int q(x)\log\frac{q(x)}{p(x)}\mathrm{d}x.$$

使得上式最小化的 q 称为**信息投影**.

我们可以通过考虑使得 $p(x) = 0$ 且 $q(x) > 0$ 的输入 x 来理解最优的 q. 在这种情况下, $\log\frac{q(x)}{p(x)}$ 项将是无穷. 因此, 最小化逆向 KL 将迫使 q 包括 p 具有非零概率的所有空间区域. 一种方法是对于 q 把概率质量放在空间中很少的部分, 被称为零-迫近或模式寻找行为. 在这种情况下, q 通常会低估 p 的支持.

5.6.2 互信息

KL 散度给了我们一种方法来衡量两个分布有多相似, 我们该如何衡量两个随机变量的依赖关系? 这就产生了下面定义的两个随机变量之间互信息的概念.

随机变量 X 和 Y 之间的**互信息**定义为

$$\mathbb{I}(X;Y) = \mathbb{KL}(p(x,y)||p(x)p(y)) = \sum_{y\in Y}\sum_{x\in X}p(x,y)\log\frac{p(x,y)}{p(x)p(y)}.$$

对于连续型随机变量, 我们用积分代替求和.

无论是离散型随机变量还是连续型随机变量, 由定义易知互信息总是非负的, 即

$$\mathbb{I}(X;Y)=\mathbb{KL}(p(x,y)||p(x)p(y))\geqslant 0,$$

当且仅当 $p(x,y)=p(x)p(y)$ 时上式等号成立.

为了进一步理解互信息的含义, 将互信息重新表示为联合熵和条件熵, 具体如下:

$$\mathbb{I}(X;Y)=\mathbb{H}(X)-\mathbb{H}(X|Y)=\mathbb{H}(Y)-\mathbb{H}(Y|X).$$

因此, 我们可以将 X 和 Y 之间的互信息解释为观察 Y 后关于 X 的不确定性的减少; 或者根据对称性可以解释为观察 X 后关于 Y 的不确定性的减少. 此外, 这个结果提供了另一种结论, 即平均而言, 限制条件作用降低了熵. 特别地, 有 $0\leqslant\mathbb{I}(X;Y)=\mathbb{H}(X)-\mathbb{H}(X|Y)$, 则 $\mathbb{H}(X|Y)\leqslant\mathbb{H}(X)$.

我们也可以得到不同的解释. 可以证明:

$$\mathbb{I}(X;Y)=\mathbb{H}(X,Y)-\mathbb{H}(X|Y)-\mathbb{H}(Y|X).$$

最后, 我们可以证明:

$$\mathbb{I}(X;Y)=\mathbb{H}(X)+\mathbb{H}(Y)-\mathbb{H}(X,Y).$$

下面以信息图的形式对这些方程进行总结展示 (图 5.2).

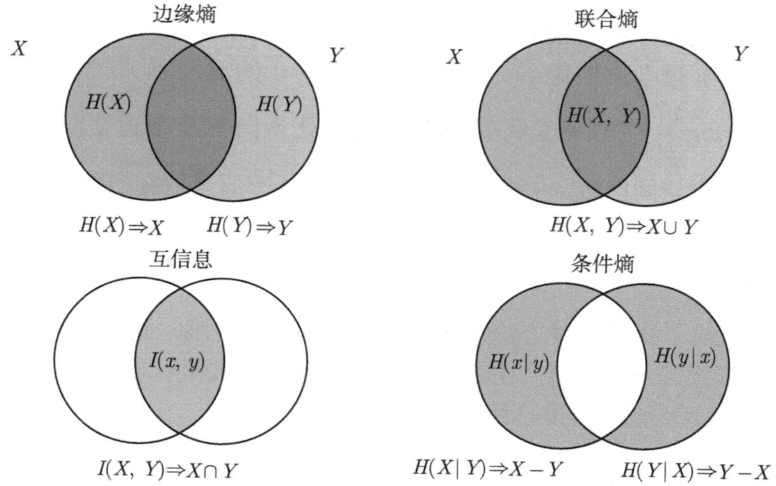

图 5.2　边缘熵、联合熵、互信息和条件熵用信息图表示

让我们重新考虑例 5.4. 在该例中 $\mathbb{H}(X)=\mathbb{H}(Y)=1$, 条件分布 $p(Y|X)$ 通过对每一行进行归一化得到

	$Y=0$	$Y=1$
$X=0$	$1/4$	$3/4$
$X=1$	$3/4$	$1/4$

因此条件熵为

$$\mathbb{H}(Y|X)=-\left[\frac{1}{8}\log_2\frac{1}{4}+\frac{3}{8}\log_2\frac{3}{4}+\frac{3}{8}\log_2\frac{3}{4}+\frac{1}{8}\log_2\frac{1}{4}\right]=0.81\ (\text{bit}),$$

互信息为

$$\mathbb{I}(X;Y)=\mathbb{H}(Y)-\mathbb{H}(Y|X)=1-0.81=0.19\ (\text{bit}).$$

于是可以验证

$$\mathbb{H}(X,Y)=\mathbb{H}(X|Y)+\mathbb{I}(X;Y)+\mathbb{H}(Y|X)=0.81+0.19+0.81=1.81\ (\text{bit}).$$

习 题 5

1. 设 μ 是随机变量 X 的期望. 证明: 若 $X\sim N(\mu,\sigma^2)$, 则 $E[(x-\mu)^4]=3\sigma^4$.

2. 设 X 为随机变量, $E(X)=\mu$, $\mathrm{Var}(X)=\sigma^2$, μ_3 为 3 阶中心矩. 证明: $\kappa_1=\mu$, $\kappa_2=\sigma^2$, $\kappa_3=\mu_3$.

3. 设

$$X\sim\begin{pmatrix}0 & 1 & 2 & \cdots\\ p_0 & p_1 & p_2 & \cdots\end{pmatrix},$$

且 $E(X)=0p_0+1p_1+2p_2+\cdots=1$.

(1) 验证马尔可夫不等式 $P\{X\geqslant 3\}\leqslant\dfrac{1}{3}$ 成立.

(2) 当 $p_3+p_4+p_5+\cdots=\dfrac{1}{3}$ 时, p_i 分别取何值.

4. 设 $X_1,\cdots,X_n$ 为相互独立的随机变量, 其中

$$X_i\sim\begin{pmatrix}0 & 1\\ 1-p_i & p_i\end{pmatrix},\quad 1\leqslant i\leqslant n.$$

令 $X=\sum_{i=1}^n X_i,\overline{X}=E[X]$. 试证明: 对任意的 $\xi\in(0,1)$, 有

$$P\{X\geqslant(1+\xi)\overline{X}\}\leqslant \mathrm{e}^{-\overline{X}\frac{\xi^2}{2+\xi}},\qquad P\{X\leqslant(1-\xi)\overline{X}\}\leqslant \mathrm{e}^{-\overline{X}\frac{\xi^2}{2}}.$$

5. 证明: $E(XY)$ 可作为随机变量 X 与 Y 的内积, 即 $\langle X,Y\rangle=E(XY)$.

6. 证明: 设随机变量 $X_1, X_2, \cdots, X_n$ 的协方差阵是 Σ, 则随机变量 $Z = AX$ 的协方差矩阵为 $A\Sigma A^\top$, 其中 $A \in \mathbb{R}^{n\times n}$.

7. 证明: 如果协方差矩阵 Σ 是对称正定矩阵, 那么相关系数矩阵 R 也是正定的.

8. 设 $\hat{\boldsymbol{x}}_{\mathrm{GLS}}$ 为广义最小二乘估计. 证明:

$$E\left(\hat{\boldsymbol{x}}_{\mathrm{GLS}}\right) = \boldsymbol{x}, \quad \Sigma_{\hat{\boldsymbol{x}}_{\mathrm{GLS}}} = \left(A^\top \Sigma_{\boldsymbol{\varepsilon}}^{-1} A\right)^{-1}.$$

9. 设 $\boldsymbol{b} = Ax + \boldsymbol{\varepsilon}$, 其中 $A = [1,1,1]^\top, \boldsymbol{b} = [b_1, b_2, b_{\boldsymbol{\varepsilon}}]^\top V_\varepsilon = \mathrm{diag}\left(\frac{1}{9}, \frac{1}{4}, 1\right)$, 求 $\hat{x}_{\mathrm{WLS}}$.

10. 设马尔可夫矩阵 P 可相似对角化, $\lambda_1 = 1$, 且 $|\lambda_i| < 1$, $i = 2, 3, \cdots, N$. 试用特征分解证明

$$\lim_{n\to\infty} P^n = [\boldsymbol{x}_1, \cdots, \boldsymbol{x}_1] = \boldsymbol{x}_1 \mathbf{1}^\top,$$

其中 $\boldsymbol{x}_1$ 为 $\lambda_1 = 1$ 的特征向量.

11. 证明如下矩阵指数的性质.

(1) 若方程 A 和 B 可交换, 则 $\mathrm{e}^{A+B} = \mathrm{e}^A \mathrm{e}^B$.

(2) 矩阵指数 e^A 是可逆的且 $(\mathrm{e}^A)^{-1} = \mathrm{e}^{-A}$.

(3) 若 T 为非零奇异矩阵, 则 $\mathrm{e}^{T^{-1}AT} = T^{-1}\mathrm{e}^A T$.

(4) 方阵 A 的矩阵指数函数 $\mathrm{e}^{At} := \sum\limits_{k=0}^{\infty} \frac{(At)^k}{k!}$ 在 t 的任何有限区间上是一致收敛的.

Chapter 第6章

凸函数

第6章课件

训练机器学习模型通常归结为找到一个“好”的参数, 而“好”的标准是由优化模型中的目标函数决定的. 因为凸函数的最小值具有全局特性, 在优化算法中具有重要意义, 所以优化问题“好”的关键特征之一是目标函数的凸性. 本章主要介绍凸性. 在介绍集合的凸性后, 研究函数的凸性, 给出构造新凸函数的方法, 以及可微性和凸性之间的联系. 在此之后, 我们介绍凸分离定理, 这是用几何方法研究凸性的重要定理. 接着, 我们给出拟凸函数和伪凸函数, 这是凸函数的两类推广. 最后, 我们讲述凸函数的次梯度, 这是识别不可微凸函数极值的一个有用概念.

6.1 凸集

6.1.1 集合的基本拓扑概念

设 $\|\cdot\|$ 为 $\mathbb{R}^n$ 上的向量范数, $\boldsymbol{x}_0 \in \mathbb{R}^n$, $r > 0$. 则分别称

$$B(\boldsymbol{x}_0, r) := \{\boldsymbol{x} \mid \|\boldsymbol{x} - \boldsymbol{x}_0\| < r\}, \quad B[\boldsymbol{x}_0, r] := \{\boldsymbol{x} \mid \|\boldsymbol{x} - \boldsymbol{x}_0\| \leqslant r\}$$

是以 $\boldsymbol{x}_0$ 为中心、半径为 r 的**开球**和**闭球**. 特别地, 分别称 $B(\boldsymbol{x}_0, 1)$ 和 $B[\boldsymbol{x}_0, 1]$ 为**开单位球**和**闭单位球**. 当向量范数是欧几里得范数 $\|\cdot\|_2$ 时, 称 $B(\boldsymbol{x}_0, r)$ 为**欧几里得开球**. 除非特殊说明, 本章所采用的向量范数均为欧几里得范数 $\|\cdot\|_2$.

定义 6.1　内点

设 $\Omega \subseteq \mathbb{R}^n$. 若 $\boldsymbol{x}_0 \in \Omega$ 且存在 $\delta > 0$ 使得

$$B(\boldsymbol{x}_0, \delta) \subseteq \Omega,$$

则称 $\boldsymbol{x}_0$ 为 Ω 的一个内点. ♣

Ω 的所有内点构成的集合称为 Ω 的**内部**, 记为 $\mathbf{int}\ \Omega$. 由定义可知

$$\mathbf{int}\ \Omega = \{\boldsymbol{x} \in \Omega |\ \exists\ \delta > 0, B(\boldsymbol{x}, \delta) \subseteq \Omega\}.$$

若对任意的 $\boldsymbol{x} \in \Omega$, 存在 $\delta > 0$ 使得 $B(\boldsymbol{x}_0, \delta) \subseteq \Omega$, 则称 Ω 为**开集**. 由定义易知, 集合 Ω 是开集的充分必要条件是

$$\mathbf{int}\ \Omega = \Omega,$$

即集合 Ω 是开集的充分必要条件是 Ω 的每一个点都是内点. 显然, 整个空间 $\mathbb{R}^n$ 和空集 $\varnothing$ 是开集. 任何以 $\boldsymbol{x}_0$ 为中心, 半径为 r 的开球 $B(\boldsymbol{x}_0, r)$ 是开集.

若补集 $\mathbb{R}^n \setminus \Omega$ 是开集, 则称 Ω 为**闭集**. 因此, 空集、全空间和闭球 $B[\boldsymbol{x}_0, r]$ 均为闭集. 注意到, 全空间和空集是既开又闭的集合. 这说明集合的开与闭不是一对互斥的属性. 开集与闭集有如下性质.

(1) $\mathbb{R}^n$ 中的任意开集族的并是开的.

(2) $\mathbb{R}^n$ 中的任意有限开集族的交是开的.

(3) $\mathbb{R}^n$ 中的任意闭集族的交是闭的.

(4) $\mathbb{R}^n$ 中的任意有限闭集族的并是闭的.

根据序列的收敛性, 可定义如下关于集合的重要拓扑概念.

定义 6.2 闭包与边界

设 Ω 是 $\mathbb{R}^n$ 上的非空子集. 则称 Ω 的所有收敛序列的极限全体为 Ω 的闭包, 记为 $\overline{\Omega}$ 或 $\mathbf{cl}(\Omega)$. 称集合 $\overline{\Omega} \setminus \mathbf{int}\ \Omega$ 为 Ω 的边界, 记为 $\partial\Omega$. ♣

从定义可以看到, 开集不包含其任何边界点, 而闭包包含它的所有边界点. 事实上, Ω 的闭包是包含 Ω 的所有闭集的交, Ω 的内部是包含在 Ω 内的所有开集的并. 由定义可得 $\boldsymbol{x}_0 \in \overline{\Omega}$ 当且仅当对任意的 $\delta > 0$, 有

$$B(\boldsymbol{x}_0, \delta) \cap \Omega \neq \varnothing.$$

同时, $\boldsymbol{x}_0 \in \partial\Omega$ 当且仅当对任意的 $\delta > 0$,

$$B(\boldsymbol{x}_0, \delta) \cap \Omega \neq \varnothing \quad 且 \quad B(\boldsymbol{x}_0, \delta) \cap \Omega^{\mathrm{c}} \neq \varnothing.$$

如果集合 Ω 包含在一个有限半径的球中, 那么称 Ω 是**有界的**, 即存在 $\boldsymbol{x} \in \mathbb{R}^n$ 和 $r > 0$, 使得 $\Omega \subset B(\boldsymbol{x}, r)$. 如果存在 $r > 0$, 使得对任意 $k \in \mathbb{N}$, 有

$$||\boldsymbol{x}_k|| < r,$$

则称序列 $\{\boldsymbol{x}_k\}$ 是**有界的**. 下面的著名结果称为波尔查诺–威尔斯特拉斯 (Bolzano-Weierstrass) 定理.

定理 6.1　Bolzano-Weierstrass 定理

$\mathbb{R}^n$ 中的任何有界序列都包含收敛的子序列.

由 Bolzano-Weierstrass 定理立即可得如下推论, 此结论在分析学和最优化理论中起着非常重要的作用.

定理 6.2

$\mathbb{R}^n$ 中的有界闭子集 Ω 中的每个序列都有收敛于 Ω 中某点的子序列.

通常称 $\mathbb{R}^n$ 中的有界闭子集 Ω 是**紧的**.

6.1.2　仿射集合

设 $\boldsymbol{x}_1$ 和 $\boldsymbol{x}_2$ 为 $\mathbb{R}^n$ 空间中不同的两个点. 具有下列形式的点

$$\boldsymbol{y} = \lambda\boldsymbol{x}_1 + (1-\lambda)\boldsymbol{x}_2, \quad \lambda \in \mathbb{R}$$

组成一条穿越 $\boldsymbol{x}_1$ 和 $\boldsymbol{x}_2$ 的**直线**. 显然当 $\lambda = 0$ 时, $\boldsymbol{y} = \boldsymbol{x}_2$; 当 $\lambda = 1$ 时, $\boldsymbol{y} = \boldsymbol{x}_1$. 于是

$$\boldsymbol{y} = \lambda\boldsymbol{x}_1 + (1-\lambda)\boldsymbol{x}_2, \quad 0 \leqslant \lambda \leqslant 1$$

构成了 $\boldsymbol{x}_1$ 和 $\boldsymbol{x}_2$ 之间的**线段** (**路径**), 记为 $[\boldsymbol{x}_1, \boldsymbol{x}_2]$. 直线也可以表示为

$$\boldsymbol{y} = \boldsymbol{x}_2 + \lambda(\boldsymbol{x}_1 - \boldsymbol{x}_2), \quad \lambda \in \mathbb{R}.$$

因此, $\boldsymbol{y}$ 是点 $\boldsymbol{x}_2$ 和方向 $\boldsymbol{x}_1 - \boldsymbol{x}_2$ 乘以 λ 的和. 也就是说, λ 给出了 $\boldsymbol{y}$ 在从 $\boldsymbol{x}_2$ 通向 $\boldsymbol{x}_1$ 的路径上的位置. 特别地, 当 λ 由 0 到 1 变化时, $\boldsymbol{y}$ 对应地由 $\boldsymbol{x}_2$ 移动到 $\boldsymbol{x}_1$; 当 $\lambda > 1$ 时, $\boldsymbol{y}$ 移动到了靠 $\boldsymbol{x}_1$ 这一侧的线段 $[\boldsymbol{x}_1, \boldsymbol{x}_2]$ 之外; 当 $\lambda < 0$ 时, $\boldsymbol{y}$ 移动到了靠 $\boldsymbol{x}_2$ 这一侧线段 $[\boldsymbol{x}_1, \boldsymbol{x}_2]$ 之外. 图 6.1 给出了直观解释.

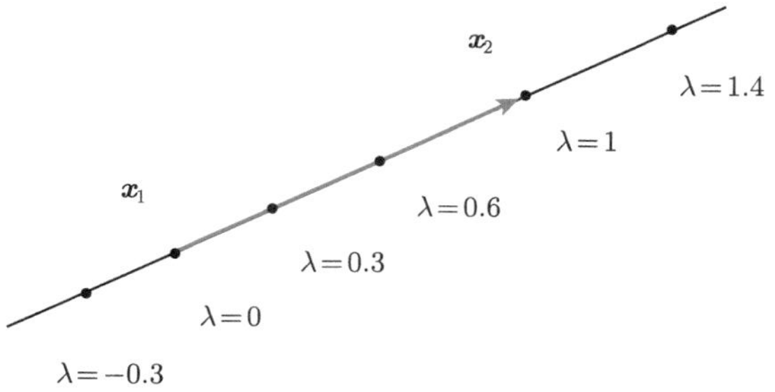

图 6.1　通过 $\boldsymbol{x}_1$ 和 $\boldsymbol{x}_2$ 的直线 $\boldsymbol{y} = \boldsymbol{x}_2 + \lambda(\boldsymbol{x}_1 - \boldsymbol{x}_2)$

事实上, 通过 $\boldsymbol{x}_1$ 和 $\boldsymbol{x}_2$ 直线上的任意一点均是 $\boldsymbol{x}_1$ 和 $\boldsymbol{x}_2$ 系数之和为 1 的线性组合. 这个概念可扩展到多个点的情况, 我们称之为仿射组合.

定义 6.3　仿射组合

设 $\boldsymbol{x}_1, \cdots, \boldsymbol{x}_m \in \mathbb{R}^n$. 如果实数 $\lambda_1, \cdots, \lambda_m$ 满足 $\lambda_1 + \cdots + \lambda_m = 1$, 那么称线性组合

$$\sum_{i=1}^{m} \lambda_i \boldsymbol{x}_i = \lambda_1 \boldsymbol{x}_1 + \cdots + \lambda_m \boldsymbol{x}_m$$

为 $\boldsymbol{x}_1, \cdots, \boldsymbol{x}_m$ 的一个仿射组合. ♣

下面, 我们考虑与仿射组合相关的集合.

定义 6.4　仿射集合

设集合 $C \subseteq \mathbb{R}^n$. 如果 C 中的任意两个不同点所在的直线仍在 C 中, 即对任意的 $\boldsymbol{x}_1, \boldsymbol{x}_2 \in C$, $\lambda \in \mathbb{R}$ 有

$$\lambda \boldsymbol{x}_1 + (1-\lambda)\boldsymbol{x}_2 \in C,$$

那么称 C 为仿射集合. ♣

由仿射集合的定义易知: 一个仿射集合包含其中任意有限个点的仿射组合, 即若 C 为仿射集合, $\boldsymbol{x}_1, \cdots, \boldsymbol{x}_m \in C$ 且 $\lambda_1 + \cdots + \lambda_m = 1$, 则 $\lambda_1 \boldsymbol{x}_1 + \cdots + \lambda_m \boldsymbol{x}_m \in C$(留作习题). 因此, 我们有如下结论.

定理 6.3

$\mathbb{R}^n$ 的子集 C 为仿射集合当且仅当它包含它的元素的所有仿射组合. ♡

同时, 由 $\lambda_1 + \cdots + \lambda_m = 1$ 可得任意仿射组合也可表示为

$$\boldsymbol{x}_1 + \lambda_2(\boldsymbol{x}_2 - \boldsymbol{x}_1) + \cdots + \lambda_m(\boldsymbol{x}_m - \boldsymbol{x}_1).$$

这恰好是仿射子空间元素的参数表达形式. 事实上, 如果 C 是一个仿射集合并且 $\boldsymbol{x}_0 \in C$, 那么集合

$$V = C - \boldsymbol{x}_0 = \{\boldsymbol{x} - \boldsymbol{x}_0 | \boldsymbol{x} \in C\}$$

是 $\mathbb{R}^n$ 的线性子空间, 即关于加法和数乘是封闭的 (留作习题). 进而, 仿射集合 C 可表示为

$$C = \boldsymbol{x}_0 + V = \{\boldsymbol{x}_0 + \boldsymbol{u} | \boldsymbol{u} \in V\},$$

也就是说仿射集合 $C \subseteq \mathbb{R}^n$ 即为仿射子空间. 在第 1 章中, 我们已知任意线性方程组的解集是仿射子空间, 即为仿射集合. 反之, 任一仿射集合必可表示为线性方程组的解集.

仿射集合有优良的线性性质, 在凸优化中具有重要地位. 如果 $\mathbb{R}^n$ 中的一个集合 C 不是仿射集合, 那么我们往往需要去考虑包含 C 的最小的仿射集合.

定义 6.5 仿射包

设 $C \subseteq \mathbb{R}^n$. 则称由 C 中点的所有仿射组合构成的集合

$$\mathbf{aff}\ C := \{\lambda_1 \boldsymbol{x}_1 + \cdots + \lambda_m \boldsymbol{x}_m |\ \boldsymbol{x}_1, \cdots, \boldsymbol{x}_m \in C, \lambda_1 + \cdots + \lambda_m = 1\}$$

为 C 的仿射包. ♣

显然 C 的仿射包是包含 C 的最小的仿射集合, 即若 F 是满足 $C \subseteq F$ 的仿射集合, 那么 $\mathbf{aff}\ C \subseteq F$. 因此, 对任意给定的 $\mathbb{R}^n$ 的子集 C, 我们定义 C **仿射维数**为其仿射包的维数, 即仿射包相对应的线性子空间的维数. 仿射维数在凸优化中十分有用, 但它与其他维数的定义常常不相容. 例如, 考虑 $\mathbb{R}^2$ 上的单位圆环 $\{\boldsymbol{x} \in \mathbb{R}^2 \mid x_1^2 + x_2^2 = 1\}$, 它的仿射包是全空间 $\mathbb{R}^2$, 所以其仿射维数为 2. 但在其他大多数维数定义中, $\mathbb{R}^2$ 上的单位圆环的维数为 1.

如果 $\mathbb{R}^n$ 中的子集 C 的维数小于 n, 即这个集合的仿射包 $\mathbf{aff}\ C \neq \mathbb{R}^n$, 那么 C 的内部 $\mathbf{int}\ C$ 是空集. 因此, 在很多情况下还需要定义集合 C 的**相对内部**, 记为 $\mathbf{relint}\ C$, 即

$$\mathbf{relint}\ C = \{\boldsymbol{x} \in C |\ \exists\, r > 0,\ B(\boldsymbol{x}, r) \cap \mathbf{aff}\ C \subseteq C\}.$$

类似地, 我们可定义集合 C 的**相对边界**为 $\overline{C} \setminus \mathbf{relint}\ C$.

例 6.1 考虑 $\mathbb{R}^3$ 中的处于 (x_1, x_2) 平面中的圆 (见图 6.2)

$$C = \{\boldsymbol{x} \in \mathbb{R}^3 |\ (x_1 - 1)^2 + (x_2 - 1)^2 \leqslant 1, x_3 = 0\}.$$

显然 C 的仿射包为 (x_1, x_2) 平面, 即

$$\mathbf{aff}\ C = \{\boldsymbol{x} \in \mathbb{R}^3 |\ x_3 = 0\}.$$

显然 C 的内部为空, 但其相对内部为

$$\mathbf{relint}\ C = \{\boldsymbol{x} \in \mathbb{R}^3 |\ (x_1 - 1)^2 + (x_2 - 1)^2 < 1, x_3 = 0\}.$$

从而 C 在 $\mathbb{R}^3$ 中的边界是自身, 但相对边界是其圆周

$$\{\boldsymbol{x} \in \mathbb{R}^3 |\ (x_1 - 1)^2 + (x_2 - 1)^2 = 1, x_3 = 0\}. \qquad \square$$

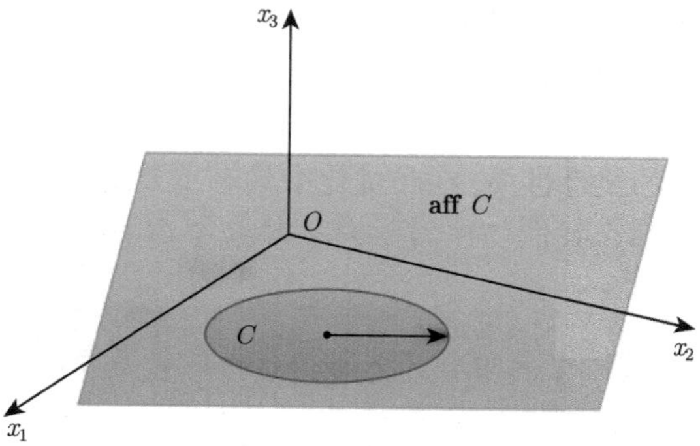

图 6.2 相对内部与相对边界

6.1.3 凸集

在 6.1.2 小节, 我们知道仿射集合 C 中的任意两个不同点所在的直线仍在 C 中. 在这一小节中, 我们将研究集合的凸性, 它与集合中不同点之间的线段相关.

定义 6.6 凸集

设集合 $C \subseteq \mathbb{R}^n$. 如果 C 中的任意两点间的线段仍在 C 中, 即对任意的 $\boldsymbol{x}_1, \boldsymbol{x}_2 \in C$, $0 \leqslant \lambda \leqslant 1$, 有

$$\lambda \boldsymbol{x}_1 + (1-\lambda)\boldsymbol{x}_2 \in C,$$

那么称 C 是凸集. 如果对任意的 $\boldsymbol{x}_1, \boldsymbol{x}_2 \in C$, $0 \leqslant \lambda \leqslant 1$, 有

$$\lambda \boldsymbol{x}_1 + (1-\lambda)\boldsymbol{x}_2 \in \mathbf{relint}\ C,$$

那么称 C 是严格凸集. ♣

从几何上来看, 如果集合中的每一点都可以被任意的一个其他点沿着它们之间一条无阻碍的路径连通, 那么这个集合就是凸集. 由仿射集合定义立即可得仿射集合必是凸集. 在图 6.3 中, 提供了一些简单的凸集和非凸集, (a)—(c) 为凸集, 其中 (c) 为严格的凸集, (d)—(f) 不是凸集, 其中 (f) 是包含部分边界的正方形.

与直线类似, 线段 $[\boldsymbol{x}_1, \boldsymbol{x}_2]$ 上的任意一点是 $\boldsymbol{x}_1$ 和 $\boldsymbol{x}_2$ 系数非负且和为 1 的线性组合. 下面将这个概念扩展到多个点的情形.

定义 6.7 凸组合

设 $\boldsymbol{x}_1, \cdots, \boldsymbol{x}_m \in \mathbb{R}^n$. 如果非负实数 $\lambda_1, \cdots, \lambda_m$ 满足 $\lambda_1 + \cdots + \lambda_m = 1$, 那

么称线性组合

$$\sum_{i=1}^{m} \lambda_i \boldsymbol{x}_i = \lambda_1 \boldsymbol{x}_1 + \cdots + \lambda_m \boldsymbol{x}_m$$

为 $\boldsymbol{x}_1, \cdots, \boldsymbol{x}_m$ 的一个凸组合. ♣

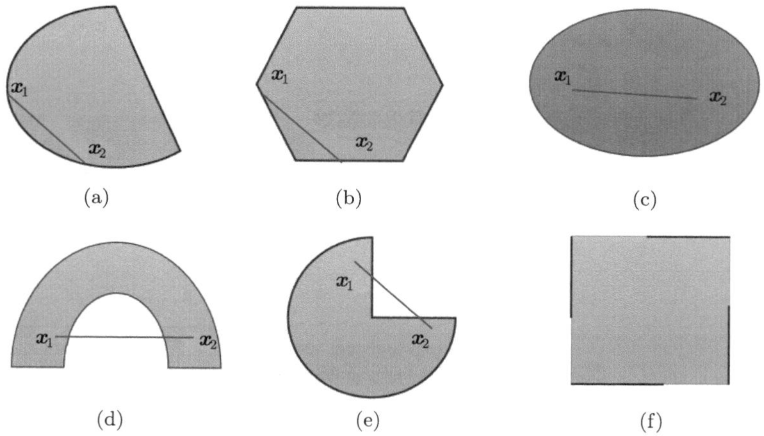

图 6.3　凸集与非凸集

在实际应用中, 空间点的凸组合可以看作它们的混合或加权平均, 其中 λ_i 代表 $\boldsymbol{x}_i$ 所占的权重. 与仿射集合类似, 我们有如下结论.

定理 6.4

$\mathbb{R}^n$ 的子集 C 是凸的当且仅当它包含它的元素的所有凸组合. ♡

该定理的证明留作习题, 请读者自证. 与仿射包类似, 如果 $\mathbb{R}^n$ 的一个集合 C 不是凸集合, 那么需要去考虑包含 C 的最小的凸集合.

定义 6.8　凸包

设 $C \subseteq \mathbb{R}^n$. 则称由 C 中点的所有凸组合构成的集合

$$\textbf{conv}\ C := \left\{ \sum_{i=1}^{m} \lambda_i \boldsymbol{x}_i \middle| \ \boldsymbol{x}_i \in C,\ \lambda_i \geqslant 0, i = 1, \cdots, m,\ \lambda_1 + \cdots + \lambda_m = 1 \right\}$$

为 C 的凸包. ♣

根据定理 6.4 知, 凸包 **conv** C 是凸集, 它是包含 C 的最小凸集. 故凸包也

可以定义为

$$\mathbf{conv}C = \bigcap\{\Omega|\ \Omega \text{ 是凸的且 } C \subseteq \Omega\}.$$

在图 6.4 中, (a) 是四分之三圆的凸包, (b) 是七个点的集合的凸包.

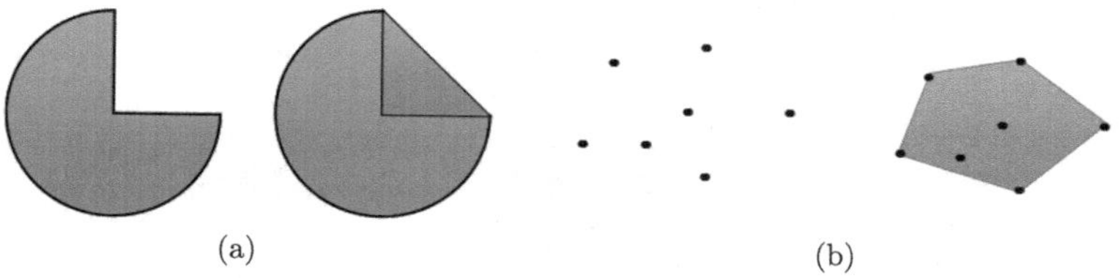

图 6.4　凸包

凸组合的概念可以扩展到无穷级数、积分以及大多数形式的概率分布.

例 6.2　假设 $\lambda_1, \lambda_2, \cdots$ 满足

$$\lambda_i \geqslant 0, \quad i = 1, 2, \cdots, \quad \sum_{i=1}^{\infty} \lambda_i = 1,$$

并且 $\boldsymbol{x}_1, \boldsymbol{x}_2, \cdots \in C$, 其中 C 为 $\mathbb{R}^n$ 为凸子集. 那么, 如果级数 $\sum_{i=1}^{\infty} \lambda_i \boldsymbol{x}_i$ 收敛, 那么

$$\sum_{i=1}^{\infty} \lambda_i \boldsymbol{x}_i \in C.$$

更一般地, 假设 $p: \mathbb{R}^n \to \mathbb{R}$ 对所有 $\boldsymbol{x} \in C$ 满足 $p(\boldsymbol{x}) \geqslant 0$, 并且 $\displaystyle\int_C p(\boldsymbol{x}) \mathrm{d}\boldsymbol{x} = 1$, 其中 C 为凸集. 如果积分 $\displaystyle\int_C \boldsymbol{x} p(\boldsymbol{x}) \mathrm{d}\boldsymbol{x}$ 存在, 那么我们有

$$\int_C \boldsymbol{x} p(\boldsymbol{x}) \mathrm{d}\boldsymbol{x} \in C.$$

最一般的情况. 设 $C \subseteq \mathbb{R}^n$ 是凸集, $\boldsymbol{x}$ 为随机变量, 并且 $\boldsymbol{x} \in C$ 的概率为 1, 那么 $E(\boldsymbol{x}) \in C$. 事实上, 这一形式包含了前述的特殊情况. 例如, 假设随机变量 $\boldsymbol{x}$ 只在 $\boldsymbol{x}_1$ 和 $\boldsymbol{x}_2$ 中取值, 其概率 $p(\boldsymbol{x} = \boldsymbol{x}_1) = \lambda$, $p(\boldsymbol{x} = \boldsymbol{x}_2) = 1 - \lambda$, 其中 $0 \leqslant \lambda \leqslant 1$. 于是期望 $E(\boldsymbol{x}) = \lambda \boldsymbol{x}_1 + (1 - \lambda) \boldsymbol{x}_2$, 即恰好是两个点的凸组合. □

下面我们来介绍一种重要的凸集. 设 $C \subseteq \mathbb{R}^n$. 若对任意的 $\boldsymbol{x} \in C$, 实数 $\lambda \geqslant 0$, 均有 $\lambda \boldsymbol{x} \in C$, 则我们称 C 是**锥**. 从定义上看, 锥是由一些以原点为基点的射线所构成的集合. 如果集合 C 是锥且凸的, 则称 C 为**凸锥**. 如果 C 是凸锥, 那么对任意的 $\boldsymbol{x}_1, \boldsymbol{x}_2 \in C$, 都有

$$\lambda_1 \boldsymbol{x}_1 + \lambda_2 \boldsymbol{x}_2 \in C, \quad \lambda_1, \lambda_2 \geqslant 0. \tag{6.1}$$

从几何上看, 具有 (6.1) 形式的点构成了二维的扇形, 此扇形以原点为顶点, 两个边为 $\boldsymbol{x}_1, \boldsymbol{x}_2$ 所在的射线, 如图 6.5(a) 所示.

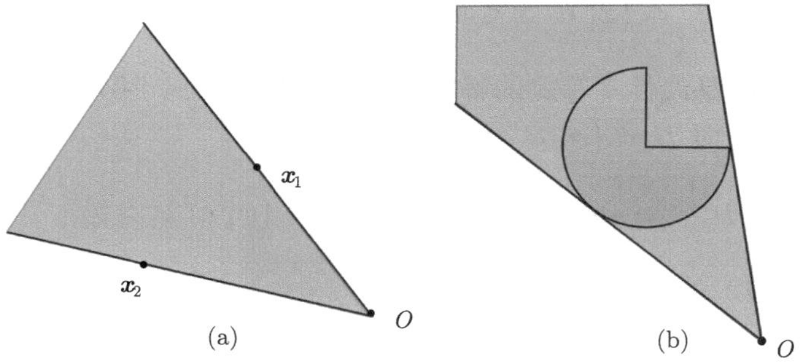

图 6.5 凸锥与锥包

设 $\boldsymbol{x}_1, \cdots, \boldsymbol{x}_m \in \mathbb{R}^n$. 称线性组合

$$\lambda_1 \boldsymbol{x}_1 + \cdots + \lambda_m \boldsymbol{x}_m, \quad \lambda_i \geqslant 0, \quad i = 1, \cdots, m$$

为 $\boldsymbol{x}_1, \cdots, \boldsymbol{x}_m$ 的一个**锥组合**. 与仿射集和凸集一样, 集合 C 是凸锥当且仅当它包含元素的所有锥组合. 类似地, 我们还可以定义集合的锥包. 集合 C 的锥包是 C 中元素的所有锥组合构成的集合

$$\{\lambda_1 \boldsymbol{x}_1 + \cdots + \lambda_m \boldsymbol{x}_m | \ \boldsymbol{x}_i \in C, \ \lambda_i \geqslant 0, \ i = 1, \cdots, m\},$$

记为 **conic** C. 显然 C 的锥包是包含 C 的最小的凸锥. 图 6.5 (2) 给出了四分之三圆的锥包. 给定集合 $C \subseteq \mathbb{R}^n$, 根据定义有如下关系:

$$C \subseteq \textbf{conv } C \subseteq \textbf{conic } C \subseteq \textbf{aff } C \subseteq \textbf{span } C.$$

易知, 仿射集合和线性子空间都是凸的. 在第 1 章中, 我们已知超平面是 $n-1$ 维仿射子空间, 并且可表示为非平凡线性方程组的解集

$$H := \{\boldsymbol{x} | \ \boldsymbol{a}^\top \boldsymbol{x} = b\},$$

其中 $\boldsymbol{a} \in \mathbb{R}^n$, $\boldsymbol{a} \neq \boldsymbol{0}$ 且 $b \in \mathbb{R}$. 超平面的几何解释为与给定向量 $\boldsymbol{a} \in \mathbb{R}^n$ 的内积为常数 b 的向量集合, 也可以看成法线方向为 $\boldsymbol{a}$, 而常数 $b \in \mathbb{R}$ 是该超平面到原点的距离. 任取 $\boldsymbol{x}_0 \in H$, 有 $\boldsymbol{a}^\top \boldsymbol{x}_0 = b$. 因此, 超平面经常表示为如下具有几何解释的形式:

$$H = \{\boldsymbol{x} | \ \boldsymbol{a}^\top (\boldsymbol{x} - \boldsymbol{x}_0) = 0\} = \boldsymbol{x}_0 + \textbf{span } [\boldsymbol{a}]^\perp,$$

其中 $\boldsymbol{x}_0$ 为超平面上一点.

任意给定超平面 $H=\{\boldsymbol{x}|\ \boldsymbol{a}^\top\boldsymbol{x}=b\}$, 可将 $\mathbb{R}^n$ 划分成如下两个**半空间或闭半空间**(见图 6.6)

$$H^-=\{\boldsymbol{x}|\ \boldsymbol{a}^\top\boldsymbol{x}\leqslant b\},\quad H^+=\{\boldsymbol{x}|\ \boldsymbol{a}^\top\boldsymbol{x}\geqslant b\}.$$

由定义可见半空间是线性不等式的解空间. 半空间是凸集, 但不是仿射集. 显然半空间的边界是超平面 $H=\{\boldsymbol{x}|\ \boldsymbol{a}^\top\boldsymbol{x}=b\}$. 而集合

$$H^{--}=\{\boldsymbol{x}|\ \boldsymbol{a}^\top\boldsymbol{x}<b\},\quad H^{++}=\{\boldsymbol{x}|\ \boldsymbol{a}^\top\boldsymbol{x}>b\}$$

分别是 H^- 和 H^+ 的内部, 称为**开半空间**.

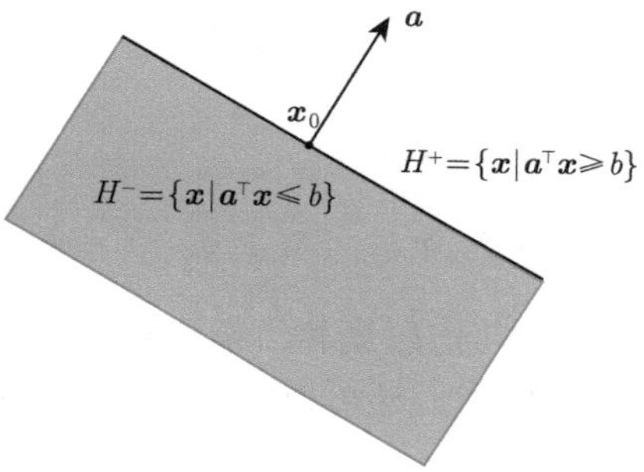

图 6.6 超平面和半空间

6.1.4 凸集的内部与闭包

这一小节中, 主要研究凸集的内部与闭包的凸性以及它们的关系.

定理 6.5

$\mathbb{R}^n$ 的凸子集 C 的闭包 $\bar{C}$ 和内部 $\mathbf{int}\ C$ 也是凸的.

证明 先证 $\bar{C}$ 是凸集. 任取 $\boldsymbol{x},\boldsymbol{y}\in\bar{C}$. 则存在向量序列 $\{\boldsymbol{x}_k\},\{\boldsymbol{y}_k\}\subseteq C$, 使得 $\boldsymbol{x}_k\to\boldsymbol{x}$ 和 $\boldsymbol{y}_k\to\boldsymbol{y}$. 对任意的 $\alpha\in[0,1]$, 由 C 的凸性知 $\alpha\boldsymbol{x}_k+(1-\alpha)\boldsymbol{y}_k\subseteq C$. 根据收敛性可得

$$\alpha\boldsymbol{x}_k+(1-\alpha)\boldsymbol{y}_k\to\alpha\boldsymbol{x}+(1-\alpha)\boldsymbol{y}.$$

由闭包定义可知 $\alpha\boldsymbol{x}+(1-\alpha)\boldsymbol{y}\in\bar{C}$. 这就证明了闭包是凸的.

现证 $\mathbf{int}\ C$ 是凸集. 任取 $\boldsymbol{x},\boldsymbol{y}\in\mathbf{int}\ C$. 根据定义, 存在足够小的 $r>0$, 使得 $B(\boldsymbol{x},r)\subseteq C$, $B(\boldsymbol{y},r)\subseteq C$. 对任意的 $\alpha\in[0,1]$, 我们断言

$$B(\alpha\boldsymbol{x}+(1-\alpha)\boldsymbol{y},r)\subseteq C$$

成立. 因为 $B(\alpha\boldsymbol{x}+(1-\alpha)\boldsymbol{y},r)$ 中的任意一点就可表示为

$$\alpha\boldsymbol{x}+(1-\alpha)\boldsymbol{y}+\boldsymbol{z}=\alpha(\boldsymbol{x}+\boldsymbol{z})+(1-\alpha)(\boldsymbol{y}+\boldsymbol{z}),$$

其中 $||\boldsymbol{z}||<r$. 注意到, 当 $||\boldsymbol{z}||<r$ 时, $\boldsymbol{x}+\boldsymbol{z}\in B(\boldsymbol{x},r)\subseteq C$ 且 $\boldsymbol{y}+\boldsymbol{z}\in B(\boldsymbol{y},r)\subseteq C$. 故由 C 的凸性知, $\alpha\boldsymbol{x}+(1-\alpha)\boldsymbol{y}+\boldsymbol{z}\subseteq C$. 于是断言 $B(\alpha\boldsymbol{x}+(1-\alpha)\boldsymbol{y},r)\subseteq C$ 成立. 断言说明了 $\alpha\boldsymbol{x}+(1-\alpha)\boldsymbol{y}\in \textbf{int}\ C$. 这就证明了 $\textbf{int}\ C$ 是凸的. □

6.2 凸集的保凸运算

在本小节中, 我们主要介绍一些保持集合凸性的运算, 利用它们可以从凸集中构造出新的凸集.

6.2.1 交集

首先, 我们来研究凸集的交的凸性.

定理 6.6

设 $\{C_\alpha\}_{\alpha\in\mathcal{A}}$ 为 $\mathbb{R}^n$ 的凸子集族, 其中 $\mathcal{A}$ 为指标集, 则

$$C=\bigcap_{\alpha\in\mathcal{A}}C_\alpha$$

也是 $\mathbb{R}^n$ 的凸集. ♡

证明 若 C 为空集, 定理自然成立. 下设 C 为非空集合. 任取 $\boldsymbol{x},\boldsymbol{y}\in C$, 则对任意的 $\alpha\in\mathcal{A}$, 有 $\boldsymbol{x},\boldsymbol{y}\in C_\alpha$. 由 C_α 的凸性知对任意的 $0\leqslant\lambda\leqslant 1$, $\lambda\boldsymbol{x}+(1-\lambda)\boldsymbol{y}\in C_\alpha$. 因此,

$$\lambda\boldsymbol{x}+(1-\lambda)\boldsymbol{y}\in\bigcap_{\alpha\in\mathcal{A}}C_\alpha,$$

这表明 C 为凸集. □

利用定理 6.6, 我们可证明如下两类重要集合的凸性.

例 6.3 多面体 设 $A\in\mathbb{R}^{m\times n},\boldsymbol{b}\in\mathbb{R}^m,C\in\mathbb{R}^{p\times n},\boldsymbol{d}\in\mathbb{R}^p$. 则称集合

$$\mathcal{P}:=\{\boldsymbol{x}\in\mathbb{R}^n|\ A\boldsymbol{x}\leqslant\boldsymbol{b},C\boldsymbol{x}=\boldsymbol{d}\}\tag{6.2}$$

为**多面体**, 其中此处的 "$\leqslant$" 代表 $\mathbb{R}^m$ 上的向量不等式: $\boldsymbol{u}\leqslant\boldsymbol{v}$ 表示 $u_i\leqslant v_i,i=1,\cdots,m$. 若记

$$A=\begin{bmatrix}\boldsymbol{a}_1^\top\\ \vdots\\ \boldsymbol{a}_m^\top\end{bmatrix},\quad \boldsymbol{b}=\begin{bmatrix}b_1\\ \vdots\\ b_m\end{bmatrix},\quad C=\begin{bmatrix}\boldsymbol{c}_1^\top\\ \vdots\\ \boldsymbol{c}_p^\top\end{bmatrix},\quad \boldsymbol{d}=\begin{bmatrix}d_1\\ \vdots\\ d_p\end{bmatrix},$$

则由 (6.2) 可得, 多面体 $\mathcal{P}$ 是有限个线性不等式和线性等式的解集

$$\mathcal{P} = \{\boldsymbol{x} \in \mathbb{R}^n |\ \boldsymbol{a}_i^\top \boldsymbol{x} \leqslant b_i, i = 1, \cdots, m,\ \boldsymbol{c}_j^\top \boldsymbol{x} = d_j,\ j = 1, \cdots, p\}.$$

因此, 多面体是有限个半空间和超平面的交集. 进而, 仿射集合、射线、线段和半空间都是多面体. 根据定理 6.6 知, 多面体为凸集. 如果多面体 $\mathcal{P}$ 是有界的, 那么称 $\mathcal{P}$ 是**多胞形**. 见图 6.7, $\mathcal{P}_1$ 是由 $\mathbb{R}^2$ 中的 5 个半空间的交集定义的五边形 (二维多面体), $\mathcal{P}_2$ 是由 $\mathbb{R}^3$ 中的 8 个半空间的交集定义的八面体 (三维多面体), 图中只显示出了其中 4 个半空间.

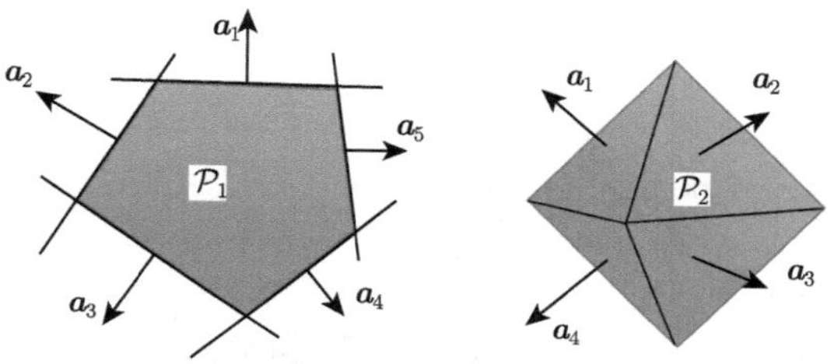

图 6.7　多面体

下面我们介绍一类重要的多面体. 设 $\boldsymbol{v}_0, \boldsymbol{v}_1, \cdots, \boldsymbol{v}_m \in \mathbb{R}^n$ 且 $\boldsymbol{v}_1 - \boldsymbol{v}_0, \cdots, \boldsymbol{v}_m - \boldsymbol{v}_0$ 线性独立 (线性无关), 则称 $\boldsymbol{v}_0, \boldsymbol{v}_1, \cdots, \boldsymbol{v}_m$ **仿射独立**. 由这些仿射独立的点构成的凸包

$$\mathbf{conv}\{\boldsymbol{v}_0, \cdots, \boldsymbol{v}_m\} = \{\boldsymbol{x} = \lambda_0 \boldsymbol{v}_0 + \cdots + \lambda_m \boldsymbol{v}_m |\ \boldsymbol{\lambda} \geqslant \mathbf{0}, \mathbf{1}^\top \boldsymbol{\lambda} = 1\} \tag{6.3}$$

称 m 维**单纯形,** 其中 $\boldsymbol{\lambda} = [\lambda_0, \cdots, \lambda_m]^\top, \mathbf{1} = [1, \cdots, 1]^\top \in \mathbb{R}^{m+1}$. 接着, 我们用多面体来描述单纯形, 即将 (6.3) 转化为 (6.2) 的形式.

令 $B = [\boldsymbol{v}_1 - \boldsymbol{v}_0, \cdots, \boldsymbol{v}_m - \boldsymbol{v}_0]$, $\boldsymbol{y} = [\lambda_1, \cdots, \lambda_m]^\top$. 由 $\boldsymbol{v}_0, \boldsymbol{v}_1, \cdots, \boldsymbol{v}_m$ 仿射独立知 B 为列满秩的. 进而, 存在非奇异矩阵

$$A = \begin{bmatrix} A_1 \\ A_2 \end{bmatrix} \in \mathbb{R}^{n \times n},$$

使得

$$AB = \begin{bmatrix} A_1 \\ A_2 \end{bmatrix} B = \begin{bmatrix} I_m \\ O \end{bmatrix}. \tag{6.4}$$

由 (6.3) 可得

$$\begin{aligned}\mathbf{conv}\{\boldsymbol{v}_0,\cdots,\boldsymbol{v}_m\}&=\{\boldsymbol{x}|\ \boldsymbol{x}=\boldsymbol{v}_0+\lambda_1(\boldsymbol{v}_1-\boldsymbol{v}_0)+\cdots\\&\qquad+\lambda_m(\boldsymbol{v}_m-\boldsymbol{v}_0),\ \boldsymbol{\lambda}\geqslant\mathbf{0},\mathbf{1}^\top\boldsymbol{\lambda}=1\}\\&=\{\boldsymbol{x}|\ \boldsymbol{x}=\boldsymbol{v}_0+B\boldsymbol{y},\ \boldsymbol{y}\geqslant\mathbf{0},\ \mathbf{1}^\top\boldsymbol{y}\leqslant 1\}.\end{aligned}\tag{6.5}$$

在等式 $\boldsymbol{x}=\boldsymbol{v}_0+B\boldsymbol{y}$ 两边左乘 A, 并由 (6.4) 可得

$$A_1\boldsymbol{x}=A_1\boldsymbol{v}_0+\boldsymbol{y},\quad A_2\boldsymbol{x}=A_2\boldsymbol{v}_0.\tag{6.6}$$

因此由 (6.5) 和 (6.6) 立即可得 $\boldsymbol{x}\in\mathbf{conv}\{\boldsymbol{v}_0,\boldsymbol{v}_1,\cdots,\boldsymbol{v}_m\}$ 当且仅当

$$A_2\boldsymbol{x}=A_2\boldsymbol{v}_0,\quad A_1\boldsymbol{x}\geqslant A_1\boldsymbol{v}_0,\quad \mathbf{1}^\top A_1\boldsymbol{x}\leqslant 1+\mathbf{1}^\top A_1\boldsymbol{v}_0$$

这就表明了单纯形是多面体. □

为了方便起见, 我们通常记 $(\boldsymbol{x},\boldsymbol{y})=\begin{bmatrix}\boldsymbol{x}\\\boldsymbol{y}\end{bmatrix}$, $\boldsymbol{x}\in\mathbb{R}^p,\boldsymbol{y}\in\mathbb{R}^q$, 其中 $p,q\in\mathbb{Z}^+$.

例 6.4 二阶锥 $\mathbb{R}^{n+1}$ 中的集合

$$\begin{aligned}\mathcal{K}_n:&=\{(\boldsymbol{x},t)\in\mathbb{R}^n\times\mathbb{R}\mid \|\boldsymbol{x}\|_2\leqslant t\}\\&=\left\{\begin{bmatrix}\boldsymbol{x}\\t\end{bmatrix}\ \middle|\ \begin{bmatrix}\boldsymbol{x}\\t\end{bmatrix}^\top\begin{bmatrix}I_n&\\&-1\end{bmatrix}\begin{bmatrix}\boldsymbol{x}\\t\end{bmatrix}\leqslant 0,\quad t\geqslant 0\right\}\end{aligned}$$

是凸锥, 通常称为**二阶锥**或**冰激凌锥**. 事实上, 由范数的齐次性易知 $\mathcal{K}_n$ 是锥. 下面, 我们可以用两种方法来证明 $\mathcal{K}_n$ 是凸的.

首先, $\mathcal{K}_n$ 是凸的可以用定义来证明. 设 $\boldsymbol{z}_1=(\boldsymbol{x},t_1),\boldsymbol{z}_2=(\boldsymbol{y},t_2)\in\mathcal{K}_n$, 即 $\|\boldsymbol{x}\|_2\leqslant t_1$, $\|\boldsymbol{y}\|_2\leqslant t_2$. 则对于任意 $0\leqslant\alpha\leqslant 1$,

$$\alpha\boldsymbol{z}_1+(1-\alpha)\boldsymbol{z}_2=(\alpha\boldsymbol{x}+(1-\alpha)\boldsymbol{y},\ \alpha t_1+(1-\alpha)t_2).$$

于是由范数的三角不等式和齐次性可得

$$\|\alpha\boldsymbol{x}+(1-\alpha)\boldsymbol{y}\|_2\leqslant\alpha\|\boldsymbol{x}\|_2+(1-\alpha)\|\boldsymbol{y}\|_2\leqslant\alpha t_1+(1-\alpha)t_2.$$

这表明 $\alpha\boldsymbol{z}_1+(1-\alpha)\boldsymbol{z}_2\in\mathcal{K}_n$, 即 $\mathcal{K}_n$ 是凸的.

我们也可以用将 $\mathcal{K}_n$ 表示为连续半空间的交集, 进而证明是凸的. 根据 Cauchy-Schwarz 不等式, 我们可得

$$\|\boldsymbol{x}\|_2\leqslant t\quad\Leftrightarrow\quad\forall\boldsymbol{u}\in\mathbb{R}^n,\ \|\boldsymbol{u}\|_2\leqslant 1,\ \text{有}\ \boldsymbol{u}^\top\boldsymbol{x}\leqslant t.$$

进而

$$\mathcal{K}_n = \bigcap_{\boldsymbol{u}\in\mathbb{R}^n,\ ||\boldsymbol{u}||_2\leqslant 1} \left\{(\boldsymbol{x},t)\in\mathbb{R}^{n+1} \,\middle|\, \boldsymbol{u}^\top\boldsymbol{x}\leqslant t\right\},$$

对于给定的 $\boldsymbol{u}$, 每个集合都是半空间. 因此 $\mathcal{K}_n$ 是一个凸集. □

在 $\mathbb{R}^3$ 中, 二阶锥可表示为三元组 (x_1,x_2,t) 满足不等式

$$x_1^2+x_2^2\leqslant t^2,\quad t\geqslant 0,$$

见图 6.8, 该二阶锥与 $t\geqslant 0$ 的水平截面是半径为 t 的圆盘.

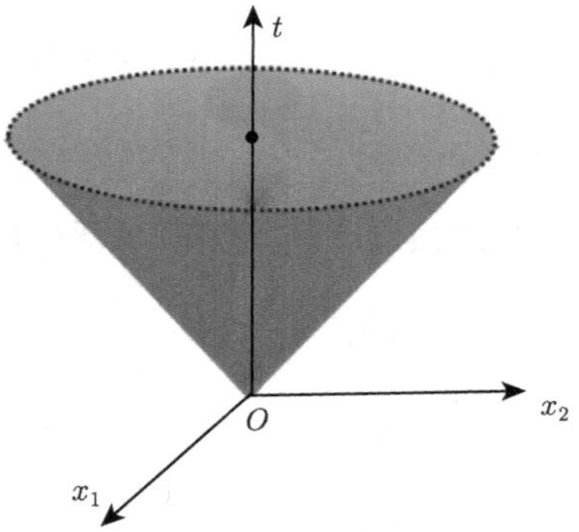

图 6.8　二阶锥

6.2.2　仿射函数

在第 1 章中, 我们简单介绍了线性空间 V 到线性空间 W 上的仿射映射, 它是一个线性映射和一个给定向量的和. 设 $\Phi:\mathbb{R}^n\to\mathbb{R}^m$ 为线性函数, 且 $A\in\mathbb{R}^{m\times n}$ 为 Φ 从 $\mathbb{R}^n$ 的自然基到 $\mathbb{R}^m$ 的自然基的变换矩阵. 于是

$$\Phi(\boldsymbol{x})=A\boldsymbol{x}.$$

这说明 $\mathbb{R}^n$ 到 $\mathbb{R}^m$ 的线性函数具有 $A\boldsymbol{x}$ 的表示形式, 其中 $A\in\mathbb{R}^{m\times n}$. 因此, 称函数 $f:\mathbb{R}^n\to\mathbb{R}^m$ 为**仿射的**, 如果 f 具有

$$f(\boldsymbol{x})=A\boldsymbol{x}+\boldsymbol{b}$$

的形式, 其中 $A\in\mathbb{R}^{m\times n},\boldsymbol{b}\in\mathbb{R}^m$.

现证集合的凸性在仿射运算下保持不变.

定理 6.7

设 $f:\mathbb{R}^n\to\mathbb{R}^m$ 为仿射函数, S 是 $\mathbb{R}^n$ 的凸子集, T 是 $\mathbb{R}^m$ 的凸子集. 则 S 的像集

$$f(S)=\{f(\boldsymbol{x})|\ \boldsymbol{x}\in S\}$$

是 $\mathbb{R}^m$ 的凸子集, T 的原像集

$$f^{-1}(T)=\{\boldsymbol{x}|\ f(\boldsymbol{x})\in T\}$$

是 $\mathbb{R}^n$ 的凸子集. ♡

证明 设 $f(\boldsymbol{x})=A\boldsymbol{x}+\boldsymbol{b}$, 其中 $A\in\mathbb{R}^{m\times n},\boldsymbol{b}\in\mathbb{R}^m$.

先证 $f(S)$ 是凸的. 任取 $\boldsymbol{u},\boldsymbol{v}\in f(S)$, $0<\lambda<1$. 则存在 $\boldsymbol{x},\boldsymbol{y}\in S$, 使得 $\boldsymbol{u}=f(\boldsymbol{x})$, $\boldsymbol{v}=f(\boldsymbol{y})$. 由 S 是凸集知 $\lambda\boldsymbol{x}+(1-\lambda)\boldsymbol{y}\in S$. 于是

$$\begin{aligned}\lambda\boldsymbol{u}+(1-\lambda)\boldsymbol{v}&=\lambda(A\boldsymbol{x}+\boldsymbol{b})+(1-\lambda)(A\boldsymbol{y}+\boldsymbol{b})\\&=A(\lambda\boldsymbol{x}+(1-\lambda)\boldsymbol{y})+\boldsymbol{b}\\&=f(\lambda\boldsymbol{x}+(1-\lambda)\boldsymbol{y})\in f(S),\end{aligned}$$

这就证明了 $f(S)$ 为凸的.

下证 $f^{-1}(T)$ 为凸集. 任取 $\boldsymbol{x},\boldsymbol{y}\in f^{-1}(T)$, $0<\lambda<1$. 则 $f(\boldsymbol{x}),f(\boldsymbol{y})\in T$, 且由 T 的凸性可得

$$\lambda f(\boldsymbol{x})+(1-\lambda)f(\boldsymbol{y})=\lambda(A\boldsymbol{x}+\boldsymbol{b})+(1-\lambda)(A\boldsymbol{y}+\boldsymbol{b})=f(\lambda\boldsymbol{x}+(1-\lambda)\boldsymbol{y})\in T.$$

故 $\lambda\boldsymbol{x}+(1-\lambda)\boldsymbol{y}\in f^{-1}(S)$. 这就证明了原像集的凸性. □

利用仿射运算保持凸性的特点, 我们容易得到如下的运算保持凸性. 以下几个例子读者均可以用定义证明. 在这里我们利用仿射运算保持凸性来证明, 以便能更好地理解仿射函数的作用.

例 6.5 **伸缩和平移** 设 $S\subseteq\mathbb{R}^n$ 是凸集, $\alpha\in\mathbb{R},\boldsymbol{a}\in\mathbb{R}^n$. 那么伸缩集合 αS 和平移集合 $S+\boldsymbol{a}$ 是凸的, 其中

$$\alpha S=\{\alpha\boldsymbol{x}|\ \boldsymbol{x}\in S\},\quad S+\boldsymbol{a}=\{\boldsymbol{x}+\boldsymbol{a}|\ \boldsymbol{x}\in S\}.$$

实际上, 若记

$$f(\boldsymbol{x})=\alpha I\boldsymbol{x}=\alpha\boldsymbol{x},\quad g(\boldsymbol{x})=I\boldsymbol{x}+\boldsymbol{a}=\boldsymbol{x}+\boldsymbol{a},$$

则 $f(\boldsymbol{x})$ 和 $g(\boldsymbol{x})$ 是仿射函数, 进而 $f(S) = \alpha S$ 和 $g(S) = S + \boldsymbol{a}$ 均为凸集. 即凸集的伸缩和平移仍为凸集. □

例 6.6　投影、直积与和

(1) 设 $S \subseteq \mathbb{R}^p \times \mathbb{R}^q$ 是凸集. 则 S 在 $\mathbb{R}^p$ 上的**投影**

$$T = \{\boldsymbol{x}_1 \in \mathbb{R}^p |\ (\boldsymbol{x}_1, \boldsymbol{x}_2) \in S\}$$

是凸的. 由投影 $\pi : \mathbb{R}^p \times \mathbb{R}^q \to \mathbb{R}^p$ 是线性映射知, 凸集 S 的投影 $T = \pi(S)$ 为凸的.

(2) 设 $S_1 \in \mathbb{R}^p, S_2 \in \mathbb{R}^q$ 为凸集. 则 S_1 与 S_2 的**直积** (**笛卡儿积**)

$$S_1 \times S_2 = \{(\boldsymbol{x}_1, \boldsymbol{x}_2) |\ \boldsymbol{x}_1 \in S_1,\ \boldsymbol{x}_2 \in S_2\}$$

是凸的. 设 $\pi_1 : \mathbb{R}^p \times \mathbb{R}^q \to \mathbb{R}^p$, $\pi_2 : \mathbb{R}^p \times \mathbb{R}^q \to \mathbb{R}^q$. 由 S_1 和 S_2 是凸集和定理 6.7 可得, $\pi_1^{-1}(S_1) = S_1 \times \mathbb{R}^q$, $\pi_2^{-1}(S_2) = \mathbb{R}^p \times S_2$ 均是凸的. 进而根据定理 6.6 立即可得

$$S_1 \times S_2 = S_1 \times \mathbb{R}^q \cap \mathbb{R}^p \times S_2$$

是凸的.

(3) 设 $S_1, S_2 \in \mathbb{R}^n$ 为凸集. 则 S_1 与 S_2 的**和**

$$S_1 + S_2 = \{\boldsymbol{x} + \boldsymbol{y} |\ \boldsymbol{x} \in S_1,\ \boldsymbol{y} \in S_2\}$$

是凸的. 设 $f(\boldsymbol{x}, \boldsymbol{y}) = \boldsymbol{x} + \boldsymbol{y}$, 其中 $\boldsymbol{x} \in S_1, \boldsymbol{y} \in S_2$. 则 f 为线性函数且 $f(S_1 \times S_2) = S_1 + S_2$. 由定理 6.7 知, $S_1 + S_2$ 是凸的.

例 6.7　多面体和双曲锥

(1) 设多面体

$$\mathcal{P} = \{\boldsymbol{x} \in \mathbb{R}^n |\ A\boldsymbol{x} \leqslant \boldsymbol{b}, C\boldsymbol{x} = \boldsymbol{d}\},$$

其中 $A \in \mathbb{R}^{m \times n}, \boldsymbol{b} \in \mathbb{R}^m, C \in \mathbb{R}^{p \times n}, \boldsymbol{d} \in \mathbb{R}^p$. 在例 6.3 中, 利用交集已证明多面体是凸集. 现在我们从仿射函数的角度来分析. 设

$$f(\boldsymbol{x}) = (\boldsymbol{b} - A\boldsymbol{x}, \boldsymbol{d} - C\boldsymbol{x}) = \begin{bmatrix} -A \\ -C \end{bmatrix} \boldsymbol{x} + \begin{bmatrix} \boldsymbol{b} \\ \boldsymbol{d} \end{bmatrix}.$$

则 $f(\boldsymbol{x})$ 为仿射函数, 并且多面体可表示为非负象限与原点的笛卡儿积在 $f(\boldsymbol{x})$ 下的原像, 即

$$\mathcal{P}=\{\boldsymbol{x}\in\mathbb{R}^n|\ \boldsymbol{b}-A\boldsymbol{x}\leqslant\boldsymbol{0},\boldsymbol{d}-C\boldsymbol{x}=\boldsymbol{0}\}=\{\boldsymbol{x}\in\mathbb{R}^n|\ f(\boldsymbol{x})\in\mathbb{R}_+^m\times\{\boldsymbol{0}\}\}.$$

因此, $\mathcal{P}$ 是凸的.

(2) 设 $P\in\mathbb{R}^{n\times n}$ 是半正定矩阵, $\boldsymbol{c}\in\mathbb{R}^n$. 则称集合

$$\{\boldsymbol{x}\in\mathbb{R}^n|\ \boldsymbol{x}^\top P\boldsymbol{x}\leqslant(\boldsymbol{c}^\top\boldsymbol{x})^2,\ \boldsymbol{c}^\top\boldsymbol{x}\geqslant 0\}$$

为**双曲锥**. 由 $P\in\mathbb{R}^{n\times n}$ 是半正定矩阵知, 存在 $S\in\mathbb{R}^{n\times n}$, 使得 $P=S^\top S$. 令

$$f(\boldsymbol{x})=(S\boldsymbol{x},\boldsymbol{c}^\top\boldsymbol{x}).$$

则 $f(\boldsymbol{x})$ 为仿射函数, 且双曲锥是二阶锥 $\{(\boldsymbol{y},t)|\ \boldsymbol{y}^\top\boldsymbol{y}\leqslant t^2,\ t\geqslant 0\}$ 在 f 下的原像. 因为二阶锥是凸的, 所以由定理 6.7 可得双曲锥也是凸的.

6.2.3 透视函数

本小节将讨论透视函数, 此类函数也是保凸的. 接着介绍一类称为线性分式的函数, 它比仿射函数更普遍, 并且仍然是保凸的. 首先, 我们介绍透视函数.

定义 6.9 透视函数

设 $P:\mathbb{R}^n\times\mathbb{R}_+\to\mathbb{R}^n$ 定义如下:

$$P(\boldsymbol{z},t)=\frac{\boldsymbol{z}}{t},\quad \boldsymbol{z}\in\mathbb{R}^n,\quad t>0.$$

则称 $P(\boldsymbol{z},t)$ 为透视函数. ♣

透视函数是将 $\mathbb{R}^n\times\mathbb{R}\subseteq\mathbb{R}^{n+1}$ 的向量进行伸缩, 使得第 $n+1$ 个分量为 1 后, 取前 n 个分量. 我们可以用小孔成像来解释透视函数. 例如, 在 $\mathbb{R}^3$ 中小孔照相机由一个不透明的水平面 $x_3=0$ 和一个在原点的小孔组成, 光线通过这个小孔在 $x_3=-1$ 呈现出一个水平图像. 在相机的上方 $\boldsymbol{x}=[x_1,x_2,x_3]^\top(x_3>0)$ 出的一个物体, 在像平面的点 $\left[-\dfrac{x_1}{x_3},-\dfrac{x_2}{x_3},-1\right]^\top$ 处形成一个图像. 舍去像点的最后一个分量 -1, $\boldsymbol{x}$ 处的像在像平面位于

$$\boldsymbol{y}=\left[-\frac{x_1}{x_3},-\frac{x_2}{x_3}\right]^\top=-P(\boldsymbol{x})$$

处. 图 6.9 显示了这个过程.

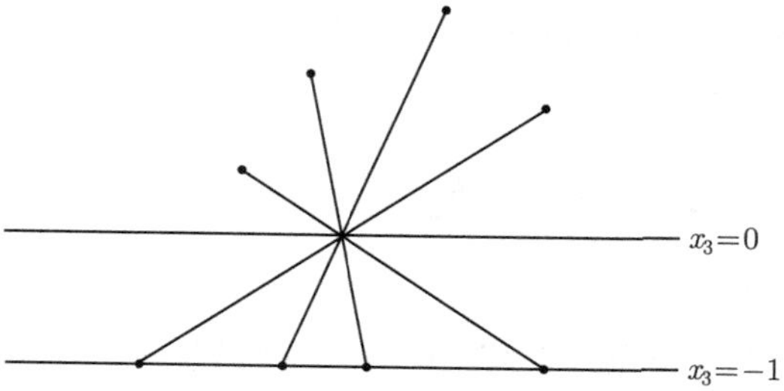

图 6.9 透视函数的小孔成像解释

通过小孔成像的解释，不难观察一个凸的物体，可以得到凸的像. 更一般地，我们有如下结论.

定理 6.8

设 $P:\mathbb{R}^n\times\mathbb{R}_+\to\mathbb{R}^n$ 为透视函数，$C\subseteq\mathbb{R}^n\times\mathbb{R}_+$ 的凸子集，$D\subseteq\mathbb{R}^n$ 的凸子集. 则 C 的像集

$$P(C)=\{P(\boldsymbol{x})|\ \boldsymbol{x}\in C\}$$

和 D 的原像集

$$P^{-1}(D)=\left\{(\boldsymbol{z},t)\in\mathbb{R}^{n+1}\,\middle|\,\frac{\boldsymbol{z}}{t}\in D,t>0\right\}$$

是凸的. ♡

证明 我们首先证明 $P(C)$ 是凸的. 任取 $\boldsymbol{u},\boldsymbol{v}\in\mathbb{R}^n$. 则存在 $\boldsymbol{x}=(\boldsymbol{z}_1,t_1),\boldsymbol{y}=(\boldsymbol{z}_2,t_2)\in\mathbb{R}^{n+1}$，其中 $t_1>0,t_2>0$，使得 $\boldsymbol{u}=P(\boldsymbol{x})=\dfrac{\boldsymbol{z}_1}{t_1}$，$\boldsymbol{v}=P(\boldsymbol{y})=\dfrac{\boldsymbol{z}_2}{t_2}$. 进而，对任意 $0\leqslant\mu\leqslant1$，我们有

$$\mu\boldsymbol{u}+(1-\mu)\boldsymbol{v}=\mu\frac{\boldsymbol{z}_1}{t_1}+(1-\mu)\frac{\boldsymbol{z}_2}{t_2}=\frac{\lambda\boldsymbol{z}_1+(1-\lambda)\boldsymbol{z}_2}{\lambda t_1+(1-\lambda)t_2}=P(\lambda\boldsymbol{x}+(1-\lambda)\boldsymbol{y}),\tag{6.7}$$

其中

$$\lambda=\frac{\mu t_2}{\mu t_2+(1-\mu)t_1}\in[0,1].$$

由 C 是凸的可知，$\lambda\boldsymbol{x}+(1-\lambda)\boldsymbol{y}\in C$. 于是 $P(\lambda\boldsymbol{x}+(1-\lambda)\boldsymbol{y})\in P(C)$. 由 (6.7) 立即可得 $P(C)$ 是凸的.

现证 $P^{-1}(D)$ 是凸的. 任取 $\boldsymbol{x}=(\boldsymbol{z}_1,t_1),\boldsymbol{y}=(\boldsymbol{z}_2,t_2)\in P^{-1}(D)$，$0\leqslant k\leqslant1$.

则由 D 是凸的可得

$$\frac{k\boldsymbol{z}_1+(1-k)\boldsymbol{z}_2}{kt_1+(1-k)t_2}=l\frac{\boldsymbol{z}_1}{t_1}+(1-l)\frac{\boldsymbol{z}_2}{t_2}\in D,$$

其中

$$l=\frac{kt_1}{kt_1+(1-k)t_2}\in[0,1].$$

于是

$$k\boldsymbol{x}+(1-k)\boldsymbol{y}=(k\boldsymbol{z}_1+(1-k)\boldsymbol{z}_2,kt_1+(1-k)t_2)\in P^{-1}(D).$$

这就证明了 $P^{-1}(D)$ 是凸的. □

接下来, 我们给出线性分式函数的定义.

定义 6.10 线性分式函数

设 $A\in\mathbb{R}^{m\times n}$, $\boldsymbol{b}\in\mathbb{R}^m$, $\boldsymbol{c}\in\mathbb{R}^n$, $d\in\mathbb{R}$. 则由

$$f(\boldsymbol{x})=\frac{A\boldsymbol{x}+\boldsymbol{b}}{\boldsymbol{c}^\top\boldsymbol{x}+d},\quad \text{其中 } \boldsymbol{c}^\top\boldsymbol{x}+d>0$$

定义的 $f:\mathbb{R}^n\to\mathbb{R}^m$ 称为线性分式 (投射) 函数. ♣

如果 $\boldsymbol{c}=\boldsymbol{0},d>0$, 则 f 为仿射函数. 从而仿射函数是特殊的线性分式函数. 不难看出, 线性分式函数 f 是由透视函数 P 和仿射函数 $g:\mathbb{R}^n\to\mathbb{R}^{m+1}$ 复合而成的, 其中

$$g(\boldsymbol{x})=\begin{bmatrix}A\\\boldsymbol{c}^\top\end{bmatrix}\boldsymbol{x}+\begin{bmatrix}\boldsymbol{b}\\d\end{bmatrix}.$$

若记

$$B=\begin{bmatrix}A&\boldsymbol{b}\\\boldsymbol{c}^\top&d\end{bmatrix},$$

则线性分式函数相当于将矩阵 B 作用于点 $(\boldsymbol{x},1)$, 得到 $(A\boldsymbol{x}+\boldsymbol{b},\boldsymbol{c}^\top\boldsymbol{x}+d)$, 然后再作透视变换得到 $(f(\boldsymbol{x}),1)$.

线性分式函数是透视和仿射的复合, 而透视和仿射都是保凸的. 因此, 线性分式函数是保凸的, 即如果 C 是凸集且满足任意的 $\boldsymbol{x}\in C$ 有 $\boldsymbol{c}^\top\boldsymbol{x}+d>0$, 则 C 在线性分式函数 f 作用下的像 $f(C)$ 是凸的. 类似地, 如果 $D\subseteq\mathbb{R}^m$ 是凸集, 那么其原像集 $f^{-1}(D)$ 也是凸的.

例 6.8 条件概率 设 u 和 v 分别是在 $\{1,\cdots,n\}$ 和 $\{1,\cdots,m\}$ 中取值的随机变量, 并且记 $p_{ij}=p(u=i,v=j)$. 那么条件概率 $f_{ij}=p(u=i|\ v=j)$ 由下式给出

$$f_{ij}=\frac{p_{ij}}{\sum_{i=1}^{n}p_{kj}}.$$

因此, f 可以通过一个线性分式映射从 p 得到. 易知, 如果 C 是一个关于 (u,v) 的联合密度的凸集, 那么相应的 u 的条件密度 (v 给定) 的集合也是凸集. □

6.3 凸 函 数

在本节中, 我们主要研究凸函数. 因凸函数的最小值具有全局性质, 其研究在优化算法中具有重要意义. 我们先介绍凸函数的基本概念.

6.3.1 凸函数的定义

设 $f:\mathbb{R}^n\to\mathbb{R}$. 我们称集合

$$\mathbf{dom}f=\{\boldsymbol{x}\in\mathbb{R}^n|\ -\infty<f(\boldsymbol{x})<+\infty\}$$

是 f 的定义域. 例如函数

$$f(\boldsymbol{x})=\frac{\boldsymbol{a}^\top\boldsymbol{x}+b}{\boldsymbol{c}^\top\boldsymbol{x}+d}$$

的定义域为 $\mathbf{dom}f=\{\boldsymbol{x}\in\mathbb{R}^n|\ \boldsymbol{c}^\top\boldsymbol{x}+d\neq 0\}$.

定义 6.11 凸函数

若函数 $f:\mathbb{R}^n\to\mathbb{R}$ 的定义域 $\mathbf{dom}f$ 是 $\mathbb{R}^n$ 的凸子集, 满足

$$f(t\boldsymbol{x}+(1-t)\boldsymbol{y})\leqslant tf(\boldsymbol{x})+(1-t)f(\boldsymbol{y}),\quad \forall\boldsymbol{x},\boldsymbol{y}\in\mathbf{dom}f,t\in[0,1],\tag{6.8}$$

则称 f 为凸函数. ♣

从几何上看, 不等式 (6.8) 意味着点 $(\boldsymbol{x},f(\boldsymbol{x}))$ 和 $(\boldsymbol{y},f(\boldsymbol{y}))$ 之间的线段在函数 f 的图像上方, 如图 6.10 所示.

如果将 (6.8) 中的 "$\leqslant$" 分别替换为 "$<$", "$\geqslant$", "$>$", 则 f 分别称为**严格凸函数**、**凹函数**、**严格凹函数**. 显然, 若 f 为凸函数, 则 $-f$ 为凹函数. 对于仿射函数来说, (6.8) 两边总是取等号. 因此, 所有的仿射函数是既凸又凹的. 反之, 若某个函数是既凸又凹的, 则其必是仿射函数.

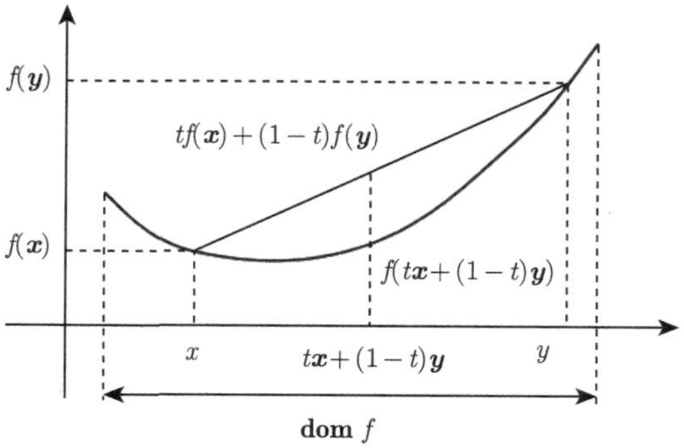

图 6.10 凸函数示意图

例 6.9 范数 $\mathbb{R}^n$ 上任意范数 $||\cdot||$ 是凸函数. 事实上, 对任意的 $t\in[0,1]$, $\boldsymbol{x},\boldsymbol{y}\in\mathbb{R}^n$, 我们有

$$||t\boldsymbol{x}+(1-t)\boldsymbol{y}||\leqslant||t\boldsymbol{x}||+||(1-t)\boldsymbol{y}||=t||\boldsymbol{x}||+(1-t)||\boldsymbol{y}||.$$

这表明范数是凸函数. □

例 6.10 强凸函数 若存在常数 $m>0$, 使得

$$g(\boldsymbol{x})=f(\boldsymbol{x})-\frac{m}{2}||\boldsymbol{x}||^2$$

为凸函数, 则称 $f(x)$ 为**强凸函数**, 其中 m 为强凸参数, 也称 $f(\boldsymbol{x})$ 为 m 强凸函数. 因为范数是凸函数, 利用凸函数的定义, 我们可以得到如下等价定义: 若存在常数 $m>0$, 使得对任意的 $\boldsymbol{x},\boldsymbol{y}\in\mathbf{dom}f$, $t\in[0,1]$, 有

$$f(t\boldsymbol{x}+(1-t)\boldsymbol{y})\leqslant tf(\boldsymbol{x})+(1-t)f(\boldsymbol{y})-\frac{m}{2}t(1-t)||\boldsymbol{x}-\boldsymbol{y}||^2,$$

则称 $f(\boldsymbol{x})$ 为强凸函数.

从定义可以看出, 强凸函数必是严格凸函数, 与凸函数相比有更好的性质. 在机器学习算法的理论分析中, 为了得到序列的收敛性以及更快的收敛速度, 往往会加上强凸的条件. □

例 6.11 正定二次型 设 $A\in\mathbb{R}^{n\times n}$ 是对称正定矩阵. 则正定二次型函数 $f:\mathbb{R}^n\to\mathbb{R}$ 为凸函数, 其中 $f(\boldsymbol{x})=\boldsymbol{x}^\top A\boldsymbol{x},\boldsymbol{x}\in\mathbb{R}^n$. 任取 $t\in[0,1]$, $\boldsymbol{x},\boldsymbol{y}\in\mathbb{R}^n$. 由 $t\geqslant t^2$ 知

$$(t-t^2)(\boldsymbol{y}-\boldsymbol{x})^\top A(\boldsymbol{y}-\boldsymbol{x})\geqslant 0,$$

于是

$$t\boldsymbol{x}^\top A\boldsymbol{x}+(1-t)\boldsymbol{y}^\top A\boldsymbol{y}$$

$$
\begin{aligned}
&= \boldsymbol{y}^\top A\boldsymbol{y} + t\boldsymbol{y}^\top A(\boldsymbol{x}-\boldsymbol{y}) + t(\boldsymbol{x}-\boldsymbol{y})^\top A\boldsymbol{y} + t(\boldsymbol{x}-\boldsymbol{y})^\top A(\boldsymbol{x}-\boldsymbol{y}) \\
&\geqslant \boldsymbol{y}^\top A\boldsymbol{y} + t\boldsymbol{y}^\top A(\boldsymbol{x}-\boldsymbol{y}) + t(\boldsymbol{x}-\boldsymbol{y})^\top A\boldsymbol{y} + t^2(\boldsymbol{x}-\boldsymbol{y})^\top A(\boldsymbol{x}-\boldsymbol{y}) \\
&= (t\boldsymbol{x}+(1-t)\boldsymbol{y})^\top A(t\boldsymbol{x}+(1-t)\boldsymbol{y}).
\end{aligned}
$$

这就证明了 f 的凸性. □

在很多时候, 我们需要将凸函数进行扩展值延伸. 一方面, 从定义中可以看到, 凸函数是定义在 $\mathbb{R}^n$ 的凸子集上的, 而在通常情况下, 人们更愿意处理定义在 $\mathbb{R}^n$ 上的实值凸函数. 另一方面, 在优化和对偶的场景下, 实值函数的运算会遇到必须进行扩展的情形. 例如函数

$$f(\boldsymbol{x}) = \sup_{i\in I} f_i(\boldsymbol{x}),$$

其中 I 为无限指标集. 即使每个 f_i 是实值函数, $f(\boldsymbol{x})$ 也可能取 ∞. 因此, 我们可以不限制 f 的定义域 $\mathbf{dom}f$, 将其延伸到 $\mathbb{R}^n$, 但允许 f 取无限值. 通常我们定义凸函数不在 $\mathbf{dom}f$ 的值为 $+\infty$, 从而将这个凸函数延伸到全空间 $\mathbb{R}^n$. 具体定义如下.

定义 6.12　扩展实值函数

设 $f:\mathbf{dom}f\to\mathbb{R}$ 为凸函数. f 的扩展实值函数 $\hat{f}:\mathbb{R}^n\to\mathbb{R}\cup\{\infty\}$ 定义如下:

$$\hat{f}(\boldsymbol{x}) = \begin{cases} f(\boldsymbol{x}), & \boldsymbol{x}\in\mathbf{dom}f, \\ +\infty, & \boldsymbol{x}\notin\mathbf{dom}f. \end{cases}$$

♣

扩展实值函数 $\hat{f}$ 是定义在 $\mathbb{R}^n$ 上的, 取值为 $\mathbb{R}\cup\{\infty\}$ 的函数. 显然, 凸函数的扩展实值函数是 $\mathbb{R}^n$ 的凸函数. 同时, 我们也可以从扩展实值函数 $\hat{f}$ 的定义中确定原凸函数的定义域, 即

$$\mathbf{dom}f = \{\boldsymbol{x} \mid -\infty < \hat{f}(\boldsymbol{x}) < +\infty\}.$$

如果 $\mathbf{dom}f=\varnothing$, 即对任意的 $\boldsymbol{x}\in\mathbb{R}^n$, 有 $\hat{f}(\boldsymbol{x})=+\infty$, 那么我们称 $\hat{f}$ 为平凡凸函数. 如果 $\mathbf{dom}f$ 是非空的, 即至少存在一点 $\boldsymbol{x}\in\mathbb{R}^n$, 使得 $\hat{f}(\boldsymbol{x})<+\infty$, 并对所有的 $\boldsymbol{x}\in\mathbb{R}^n$, 有 $\hat{f}(\boldsymbol{x})>-\infty$, 那么我们称 $\hat{f}$ 为**适当凸函数.** 我们总是假设凸函数的扩展实值函数是适当凸函数. 规定 $0\cdot\infty=0$. 那么扩展实值函数 $\hat{f}$ 也满足凸性不等式, 即对任意的 $\boldsymbol{x},\boldsymbol{y}\in\mathbb{R}^n$, $t\in[0,1]$, 有

$$\hat{f}(t\boldsymbol{x}+(1-t)\boldsymbol{y}) \leqslant t\hat{f}(\boldsymbol{x})+(1-t)\hat{f}(\boldsymbol{y}).$$

这说明如果 f 为凸函数, 那么 $\hat{f}$ 也是凸函数.

例 6.12 示性函数 设 C 为 $\mathbb{R}^n$ 的子集. 则如下定义的函数

$$I_C(\boldsymbol{x}) = \begin{cases} 0, & \boldsymbol{x} \in C, \\ +\infty, & \boldsymbol{x} \notin C \end{cases}$$

称为集合 C 的**示性函数**. 显然, 示性函数是 C 上零函数的扩展实值函数. 利用示性函数, 我们可以灵活地定义符号描述. 设 $f : \mathbb{R}^n \to \mathbb{R} \cup \{\infty\}$ 的函数, C 为 $\mathbb{R}^n$ 的子集. 那么函数 $f + I_C$ 等价于定义在集合 C 上的函数 f. 不仅如此, 我们还可以利用示性函数判断集合的凸性. 事实上, 我们有如下结论: $\mathbb{R}^n$ 的子集 C 是凸集当且仅当它的示性函数是凸函数. 若 I_C 为凸函数, 则对任意的 $\boldsymbol{x}, \boldsymbol{y} \in \mathbb{R}^n$, $t \in [0, 1]$, 有

$$I_C(t\boldsymbol{x} + (1-t)\boldsymbol{y}) \leqslant tI_C(\boldsymbol{x}) + (1-t)I_C(\boldsymbol{y}).$$

因此, 若 $\boldsymbol{x}, \boldsymbol{y} \in C$, 则 $I_C(\boldsymbol{x}) = I_C(\boldsymbol{y}) = 0$. 这表明 $I_C(t\boldsymbol{x} + (1-t)\boldsymbol{y}) = 0$. 故 $t\boldsymbol{x} + (1-t)\boldsymbol{y} \in C$. 从而 C 是凸集. 反之, 如果 C 为凸集, 由零函数的凸性可知, I_C 是凸函数. □

类似地, 可以通过定义凹函数的定义域外都为 $-\infty$ 对其进行延伸.

6.3.2 水平集和上图

在本小节, 我们介绍函数的水平集和上图, 并讨论它们与凸函数的关系. 首先, 我们介绍下水平集的定义.

定义 6.13 下水平集

设 C 是 $\mathbb{R}^n$ 的非空子集, $f : C \to \mathbb{R}$ 是函数, $\alpha \in \mathbb{R}$. 则称集合

$$L_{f,\alpha} := \{\boldsymbol{x} \in C | \ f(\boldsymbol{x}) \leqslant \alpha\}$$

为 f 的 α 下水平集. ♣

类似地, 集合 $\{\boldsymbol{x} \in C | \ f(\boldsymbol{x}) \geqslant \alpha\}$ 称为 f 的 α **上水平集**. 下面, 给出凸函数的下水平集的性质.

定理 6.9

若 $f : \mathbb{R}^n \to \mathbb{R}$ 为凸函数, 则每个下水平集 $L_{f,\alpha}$ 为凸集. ♡

证明 设 $\boldsymbol{x}_1, \boldsymbol{x}_2 \in L_{f,\alpha}$. 则 $f(\boldsymbol{x}_1) \leqslant \alpha$, $f(\boldsymbol{x}_2) \leqslant \alpha$. 进而, 由 f 的凸性知

$$f(t\boldsymbol{x}_1 + (1-t)\boldsymbol{x}_2) \leqslant tf(\boldsymbol{x}_1) + (1-t)f(\boldsymbol{x}_2) \leqslant \alpha, \quad \forall\, t \in [0, 1].$$

这表明 $t\boldsymbol{x}_1+(1-t)\boldsymbol{x}_2\in L_{f,\alpha}$. 因此, $L_{f,\alpha}$ 为凸集. □

类似地, 如果 f 为凹函数, 那么其上水平集是凸集. 水平集的性质可以用来判断集合的凸性. 若某个集合可以描述为凸函数的下水平集或凹函数的上水平集, 则其是凸集.

注意到定理 6.9 反过来不一定正确. 如果某个函数的所有下水平集都是凸集, 但这个函数可能不是凸函数. 如下的例子说明, 下水平集合的凸性不能得到函数的凸性.

例 6.13 设 $f:\mathbb{R}\to\mathbb{R}$ 为单调的, 则每个下水平集 $L_{f,\alpha}$ 为凸的. 事实上, 任取 $x_1,x_2\in\mathbb{R}$, $x_1<x_2$ 且 $x_1,x_2\in L_{f,\alpha}$. 对任意的 $t\in[0,1]$, 由 f 的单调性可得

$$f(x_1)<f(tx_1+(1-t)x_2)<f(x_2)\leqslant a \text{ 或 } f(x_2)<f(tx_1+(1-t)x_2)<f(x_1)\leqslant a.$$

故 $tx_1+(1-t)x_2\in L_{f,\alpha}$, 即 $L_{f,\alpha}$ 是凸的.

现在, 我们来介绍上图和下图的定义. 凸函数的很多结果可以从几何角度利用上图并结合凸集的结论来证明或解释.

定义 6.14 上图和下图

设 C 是 $\mathbb{R}^n$ 的非空子集, $f:C\to\mathbb{R}$ 是函数. 则 $\mathbb{R}^{n+1}$ 的子集

$$\mathbf{epi}(f)=\{(\boldsymbol{x},\alpha)\in C\times\mathbb{R}|\ \boldsymbol{x}\in C,f(\boldsymbol{x})\leqslant\alpha\}$$

称为 f 的上图, $\mathbb{R}^{n+1}$ 的子集

$$\mathbf{hypo}(f)=\{(\boldsymbol{x},\alpha)\in C\times\mathbb{R}|\ \boldsymbol{x}\in C,f(\boldsymbol{x})\geqslant\alpha\}$$

称为 f 的下图. ♣

图 6.11 说明了上图的定义, 阴影部分代表 f 的上图, 函数 $f(x)$ 所在的曲线是上图的边界.

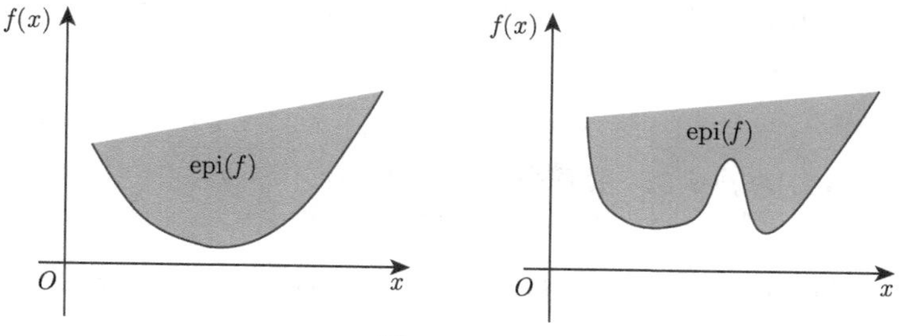

图 6.11

下面的定理通过相关的上图集合的凸性给出了函数凸性的集合刻画.

定理 6.10

设 C 是 $\mathbb{R}^n$ 的非空子集, $f: C \to \mathbb{R}$ 是函数. 则
(1) f 为凸函数 $\Leftrightarrow$ f 的上图 $\mathbf{epi}(f)$ 为 $C \times \mathbb{R}$ 的凸子集;
(2) f 为凹函数 $\Leftrightarrow$ f 的下图 $\mathbf{hypo}(f)$ 为 $C \times \mathbb{R}$ 的凸子集. ♡

证明 如果 (1) 的结论正确, 那么只需要将 (1) 结论应用到 $-f$ 就可得到 (2), 故我们只需证明 (1).

必要性. 设 f 为 C 上的凸函数. 若 $(\boldsymbol{x}_1, \alpha_1), (\boldsymbol{x}_2, \alpha_2) \in \mathbf{epi}(f)$, 则 $f(\boldsymbol{x}_1) \leqslant \alpha_1$, $f(\boldsymbol{x}_2) \leqslant \alpha_2$. 由 f 是凸的可得, 对任意的 $t \in [0,1]$,

$$f(t\boldsymbol{x}_1 + (1-t)\boldsymbol{x}_2) \leqslant tf(\boldsymbol{x}_1) + (1-t)f(\boldsymbol{x}_2) \leqslant t\alpha_1 + (1-t)\alpha_2.$$

从而

$$(t\boldsymbol{x}_1 + (1-t)\boldsymbol{x}_2, t\alpha_1 + (1-t)\alpha_2) = t(\boldsymbol{x}_1, \alpha_1) + (1-t)(\boldsymbol{x}_2, \alpha_2) \in \mathbf{epi}(f).$$

这表明上图 $\mathbf{epi}(f)$ 是凸的.

充分性. 设上图 $\mathbf{epi}(f)$ 是凸的. 对任意的 $\boldsymbol{x}_1, \boldsymbol{x}_2 \in C$, 我们有 $(\boldsymbol{x}_1, f(\boldsymbol{x}_1))$, $(\boldsymbol{x}_2, f(\boldsymbol{x}_2)) \in \mathbf{epi}(f)$. 因为上图 $\mathbf{epi}(f)$ 是凸集, 所以对任意的 $t \in [0,1]$,

$$t(\boldsymbol{x}_1, f(\boldsymbol{x}_1)) + (1-t)(\boldsymbol{x}_2, f(\boldsymbol{x}_2)) = (t\boldsymbol{x}_1 + (1-t)\boldsymbol{x}_2, tf(\boldsymbol{x}_1) + (1-t)f(\boldsymbol{x}_2)) \in \mathbf{epi}(f).$$

于是

$$f(t\boldsymbol{x}_1 + (1-t)\boldsymbol{x}_2) \leqslant tf(\boldsymbol{x}_1) + (1-t)f(\boldsymbol{x}_2).$$

这就证明了 f 的凸性. □

下面, 我们利用水平集和上图, 建立凸函数与连续性的关系. 为此, 我们需要介绍几个概念及相关结论.

设 $f: C \to \mathbb{R}$ 为凸函数. 若 f 的上图 $\mathbf{epi}(f)$ 是闭集, 则称 f 为**闭凸函数**, 简称闭函数. 注意到, 如果 f 的上图 $\mathbf{epi}(f)$ 是闭集, 那么集合

$$\mathbf{epi}(f) \cap (\mathbb{R}^n \times \{\alpha\}) = L_{f,\alpha} \times \{\alpha\}$$

是闭集. 因此, 如果 f 是闭凸函数, 那么它的所有水平集是闭集.

例 6.14 **距离函数** 设 Ω 是 $\mathbb{R}^n$ 的非空有界闭集. 称 $d: \mathbb{R}^n \to \mathbb{R}$ 是关于 $\boldsymbol{x}$ 的**距离函数**, 其中

$$d(\boldsymbol{x}, \Omega) = \min_{\boldsymbol{\omega} \in \Omega} \{||\boldsymbol{x} - \boldsymbol{\omega}||\}$$

为 $\boldsymbol{x} \in \mathbb{R}^n$ 到 Ω 在范数 $||\cdot||$ 下的距离.

距离函数 $d(\boldsymbol{x}, \Omega)$ 是凸函数当且仅当 Ω 是凸集. 事实上, 如果 $d(\boldsymbol{x}, \Omega)$ 是凸函数, 则由定义和定理 6.9 可得 $\Omega = L_{d,0}$ 是凸集. 反之, 若 Ω 是凸集, 则对任意给定的 $\boldsymbol{x}_1, \boldsymbol{x}_2 \in \mathbb{R}^n$, 存在 $\boldsymbol{y}_1, \boldsymbol{y}_2 \in \Omega$, 使得 $d(\boldsymbol{x}_1, \boldsymbol{y}_1) = d(\boldsymbol{x}_1, \Omega)$, $d(\boldsymbol{x}_2, \boldsymbol{y}_2) = d(\boldsymbol{x}_2, \Omega)$. 对任意的 $t \in [0, 1]$, 记

$$\boldsymbol{x} = t\boldsymbol{x}_1 + (1-t)\boldsymbol{x}_2, \qquad \boldsymbol{y} = t\boldsymbol{y}_1 + (1-t)\boldsymbol{y}_2.$$

由 Ω 是凸集可得 $\boldsymbol{y} \in \Omega$. 故

$$d(\boldsymbol{x}, \Omega) \leqslant d(\boldsymbol{x}, \boldsymbol{y}) = ||\boldsymbol{x} - \boldsymbol{y}||.$$

进一步地, 我们有

$$\begin{aligned} d(t\boldsymbol{x}_1 + (1-t)\boldsymbol{x}_2, \Omega) &\leqslant ||(t\boldsymbol{x}_1 + (1-t)\boldsymbol{x}_2) - (t\boldsymbol{y}_1 + (1-t)\boldsymbol{y}_2)|| \\ &= ||t(\boldsymbol{x}_1 - \boldsymbol{y}_1) + (1-t)(\boldsymbol{x}_2 - \boldsymbol{y}_2)|| \\ &\leqslant t||\boldsymbol{x}_1 - \boldsymbol{y}_1|| + (1-t)||\boldsymbol{x}_2 - \boldsymbol{y}_2|| \\ &\leqslant td(\boldsymbol{x}_1, \Omega) + (1-t)d(\boldsymbol{x}_2, \Omega), \end{aligned}$$

这表明 $d(\boldsymbol{x}, \Omega)$ 是凸函数. □

设 C 为 $\mathbb{R}^n$ 的非空子集, $f: C \to \mathbb{R}$, 且 $\boldsymbol{x}_0 \in C$. 如果存在 $L > 0$, 使得

$$|f(\boldsymbol{x}_0) - f(\boldsymbol{x})| \leqslant L||\boldsymbol{x}_0 - \boldsymbol{x}||, \quad \forall \boldsymbol{x} \in C,$$

那么称函数 f 在 $\boldsymbol{x}_0$ 处**局部利普希茨 (Lipschitz) 连续的**. 显然, 如果 f 在某点是局部 Lipschitz 连续的, 那么 f 在该点是连续的. 事实上, 我们有如下重要的定理.

定理 6.11

设 $C \subseteq \mathbb{R}^n$ 为凸的开集. 如果 $f: C \to \mathbb{R}$ 是凸函数, 那么 f 是 C 上的连续函数. ♡

证明　我们将证明 f 在 C 中任一点 $\boldsymbol{x}$ 是连续的. 记 $d = d(\boldsymbol{x}, \mathbb{R}^n \setminus C)$, 即 d 是 $\boldsymbol{x}$ 到 C 的补集的距离. 令 $\delta \leqslant \dfrac{d}{\sqrt{n}}$. 记以 $\boldsymbol{x}$ 为中心, 边长为 2δ 的超立方体为

$$\mathcal{C}(\boldsymbol{x}, \delta) := \{\boldsymbol{u} \in \mathbb{R}^n \big| \, ||\boldsymbol{x} - \boldsymbol{u}||_\infty \leqslant \delta\},$$

其顶点集记为

$$V(\boldsymbol{x}, \delta) := \{\boldsymbol{x} + \delta\boldsymbol{b} \big| \, \boldsymbol{b} = [b_1, \cdots, b_n]^\top, b_i = \pm 1, i = 1, \cdots, n\} = \{\boldsymbol{x} + \delta\boldsymbol{b} \big| \, \boldsymbol{b} \in \{-1, 1\}^n\}.$$

于是 $\boldsymbol{x}$ 到顶点的距离 $\sqrt{n}\delta \leqslant d$, 进而由 d 的定义知 $\mathcal{C}(\boldsymbol{x},\delta) \subseteq C$. 设

$$\beta = \max\{f(\boldsymbol{u}) \big| \ \boldsymbol{u} \in V(\boldsymbol{x},\delta)\}.$$

故 $V(\boldsymbol{x},\delta) \subseteq L_{f,\beta}$, 并且由 f 为凸函数和定理 6.9 知, f 的 β 下水平集 $L_{f,\beta}$ 是凸集. 因为 $V(\boldsymbol{x},\delta)$ 的凸包是超立方体 $\mathcal{C}(\boldsymbol{x},\delta)$, 所以 $\mathcal{C}(\boldsymbol{x},\delta) \subseteq L_{f,\beta}$. 也就是说, 对任意的 $\boldsymbol{w} \in \mathcal{C}(\boldsymbol{x},\delta)$, 我们有 $f(\boldsymbol{w}) \leqslant \beta$.

下证 f 在 $\boldsymbol{x}$ 处是局部 Lipschitz 连续的. 设 $\boldsymbol{z} \in B(\boldsymbol{x},\delta)$. 我们断言

$$|f(\boldsymbol{x}) - f(\boldsymbol{z})| \leqslant \frac{\beta - f(\boldsymbol{x})}{\delta}||\boldsymbol{x}-\boldsymbol{z}||.$$

令 $\boldsymbol{u} = \delta\dfrac{\boldsymbol{x}-\boldsymbol{z}}{||\boldsymbol{x}-\boldsymbol{z}||}$. 从而 $||\boldsymbol{u}|| = \delta$ 且

$$\boldsymbol{z} = \boldsymbol{x} + t\boldsymbol{u} = t(\boldsymbol{x}+\boldsymbol{u}) + (1-t)\boldsymbol{x},$$

其中 $t = \dfrac{||\boldsymbol{x}-\boldsymbol{z}||}{\delta} \in [0,1)$. 因此, $\boldsymbol{z}$ 为 $\boldsymbol{x}+\boldsymbol{u}$ 和 $\boldsymbol{x}$ 的凸组合. 根据 f 在 C 上是凸的可知

$$f(\boldsymbol{z}) \leqslant tf(\boldsymbol{x}+\boldsymbol{u}) + (1-t)f(\boldsymbol{x}). \tag{6.9}$$

注意到

$$\frac{1}{1+t}\boldsymbol{z} + \frac{t}{1+t}(\boldsymbol{x}-\boldsymbol{u}) = \frac{1}{1+t}(\boldsymbol{x}+t\boldsymbol{u}) + \frac{t}{1+t}(\boldsymbol{x}-\boldsymbol{u}) = \boldsymbol{x}.$$

故

$$f(\boldsymbol{x}) \leqslant \frac{1}{1+t}f(\boldsymbol{z}) + \frac{t}{1+t}f(\boldsymbol{x}-\boldsymbol{u}). \tag{6.10}$$

由 (6.9) 和 (6.10) 可得

$$\begin{aligned} -t(\beta - f(\boldsymbol{x})) &\leqslant -t(f(\boldsymbol{x}-\boldsymbol{u}) - f(\boldsymbol{x})) \leqslant f(\boldsymbol{z}) - f(\boldsymbol{x}) \\ &\leqslant t(f(\boldsymbol{x}+\boldsymbol{u}) - f(\boldsymbol{x})) \leqslant t(\beta - f(\boldsymbol{x})), \end{aligned}$$

这告诉我们

$$|f(\boldsymbol{z}) - f(\boldsymbol{x})| \leqslant t(\beta - f(\boldsymbol{x})) = (\beta - f(\boldsymbol{x}))\frac{||\boldsymbol{x}-\boldsymbol{z}||}{\delta}.$$

因此, f 在 C 上的任一点都是局部 Lipschitz 连续的. 这意味着 f 在 C 上的任一点都是连续的. 故 f 在 C 上连续. □

根据定理 6.11 立即可得如下推论.

推论 6.1

如果 $f:\mathbb{R}^n \to \mathbb{R}$ 是凸函数, 那么 f 在定义域 $\mathrm{dom} f$ 的内部是连续的. ♡

6.3.3　Jensen 不等式

凸函数定义的基本不等式 (6.8) 可以推广到线性空间中 n 个点的凸组合, 我们称之为 Jensen 不等式.

定理 6.12　Jensen 不等式

设 $C \subseteq \mathbb{R}^n$ 为凸子集. 则 $f: C \to \mathbb{R}$ 为凸函数当且仅当对任意 $t_1, \cdots, t_m \in [0,1]$ 且满足 $t_1 + \cdots + t_m = 1$, 对任意的点 $\boldsymbol{x}_1, \cdots, \boldsymbol{x}_m \in C$, 我们有

$$f\left(\sum_{i=1}^{m} t_i \boldsymbol{x}_i\right) \leqslant \sum_{i=1}^{m} t_i f(\boldsymbol{x}_i). \tag{6.11}$$

♡

证明　因为 (6.11) 直接可得 f 的凸性, 即充分性是显然的, 所以只需证明必要性.

利用数学归纳法证明. 当 $m=1$ 时, 必要性自然成立. 当 $m=2$ 时, (6.11) 即为凸性不等式 (6.8). 假设必要性对 $m=k$ 是成立. 下证情形 $m=k+1$ 成立. 任取 $t_i \geqslant 0, i=1,\cdots,k+1$ 且满足 $\sum_{i=1}^{k+1} t_i = 1$. 任取 $\boldsymbol{x}_i \in C, i=1,\cdots,k+1$, 我们有

$$f\left(\sum_{i=1}^{k+1} t_i \boldsymbol{x}_i\right) = f\left(\left(\sum_{i=1}^{k-1} t_i \boldsymbol{x}_i\right) + (t_k + t_{k+1}) \frac{t_k \boldsymbol{x}_k + t_{k+1} \boldsymbol{x}_{k+1}}{t_k + t_{k+1}}\right).$$

于是由归纳假设推得

$$f\left(\sum_{i=1}^{k+1} t_i \boldsymbol{x}_i\right) \leqslant \sum_{i=1}^{k-1} t_i f(\boldsymbol{x}_i) + (t_k + t_{k+1}) f\left(\frac{t_k \boldsymbol{x}_k + t_{k+1} \boldsymbol{x}_{k+1}}{t_k + t_{k+1}}\right). \tag{6.12}$$

又由 f 的凸性可知

$$f\left(\frac{t_k \boldsymbol{x}_k + t_{k+1} \boldsymbol{x}_{k+1}}{t_k + t_{k+1}}\right) \leqslant \frac{t_k}{t_k + t_{k+1}} f(\boldsymbol{x}_k) + \frac{t_{k+1}}{t_k + t_{k+1}} f(\boldsymbol{x}_{k+1}), \tag{6.13}$$

故根据 (6.12) 和 (6.13) 立即可得 Jensen 不等式 (6.11). □

当然, 如果定理中 f 为凹函数, 那么 (6.11) 中的不等式的符号是相反的, 即

$$f\left(\frac{t_k\boldsymbol{x}_k+t_{k+1}\boldsymbol{x}_{k+1}}{t_k+t_{k+1}}\right)\geqslant\frac{t_k}{t_k+t_{k+1}}f(\boldsymbol{x}_k)+\frac{t_{k+1}}{t_k+t_{k+1}}f(\boldsymbol{x}_{k+1}).$$

凸性和 Jensen 不等式构成了不等式理论的基础, 很多著名不等式都可以通过 Jensen 不等式应用于合适的凸函数得到, 例如 Young 不等式、Hölder 不等式等. 我们来看几个例子.

例 6.15 均值不等式 设 $f(x)=\ln x$. 则 $f(x)$ 为凹函数, 即对任意 $t_1,\cdots,t_m\in[0,1]$ 且满足 $t_1+\cdots+t_m=1$, 对任意正数 $x_1,\cdots,x_m$, 有

$$\ln\Big(\sum_{i=1}^m t_ix_i\Big)\geqslant\sum_{i=1}^m t_i\ln x_i.$$

于是

$$\ln\Big(\sum_{i=1}^m t_ix_i\Big)\geqslant\ln\prod_{i=1}^m x_i^{t_i},$$

即

$$\sum_{i=1}^m t_ix_i\geqslant\prod_{i=1}^m x_i^{t_i},$$

若取 $t_1=\cdots=t_m=\dfrac{1}{m}$, 则我们有如下熟知的不等式:

$$\frac{x_1+\cdots+x_m}{m}\geqslant\Big(\prod_{i=1}^m x_i^{t_i}\Big)^{\frac{1}{m}},$$

即算术平均值大于等于几何平均值. □

例 6.16 香农熵 离散概率分布 $(p_1,\cdots,p_m)$ 的香农熵定义为

$$\mathbb{H}(p_1,\cdots,p_m)=\sum_{i=1}^m p_i\log_2\frac{1}{p_i}.$$

易知 $f(x)=-\log_2 x$ 为凸函数, 其中 $x\in(0,+\infty)$. 因为 $p_1+\cdots+p_m=1$ 且 $p_i\geqslant 0$, 所以由 Jensen 不等式可得

$$-\log_2\Big(\sum_{i=1}^m p_ix_i\Big)\leqslant-\sum_{i=1}^m p_i\log_2 x_i.$$

取 $x_i=\dfrac{1}{p_i}$, $i=1,\cdots,m$. 由上式可得

$$\log_2 m \geqslant \sum_{i=1}^{m} p_i \log_2 \frac{1}{p_i}.$$

而当 $p_1=\cdots=p_m=\dfrac{1}{m}$ 时, $\mathbb{H}(p_1,\cdots,p_m)=\log_2 m$. 这说明香农熵的最大值在 $p_1=\cdots=p_m=\dfrac{1}{m}$ 时取得, 其值为 $\log_2 m$. □

Jensen 不等式可以扩展至无穷项和、积分以及期望. 例如, 如果凸集 $C\subseteq \mathbf{dom}f$ 上 $p(\boldsymbol{x})\geqslant 0$ 且 $\int_C p(\boldsymbol{x})\mathrm{d}\boldsymbol{x}=1$, 那么当相应的积分存在时,

$$f\left(\int_C \boldsymbol{x}p(\boldsymbol{x})\mathrm{d}\boldsymbol{x}\right)\leqslant \int_C f(\boldsymbol{x})p(\boldsymbol{x})\mathrm{d}\boldsymbol{x}$$

成立. 更一般的情况, 我们可以采用 $\mathbf{dom}f$ 的任意概率测度. 如果 $\boldsymbol{x}$ 是随机变量, 事件 $\boldsymbol{x}\in\mathbf{dom}f$ 发生的概率为 1, f 为凸函数, 当相应期望存在时, 我们有

$$f(E(\boldsymbol{x}))\leqslant E(f(\boldsymbol{x})). \tag{6.14}$$

有时我们可以如下理解 (6.14). 设 $\boldsymbol{x}\in\mathbf{dom}f$, $\boldsymbol{z}$ 是 $\mathbb{R}^n$ 中的期望为零的随机变量, 那么由 (6.14) 可得

$$f(E(\boldsymbol{x}))\leqslant E(f(\boldsymbol{x}+\boldsymbol{z})).$$

因此, 随机化或扰动从平均效果上不会减少凸函数的取值.

若随机变量 $\boldsymbol{x}$ 可能取值为 $\{\boldsymbol{x}_1,\cdots,\boldsymbol{x}_m\}$, 并且 $p(\boldsymbol{x}_i)=t_i$, $i=1,\cdots,m$, 则由 (6.14) 可得 (6.11). 这说明不等式 (6.14) 可以刻画 f 的凸性: 如果 f 不是凸函数, 那么存在随机变量 $\boldsymbol{x}$, $\boldsymbol{x}\in\mathbf{dom}f$ 发生的概率为 1, 使得 $f(E(\boldsymbol{x}))\geqslant E(f(\boldsymbol{x}))$.

6.3.4 凸函数的极值

本小节主要介绍凸函数的显著特征: 凸函数的局部极小值也是全局极小值.

定义 6.15 局部极小值

设 $C\subseteq\mathbb{R}^n$ 为开集, $f:C\to\mathbb{R}$ 为函数. 若存在 $\delta>0$, 使得 $B(\boldsymbol{x}_0,\delta)\subseteq C$ 且对每个 $\boldsymbol{x}\in B(\boldsymbol{x}_0,\delta)$, 有 $f(\boldsymbol{x}_0)\leqslant f(\boldsymbol{x})$, 则称 $\boldsymbol{x}_0$ 为 f 的局部极小值点, $f(\boldsymbol{x}_0)$ 为局部极小值. 特别地, 若对每个 $\boldsymbol{x}\in B(\boldsymbol{x}_0,\delta)$, 有 $f(\boldsymbol{x}_0)<f(\boldsymbol{x})$, 则称 $\boldsymbol{x}_0$ 为严格局部极小值点. ♣

定理 6.13

设 $f:\mathbb{R}^n\to\mathbb{R}$ 是凸函数, 且 $\boldsymbol{x}_0\in\mathbf{dom}f$ 是 f 的一个局部极小值点. 则 $f(\boldsymbol{x}_0)$ 是全局极小值. ♡

证明 设 f 在 $\boldsymbol{x}_1$ 处取得全局极小值. 则 $f(\boldsymbol{x}_1)\leqslant f(\boldsymbol{x}_0)$. 由 $\boldsymbol{x}_0$ 是局部极小值点知, 存在 $\delta>0$, 使得当 $||\boldsymbol{x}-\boldsymbol{x}_0||\leqslant\delta$ 时, 有 $f(\boldsymbol{x}_0)\leqslant f(\boldsymbol{x})$. 设 $z=(1-t)\boldsymbol{x}_0+t\boldsymbol{x}_1$, 其中 $t\in[0,1]$. 则 $\boldsymbol{x}_0-\boldsymbol{z}=t(\boldsymbol{x}_0-\boldsymbol{x}_1)$. 选取 t 满足 $t<\dfrac{\delta}{||\boldsymbol{x}_0-\boldsymbol{x}_1||}$. 于是 $||\boldsymbol{x}_0-\boldsymbol{z}||\leqslant\delta$, 即 $\boldsymbol{z}\in B(\boldsymbol{x}_0,\delta)$. 从而 $f(\boldsymbol{z})\geqslant f(\boldsymbol{x}_0)$. 故由 f 的凸性可得

$$f(\boldsymbol{z})=f((1-t)\boldsymbol{x}_0+t\boldsymbol{x}_1)\leqslant(1-t)f(\boldsymbol{x}_0)+tf(\boldsymbol{x}_1)\leqslant f(\boldsymbol{x}_0).$$

从而 $f(\boldsymbol{z})=f(\boldsymbol{x}_0)$. 这又表明

$$f(\boldsymbol{x}_0)\leqslant(1-t)f(\boldsymbol{x}_0)+tf(\boldsymbol{x}_1),$$

由此可得 $f(\boldsymbol{x}_0)\leqslant f(\boldsymbol{x}_1)$. 因此, $f(\boldsymbol{x}_0)=f(\boldsymbol{x}_1)$, 即 $f(\boldsymbol{x}_0)$ 为全局极小值. □

定理 6.14 凸函数的极大值原理

设 f 是凸函数, $C\subseteq\mathbf{dom}f$ 为凸集. 若存在 $\boldsymbol{z}\in\mathbf{relint}\ C$, 使得 $f(\boldsymbol{z})=\sup\{f(\boldsymbol{x})|\ \boldsymbol{x}\in C\}$, 则 f 在 C 上是常数. ♡

证明 设 $\boldsymbol{x}\in C\backslash\{\boldsymbol{z}\}$. 因为 $\boldsymbol{z}\in\mathbf{relint}\ C$. 所以存在 $t>1$, 使得 $\boldsymbol{y}=(1-t)\boldsymbol{x}+t\boldsymbol{z}\in C$. 于是 $\boldsymbol{z}=\dfrac{1}{t}\boldsymbol{y}+\dfrac{t-1}{t}\boldsymbol{x}$. 进而, 由 f 的凸性可知

$$f(\boldsymbol{z})\leqslant\frac{1}{t}f(\boldsymbol{y})+\frac{t-1}{t}f(\boldsymbol{x}).$$

因为 $f(\boldsymbol{z})=\sup\{f(\boldsymbol{x})|\ \boldsymbol{x}\in C\}$, 所以 $f(\boldsymbol{z})\geqslant f(\boldsymbol{x})$, $f(\boldsymbol{z})\geqslant f(\boldsymbol{y})$. 若 $f(\boldsymbol{x})\neq f(\boldsymbol{z})$, 则 $f(\boldsymbol{z})>f(\boldsymbol{x})$. 从而

$$f(\boldsymbol{z})<\frac{1}{t}f(\boldsymbol{z})+\frac{t-1}{t}f(\boldsymbol{z})=f(\boldsymbol{z}),$$

这是不可能的. 因此, 对任意的 $\boldsymbol{x}\in C$, 有 $f(\boldsymbol{x})=f(\boldsymbol{z})$. □

6.4 保凸运算与可微性条件

在本节中, 主要讨论几种保持函数凸性的运算, 以及可微凸函数的一阶和二阶条件.

6.4.1　保凸运算

我们可以通过很多方法来验证给定函数的凸性. 某些简单的函数可以通过定义来验证, 例如仿射函数或范数, 而更多的是利用几种常见的保持函数凸性的代数运算来生成其他凸函数.

我们将从一些简单的运算开始. 利用定义易知: 如果函数 f 是凸函数且 $t \geqslant 0$, 则伸缩函数 α 也是凸函数; 如果函数 f_1 和 f_2 是凸函数, 则和 $f_1 + f_2$ 也是凸函数. 这说明伸缩和求和运算保持凸性. 将伸缩和求和结合起来, 直接可得凸函数的锥组合 (非负加权求和) 仍是凸函数.

定理 6.15

若 $f_i : \mathbb{R}^n \to \mathbb{R} \cup \{\infty\}$ 是凸函数, $t_i \geqslant 0$, $i = 1, \cdots, m$, 则非负加权求和函数

$$g(\boldsymbol{x}) = t_1 f_1(\boldsymbol{x}) + \cdots + t_m f_m(\boldsymbol{x})$$

是凸函数. ♡

显然, 多个凹函数或严格凸 (凹) 函数的非负加权求和保持相同的凹凸性. 接着, 我们将介绍一类重要的保凸运算.

定理 6.16

若 $f_i : \mathbb{R}^n \to \mathbb{R} \cup \{\infty\}$ 是凸函数, $i = 1, \cdots, m$, 则逐点最大函数

$$f(\boldsymbol{x}) = \max_{1 \leqslant i \leqslant m} \{f_i(\boldsymbol{x})\}, \quad \boldsymbol{x} \in \mathbf{dom} f_1 \cap \cdots \cap \mathbf{dom} f_m$$

是凸函数. ♡

证明　我们只证明 $m = 2$ 时结论成立, 一般情形由数学归纳法直接可得. 任取 $\boldsymbol{x}, \boldsymbol{y} \in \mathbf{dom} f_1 \cap \mathbf{dom} f_2$, $t \in [0, 1]$. 则有

$$\begin{aligned} f(t\boldsymbol{x} + (1-t)\boldsymbol{y}) &= \max\{f_1(t\boldsymbol{x} + (1-t)\boldsymbol{y}), f_2(t\boldsymbol{x} + (1-t)\boldsymbol{y})\} \\ &\leqslant \max\{t f_1(\boldsymbol{x}) + (1-t) f_1(\boldsymbol{y}), t f_2(\boldsymbol{x}) + (1-t) f_2(\boldsymbol{y})\} \\ &\leqslant t \max\{f_1(\boldsymbol{x}), f_2(\boldsymbol{x})\} + (1-t) \max\{f_1(\boldsymbol{y}), f_2(\boldsymbol{y})\} \\ &= t f(\boldsymbol{x}) + (1-t) f(\boldsymbol{y}). \end{aligned}$$

这说明逐点最大函数是凸函数. □

逐点最大的性质可以扩展至无限个凸函数的上确界.

定理 6.17

设 I 为非空指标集, $f_i:\mathbb{R}^n\to\mathbb{R}\cup\{\infty\}$ 是凸函数族, 其中 $i\in I$. 则上确界函数

$$f(\boldsymbol{x})=\sup_{i\in I}f_i(\boldsymbol{x}),\quad \boldsymbol{x}\in\bigcap_{i\in I}\mathbf{dom}f_i$$

是凸函数. ♡

证明 任取 $\boldsymbol{x},\boldsymbol{y}\in\bigcap\limits_{i\in I}\mathbf{dom}f_i$, $t\in[0,1]$. 对任意的 $i\in I$, 由 f_i 的凸性有

$$f_i(t\boldsymbol{x}+(1-t)\boldsymbol{y})\leqslant tf_i(\boldsymbol{x})+(1-t)f_i(\boldsymbol{y})\leqslant tf(\boldsymbol{x})+(1-t)f(\boldsymbol{y}).$$

这蕴涵着

$$f(t\boldsymbol{x}+(1-t)\boldsymbol{y})=\sup_{i\in I}f_i(t\boldsymbol{x}+(1-t)\boldsymbol{y})\leqslant tf(\boldsymbol{x})+(1-t)f(\boldsymbol{y}).$$

这就证明了上确界函数是凸函数. □

上述结果还可以更进一步地推广. 如果对任意的 $\boldsymbol{y}\in\mathcal{A}$, 函数 $f(\boldsymbol{x},\boldsymbol{y})$ 关于 $\boldsymbol{x}$ 是凸的, 那么函数

$$g(\boldsymbol{x})=\sup_{\boldsymbol{y}\in\mathcal{A}}f(\boldsymbol{x},\boldsymbol{y})$$

也是 $\boldsymbol{x}$ 的凸函数, 其中 g 的定义域为

$$\mathbf{dom}g=\{\boldsymbol{x}|\ (\boldsymbol{x},\boldsymbol{y})\in\mathbf{dom}f,\ \forall\boldsymbol{y}\in\mathcal{A},\sup_{\boldsymbol{y}\in\mathcal{A}}f(\boldsymbol{x},\boldsymbol{y})<\infty\}.$$

我们可以从上图角度理解, 一系列函数的上确界函数对应这些函数的上图的交集:

$$\mathbf{epi}(g)=\bigcap_{\boldsymbol{y}\in\mathcal{A}}\mathbf{epi}(f(\cdot,\boldsymbol{y})).$$

由 $f(\cdot,\boldsymbol{y})$ 的凸性知, 上图 $\mathbf{epi}(f(\cdot,\boldsymbol{y}))$ 是凸集, 进而一系列凸集的交 $\mathbf{epi}(g)$ 也是凸的. 这说明 g 是凸的.

例 6.17 **共轭函数** 设函数 $f:\mathbb{R}^n\to\mathbb{R}$, 定义函数 $f^*:\mathbb{R}^n\to\mathbb{R}$ 为

$$f^*(\boldsymbol{y})=\sup_{\boldsymbol{x}\in\mathbf{dom}f}(\boldsymbol{y}^\top\boldsymbol{x}-f(\boldsymbol{x})).$$

则称 f^* 为 f 的**共轭函数**. 对任意给定 $\boldsymbol{x}\in\mathbf{dom}f$, $\boldsymbol{y}^\top\boldsymbol{x}-f(\boldsymbol{x})$ 是仿射函数. 故共轭函数 f^* 是一系列凸函数的逐点上确界函数, 即共轭函数是凸函数. 值得注意的是, 无论 f 是否为凸函数, 其共轭函数都是凸函数.

如果 f 为示性函数 I_C, 那么它的共轭函数为

$$I_C^*(\boldsymbol{y}) = \sup_{\boldsymbol{x}\in C} \boldsymbol{y}^\top \boldsymbol{x}.$$

读者可以利用定义推得: 如果 f 是欧几里得范数 $\|\cdot\|_2$, 那么其共轭函数 $f^*(\boldsymbol{y})$ 是示性函数 $I_B(\boldsymbol{y})$, 其中 $B = \{\boldsymbol{x} |\ \|\boldsymbol{x}\|_2 \leqslant 1\}$ 是闭单位球. □

自然地, 我们会考虑凸函数的最小化. 事实上, 一些特殊形式的最小化后仍可以得到凸函数. 以下的定理是关于凸函数的部分最小化性质.

定理 6.18

如果函数 $f:\mathbb{R}^n \times \mathbb{R}^m \to \mathbb{R}$ 是关于 $(\boldsymbol{x},\boldsymbol{y})$ 的凸函数, $C \subseteq \mathbb{R}^m$ 是非空凸集, 则

$$g(\boldsymbol{x}) = \inf_{\boldsymbol{y}\in C} f(\boldsymbol{x},\boldsymbol{y})$$

是凸函数. ♡

证明　设对每个 $\boldsymbol{x}$, 在集合 C 上求下确界可以达到, 则有

$$\mathbf{epi}(g) = \{(\boldsymbol{x},t) |\ \text{对某个 } \boldsymbol{y}\in C \text{ 成立}, (\boldsymbol{x},\boldsymbol{y},t) \in \mathbf{epi}(f)\}.$$

由于 $\mathbf{epi}(g)$ 是凸集 $\mathbf{epi}(f)$ 在其中一些分量上的投影, 所以 $\mathbf{epi}(g)$ 是凸集. 从而 g 是凸函数. □

下面, 我们讨论复合函数的凸性.

定理 6.19

设 $f:\mathbb{R}^n \to \mathbb{R}$ 是凸函数, $g:\mathbb{R} \to \mathbb{R}\cup\{\infty\}$ 是定义在包含 f 的值域的凸集上的非减凸函数. 则复合 $g\circ f$ 是凸函数. ♡

证明　任取 $\boldsymbol{x},\boldsymbol{y} \in \mathbf{dom} f$, $t\in[0,1]$. 由 f 的凸性和 g 是非减凸函数可得

$$\begin{aligned} g\circ f(t\boldsymbol{x}+(1-t)\boldsymbol{y}) &= g(f(t\boldsymbol{x}+(1-t)\boldsymbol{y})) \\ &\leqslant g(tf(\boldsymbol{x})+(1-t)f(\boldsymbol{y})) \\ &\leqslant tg(f(\boldsymbol{x}))+(1-t)g(f(\boldsymbol{y})) \\ &= tg\circ f(\boldsymbol{x})+(1-t)g\circ f(\boldsymbol{y}), \end{aligned} \tag{6.15}$$

这表明 $g\circ f$ 是凸的. □

现在, 我们考虑一类重要的复合: 凸函数和仿射函数的复合.

定理 6.20

设 $f:\mathbb{R}^n\to\mathbb{R}^p$ 是仿射函数, $g:\mathbb{R}^p\to\mathbb{R}\cup\{\infty\}$ 是凸函数. 则 $g\circ f$ 是凸函数. ♡

证明 利用 f 的仿射性质, 我们只需将 (6.15) 中的不等式改成等式即可. □

由定理 6.17, 我们可得如下在应用中常用的结论.

定理 6.21

设 $f:\mathbb{R}^n\to\mathbb{R}$ 是函数. 则 f 为凸 (凹) 函数当且仅当对任意给定的 $\boldsymbol{u},\boldsymbol{v}\in\mathbb{R}^n$,

$$\phi_{\boldsymbol{u},\boldsymbol{v}}:\mathbb{R}\to\mathbb{R},\quad t\mapsto\phi_{\boldsymbol{u},\boldsymbol{v}}(t)=f(\boldsymbol{u}+t\boldsymbol{v})$$

是凸 (凹) 函数. ♡

证明 我们只需要证明凸函数情形, 凹函数情形完全类似.

必要性. 设 f 是凸函数. 对任意给定的 $\boldsymbol{u},\boldsymbol{v}\in\mathbb{R}^n$, 令 $g(t)=\boldsymbol{u}+t\boldsymbol{v}$. 则 $g(t)$ 是仿射函数. 所以由定理 6.17 立即可得由凸函数和仿射函数复合的 $\phi_{\boldsymbol{u},\boldsymbol{v}}$ 是凸的.

充分性. 任取 $\boldsymbol{x},\boldsymbol{y}\in\mathbb{R}^n$, $t\in[0,1]$. 令 $\boldsymbol{u}=\boldsymbol{y}$, $\boldsymbol{v}=\boldsymbol{x}-\boldsymbol{y}$. 由于 $\phi_{\boldsymbol{u},\boldsymbol{v}}(t)=f(\boldsymbol{u}+t\boldsymbol{v})$ 是凸的, 我们有

$$\begin{aligned}f(t\boldsymbol{x}+(1-t)\boldsymbol{y})&=f(\boldsymbol{y}+t(\boldsymbol{x}-\boldsymbol{y}))=\phi_{\boldsymbol{u},\boldsymbol{v}}(t)=\phi_{\boldsymbol{u},\boldsymbol{v}}(t\cdot1+(1-t)\cdot0)\\&\leqslant t\phi_{\boldsymbol{u},\boldsymbol{v}}(1)+(1-t)\phi_{\boldsymbol{u},\boldsymbol{v}}(0)=tf(\boldsymbol{x})+(1-t)f(\boldsymbol{y}).\end{aligned}$$

这就证明了函数 f 的凸性. □

对于 $\boldsymbol{v}\neq\boldsymbol{0}$, 集合 $l=\{\boldsymbol{u}+t\boldsymbol{v}|\ t\in\mathbb{R}\}$ 在 $\mathbb{R}^n$ 上是一条直线, 而 $\phi_{\boldsymbol{u},\boldsymbol{v}}$ 是 f 在这条直线上的限制. 因此, 定理 6.21 告诉我们 $f:\mathbb{R}^n\to\mathbb{R}$ 是凸函数当且仅当 f 在任意一条直线上的限制是一元凸函数或为 ∞. 这样, 我们将 n 元函数的凸性降低为一元函数的凸性.

最后, 我们说明透视运算也是保凸运算. 给定函数 $f:\mathbb{R}^n\to\mathbb{R}$, 则 f 的**透视函数** $g:\mathbb{R}^n\times\mathbb{R}\to\mathbb{R}$ 定义为

$$g(\boldsymbol{x},t)=tf\left(\frac{\boldsymbol{x}}{t}\right),\quad \mathbf{dom}(g)=\left\{(\boldsymbol{x},t)\,\middle|\,\frac{\boldsymbol{x}}{t}\in\mathbf{dom}f,t>0\right\}.$$

定理 6.22

如果函数 f 是凸 (凹) 函数, 那么其透视函数 g 也是凸 (凹) 函数. ♡

证明　因为 $t>0$, 所以

$$((\boldsymbol{x},t),s)\in \mathbf{epi}(g)\Leftrightarrow tf\left(\frac{\boldsymbol{x}}{t}\right)\leqslant s\Leftrightarrow f\left(\frac{\boldsymbol{x}}{t}\right)\leqslant \frac{s}{t}\Leftrightarrow \left(\frac{\boldsymbol{x}}{t},\frac{s}{t}\right)\in \mathbf{epi}(f).$$

因此, $\mathbf{epi}(g)$ 是透视映射下 $\mathbf{epi}(f)$ 的原像, 此透视映射将 $((\boldsymbol{x},t),s)$ 映射为 $\left(\frac{\boldsymbol{x}}{t},\frac{s}{t}\right)$. 由于 f 是凸函数, 由定理 6.10 知 $\mathbf{epi}(f)$ 是凸集. 再根据定理 6.8 可得 $\mathbf{epi}(g)$ 是凸集, 这表明 g 是凸函数.

凹函数情形类似可证. □

6.4.2　可微性与凸性

人们经常利用函数可微的信息来判断该函数的凸性. 我们先来看凸性的一阶条件.

定理 6.23　一阶条件

设函数 $f:\mathbb{R}^n\to\mathbb{R}$ 是可微函数, 即在开集 $\mathbf{dom}f$ 内梯度 ∇f 处处存在. 则 f 为凸函数当且仅当 $\mathbf{dom}f$ 是凸集, 且对任意 $\boldsymbol{x},\boldsymbol{y}\in\mathbf{dom}f$, 有

$$f(\boldsymbol{y})\geqslant f(\boldsymbol{x})+\nabla f(\boldsymbol{x})^\top(\boldsymbol{y}-\boldsymbol{x}).$$

♡

证明　必要性. 设 $f:\mathbb{R}^n\to\mathbb{R}$ 是凸函数. 则 $\mathbf{dom}f$ 是凸集. 对任意给定的 $\boldsymbol{x},\boldsymbol{y}\in\mathbf{dom}f$, 设 $g:\mathbb{R}\to\mathbb{R}$ 是由 $g(t)=f(\boldsymbol{x}+t(\boldsymbol{y}-\boldsymbol{x}))$ 定义的单变量函数. 则由链式法则可得

$$g'(t)=\nabla f(\boldsymbol{x}+t(\boldsymbol{y}-\boldsymbol{x}))^\top(\boldsymbol{y}-\boldsymbol{x}).$$

根据定理 6.21 可得, 若 $f:\mathbb{R}^n\to\mathbb{R}$ 是凸函数, 则 $g(t)$ 也是凸函数. 于是 $g(1)\geqslant g(0)+g'(0)(1-0)$. 这表明对任意的 $\boldsymbol{x},\boldsymbol{y}\in\mathbf{dom}f$, 有 $f(\boldsymbol{y})\geqslant f(\boldsymbol{x})+\nabla f(\boldsymbol{x})^\top(\boldsymbol{y}-\boldsymbol{x})$. 故必要性成立.

充分性. 对任意的 $\boldsymbol{x},\boldsymbol{y}\in\mathbf{dom}f$, $t\in(0,1)$, 令 $\boldsymbol{z}=\boldsymbol{x}+t(\boldsymbol{y}-\boldsymbol{x})$. 直接应用两次一阶条件可得

$$f(\boldsymbol{x})\geqslant f(\boldsymbol{z})+\nabla f(\boldsymbol{z})^\top(\boldsymbol{x}-\boldsymbol{z})=f(\boldsymbol{z})+\nabla f(\boldsymbol{z})^\top t(\boldsymbol{y}-\boldsymbol{x}),$$

$$f(\boldsymbol{y})\geqslant f(\boldsymbol{z})+\nabla f(\boldsymbol{z})^\top(\boldsymbol{y}-\boldsymbol{z})=f(\boldsymbol{z})+\nabla f(\boldsymbol{z})^\top(1-t)(\boldsymbol{x}-\boldsymbol{y}).$$

从而

$$tf(\boldsymbol{y})+(1-t)f(\boldsymbol{x})\geqslant f(\boldsymbol{z})=f(t\boldsymbol{y}+(1-t)\boldsymbol{x}),$$

这意味着 f 为凸函数, 即充分性成立. □

定理 6.23 表明, 可微凸函数 f 的图像总是在其任一点处切线的上方, 如图 6.12所示. 由 Taylor 公式可知, $f(\boldsymbol{x}) + \nabla f(\boldsymbol{x})^\top(\boldsymbol{y} - \boldsymbol{x})$ 为可微函数 f 在点 $\boldsymbol{x} \in \mathbf{dom} f$ 附近的一阶 Taylor 近似. 对于一个可微凸函数, 一阶 Taylor 近似是其一个全局下界估计. 反之, 如果某个函数的一阶 Taylor 近似总是全局下界估计, 那么这个函数为凸函数. 这说明从一个凸函数的局部信息可以得到一些全局信息, 由此可解释凸函数与凸优化问题的一些非常重要的性质. 由一阶条件公式可知, 如果 $\nabla f(\boldsymbol{x}) = \boldsymbol{0}$, 那么对所有的 $\boldsymbol{y} \in \mathbf{dom} f$, 有 $f(\boldsymbol{y}) \geqslant f(\boldsymbol{x})$, 即 $\boldsymbol{x}$ 为凸函数 f 的全局极小值点.

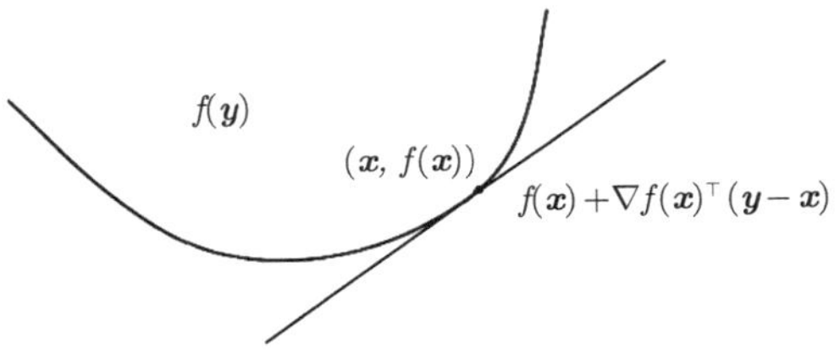

图 6.12 凸函数与一阶 Taylor 近似估计

类似地, 我们可以给出凹函数和严格凸性的一阶条件的刻画. 函数 f 是凹函数当且仅当 $\mathbf{dom} f$ 是凸集, 且对任意 $\boldsymbol{x}, \boldsymbol{y} \in \mathbf{dom} f$, 有

$$f(\boldsymbol{y}) \leqslant f(\boldsymbol{x}) + \nabla f(\boldsymbol{x})^\top(\boldsymbol{y} - \boldsymbol{x}).$$

函数 f 是严格凸函数当且仅当 $\mathbf{dom} f$ 是凸集, 且对任意 $\boldsymbol{x}, \boldsymbol{y} \in \mathbf{dom} f$, $\boldsymbol{x} \neq \boldsymbol{y}$, 有

$$f(\boldsymbol{y}) > f(\boldsymbol{x}) + \nabla f(\boldsymbol{x})^\top(\boldsymbol{y} - \boldsymbol{x}).$$

当函数是二阶连续可微时, 人们通常会利用如下的二阶条件判断该函数的凸性. 设 $A \in \mathbb{R}^{n\times n}$. 若 A 为半正定的, 则记 $A \succeq 0$. 若 A 为正定的, 则记 $A \succ 0$.

定理 6.24 二阶条件

设函数 $f: \mathbb{R}^n \to \mathbb{R}$ 二阶连续可微, 即在开集 $\mathbf{dom} f$ 内任意一点的 Hessian 矩阵 $\nabla^2 f(\boldsymbol{x})$ 存在且连续, $\mathbf{dom} f$ 是凸集. 则 f 为凸函数当且仅当 Hessian 矩阵是半正定的, 即对所有的 $\boldsymbol{x} \in \mathbf{dom} f$,

$$\nabla^2 f(\boldsymbol{x}) \succeq 0.$$

♡

证明 必要性. 设 $f: \mathbb{R}^n \to \mathbb{R}$ 是凸函数. 我们用反证法证明必要性. 假设存在一点 $\boldsymbol{x}_0 \in \mathbf{dom} f$, 使得其 Hessian 矩阵 $\nabla^2 f(\boldsymbol{x}_0)$ 不是半正定的, 即存在非零向

量 $\boldsymbol{u}$, 使得

$$\boldsymbol{u}^\top \nabla^2 f(\boldsymbol{x}_0)\boldsymbol{u} < 0.$$

因为 f 二阶连续可微, 所以我们可设 $\boldsymbol{x}_0$ 为 $\mathbf{dom} f$ 内点. 当 $\boldsymbol{x}_0 + t\boldsymbol{u} \in \mathbf{dom} f$ 时, 由 Taylor 公式可得

$$f(\boldsymbol{x}_0 + t\boldsymbol{u}) = f(\boldsymbol{x}_0) + \nabla f(\boldsymbol{x}_0)^\top t\boldsymbol{u} + \frac{t^2}{2}\boldsymbol{u}^\top \nabla^2 f(\boldsymbol{x}_0)\boldsymbol{u} + o(t^2).$$

因此, 当 t 充分小时, 我们有

$$f(\boldsymbol{x}_0 + t\boldsymbol{u}) < f(\boldsymbol{x}_0) + \nabla f(\boldsymbol{x}_0)^\top t\boldsymbol{u},$$

这与一阶凸性条件矛盾. 因此, Hessian 矩阵是半正定的.

充分性. 设对所有的 $\boldsymbol{x} \in \mathbf{dom} f$, Hessian 矩阵是半正定的. 由 Taylor 定理可得, 存在 $k \in (0,1)$, 使得

$$f(\boldsymbol{y}) = f(\boldsymbol{x}) + \nabla f(\boldsymbol{x})^\top (\boldsymbol{y} - \boldsymbol{x}) + \frac{1}{2}(\boldsymbol{y} - \boldsymbol{x})^\top \nabla^2 f(\boldsymbol{x} + k(\boldsymbol{y} - \boldsymbol{x}))(\boldsymbol{y} - \boldsymbol{x}).$$

因为 Hessian 矩阵是半正定的, 所以 $f(\boldsymbol{y}) \geqslant f(\boldsymbol{x}) + \nabla f(\boldsymbol{x})^\top (\boldsymbol{y} - \boldsymbol{x})$. 由一阶条件可得 f 为凸函数. □

类似地, 定义在凸集上的二阶可微连续函数 f 是凹函数当且仅当其 Hessian 矩阵是半负定的, 即 $\nabla^2 f(\boldsymbol{x}) \preceq 0, \boldsymbol{x} \in \mathbf{dom} f$. 而严格凸的条件可部分由二阶条件刻画. 若对任意的 $\boldsymbol{x} \in \mathbf{dom} f$, $\nabla^2 f(\boldsymbol{x}) \succ 0$, 则 f 为严格凸的. 反之, 则不成立. 例如, 定义在 $\mathbb{R}$ 上的函数 $f(x) = x^4$ 是严格凸的, 但在 $x = 0$ 处, $f''(0) = 0$. 下面, 我们介绍两类重要的例子.

例 6.18 二次函数 考虑二次函数 $f : \mathbb{R}^n \to \mathbb{R}$, 其表达式为

$$f(\boldsymbol{x}) = \frac{1}{2}\boldsymbol{x}^\top P\boldsymbol{x} + \boldsymbol{q}^\top \boldsymbol{x} + r,$$

其中 P 为 n 阶实对称矩阵, $\boldsymbol{q} \in \mathbb{R}^n$, $r \in \mathbb{R}$. 通过计算可得

$$\nabla_x f = P\boldsymbol{x} + \boldsymbol{q}, \quad \nabla^2 f(\boldsymbol{x}) = D_x(\nabla_x f) = P.$$

由二阶条件可得, 二次函数 f 为凸函数的充要条件是 $P \succeq 0$ (为凹函数的充要条件是 $P \preceq 0$). 由于 P 是变量 $\boldsymbol{x}$ 无关的矩阵, 所以二次函数 f 是严格凸的当且仅当 $P \succ 0$.

特别地, 最小二乘函数

$$f(\boldsymbol{x})=\frac{1}{2}||A\boldsymbol{x}-\boldsymbol{b}||_2^2=\frac{1}{2}\boldsymbol{x}^\top A^\top A\boldsymbol{x}-\boldsymbol{b}^\top A\boldsymbol{x}+\boldsymbol{b}^\top\boldsymbol{b},$$

其中 $A\in\mathbb{R}^{m\times n}$, $\boldsymbol{b}\in\mathbb{R}^n$. 因为 $A^\top A$ 是半正定矩阵, 所以 f 是凸函数. □

例 6.19 对数行列式 记 $S_{++}^n=\{X|X\succ 0, X\in\mathbb{R}^n\}$ 为全体对称正定的集合. 我们称

$$f(X)=-\ln\det X,\quad X\in S_{++}^n$$

为对数行列式函数, 简称**对数行列式**. 则 $f(X)$ 是凸函数. 事实上, 我们可将其化为任意直线上的单变量函数来证明 f 是凸的. 令 $X=X_0+tV$, 其中 X_0 为对称正定矩阵, $V\in\mathbb{R}^{n\times n}$. 定义单变量函数

$$g(t)=-\ln\det(X_0+tV),$$

其中 X_0+tV 为对称正定矩阵. 因为 X_0, 所以 X_0 有平方根分解 $X_0=X_0^{\frac{1}{2}}X_0^{\frac{1}{2}}$. 于是

$$\begin{aligned}\det(X_0+tV)&=\det\left(X_0^{\frac{1}{2}}X_0^{\frac{1}{2}}+tV\right)\\&=\det\left(X_0^{\frac{1}{2}}(I+tX_0^{-\frac{1}{2}}VX_0^{-\frac{1}{2}})X_0^{\frac{1}{2}}\right)\\&=\det X_0^{\frac{1}{2}}\det\left(I+tX_0^{-\frac{1}{2}}VX_0^{-\frac{1}{2}}\right)\det X_0^{\frac{1}{2}}\\&=\det X_0\det\left(I+tX_0^{-\frac{1}{2}}VX_0^{-\frac{1}{2}}\right)\\&=\det X_0\prod_{i=1}^n(1+t\lambda_i(Z)),\end{aligned}$$

其中 $\lambda_1,\cdots,\lambda_n$ 为 $X_0^{-\frac{1}{2}}VX_0^{-\frac{1}{2}}$ 的特征值. 从而

$$g(t)=-\ln\det X_0+\sum_{i=1}^n-\ln(1+t\lambda_i).$$

进一步地, 可以计算

$$g''(t)=\sum_{i=1}^n\frac{\lambda_i^2}{(1+t\lambda_i)^2}\geqslant 0.$$

由二阶条件知, $g(t)$ 是凸函数, 这表明对数行列式 $f(X)$ 为凸函数. □

6.5 凸 分 离

凸性和优化理论的一些重要原理, 包括对偶性, 都会围绕超平面进行展开. 先前已经介绍, 超平面具有将空间分成两个闭半空间的特性. 本节中, 我们将介绍一个非常重要的想法: 用超平面将两个不相交的凸集分离出来, 即凸分离定理. 这在利用几何方法得到运算法则中起着至关重要的作用.

6.5.1 投影定理

为了能够更好地理解凸分离定理, 我们需要介绍凸集合上的投影定理. 此定理在理论分析中非常有用, 并且在函数逼近、最小二乘估计等领域有广泛的应用.

定理 6.25 投影定理

设 C 是 $\mathbb{R}^n$ 的非空闭凸子集. 则下列结论成立.

(1) 对任意的 $\boldsymbol{x} \in \mathbb{R}^n$, 存在唯一的向量 $\mathbf{P}_C(\boldsymbol{x}) \in C$ 使得 $d(\boldsymbol{x}, \mathbf{P}_C(\boldsymbol{x})) = d(\boldsymbol{x}, C)$, 即

$$\mathbf{P}_C(\boldsymbol{x}) = \arg\min_{\boldsymbol{z} \in C} \|\boldsymbol{z} - \boldsymbol{x}\|,$$

称为向量 $\boldsymbol{x}$ 到 C 上的欧几里得投影.

(2) 对任意的 $\boldsymbol{x} \in \mathbb{R}^n$, $\boldsymbol{z} \in C$, $\boldsymbol{z} = \mathbf{P}_C(\boldsymbol{x})$ 当且仅当

$$(\boldsymbol{y} - \boldsymbol{z})^\top (\boldsymbol{x} - \boldsymbol{z}) \leqslant 0, \quad \forall \boldsymbol{y} \in C.$$

(3) 投影映射 $\mathbf{P}_C : \mathbb{R}^n \to C$ 是连续的且非扩张的, 即

$$\|\mathbf{P}_C(\boldsymbol{x}) - \mathbf{P}_C(\boldsymbol{y})\| \leqslant \|\boldsymbol{x} - \boldsymbol{y}\|, \quad \forall \boldsymbol{x}, \boldsymbol{y} \in \mathbb{R}^n.$$

♡

证明 (1) 首先, 证明存在性. 根据距离函数的定义, 对任意的 $k \in \mathbb{N}$, 存在 $\boldsymbol{w}_k \in C$, 使得

$$d(\boldsymbol{x}, C) \leqslant \|\boldsymbol{x} - \boldsymbol{w}_k\| < d(\boldsymbol{x}, C) + \frac{1}{k}.$$

故 $\{\boldsymbol{w}_k\}$ 是有界序列. 由 Weierstrass 定理可知, $\{\boldsymbol{w}_k\}$ 存在收敛的子序列 $\{\boldsymbol{w}_{k_l}\}$. 设 $\{\boldsymbol{w}_{k_l}\}$ 收敛于 $\boldsymbol{w}$. 因为 C 是闭的, 所以 $\boldsymbol{w} \in C$. 于是在不等式

$$d(\boldsymbol{x}, C) \leqslant \|\boldsymbol{x} - \boldsymbol{w}_k\| < d(\boldsymbol{x}, C) + \frac{1}{k_l}$$

中令 $l \to \infty$, 可得 $d(\boldsymbol{x}, C) = \|\boldsymbol{x} - \boldsymbol{w}\|$. 这就证明了存在性.

为证明唯一性, 我们考虑最小二乘函数 $g(\boldsymbol{z})=\dfrac{1}{2}||\boldsymbol{x}-\boldsymbol{z}||^2, \boldsymbol{z}\in C$. 易知 $g(\boldsymbol{z})$ 的 Hessian 矩阵 $\nabla^2 g(\boldsymbol{z})=I$, 故由二阶条件知 $g(\boldsymbol{z})$ 在 C 是严格凸函数. 从而存在唯一的向量 $\boldsymbol{w}=\mathbf{P}_C(\boldsymbol{x})$, 使得 $d(\boldsymbol{x},\mathbf{P}_C(\boldsymbol{x}))=d(\boldsymbol{x},C)$.

(2) 充分性. 设 $\boldsymbol{z}\in C$, 并且对所有 $\boldsymbol{y}\in C$, $\boldsymbol{z}$ 满足 $(\boldsymbol{y}-\boldsymbol{z})^\top(\boldsymbol{x}-\boldsymbol{z})\leqslant 0$. 因为对所有的 $\boldsymbol{y}\in C$, 我们有

$$||\boldsymbol{y}-\boldsymbol{x}||^2=||\boldsymbol{y}-\boldsymbol{z}||^2+||\boldsymbol{z}-\boldsymbol{x}||^2-2(\boldsymbol{y}-\boldsymbol{z})^\top(\boldsymbol{x}-\boldsymbol{z})\geqslant||\boldsymbol{z}-\boldsymbol{x}||^2-2(\boldsymbol{y}-\boldsymbol{z})^\top(\boldsymbol{x}-\boldsymbol{z}).$$

所以对所有的 $\boldsymbol{y}\in C$, $||\boldsymbol{y}-\boldsymbol{x}||^2\geqslant||\boldsymbol{z}-\boldsymbol{x}||^2$, 这表明 $\boldsymbol{z}=\mathbf{P}_C(\boldsymbol{x})$.

必要性. 设 $\boldsymbol{z}=\mathbf{P}_C(\boldsymbol{x})$. 对任意给定的 $\boldsymbol{y}\in C$, 考虑函数 $\mathbf{y}(\alpha)=\alpha\boldsymbol{y}+(1-\alpha)\boldsymbol{z}, \alpha\in[0,1]$. 我们有

$$\begin{aligned}||\boldsymbol{x}-\mathbf{y}(\alpha)||^2&=||\alpha(\boldsymbol{x}-\boldsymbol{y})+(1-\alpha)(\boldsymbol{x}-\boldsymbol{z})||^2\\&=\alpha^2||\boldsymbol{x}-\boldsymbol{y}||^2+(1-\alpha)^2||\boldsymbol{x}-\boldsymbol{z}||^2+2\alpha(1-\alpha)(\boldsymbol{x}-\boldsymbol{y})^\top(\boldsymbol{x}-\boldsymbol{z}).\end{aligned}$$

进一步地,

$$\frac{\mathrm{d}(||\boldsymbol{x}-\mathbf{y}(\alpha)||^2)}{\mathrm{d}\alpha}(0)=-2||\boldsymbol{x}-\boldsymbol{z}||^2+2(\boldsymbol{x}-\boldsymbol{y})^\top(\boldsymbol{x}-\boldsymbol{z})=-2(\boldsymbol{y}-\boldsymbol{z})^\top(\boldsymbol{x}-\boldsymbol{z}).$$

因为 $||\boldsymbol{x}-\mathbf{y}(\alpha)||^2$ 在 $\alpha=0$ 处取得最小值, 所以 $\dfrac{\mathrm{d}(||\boldsymbol{x}-\mathbf{y}(\alpha)||^2)}{\mathrm{d}\alpha}(0)\geqslant 0$, 即 $(\boldsymbol{y}-\boldsymbol{z})^\top(\boldsymbol{x}-\boldsymbol{z})\leqslant 0$.

(3) 设 $\boldsymbol{x},\boldsymbol{y}\in\mathbb{R}^n$. 由 (2) 可得

$$(\boldsymbol{w}-\mathbf{P}_C(\boldsymbol{x}))^\top(\boldsymbol{x}-\mathbf{P}_C(\boldsymbol{x}))\leqslant 0,\quad \forall\boldsymbol{w}\in C.$$

因为 $\mathbf{P}_C(\boldsymbol{y})\in C$, 所以

$$(\mathbf{P}_C(\boldsymbol{y})-\mathbf{P}_C(\boldsymbol{x}))^\top(\boldsymbol{x}-\mathbf{P}_C(\boldsymbol{x}))\leqslant 0.$$

同理可得

$$(\mathbf{P}_C(\boldsymbol{x})-\mathbf{P}_C(\boldsymbol{y}))^\top(\boldsymbol{y}-\mathbf{P}_C(\boldsymbol{y}))\leqslant 0.$$

两个不等式相加可得

$$(\mathbf{P}_C(\boldsymbol{x})-\mathbf{P}_C(\boldsymbol{y}))^\top(\boldsymbol{y}-\boldsymbol{x}+\mathbf{P}_C(\boldsymbol{x})-\mathbf{P}_C(\boldsymbol{y}))\leqslant 0.$$

重新整理并由 Cauchy-Schwarz 不等式可得

$$||\mathbf{P}_C(\boldsymbol{x})-\mathbf{P}_C(\boldsymbol{y})||^2\leqslant(\mathbf{P}_C(\boldsymbol{x})-\mathbf{P}_C(\boldsymbol{y}))^\top(\boldsymbol{x}-\boldsymbol{y})\leqslant||\mathbf{P}_C(\boldsymbol{x})-\mathbf{P}_C(\boldsymbol{y})||||\boldsymbol{x}-\boldsymbol{y}||,$$

这表明投影映射是非扩张的, 从而也是连续的. □

投影定理有很好的几何解释, 定理中的 (2) 表明凸集外的任意一点 $\boldsymbol{x}$ 与凸集内任意一点 $\boldsymbol{z}$ 的向量夹角大于等于 $\dfrac{\pi}{2}$, 见图 6.13 (a). 定理中的 (3) 说明凸集外的任意两点的欧几里得投影间的距离小于等于这两点间的距离, 见图 6.13 (b).

当 C 是仿射集合时, 对任意的 $\boldsymbol{x} \in \mathbb{R}^n$, 我们有 $\boldsymbol{z} = \mathbf{P}_C(\boldsymbol{x})$ 当且仅当 $(\boldsymbol{x}-\boldsymbol{z}) \in S^{\perp}$, 其中 S 是仿射集 C 的平行子空间. 事实上, $\boldsymbol{y} \in C$ 当且仅当 $\boldsymbol{y} - \boldsymbol{z} \in S$. 于是对所有的 $\boldsymbol{y} \in C$, $(\boldsymbol{y} - \boldsymbol{z})^{\top}(\boldsymbol{x} - \boldsymbol{z}) \leqslant 0$ 等价于对所有的 $\boldsymbol{w} \in S$, $\boldsymbol{w}^{\top}(\boldsymbol{x} - \boldsymbol{z}) \leqslant 0$, 这意味着 $(\boldsymbol{x} - \boldsymbol{z}) \perp S$.

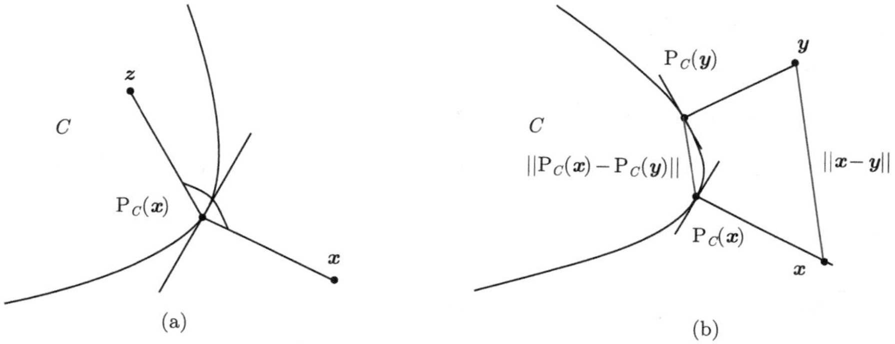

图 6.13 投影映射的几何意义

6.5.2 分离和超支撑平面的定义

设 $C_1, C_2 \subseteq \mathbb{R}^n$. 如果 C_1, C_2 位于超平面 $H = \{\boldsymbol{x} |\ \boldsymbol{a}^{\top}\boldsymbol{x} = b\}$ 的不同半空间中, 即

$$\boldsymbol{a}^{\top}\boldsymbol{x}_1 \leqslant b \leqslant \boldsymbol{a}^{\top}\boldsymbol{x}_2, \quad \forall\ \boldsymbol{x}_1 \in C_1,\ \boldsymbol{x}_2 \in C_2$$

或

$$\boldsymbol{a}^{\top}\boldsymbol{x}_2 \leqslant b \leqslant \boldsymbol{a}^{\top}\boldsymbol{x}_1, \quad \forall\ \boldsymbol{x}_1 \in C_1,\ \boldsymbol{x}_2 \in C_2,$$

那么 $H = \{\boldsymbol{x} |\ \boldsymbol{a}^{\top}\boldsymbol{x} = b\}$ 称为集合 C_1 和 C_2 的**分离超平面**, 或称超平面 H **分离了** C_1 和 C_2. 我们也经常用不同的术语来描述这个概念. 例如, 如果存在向量 $\boldsymbol{a} \neq \boldsymbol{0}$ 使得

$$\sup_{\boldsymbol{x}_1 \in C_1} \boldsymbol{a}^{\top}\boldsymbol{x}_1 \leqslant \inf_{\boldsymbol{x}_2 \in C_2} \boldsymbol{a}^{\top}\boldsymbol{x}_2,$$

那么 C_1 和 C_2 被超平面分离或存在一个超平面分离了 C_1 和 C_2. 图 6.14 (a) 中, 超平面 $\{\boldsymbol{x} |\ \boldsymbol{a}^{\top}\boldsymbol{x} = b\}$ 分离了 C_1 和 C_2.

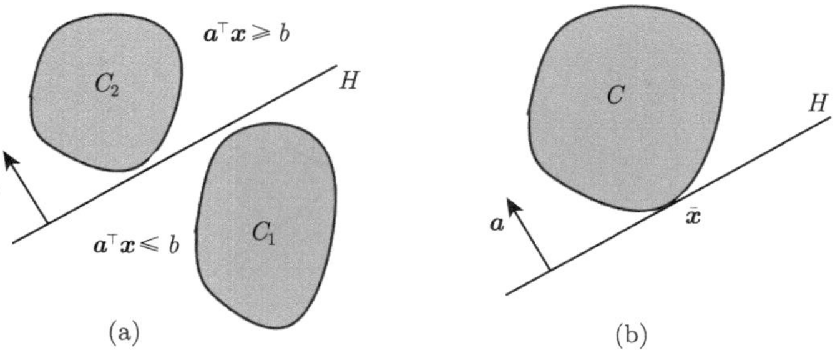

图 6.14 分离超平面和支撑超平面

设 $\bar{\boldsymbol{x}}$ 是集合 C 的闭包中的点. 如果超平面 H 分离了 C 和单点集 $\{\bar{\boldsymbol{x}}\}$, 那么称 H 为集合 C 在点 $\bar{\boldsymbol{x}}$ 处的**支撑超平面**. 根据定义, 如果集合 C 在点 $\bar{\boldsymbol{x}}$ 处存在支撑超平面, 那么存在 $\boldsymbol{a} \neq \boldsymbol{0}$, 使得

$$\boldsymbol{a}^\top \bar{\boldsymbol{x}} \leqslant \boldsymbol{a}^\top \boldsymbol{x}, \quad \forall\, \boldsymbol{x} \in C,$$

或等价地, 由 $\boldsymbol{x} \in \bar{C}$ 可得

$$\boldsymbol{a}^\top \bar{\boldsymbol{x}} \leqslant \inf_{\boldsymbol{x} \in C} \boldsymbol{a}^\top \boldsymbol{x}.$$

这等于说点 $\bar{\boldsymbol{x}}$ 与集合 C 被超平面 $H = \{\boldsymbol{x} |\ \boldsymbol{a}^\top \boldsymbol{x} = \boldsymbol{a}^\top \bar{\boldsymbol{x}}\}$ 所分离. 其几何解释是超平面 $H = \{\boldsymbol{x} |\ \boldsymbol{a}^\top \boldsymbol{x} = \boldsymbol{a}^\top \bar{\boldsymbol{x}}\}$ 与 C 相切于点 $\bar{\boldsymbol{x}}$, 而且半空间 $H = \{\boldsymbol{x} |\ \boldsymbol{a}^\top \bar{\boldsymbol{x}} \leqslant \boldsymbol{a}^\top \boldsymbol{x}\}$ 包含 C. 图 6.14 (b) 中解释了支持超平面是与 C 相切的超平面.

6.5.3 凸分离定理

下面我们将证明关于分离两个凸集的超平面存在性的几个结果. 首先, 我们证明支撑超平面定理, 其证明是基于投影定理的. 图 6.15 给出了核心思想: 对任意的 $\bar{\boldsymbol{x}} \in \boldsymbol{\partial} C$, 选择向量序列 $\{\boldsymbol{x}_k\}$ 收敛于 $\bar{\boldsymbol{x}}$, 其中 $\boldsymbol{x}_k \notin \mathbf{cl}(C)$. 将 $\boldsymbol{x}_k$ 投影到 $\mathbf{cl}(C)$ 上. 则 $\boldsymbol{x}_k$ 与投影点 $\hat{\boldsymbol{x}_k}$ 是不相同的点. 对于每个固定 k, 考虑通过 $\boldsymbol{x}_k$ 且与 $\boldsymbol{x}_k - \hat{\boldsymbol{x}_k}$ 正交的超平面, 这些超平面收敛于 C 在 $\bar{\boldsymbol{x}}$ 的支撑超平面.

定理 6.26 支撑超平面定理

设 C 是 $\mathbb{R}^n$ 的非空凸子集, $\bar{\boldsymbol{x}} \in \mathbb{R}^n$. 如果 $\bar{\boldsymbol{x}}$ 不是 C 的内点, 那么存在一个超平面通过 $\bar{\boldsymbol{x}}$ 且 C 包含在它的一个闭半空间中, 即存在非零向量 $\boldsymbol{a} \neq \boldsymbol{0}$ 使得

$$\boldsymbol{a}^\top \bar{\boldsymbol{x}} \leqslant \boldsymbol{a}^\top \boldsymbol{x}, \quad \forall\, \boldsymbol{x} \in C. \qquad ♡$$

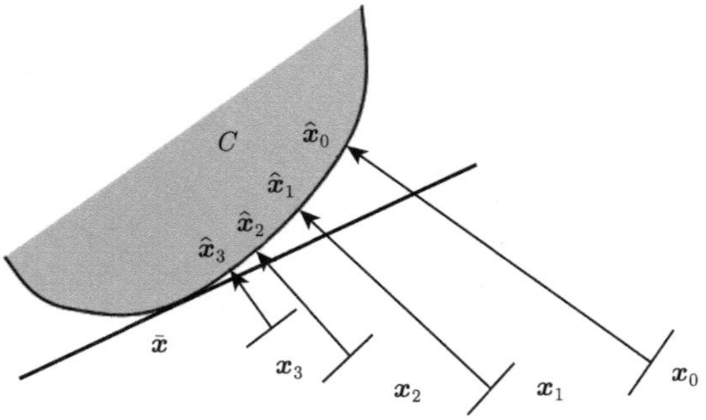

图 6.15　支撑超平面定理证明的几何解释

证明　根据定理 6.5 知, 凸集 C 的闭包 $\bar{C}$ 是凸的. 因为 $\bar{\boldsymbol{x}} \notin \mathbf{int}\, C$, 所以对任意的 $r > 0$, $B[\bar{\boldsymbol{x}}, r] \not\subseteq \bar{C}$. 设 $\{r_k\}$ 是严格单调递减的正实数序列, 并且 $r_k \to 0$. 对于每个固定的 k, 任意选取 $\boldsymbol{x}_k \in B[\bar{\boldsymbol{x}}, r_k]$ 且 $\boldsymbol{x}_k \notin \bar{C}$. 则向量序列 $\{\boldsymbol{x}_k\}$ 满足 $\boldsymbol{x}_k \notin \bar{C}$ 且 $\boldsymbol{x}_k \to \bar{\boldsymbol{x}}$. 令 $\hat{\boldsymbol{x}}_k$ 是 $\boldsymbol{x}_k$ 在闭包 $\bar{C}$ 的投影. 由投影定理知

$$(\hat{\boldsymbol{x}}_k - \boldsymbol{x}_k)^\top (\boldsymbol{x} - \hat{\boldsymbol{x}}_k) \geqslant 0, \quad \forall\, \boldsymbol{x} \in \bar{C}.$$

从而对所有的 $\boldsymbol{x} \in \bar{C}$ 和所有 k, 我们有

$$(\hat{\boldsymbol{x}}_k - \boldsymbol{x}_k)^\top \boldsymbol{x} \geqslant (\hat{\boldsymbol{x}}_k - \boldsymbol{x}_k)^\top \hat{\boldsymbol{x}}_k = (\hat{\boldsymbol{x}}_k - \boldsymbol{x}_k)^\top (\hat{\boldsymbol{x}}_k - \boldsymbol{x}_k) + (\hat{\boldsymbol{x}}_k - \boldsymbol{x}_k)^\top \boldsymbol{x}_k \geqslant (\hat{\boldsymbol{x}}_k - \boldsymbol{x}_k)^\top \boldsymbol{x}_k.$$

我们可将上述不等式写成

$$\boldsymbol{a}_k^\top \boldsymbol{x} \geqslant \boldsymbol{a}_k^\top \boldsymbol{x}_k, \quad \forall \boldsymbol{x} \in \bar{C}, \tag{6.16}$$

其中

$$\boldsymbol{a}_k = \frac{\hat{\boldsymbol{x}}_k - \boldsymbol{x}_k}{||\hat{\boldsymbol{x}}_k - \boldsymbol{x}_k||}.$$

对所有的 k, 我们有 $||\boldsymbol{a}_k|| = 1$. 故 $\{\boldsymbol{a}_k\}$ 有界. 于是 $\{\boldsymbol{a}_k\}$ 存在一个收敛的子序列. 记该子序列的极限为 $\boldsymbol{a}$. 显然 $\boldsymbol{a} \neq \mathbf{0}$. 考虑 (6.16) 中包含该子序列的所有不等式, 当 $k \to \infty$ 时, 我们可得 $\boldsymbol{a}^\top \boldsymbol{x} \geqslant \boldsymbol{a}^\top \bar{\boldsymbol{x}}$, 这表明定理成立. □

读者需要注意, 因为 $\boldsymbol{a}$ 与 $-\boldsymbol{a}$ 所决定的是同一超平面, 所以若将上述定理的 $\boldsymbol{a}$ 替换为 $-\boldsymbol{a}$, 结论同样成立, 具体形式为: 存在非零向量 $\boldsymbol{a}$ 使得

$$\boldsymbol{a}^\top \bar{\boldsymbol{x}} \geqslant \boldsymbol{a}^\top \boldsymbol{x}, \ \ \forall\, \boldsymbol{x} \in C.$$

从支撑超平面定理易知, 凸集 C 的任意边界点都存在支撑超平面. 即如果 $\bar{\boldsymbol{x}} \in \partial C$, 那么在 $\bar{\boldsymbol{x}}$ 处存在 C 的支撑超平面. 如果 C 的内部是空集, 则 C 必处于一个维数小于 n 的仿射集中, 任意包含 C 的超平面就是平凡的支撑超平面.

其次, 我们将证明可以用超平面分离不相交的凸集.

定理 6.27 分离超平面定理

设 C_1 和 C_2 是 $\mathbb{R}^n$ 的非空凸子集. 如果 C_1 与 C_2 不相交, 那么存在非零向量 $\boldsymbol{a} \in \mathbb{R}^n$, 使得

$$\boldsymbol{a}^\top \boldsymbol{x}_1 \leqslant \boldsymbol{a}^\top \boldsymbol{x}_2, \quad \forall\, \boldsymbol{x}_1 \in C_1, \boldsymbol{x}_2 \in C_2.$$

♡

证明 考虑集合

$$C = C_2 - C_1 = \{\boldsymbol{x} |\ \boldsymbol{x} = \boldsymbol{x}_2 - \boldsymbol{x}_1, \boldsymbol{x}_1 \in C_1, \boldsymbol{x}_2 \in C_2\}.$$

由于凸集的和是凸集, 所以 C 是凸集. 因为 $C_1 \cap C_2 = \varnothing$, 所以 $\mathbf{0} \notin C$. 因此, 由支撑超平面定理可得, 存在非零向量 $\boldsymbol{a} \in \mathbf{0}$, 使得对任意的 $\boldsymbol{x} \in C$, 有 $0 \leqslant \boldsymbol{a}^\top \boldsymbol{x}$, 定理由此得证. □

接下来, 我们考虑凸分离更强的形式. 如果超平面 $H = \{\boldsymbol{x} |\ \boldsymbol{a}^\top \boldsymbol{x} = b\}$ 是 C_1 和 C_2 的分离超平面, 并且 $H \cap C_1 = H \cap C_2 = \varnothing$, 即

$$\boldsymbol{a}^\top \boldsymbol{x}_1 < b < \boldsymbol{a}^\top \boldsymbol{x}_2, \quad \forall \boldsymbol{x}_1 \in C_1, \boldsymbol{x}_2 \in C_2,$$

那么我们称 H 为集合 C_1 和 C_2 的**严格分离.** 一般情况下, 不相交的凸集并不一定能被超平面严格分离, 见图 6.16 (a).

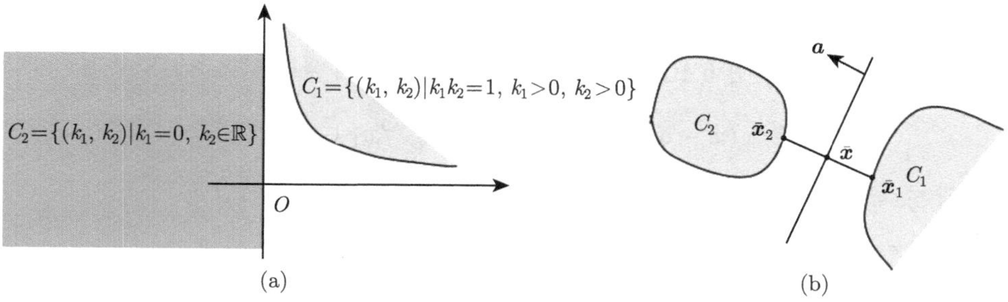

图 6.16 不可严格分离和严格分离的例子

下面, 我们提供一个严格分离的充分条件.

定理 6.28 严格分离定理

设 C_1 和 C_2 是 $\mathbb{R}^n$ 中两个不相交的非空凸子集. 如果 $C_2 - C_1$ 是闭集, 那么存在非零向量 $a \in \mathbb{R}^n$ 和常数 b, 使得

$$\boldsymbol{a}^\top \boldsymbol{x}_1 < b < \boldsymbol{a}^\top \boldsymbol{x}_2, \quad \forall\, \boldsymbol{x}_1 \in C_1, \boldsymbol{x}_2 \in C_2. \tag{6.17}$$

♡

证明　设 $C_2 - C_1$ 是闭集. 由 C_1 和 C_2 是不相交的凸子集知, $C_2 - C_1$ 是闭的凸子集且 $\mathbf{0} \notin C_2 - C_1$. 考虑原点在 $C_2 - C_1$ 上的欧几里得投影, 记为 $\bar{\boldsymbol{x}}_2 - \bar{\boldsymbol{x}}_1$, 其中 $\bar{\boldsymbol{x}}_1 \in C_1, \bar{\boldsymbol{x}}_2 \in C_2$. 则由投影定理知

$$||\bar{\boldsymbol{x}}_2 - \bar{\boldsymbol{x}}_1|| = \min_{\boldsymbol{x}_1 \in C_1, \boldsymbol{x}_2 \in C_2} ||\boldsymbol{x}_2 - \boldsymbol{x}_1||. \tag{6.18}$$

令

$$\boldsymbol{a} = \frac{\bar{\boldsymbol{x}}_2 - \bar{\boldsymbol{x}}_1}{2}, \quad \bar{\boldsymbol{x}} = \frac{\bar{\boldsymbol{x}}_2 + \bar{\boldsymbol{x}}_1}{2}, \quad b = \boldsymbol{a}^\top \bar{\boldsymbol{x}}.$$

显然 $a \neq 0$, 并且有

$$||\bar{\boldsymbol{x}}_2 - \bar{\boldsymbol{x}}_1|| = ||\bar{\boldsymbol{x}} - \bar{\boldsymbol{x}}_1|| + ||\bar{\boldsymbol{x}} - \bar{\boldsymbol{x}}_2||. \tag{6.19}$$

下证超平面 $H = \{\boldsymbol{x} |\ \boldsymbol{a}^\top \boldsymbol{x} = b\}$ 严格分离 C_1 和 C_2, 即证明不等式 (6.17) 成立.

假设 $\boldsymbol{y}_1$ 和 $\boldsymbol{y}_2$ 分别是 $\bar{\boldsymbol{x}}$ 在 $\bar{C}_1$ 和 $\bar{C}_2$ 的欧几里得投影. 于是由三角不等式和 (6.19) 可得

$$\begin{aligned}
||\boldsymbol{y}_2 - \boldsymbol{y}_1|| &\leqslant ||\bar{\boldsymbol{x}} - \boldsymbol{y}_2|| + ||\bar{\boldsymbol{x}} - \boldsymbol{y}_1|| \\
&\leqslant ||\bar{\boldsymbol{x}}_2 - \boldsymbol{y}_2|| + ||\bar{\boldsymbol{x}} - \bar{\boldsymbol{x}}_2|| + ||\bar{\boldsymbol{x}}_1 - \boldsymbol{y}_1|| + ||\bar{\boldsymbol{x}} - \bar{\boldsymbol{x}}_1|| \\
&\leqslant ||\bar{\boldsymbol{x}}_2 - \boldsymbol{y}_2|| + ||\bar{\boldsymbol{x}}_1 - \boldsymbol{y}_1|| + ||\bar{\boldsymbol{x}}_2 - \bar{\boldsymbol{x}}_1||.
\end{aligned} \tag{6.20}$$

因为 $C_2 - C_1$ 是闭集, 所以 $\boldsymbol{y}_2 - \boldsymbol{y}_1 \in C_2 - C_1$. 因此, 由 (6.18) 和 (6.20) 可得 $\boldsymbol{y}_1 = \bar{\boldsymbol{x}}_1$, $\boldsymbol{y}_1 = \bar{\boldsymbol{x}}_2$, 见图 6.16 (b). 根据投影定理 (2) 可得

$$(\bar{\boldsymbol{x}} - \bar{\boldsymbol{x}_1})^\top (\boldsymbol{x}_1 - \bar{\boldsymbol{x}}_1) \leqslant 0, \quad \forall \boldsymbol{x}_1 \in C_1.$$

注意到 $\bar{\boldsymbol{x}} - \bar{\boldsymbol{x}_1} = \boldsymbol{a}$, 我们有

$$\boldsymbol{a}^\top \boldsymbol{x}_1 \leqslant \boldsymbol{a}^\top \bar{\boldsymbol{x}}_1 = \boldsymbol{a}^\top \bar{\boldsymbol{x}} + \boldsymbol{a}^\top (\bar{\boldsymbol{x}}_1 - \bar{\boldsymbol{x}}) = b - ||\boldsymbol{a}||^2 < b, \quad \forall \boldsymbol{x}_1 \in C_1,$$

这就证明了不等式 (6.17) 的左边是成立的. 同理, 可证不等式 (6.17) 的右边是成立的.

□

对于两个不相交的非空凸子集 C_1 和 C_2, 如果 C_1 是闭集, C_2 是有界闭子集 (紧的), 可以证明 $C_2 - C_1$ 是闭集. 所以由严格分离定理可知, 如果 C_1 是闭集, C_2 是有界闭子集, 那么存在超平面将 C_1 和 C_2 严格分离. 特别地, 如果 C_1 是闭凸集, C_2 是单点集 $\{\boldsymbol{x}_0\}$, 那么存在超平面将 C 和点 $\boldsymbol{x}_0$ 严格分离.

6.5.4　择一定理与不等式

在本小节中, 我们首先将利用凸分离定理得到两个对于优化理论非常重要的结果, 即福科什 (Farkas) 定理和戈丹 (Gordan) 择一定理.

定理 6.29 Farkas 定理

设 $A \in \mathbb{R}^{m\times n}$, $\boldsymbol{c} \in \mathbb{R}^n$. 则如下两个线性系统恰好一个有解: ① $A\boldsymbol{x} \leqslant \boldsymbol{0}$ 且 $\boldsymbol{c}^\top \boldsymbol{x} > 0$; ② $A^\top \boldsymbol{y} = \boldsymbol{c}$ 且 $\boldsymbol{y} \geqslant \boldsymbol{0}$. ♡

证明 如果第 2 个线性系统有解, 那么存在 $\boldsymbol{y} \in \mathbb{R}^m$ 使得 $A^\top \boldsymbol{y} = \boldsymbol{c}$ 且 $\boldsymbol{y} \geqslant \boldsymbol{0}$. 假设 $\boldsymbol{x}$ 是第 1 个线性系统的解, 则 $A\boldsymbol{x} \leqslant \boldsymbol{0}$. 于是 $\boldsymbol{c}^\top \boldsymbol{x} = \boldsymbol{y}^\top A\boldsymbol{x} \leqslant 0$, 这与不等式 $\boldsymbol{c}^\top \boldsymbol{x} > 0$ 矛盾. 因此, 当第 2 个线性系统有解时, 第 1 个系统是无解的.

现设第 2 个系统无解. 注意到集合

$$C = \{\boldsymbol{x} \in \mathbb{R}^n |\ \boldsymbol{x} = A^\top \boldsymbol{y}, \boldsymbol{y} \geqslant \boldsymbol{0}\}$$

是闭的凸集. 显然 $\boldsymbol{c} \notin C$. 否则, $\boldsymbol{c}$ 是第 2 个线性系统的解. 一方面, 由严格分离定理知, 存在非零向量 $\boldsymbol{a} \in \mathbb{R}^n$ 和 $b \in \mathbb{R}$, 使得

$$\boldsymbol{a}^\top \boldsymbol{x} < b < \boldsymbol{a}^\top \boldsymbol{c}, \quad \forall \boldsymbol{x} \in C.$$

特别地, 由 $\boldsymbol{0} \in C$ 知, $b > 0$. 从而 $\boldsymbol{a}^\top \boldsymbol{c} = \boldsymbol{c}^\top \boldsymbol{a} > 0$. 另一方面, 对 $\boldsymbol{y} \geqslant \boldsymbol{0}$, 我们有 $b > \boldsymbol{a}^\top A^\top \boldsymbol{y} = \boldsymbol{y}^\top A\boldsymbol{a}$. 进一步地, 因为 $\boldsymbol{y}$ 可以取任意大, 所以我们必有 $A\boldsymbol{a} \leqslant \boldsymbol{0}$. 这就说明了第 1 个系统是有解的. □

定理 6.30 Gordan 择一定理

设 $A \in \mathbb{R}^{m\times n}$. 则如下两个线性系统恰好一个有解: ① $A\boldsymbol{x} < \boldsymbol{0}$, $\boldsymbol{x} \in \mathbb{R}^n$; ② $A^\top \boldsymbol{y} = \boldsymbol{0}$ 且 $\boldsymbol{y} \geqslant \boldsymbol{0}$, $\boldsymbol{y} \in \mathbb{R}^m$. ♡

证明 首先, 设第 1 个系统 $A\boldsymbol{x} < \boldsymbol{0}$ 有解, 且 $\boldsymbol{x}_0$ 是第 1 个系统 $A\boldsymbol{x} < \boldsymbol{0}$ 的一个解. 于是 $A\boldsymbol{x}_0 < 0$. 假设 $\boldsymbol{y}_0$ 是第 2 个系统的解. 则 $\boldsymbol{y}_0 \geqslant \boldsymbol{0}$ 且 $A^\top \boldsymbol{y}_0 = 0$. 注意到 $\boldsymbol{y}_0$ 至少存在一个分量大于零, 所以 $\boldsymbol{y}_0^\top A\boldsymbol{x}_0 = \boldsymbol{x}_0^\top A^\top \boldsymbol{y}_0 < 0$, 这与 $A^\top \boldsymbol{y}_0 = \boldsymbol{0}$ 矛盾. 这意味着当第 1 个系统有解时, 第 2 个系统是无解的.

其次, 设第 1 个系统 $A\boldsymbol{x} < \boldsymbol{0}$ 无解. 考虑如下两个非空凸子集:

$$C = \{\boldsymbol{c} \in \mathbb{R}^m |\ \boldsymbol{c} = A\boldsymbol{x}, \boldsymbol{x} \in \mathbb{R}^n\}, \quad D = \{\boldsymbol{d} \in \mathbb{R}^m |\ \boldsymbol{d} < \boldsymbol{0}\}.$$

由假设知, C 和 D 是不相交的凸子集. 从而由分离超平面定理可得, 存在非零向量 $\boldsymbol{a} \in \mathbb{R}^m$, 对任意的 $\boldsymbol{c} \in C$, $\boldsymbol{d} \in D$, 使得

$$\boldsymbol{a}^\top \boldsymbol{c} \geqslant \boldsymbol{a}^\top \boldsymbol{d}.$$

由 $\boldsymbol{d} < 0$ 和任意性可知 $\boldsymbol{a} \geqslant \boldsymbol{0}$. 否则, 如果 $\boldsymbol{a}$ 中至少一个分量为负的, 那么我们可以选取合适的 $\boldsymbol{d}$, 使得 $\boldsymbol{a}^\top \boldsymbol{d}$ 非常大, 导致上述不等式不成立. 因此, $\boldsymbol{a} \geqslant \boldsymbol{0}$.

由第 1 个系统 $A\boldsymbol{x} < \boldsymbol{0}$ 无解知: 对任意的 $\boldsymbol{x} \in \mathbb{R}^m$, $A\boldsymbol{x} \geqslant \boldsymbol{0}$. 于是由 $\boldsymbol{a} \geqslant \boldsymbol{0}$ 可得 $\boldsymbol{a}^\top A\boldsymbol{x} \geqslant 0$. 特别地, 我们取 $\boldsymbol{x} = -A^\top \boldsymbol{a}$ 可得

$$a^{\top}A(-A^{\top}a) = -||Aa||^2 \leqslant 0,$$

于是 $A^{\top}\boldsymbol{a} = \mathbf{0}$, 这表明 $\boldsymbol{a}$ 是第 2 个系统的解, 定理得证. □

其次, 我们给出了几个由分离定理得到的重要不等式.

定理 6.31　Fan-Glicksburg-Hoffman 定理

设 $C \subseteq \mathbb{R}^n$ 是凸集, $\boldsymbol{f}: C \to \mathbb{R}^m$ 是凸函数, $\boldsymbol{h}: \mathbb{R}^n \to \mathbb{R}^l$ 是线性函数. 如果不存在 $\boldsymbol{x} \in C$ 使得

$$\boldsymbol{f}(\boldsymbol{x}) < \mathbf{0} \quad 且 \quad \boldsymbol{h}(\boldsymbol{x}) = \mathbf{0},$$

则存在 $\boldsymbol{p} \in \mathbb{R}^m$ 和 $\boldsymbol{q} \in \mathbb{R}^l$, 使得 $\boldsymbol{p} \geqslant \mathbf{0}$,

$$(\boldsymbol{p}, \boldsymbol{q}) \neq \mathbf{0} \quad 且 \quad \boldsymbol{p}^{\top}\boldsymbol{f}(\boldsymbol{x}) + \boldsymbol{q}^{\top}\boldsymbol{h}(\boldsymbol{x}) \geqslant 0$$

对每个 $\boldsymbol{x} \in C$ 均成立. ♡

证明　设

$$L_{\boldsymbol{x}} = \left\{ (\boldsymbol{y}, \boldsymbol{z}) \in \mathbb{R}^{m+l} \,\middle|\, \boldsymbol{y} > \boldsymbol{f}(\boldsymbol{x}), \boldsymbol{z} = \boldsymbol{h}(\boldsymbol{x}) \right\},$$

且 $L = \bigcup\{L_{\boldsymbol{x}} | \boldsymbol{x} \in C\}$. 由函数 $\boldsymbol{f}$ 和 $\boldsymbol{h}$ 的假设可知, 对任意的 $\boldsymbol{x} \in C$, 有 $\mathbf{0} \notin L_{\boldsymbol{x}}$, 进而 $\mathbf{0} \notin L$.

我们断言集合 L 为凸集. 任取 $(\boldsymbol{y}_1, \boldsymbol{z}_1), (\boldsymbol{y}_2, \boldsymbol{z}_2) \in L$, 则 $\boldsymbol{y}_1 > \boldsymbol{f}(\boldsymbol{x}_1)$, $\boldsymbol{z}_1 > \boldsymbol{h}(\boldsymbol{x}_1)$, $\boldsymbol{y}_2 > \boldsymbol{f}(\boldsymbol{x}_2)$, $\boldsymbol{z}_2 > \boldsymbol{h}(\boldsymbol{x}_2)$. 又 $\boldsymbol{f}$ 在 C 上是凸的, 故对任意的 $a \in [0,1]$, 有

$$(1-a)\boldsymbol{y}_1 + a\boldsymbol{y}_2 > (1-a)\boldsymbol{f}(\boldsymbol{x}_1) + a\boldsymbol{f}(\boldsymbol{x}_2) \geqslant \boldsymbol{f}((1-a)\boldsymbol{x}_1 + a\boldsymbol{x}_2).$$

于是由 $\boldsymbol{h}$ 是线性函数可知

$$(1-a)\boldsymbol{z}_1 + a\boldsymbol{z}_2 = (1-a)\boldsymbol{h}(\boldsymbol{x}_1) + a\boldsymbol{h}(\boldsymbol{x}_2) = \boldsymbol{h}((1-a)\boldsymbol{x}_1 + a\boldsymbol{x}_2).$$

因此

$$(1-a)\begin{bmatrix} \boldsymbol{y}_1 \\ \boldsymbol{z}_1 \end{bmatrix} + a\begin{bmatrix} \boldsymbol{y}_2 \\ \boldsymbol{z}_2 \end{bmatrix} \in L.$$

即断言成立.

根据断言和定理 6.26 可知, 集合 L 与 $\{\mathbf{0}\}$ 是线性可分的, 即存在 $(\boldsymbol{p}, \boldsymbol{q}) \in \mathbb{R}^{m+l} \setminus \{\mathbf{0}\}$, 使得对于任意的 $(\boldsymbol{u}, \boldsymbol{v}) \in L$, 有

$$\boldsymbol{p}^{\top}\boldsymbol{u} + \boldsymbol{q}^{\top}\boldsymbol{v} \geqslant 0.$$

因为上式对于任意的 $\boldsymbol{u}$ 成立, 所以我们有 $\boldsymbol{p} \geqslant \mathbf{0}$.

设 a 是一个正数, 如果 $\boldsymbol{u}=\boldsymbol{f}(\boldsymbol{x})+a\mathbf{1}\in\mathbb{R}^m$ 且 $\boldsymbol{v}=\boldsymbol{h}(\boldsymbol{x})\in\mathbb{R}^l$, 那么由定义我们可得 $(\boldsymbol{u},\boldsymbol{v})\in L_{\boldsymbol{x}}\subseteq L$, 且对于任意的 $\boldsymbol{x}\in C$, 有

$$\boldsymbol{p}^\top\boldsymbol{u}+\boldsymbol{q}^\top\boldsymbol{v}=\boldsymbol{p}^\top(\boldsymbol{f}(\boldsymbol{x})+a\mathbf{1})+\boldsymbol{q}^\top\boldsymbol{h}(\boldsymbol{x})=\boldsymbol{p}^\top\boldsymbol{f}(\boldsymbol{x})+a\boldsymbol{p}^\top\mathbf{1}+\boldsymbol{q}^\top\boldsymbol{h}(\boldsymbol{x})\geqslant 0.$$

假设 $\inf\{\boldsymbol{p}^\top\boldsymbol{f}(\boldsymbol{x})+\boldsymbol{q}^\top\boldsymbol{h}(\boldsymbol{x})|\ \boldsymbol{x}\in C\}=-d$, 其中 $d>0$. 则我们可以通过选择合适的 a 使得 $a\boldsymbol{p}^\top\mathbf{1}<d$, 进而

$$\inf\{\boldsymbol{p}^\top\boldsymbol{f}(\boldsymbol{x})+\boldsymbol{q}^\top\boldsymbol{h}(\boldsymbol{x})|\ \boldsymbol{x}\in C\}=-d<-a\boldsymbol{p}^\top\mathbf{1},$$

这与对于任意的 $\boldsymbol{x}\in C$, $\boldsymbol{p}^\top\boldsymbol{f}(\boldsymbol{x})+a\boldsymbol{p}^\top\mathbf{1}+\boldsymbol{q}^\top\boldsymbol{h}(\boldsymbol{x})\geqslant 0$ 矛盾. 因此

$$\inf\{\boldsymbol{p}^\top\boldsymbol{f}(\boldsymbol{x})+\boldsymbol{q}^\top\boldsymbol{h}(\boldsymbol{x})|\ \boldsymbol{x}\in C\}\geqslant 0,$$

这就说明定理是正确的. □

定理 6.32

设 $C\subseteq\mathbb{R}^n$ 是凸集, $\boldsymbol{f}_i:C\to\mathbb{R}^{m_i}$, $1\leqslant i\leqslant 3$ 是凸函数, $\boldsymbol{h}:\mathbb{R}^n\to\mathbb{R}^l$ 是线性函数. 如果不等式组

$$\boldsymbol{f}_1(\boldsymbol{x})<\mathbf{0},\ \boldsymbol{f}_2(\boldsymbol{x})<\mathbf{0},\ \boldsymbol{f}_3(\boldsymbol{x})<\mathbf{0}\ \text{且}\ \boldsymbol{h}(\boldsymbol{x})=\mathbf{0}$$

在 C 上无解, 则存在 $\boldsymbol{p}_1\in\mathbb{R}^{m_1}$, $\boldsymbol{p}_2\in\mathbb{R}^{m_2}$, $\boldsymbol{p}_3\in\mathbb{R}^{m_3}$ 和 $\boldsymbol{q}\in\mathbb{R}^l$, 使得 $\boldsymbol{p}_1\geqslant\mathbf{0}$, $\boldsymbol{p}_2\geqslant\mathbf{0}$, $\boldsymbol{p}_3\geqslant\mathbf{0}(\boldsymbol{p}_1,\boldsymbol{p}_2,\boldsymbol{p}_3,\boldsymbol{q})\neq\mathbf{0}$, 且

$$\boldsymbol{p}_1^\top\boldsymbol{f}_1(\boldsymbol{x})+\boldsymbol{p}_2^\top\boldsymbol{f}_2(\boldsymbol{x})+\boldsymbol{p}_3^\top\boldsymbol{f}_3(\boldsymbol{x})+\boldsymbol{q}^\top\boldsymbol{h}(\boldsymbol{x})\geqslant 0$$

对每个 $\boldsymbol{x}\in C$ 均成立. ♡

证明 考虑函数 $\boldsymbol{f}:\mathbb{R}^n\to\mathbb{R}^{m_1+m_2+m_3}$ 定义如下:

$$\boldsymbol{f}(\boldsymbol{x})=\begin{bmatrix}\boldsymbol{f}_1(\boldsymbol{x})\\ \boldsymbol{f}_2(\boldsymbol{x})\\ \boldsymbol{f}_3(\boldsymbol{x})\end{bmatrix},\quad \boldsymbol{x}\in C.$$

如果不存在 $\boldsymbol{x}\in C$ 使得 $\boldsymbol{f}(\boldsymbol{x})<\mathbf{0}$ 且 $\boldsymbol{h}(\boldsymbol{x})=\mathbf{0}$, 则不等式组

$$\boldsymbol{f}_1(\boldsymbol{x})<\mathbf{0}_{m_1},\ \boldsymbol{f}_2(\boldsymbol{x})<\mathbf{0}_{m_2},\ \boldsymbol{f}_3(\boldsymbol{x})<\mathbf{0}_{m_3},\ \boldsymbol{h}(\boldsymbol{x})=\mathbf{0}$$

也无解, 并且根据 Fan-Glicksburg-Hoffman 定理, 存在 $\boldsymbol{p}\in\mathbb{R}^{m_1+m_2+m_3}$ 以及 $\boldsymbol{q}\in\mathbb{R}^l$, 使得对于任意的 $\boldsymbol{x}\in C$, 有 $(\boldsymbol{p}_1,\boldsymbol{p}_2,\boldsymbol{p}_3)\geqslant\mathbf{0}$, $(\boldsymbol{p}_1,\boldsymbol{p}_2,\boldsymbol{p}_3,\boldsymbol{q})\neq\mathbf{0}$ 且

$$\boldsymbol{p}^\top\boldsymbol{f}(\boldsymbol{x})+\boldsymbol{q}^\top\boldsymbol{h}(\boldsymbol{x})=\boldsymbol{p}_1^\top\boldsymbol{f}_1(\boldsymbol{x})+\boldsymbol{p}_2^\top\boldsymbol{f}_2(\boldsymbol{x})+\boldsymbol{p}_3^\top\boldsymbol{f}_3(\boldsymbol{x})+\boldsymbol{q}^\top\boldsymbol{h}(\boldsymbol{x})\geqslant 0.$$

这就证明了定理. □

6.6　拟凸函数与伪凸函数

本小节主要介绍两类函数, 其中拟凸函数是凸函数的推广; 另一类是凸集上的伪凸函数, 它推广了该集上所有的可微凸函数类.

6.6.1　拟凸函数

下面介绍的拟凸函数是凸函数的推广.

定义 6.16　拟凸函数

设 $C \subseteq \mathbb{R}^n$ 是非空凸子集, $f: C \to \mathbb{R}$ 为函数. 若对任意的 $\boldsymbol{x}, \boldsymbol{y} \in C$, $t \in [0,1]$, 有

$$f(t\boldsymbol{x} + (1-t)\boldsymbol{y}) \leqslant \max\{f(\boldsymbol{x}), f(\boldsymbol{y})\},$$

则称 f 为 C 上的拟凸函数. 若对任意的 $\boldsymbol{x}, \boldsymbol{y} \in C$, $f(\boldsymbol{x}) \neq f(\boldsymbol{y})$, 并满足不等式

$$f(t\boldsymbol{x} + (1-t)\boldsymbol{y}) < \max\{f(\boldsymbol{x}), f(\boldsymbol{y})\},$$

则称 f 为 C 上的严格拟凸函数. ♣

若将上述定义中的 "$\leqslant$" 和 "$<$" 改为 "$\geqslant$" 和 "$>$", max 改为 min, 则分别称为拟凹函数和严格拟凹函数. 如果一个函数既是拟凸函数又是拟凹函数, 那么称此函数为**拟线性函数**. 拟凸函数的概念可以局部到某个点. 我们称 f 在点 $\boldsymbol{x} \in C$ 上是拟凸的, 如果对于每个 $\boldsymbol{y} \in C$, $t \in [0,1]$, 有

$$f(t\boldsymbol{x} + (1-t)\boldsymbol{y}) \leqslant \max\{f(\boldsymbol{x}), f(\boldsymbol{y})\}.$$

类似地, 可定义局部严格拟凸函数、局部拟凹函数、局部严格拟凹函数.

在之前, 我们看到函数的凸性等价于上图的凸性. 下面的定理给出了拟凸函数与水平集间关系的一个刻画.

定理 6.33　拟凸与水平集凸性等价性

设 $C \subseteq \mathbb{R}^n$ 是非空凸子集, $f: C \to \mathbb{R}$ 为函数. 则 f 为拟凸函数当且仅当每个下水平集 $L_{f,\alpha} = \{\boldsymbol{x} \in C \mid f(\boldsymbol{x}) \leqslant \alpha\}$ 是凸集. ♡

证明　设 f 是拟凸的. 任取 $\boldsymbol{x}, \boldsymbol{y} \in L_{f,\alpha}$. 则对任意的 $t \in [0,1]$, 由 C 是凸集可得 $\boldsymbol{z} = (1-t)\boldsymbol{x} + t\boldsymbol{y} \in C$. 根据拟凸定义知 $f(\boldsymbol{z}) \leqslant \max\{f(\boldsymbol{x}), f(\boldsymbol{y})\} \leqslant \alpha$. 则 $\boldsymbol{z} \in L_{f,\alpha}$. 因此, 下水平集 $L_{f,\alpha}$ 是凸集.

反过来, 设所有下水平集是凸的. 任取 $\boldsymbol{x},\boldsymbol{y}\in C$, 令 $\alpha=\max\{f(\boldsymbol{x}),f(\boldsymbol{y})\}$. 则 $\boldsymbol{x},\boldsymbol{y}\in L_{f,\alpha}$. 由 $L_{f,\alpha}$ 的凸性可得, 对任意的 $t\in[0,1]$, $(1-t)\boldsymbol{x}+t\boldsymbol{y}\in L_{f,\alpha}$. 从而

$$f(t\boldsymbol{x}+(1-t)\boldsymbol{y})\leqslant\alpha=\max\{f(\boldsymbol{x}),f(\boldsymbol{y})\},$$

这表明 f 是拟凸函数. □

同理, 可以证明 f 为拟凹函数当且仅当每个上水平集是凸集.

因为凸函数具有凸的下水平集, 所以也是拟凸函数. 反之, 在 6.3.2 小节中已知下水平集是凸集, 函数不一定是凸的, 即拟凸函数不一定是凸函数. 例如, 熟知对数函数 $f(x)=\log x$ 是凹函数, 容易验证 $f(x)$ 既是拟凸函数又是拟凹函数, 也就说对数函数为拟线性函数. 事实上, 拟凸函数不仅可能是凹函数, 甚至可以是不连续的.

例 6.20 (1) **取整函数** $f(x)=\lfloor x\rfloor=\inf\{z\in\mathbb{Z}|z\geqslant x\}\}$ 为拟凸函数. 事实上, 当 $x\leqslant y$ 时, $f(x)\leqslant f(y)$. 于是

$$f(tx+(1-t)y)=\lfloor tx+(1-t)y\rfloor\leqslant\lfloor y\rfloor=f(y),\quad t\in[0,1].$$

(2) 定义 $\boldsymbol{x}\in\mathbb{R}^n$ 的**长度**为非零分量的下标的最大值, 即 $f(\boldsymbol{x})=\max\{i|x_i\neq 0\}$, 并规定零向量长度为零. 由于此函数的水平集是子空间

$$f(\boldsymbol{x})\leqslant\alpha\Leftrightarrow x_i=0,\quad\forall i=\lfloor\alpha\rfloor+1,\cdots,n.$$

所以它是 $\mathbb{R}^n$ 上的拟凸函数. □

与凸函数类似, 对于可微拟凸函数, 有如下的一阶条件.

定理 6.34 拟凸一阶条件

设 $C\subseteq\mathbb{R}^n$ 是非空凸子集, $f:C\to\mathbb{R}$ 为可微函数. 则以下结论是等价的:
(1) f 在 C 上是拟凸的;
(2) 若对 $\boldsymbol{x},\boldsymbol{y}\in C$, $f(\boldsymbol{x})\leqslant f(\boldsymbol{y})$ 可推出 $\nabla f(\boldsymbol{y})^\top(\boldsymbol{x}-\boldsymbol{y})\leqslant 0$;
(3) 若对 $\boldsymbol{x},\boldsymbol{y}\in C$, $\nabla f(\boldsymbol{y})^\top(\boldsymbol{x}-\boldsymbol{y})>0$ 可推出 $f(\boldsymbol{x})>f(\boldsymbol{y})$. ♡

证明 显然 (2) 和 (3) 是等价的. 故只需证明 (1) 和 (2) 是等价的. 首先证明 (1)⇒(2). 设 f 是拟凸函数, $\boldsymbol{x},\boldsymbol{y}\in C$, $f(\boldsymbol{x})\leqslant f(\boldsymbol{y})$. 令 $\boldsymbol{z}=t\boldsymbol{x}+(1-t)\boldsymbol{y}$, $t\in[0,1]$. 因为 f 在 $\boldsymbol{y}$ 处是可微的, 所以

$$f(\boldsymbol{z})=f(\boldsymbol{y})+t\nabla f(\boldsymbol{y})^\top(\boldsymbol{x}-\boldsymbol{y})+t||\boldsymbol{x}-\boldsymbol{y}||\alpha(\boldsymbol{z}),$$

其中 $\alpha:C\to\mathbb{R}$ 为在 $\boldsymbol{y}$ 处连续的函数并满足 $\alpha(\boldsymbol{y})=0$. 由 f 是拟凸函数可知 $f(\boldsymbol{z})\leqslant f(\boldsymbol{y})$. 于是

$$\nabla f(\boldsymbol{y})^\top(\boldsymbol{x}-\boldsymbol{y})+||\boldsymbol{x}-\boldsymbol{y}||\alpha(\boldsymbol{z})\leqslant 0.$$

由 α 的连续性可得

$$\begin{aligned}\lim_{t\to 0}\nabla f(\boldsymbol{y})^\top(\boldsymbol{x}-\boldsymbol{y})+||\boldsymbol{x}-\boldsymbol{y}||\alpha(\boldsymbol{z}) &= \nabla f(\boldsymbol{y})^\top(\boldsymbol{x}-\boldsymbol{y})+||\boldsymbol{x}-\boldsymbol{y}||\alpha(\boldsymbol{y})\\ &= \nabla f(\boldsymbol{y})^\top(\boldsymbol{x}-\boldsymbol{y})\leqslant 0.\end{aligned}$$

这就证明了 (2).

其次, 我们证明 (2)⇒(1). 设 (2) 成立. 为了证明 f 是拟凸的, 我们只需证明: 如果 $\boldsymbol{x},\boldsymbol{y}\in C$, $f(\boldsymbol{x})\leqslant f(\boldsymbol{y})$, 那么 $f(t\boldsymbol{x}+(1-t)\boldsymbol{y})\leqslant f(\boldsymbol{y})$, 其中 $t\in[0,1]$. 假设 f 不是拟凸的. 则存在 $t\in[0,1]$, 使得 $z=tx+(1-t)y\in C$ 且 $f(z)>f(y)$. 由 f 的连续性知, 存在 $r\in[0,1]$, 使得

$$f(\boldsymbol{z})>f(r\boldsymbol{z}+(1-r)\boldsymbol{y}),$$

并且

$$f(s\boldsymbol{z}+(1-s)\boldsymbol{y})>f(\boldsymbol{y}),$$

对每个 $s\in[r,1]$ 均成立. 由中值定理可得, 存在 $\boldsymbol{w}=k\boldsymbol{z}+(1-k)\boldsymbol{y}$, $k\in(r,1)$, 使得

$$f(\boldsymbol{z})-f(r\boldsymbol{z}+(1-r)\boldsymbol{y})=(1-r)\nabla f(\boldsymbol{w})^\top(\boldsymbol{z}-\boldsymbol{y})=(1-r)t\nabla f(\boldsymbol{w})^\top(\boldsymbol{x}-\boldsymbol{y}).$$

于是 $\nabla f(\boldsymbol{w})^\top(\boldsymbol{x}-\boldsymbol{y})>0$.

另一方面, 由 $k\in(r,1)$ 知, $f(\boldsymbol{w})>f(\boldsymbol{y})\geqslant f(\boldsymbol{x})$ 且 $\boldsymbol{w}$ 为 $\boldsymbol{x}$ 和 $\boldsymbol{y}$ 的凸组合. 故可设 $\boldsymbol{w}=l\boldsymbol{x}+(1-l)\boldsymbol{y}$, 其中 $l\in(0,1)$. 由 (2) 成立可知, $\nabla f(\boldsymbol{w})^\top(\boldsymbol{x}-\boldsymbol{w})\leqslant 0$. 进而,

$$0\geqslant\nabla f(\boldsymbol{w})^\top(\boldsymbol{x}-\boldsymbol{w})=(1-l)\nabla f(\boldsymbol{w})^\top(\boldsymbol{x}-\boldsymbol{y})>0,$$

这是不可能的. 因此, f 为拟凸函数. □

当 $\nabla f(\boldsymbol{y})\neq\boldsymbol{0}$ 时, 由支撑超平面定理可得, 拟凸一阶条件 $\nabla f(\boldsymbol{y})^\top(\boldsymbol{x}-\boldsymbol{y})\leqslant 0$ 在 $\boldsymbol{y}$ 处定义了下水平集 $\{\boldsymbol{x}|\ f(\boldsymbol{x})\leqslant f(\boldsymbol{y})\}$ 的一个支撑超平面, 如图 6.17所示. 熟知, 如果 f 是凸函数且 $\nabla f(\boldsymbol{x})=\boldsymbol{0}$, 那么 $\boldsymbol{x}$ 是 f 的全局极小值点. 而对于拟凸函数, 当 $\nabla f(\boldsymbol{x})=\boldsymbol{0}$ 时, $\boldsymbol{x}$ 不一定是全局极小值点. 拟凸函数也有二阶条件, 但比较繁琐, 这里不予介绍, 有兴趣的读者可查阅相关文献.

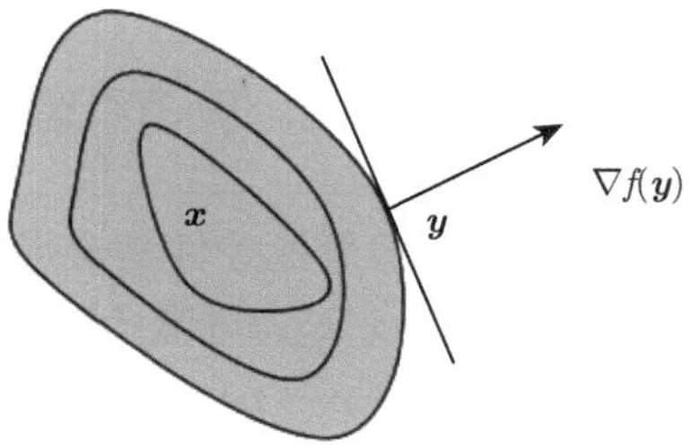

图 6.17 拟凸函数 f 的三条等值线以及在 $\boldsymbol{y}$ 处的支撑超平面

6.6.2 伪凸函数

本小节介绍与凸性相关的另一类可微函数.

定义 6.17 伪凸函数

设 $C \subseteq \mathbb{R}^n$ 是非空凸子集, $f: C \to \mathbb{R}$ 为可微函数, $\boldsymbol{y} \in C$. 若对满足条件

$$\nabla f(\boldsymbol{y})^\top (\boldsymbol{x} - \boldsymbol{y}) \geqslant 0$$

的每个 $\boldsymbol{x} \in C$, 均有

$$f(\boldsymbol{x}) \geqslant f(\boldsymbol{y}), \tag{6.21}$$

则称 f 在 $\boldsymbol{y}$ 处是伪凸的. 若 f 在 C 中的每一点都是伪凸的, 则称 f 是 C 上的伪凸函数. ♣

若将 (6.21) 中的 "$\geqslant$" 改为 "$>$", 则称 f 为严格伪凸的. 下面的例子说明, 非凸函数可能是伪凸函数.

例 6.21 设 $f(t) = t\mathrm{e}^t, t \in \mathbb{R}$. 则

$$f'(t) = (1+t)\mathrm{e}^t, \quad f''(t) = (2+t)\mathrm{e}^t.$$

故 f 是非凸函数. 当 $t > -2$ 时, f 为凹函数, 当 $t > -2$ 时, f 为凸函数, 并且 $t = -1$ 时, $f(-1) = -\dfrac{1}{\mathrm{e}}$ 为最小值. 下证 f 是伪凸函数. 事实上, 当

$$f'(y)(x-y) = (1+y)\mathrm{e}^y(x-y) \geqslant 0$$

时, 恰有三种情况发生.

(1) 当 $y = -1$ 时, 由 $f(-1)$ 是最小值知 $f(x) \geqslant f(-1)$;

(2) 当 $x \geqslant y > -1$ 时, 函数为增函数, 故 $f(x) \geqslant f(y)$;

(3) 当 $x \leqslant y < -1$ 时, 函数为减函数, 故 $f(x) \geqslant f(y)$.

因此, f 是伪凸函数. □

凸集 C 上的所有伪凸函数类包括 C 上的所有可微凸函数类, 并包含在 C 上的所有可微拟凸函数类中.

伪凸函数的一个有趣的性质是局部最优条件是全局最优性条件, 例如梯度消失. 设 $C \subseteq \mathbb{R}^n$ 是非空凸子集, $f: C \to \mathbb{R}$ 为可微函数. 若 $\nabla f(\boldsymbol{y}) = \boldsymbol{0}$ 且 f 在 $\boldsymbol{y}$ 处是拟凸的, 则对任意 $\boldsymbol{x} \in C$, $\nabla f(\boldsymbol{y})^\top(\boldsymbol{x}-\boldsymbol{y}) = 0$. 因为 f 在 $\boldsymbol{y}$ 处是伪凸的, 所以 $f(\boldsymbol{x}) \geqslant f(\boldsymbol{y})$. 故 $\boldsymbol{y}$ 是 f 的最小值点. 这表明伪凸函数梯度消失的点为该函数的最小值点.

定理 6.35

设 $C \subseteq \mathbb{R}^n$ 是非空凸子集, $f: C \to \mathbb{R}$ 为伪凸函数. 则 f 是严格拟凸函数. ♡

证明　用反证法. 假设 f 不是严格拟凸函数. 则存在 $\boldsymbol{x}, \boldsymbol{y} \in C$, $t \in [0,1]$, 使得 $f(\boldsymbol{x}) \neq f(\boldsymbol{y})$ 且

$$f(t\boldsymbol{x} + (1-t)\boldsymbol{y}) \geqslant \max\{f(\boldsymbol{x}), f(\boldsymbol{y})\}. \tag{6.22}$$

设向量 $\boldsymbol{u}$, 使得 $\boldsymbol{u} = s\boldsymbol{x} + (1-s)\boldsymbol{y}$, $s \in [0,1]$, 且满足

$$f(\boldsymbol{u}) = \max\left\{f(\boldsymbol{z}) \mid \boldsymbol{z} = t\boldsymbol{x} + (1-t)\boldsymbol{y}, t \in [0,1]\right\},$$

即 $f(\boldsymbol{u})$ 是 f 在向量 $\boldsymbol{x}$ 和 $\boldsymbol{y}$ 之间的最大值. 下证

$$\nabla f(\boldsymbol{u})^\top(\boldsymbol{x}-\boldsymbol{u}) \leqslant 0, \quad \nabla f(\boldsymbol{u})^\top(\boldsymbol{y}-\boldsymbol{u}) \leqslant 0. \tag{6.23}$$

因为 $f(\boldsymbol{x}) \neq f(\boldsymbol{y})$, 所以我们不妨设 $f(\boldsymbol{y}) < f(\boldsymbol{x})$. 由 (6.22) 可得, $f(\boldsymbol{u}) \geqslant f(\boldsymbol{x}) > f(\boldsymbol{y})$. 显然对任意的 $k \in [0,1]$, $(1-k)\boldsymbol{u} + k\boldsymbol{x}$ 是向量 $\boldsymbol{x}$ 和 $\boldsymbol{y}$ 之间的向量. 因此, $f((1-k)\boldsymbol{u} + k\boldsymbol{x}) \leqslant f(\boldsymbol{u})$. 又因为 f 是可微函数, 所以

$$f((1-k)\boldsymbol{u} + k\boldsymbol{x}) - f(\boldsymbol{u}) = k\nabla f(\boldsymbol{u})^\top(\boldsymbol{x}-\boldsymbol{u}) + k\|\boldsymbol{x}-\boldsymbol{u}\|\gamma(k(\boldsymbol{x}-\boldsymbol{u})), \tag{6.24}$$

其中 γ 在原点处连续且 $\gamma(\boldsymbol{0}) = 0$. 注意到 $f((1-k)\boldsymbol{u} + k\boldsymbol{x}) - f(\boldsymbol{u}) \leqslant 0$, 当 $k \to 0$ 时, 式 (6.24) 表明 $\nabla f(\boldsymbol{u})^\top(\boldsymbol{x}-\boldsymbol{u}) \leqslant 0$. 同理可证, $\nabla f(\boldsymbol{u})^\top(\boldsymbol{y}-\boldsymbol{u}) \leqslant 0$. 这就证明了 (6.23). 将 $\boldsymbol{u} = s\boldsymbol{x} + (1-s)\boldsymbol{y}$ 代入 (6.23) 可得

$$(1-s)\nabla f(\boldsymbol{u})^\top(\boldsymbol{x}-\boldsymbol{y}) \leqslant 0, \quad (-s)\nabla f(\boldsymbol{u})^\top(\boldsymbol{x}-\boldsymbol{y}) \leqslant 0.$$

因此, $\nabla f(\boldsymbol{u})^\top(\boldsymbol{x}-\boldsymbol{y}) = 0$, 进而 $\nabla f(\boldsymbol{u})^\top(\boldsymbol{y}-\boldsymbol{u}) = 0$. 从而由 f 是伪凸函数可知, $f(\boldsymbol{y}) \geqslant f(\boldsymbol{u})$, 这与 $f(\boldsymbol{u}) \geqslant f(\boldsymbol{x}) > f(\boldsymbol{y})$ 矛盾. 故 f 是严格拟凸函数. □

6.7 次 梯 度

对于可微函数, 人们可以利用梯度研究该函数的凸性. 而对于很多的函数, 某些重要参考点的梯度不一定存在. 在本节中, 我们将介绍并研究凸扩展实值函数的次梯度. 这个概念是凸分析中最基本的概念之一, 在凸优化算法设计与理论分析中起着重要作用.

6.7.1 次梯度的定义

定义 6.18 次梯度与次微分

设 $f:\mathbb{R}^n\to\mathbb{R}\cup\{\infty\}$ 是适当凸函数, $\boldsymbol{x}_0\in\mathbf{dom}f$. 若向量 $\boldsymbol{s}\in\mathbb{R}^n$ 满足

$$f(\boldsymbol{x})\geqslant f(\boldsymbol{x}_0)+\boldsymbol{s}^\top(\boldsymbol{x}-\boldsymbol{x}_0),\quad \forall\boldsymbol{x}\in\mathbf{dom}f. \tag{6.25}$$

则称 $\boldsymbol{s}$ 为 f 在点 $\boldsymbol{x}_0$ 处的一个次梯度. 称 f 在 $\boldsymbol{x}_0$ 的所有次梯度的全体为 f 在该点的次微分, 记为 $\partial f(\boldsymbol{x}_0)$. ♣

我们也可以定义凹函数的次梯度. 如果 f 是适当凹函数且 $-\boldsymbol{s}$ 是 $-f$ 在 $\boldsymbol{x}_0$ 的一个次梯度, 那么称 $\boldsymbol{s}$ 是 f 在 $\boldsymbol{x}_0$ 处的一个次梯度.

不难发现, 与可微凸函数的一阶条件类似, 次梯度的定义式 (6.25) 给出了凸函数 $f(\boldsymbol{x})$ 的一个全局下界 $f(\boldsymbol{x}_0)+\boldsymbol{s}^\top(\boldsymbol{x}-\boldsymbol{x}_0)$. 这说明通过次梯度也可以从局部信息得到一些全局信息. 事实上, 定义次梯度的目的之一是希望其具有类似于梯度的一些性质.

次梯度有非常直观的几何解释, 它提供了 $f(\boldsymbol{x})$ 的上方图 $\mathbf{epi}(f)$ 在点 $(\boldsymbol{x}_0,f(\boldsymbol{x}_0))$ 处的一个非垂直支撑超平面. 设 $\boldsymbol{s}\in\partial f(\boldsymbol{x}_0)$. 对任意的 $(\boldsymbol{x},\alpha)\in\mathbf{epi}(f)$, 则 $\alpha\geqslant f(\boldsymbol{x})\geqslant f(\boldsymbol{x}_0)+\boldsymbol{s}^\top(\boldsymbol{x}-\boldsymbol{x}_0)$. 从而

$$\begin{bmatrix}\boldsymbol{s}\\-1\end{bmatrix}^\top\left(\begin{bmatrix}\boldsymbol{x}\\\alpha\end{bmatrix}-\begin{bmatrix}\boldsymbol{x}_0\\f(\boldsymbol{x}_0)\end{bmatrix}\right)=\boldsymbol{s}^\top(\boldsymbol{x}-\boldsymbol{x}_0)+f(\boldsymbol{x}_0)-\alpha\leqslant 0.$$

因此, $\mathbb{R}^{n+1}$ 中以 $(\boldsymbol{s},-1)$ 为法向量并且通过 $(\boldsymbol{x}_0,f(\boldsymbol{x}_0))$ 的超平面是上图 $\mathbf{epi}(f)$ 的一个支撑超平面, 见图 6.18.

下面给出一个用定义计算次微分的例子.

例 6.22 设 $f(x)=|x|,x\in\mathbb{R}$. 则当 $x_0>0$ 时, $\partial f(x_0)=\{1\}$, 当 $x_0<0$ 时, $\partial f(x_0)=\{-1\}$, 当 $x_0=0$ 时, $\partial f(0)=[-1,1]$. 见图 6.19. 具体计算如下.

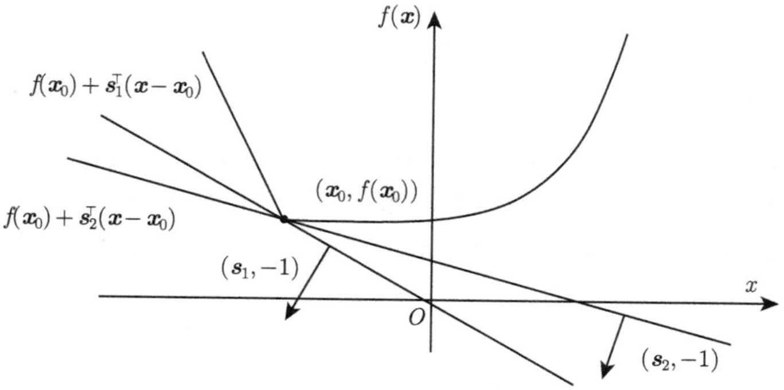

图 6.18　次梯度诱导出上方图 $\mathbf{epi}(f)$ 的一个支撑超平面

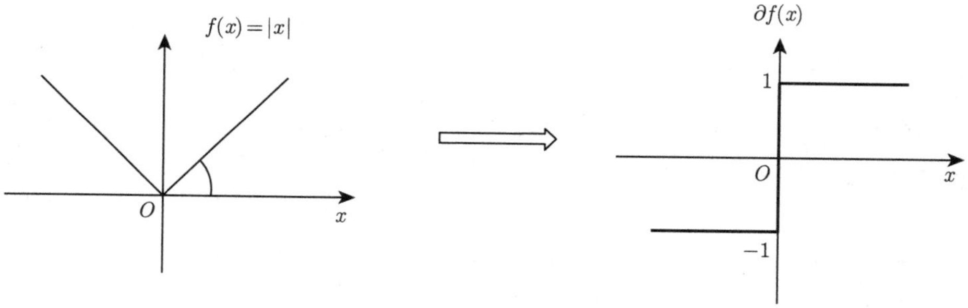

图 6.19　绝对值函数的次微分

当 $x_0>0$ 时, 任取 $x=x_0+h$, $s\in\partial f(x_0)$, 则次梯度 s 满足 $|x_0+h|-x_0\geqslant sh$. 若 $h>0$, 则 $h\geqslant sh$, 从而 $s\leqslant 1$. 若 $h<0$, $sh\geqslant h$, 从而 $s\geqslant 1$. 故 $s=1$, 即 $\partial f(x_0)=\{1\}$.

同理, 可计算当 $x_0<0$ 时, $\partial f(x_0)=\{-1\}$.

当 $x_0=0$ 时, 对任意的 $s\in\partial f(0)$, $x\in\mathbb{R}$, 有 $|x|\geqslant sx$, 从而 $-1\leqslant s\leqslant 1$, 即 $\partial f(0)=[-1,1]$. □

从上例可以看出, 次梯度的计算并不容易. 甚至, 对一般凸函数来说, f 未必所有点的次梯度都存在. 下面的定理告诉我们, 定义域中的内点次梯度总是存在的.

定理 6.36　次梯度存在性定理

设 f 是凸函数, $\boldsymbol{x}_0\in\mathbf{intdom}f$. 则 f 在 $\boldsymbol{x}_0$ 处存在次梯度. ♡

证明　因为 $\boldsymbol{x}_0\in\mathbf{intdom}f$, 所以 $(\boldsymbol{x}_0, f(\boldsymbol{x}_0))$ 是上方图 $\mathbf{epi}(f)$ 的边界点. 由 f 为凸函数知, 上方图 $\mathbf{epi}(f)$ 是凸集. 根据支撑超平面定理知, 存在 $\boldsymbol{a}\in\mathbb{R}^n, b\in$

$\mathbb{R}$, 使得 $(\boldsymbol{a}, b) \neq \mathbf{0}$ 且

$$\begin{bmatrix}\boldsymbol{a}\\ b\end{bmatrix}^\top \left(\begin{bmatrix}\boldsymbol{x}\\ \alpha\end{bmatrix} - \begin{bmatrix}\boldsymbol{x}_0\\ f(\boldsymbol{x}_0)\end{bmatrix}\right) = \boldsymbol{a}^\top(\boldsymbol{x}-\boldsymbol{x}_0) - b(f(\boldsymbol{x}_0)-\alpha) \leqslant 0, \quad \forall (\boldsymbol{x}, \alpha) \in \mathbf{epi}(f). \tag{6.26}$$

下证 $b<0$. 对任意的 $\alpha > f(\boldsymbol{x}_0)$, 我们有 $(\boldsymbol{x}_0, \alpha) \in \mathbf{epi}(f)$, 代入 (6.26) 中可得 $b \leqslant 0$. 当 $\boldsymbol{a} = \mathbf{0}$ 时, 由 $(\boldsymbol{a}, b) \neq \mathbf{0}$ 知, $b \neq 0$, 即 $b<0$. 而当 $\boldsymbol{a} \neq \mathbf{0}$ 时, 由于 $\boldsymbol{x}_0 \in \mathbf{intdom} f$, 存在 $\varepsilon > 0$, 使得 $\boldsymbol{x} = \boldsymbol{x}_0 + \varepsilon \boldsymbol{a} \in \mathbf{dom} f$, 所以 $b = 0$ 不能使得 (6.26) 成立. 因此, $b<0$.

对任意的 $\boldsymbol{x} \in \mathbf{dom} f$, 有 $(\boldsymbol{x}, f(\boldsymbol{x})) \in \mathbf{epi}(f)$. 于是由 (6.26) 可得

$$-\frac{\boldsymbol{a}^\top}{b}(\boldsymbol{x}-\boldsymbol{x}_0) + f(\boldsymbol{x}_0) - f(\boldsymbol{x}) \leqslant 0.$$

从而 $\boldsymbol{s} = -\dfrac{\boldsymbol{a}}{b}$ 是 f 在 $\boldsymbol{x}_0$ 处的次梯度. □

反之, 对于定义在凸集上的函数, 如果每个内点都存在次梯度, 那么此函数在该凸集的内部上是凸函数.

定理 6.37

设 $C \subseteq \mathbb{R}^n$ 为非空凸子集, $f: C \to \mathbb{R}$ 为函数. 若 f 在 C 的每一内点都存在次梯度, 则 f 在 $\mathbf{int}\ C$ 上是凸函数. ♡

证明 由 C 是凸集知, $\mathbf{int}\ C$ 也是凸集. 故对任意的 $\boldsymbol{u}, \boldsymbol{v} \in \mathbf{int}\ C$, $t \in [0,1]$, 有 $t\boldsymbol{u} + (1-t)\boldsymbol{v} \in \mathbf{int}\ C$. 若 $\boldsymbol{s}$ 为 $t\boldsymbol{u} + (1-t)\boldsymbol{v}$ 上的次梯度, 则有

$$f(\boldsymbol{u}) \geqslant f(t\boldsymbol{u} + (1-t)\boldsymbol{v}) + (1-t)\boldsymbol{s}^\top(\boldsymbol{u}-\boldsymbol{v}),$$
$$f(\boldsymbol{v}) \geqslant f(t\boldsymbol{u} + (1-t)\boldsymbol{v}) + t\boldsymbol{s}^\top(\boldsymbol{v}-\boldsymbol{u}).$$

于是

$$tf(\boldsymbol{u}) + (1-t)f(\boldsymbol{v}) \geqslant f(t\boldsymbol{u} + (1-t)\boldsymbol{v}).$$

这说明 f 在 $\mathbf{int}\ C$ 上是凸函数. □

6.7.2 次梯度的性质与重要结论

在这一小节, 我们将介绍凸函数的次梯度和次微分的一些重要的性质.

定理 6.38　次微分的凸性与紧性

设 f 是凸函数. 若 $\boldsymbol{x}_0 \in \mathbf{dom} f$, 则 $\partial f(\boldsymbol{x}_0)$ 是闭凸集. 进一步地, 若 $\boldsymbol{x}_0 \in \mathbf{intdom} f$, $\partial f(\boldsymbol{x}_0)$ 是非空有界闭凸集, 即 $\partial f(\boldsymbol{x}_0)$ 是非空紧的凸集. ♡

证明　首先, 我们证明 $\partial f(\boldsymbol{x}_0)$ 是闭凸集. 对任意给定的 $\boldsymbol{x} \in \mathbf{dom} f$, 令

$$H(\boldsymbol{x}, \boldsymbol{x}_0) = \{\boldsymbol{s} \in \mathbb{R}^n |\ \boldsymbol{s}^\top (\boldsymbol{x} - \boldsymbol{x}_0) \leqslant f(\boldsymbol{x}) - f(\boldsymbol{x}_0)\}.$$

则 $H(\boldsymbol{x}, \boldsymbol{x}_0)$ 是闭的半空间, 进而是凸的. 于是

$$\partial f(\boldsymbol{x}_0) = \bigcap_{\boldsymbol{x} \in \mathbb{R}^n} H(\boldsymbol{x}, \boldsymbol{x}_0)$$

为闭的凸集.

现设 $\boldsymbol{x}_0 \in \mathbf{intdom} f$. 由次梯度存在性定理和前一部分可知 $\partial f(\boldsymbol{x}_0)$ 是非空的闭凸集. 下证 $\partial f(\boldsymbol{x}_0)$ 是有界集. 根据定理 6.11, 我们知凸函数 f 在 $\boldsymbol{x}_0$ 处是局部 Lipschitz 连续的. 从而存在常数 $L > 0$, 对任意 $\boldsymbol{x} \in B(\boldsymbol{x}_0, r)$, 使

$$|f(\boldsymbol{x}) - f(\boldsymbol{x}_0)| \leqslant L||\boldsymbol{x} - \boldsymbol{x}_0||.$$

因此, 若 $\boldsymbol{s} \in \partial f(\boldsymbol{x}_0)$, 则

$$\boldsymbol{s}^\top (\boldsymbol{x} - \boldsymbol{x}_0) \leqslant f(\boldsymbol{x}) - f(\boldsymbol{x}_0) \leqslant L||\boldsymbol{x} - \boldsymbol{x}_0||, \quad \forall \boldsymbol{x} \in B(\boldsymbol{x}_0, r).$$

若选取 $\boldsymbol{x} - \boldsymbol{x}_0 = t\boldsymbol{s}$, 则对足够小的正数 t, 可使得 $\boldsymbol{x} \in B(\boldsymbol{x}_0, r)$. 将 $\boldsymbol{x} - \boldsymbol{x}_0 = t\boldsymbol{s}$ 代入上式, 我们有 $||\boldsymbol{s}|| \leqslant L$. 故 $\partial f(\boldsymbol{x}_0)$ 是有界集. □

次梯度是可微函数梯度的推广, 而当凸函数 $f(\boldsymbol{x})$ 在某点处可微时, $\nabla f(\boldsymbol{x})$ 就是该点处唯一的次梯度.

定理 6.39

设 f 是凸函数且在 $\boldsymbol{x}_0 \in \mathbf{intdom} f$ 处可微, 则 $\partial f(\boldsymbol{x}_0) = \{\nabla f(\boldsymbol{x}_0)\}$. ♡

证明　由可微凸函数的一阶条件可知, 梯度 $\nabla f(\boldsymbol{x}_0)$ 是次梯度. 任取 $\boldsymbol{s} \in \partial f(\boldsymbol{x}_0)$. 我们只需证明 $\boldsymbol{s} = \nabla f(\boldsymbol{x}_0)$ 即可. 因为 $\boldsymbol{x}_0 \in \mathbf{intdom} f$, 所以对任意非零向量 $\boldsymbol{z} \in \mathbb{R}^n$, 存在 $t > 0$, 使得 $\boldsymbol{x}_0 + t\boldsymbol{z} \in \mathbf{dom} f$. 根据次梯度定义, 我们有 $f(\boldsymbol{x}_0 + t\boldsymbol{z}) - f(\boldsymbol{x}_0) \geqslant t\boldsymbol{s}^\top \boldsymbol{z}$. 从而

$$\frac{f(\boldsymbol{x}_0 + t\boldsymbol{z}) - f(\boldsymbol{x}_0)}{t} \geqslant \boldsymbol{s}^\top \boldsymbol{z}. \tag{6.27}$$

由 (6.27) 可得

$$\lim_{t \downarrow 0} \frac{f(\boldsymbol{x}_0 + t\boldsymbol{z}) - f(\boldsymbol{x}_0)}{t} = \nabla f(\boldsymbol{x}_0)^\top \boldsymbol{z}.$$

于是在 (6.27) 两边令 $t \to 0$ 可得 $(\nabla f(\boldsymbol{x}_0) - \boldsymbol{s})^\top \boldsymbol{z} \geqslant 0$. 故由 $\boldsymbol{z}$ 的任意性, 选取 $\boldsymbol{z} = \boldsymbol{s} - \nabla f(\boldsymbol{x}_0)$, 立即可得 $\boldsymbol{z}^\top \boldsymbol{z} = 0$, 即 $\boldsymbol{s} = \nabla f(\boldsymbol{x}_0)$. □

凸函数的方向导数和次梯度之间有很密切的联系. 为了解不可微凸函数的次梯度, 我们需要介绍凸函数方向导数的如下重要性质.

定理 6.40 凸函数的方向导数

如果 $f : \mathbb{R}^n \to \mathbb{R} \cup \{\infty\}$ 是适当的凸函数, 给定点 $\boldsymbol{x}_0 \in \mathbf{dom} f$ 以及方向 $\boldsymbol{u} \in \mathbb{R}^n$, 那么方向导数 $\partial f(\boldsymbol{x}_0; \boldsymbol{u})$ 总是有定义的 (有限、∞ 或 $-\infty$), 并且

$$\partial f(\boldsymbol{x}_0; \boldsymbol{u}) = \lim_{t \downarrow 0} \frac{f(\boldsymbol{x}_0 + t\boldsymbol{u}) - f(\boldsymbol{x}_0)}{t} = \inf_{t>0} \frac{f(\boldsymbol{x}_0 + t\boldsymbol{u}) - f(\boldsymbol{x}_0)}{t}. \quad (6.28)$$

特别地, 对给定的 $\boldsymbol{x}_0 \in \mathbf{intdom} f$, 其方向导数 $\partial f(\boldsymbol{x}_0; \boldsymbol{u})$ 总是有限的. ♡

证明 为验证这一性质, 我们任取 $t_0 > 0$, 根据 f 的凸性可知所有 $t \in (0, t_0)$ 都满足

$$f(\boldsymbol{x}_0 + t\boldsymbol{u}) \leqslant \frac{t}{t_0} f(\boldsymbol{x}_0 + t_0\boldsymbol{u}) + \left(1 - \frac{t}{t_0}\right) f(\boldsymbol{x}_0) = f(\boldsymbol{x}_0) + \frac{t}{t_0}\big(f(\boldsymbol{x}_0 + t_0\boldsymbol{u}) - f(\boldsymbol{x}_0)\big).$$

所以

$$\frac{f(\boldsymbol{x}_0 + t\boldsymbol{u}) - f(\boldsymbol{x}_0)}{t} \leqslant \frac{f(\boldsymbol{x}_0 + t_0\boldsymbol{u}) - f(\boldsymbol{x}_0)}{t_0}, \quad \forall t \in (0, t_0).$$

因此方向导数 $\partial f(\boldsymbol{x}_0; \boldsymbol{u})$ 总是有定义的, 并且 (6.28) 是成立的.

对于给定的 $\boldsymbol{x}_0 \in \mathbf{intdom} f$, 根据次梯度存在定理可得, $f(\boldsymbol{x})$ 在 $\boldsymbol{x}_0$ 处存在次梯度 $\boldsymbol{s}$. 从而由 (6.28) 和次梯度的定义可得

$$\partial f(\boldsymbol{x}_0; \boldsymbol{u}) = \inf_{t>0} \frac{f(\boldsymbol{x}_0 + t\boldsymbol{u}) - f(\boldsymbol{x}_0)}{t} \geqslant \inf_{t>0} \frac{t\boldsymbol{s}^\top \boldsymbol{u}}{t} = \boldsymbol{s}^\top \boldsymbol{u}. \quad (6.29)$$

这表明 $\partial f(\boldsymbol{x}_0; \boldsymbol{u})$ 不是负无穷. 而由 (6.28) 可知 $\partial f(\boldsymbol{x}_0; \boldsymbol{u})$ 不是正无穷. 故 $\partial f(\boldsymbol{x}_0; \boldsymbol{u})$ 总是有限的. □

图 6.20 从几何角度解释了上述性质, 当 $t \downarrow 0$ 时, 比值 (斜率) $\dfrac{f(\boldsymbol{x}_0 + t\boldsymbol{u}) - f(\boldsymbol{x}_0)}{t}$ 单调非增的且收敛到 $\partial f(\boldsymbol{x}_0; \boldsymbol{u})$. 另一方面, (6.29) 表明方向导数 $\partial f(\boldsymbol{x}_0; \boldsymbol{u})$ 是 f 在 $\boldsymbol{x}_0$ 处次梯度 $\boldsymbol{s}$ 与方向 $\boldsymbol{u}$ 的内积的一个上界. 以下定理表明, $\partial f(\boldsymbol{x}_0; \boldsymbol{u})$ 是 f 在 $\boldsymbol{x}_0$ 处所有次梯度 $\boldsymbol{s}$ 与任意方向的内积的最大值.

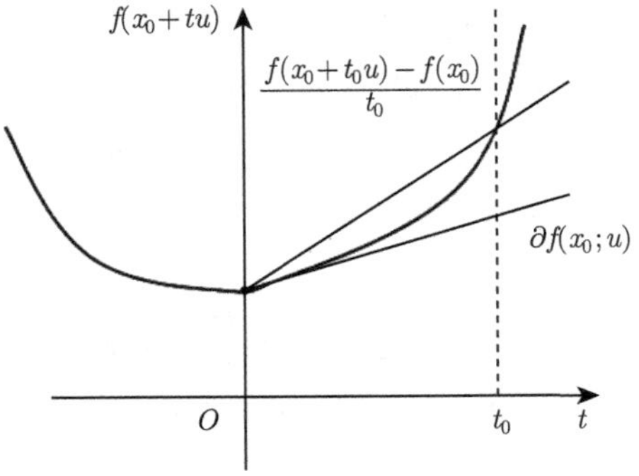

图 6.20 凸函数的方向导数

定理 6.41 Borwein's 定理

设 $f:\mathbb{R}^n\to\mathbb{R}\cup\{\infty\}$ 是适当的凸函数. 若 $\boldsymbol{x}_0\in\mathbf{dom}f$, 则任意给定方向 $\boldsymbol{u}\in\mathbb{R}^n$,

$$\partial f(\boldsymbol{x}_0;\boldsymbol{u})=\max_{\boldsymbol{s}\in\partial f(\boldsymbol{x}_0)}\boldsymbol{s}^\top\boldsymbol{u}.\tag{6.30}$$

♡

证明 根据 (6.29) 可知, 对任意的 $\boldsymbol{s}\in\partial f(\boldsymbol{x}_0)$, 有 $\partial f(\boldsymbol{x}_0;\boldsymbol{u})\geqslant\boldsymbol{s}^\top\boldsymbol{u}$. 因此, 我们只需证明存在 $\boldsymbol{s}_0\in\partial f(\boldsymbol{x}_0)$, 使得 $\partial f(\boldsymbol{x}_0;\boldsymbol{u})=\boldsymbol{s}_0^\top\boldsymbol{u}$.

记 $g(\boldsymbol{v})=\partial f(\boldsymbol{x}_0;\boldsymbol{v})$. 首先证明 $g(\boldsymbol{v})$ 是关于 $\boldsymbol{v}$ 的凸函数. 因为函数 $h(\boldsymbol{v},t)=t\Big(f\Big(\boldsymbol{x}_0+\dfrac{\boldsymbol{v}}{t}\Big)-f(\boldsymbol{x}_0)\Big)$ 是 $f(\boldsymbol{x}_0+\boldsymbol{v})-f(\boldsymbol{x}_0)$ 的透视函数, 所以由定理 6.22 知 $h(\boldsymbol{v},t)$ 是凸函数. 又

$$g(\boldsymbol{v})=\inf_{t_0>0}\frac{f(\boldsymbol{x}_0+t_0\boldsymbol{v})-f(\boldsymbol{x}_0)}{t_0}=\inf_{t>0}h(\boldsymbol{v},t),\tag{6.31}$$

其中 $t=\dfrac{1}{t_0}$, 故由定理 6.18 可得 $g(\boldsymbol{v})$ 是关于 $\boldsymbol{v}$ 的凸函数.

其次, 则由定理 6.38 可得 $\mathbf{dom}\ g=\mathbb{R}^n$. 故 $g(\boldsymbol{v})$ 在 $\mathbb{R}^n$ 中任意一点的次梯度存在. 对于给定方向 $\boldsymbol{u}\in\mathbb{R}^n$, 取 $\boldsymbol{s}_0\in\partial g(\boldsymbol{u})$, 则对任意的 $\boldsymbol{v}\in\mathbb{R}^n$, $\alpha\geqslant0$, 有

$$\alpha g(\boldsymbol{v})=g(\alpha\boldsymbol{v})\geqslant g(\boldsymbol{u})+\boldsymbol{s}_0^\top(\alpha\boldsymbol{v}-\boldsymbol{u}).$$

当 $\alpha\to+\infty$, 由上式可推得 $g(\boldsymbol{v})\geqslant\boldsymbol{s}_0^\top\boldsymbol{v}$. 而由 (6.31) 可得 $g(\boldsymbol{v})\leqslant h(\boldsymbol{v},1)=f(\boldsymbol{x}_0+\boldsymbol{v})-f(\boldsymbol{x}_0)$. 于是

$$f(\boldsymbol{x}_0+\boldsymbol{v})\geqslant f(\boldsymbol{x}_0)+g(\boldsymbol{v})\geqslant f(\boldsymbol{x}_0)+\boldsymbol{s}_0^\top\boldsymbol{v}.$$

这表明 $\boldsymbol{s}_0 \in \partial f(\boldsymbol{x}_0)$. 另一方面, 当 $\alpha = 0$ 时, 我们 $\boldsymbol{s}_0^\top \boldsymbol{u} \geqslant g(\boldsymbol{u}) = \partial f(\boldsymbol{x}_0; \boldsymbol{u})$. 这说明 $\boldsymbol{s}_0^\top \boldsymbol{u} = \partial f(\boldsymbol{x}_0; \boldsymbol{u})$, 即 (6.30) 成立. □

上述定理可对一般的 $\boldsymbol{x} \in \mathbf{dom} f$ 作如下推广: 设 f 为适当凸函数且在 $\boldsymbol{x}_0$ 处次微分不为空集, 则

$$\partial f(\boldsymbol{x}_0; \boldsymbol{u}) = \sup_{\boldsymbol{s} \in \partial f(\boldsymbol{x}_0)} \boldsymbol{s}^\top \boldsymbol{u}, \quad \forall \boldsymbol{u} \in \mathbb{R}^n,$$

且当 $\partial f(\boldsymbol{x}_0; \boldsymbol{u})$ 不为无穷时, 上确界可以取到.

下面, 我们给出如下的重要结论, 它给出了两个函数之和次微分的计算方法.

定理 6.42 Moreau-Rockafellar 定理

设 $f, g: \mathbb{R}^n \to \mathbb{R} \cup \{+\infty\}$ 是凸函数. 则对任意 $\boldsymbol{x}_0 \in \mathbb{R}^n$, 有

$$\partial f(\boldsymbol{x}_0) + \partial g(\boldsymbol{x}_0) \subseteq \partial (f+g)(\boldsymbol{x}_0).$$

进一步地, 若 $\mathbf{int}\ \mathbf{dom} f \cap \mathbf{dom}\ g \neq \varnothing$, 则对任意给定的 $\boldsymbol{x}_0 \in \mathbb{R}^n$, 有

$$\partial f(\boldsymbol{x}_0) + \partial g(\boldsymbol{x}_0) = \partial (f+g)(\boldsymbol{x}_0). \tag{6.32}$$

♡

证明 首先证明第一个结论. 设 $\boldsymbol{u} \in \partial f(\boldsymbol{x}_0)$, $\boldsymbol{v} \in \partial g(\boldsymbol{x}_0)$. 令 $\boldsymbol{w} = \boldsymbol{u} + \boldsymbol{v}$. 则对所有的 $\boldsymbol{x} \in \mathbb{R}^n$, 有 $f(\boldsymbol{x}) \geqslant f(\boldsymbol{x}_0) + \boldsymbol{u}^\top(\boldsymbol{x} - \boldsymbol{x}_0)$, $g(\boldsymbol{x}) \geqslant g(\boldsymbol{x}_0) + \boldsymbol{v}^\top(\boldsymbol{x} - \boldsymbol{x}_0)$. 进而

$$f(\boldsymbol{x}) + g(\boldsymbol{x}) \geqslant f(\boldsymbol{x}_0) + g(\boldsymbol{x}_0) + \boldsymbol{w}^\top(\boldsymbol{x} - \boldsymbol{x}_0),$$

这表明 $\boldsymbol{w} \in \partial(f+g)(\boldsymbol{x}_0)$. 这就证明了第一个结论. 下证第二个结论.

任取 $\boldsymbol{s} \in \partial(f+g)(\boldsymbol{x}_0)$. 注意到若 $f(\boldsymbol{x}_0) = +\infty$ 或 $g(\boldsymbol{x}_0) = +\infty$, 则 $(f+g)(\boldsymbol{x}_0) = +\infty$. 进而由次梯度定义可得对任意的 $\boldsymbol{x} \in \mathbb{R}^n$, $(f+g)(\boldsymbol{x}) \geqslant (f+g)(\boldsymbol{x}_0) + \boldsymbol{s}^\top(\boldsymbol{x} - \boldsymbol{x}_0)$, 这表明 $f + g \equiv +\infty$. 这与 $\mathbf{int}\ \mathbf{dom} f \cap \mathbf{dom}\ g \neq \varnothing$ 矛盾. 故可设 $f(\boldsymbol{x}_0), g(\boldsymbol{x}_0)$ 为有限值.

定义两个集合 $U_s, V \subseteq \mathbb{R}^n \times \mathbb{R}$ 如下:

$$U_s = \{(\boldsymbol{x} - \boldsymbol{x}_0, y) \in \mathbb{R}^n \times \mathbb{R} |\ y > f(\boldsymbol{x}) - f(\boldsymbol{x}_0) - \boldsymbol{s}^\top(\boldsymbol{x} - \boldsymbol{x}_0)\},$$

$$V = \{(\boldsymbol{x} - \boldsymbol{x}_0, y) \in \mathbb{R}^n \times \mathbb{R} |\ y \leqslant g(\boldsymbol{x}_0) - g(\boldsymbol{x})\}.$$

集合 U_s 和 V 是不相交的. 事实上, 假设 $(\boldsymbol{x} - \boldsymbol{x}_0, y) \in U_s \cap V$, 由定义可得

$$g(\boldsymbol{x}_0) - g(\boldsymbol{x}) \geqslant y > f(\boldsymbol{x}) - f(\boldsymbol{x}_0) - \boldsymbol{s}^\top(\boldsymbol{x} - \boldsymbol{x}_0),$$

这表明 $(f+g)(\boldsymbol{x})-(f+g)(\boldsymbol{x}_0)<\boldsymbol{s}^\top(\boldsymbol{x}-\boldsymbol{x}_0)$, 与 $\boldsymbol{s}\in\partial(f+g)(\boldsymbol{x}_0)$ 矛盾.

容易验证 U_s 和 V 是凸的. 因此, U_s 和 V 是不相交的凸集. 根据凸集分离定理, 存在非零向量 $(\boldsymbol{s}_0,a)\in\mathbb{R}^n\times\mathbb{R}$ 和 $b\in\mathbb{R}$, 使得

$$\boldsymbol{s}_0^\top(\boldsymbol{x}-\boldsymbol{x}_0)+ay\leqslant b,\quad \forall(\boldsymbol{x}-\boldsymbol{x}_0,y)\in U_s, \tag{6.33}$$

$$\boldsymbol{s}_0^\top(\boldsymbol{x}-\boldsymbol{x}_0)+ay\geqslant b,\quad \forall(\boldsymbol{x}-\boldsymbol{x}_0,y)\in V. \tag{6.34}$$

我们断言 $b=0$ 且 $a<0$. 因为 $(\boldsymbol{0},0)\in V$, 所以由 (6.34) 可得 $b\leqslant 0$. 而对任意的 $\varepsilon>0$, $(\boldsymbol{0},\varepsilon)\in U_s$, 进而由 (6.33) 可得 $a\varepsilon\leqslant b$. 于是 $a\leqslant 0$. 令 $\varepsilon\to 0$, 那么 $b\geqslant 0$. 故 $b=0$. 下证 $a<0$. 假设 $a=0$, 则由 (6.33) 和 (6.34) 可得 $\boldsymbol{s}_0^\top(\boldsymbol{x}-\boldsymbol{x}_0)=0$ 对所有的 $\boldsymbol{x}\in\mathbf{dom}f\cap\mathbf{dom}g$ 都成立. 若 $\boldsymbol{x}_1\in\mathbf{int}\ \mathbf{dom}f\cap\mathbf{dom}\ g$, 则 $\boldsymbol{s}_0^\top(\boldsymbol{x}_1-\boldsymbol{x}_0)=0$, 并且存在 $\delta>0$, 使得 $B(\boldsymbol{x}_1,\delta)\subseteq\mathbf{int}\ \mathbf{dom}f\cap\mathbf{dom}g$. 故对任意的 $\boldsymbol{z}\in B(\boldsymbol{x}_1,\delta)$, 有

$$\boldsymbol{s}_0^\top\boldsymbol{z}=\boldsymbol{s}_0^\top(\boldsymbol{x}_1+\boldsymbol{z}-\boldsymbol{x}_0)=0.$$

于是取 $\boldsymbol{z}=\dfrac{\delta\boldsymbol{s}_0}{2\|\boldsymbol{s}_0\|_2}$ 代入上式可得 $\boldsymbol{s}_0=\boldsymbol{0}$. 但这与 $(\boldsymbol{s}_0,a)$ 为非零向量矛盾. 因此 $a<0$.

此时, 令 $\boldsymbol{s}_1=-\dfrac{\boldsymbol{s}_0}{a}$. 则 (6.33) 和 (6.34) 可化为

$$\boldsymbol{s}_1^\top(\boldsymbol{x}-\boldsymbol{x}_0)\leqslant y,\quad \forall(\boldsymbol{x}-\boldsymbol{x}_0,y)\in U_s, \tag{6.35}$$

$$\boldsymbol{s}_1^\top(\boldsymbol{x}-\boldsymbol{x}_0)\geqslant y,\quad \forall(\boldsymbol{x}-\boldsymbol{x}_0,y)\in V. \tag{6.36}$$

取 $y=g(\boldsymbol{x}_0)-g(\boldsymbol{x})$, 由 (6.36) 可得 $-\boldsymbol{s}_1\in\partial g(\boldsymbol{x}_0)$, 取 $y=f(\boldsymbol{x})-f(\boldsymbol{x}_0)-\boldsymbol{s}_0^\top(\boldsymbol{x}-\boldsymbol{x}_0)+\varepsilon$, 由 (6.35) 可得 $\boldsymbol{s}+\boldsymbol{s}_1\in\partial f(\boldsymbol{x}_0)$. 因此,

$$\boldsymbol{s}=(\boldsymbol{s}+\boldsymbol{s}_1)+(-\boldsymbol{s}_1)\in\partial f(\boldsymbol{x}_0)+\partial g(\boldsymbol{x}_0).$$

这就证明了第二个结论. □

由 Moreau-Rockafellar 定理可得的凸函数的非负线性组合的次微分方法, 即将 (6.32) 推广为

$$\alpha\partial f(\boldsymbol{x}_0)+\beta\partial g(\boldsymbol{x}_0)=\partial(\alpha f+\beta g)(\boldsymbol{x}_0),\quad \alpha,\beta>0.$$

以下的两个结论建立了凸函数的最小值与次梯度的关系.

定理 6.43

设 $C \subseteq \mathbb{R}^n$ 是非空凸集, $f: C \to \mathbb{R} \cup \{\infty\}$ 是适当的凸函数. 则点 $\boldsymbol{x}_0$ 为 f 的全局最小值点当且仅当 $\mathbf{0} \in \partial f(\boldsymbol{x}_0)$. ♡

证明 设 $\mathbf{0} \in \partial f(\boldsymbol{x}_0)$. 则 $f(\boldsymbol{x}) - f(\boldsymbol{x}_0) \geqslant \mathbf{0}^\top(\boldsymbol{x} - \boldsymbol{x}_0) = 0$, 即 $f(\boldsymbol{x}) \geqslant f(\boldsymbol{x}_0)$, $\boldsymbol{x}_0$ 为全局最小值点. 反之, 若 $\boldsymbol{x}_0$ 为全局最小值点, 则由 $f(\boldsymbol{x}) \geqslant f(\boldsymbol{x}_0)$ 知, $f(\boldsymbol{x}) - f(\boldsymbol{x}_0) \geqslant \mathbf{0}^\top(\boldsymbol{x} - \boldsymbol{x}_0) = 0$, 即 $\mathbf{0} \in \partial f(\boldsymbol{x}_0)$. □

定理 6.44

设 $C \subseteq \mathbb{R}^n$ 是非空凸集, $f: \mathbb{R}^n \to \mathbb{R}$ 是凸函数. 则 $\boldsymbol{x}_0$ 为 f 在 C 中的最小值点当且仅当存在 $\boldsymbol{s} \in \partial f(\boldsymbol{x}_0)$, 使得对所有 $\boldsymbol{x} \in C$, 有 $\boldsymbol{s}^\top(\boldsymbol{x} - \boldsymbol{x}_0) \geqslant 0$. ♡

证明 考虑函数 $g = f + I_C$, 其中 I_C 示性函数. 因为 C 是凸集, 故 I_C 是凸函数, 进而 g 是凸函数. 若 $\boldsymbol{x}_0 \in C$ 为 f 的最小值点, 则 $\boldsymbol{x}_0$ 也是 g 的最小值点. 故由定理 6.43 可得, $\mathbf{0} \in \partial(f + I_C)(\boldsymbol{x}_0)$. 又

$$\textbf{int dom} f \cap \textbf{dom} I_C = \mathbb{R}^n \cap C = C,$$

故由 Moreau-Rockafellar 定理知

$$\partial f(\boldsymbol{x}_0) + \partial I_C(\boldsymbol{x}_0) = \partial(f + I_C)(\boldsymbol{x}_0).$$

因此, 我们可设 $\mathbf{0} = \boldsymbol{s} + \boldsymbol{z}$, 其中 $\boldsymbol{s} \in \partial f(\boldsymbol{x}_0)$, $\boldsymbol{z} \in \partial I_C(\boldsymbol{x}_0)$. 因为 $\boldsymbol{z} = -\boldsymbol{s}$, 所以对任意的 $\boldsymbol{x} \in C$, $I_C(\boldsymbol{x}) - I_C(\boldsymbol{x}_0) = 0 \geqslant -\boldsymbol{s}^\top(\boldsymbol{x} - \boldsymbol{x}_0)$. 故等价于 $\boldsymbol{s}^\top(\boldsymbol{x} - \boldsymbol{x}_0) \geqslant 0$. □

根据定理 6.17 可知, 一族凸函数的上确界函数仍为凸函数. 对于函数族上确界的次微分有如下重要结论.

定理 6.45 Dubovitskii-Milyutin 定理

设 $f_i: \mathbb{R}^n \to \mathbb{R}$ 是凸函数, $i = 1, \cdots, m$, 定义函数 f 如下:

$$f(\boldsymbol{x}) = \max_{1 \leqslant i \leqslant m} f_i(\boldsymbol{x}), \quad \forall \boldsymbol{x} \in \mathbb{R}^n.$$

对任意给定的 $\boldsymbol{x}_0 \in \bigcap_{i=1}^m \textbf{intdom} f_i$, 若记 $I(\boldsymbol{x}_0) = \{i |\ f_i(\boldsymbol{x}_0) = f(\boldsymbol{x}_0)\}$, 则

$$\textbf{conv}\left(\bigcup_{i \in I(\boldsymbol{x}_0)} \partial f_i(\boldsymbol{x}_0) \right) = \partial f(\boldsymbol{x}_0).$$

♡

证明　设 $i \in I(\boldsymbol{x}_0)$ 且 $\boldsymbol{s} \in \partial f_i(\boldsymbol{x}_0)$. 因为

$$f(\boldsymbol{x}) \geqslant f_i(\boldsymbol{x}) \geqslant f_i(\boldsymbol{x}_0) + \boldsymbol{s}^\top(\boldsymbol{x} - \boldsymbol{x}_0) = f(\boldsymbol{x}_0) + \boldsymbol{s}^\top(\boldsymbol{x} - \boldsymbol{x}_0),$$

所以 $\boldsymbol{s} \in \partial f(\boldsymbol{x}_0)$. 进而

$$\bigcup_{i \in I(\boldsymbol{x}_0)} \partial f_i(\boldsymbol{x}_0) \subseteq \partial f(\boldsymbol{x}_0).$$

由定理 6.36 可得

$$\mathbf{conv}\Bigg(\bigcup_{i \in I(\boldsymbol{x}_0)} \partial f_i(\boldsymbol{x}_0)\Bigg) \subseteq \partial f(\boldsymbol{x}_0). \tag{6.37}$$

下证

$$\mathbf{conv}\Bigg(\bigcup_{i \in I(\boldsymbol{x}_0)} \partial f_i(\boldsymbol{x}_0)\Bigg) \supseteq \partial f(\boldsymbol{x}_0). \tag{6.38}$$

我们用反证法证明 (6.38). 设 $\boldsymbol{s}_0 \in \partial f(\boldsymbol{x}_0)$. 假设 $\boldsymbol{s}_0 \notin \mathbf{conv}\big(\bigcup_{i \in I(\boldsymbol{x}_0)} \partial f_i(\boldsymbol{x}_0)\big)$. 一方面, 回忆定理 6.36 知 $\mathbf{conv}\big(\bigcup_{i \in I(\boldsymbol{x}_0)} \partial f_i(\boldsymbol{x}_0)\big)$ 是紧的闭凸集, 所以由严格分离定理 (定理 6.28) 可知, 存在 $\boldsymbol{w} \in \mathbb{R}^n$ 和 $a \in \mathbb{R}$, 使得对任意 $\boldsymbol{x} \in \mathbf{conv}\big(\bigcup_{i \in I(\boldsymbol{x}_0)} \partial f_i(\boldsymbol{x}_0)\big)$, 有 $\boldsymbol{w}^\top \boldsymbol{s}_0 > a \geqslant \boldsymbol{w}^\top \boldsymbol{x}$. 进而由定理 6.39 可得

$$\boldsymbol{w}^\top \boldsymbol{s}_0 > a \geqslant \max_{i \in I(\boldsymbol{x}_0)} \sup_{\boldsymbol{\eta} \in \partial f_i(\boldsymbol{x}_0)} \boldsymbol{w}^\top \boldsymbol{\eta} = \max_{i \in I(\boldsymbol{x}_0)} \partial f_i(\boldsymbol{x}_0; \boldsymbol{w}).$$

又

$$\begin{aligned}
\partial f(\boldsymbol{x}_0; \boldsymbol{w}) &= \lim_{t \downarrow 0} \frac{f(\boldsymbol{x}_0 + t\boldsymbol{w}) - f(\boldsymbol{x}_0)}{t} \\
&= \max_{i \in I(\boldsymbol{x}_0)} \lim_{t \downarrow 0} \frac{f_i(\boldsymbol{x}_0 + t\boldsymbol{w}) - f_i(\boldsymbol{x}_0)}{t} = \max_{i \in I(\boldsymbol{x}_0)} \partial f_i(\boldsymbol{x}_0; \boldsymbol{w}),
\end{aligned}$$

另一方面, 因为 $\boldsymbol{s}_0 \in \partial f(\boldsymbol{x}_0)$, 所以对 $t > 0$, 有 $f(\boldsymbol{x}_0 + t\boldsymbol{w}) - f(\boldsymbol{x}_0) \geqslant t\boldsymbol{s}_0^\top \boldsymbol{w}$, 进而 $\partial f(\boldsymbol{x}_0; \boldsymbol{w}) \geqslant \boldsymbol{w}^\top \boldsymbol{s}_0$, 这与 $\boldsymbol{w}^\top \boldsymbol{s}_0 > \partial f(\boldsymbol{x}_0; \boldsymbol{w})$ 矛盾. 因此, (6.38) 成立.

由 (6.37) 和 (6.38) 可得定理成立. □

由定理 6.18 可知, 凸函数的部分最小化函数也是凸函数. 凸函数的部分最小化的次梯度可以用如下结果进行求解.

定理 6.46

设函数 $g(\boldsymbol{x}) = \inf_{\boldsymbol{y}\in\mathbb{R}^m} f(\boldsymbol{x},\boldsymbol{y})$, 其中 $f:\mathbb{R}^{m+n} \to \mathbb{R}\cup\{+\infty\}$ 是关于 $(\boldsymbol{x},\boldsymbol{y})$ 的凸函数, $\boldsymbol{x}_0 \in \mathbb{R}^n$. 如果存在 $\boldsymbol{s} \in \mathbb{R}^n$ 使得 $(\boldsymbol{s},\boldsymbol{0}) \in \partial f(\boldsymbol{x}_0,\boldsymbol{y}_0)$, 其中 $\boldsymbol{y}_0 \in \mathbb{R}^m$ 满足 $f(\boldsymbol{x}_0,\boldsymbol{y}_0) = g(\boldsymbol{x}_0)$, 那么 $\boldsymbol{s} \in \partial g(\boldsymbol{x}_0)$. ♡

证明 根据次梯度定义, 对任意的 $\boldsymbol{x} \in \mathbb{R}^n$, $\boldsymbol{y} \in \mathbb{R}^m$, 我们有

$$f(\boldsymbol{x},\boldsymbol{y}) \geqslant f(\boldsymbol{x}_0,\boldsymbol{y}_0) + \boldsymbol{s}(\boldsymbol{x}-\boldsymbol{x}_0) + \boldsymbol{0}^\top(\boldsymbol{y}-\boldsymbol{y}_0) = f(\boldsymbol{x}_0) + \boldsymbol{s}^\top(\boldsymbol{x}-\boldsymbol{x}_0).$$

因此

$$g(\boldsymbol{x}) = \inf_{\boldsymbol{y}\in\mathbb{R}^m} f(\boldsymbol{x},\boldsymbol{y}) \geqslant f(\boldsymbol{x}_0) + \boldsymbol{s}^\top(\boldsymbol{x}-\boldsymbol{x}_0),$$

这说明 $\boldsymbol{s} \in \partial g(\boldsymbol{x}_0)$. □

最后, 我们利用次梯度给出两个凸函数的性质. 第一个结论证明了凸函数是仿射函数集的点态上确界.

定理 6.47

设 $f:\mathbb{R}^n \to \mathbb{R}$ 是凸函数. 则

$$f(\boldsymbol{x}) = \sup\left\{g(\boldsymbol{x})|\ g \text{ 仿射且 } g(\boldsymbol{x}) \leqslant f(\boldsymbol{x}) \text{ 对所有 } \boldsymbol{z}\in\mathbb{R}^n\right\}.$$ ♡

证明 由定义知, 显然有 $f(\boldsymbol{x}) \geqslant \sup\left\{g(\boldsymbol{x})|\ g \text{ 仿射且 } g(\boldsymbol{x}) \leqslant f(\boldsymbol{x}) \text{ 对所有 } \boldsymbol{z}\in\mathbb{R}^n\right\}$. 下证存在仿射函数 $g(\boldsymbol{x}) = f(\boldsymbol{x})$.

因为 $\mathbf{epi}(f)$ 为凸集, 所以 $\mathbf{epi}(f)$ 在 $(\boldsymbol{x}, f(\boldsymbol{x}))$ 处存在支撑超平面 $H = \{\boldsymbol{x}|\ \boldsymbol{a}^\top \boldsymbol{x} = b\}$, 其中 $(\boldsymbol{a},b)\neq\boldsymbol{0}$, 使得

$$\boldsymbol{a}^\top(\boldsymbol{x}-\boldsymbol{z}) + b(f(\boldsymbol{x})-\alpha) \leqslant 0, \quad \forall(\boldsymbol{z},\alpha)\in\mathbf{epi}(f).$$

若 $(\boldsymbol{z},\alpha)\in\mathbf{epi}(f)$, 则可设 $\alpha = f(\boldsymbol{z})+\beta$, $\beta\geqslant 0$. 于是

$$\boldsymbol{a}^\top(\boldsymbol{x}-\boldsymbol{z}) + b(f(\boldsymbol{x})-f(\boldsymbol{z})-\beta) \leqslant 0, \quad \forall\boldsymbol{z}\in\mathbb{R}^n, \beta\geqslant 0. \tag{6.39}$$

我们断言 $b>0$. 否则若 $b=0$, 由 (6.39) 知, $\boldsymbol{a}^\top(\boldsymbol{x}-\boldsymbol{z})\leqslant 0$ 对所有 $\boldsymbol{z}\in\mathbb{R}^n$ 都成立. 从而 $\boldsymbol{a}=\boldsymbol{0}$, 这与 $(\boldsymbol{a},b)\neq\boldsymbol{0}$ 矛盾. 因此, 在不等式 (6.39) 取 $\beta=0$ 可化为

$$g(\boldsymbol{z}) := f(\boldsymbol{x}) + \frac{1}{b}\boldsymbol{a}^\top(\boldsymbol{x}-\boldsymbol{z}) \leqslant f(\boldsymbol{z}), \quad \forall\boldsymbol{z}\in\mathbb{R}^n.$$

此时注意到 g 为仿射函数且 $g(\boldsymbol{x}) = f(\boldsymbol{x})$. □

利用上述结论, 我们可得到期望的条件 Jensen 不等式.

定理 6.48　条件 Jensen 不等式

设 $f:\mathbb{R}\to\mathbb{R}$ 是凸函数, (Ω,Σ,P) 为概率空间, X 为随机变量且满足 fX 是可积随机变量, 那么

$$E(fX|Y)\geqslant f(E(X|Y)).$$

♡

证明　由定理 6.44 知, 凸函数 $f:\mathbb{R}\to\mathbb{R}$ 是仿射函数序列 (f_n) 的点态上确界, 其中 $f_n(x)=a_nx+b_n$, $n\in\mathbb{N}$. 于是对 $\omega\in\Omega$, 我们有

$$f(X(\omega))\geqslant a_nX(\omega)+b_n.$$

因为 fX 是可积随机变量, 所以除了属于空事件 A_n 的某些 ω 可能例外, 对于其余所有的 $\omega\in\Omega$ 都成立,

$$E(fX|Y)(\omega)\geqslant E((a_nX(\omega)+b_n)|Y)(\omega)=a_nE(X|Y)(\omega)+b_n. \tag{6.40}$$

因为 $A=\bigcup_{n\in\mathbb{N}}A_n$ 也是空事件, 所以 (6.40) 也成立. 因此

$$E(fX|Y)(\omega)\geqslant\sup E((a_nX(\omega)+b_n)|Y)(\omega)=f(E(X|Y)(\omega)),$$

这就证明了条件 Jensen 不等式. □

习　题　6

1. 证明: 任一个仿射集合包含其中任意点的仿射组合.

2. 证明: 如果 C 是一个仿射集合并且 $\boldsymbol{x}_0\in C$, 那么集合

$$V=C-\boldsymbol{x}_0=\{\boldsymbol{x}-\boldsymbol{x}_0\mid\boldsymbol{x}\in C\}$$

是 $\mathbb{R}^n$ 的线性子空间, 即关于加法和数乘是封闭的.

3. 证明: $\mathbb{R}^n$ 的子集 C 是凸的当且仅当它包含它的元素的所有凸组合.

4. 设 $S_1\subseteq\mathbb{R}^p, S_2\subseteq\mathbb{R}^q$ 为凸集. 用定义证明 S_1 与 S_2 的笛卡儿积

$$S_1\times S_2=\{(\boldsymbol{x}_1,\boldsymbol{x}_2)\mid\boldsymbol{x}_1\in S_1,\ \boldsymbol{x}_2\in S_2\}$$

是凸的.

5. 如果 f 是严格凸的且 $\boldsymbol{x}_0\in\mathbf{intdom}f$, 则存在 $\boldsymbol{s}\in\mathbb{R}^n$, 使得对任意 $\boldsymbol{x}\in\mathbf{dom}f$, 有

$$f(\boldsymbol{x})-f(\boldsymbol{x}_0)>\boldsymbol{s}^\top(\boldsymbol{x}-\boldsymbol{x}_0).$$

6. 设 $f:\mathbb{R}^n\to\mathbb{R}\cup\{\infty\}$ 为适当的凸函数, 且 $\boldsymbol{x}\in\mathbf{intdom}f$. 证明对于任意 $0<t_1\leqslant t_2$, 有

$$\frac{f(\boldsymbol{x}+t_1\boldsymbol{y})-f(\boldsymbol{x})}{t_1}\leqslant\frac{f(\boldsymbol{x}+t_2\boldsymbol{y})-f(\boldsymbol{x})}{t_2}.$$

7. 求下列函数的共轭函数:

(1) **负熵** $\sum_{i=1}^{n} x_i \ln x_i$;

(2) **矩阵对数** $f(X) = -\ln(\det(X))$.

8. 证明:

(1) 令函数 $f_\beta : \mathbb{R}_+ \cup 0 \to \mathbb{R}$ 定义为 $f_\beta(x) = \dfrac{x - x^\beta}{1 - 2^{1-\beta}}$. 证明

(a) 对于任意的 $\beta \in [0,1) \cup (1,\infty)$, 函数 f_β 是凹函数;

(b) 对于任意的 x, $y \in \mathbb{R}^+ \cup 0$, 函数 f_β 满足**次可加性**, 即 $f_\beta(x+y) \leqslant f_\beta(x) + f_\beta(y)$.

(2) 令函数 $\mathbb{H}_\beta : S_n \to \mathbb{R}$ 定义为

$$\mathbb{H}_\beta(\boldsymbol{p}) = \frac{1}{1 - 2^{1-\beta}} \left(1 - \sum_{i=1}^{n} p_i^\beta\right),$$

其中 $\boldsymbol{p} \in S_n$, S_n 是 $\mathbb{R}^n$ 上的概率单纯形, 我们称函数 $\mathbb{H}_\beta$ 为 $\boldsymbol{p}$ 的 **$\boldsymbol{\beta}$-熵**, 证明:

(a) $\mathbb{H}_\beta(\boldsymbol{p}) = \sum_{i=1}^{n} f_\beta(p_i)$;

(b) 函数 f_β 是概率单纯形 S_n 上的凹函数;

(c) 对于任意的 $\boldsymbol{p} \in S_n$, 有

$$\mathbb{H}_\beta(\boldsymbol{p}) \leqslant \frac{1 - n^{1-\beta}}{1 - 2^{1-\beta}},$$

且 $\mathbb{H}_\beta(\boldsymbol{p})$ 的最大值在 $p_1 = p_2 = \cdots = p_n = \dfrac{1}{n}$ 处取得;

(d) 若令 $\mathbb{H}(\boldsymbol{p}) = 2(1 - ||\boldsymbol{p}||_2^2)$ 表示 $\boldsymbol{p}$ 的**香农熵**, 则 $\lim_{\beta \to 1} \mathbb{H}_\beta(\boldsymbol{p}) = \mathbb{H}(\boldsymbol{p})$.

9. 令 $C \subset \mathbb{R}^n$ 为下列二次不等式的解集,

$$C = \{\boldsymbol{x} \in \mathbb{R}^n \mid \boldsymbol{x}^\top A \boldsymbol{x} + \boldsymbol{b}^\top \boldsymbol{x} + c \leqslant 0\},$$

其中 $A \in \mathbb{R}^{n \times n}$, $\boldsymbol{b} \in \mathbb{R}^n$, $c \in \mathbb{R}$.

(1) 证明: 如果 $A \succeq 0$, 那么 C 是凸集;

(2) 证明: 如果对于某些 $\lambda \in \mathbb{R}$ 有 $A + \lambda \boldsymbol{g}\boldsymbol{g}^\top \succeq O$, 那么 C 和由 $\boldsymbol{g}^\top \boldsymbol{x} + h = 0 (\boldsymbol{g} \neq \boldsymbol{0})$ 定义的超平面的交集为凸集.

(3) 上述两个命题的逆命题是否成立?

10. 给出两个不相交的闭凸集不能被严格分离的例子.

11. (1) 将闭凸集 $\{\boldsymbol{x} \in \mathbb{R}_+^2 \mid x_1 x_2 \geqslant 1\}$ 表示为半空间的交集;

(2) 令 $C = \{\boldsymbol{x} \in \mathbb{R}^n \mid ||\boldsymbol{x}||_\infty \leqslant 1\}$ 表示 $\mathbb{R}^n$ 空间中的单位 l_∞-范数球, 并令 $\hat{\boldsymbol{x}}$ 为 C 边界上的点, 请显式地写出集合 C 在 $\hat{\boldsymbol{x}}$ 处的支撑超平面.

12. 已知函数 $f : \mathbb{R} \to \mathbb{R}$ 定义为 $f(x) = \sqrt{|x|}$. 证明函数 f 是拟凸函数而不是凸函数.

13. 令 S 是 $\mathbb{R}^n$ 上的一个非空凸集, 函数 $g : S \to \mathbb{R}$ 是 S 上的一个非负凸函数, 函数 $h : S \to \mathbb{R}$ 是 S 上的一个正凹函数. 函数 $f : S \to \mathbb{R}$ 定义为 $f(\boldsymbol{x}) = \dfrac{g(\boldsymbol{x})}{h(\boldsymbol{x})}$. 证明函数 f 是 S 上的拟凸函数.

14. 求下列函数的次梯度:

(1) 设 f_1, f_2 为凸可微函数, 令 $f(\boldsymbol{x}) = \max\{f_1(\boldsymbol{x}), f_2(\boldsymbol{x})\}$.

(a) 若 $f_1(\boldsymbol{x}) = f_2(\boldsymbol{x})$, 求 $\partial f(\boldsymbol{x})$;

(b) 若 $f_1(\boldsymbol{x}) > f_2(\boldsymbol{x})$, 求 $\partial f(\boldsymbol{x})$;

(c) 若 $f_1(\boldsymbol{x}) < f_2(\boldsymbol{x})$, 求 $\partial f(\boldsymbol{x})$.

(2) 分段线性函数: 令 $f(\boldsymbol{x}) = \max\limits_{1 \leqslant i \leqslant m} \{\boldsymbol{a}_i^\top \boldsymbol{x} + b_i\}$, 其中 $\boldsymbol{x}$, $\boldsymbol{a}_i \in \mathbb{R}^n$, $b_i \in \mathbb{R}$, $1 \leqslant i \leqslant m$, 求 $\partial f(\boldsymbol{x})$.

(3) l_1 范数: 定义 $f: \mathbb{R}^n \to \mathbb{R}$ 为 l_1 范数, 则对 $\boldsymbol{x} = [x_1, x_2, \cdots, x_n]^\top \in \mathbb{R}^n$, 有

$$f(\boldsymbol{x}) = ||\boldsymbol{x}||_1 = \max_{\boldsymbol{s} \in \{-1,1\}^n} \boldsymbol{s}^\top \boldsymbol{x}.$$

求 $\partial f(\boldsymbol{x})$.

15. 求下列函数的次梯度:

(1) 设 C 是 $\mathbb{R}^n$ 中的闭凸集, $f(\boldsymbol{x}) = \inf\limits_{\boldsymbol{y} \in C} ||\boldsymbol{x} - \boldsymbol{y}||_2, \quad \boldsymbol{x} \in \mathbb{R}^n$.

(2) 设 $\boldsymbol{b} \in \mathbb{R}^n$, $A \in \mathbb{R}^{n \times n}$, $f(\boldsymbol{x}) = ||A\boldsymbol{x} - \boldsymbol{b}||_2 + ||\boldsymbol{x}||_2, \quad \boldsymbol{x} \in \mathbb{R}^n$.

Chapter

第 7 章 优化理论

第7章课件

在机器学习中, 绝大多数算法最后都归结于求解最优化问题, 进而确定模型参数或直接获得预测结果. 优化技术在聚类、回归、分类等领域具有广泛的应用, 在机器学习中占有重要地位. 在本章, 我们介绍最基本的优化理论, 在讨论了局部极值、上升方向和下降方向等基本问题后, 给出一般优化问题、非光滑优化问题和光滑优化问题, 最后介绍拉格朗日对偶理论, 给出了弱对偶和强对偶的相关定理.

7.1 最优化问题

7.1.1 局部极值的最优化条件

设 $C \subseteq \mathbb{R}^n$ 为开集, $f : C \to \mathbb{R}$ 是函数, $\boldsymbol{x}_0 \in C$. 如果存在 $\delta > 0$, 使得 $B(\boldsymbol{x}_0, \delta) \subseteq C$ 且对每个 $\boldsymbol{x} \in B(\boldsymbol{x}_0, \delta) \setminus \{\boldsymbol{x}_0\}$ 有

$$f(\boldsymbol{x}_0) \leqslant f(\boldsymbol{x}). \tag{7.1}$$

那么我们称 $\boldsymbol{x}_0$ 为 f 的**局部极小值点**. 若将 (7.1) 中的 “$\leqslant$” 分别替换为 “$<$”、“$\geqslant$” 和 “$>$”, 我们分别称 $\boldsymbol{x}_0$ 为 f 的**严格局部极小值点**、**局部极大值点**和**严格局部极大值点**. 若函数 $f : C \to \mathbb{R}$ 存在局部极小值或局部极大值, 则称 f 有**局部极值**.

显然, 如果从定义出发去判断某个点是否为局部极值点是比较困难的. 因此, 需要用简单的方式来验证某个点是否为极值点, 通常称为最优性条件, 主要包含一阶和二阶条件.

定理 7.1 一阶必要条件

设 $C \subseteq \mathbb{R}^n$ 为开集且 $f : C \to \mathbb{R}$ 是可微函数. 若 $\boldsymbol{x}_0$ 是 f 的局部极值点, 则

$$\nabla f(\boldsymbol{x}_0) = \boldsymbol{0}.$$

♡

证明 设 $\boldsymbol{x}_0$ 为 f 的局部极值点. 对任意给定的 $\boldsymbol{h} \in C$, 考虑函数 $g : \mathbb{R} \to \mathbb{R}$, 其中 $g(t) = f(\boldsymbol{x}_0 + t\boldsymbol{h})$. 由 $\boldsymbol{x}_0$ 为局部极值点知, g 是可微的且在 $t = 0$ 处有局部极值. 进而 $g'(0) = 0$ 且

$$g'(0) = \lim_{t \to 0} \frac{g(t) - g(0)}{t} = \lim_{t \to 0} \frac{f(\boldsymbol{x}_0 + t\boldsymbol{h}) - f(\boldsymbol{x}_0)}{t} = \nabla f(\boldsymbol{x}_0)^\top \boldsymbol{h} = 0. \tag{7.2}$$

这就说明 f 的局部极值点处的 Gâteaux 微分为零. 从 $\boldsymbol{h}$ 的任意性以及 (7.2) 可知, 局部极值点 $\boldsymbol{x}_0$ 处的梯度 $\nabla f(\boldsymbol{x}_0) = \boldsymbol{0}$. □

通常, 我们称满足 $\nabla f(\boldsymbol{x}_0) = \boldsymbol{0}$ 的点 $\boldsymbol{x}_0$ 为 f 的**驻点** (有时也称为稳定点或临界点). 显然, 如果 $\boldsymbol{x}_0$ 为 f 的驻点, 我们未必能够得到 $\boldsymbol{x}_0$ 为局部极值点. 例如一元函数 $f(x) = x^3$ 的驻点为 $x = 0$, 但 $x = 0$ 不是局部极值点. 故上述条件 $\nabla f(\boldsymbol{x}_0) = \boldsymbol{0}$ 仅仅是可微函数 f 的必要条件.

函数的局部极值与方向导数关系紧密. 为此, 我们需要介绍下降和上升方向.

定义 7.1 可行方向

设 $U \subseteq \mathbb{R}^n$ 为开集且 $\boldsymbol{x}_0 \in U$. 若 U 中的向量 $\boldsymbol{d}$ 满足 $\boldsymbol{d} \neq \boldsymbol{0}$, 且存在 $\delta > 0$, 使得对任意的 $t \in [0, \delta]$, 有 $\boldsymbol{x}_0 + t\boldsymbol{d} \in U$, 则称 $\boldsymbol{d}$ 为 U 在 $\boldsymbol{x}_0$ 处的可行方向. ♣

记 $\mathrm{FD}(U, \boldsymbol{x}_0)$ 为 $\boldsymbol{x}_0$ 处的所有可行方向的集合. 若 $\boldsymbol{x}_0 \in \mathbf{int}\, U$, 则存在 $\delta > 0$, 使得 $B(\boldsymbol{x}_0, \delta) \subseteq U$. 于是每个方向 $\boldsymbol{d}$ 均为可行的.

定义 7.2 下降和上升方向

设 $U \subseteq \mathbb{R}^n$ 为开集, $f : U \to \mathbb{R}$ 是函数, $\boldsymbol{x}_0 \in \mathbf{cl}(U)$, $\boldsymbol{d} \in U$. 若存在 $\delta > 0$, 使得对任意的 $t \in (0, \delta]$, 有

$$f(\boldsymbol{x}_0 + t\boldsymbol{d}) < f(\boldsymbol{x}_0),$$

则称 $\boldsymbol{d}$ 为 $\boldsymbol{x}_0$ 处的下降方向. 若存在 $\delta > 0$, 使得对任意的 $t \in (0, \delta]$, 有

$$f(\boldsymbol{x}_0 + t\boldsymbol{d}) > f(\boldsymbol{x}_0),$$

则称 $\boldsymbol{d}$ 为 $\boldsymbol{x}_0$ 处的上升方向.

♣

在 $\boldsymbol{x}_0$ 处的所有下降方向的集合记为 $\mathrm{DD}(f,\boldsymbol{x}_0)$, 所有上升方向的集合记为 $\mathrm{AD}(f,\boldsymbol{x}_0)$. 对于 $\boldsymbol{x}_0$ 的上升和下降方向, 数 δ 取决于方向 $\boldsymbol{d}$.

以下几个结论刻画了可微函数的方向导数与上升下降方向以及局部极值的关系.

定理 7.2

设 $U\subseteq\mathbb{R}^n$ 为开集且 $f:U\to\mathbb{R}$ 是可微函数, $\boldsymbol{x}_0\in U$, $\boldsymbol{d}$ 为 $\boldsymbol{x}_0$ 处的可行方向. 若

$$\nabla f(\boldsymbol{x}_0)^\top\boldsymbol{d}<0\quad(\nabla f(\boldsymbol{x}_0)^\top\boldsymbol{d}>0),$$

则 $\boldsymbol{d}$ 为 $\boldsymbol{x}_0$ 处的下降方向 (上升方向). ♡

证明 我们只证明情形 $\nabla f(\boldsymbol{x}_0)^\top\boldsymbol{d}<0$. 因为 f 在 x_0 处可微, 所以由 (4.33) 可得

$$f(\boldsymbol{x}_0+t\boldsymbol{d})-f(\boldsymbol{x}_0)=t\nabla f(\boldsymbol{x}_0)^\top\boldsymbol{d}+o(t\boldsymbol{d}),\quad t\geqslant 0.$$

进而, 对于充分小的 t, 有 $f(\boldsymbol{x}_0+t\boldsymbol{d})-f(\boldsymbol{x}_0)<0$, 即 $\boldsymbol{d}$ 为 $\boldsymbol{x}_0$ 的下降方向. □

定理 7.3

设 $U\subseteq\mathbb{R}^n$ 为开集且 $f:U\to\mathbb{R}$ 是可微连续函数. 若 $\boldsymbol{x}_0$ 是 f 的局部极小值点, 则对任意的 $\boldsymbol{x}_0$ 处的可行方向 $\boldsymbol{d}$, 有

$$\nabla f(\boldsymbol{x}_0)^\top\boldsymbol{d}\geqslant 0.$$

♡

证明 由题意知, 存在 $\delta>0$, 使得对任意的 $t\in[0,\delta]$, 有 $\boldsymbol{x}_0+t\boldsymbol{d}\in U$. 考虑一元函数

$$g:[0,\delta]\to\mathbb{R},\quad g(t)=f(\boldsymbol{x}_0+t\boldsymbol{d}).$$

显然, g 在 $t=0$ 处取得局部极小值, 进而 $g'(0)\geqslant 0$. 而

$$g'(0)=\nabla f(\boldsymbol{x}_0)^\top\boldsymbol{d}=\partial f(\boldsymbol{x}_0;\boldsymbol{d})\geqslant 0.$$

□

定理 7.3 表明, 当 $\boldsymbol{x}_0$ 是 f 的局部极小值点时, 对任意的可行方向 $\boldsymbol{d}$, 方向导数 $\partial f(\boldsymbol{x}_0;\boldsymbol{d})\geqslant 0$. 类似地可得, 当 $\boldsymbol{x}_0$ 是 f 的局部极大值点时, 对任意的可行方向 $\boldsymbol{d}$, 有

$$\partial f(\boldsymbol{x}_0;\boldsymbol{d})=\nabla f(\boldsymbol{x}_0)^\top\boldsymbol{d}\leqslant 0.$$

同时, 定理 7.3 表明: 如果 $\boldsymbol{x}_0$ 是可微连续函数 f 的局部极小值点, 那么

$$\mathrm{FD}(U,\boldsymbol{x}_0)\cap\mathrm{DD}(f,\boldsymbol{x}_0)=\varnothing. \tag{7.3}$$

如果一阶必要条件满足, 仍然不能确定当前点是否为局部极值点, 有些时候可以考虑使用二阶信息来进一步判断给定点的最优化条件.

定理 7.4　二阶充分条件

设 $f: B(\boldsymbol{x}_0,\delta) \to \mathbb{R}$ 是二阶连续可微函数, 其中 $B(\boldsymbol{x}_0,\delta) \subseteq \mathbb{R}^n$, $\boldsymbol{x}_0$ 是 f 的驻点. 如果 Hessian 矩阵 $H_f(\boldsymbol{x}_0)$ 是正定的, 那么 $\boldsymbol{x}_0$ 是 f 的严格局部极小值点. ♡

证明　因为 f 是二阶连续可微函数, 所以由多元 Taylor 公式 (4.36) 可得

$$f(\boldsymbol{x}) = f(\boldsymbol{x}_0) + \nabla f(\boldsymbol{x}_0)^\top \boldsymbol{h} + \frac{1}{2}\boldsymbol{h}^\top H_f(\boldsymbol{x}_0+\theta\boldsymbol{h})\boldsymbol{h},$$

其中 $\boldsymbol{h} = \boldsymbol{x} - \boldsymbol{x}_0$ 满足 $||\boldsymbol{h}|| \leqslant \delta$. 又 $\boldsymbol{x}_0$ 是 f 的驻点, 即 $\nabla f(\boldsymbol{x}_0) = \boldsymbol{0}$, 故

$$f(\boldsymbol{x}) = f(\boldsymbol{x}_0) + \frac{1}{2}\boldsymbol{h}^\top H_f(\boldsymbol{x}_0+\theta\boldsymbol{h})\boldsymbol{h}.$$

如果 Hessian 矩阵 $H_f(\boldsymbol{x}_0)$ 是正定的, 那么对任意的 $\boldsymbol{h} \in \mathbb{R}^n$, 有 $\boldsymbol{h}^\top H_f(\boldsymbol{x}_0)\boldsymbol{h} > 0$. 注意到 f 是二阶可微连续函数. 从而对充分小的 θ, $H_f(\boldsymbol{x}_0+\theta\boldsymbol{h})$ 也是正定的, 进而 $f(\boldsymbol{x}) > f(\boldsymbol{x}_0)$. 这意味着 $\boldsymbol{x}_0$ 是 f 的严格局部极小值点. □

类似地, 如果 Hessian 矩阵 $H_f(\boldsymbol{x}_0)$ 是半正定的、负定的、半负定的, 我们可得 $\boldsymbol{x}_0$ 是 f 的局部极小值点、严格局部极大值点、局部极大值点.

定理 7.5　二阶必要条件

设 $f: B(\boldsymbol{x}_0,\delta) \to \mathbb{R}$ 是二阶连续可微函数, 其中 $B(\boldsymbol{x}_0,\delta) \subseteq \mathbb{R}^n$, $\boldsymbol{x}_0$ 是 f 的驻点. 如果 $\boldsymbol{x}_0$ 是 f 的局部极小值点, 那么 Hessian 矩阵 $H_f(\boldsymbol{x}_0)$ 是半正定的. ♡

证明　因为 f 是二阶连续可微函数, 所以我们考虑 $\boldsymbol{x}_0$ 附近的多元 Taylor 展开, 并注意到 $\nabla f(\boldsymbol{x}_0) = \boldsymbol{0}$, 可得

$$f(\boldsymbol{x}_0+\boldsymbol{h}) = f(\boldsymbol{x}_0) + \frac{1}{2}\boldsymbol{h}^\top H_f(\boldsymbol{x}_0)\boldsymbol{h} + o(||\boldsymbol{h}||^2). \tag{7.4}$$

其中 $\boldsymbol{h} \to \boldsymbol{0}$. 假设 $H_f(\boldsymbol{x}_0)$ 不是半正定的. 则 $H_f(\boldsymbol{x}_0)$ 存在负特征值. 设 $\lambda < 0$ 是 $H_f(\boldsymbol{x}_0)$ 的特征值, $\boldsymbol{h}_0$ 是 λ 对应的特征向量. 此时, 由 (7.4) 可得

$$\frac{f(\boldsymbol{x}_0+\boldsymbol{h}_0) - f(\boldsymbol{x}_0)}{||\boldsymbol{h}_0||^2} = \frac{1}{2}\frac{\boldsymbol{h}_0^\top}{||\boldsymbol{h}_0||}H_f(\boldsymbol{x}_0)\frac{\boldsymbol{h}_0}{||\boldsymbol{h}_0||} + o(1) = \frac{1}{2}\lambda + o(1).$$

故当 $\boldsymbol{h}_0 \to \boldsymbol{0}$ 时, 由 $\lambda < 0$ 可得 $f(\boldsymbol{x}_0 + \boldsymbol{h}_0) - f(\boldsymbol{x}_0) < 0$. 这说明 $\boldsymbol{h}_0 \in \mathrm{DD}(f, \boldsymbol{x}_0)$, 这与 (7.3) 矛盾. 因此, $H_f(\boldsymbol{x}_0)$ 是半正定的. □

如果 $\boldsymbol{x}_0$ 满足一阶必要条件 $\nabla f(\boldsymbol{x}_0) = \boldsymbol{0}$, 但其 Hessian 矩阵 $H_f(\boldsymbol{x}_0)$ 不是半正定的, 那么 $\boldsymbol{x}_0$ 不是局部极值点, 并称 $\boldsymbol{x}_0$ 是**鞍点**. 一阶和二阶最优条件都是关于局部极值的判断, 对于给定全局极值情形, 我们往往需要借助实际问题的性质.

如果 f 是可微凸函数, 由定理 6.13 可知, 局部极值为全局极值. 例如, 在例 4.3 中, 我们给出了线性最小二乘问题的正则化情形的全局最小值点, 将目标函数的最小值问题转化为求解线性方程组, 进而可利用数值代数的知识进行有效求解.

例 7.1 设 $f: \mathbb{R}^n \to \mathbb{R}$ 定义如下:

$$f(\boldsymbol{x}) = \sum_{i=1}^{m} ||\boldsymbol{x} - \boldsymbol{a}_i||^2, \quad \boldsymbol{x} \in \mathbb{R}^n,$$

其中 $\boldsymbol{a}_1, \boldsymbol{a}_2, \cdots, \boldsymbol{a}_m \in \mathbb{R}^n$. 我们将证明当 $\boldsymbol{x}$ 为集合 $\{\boldsymbol{a}_1, \boldsymbol{a}_2, \cdots, \boldsymbol{a}_m\}$ 重心时, f 取得全局最小值. 事实上, 我们有

$$\nabla f(\boldsymbol{x}) = 2\sum_{i=1}^{m}(\boldsymbol{x} - \boldsymbol{a}_i) = 2m\boldsymbol{x} - 2\sum_{i=1}^{m}\boldsymbol{a}_i.$$

这表明重心

$$\boldsymbol{x}_0 = \frac{1}{m}\sum_{i=1}^{m}\boldsymbol{a}_i$$

是 f 唯一的驻点. 又 Hessian 矩阵 $H_f = 2mI$ 是正定的, 故该驻点是局部极小值点. 进一步地, 因为 f 是凸函数, 所以由定理 6.13 知, 重心 $\boldsymbol{x}_0$ 为全局极小值点. □

7.1.2 最优化问题的一般形式

一般的最优化问题可写成如下形式:

$$\begin{aligned} &\min\ f(\boldsymbol{x}), \\ &\text{s.t. } \boldsymbol{c}(\boldsymbol{x}) \leqslant \boldsymbol{0}, \quad \boldsymbol{d}(\boldsymbol{x}) = \boldsymbol{0}, \end{aligned} \tag{7.5}$$

其中 $\boldsymbol{x} = [x_1, \cdots, x_n]^\top \in \mathbb{R}^n$ 称为问题的**优化变量**, 函数 $f: \mathbb{R}^n \to \mathbb{R}$ 称为**目标函数**, 函数 $\boldsymbol{c}: \mathbb{R}^n \to \mathbb{R}^m$, 称为**不等式约束函数**, 函数 $\boldsymbol{d}: \mathbb{R}^n \to \mathbb{R}^l$ 称为**等式约束函数**, 集合

$$\mathcal{X} = \{\boldsymbol{x} \in \mathbb{R}^n |\ \boldsymbol{c}(\boldsymbol{x}) \leqslant \boldsymbol{0}, \boldsymbol{d}(\boldsymbol{x}) = \boldsymbol{0}\} \tag{7.6}$$

称为优化问题 (7.5) 的**可行区域**或**约束集合**, 可行域中包含的点称为**可行点**. 有时为了方便, 我们可将问题 (7.5) 简写为

$$\min_{\boldsymbol{x}\in\mathbb{R}^n} f(\boldsymbol{x}), \quad \text{s.t. } \boldsymbol{c}(\boldsymbol{x}) \leqslant \boldsymbol{0}, \quad \boldsymbol{d}(\boldsymbol{x}) = \boldsymbol{0}.$$

在所有满足约束条件的优化变量中, 使目标函数取最小值的变量 $\boldsymbol{x}_0$ 称为优化问题 (7.5) 的**最优解**, 即对任意 $\boldsymbol{x} \in \mathcal{X}$ 均有 $f(\boldsymbol{x}) \geqslant f(\boldsymbol{x}_0)$. 通常, 我们会通过如下写法表示最优解

$$\arg\min_{\boldsymbol{x}\in\mathcal{X}} f(\boldsymbol{x}).$$

在可行区域 $\mathcal{X}$ 上, 函数 f 的最小值 $\min f$ 不一定存在, 即优化问题 (7.5) 的最优解是不一定存在的. 但其下确界 $\inf f$ 总是存在的. 因此, 当目标函数的最小值不存在时, 我们便关注其下确界, 将 (7.5) 中的 $\min f$ 替换为 $\inf f$.

最优化问题 (7.5) 的具体形式非常多, 人们通常按照目标函数、约束函数以及解的性质将其分类. 当目标函数和约束函数均为线性函数时, 问题 (7.5) 称为**线性规划**; 若优化问题不是线性的称为**非线性规划**. 如果目标函数和约束函数均为凸函数, 优化问题 (7.5) 称为**凸优化问题**, 否则称为**非凸优化问题**.显然线性规划也是凸优化问题. 如果目标函数是二次函数, 约束函数为线性函数, 则称为**二次规划**.

如果 $\mathcal{X} = \mathbb{R}^n$, 优化问题 (7.5) 称为**无约束优化问题**. 如果 $\mathcal{X} \neq \mathbb{R}^n$, 优化问题 (7.5) 称为**约束优化问题**. 在约束优化问题中, 等式约束可以被不等式约束所取代. 事实上, 等式约束 $\boldsymbol{d}(\boldsymbol{x}) = \boldsymbol{0}$ 可以替换为 $\boldsymbol{d}(\boldsymbol{x}) \leqslant \boldsymbol{0}$ 和 $-\boldsymbol{d}(\boldsymbol{x}) \leqslant \boldsymbol{0}$ 两个不等式约束. 但是, 如果我们假设所有等式约束必须是凸的 (或凹的), 那么这种变换是不适用的, 因为这种变换可能引入违反凸性 (或凹性) 的约束.

如果优化问题 (7.5) 仅有不等式约束, 那么可行区域为

$$\mathcal{X} = \{\boldsymbol{x} \in \mathbb{R}^n |\ \boldsymbol{c}(\boldsymbol{x}) \leqslant \boldsymbol{0}\}. \tag{7.7}$$

设 $\boldsymbol{c}(\boldsymbol{x}) = [c_1(\boldsymbol{x}), \cdots, c_m(\boldsymbol{x})]^\top$. 对任意给定的 $\boldsymbol{x} \in \mathcal{X}$, 集合

$$\mathcal{A}(\boldsymbol{c}, \boldsymbol{x}) = \{\ i \mid c_i(\boldsymbol{x}) = 0,\ i = 1, \cdots, m\} \tag{7.8}$$

称为点 $\boldsymbol{x}$ 处的**主动约束集**. 如果 $i \in \mathcal{A}(\boldsymbol{c}, \boldsymbol{x})$, 那么称 c_i 是 $\boldsymbol{x}$ 的一个**主动约束**, 或者称 c_i 在 $\boldsymbol{x}$ 处是紧的. 否则, 如果 $c_i(\boldsymbol{x}) < 0$, 则称 c_i 是 $\boldsymbol{x}$ 的一个**非主动约束**.

7.2 非光滑优化与光滑优化

在本节中, 我们主要从函数是否光滑 (可微) 的角度来叙述优化问题 (7.5) 相关的优化条件.

7.2.1 非光滑优化

在本小节, 我们主要考虑只有不等式约束的最小化问题

$$\min\ f(\boldsymbol{x}),$$
$$\text{s.t. } \boldsymbol{x} \in \mathcal{X}, \tag{7.9}$$

其中 $\mathcal{X} = \{\boldsymbol{x} \in \mathbb{R}^n | \ \boldsymbol{c}(\boldsymbol{x}) \leqslant \boldsymbol{0}\}$. 如果 $\boldsymbol{x}_0 \in \mathcal{X}$ 是最小化问题 (7.9) 的一个**最优解** (简称**解**), 那么

$$f(\boldsymbol{x}_0) = \min\{f(\boldsymbol{x}) \mid \boldsymbol{x} \in \mathcal{X}\}.$$

如果目标函数和约束函数不涉及光滑性, 那么我们首要尝试利用凸性给出优化问题的最优性条件. 如下定理表明, 如果目标函数和可行区域都具有凸性, 那么最小化问题的解集也是凸的.

定理 7.6

如果 f 是凸函数, 可行域 $\mathcal{X}$ 是凸集, 那么最小化问题 (7.9) 的解集也是凸集. ♡

证明 假设 $\boldsymbol{u}, \boldsymbol{v} \in \mathcal{X}$ 是 (7.9) 的两个解. 则

$$f(\boldsymbol{u}) = f(\boldsymbol{v}) = \min\{f(\boldsymbol{x}) \mid \boldsymbol{c}(\boldsymbol{x}) \leqslant \boldsymbol{0}\}.$$

因为 $\mathcal{X}$ 是凸的, 所以对任意的 $t \in [0,1]$, 有 $(1-t)\boldsymbol{u} + t\boldsymbol{v} \in \mathcal{X}$. 于是由 f 是凸函数可得

$$f((1-t)\boldsymbol{u} + t\boldsymbol{v}) \leqslant (1-t)f(\boldsymbol{u}) + tf(\boldsymbol{v}) = \min\{f(\boldsymbol{x}) \mid \boldsymbol{c}(\boldsymbol{x}) \leqslant \boldsymbol{0}\},$$

因此, $(1-t)\boldsymbol{u} + t\boldsymbol{v}$ 也是 (7.9) 的一个解. □

推论 7.1

设 $\boldsymbol{x}_0$ 是最小化问题 (7.9) 的一个解且可行域 $\mathcal{X}$ 是凸集. 如果 f 在点 $\boldsymbol{x}_0$ 处是严格凸函数, 那么 $\boldsymbol{x}_0$ 是 (7.9) 的唯一解. ♡

证明 假设 $\boldsymbol{x}_1$ 是 (7.9) 的另一个解. 则

$$f(\boldsymbol{x}_0) = f(\boldsymbol{x}_1) = \min\{f(\boldsymbol{x}) \mid \boldsymbol{c}(\boldsymbol{x}) \leqslant \boldsymbol{0}\}.$$

因为 $\mathcal{X}$ 是凸的, 所以由定理 7.6 知, 对任意的 $t \in (0,1)$, $(1-t)\boldsymbol{x}_0 + t\boldsymbol{x}_1 \in \mathcal{X}$. 而 f 在 $\boldsymbol{x}_0$ 点处是严格凸函数告诉我们

$$f((1-t)\boldsymbol{x}_0 + t\boldsymbol{x}_1) < (1-t)f(\boldsymbol{x}_0) + tf(\boldsymbol{x}_1) = f(\boldsymbol{x}_0),$$

这与 $f(\boldsymbol{x}_0)$ 是最小值矛盾. □

在实际应用中, 人们一般对全局最小值点感兴趣, 但由于许多最优化条件和优化算法不足以区分全局最小值点和局部极小值点, 使得我们不得不满足于局部极小值点. 这可能是许多实际问题中存在的一个主要困难. 只有不等式约束的局部最小化问题描述如下.

设 $f:\mathbb{R}^n\longrightarrow\mathbb{R}$ 和 $\boldsymbol{c}:\mathbb{R}^n\longrightarrow\mathbb{R}^m$ 为给定的函数. **局部最小化问题**是指寻找 $\mathcal{X}=\{\boldsymbol{x}\in\mathbb{R}^n|\ \boldsymbol{c}(\boldsymbol{x})\leqslant\boldsymbol{0}\}$ 上 $f(\boldsymbol{x})$ 的局部极小值点, 即寻找满足如下条件的 $\boldsymbol{x}_0\in\mathcal{X}$: 存在 $\delta>0$, 使得

$$f(\boldsymbol{x}_0)\leqslant f(\boldsymbol{x}),\quad \forall\,\boldsymbol{x}\in B(\boldsymbol{x}_0,\delta)\cap\mathcal{X}.$$

下面的定理说明了最小化问题与局部最小化问题的关系.

定理 7.7

(1) 如果 $\boldsymbol{x}_0$ 是最小化问题 (7.9) 的解, 那么 $\boldsymbol{x}_0$ 也是局部最小化问题的解.

(2) 如果 $\mathcal{X}$ 是凸集, $\boldsymbol{x}_0$ 是局部最小化问题的解且 f 在 $\boldsymbol{x}_0$ 处是局部凸的, 那么 $\boldsymbol{x}_0$ 也是最小化问题 (7.9) 的解. ♡

证明　定理的第一部分是显然的, 下证第二部分. 由 $\boldsymbol{x}_0$ 是局部最小化问题的解可知: 存在 $\delta>0$, 使得对任意的 $\boldsymbol{x}\in B(\boldsymbol{x}_0,\delta)\cap\mathcal{X}$ 满足 $f(\boldsymbol{x}_0)\leqslant f(\boldsymbol{x})$. 下面我们只需证明对任意的 $\boldsymbol{y}\in\mathcal{X}$, 有 $f(\boldsymbol{x}_0)\leqslant f(\boldsymbol{y})$.

现任取 $\boldsymbol{y}\in\mathcal{X}$. 因为 $\mathcal{X}$ 是凸的, 所以对任意的 $t\in(0,1]$, $(1-t)\boldsymbol{x}_0+t\boldsymbol{y}\in\mathcal{X}$. 若 $t<\dfrac{\delta}{\|\boldsymbol{y}-\boldsymbol{x}_0\|}$, 则有

$$\|(\boldsymbol{x}_0+t(\boldsymbol{y}-\boldsymbol{x}_0))-\boldsymbol{x}_0\|=t\|\boldsymbol{y}-\boldsymbol{x}_0\|<\delta.$$

从而 $\boldsymbol{x}_0+t(\boldsymbol{y}-\boldsymbol{x}_0)\in B(\boldsymbol{x}_0)\cap\mathcal{X}$. 于是 $f(\boldsymbol{x}_0)\leqslant f(\boldsymbol{x}_0+t(\boldsymbol{y}-\boldsymbol{x}_0))$. 又 f 在 $\boldsymbol{x}_0$ 处是凸的, 故

$$f(\boldsymbol{x}_0)\leqslant f(\boldsymbol{x}_0+t(\boldsymbol{y}-\boldsymbol{x}_0))\leqslant(1-t)f(\boldsymbol{x}_0)+tf(\boldsymbol{y}),$$

这表明 $f(\boldsymbol{x}_0)\leqslant f(\boldsymbol{y})$. 定理的第二部分得证. □

在很多情况, 我们会利用最小化问题 (7.9) 的几种类型的拉格朗日函数来给出最优化条件. 设 $f:\mathbb{R}^n\longrightarrow\mathbb{R}$ 和 $\boldsymbol{c}:\mathbb{R}^n\longrightarrow\mathbb{R}^m$ 是给定的两个函数. 我们分别称函数

$$L(\boldsymbol{x},r,\boldsymbol{\lambda})=rf(\boldsymbol{x})+\boldsymbol{\lambda}^\top\boldsymbol{c}(\boldsymbol{x}),\quad 其中\ \boldsymbol{x}\in\mathcal{X},\ r\in\mathbb{R}_+,\ \boldsymbol{\lambda}\in\mathbb{R}_+^m$$

和函数

$$K(\boldsymbol{x}, \boldsymbol{\lambda}) = f(\boldsymbol{x}) + \boldsymbol{\lambda}^\top \boldsymbol{c}(\boldsymbol{x}), \quad \text{其中 } \boldsymbol{x} \in \mathcal{X}, \boldsymbol{\lambda} \in \mathbb{R}_+^m$$

为最小化问题 (7.9) 的 **Fritz John 拉格朗日函数**约束优化问题和 **Kuhn-Tucker 拉格朗日函数**.

若 $(\boldsymbol{x}_0, r_0, \boldsymbol{\lambda}_0) \in \mathcal{X} \times \mathbb{R}_+ \times \mathbb{R}_+^m$ 满足对任意的 $\boldsymbol{\lambda} \in \mathbb{R}_+^m$, $\boldsymbol{x} \in \mathcal{X}$, 有

$$L(\boldsymbol{x}_0, r_0, \boldsymbol{\lambda}) \leqslant L(\boldsymbol{x}_0, r_0, \boldsymbol{\lambda}_0) \leqslant L(\boldsymbol{x}, r_0, \boldsymbol{\lambda}_0),$$

则我们称 $(\boldsymbol{x}_0, r_0, \boldsymbol{\lambda}_0)$ 是 $L(\boldsymbol{x}, r, \boldsymbol{\lambda})$ 的一个 **Fritz John 鞍点**. 根据定义, 我们立即可得 $(\boldsymbol{x}_0, r_0, \boldsymbol{\lambda}_0)$ 是一个 Fritz John 鞍点的充分必要条件是对任意的 $\boldsymbol{\lambda} \in \mathbb{R}_+^m$, $\boldsymbol{x} \in \mathcal{X}$, 有

$$r_0 f(\boldsymbol{x}_0) + \boldsymbol{\lambda}^\top \boldsymbol{c}(\boldsymbol{x}_0) \leqslant r_0 f(\boldsymbol{x}_0) + \boldsymbol{\lambda}_0^\top \boldsymbol{c}(\boldsymbol{x}_0) \leqslant r_0 f(\boldsymbol{x}) + \boldsymbol{\lambda}_0^\top \boldsymbol{c}(\boldsymbol{x}). \tag{7.10}$$

若 $(\boldsymbol{x}_0, \boldsymbol{\lambda}_0) \in \mathcal{X} \times \mathbb{R}_+^m$ 满足对任意的 $\boldsymbol{\lambda} \in \mathbb{R}_+^m$, $\boldsymbol{x} \in \mathcal{X}$, 有

$$K(\boldsymbol{x}_0, \boldsymbol{\lambda}) \leqslant K(\boldsymbol{x}_0, \boldsymbol{\lambda}_0) \leqslant K(\boldsymbol{x}, \boldsymbol{\lambda}_0),$$

则称 $(\boldsymbol{x}_0, \boldsymbol{\lambda}_0)$ 是 $K(\boldsymbol{x}, \boldsymbol{\lambda})$ 的一个 **Kuhn-Tucker 鞍点**.

定理 7.8 必要条件

设 $f: \mathbb{R}^n \longrightarrow \mathbb{R}$ 和 $\boldsymbol{c}: \mathbb{R}^n \longrightarrow \mathbb{R}^m$ 是凸函数. 如果 $\boldsymbol{x}_0$ 是最小化问题 (7.9) 的解, 那么存在 $r_0 \in \mathbb{R}_+$, $\boldsymbol{\lambda}_0 \in \mathbb{R}_+^m$, 使得 $\boldsymbol{\lambda}_0^\top \boldsymbol{c}(\boldsymbol{x}_0) = 0$ 且 $(\boldsymbol{x}_0, r_0, \boldsymbol{\lambda}_0)$ 是一个 Fritz John 鞍点. ♡

证明 因为 $\boldsymbol{x}_0$ 是最小化问题 (7.9) 的解, 所以不存在 $\boldsymbol{x} \in C$ 使得不等式组

$$f(\boldsymbol{x}) - f(\boldsymbol{x}_0) < 0, \quad \boldsymbol{c}(\boldsymbol{x}) \leqslant \mathbf{0}$$

成立. 于是由定理 6.31 可知: 存在 $r_0 \in \mathbb{R}$ 和 $\boldsymbol{\lambda}_0 \in \mathbb{R}^m$, 使得 $\begin{bmatrix} r_0 \\ \boldsymbol{\lambda}_0 \end{bmatrix} \geqslant \mathbf{0}$ 且对任意的 $\boldsymbol{x} \in \mathcal{X}$, 有

$$r_0 (f(\boldsymbol{x}) - f(\boldsymbol{x}_0)) + \boldsymbol{\lambda}_0^\top \boldsymbol{c}(\boldsymbol{x}) \geqslant 0. \tag{7.11}$$

我们首先证明 $\boldsymbol{\lambda}_0^\top \boldsymbol{c}(\boldsymbol{x}_0) = 0$. 一方面, 若取 $\boldsymbol{x} = \boldsymbol{x}_0$, 则由 (7.11) 我们有 $\boldsymbol{\lambda}_0^\top \boldsymbol{c}(\boldsymbol{x}_0) \geqslant 0$. 另一方面, 注意到 $\boldsymbol{\lambda}_0 \geqslant \mathbf{0}_m$, $\boldsymbol{c}(\boldsymbol{x}_0) \leqslant \mathbf{0}_m$, 进而可得 $\boldsymbol{\lambda}_0^\top \boldsymbol{c}(\boldsymbol{x}_0) \leqslant 0$. 因此 $\boldsymbol{\lambda}_0^\top \boldsymbol{c}(\boldsymbol{x}_0) = 0$ 成立.

根据定义, 如果 (7.10) 成立, 则 $(\boldsymbol{x}_0, r_0, \boldsymbol{\lambda}_0)$ 是一个 Fritz John 鞍点. 下证 (7.10) 成立. 由 $\boldsymbol{\lambda}_0^\top \boldsymbol{c}(\boldsymbol{x}_0) = 0$ 知, 不等式 (7.11) 等价于

$$r_0 f(\boldsymbol{x}_0) + \boldsymbol{\lambda}_0^\top \boldsymbol{c}(\boldsymbol{x}_0) \leqslant r_0 f(\boldsymbol{x}) + \boldsymbol{\lambda}_0^\top \boldsymbol{c}(\boldsymbol{x}),$$

这说明 (7.10) 的第二个不等式成立.

现证 (7.10) 的第一个不等式成立. 由于 $\boldsymbol{c}(\boldsymbol{x}_0) \leqslant \mathbf{0}_m$, 对任意的 $\boldsymbol{\lambda} \geqslant \mathbf{0}_m$, $\boldsymbol{\lambda}^\top \boldsymbol{c}(\boldsymbol{x}_0) \leqslant 0$. 进而, 由 $\boldsymbol{\lambda}_0^\top \boldsymbol{c}(\boldsymbol{x}_0) = 0$ 可得

$$r_0 f(\boldsymbol{x}_0) + \boldsymbol{\lambda}^\top \boldsymbol{c}(\boldsymbol{x}_0) \leqslant r_0 f(\boldsymbol{x}_0) + \boldsymbol{\lambda}_0^\top \boldsymbol{c}(\boldsymbol{x}_0),$$

这表明 (7.10) 的第一个不等式成立. 故定理得证. □

定理 7.9　充分条件

若 $(\boldsymbol{x}_0, \boldsymbol{\lambda}_0)$ 是最小化问题 (7.9) 的一个 Kuhn-Tucker 鞍点, 则 $\boldsymbol{x}_0$ 是 (7.9) 的一个解. ♡

证明　因为 $(\boldsymbol{x}_0, \boldsymbol{\lambda}_0)$ 是 (7.9) 的一个 Kuhn-Tucker 鞍点, 所以对任意的 $\boldsymbol{\lambda} \in \mathbb{R}_+^m$, $\boldsymbol{x} \in \mathcal{X}$, 有

$$f(\boldsymbol{x}_0) + \boldsymbol{\lambda}^\top \boldsymbol{c}(\boldsymbol{x}_0) \leqslant f(\boldsymbol{x}_0) + \boldsymbol{\lambda}_0^\top \boldsymbol{c}(\boldsymbol{x}_0) \leqslant f(\boldsymbol{x}) + \boldsymbol{\lambda}_0^\top \boldsymbol{c}(\boldsymbol{x}). \tag{7.12}$$

于是由 (7.12) 第一个不等式可得

$$(\boldsymbol{\lambda} - \boldsymbol{\lambda}_0)^\top \boldsymbol{c}(\boldsymbol{x}_0) \leqslant 0, \quad \forall\, \boldsymbol{\lambda} \in \mathbb{R}_+^m; \tag{7.13}$$

由第二个不等式可得

$$f(\boldsymbol{x}_0) \leqslant f(\boldsymbol{x}) + \boldsymbol{\lambda}_0^\top (\boldsymbol{c}(\boldsymbol{x}) - \boldsymbol{c}(\boldsymbol{x}_0)), \quad \forall\, \boldsymbol{x} \in \mathcal{X}. \tag{7.14}$$

为了证明 $\boldsymbol{x}_0$ 是 (7.9) 的一个解, 我们只需证明 $\boldsymbol{x}_0 \in \mathcal{X}$ 以及对任意的 $\boldsymbol{x} \in \mathcal{X}$, $f(\boldsymbol{x}_0) \leqslant f(\boldsymbol{x})$.

由 $\boldsymbol{\lambda}_0 \in \mathbb{R}_+^m$ 可取 $\boldsymbol{\lambda} = \boldsymbol{\lambda}_0 + \boldsymbol{\varepsilon}_j \in \mathbb{R}_+^m$, 其中 $1 \leqslant j \leqslant m$, $\boldsymbol{\varepsilon}_j$ 为 m 维基本向量. 于是由 (7.13) 可得 $\boldsymbol{\varepsilon}_j^\top \boldsymbol{c}(\boldsymbol{x}_0) = c_i(\boldsymbol{x}_0) \leqslant 0$. 这说明 $\boldsymbol{c}(\boldsymbol{x}_0) \leqslant \mathbf{0}$, 即 $\boldsymbol{x}_0 \in \mathcal{X}$.

因为 $\boldsymbol{\lambda}_0 \geqslant \mathbf{0}$ 且 $\boldsymbol{c}(\boldsymbol{x}_0) \leqslant \mathbf{0}$, 所以 $\boldsymbol{\lambda}_0^\top \boldsymbol{c}(\boldsymbol{x}_0) \leqslant 0$. 在不等式 (7.13) 中取 $\boldsymbol{\lambda} = \mathbf{0}$, 我们可得 $\boldsymbol{\lambda}_0^\top \boldsymbol{c}(\boldsymbol{x}_0) \geqslant 0$. 因此, $\boldsymbol{\lambda}_0^\top \boldsymbol{c}(\boldsymbol{x}_0) = 0$. 进一步地, 注意到 $\boldsymbol{\lambda}_0 \geqslant \mathbf{0}$ 且 $\boldsymbol{c}(\boldsymbol{x}) \leqslant \mathbf{0}$, 我们由 (7.14) 可得

$$f(\boldsymbol{x}_0) \leqslant f(\boldsymbol{x}) + \boldsymbol{\lambda}_0^\top \boldsymbol{c}(\boldsymbol{x}) \leqslant f(\boldsymbol{x}), \quad \forall \boldsymbol{x} \in \mathcal{X}.$$

综上所得, $\boldsymbol{x}_0$ 是 (7.9) 的一个解. □

推论 7.2

如果 $(\boldsymbol{x_0}, r_0, \boldsymbol{\lambda_0})$ 是最小化问题 (7.9) 的一个 Fritz John 鞍点且 $r_0>0$, 则 $\boldsymbol{x}_0$ 是最小化问题 (7.9) 的一个解. ♡

证明 若 $(\boldsymbol{x}_0, r_0, \boldsymbol{\lambda}_0)$ 是 Fritz John 拉格朗日函数的一个鞍点且 $r_0>0$, 则由 (7.10) 可化为

$$f\left(\boldsymbol{x}_0\right)+\frac{1}{r_0}\boldsymbol{\lambda}^{\top}\boldsymbol{c}\left(\boldsymbol{x}_0\right)\leqslant f\left(\boldsymbol{x}_0\right)+\frac{1}{r_0}\boldsymbol{\lambda}_0^{\top}\boldsymbol{c}\left(\boldsymbol{x}_0\right)\leqslant f(\boldsymbol{x})+\frac{1}{r_0}\boldsymbol{\lambda}_0^{\top}\boldsymbol{c}\left(\boldsymbol{x}_0\right),$$

这表明 $(\boldsymbol{x}_0, \boldsymbol{\lambda}_0)$ 是 Kuhn-Tucker 拉格朗日函数 $K\left(\boldsymbol{x}, \dfrac{1}{r_0}\boldsymbol{\lambda}\right)$ 的一个鞍点. 由定理 7.9 可知, $(\boldsymbol{x}_0, \boldsymbol{\lambda}_0)$ 是 (7.9) 的解. □

若 $r_0=0$, 那么推论 7.2 就不再适用了. 要避免这种情况, 我们一般会对约束函数 $\boldsymbol{c}$ 加一些特定的规范条件, 一般称为**约束规格**.

设 C 是 $\mathbb{R}^n$ 的凸子集, 并且使得

$$\mathcal{X}=\{\boldsymbol{x}\in C \mid \boldsymbol{c}(\boldsymbol{x})\leqslant \boldsymbol{0}\}$$

是 $\mathbb{R}^n$ 的凸子集. 我们称凸函数 $\boldsymbol{c}:\mathbb{R}^n\longrightarrow\mathbb{R}^m$ 满足 **Karlin 约束规格**, 如果不存在 $\boldsymbol{\lambda}\in\mathbb{R}_+^m$ 使得对任意的 $\boldsymbol{x}\in\mathcal{X}$ 均满足 $\boldsymbol{\lambda}^{\top}\boldsymbol{c}(\boldsymbol{x})\geqslant 0$.

定理 7.10

设 $f:\mathbb{R}^n\longrightarrow\mathbb{R}$ 和 $\boldsymbol{c}:\mathbb{R}^n\longrightarrow\mathbb{R}^m$ 是凸函数, $\boldsymbol{c}$ 满足 Karlin 约束规格. 如果 $\boldsymbol{x}_0$ 是最小化问题 (7.9) 的解, 那么存在 $\boldsymbol{\lambda}_0\in\mathbb{R}_+^m$, 使得 Kuhn-Tucker 拉格朗日函数存在鞍点且满足 $\boldsymbol{\lambda}_0^{\top}\boldsymbol{c}\left(\boldsymbol{x}_0\right)=0$. ♡

证明 由定理 7.8 可知, 存在 $r_0\in\mathbb{R}_+$, $\boldsymbol{\lambda}_0\in\mathbb{R}_+^m$, 使得 $(\boldsymbol{x}_0, r_0, \boldsymbol{\lambda}_0)$ 是 Fritz John 鞍点, 并且 $\boldsymbol{\lambda}_0^{\top}\boldsymbol{c}\left(\boldsymbol{x}_0\right)=0$. 如果 $r_0>0$, 那么由推论 7.2 的证明可知结论成立. 如果 $r_0=0$, 那么由不等式 (7.10) 知 $\boldsymbol{\lambda}_0^{\top}\boldsymbol{c}(\boldsymbol{x})\geqslant\boldsymbol{\lambda}_0^{\top}\boldsymbol{c}\left(\boldsymbol{x}_0\right)=0$. 这与 $\boldsymbol{c}$ 满足 Karlin 约束规格矛盾. □

7.2.2 光滑优化

在本小节, 我们主要考虑可微函数的最优化条件. 我们首先回顾一下无约束条件的结论. 根据定理 7.2 可知, 若 $f:\mathbb{R}^n\longrightarrow\mathbb{R}$ 是在 $\boldsymbol{x}_0$ 点处可微的函数, 则在 $\boldsymbol{x}_0$ 的下降方向可表示为

$$\mathbf{DD}\left(f, \boldsymbol{x}_0\right)=\left\{\boldsymbol{r}\in\mathbb{R}^n \mid \nabla f\left(\boldsymbol{x}_0\right)^{\top}\boldsymbol{r}<0\right\}.$$

进一步地, 由 (7.3) 知, 若 $\boldsymbol{x}_0 \in U$ 是 f 的局部极小值点, 则

$$\mathbf{DD}(f, \boldsymbol{x}_0) \cap \mathbf{FD}(U, \boldsymbol{x}_0) = \varnothing.$$

现在, 我们考虑不等式约束的最小化问题:

$$\begin{aligned} &\min f(\boldsymbol{x}), \\ &\text{s.t. } \boldsymbol{x} \in \mathcal{X}, \end{aligned} \tag{7.15}$$

其中 $U \subseteq \mathbb{R}^n$ 是非空开集, $f: U \longrightarrow \mathbb{R}$, $\boldsymbol{c}: \mathbb{R}^n \longrightarrow \mathbb{R}^m$, $\mathcal{X} = \{\boldsymbol{x} \in U | \ \boldsymbol{c}(\boldsymbol{x}) \leqslant \boldsymbol{0}\}$.

定理 7.11

如果 $\boldsymbol{x}_0$ 是最小化问题 (7.15) 的一个局部最优解, 并且满足如下条件:

(1) f 在 $\boldsymbol{x}_0$ 处可微;

(2) 当 $i \in \mathcal{A}(\boldsymbol{c}, \boldsymbol{x}_0)$ 时, c_i 在 $\boldsymbol{x}_0$ 处可微;

(3) 当 $i \notin \mathcal{A}(\boldsymbol{c}, \boldsymbol{x}_0)$ 时, c_i 在 $\boldsymbol{x}_0$ 处连续,

那么

$$\mathbf{DD}(f, \boldsymbol{x}_0) \cap G(\boldsymbol{c}, \boldsymbol{x}_0) = \varnothing, \tag{7.16}$$

其中 $G(\boldsymbol{c}, \boldsymbol{x}_0) := \left\{\boldsymbol{r} \in \mathbb{R}^n \mid \nabla c_i(\boldsymbol{x}_0)^\top \boldsymbol{r} < 0,\ \ i \in \mathcal{A}(\boldsymbol{c}, \boldsymbol{x}_0)\right\}$. ♡

证明　我们首先断言 $G(\boldsymbol{c}, \boldsymbol{x}_0) \subseteq \mathbf{FD}(U, \boldsymbol{x}_0)$, 其中 $\mathbf{FD}(U, \boldsymbol{x}_0)$ 是 $\boldsymbol{x}_0$ 处的可行方向构成的集合. 事实上, 任取 $\boldsymbol{r} \in G(\boldsymbol{c}, \boldsymbol{x}_0)$. 因为 U 是开集且 $\boldsymbol{x}_0 \in U$, 所以存在 $\varepsilon_0 > 0$, 使得当 $t \in (0, \varepsilon_0)$ 时, 有 $\boldsymbol{x}_0 + t\boldsymbol{r} \in U$.

若 $i \notin \mathcal{A}(\boldsymbol{c}, \boldsymbol{x}_0)$, 则根据 $\mathcal{A}(\boldsymbol{c}, \boldsymbol{x}_0)$ 的定义可得 $c_i(\boldsymbol{x}_0) < 0$. 又由条件 (3) 知, c_i 在 $\boldsymbol{x}_0$ 处连续. 于是存在 ε_1, 使得当 $t \in (0, \varepsilon_1)$ 时, 有 $c_i(\boldsymbol{x}_0 + t\boldsymbol{r}) < 0$.

若 $i \in \mathcal{A}(\boldsymbol{c}, \boldsymbol{x}_0)$, 则 $c_i(\boldsymbol{x}_0) = 0$, 并且根据 $G(\boldsymbol{c}, \boldsymbol{x}_0)$ 的定义知 $\nabla c_i(\boldsymbol{x}_0)^\top \boldsymbol{r} < 0$. 从而由定理 7.2 可得 $\boldsymbol{r}$ 是 c_i 在 $\boldsymbol{x}_0$ 处的下降方向, 即存在 $\varepsilon_2 > 0$, 使得当 $t \in (0, \varepsilon_2)$ 时, $c_i(\boldsymbol{x}_0 + t\boldsymbol{r}) < c_i(\boldsymbol{x}_0) = 0$.

令 $\varepsilon = \min\{\varepsilon_0, \varepsilon_1, \varepsilon_2\}$. 由上面的讨论我们有如下列结论:

(1) $\boldsymbol{x}_0 + t\boldsymbol{r} \in U, \ \ 0 < t < \varepsilon$;

(2) $c_i(\boldsymbol{x}_0 + t\boldsymbol{r}) < 0, \ 1 \leqslant i \leqslant m$.

由此立即可得 $\boldsymbol{r} \in \mathbf{FD}(U, \boldsymbol{x}_0)$. 进而 $G_0(\boldsymbol{c}, \boldsymbol{x}_0) \subseteq \mathbf{FD}(U, \boldsymbol{x}_0)$, 即断言成立.

因为 $\boldsymbol{x}_0$ 是 f 在 U 中的局部极小值点, 所以根据 (7.3) 可得 (7.16) 成立. □

进一步地, 我们介绍最小化问题 (7.15) 在函数可微但是非凸情况下的必要条件.

定理 7.12 Fritz John 必要条件

设 $\boldsymbol{x}_0$ 是 (7.15) 的一个局部最优解, $\mathcal{A}(\boldsymbol{c},\boldsymbol{x}_0)=\{i_1,\cdots,i_k\}$, 且满足如下条件:

(1) f 在 $\boldsymbol{x}_0$ 处可微;

(2) 当 $i\in\mathcal{A}(\boldsymbol{c},\boldsymbol{x}_0)$ 时, c_i 在 $\boldsymbol{x}_0$ 处可微;

(3) 当 $i\notin\mathcal{A}(\boldsymbol{c},\boldsymbol{x}_0)$ 时, c_i 在 $\boldsymbol{x}_0$ 处连续.

则存在 $u_0\geqslant 0$ 且 $u_i\geqslant 0$, 其中 $i\in\mathcal{A}(\boldsymbol{c},\boldsymbol{x}_0)$, 使得

(i) $u_0,u_{i_1},\cdots,u_{i_k}$ 至少有一个为正数;

(ii) $u_0\nabla f(\boldsymbol{x}_0)+\sum_{i\in\mathcal{A}(\boldsymbol{c},\boldsymbol{x}_0)}u_i\nabla c_i(\boldsymbol{x}_0)=0$.

此外, 若对每个 $1\leqslant i\leqslant m$, c_i 在 $\boldsymbol{x}_0$ 处可微, 则必要条件可修改为

(i) $u_0,u_1,\cdots,u_m$ 至少有一个为正数;

(ii) $u_ic_i(\boldsymbol{x}_0)=0$, 其中 $1\leqslant i\leqslant m$;

(iii) $u_0\nabla f(\boldsymbol{x}_0)+\sum_{i=1}^m u_i\nabla c_i(\boldsymbol{x}_0)=\boldsymbol{0}$. ♡

证明 由定理 7.11 可知, 不存在 $\boldsymbol{r}\in\mathbb{R}^n$, 使得

$$\nabla f(\boldsymbol{x}_0)^\top\boldsymbol{r}<0\ \text{ 且 }\ \nabla c_i(\boldsymbol{x}_0)^\top\boldsymbol{r}<0,\quad\text{其中 } i\in\mathcal{A}(\boldsymbol{c},\boldsymbol{x}_0). \tag{7.17}$$

考虑如下矩阵:

$$A(\boldsymbol{x}_0)=\begin{bmatrix}\nabla f(\boldsymbol{x}_0)^\top\\ \nabla c_{i_1}(\boldsymbol{x}_0)^\top\\ \vdots\\ \nabla c_{i_k}(\boldsymbol{x}_0)^\top\end{bmatrix}.$$

于是 (7.17) 的条件可转化为不存在 $\boldsymbol{r}\in\mathbb{R}^{k+1}$ 使得 $A(\boldsymbol{x}_0)\boldsymbol{r}<\boldsymbol{0}$. 根据 Gordan 择一定理 (定理 6.30) 可得, 存在非零向量 $\boldsymbol{u}\in\mathbb{R}^{k+1}$ 满足 $\boldsymbol{u}\geqslant\boldsymbol{0}$ 使得 $A(\boldsymbol{x}_0)^\top\boldsymbol{u}=\boldsymbol{0}$. 记 $\boldsymbol{u}$ 的分量为 $u_0,u_{i_1},\cdots,u_{i_k}$, 则可得

$$u_0\nabla f(\boldsymbol{x}_0)+\sum_{i\in\mathcal{A}(\boldsymbol{c},\boldsymbol{x}_0)}u_i\nabla c_i(\boldsymbol{x}_0)=\boldsymbol{0}.$$

同时, 当 $i\notin\mathcal{A}(\boldsymbol{c},\boldsymbol{x}_0)$ 时, 我们选取 $u_i=0$, 即得必要条件. □

我们通常称 u_0 和 u_i 为**拉格朗日乘子**, 其存在性由上述的 Fritz John 定理给出.

等式 $\boldsymbol{u}^\top \boldsymbol{c}(\boldsymbol{x}_0)=0$ 被称作**互补松弛条件**. 从 u_i 的非负性的角度来看, 它给出了如下两个重要的事实:

(1) 如果 $c_i(\boldsymbol{x}_0)=0$, 即 $i\in\mathcal{A}(\boldsymbol{c},\boldsymbol{x}_0)$, 则允许 u_i 为正的;

(2) 如果 $c_i(\boldsymbol{x}_0)<0$, 即 $i\notin\mathcal{A}(\boldsymbol{c},\boldsymbol{x}_0)$, 则 u_i 被要求为 0.

对于一般最优化问题, 可将上述 Fritz John 必要条件进行推广, 得到如下定理.

定理 7.13　含等式约束的 Fritz John 必要条件

设函数 $f:\mathbb{R}^n\longrightarrow\mathbb{R},\boldsymbol{c}:\mathbb{R}^n\longrightarrow\mathbb{R}^m$ 和 $\boldsymbol{d}:\mathbb{R}^n\longrightarrow\mathbb{R}^p$ 在 $\boldsymbol{x}_0$ 处可微. 若 $\boldsymbol{x}_0$ 是最优化问题

$$\begin{aligned}&\min f(\boldsymbol{x}),\\&\text{s.t. } \boldsymbol{x}\in\mathcal{X}\end{aligned}$$

的局部极小值点, 其中 $\mathcal{X}=\{\boldsymbol{x}\in\mathbb{R}^n|\ \boldsymbol{c}(\boldsymbol{x})\leqslant\boldsymbol{0},\boldsymbol{d}(\boldsymbol{x})=\boldsymbol{0}\}$, 则存在 $u_0\geqslant 0,\boldsymbol{u}=[u_1,\cdots,u_m]^\top\geqslant\boldsymbol{0}$ 以及 $\boldsymbol{q}=[\boldsymbol{q}_1,\cdots,\boldsymbol{q}_p]^\top\in\mathbb{R}^p$ 使得 $u_0,u_1,\cdots,u_m,q_1,\ldots,q_p$ 不全为 0 且

$$u_0\nabla f(\boldsymbol{x}_0)+\nabla\boldsymbol{c}(\boldsymbol{x}_0)^\top\boldsymbol{u}+\nabla\boldsymbol{d}(\boldsymbol{x}_0)^\top\boldsymbol{q}=\boldsymbol{0}. \tag{7.18}$$

$$u_i\geqslant 0,\quad \boldsymbol{c}(\boldsymbol{x}_0)\leqslant\boldsymbol{0},\quad u_ic_i(\boldsymbol{x}_0)=0\quad(1\leqslant i\leqslant m),$$

其中 $\boldsymbol{c}=[c_1,\cdots,c_m]^\top$. ♡

限于篇幅, 上述定理不予证明, 有需要的读者可参考文献 [1]. 在定理中, 条件 (7.18) 可具体表示为

$$u_0\nabla f(\boldsymbol{x}_0)+\sum_{i=1}^m u_i\nabla c_i(\boldsymbol{x}_0)+\sum_{j=1}^p q_j\nabla d_j(\boldsymbol{x}_0)=0.$$

与之前相同, 我们仍称 (7.18) 为**互补松弛条件**.

下面的定理提供了可微最优化问题的必要条件, 其中包括约束分量梯度的线性无关性以及确保目标函数的梯度的系数是非零的. 这些条件被称作 Karush-Kuhn-Tucker 条件或简称 KKT 条件.

定理 7.14　Karush-Kuhn-Tucker 定理

设 $\boldsymbol{x}_0$ 是 (7.15) 的一个局部最优解, f 在 $\boldsymbol{x}_0$ 处可微, 当 $i\in\mathcal{A}(\boldsymbol{c},\boldsymbol{x}_0)$ 时 c_i 在 $\boldsymbol{x}_0$ 处可微, 当 $i\notin\mathcal{A}(\boldsymbol{c},\boldsymbol{x}_0)$ 时 c_i 在 $\boldsymbol{x}_0$ 处连续. 如果 $\{\nabla c_i(\boldsymbol{x}_0)\,|i\in$

$\mathcal{A}(\boldsymbol{c},\boldsymbol{x}_0)\}$ 是一个线性无关的集合, 那么存在 $\lambda_i \geqslant 0, i \in \mathcal{A}(\boldsymbol{c},\boldsymbol{x}_0)$, 使得

$$\nabla f(\boldsymbol{x}_0) + \sum_{i\in\mathcal{A}(\boldsymbol{c},\boldsymbol{x}_0)} \lambda_i \nabla c_i(\boldsymbol{x}_0) = \boldsymbol{0}.$$

此外, 如果对每个 $1 \leqslant i \leqslant m$, c_i 在 $\boldsymbol{x}_0$ 处可微, 那么前面的条件可以改写为

(1) $\nabla f(\boldsymbol{x}_0) + \sum_{i=1}^m \lambda_i \nabla c_i(\boldsymbol{x}_0) = \boldsymbol{0}$;

(2) $\boldsymbol{\lambda}^\top \boldsymbol{c}(\boldsymbol{x}_0) = 0$;

(3) $\boldsymbol{\lambda} = [\lambda_1, \cdots, \lambda_m]^\top \geqslant \boldsymbol{0}$. ♡

证明 由 Fritz John 定理知, 存在 $u_0 \geqslant 0$ 和 $u_i \geqslant 0$, 其中 $i \in \mathcal{A}(\boldsymbol{c},\boldsymbol{x}_0)$, 使得 u_0, u_i $(i \in \mathcal{A}(\boldsymbol{c},\boldsymbol{x}_0))$ 中至少存在一个是正数, 并且

$$u_0 \nabla f(\boldsymbol{x}_0) + \sum_{i\in\mathcal{A}(\boldsymbol{c},\boldsymbol{x}_0)} u_i \nabla c_i(\boldsymbol{x}_0) = \boldsymbol{0}.$$

因为 $\{\nabla c_i(\boldsymbol{x}_0) \mid i \in \mathcal{A}(\boldsymbol{c},\boldsymbol{x}_0)\}$ 是一个线性无关的集合, 所以 $u_0 \neq 0$, 即 $u_0 > 0$. 令

$$\lambda_i = \frac{u_i}{u_0}, \quad i \in \mathcal{A}(\boldsymbol{c},\boldsymbol{x}_0).$$

由上述等式立即可得定理成立. □

我们称满足必要条件 (1)—(3) 的点 $\boldsymbol{x}_0$ 为 KKT 点, $(\boldsymbol{x}_0, \boldsymbol{\lambda})$ 为 KKT 对. 因为 KKT 条件是必要条件, 所以 KKT 点不一定是局部最优点. 通常条件 (1) 称为**稳定性条件**, 条件 (2) 称为**互补松弛条件**, 条件 (3) 称为**对偶可行性条件**.

如果一个最优化问题同时包含不等式约束和等式约束, 则可以证明如下一个涉及拉格朗日乘子的类似必要条件. 这里不予证明, 有兴趣读者可参见文献 [2].

定理 7.15

设 $U \subseteq \mathbb{R}^n$ 是非空开集, $f: U \longrightarrow \mathbb{R}$, $\boldsymbol{c}: U \longrightarrow \mathbb{R}^m$, $\boldsymbol{d}: U \longrightarrow \mathbb{R}^q$ 是连续函数, 并且具有连续的偏导数. 设 $\boldsymbol{x}_0 \in \textbf{int}\, U$ 且是最优化问题

$$\begin{aligned} &\min f(\boldsymbol{x}), \\ &\text{s.t. } \boldsymbol{x} \in \mathcal{X} \end{aligned}$$

的局部极小值点, 其中 $\mathcal{X} = \{\boldsymbol{x} \in \mathbb{R}^n \mid \boldsymbol{c}(\boldsymbol{x}) \leqslant \boldsymbol{0}, \boldsymbol{d}(\boldsymbol{x}) = \boldsymbol{0}\}$. 则存在一组不

全为 0 的数 $\lambda_0, \lambda_1, \cdots, \lambda_m, \mu_1, \cdots, \mu_q$ 使得

$$\lambda_0 \frac{\partial f}{\partial x_j}(\boldsymbol{x}_0) + \sum_{i=1}^{m} \lambda_i \frac{\partial c_i}{\partial x_j}(\boldsymbol{x}_0) + \sum_{r=1}^{q} \mu_r \frac{\partial d_r}{\partial x_j}(\boldsymbol{x}_0) = 0,$$

其中 $1 \leqslant j \leqslant n$, $\boldsymbol{c} = [c_1, \cdots, c_m]^\top, \boldsymbol{d} = [d_1, \cdots, d_q]^\top$. 进一步地, 如下条件成立:

(1) $\lambda_i \geqslant 0$, 其中 $0 \leqslant i \leqslant m$;

(2) 若 $c_i(\boldsymbol{x}_0) < 0$, 则 $\lambda_i = 0$;

(3) 如果 $\nabla d_r(\boldsymbol{x}_0)$ 与满足 $c_i(\boldsymbol{x}_0) = 0$ 的 $\nabla c_i(\boldsymbol{x}_0)$ 是线性无关的, 则可以选取 $\lambda_0 = 1$. ♡

之前, 我们知道 KKT 点不一定是局部最优点. 但是如果补充凸性假设, 那么我们可以给出最优化问题的充分条件.

定理 7.16　Karush-Kuhn-Tucker 充分条件

考虑最优化问题 (7.15). 如果 $\boldsymbol{x}_0$ 是一个可行点, f 在 $\boldsymbol{x}_0$ 处伪凸, $c_i(1 \leqslant i \leqslant m)$ 在 $\boldsymbol{x}_0$ 处拟凸且可微, 并且存在 $\lambda_i \geqslant 0, i \in \mathcal{A}(\boldsymbol{c}, \boldsymbol{x}_0)$, 使得

$$\nabla f(\boldsymbol{x}_0) + \sum_{i \in \mathcal{A}(\boldsymbol{c}, \boldsymbol{x}_0)} \lambda_i \nabla c_i(\boldsymbol{x}_0) = \boldsymbol{0}, \tag{7.19}$$

那么 $\boldsymbol{x}_0$ 是最优化问题 (7.15) 的全局最优解. ♡

证明　如果 $\boldsymbol{x}$ 是最优化问题 (7.15) 的可行点, 那么对每个 $i \in \mathcal{A}(\boldsymbol{c}, \boldsymbol{x}_0)$, 有 $c_i(\boldsymbol{x}) \leqslant c_i(\boldsymbol{x}_0) = 0$. 因为 c_i 在 $\boldsymbol{x}_0$ 处是拟凸的, 所以对每个 $i \in \mathcal{A}(\boldsymbol{c}, \boldsymbol{x}_0)$, 我们有

$$c_i(t\boldsymbol{x} + (1-t)\boldsymbol{x}_0) \leqslant \max\{c_i(\boldsymbol{x}), c_i(\boldsymbol{x}_0)\} = 0, \quad t \in (0,1). \tag{7.20}$$

又 c_i 在 $\boldsymbol{x}_0$ 处可微, 故存在函数 α 使得 α 在 $\boldsymbol{0}$ 处连续, $\alpha(\boldsymbol{0}) = 0$, 并且对任意的 $t \in (0,1)$ 有

$$c_i(\boldsymbol{x}_0 + t(\boldsymbol{x} - \boldsymbol{x}_0)) - c_i(\boldsymbol{x}_0) = t\nabla c_i(\boldsymbol{x}_0)^\top (\boldsymbol{x} - \boldsymbol{x}_0) + t\|\boldsymbol{x} - \boldsymbol{x}_0\| \alpha(\boldsymbol{x}_0 + t(\boldsymbol{x} - \boldsymbol{x}_0)). \tag{7.21}$$

于是 (7.20) 和 (7.21) 可得 $\nabla c_i(\boldsymbol{x}_0)^\top (\boldsymbol{x} - \boldsymbol{x}_0) \leqslant 0$. 进一步地, 我们有

$$\sum_{i \in \mathcal{A}(\boldsymbol{c}, \boldsymbol{x}_0)} \lambda_i \nabla c_i(\boldsymbol{x}_0)^\top (\boldsymbol{x} - \boldsymbol{x}_0) \leqslant 0.$$

从而由 (7.19) 立即可得 $\nabla f(\boldsymbol{x}_0)^\top(\boldsymbol{x}-\boldsymbol{x}_0) \geqslant 0$. 因此, 由 f 在 $\boldsymbol{x}_0$ 处是伪凸的可得 $f(\boldsymbol{x}) \geqslant f(\boldsymbol{x}_0)$. 这说明 $\boldsymbol{x}_0$ 是最优化问题 (7.15) 的全局最优点. □

显然, 如果 f 和 $\boldsymbol{c}$ 都是凸函数, 并且满足上述定理所有不涉及凸性的条件, 那么该定理的结论仍是成立的. 在本节的最后, 我们来看两个简单的例子.

例 7.2　二次型的极值　对任意给定的对称矩阵 $A \in \mathbb{R}^{n\times n}$, 我们考虑目标函数 $f(\boldsymbol{x}) = \boldsymbol{x}^\top A\boldsymbol{x}$ 在约束条件 $||\boldsymbol{x}|| = 1$ 下的最小化问题, 其中 $\boldsymbol{x} \in \mathbb{R}^n$. 显然, 该约束条件等价于 $d(\boldsymbol{x}) = ||\boldsymbol{x}||^2 - 1 = 0$. 因为 $\nabla f(\boldsymbol{x}) = 2A\boldsymbol{x}$ 且 $\nabla d(\boldsymbol{x}) = 2\boldsymbol{x}$, 所以根据定理 7.15 可得, 在 $||\boldsymbol{x}|| = 1$ 的约束下, 对于二次型 f 的任意极值点 $\boldsymbol{x}_0$, 必存在 μ 使得 $2A\boldsymbol{x}_0 - 2\mu\boldsymbol{x}_0 = 0$, 即 $A\boldsymbol{x}_0 = \mu\boldsymbol{x}_0$. 因此, $\boldsymbol{x}_0$ 必是矩阵 A 的某个单位特征向量, 而 μ 是其对应的特征值. □

例 7.3　设 $\boldsymbol{a}_1, \boldsymbol{a}_2, \cdots, \boldsymbol{a}_m$ 是 $\mathbb{R}^n$ 中的 m 个向量, $\boldsymbol{b} \in \mathbb{R}^n$ 且 $r \geqslant 0$. 考虑如下最优化问题:

$$\begin{aligned} &\min f(\boldsymbol{x}) = \sum_{i=1}^{m} ||\boldsymbol{x}-\boldsymbol{a}_i||^2, \\ &\text{s.t. } ||\boldsymbol{x}-\boldsymbol{b}|| = r. \end{aligned} \tag{7.22}$$

此问题是例 7.1 中所讨论的优化问题的一个变形. 显然, 约束条件 $||\boldsymbol{x}-\boldsymbol{b}|| = r$ 等价于 $d(\boldsymbol{x}) = ||\boldsymbol{x}-\boldsymbol{b}||^2 - r^2 = 0$. 因为

$$\nabla f(\boldsymbol{x}) = 2\sum_{i=0}^{m}(\boldsymbol{x}-\boldsymbol{a}_i) = 2m\boldsymbol{x} - 2\sum_{i=0}^{m}\boldsymbol{a}_i,$$

以及

$$\nabla d(\boldsymbol{x}) = 2(\boldsymbol{x}-\boldsymbol{b}),$$

所以对于最优化问题 (7.22) 的任意局部极小值点 $\boldsymbol{x}_0$, 由定理 7.15 可知必存在 μ 使得

$$2m\boldsymbol{x}_0 - 2\sum_{i=0}^{m}\boldsymbol{a}_i = 2\mu(\boldsymbol{x}_0-\boldsymbol{b}).$$

令 $\boldsymbol{a} = \dfrac{1}{m}\sum_{i=0}^{m}\boldsymbol{a}_i$. 则我们有

$$\boldsymbol{x}_0 = \frac{1}{m-\mu}(m\boldsymbol{a}-\mu\boldsymbol{b}).$$

注意到 $\boldsymbol{x}_0$ 在 $B(\boldsymbol{b}, r)$ 的球面上, 即 $\left\|\dfrac{1}{m-\mu}(m\boldsymbol{a}-\mu\boldsymbol{b})-\boldsymbol{b}\right\| = r$. 于是

$$\mu = m - \frac{1}{r}||m\boldsymbol{a}-m\boldsymbol{b}||.$$

因此, 极值点 $\boldsymbol{x}_0$ 满足

$$\boldsymbol{x}_0 = r\frac{m\boldsymbol{a} - m\boldsymbol{b}}{||m\boldsymbol{a} - m\boldsymbol{b}||} + \boldsymbol{b} = r\frac{\boldsymbol{a} - \boldsymbol{b}}{||\boldsymbol{a} - \boldsymbol{b}||} + \boldsymbol{b}.$$

这说明极值点 $\boldsymbol{x}_0$ 恰好是约束条件中的圆心 $\boldsymbol{b}$ 和 $\{\boldsymbol{a}_1, \boldsymbol{a}_2, \cdots, \boldsymbol{a}_m\}$ 的重心 $\boldsymbol{a}$ 之间的线段与 $B(\boldsymbol{b}, r)$ 球面的交点. □

7.3 对偶理论

7.3.1 对偶问题

在本小节中, 我们主要考虑一般的约束优化问题

$$\begin{aligned} &\min f(\boldsymbol{x}), \quad \boldsymbol{x} \in C, \\ &\text{s.t. } \boldsymbol{c}(\boldsymbol{x}) \leqslant \boldsymbol{0}, \quad \boldsymbol{d}(\boldsymbol{x}) = \boldsymbol{0}, \end{aligned} \tag{7.23}$$

其中 $C \subseteq \mathbb{R}^n$, $f : \mathbb{R}^n \longrightarrow \mathbb{R}$, $\boldsymbol{c} : \mathbb{R}^n \longrightarrow \mathbb{R}^m$ 以及 $\boldsymbol{d} : \mathbb{R}^n \longrightarrow \mathbb{R}^p$. 我们将此优化问题 (7.23) 称为**原始问题**, 其可行区域为

$$\mathcal{X} = \{\boldsymbol{x} \in C |\ \boldsymbol{c}(\boldsymbol{x}) \leqslant \boldsymbol{0}, \boldsymbol{d}(\boldsymbol{x}) = \boldsymbol{0}\}.$$

一般情况下, 我们需要对原始问题 (7.23) 进行转换. 人们可以通过将可行区域 $\mathcal{X}$ 的示性函数添加到目标函数得到无约束优化问题. 但其转换问题后目标函数是不连续的、不可微的, 导致我们难以分析其理论性质和设计有效算法.

对于约束优化问题, 我们首先要考虑可行性问题. 研究约束优化问题 (7.23) 的主要工具之一是拉格朗日函数. 其基本思想是在此问题中的每个约束给定一个拉格朗日乘子, 进而以乘子为加权系数将约束添加到目标函数中. 拉格朗日函数的定义如下.

定义 7.3　拉格朗日函数

与原始问题 (7.23) 相关的拉格朗日函数 $L : \mathbb{R}^n \times \mathbb{R}^m \times \mathbb{R}^p \longrightarrow \mathbb{R}$ 定义如下:

$$L(\boldsymbol{x}, \boldsymbol{\lambda}, \boldsymbol{\mu}) = f(\boldsymbol{x}) + \boldsymbol{\lambda}^\top \boldsymbol{c}(\boldsymbol{x}) + \boldsymbol{\mu}^\top \boldsymbol{d}(\boldsymbol{x}), \tag{7.24}$$

其中 $\boldsymbol{x} \in \mathbb{R}^n, \boldsymbol{\lambda} \in \mathbb{R}^m, \boldsymbol{\mu} \in \mathbb{R}^p$. ♣

若记 $\boldsymbol{c} = [c_1, \cdots, c_m]^\top$, $\boldsymbol{d} = [d_1, \cdots, d_p]^\top$, $\boldsymbol{\lambda} = [\lambda_1, \cdots, \lambda_m]^\top$, $\boldsymbol{\mu} = [\mu_1, \cdots, \mu_p]^\top$, 则拉格朗日函数可表示为

$$L(\boldsymbol{x}, \boldsymbol{\lambda}, \boldsymbol{\mu}) = f(\boldsymbol{x}) + \sum_{i=1}^{m} \lambda_i c_i(\boldsymbol{x}) + \sum_{j=1}^{p} \mu_j d_j(\boldsymbol{x}).$$

向量 $\boldsymbol{\lambda}$ 的分量 λ_i 称为与不等式约束条件 $c_i(\boldsymbol{x}) \leqslant 0$ 相关的**拉格朗日乘子**; 而向量 $\boldsymbol{\mu}$ 的分量 μ_j 称为与等式约束条件 $d_j(\boldsymbol{x}) = 0$ 相关的**拉格朗日乘子**.

为了构造合适的对偶问题, 基本原则是将拉格朗日乘子添加适当的约束条件, 使得 $f(x)$ 在 (7.23) 中的可行点处不小于其对应的拉格朗日函数值. 根据这个原则, 我们一般要求 $\boldsymbol{\lambda} \geqslant \mathbf{0}$, 并且需要对拉格朗日函数 $L(\boldsymbol{x}, \boldsymbol{\lambda}, \boldsymbol{\mu})$ 中的 $\boldsymbol{x}$ 取下确界定义对偶函数.

具体来说, 原始问题 (7.23) 的拉格朗日函数 $L(\boldsymbol{x}, \boldsymbol{\lambda}, \boldsymbol{\mu})$ 的**拉格朗日对偶函数** $g : \mathbb{R}^m \times \mathbb{R}^p \longrightarrow \mathbb{R}$ 定义如下:

$$g(\boldsymbol{\lambda}, \boldsymbol{\mu}) = \inf_{\boldsymbol{x} \in C} L(\boldsymbol{x}, \boldsymbol{\lambda}, \boldsymbol{\mu}).$$

原始问题 (7.23) 的**拉格朗日对偶优化问题**形式为

$$\begin{aligned} \max \quad & g(\boldsymbol{\lambda}, \boldsymbol{\mu}), \\ \text{s.t.} \quad & \boldsymbol{\lambda} \geqslant \mathbf{0}. \end{aligned} \tag{7.25}$$

简记为

$$\max_{\boldsymbol{\lambda} \geqslant \mathbf{0},\ \boldsymbol{\mu}} g(\boldsymbol{\lambda}, \boldsymbol{\mu}) = \max_{\boldsymbol{\lambda} \geqslant \mathbf{0},\ \boldsymbol{\mu}} \inf_{\boldsymbol{x} \in C} L(\boldsymbol{x}, \boldsymbol{\lambda}, \boldsymbol{\mu}).$$

拉格朗日对偶函数在对偶理论中起到了关键的作用. 首先, 无论原始问题 (7.23) 是否为凸问题, **拉格朗日对偶函数都是凹函数.** 事实上, 从定义可知, 对于给定的 $\boldsymbol{x} \in \mathbb{R}^n$, 拉格朗日函数 $L(\boldsymbol{x}, \boldsymbol{\lambda}, \boldsymbol{\mu})$ 是关于 $(\boldsymbol{\lambda}, \boldsymbol{\mu})$ 的仿射函数. 于是拉格朗日对偶函数 $g(\boldsymbol{\lambda}, \boldsymbol{\mu})$ 是逐点定义的一族关于 $(\boldsymbol{\lambda}, \boldsymbol{\mu})$ 的仿射函数. 由定理 6.17 立即可得拉格朗日对偶函数 g 是凹函数.

对偶函数 g 的凹性可以保证无论函数 f, $\boldsymbol{c}$ 或 $\boldsymbol{d}$ 的凸性如何, 函数 g 的局部最优都是全局最优. 虽然没有明确给出对偶函数 g, 但对偶的限制形式更简单, 在特定情况下这可能是一个优势. 正如我们在下一个定理中说明的, 对偶函数为原始问题的最优值确定了一个下界.

定理 7.17　弱对偶定理

若 $\boldsymbol{x}^*$ 是原始问题 (7.23) 的最优解, 记最优值为 $f^* = f(\boldsymbol{x}^*)$, $(\boldsymbol{\lambda}^*, \boldsymbol{\mu}^*)$ 是对偶问题 (7.25) 的最优解, 记最优值为 $g^* = g(\boldsymbol{\lambda}^*, \boldsymbol{\mu}^*)$, 则

$$g^* \leqslant f^*.$$

♡

证明　因为 $\boldsymbol{c}(\boldsymbol{x}^*) \leqslant \mathbf{0}$ 且 $\boldsymbol{d}(\boldsymbol{x}^*) = \mathbf{0}$, 所以当 $\boldsymbol{\lambda} \geqslant \mathbf{0}$ 时, 我们有

$$L(\boldsymbol{x}^*, \boldsymbol{\lambda}, \boldsymbol{\mu}) = f(\boldsymbol{x}^*) + \boldsymbol{\lambda}^\top \boldsymbol{c}(\boldsymbol{x}^*) + \boldsymbol{\mu}^\top \boldsymbol{d}(\boldsymbol{x}^*) \leqslant f(\boldsymbol{x}^*) = f^*.$$

因此对于任意的 $\boldsymbol{\lambda} \geqslant 0$ 和 $\boldsymbol{\mu}$, 有

$$g(\boldsymbol{\lambda}, \boldsymbol{\mu}) = \inf_{\boldsymbol{x} \in C} L(\boldsymbol{x}, \boldsymbol{\lambda}, \boldsymbol{\mu}) \leqslant f^*.$$

进一步地, 由 g^* 是函数 g 的最优值立即可知 $g^* = g(\boldsymbol{\lambda}^*, \boldsymbol{\mu}^*) \leqslant f^*$ 成立. □

无论函数 f^* 和 g^* 是有限还是无限的, 定理 7.17 中的不等式都成立. 我们称

$$f^* - g^*$$

为原始问题的**对偶间距**. 当对偶间距为 0 时, 我们称**强对偶**成立.

注意到, 对于原始问题的拉格朗日函数, 我们可表示为

$$\sup_{\boldsymbol{\lambda} \geqslant \mathbf{0}, \boldsymbol{\mu}} L(\boldsymbol{x}, \boldsymbol{\lambda}, \boldsymbol{\mu}) = \sup_{\boldsymbol{\lambda} \geqslant \mathbf{0}, \boldsymbol{\mu}} f(\boldsymbol{x}) + \boldsymbol{\lambda}^\top \boldsymbol{c}(\boldsymbol{x}) + \boldsymbol{\mu}^\top \boldsymbol{d}(\boldsymbol{x}) = \begin{cases} f(\boldsymbol{x}), & \text{若 } \boldsymbol{c}(\boldsymbol{x}) \leqslant \mathbf{0}, \\ \infty, & \text{其他}. \end{cases}$$

这说明

$$f^* = \inf_{\boldsymbol{x} \in C} \sup_{\boldsymbol{\lambda} \geqslant \mathbf{0}, \boldsymbol{\mu}} L(\boldsymbol{x}, \boldsymbol{\lambda}, \boldsymbol{\mu}).$$

根据函数 g^* 的定义, 我们有

$$g^* = \sup_{\boldsymbol{\lambda} \geqslant \mathbf{0}, \boldsymbol{\mu}} \inf_{\boldsymbol{x} \in C} L(\boldsymbol{x}, \boldsymbol{\lambda}, \boldsymbol{\mu}).$$

因此, 弱对偶相当于不等式

$$\sup_{\boldsymbol{\lambda} \geqslant \mathbf{0}, \boldsymbol{\mu}} \inf_{\boldsymbol{x} \in C} L(\boldsymbol{x}, \boldsymbol{\lambda}, \boldsymbol{\mu}) \leqslant \inf_{\boldsymbol{x} \in C} \sup_{\boldsymbol{\lambda} \geqslant \mathbf{0}, \boldsymbol{\mu}} L(\boldsymbol{x}, \boldsymbol{\lambda}, \boldsymbol{\mu}), \tag{7.26}$$

而强对偶相当于不等式

$$\sup_{\boldsymbol{\lambda} \geqslant \mathbf{0},\ \boldsymbol{\mu}} \inf_{\boldsymbol{x} \in C} L(\boldsymbol{x}, \boldsymbol{\lambda}, \boldsymbol{\mu}) = \inf_{\boldsymbol{x} \in C} \sup_{\boldsymbol{\lambda} \geqslant \mathbf{0},\ \boldsymbol{\mu}} L(\boldsymbol{x}, \boldsymbol{\lambda}, \boldsymbol{\mu}).$$

对偶问题在优化理论中扮演着重要的角色. 每一个最优化问题对应于一个对偶问题. 由于原始问题的对偶问题总是凸优化问题, 其最优值给出了原始问题的最优值的一个下界. 在很多实际情况, 如果原始问题满足一定条件, 原始问题与对偶问题的最优值相等的. 当原始问题的约束个数比优化变量维数更小时, 对偶问题的优化变量就会比原始问题的小, 就有可能在相对较小的空间中进行求解.

下面, 我们通过几个例子来说明如何求出给定问题的对偶问题.

例 7.4 线性规划问题的对偶 设 $f:\mathbb{R}^n \longrightarrow \mathbb{R}$ 是一个线性函数, 其表达式定义为 $f(\boldsymbol{x}) = \boldsymbol{a}^\top \boldsymbol{x}$, 其中 $\boldsymbol{a} \in \mathbb{R}^n$. 令 $A \in \mathbb{R}^{p\times n}$, $\boldsymbol{b} \in \mathbb{R}^p$. 考虑如下原始问题: $\boldsymbol{a} \in \mathbb{R}^n$,

$$\begin{aligned} \min \quad & \boldsymbol{a}^\top \boldsymbol{x}, \\ \text{s.t.} \quad & \boldsymbol{x} \geqslant \boldsymbol{0}, \quad A\boldsymbol{x} = \boldsymbol{b}. \end{aligned} \tag{7.27}$$

我们称此问题为**线性规划问题**. 因为原始问题 (7.27) 的不等式约束函数为 $\boldsymbol{c}(\boldsymbol{x}) = -\boldsymbol{x}$, 等式约束函数为 $\boldsymbol{d}(\boldsymbol{x}) = A\boldsymbol{x} - \boldsymbol{b}$, 所以其拉格朗日函数为

$$L(\boldsymbol{x}, \boldsymbol{\lambda}, \boldsymbol{\mu}) = \boldsymbol{a}^\top \boldsymbol{x} - \boldsymbol{\lambda}^\top \boldsymbol{x} + \boldsymbol{\mu}^\top (A\boldsymbol{x} - \boldsymbol{b}) = -\boldsymbol{\mu}^\top \boldsymbol{b} + \left(\boldsymbol{a}^\top - \boldsymbol{\lambda}^\top + \boldsymbol{\mu}^\top A\right) \boldsymbol{x}.$$

因此对偶函数为

$$g(\boldsymbol{\lambda}, \boldsymbol{\mu}) = -\boldsymbol{\mu}^\top \boldsymbol{b} + \inf_{\boldsymbol{x}\in\mathbb{R}^n} \left(\boldsymbol{a}^\top - \boldsymbol{\lambda}^\top + \boldsymbol{\mu}^\top A\right) \boldsymbol{x}.$$

从上式可以看出, 除非有 $\boldsymbol{a}^\top - \boldsymbol{\lambda}^\top + \boldsymbol{\mu}^\top A = \boldsymbol{0}^\top$, 否则 $g(\boldsymbol{\lambda}, \boldsymbol{\mu}) = -\infty$. 于是

$$g(\boldsymbol{\lambda}, \boldsymbol{\mu}) = \begin{cases} -\boldsymbol{\mu}^\top \boldsymbol{b}, & \text{若 } \boldsymbol{a} - \boldsymbol{\lambda} + A^\top \boldsymbol{\mu} = \boldsymbol{0}, \\ -\infty, & \text{其他}. \end{cases}$$

此时, 只需考虑 $\boldsymbol{a} - \boldsymbol{\lambda} + A^\top \boldsymbol{\mu} = \boldsymbol{0}$ 情形, 其余情况对应于不可行情形. 在对偶问题中, 我们要求不等式约束的拉格朗日乘子 $\lambda \geqslant 0$. 因此原始问题 (7.27) 的对偶问题的常见形式可表示为

$$\begin{aligned} \max \quad & -\boldsymbol{\mu}^\top \boldsymbol{b}, \\ \text{s.t.} \quad & \boldsymbol{a} - \boldsymbol{\lambda} + A^\top \boldsymbol{\mu} = \boldsymbol{0}, \quad \boldsymbol{\lambda} \geqslant \boldsymbol{0}. \end{aligned}$$

进一步地, 上述对偶问等价于

$$\begin{aligned} \max \quad & -\boldsymbol{\mu}^\top \boldsymbol{b}, \\ \text{s.t.} \quad & \boldsymbol{a} + A^\top \boldsymbol{\mu} \geqslant \boldsymbol{0}. \end{aligned}$$

若令 $\boldsymbol{y} = -\boldsymbol{\mu}$, 则上述问题又等价于

$$\begin{aligned} \max \quad & \boldsymbol{b}^\top \boldsymbol{y}, \\ \text{s.t.} \quad & A^\top \boldsymbol{y} \leqslant \boldsymbol{a}. \end{aligned}$$

进而, 我们通过取目标函数的相反数, 将对偶问题等价化为如下的极小化问题:

$$\begin{aligned}\min \quad & -\boldsymbol{b}^\top \boldsymbol{y}, \\ \text{s.t.} \quad & A^\top \boldsymbol{y} \leqslant \boldsymbol{a}.\end{aligned} \tag{7.28}$$

说明线性规划问题 (7.27) 的对偶问题仍为线性规划问题.

不仅如此, 我们还可以证明**线性规划问题与对偶问题互为对偶**. 事实上, 对偶问题 (7.28) 的拉格朗日函数为

$$L(\boldsymbol{y}, \boldsymbol{x}) = -\boldsymbol{b}^\top \boldsymbol{y} + \boldsymbol{x}^\top (A^\top \boldsymbol{y} - \boldsymbol{a}) = -\boldsymbol{a}^\top \boldsymbol{x} + (A\boldsymbol{x} - \boldsymbol{b})^\top \boldsymbol{y}.$$

那么对偶函数为

$$g(\boldsymbol{x}) = \inf_{\boldsymbol{y}} L(\boldsymbol{y}, \boldsymbol{x}) = \begin{cases} -\boldsymbol{a}^\top \boldsymbol{x}, & \text{若 } A\boldsymbol{x} = \boldsymbol{b}, \\ -\infty, & \text{其他}. \end{cases}$$

故对偶问题为

$$\begin{aligned}\max \quad & -\boldsymbol{a}^\top \boldsymbol{x}, \\ \text{s.t.} \quad & A\boldsymbol{x} = \boldsymbol{b}, \quad \boldsymbol{x} \geqslant \mathbf{0}.\end{aligned} \tag{7.29}$$

显然问题 (7.29) 与问题 (7.27) 是相同的. □

例 7.5　二次优化问题的对偶　考虑如下最优化问题:

$$\begin{aligned}\min \quad & \frac{1}{2}\boldsymbol{x}^\top Q \boldsymbol{x} - \boldsymbol{r}^\top \boldsymbol{x}, \quad \boldsymbol{x} \in \mathbb{R}^n, \\ \text{s.t.} \quad & A\boldsymbol{x} \geqslant \boldsymbol{b},\end{aligned} \tag{7.30}$$

其中 $Q \in \mathbb{R}^{n\times n}$ 是对称正定矩阵, $\boldsymbol{r} \in \mathbb{R}^n$, $A \in \mathbb{R}^{p\times n}$, $\boldsymbol{b} \in \mathbb{R}^p$. 通常称上述问题为**二次优化问题**.

下面来计算此问题的对偶问题. 根据定义, 我们可得 (7.30) 的拉格朗日函数为

$$L(\boldsymbol{x}, \boldsymbol{\lambda}) = \frac{1}{2}\boldsymbol{x}^\top Q \boldsymbol{x} - \boldsymbol{r}^\top \boldsymbol{x} + \boldsymbol{\lambda}^\top (A\boldsymbol{x} - \boldsymbol{b}) = \frac{1}{2}\boldsymbol{x}^\top Q \boldsymbol{x} + \left(\boldsymbol{\lambda}^\top A - \boldsymbol{r}^\top\right) \boldsymbol{x} - \boldsymbol{\lambda}^\top \boldsymbol{b}.$$

进而对偶函数为

$$g(\boldsymbol{\lambda}) = \inf_{\boldsymbol{x}\in\mathbb{R}^n} L(\boldsymbol{x}, \boldsymbol{\lambda}) = \inf_{\boldsymbol{x}\in\mathbb{R}^n} \left(\frac{1}{2}\boldsymbol{x}^\top Q \boldsymbol{x} + \left(\boldsymbol{\lambda}^\top A - \boldsymbol{r}^\top\right) \boldsymbol{x} - \boldsymbol{\lambda}^\top \boldsymbol{b}\right).$$

因为在对偶函数 g 的定义中对 $\boldsymbol{x}$ 是没有约束的, 所以当一阶条件成立时, 即当

$$\nabla L(\boldsymbol{x}) = Q\boldsymbol{x} + A^\top\boldsymbol{\lambda} - \boldsymbol{r} = \boldsymbol{0}$$

时, 对偶函数 g 就达到了最小值. 此时 $\boldsymbol{x} = Q^{-1}(\boldsymbol{r} - A^\top\boldsymbol{\lambda})$. 于是

$$g(\boldsymbol{\lambda}) = -\frac{1}{2}\boldsymbol{\lambda}^\top P\boldsymbol{\lambda} - \boldsymbol{\lambda}^\top\boldsymbol{s} - \frac{1}{2}\boldsymbol{r}^\top Q\boldsymbol{r},$$

其中 $P = AQ^{-1}A^\top, \boldsymbol{s} = \boldsymbol{b} - AQ^{-1}\boldsymbol{r}$. 因此, 原始问题 (7.30) 的对偶问题为

$$\begin{aligned} \max \quad & -\frac{1}{2}\boldsymbol{\lambda}^\top P\boldsymbol{\lambda} - \boldsymbol{\lambda}^\top\boldsymbol{s} - \frac{1}{2}\boldsymbol{r}^\top Q\boldsymbol{r}, \\ \text{s.t.} \quad & \boldsymbol{\lambda} \geqslant \boldsymbol{0}. \end{aligned}$$

上述对偶问题等价于

$$\begin{aligned} \min \quad & \frac{1}{2}\boldsymbol{\lambda}^\top P\boldsymbol{\lambda} + \boldsymbol{\lambda}^\top\boldsymbol{s} + \frac{1}{2}\boldsymbol{r}^\top Q\boldsymbol{r}, \\ \text{s.t.} \quad & \boldsymbol{\lambda} \geqslant \boldsymbol{0}. \end{aligned}$$

这表明这个二次优化问题的对偶问题本身也是一个二次优化问题. □

例 7.6 **l_1 正则化问题的对偶** 给定矩阵 $A \in \mathbb{R}^{m\times n}$ 和向量 $\boldsymbol{b} \in \mathbb{R}^m$. 考虑 l_1 正则化问题

$$\min_{\boldsymbol{x}\in\mathbb{R}^n} \quad \frac{1}{2}||A\boldsymbol{x} - \boldsymbol{b}||^2 + \mu||\boldsymbol{x}||_1, \tag{7.31}$$

其中 μ 为正则化参数. 该问题是无约束优化问题, 正则化参数 μ 是来控制稀疏度的. 我们可以将此问题转化为约束优化问题. 通过引入变量 $\boldsymbol{z} = A\boldsymbol{x} - \boldsymbol{b}$, 可将问题 (7.31) 转化为如下等价形式:

$$\begin{aligned} \min \quad & \frac{1}{2}||\boldsymbol{z}||^2 + \mu||\boldsymbol{x}||_1, \quad \boldsymbol{x} \in \mathbb{R}^n, \\ \text{s.t.} \quad & A\boldsymbol{x} - \boldsymbol{b} = \boldsymbol{z}. \end{aligned} \tag{7.32}$$

根据定义可得 (7.32) 的拉格朗日函数为

$$L(\boldsymbol{x}, \boldsymbol{z}, \boldsymbol{\lambda}) = \frac{1}{2}||\boldsymbol{z}||^2 + \mu||\boldsymbol{x}||_1 + \boldsymbol{\lambda}^\top(\boldsymbol{z} - A\boldsymbol{x} + \boldsymbol{b}).$$

进而对偶函数为

$$g(\boldsymbol{\lambda}) = \inf_{\boldsymbol{x},\boldsymbol{z}} L(\boldsymbol{x}, \boldsymbol{z}, \boldsymbol{\lambda}) = \inf_{\boldsymbol{x},\boldsymbol{z}} \left(\frac{1}{2}||\boldsymbol{z}||^2 + \boldsymbol{\lambda}^\top\boldsymbol{z} + \mu||\boldsymbol{x}||_1 - (A^\top\boldsymbol{\lambda})^\top\boldsymbol{x} + \boldsymbol{\lambda}^\top\boldsymbol{b}\right).$$

一方面, 由 $||\cdot||_1$ 对偶范数的定义可知

$$||\boldsymbol{x}||_1 = \max_{||A^\top\boldsymbol{\lambda}||_\infty=1} |(A^\top\boldsymbol{\lambda})^\top\boldsymbol{x}| = \max_{||A^\top\boldsymbol{\lambda}||_\infty\neq 0} \left|\left(\frac{A^\top\boldsymbol{\lambda}}{||A^\top\boldsymbol{\lambda}||_\infty}\right)^\top\boldsymbol{x}\right|.$$

另一方面, 由二次函数的最小值的性质可得关于 z 的一阶条件成立, 即

$$\nabla L(\boldsymbol{z}) = \boldsymbol{z} + \boldsymbol{\lambda} = \boldsymbol{0}.$$

于是, 我们有

$$g(\boldsymbol{\lambda}) = \inf_{\boldsymbol{x},\boldsymbol{z}} L(\boldsymbol{x},\boldsymbol{z},\boldsymbol{\lambda}) = \begin{cases} \boldsymbol{b}^\top\boldsymbol{\lambda} - \dfrac{1}{2}||\boldsymbol{\lambda}||^2, & 若\ ||A^\top\boldsymbol{\lambda}||_\infty \leqslant \mu, \\ -\infty, & 其他. \end{cases}$$

从而, 原始问题 (7.31) 的对偶问题为

$$\begin{aligned} \max\quad & \boldsymbol{b}^\top\boldsymbol{\lambda} - \frac{1}{2}||\boldsymbol{\lambda}||^2, \\ \text{s.t.}\quad & ||A^\top\boldsymbol{\lambda}||_\infty \leqslant \mu, \quad \boldsymbol{\lambda} \geqslant \boldsymbol{0}. \end{aligned}$$

□

例 7.7　最小边界球问题的对偶　令 $\boldsymbol{a}_1, \cdots, \boldsymbol{a}_m \in \mathbb{R}^n$, 对于所有 $1 \leqslant i \leqslant m$, 我们想要寻找包含点 $\boldsymbol{a}_i$ 的 $\boldsymbol{x}$ 的闭球 $B[\boldsymbol{x}, r]$ 的最小半径 r. 这个问题称为**最小边界球问题**. 这个问题相当于解决以下原始优化问题:

$$\begin{aligned} \min\quad & r^2, \\ \text{s.t.}\quad & ||\boldsymbol{x} - \boldsymbol{a}_i||^2 \leqslant r^2, 1 \leqslant i \leqslant m. \end{aligned}$$

该问题的拉格朗日函数为

$$L(r,\boldsymbol{x},\boldsymbol{\lambda}) = r^2 + \sum_{i=1}^m \lambda_i \left(\|\boldsymbol{x} - \boldsymbol{a}_i\|^2 - r^2\right) = r^2\left(1 - \sum_{i=1}^m \lambda_i\right) + \sum_{i=1}^m \lambda_i \|\boldsymbol{x} - \boldsymbol{a}_i\|^2.$$

进而对偶函数为

$$g(\boldsymbol{\lambda}) = \inf_{r\in\mathbb{R}_+,\boldsymbol{x}\in\mathbb{R}^n} L(r,\boldsymbol{x},\boldsymbol{\lambda}) = \inf_{r\in\mathbb{R}_+,\boldsymbol{x}\in\mathbb{R}^n} r^2\left(1 - \sum_{i=1}^m \lambda_i\right) + \sum_{i=1}^m \lambda_i \|\boldsymbol{x} - \boldsymbol{a}_i\|^2.$$

对于上述问题的一阶条件, 有

$$\nabla L(r) = 2r\left(1 - \sum_{i=1}^m \lambda_i\right) = 0, \quad \nabla L(\boldsymbol{x}) = 2\sum_{i=1}^m \lambda_i(\boldsymbol{x} - \boldsymbol{a}_i) = \boldsymbol{0}.$$

第一个等式说明 $\sum_{i=1}^m \lambda_i = 1$. 代入第二个等式可得 $\boldsymbol{x} = \sum_{i=1}^m \lambda_i \boldsymbol{a}_i$. 因此 $\boldsymbol{x}$ 是 $\boldsymbol{a}_1, \cdots, \boldsymbol{a}_m$ 的一个凸组合. 故对偶函数为

$$g(\boldsymbol{\lambda}) = \sum_{i=1}^m \lambda_i \left\| \sum_{j=1}^m \lambda_j \boldsymbol{a}_j - \boldsymbol{a}_i \right\|^2.$$

显然原始函数的最小值和对偶函数的最大值之间存在间距.

注意到, 这里的约束函数 $g_i(\boldsymbol{x}, r) = \|\boldsymbol{x} - \boldsymbol{a}_i\|^2 - r^2 \leqslant 0$ 不是凸函数. □

7.3.2 强对偶

在本小节, 我们主要考虑如下形式的凸优化问题

$$\begin{aligned} \min \quad & f(\boldsymbol{x}), \quad \boldsymbol{x} \in C, \\ \text{s.t.} \quad & \boldsymbol{c}(\boldsymbol{x}) \leqslant \mathbf{0}, \quad \boldsymbol{d}(\boldsymbol{x}) = \mathbf{0}, \end{aligned} \tag{7.33}$$

其中 $C \subseteq \mathbb{R}^n$ 是凸集, $f : \mathbb{R}^n \longrightarrow \mathbb{R}$ 和 $\boldsymbol{c} : \mathbb{R}^n \longrightarrow \mathbb{R}^m$ 是凸函数, 函数 $\boldsymbol{d}(\boldsymbol{x}) = A\boldsymbol{x} - \boldsymbol{b}$, 其中 $A \in \mathbb{R}^{p \times n}$ 且 $\boldsymbol{b} \in \mathbb{R}^p$. 在实际问题中, 例如稀疏优化问题、低秩矩阵恢复问题、回归问题等均是凸优化问题.

凸优化问题有很多好的性质. 在通常情况下, 优化问题的强对偶原理是不满足的, 即对偶间距是大于零的. 但对于凸优化问题, 在某些特定的条件下可以证明强对偶原理. 为此, 我们需要介绍一个与凸性相关的非常有用的择一定理.

定理 7.18

设 $C \subseteq \mathbb{R}^n$ 是凸集, $f : \mathbb{R}^n \longrightarrow \mathbb{R}$ 和 $\boldsymbol{c} : \mathbb{R}^n \longrightarrow \mathbb{R}^m$ 是凸函数, 函数 $\boldsymbol{d}(\boldsymbol{x}) = A\boldsymbol{x} - \boldsymbol{b}$, 其中 $A \in \mathbb{R}^{p \times n}$ 且 $\boldsymbol{b} \in \mathbb{R}^p$. 若系统

$$f(\boldsymbol{x}) < 0, \quad \boldsymbol{c}(\boldsymbol{x}) \leqslant \mathbf{0}, \quad \boldsymbol{d}(\boldsymbol{x}) = \mathbf{0} \tag{7.34}$$

在 C 中无解, 则系统

$$\begin{aligned} & u_0 f(\boldsymbol{x}) + \boldsymbol{\lambda}^\top \boldsymbol{c}(\boldsymbol{x}) + \boldsymbol{\mu}^\top \boldsymbol{d}(\boldsymbol{x}) \geqslant 0, \quad \forall \boldsymbol{x} \in C, \\ & u_0 \geqslant 0, \quad \boldsymbol{\lambda} \geqslant \mathbf{0}, \quad (u_0, \boldsymbol{\lambda}, \boldsymbol{\mu}) \neq \mathbf{0} \end{aligned} \tag{7.35}$$

必有解. 反之, 若第二个系统 (7.35) 有解并满足 $u_0 > 0$, 则第一个系统 (7.34) 无解. ♡

证明 易知, 对每个 $\boldsymbol{x} \in \mathbb{R}^n$, 集合

$$U_{\boldsymbol{x}} = \{(r, \boldsymbol{s}, \boldsymbol{t}) \mid r > f(\boldsymbol{x}), \boldsymbol{s} \geqslant \boldsymbol{c}(\boldsymbol{x}), \boldsymbol{t} = \boldsymbol{d}(\boldsymbol{x})\} \subseteq \mathbb{R}^{1+m+p}$$

为凸集. 注意到若 $U_{\boldsymbol{x}}$ 是非空集合, 则 r 和 $\boldsymbol{s}$ 可以取到任意大.

当系统 (7.34) 无解时, 则 $(0,\mathbf{0},\mathbf{0})\in\mathbb{R}^{1+m+p}$ 不属于集合 $U_{\boldsymbol{x}}$. 根据分离超平面定理可得, 存在非零向量 $\boldsymbol{w}=(u_0,\boldsymbol{\lambda},\boldsymbol{\mu})\in\mathbb{R}^{1+m+p}$, 使得对于任意的 $\boldsymbol{x}\in\mathbf{cl}(U_{\boldsymbol{x}})$, 有 $\boldsymbol{w}^\top\boldsymbol{x}\geqslant 0$, 即对于任意的 $(r,\boldsymbol{s},\boldsymbol{t})\in\mathbf{cl}(U_{\boldsymbol{x}})$, 有

$$u_0r+\boldsymbol{\lambda}^\top\boldsymbol{s}+\boldsymbol{\mu}^\top\boldsymbol{t}\geqslant 0.$$

因为 r 和 $\boldsymbol{s}$ 可以取任意大, 只有当 $u_0>0$ 且 $\boldsymbol{\lambda}\geqslant\mathbf{0}$ 时上述不等式成立. 根据 $(f(\boldsymbol{x}),\boldsymbol{c}(\boldsymbol{x}),\boldsymbol{d}(\boldsymbol{x}))\in\mathbf{cl}(U_{\boldsymbol{x}})$ 可得

$$u_0f(\boldsymbol{x})+\boldsymbol{\lambda}^\top\boldsymbol{c}(\boldsymbol{x})+\boldsymbol{\mu}^\top\boldsymbol{d}(\boldsymbol{x})\geqslant 0.$$

故系统 (7.35) 至少有一个解.

反之, 假设第二个系统 (7.35) 有解为 $(u_0,\boldsymbol{\lambda},\boldsymbol{\mu})\in\mathbb{R}^{1+m+p}$, 满足 $u_0>0,\boldsymbol{\lambda}\geqslant\mathbf{0}$, 且对于所有的 $\boldsymbol{x}\in C$ 有

$$u_0f(\boldsymbol{x})+\boldsymbol{\lambda}^\top\boldsymbol{c}(\boldsymbol{x})+\boldsymbol{\mu}^\top\boldsymbol{d}(\boldsymbol{x})\geqslant 0.$$

若 $\boldsymbol{x}\in C$ 使得 $\boldsymbol{c}(\boldsymbol{x})\leqslant\mathbf{0}$ 且 $\boldsymbol{d}(\boldsymbol{x})=\mathbf{0}$, 则由 $\boldsymbol{\lambda}\geqslant\mathbf{0}$ 可得 $u_0f(\boldsymbol{x})\geqslant 0$. 注意到 $u_0>0$, 故 $f(\boldsymbol{x})\geqslant 0$. 这表明第一个系统 (7.34) 无解. □

下一个结果为我们提供了消除对偶间距的充分条件, 我们称之为强对偶定理.

定理 7.19 强对偶定理

记凸优化问题 (7.33) 的拉格朗日函数为

$$L(\boldsymbol{x},\boldsymbol{\lambda},\boldsymbol{\mu})=f(\boldsymbol{x})+\boldsymbol{\lambda}^\top\boldsymbol{c}(\boldsymbol{x})+\boldsymbol{\mu}^\top\boldsymbol{d}(\boldsymbol{x}),\quad \boldsymbol{x}\in\mathbb{R}^n,\boldsymbol{\lambda}\in\mathbb{R}^m,\boldsymbol{\mu}\in\mathbb{R}^p.$$

对偶函数为

$$g(\boldsymbol{\lambda},\boldsymbol{\mu})=\inf_{\boldsymbol{x}\in C}L(\boldsymbol{x},\boldsymbol{\lambda},\boldsymbol{\mu}).$$

如果①存在 $\boldsymbol{z}\in C$, 使得 $\boldsymbol{c}(\boldsymbol{z})<\mathbf{0}$ 且 $\boldsymbol{d}(\boldsymbol{z})=\mathbf{0}$; ②$\mathbf{0}\in\mathbf{int}(\boldsymbol{d}(C))$, 那么强对偶成立, 即

$$\sup\{g(\boldsymbol{\lambda},\boldsymbol{\mu})\mid\boldsymbol{\lambda}\geqslant\mathbf{0}\}=\inf\{f(\boldsymbol{x})\mid\boldsymbol{x}\in C,\boldsymbol{c}(\boldsymbol{x})\leqslant\mathbf{0},\boldsymbol{d}(\boldsymbol{x})=\mathbf{0}\}.\tag{7.36}$$

如果

$$\inf\{f(\boldsymbol{x})\mid\boldsymbol{x}\in C,\boldsymbol{c}(\boldsymbol{x})\leqslant\mathbf{0},\boldsymbol{d}(\boldsymbol{x})=\mathbf{0}\}$$

是有限的, 则存在 $\boldsymbol{\lambda}^*$, $\boldsymbol{\mu}^*$ 满足 $\boldsymbol{\lambda}^*\geqslant\mathbf{0}$, 使得

$$g(\boldsymbol{\lambda}^*,\boldsymbol{\mu}^*)=\sup\{g(\boldsymbol{\lambda},\boldsymbol{\mu})\mid\boldsymbol{\lambda}\geqslant\mathbf{0}\}.$$

如果 f 的下确界在点 $\boldsymbol{x}_0$ 处取得, 即

$$f(\boldsymbol{x}_0)=\inf\{f(\boldsymbol{x})\mid \boldsymbol{x}\in C,\boldsymbol{c}(\boldsymbol{x})\leqslant \mathbf{0},\boldsymbol{d}(\boldsymbol{x})=\mathbf{0}\},$$

则 $\boldsymbol{\lambda}^{*\top}\boldsymbol{c}(\boldsymbol{x}_0)=0$. ♡

证明 令

$$\alpha=\inf\{\boldsymbol{x}\in C,f(\boldsymbol{x})\mid \boldsymbol{c}(\boldsymbol{x})\leqslant \mathbf{0},\boldsymbol{d}(\boldsymbol{x})=\mathbf{0}\}.$$

若 $\alpha=-\infty$, 则由弱对偶不等式 (7.26) 可知 $\sup\{g(\boldsymbol{\lambda},\boldsymbol{\mu})\mid \boldsymbol{\lambda}\geqslant \mathbf{0}\}=-\infty$, 进而 (7.36) 成立. 若 α 是有限值, 则系统

$$f(\boldsymbol{x})-\alpha<0,\ \boldsymbol{c}(\boldsymbol{x})\leqslant \mathbf{0},\qquad \boldsymbol{d}(\boldsymbol{x})=\mathbf{0}$$

在 C 中无解. 根据定理 7.18, 存在 $u_0\geqslant 0$, $\boldsymbol{\lambda}_0\geqslant \mathbf{0}$ 和 $\boldsymbol{\mu}_0\in\mathbb{R}^p$, 使得

$$u_0(f(\boldsymbol{x})-\alpha)+\boldsymbol{\lambda}_0^\top\boldsymbol{c}(\boldsymbol{x})+\boldsymbol{\mu}_0^\top\boldsymbol{d}(\boldsymbol{x})\geqslant 0,\qquad \forall \boldsymbol{x}\in C,\tag{7.37}$$

且 $[u_0,\boldsymbol{\lambda}_0^\top,\boldsymbol{\mu}_0^\top]^\top\neq\mathbf{0}^\top$.

我们首先断言 $u_0>0$. 假设 $u_0=0$. 根据定理中的假设条件, 存在 $\boldsymbol{z}\in C$ 使得 $\boldsymbol{c}(\boldsymbol{z})<\mathbf{0}$ 且 $\boldsymbol{d}(\boldsymbol{z})=\mathbf{0}$, 这意味着 $\boldsymbol{\lambda}_0^\top\boldsymbol{c}(\boldsymbol{z})\geqslant 0$. 因为 $\boldsymbol{\lambda}_0\geqslant\mathbf{0}$ 且 $\boldsymbol{c}(\boldsymbol{z})<\mathbf{0}$, 所以 $\boldsymbol{\lambda}_0=\mathbf{0}$. 故由 (7.37) 可得对任意的 $\boldsymbol{x}\in C$, 有 $\boldsymbol{\mu}_0^\top\boldsymbol{d}(\boldsymbol{x})\geqslant 0$. 因为 $\mathbf{0}\in\mathbf{int}(\boldsymbol{d}(C))$, 所以存在 $\varepsilon>0$, 使得 $B(\mathbf{0},\varepsilon)\subseteq\boldsymbol{d}(C)$. 注意到, 若 $0<\beta<\varepsilon$, 则 $-\beta\dfrac{\boldsymbol{\mu}_0}{\|\boldsymbol{\mu}_0\|}\in B(\mathbf{0},\varepsilon)$. 因此, 存在 $\boldsymbol{x}_0\in C$, 使得 $d(\boldsymbol{x}_0)=-\beta\dfrac{\boldsymbol{\mu}_0}{\|\boldsymbol{\mu}_0\|}$. 于是 $\boldsymbol{\mu}_0=-\dfrac{1}{\beta}\|\boldsymbol{\mu}_0\|\boldsymbol{d}(\boldsymbol{x}_0)$. 从而, 我们有

$$0\leqslant\boldsymbol{\mu}_0^\top\boldsymbol{d}(\boldsymbol{x}_0)=-\beta\frac{1}{\|\boldsymbol{\mu}_0\|}\boldsymbol{\mu}_0^\top\boldsymbol{\mu}_0=-\beta\|\boldsymbol{\mu}_0\|,$$

说明 $\boldsymbol{\mu}_0=\mathbf{0}$. 此时, 我们可得 $u_0=0$, $\boldsymbol{\lambda}_0=\mathbf{0}$ 以及 $\boldsymbol{\mu}_0=\mathbf{0}$, 这与 $[u_0,\boldsymbol{\lambda}_0^\top,\boldsymbol{\mu}_0^\top]^\top\neq\mathbf{0}^\top$. 矛盾. 因此, 断言 $u_0>0$ 成立.

令 $\boldsymbol{\lambda}^*=\dfrac{1}{u_0}\boldsymbol{\lambda}_0$ 且 $\boldsymbol{\mu}^*=\dfrac{1}{u_0}\boldsymbol{\mu}_0$. 因为 $u_0>0$, 所以我们由 (7.37) 可得

$$g(\boldsymbol{\lambda}^*,\boldsymbol{\mu}^*)-\alpha=f(\boldsymbol{x})-\alpha+\boldsymbol{\lambda}^{*\top}\boldsymbol{c}(\boldsymbol{x})+\boldsymbol{\mu}^{*\top}\boldsymbol{d}(\boldsymbol{x})\geqslant 0,\quad \forall\boldsymbol{x}\in C,\tag{7.38}$$

其中这说明 $g(\boldsymbol{\lambda}^*,\boldsymbol{\mu}^*)\geqslant\alpha$. 再由弱对偶定理可得 $g(\boldsymbol{\lambda}^*,\boldsymbol{\mu}^*)=\alpha$.

如果 $\boldsymbol{x}_0\in C$ 是原始问题 (7.33) 的最优解, 那么有

$$f(\boldsymbol{x}_0)=\alpha,\ \ \boldsymbol{c}(\boldsymbol{x}_0)\leqslant\mathbf{0},\ \ \boldsymbol{d}(\boldsymbol{x}_0)=\mathbf{0}.$$

又由 (7.38) 可知

$$f(\boldsymbol{x}_0)-\alpha+\boldsymbol{\lambda}^{*\top}\boldsymbol{c}(\boldsymbol{x}_0)+\boldsymbol{\mu}^{*\top}\boldsymbol{d}(\boldsymbol{x}_0)\geqslant 0,$$

故 $\boldsymbol{\lambda}^{*\top}\boldsymbol{c}(\boldsymbol{x}_0)\geqslant 0$. 因为 $\boldsymbol{\lambda}^*\geqslant\mathbf{0}$ 且 $\boldsymbol{c}(\boldsymbol{x}_0)\leqslant\mathbf{0}$, 所以 $\boldsymbol{\lambda}^{*\top}\boldsymbol{c}(\boldsymbol{x}_0)=0$. □

条件 $\mathbf{0}\in\mathbf{int}(\boldsymbol{d}(C))$ 以及存在 $\boldsymbol{z}\in C$ 满足 $\boldsymbol{c}(\boldsymbol{z})<0$ 和 $\boldsymbol{d}(\boldsymbol{z})=\mathbf{0}$, 被称为**强对偶定理的约束限定条件**.

下面, 我们给出拉格朗日函数的鞍点定义, 拉格朗日函数的鞍点存在足以确保原始问题和对偶问题满足强对偶性.

设 $L(\boldsymbol{x},\boldsymbol{\lambda},\boldsymbol{\mu})$ 是优化问题 (7.23) 的拉格朗日函数. 若 $(\boldsymbol{x}_0,\boldsymbol{\lambda}^*,\boldsymbol{\mu}^*)\in\mathbb{R}^n\times\mathbb{R}^m\times\mathbb{R}^p$, 对任意的 $\boldsymbol{x}\in\mathbb{R}^n,\boldsymbol{\lambda}\geqslant\mathbf{0}$ 和 $\boldsymbol{\mu}\in\mathbb{R}^p$ 满足

$$L(\boldsymbol{x}_0,\boldsymbol{\lambda},\boldsymbol{\mu})\leqslant L(\boldsymbol{x}_0,\boldsymbol{\lambda}^*,\boldsymbol{\mu}^*)\leqslant L(\boldsymbol{x},\boldsymbol{\lambda}^*,\boldsymbol{\mu}^*),$$

则称 $(\boldsymbol{x}_0,\boldsymbol{\lambda}^*,\boldsymbol{\mu}^*)$ 为拉格朗日函数 $L(\boldsymbol{x},\boldsymbol{\lambda},\boldsymbol{\mu})$ 的**鞍点**.

定理 7.20

设 $L(\boldsymbol{x},\boldsymbol{\lambda},\boldsymbol{\mu})$ 是优化问题 (7.23) 的拉格朗日函数. 如果 $(\boldsymbol{x}_0,\boldsymbol{\lambda}^*,\boldsymbol{\mu}^*)\in\mathbb{R}^n\times\mathbb{R}^m\times\mathbb{R}^p$ 是 $L(\boldsymbol{x},\boldsymbol{\lambda},\boldsymbol{\mu})$ 的一个鞍点且 $\boldsymbol{\lambda}^*\geqslant\mathbf{0}$, 那么 $\boldsymbol{x}_0$ 是优化问题 (7.23) 的一个解, 且 $(\boldsymbol{\lambda}^*,\boldsymbol{\mu}^*)$ 是对偶问题的一个解. ♡

证明　如果 $(\boldsymbol{x}_0,\boldsymbol{\lambda}^*,\boldsymbol{\mu}^*)\in\mathbb{R}^n\times\mathbb{R}^m\times\mathbb{R}^p$ 是拉格朗日函数 L 的一个鞍点, 那么对于任意的 $\boldsymbol{\lambda}\geqslant\mathbf{0}$ 和 $\boldsymbol{\mu}\in\mathbb{R}^p$, 不等式

$$L(\boldsymbol{x}_0,\boldsymbol{\lambda},\boldsymbol{\mu})=f(\boldsymbol{x}_0)+\boldsymbol{\lambda}^\top\boldsymbol{c}(\boldsymbol{x}_0)+\boldsymbol{\mu}^\top\boldsymbol{d}(\boldsymbol{x}_0)\leqslant L(\boldsymbol{x}_0,\boldsymbol{\lambda}^*,\boldsymbol{\mu}^*) \tag{7.39}$$

成立. 这说明 $\boldsymbol{c}(\boldsymbol{x}_0)\leqslant\mathbf{0}$ 且 $\boldsymbol{d}(\boldsymbol{x}_0)=\mathbf{0}$. 进而, $\boldsymbol{x}_0$ 是优化问题 (7.23) 的一个可行点, 并且由 (7.39) 可得对任意的 $\boldsymbol{\lambda}\geqslant\mathbf{0}$, 有 $\boldsymbol{\lambda}^\top\boldsymbol{c}(\boldsymbol{x}_0)\leqslant\boldsymbol{\lambda}^{*\top}\boldsymbol{c}(\boldsymbol{x}_0)$.

取 $\boldsymbol{\lambda}=\mathbf{0}$, 则 $\boldsymbol{\lambda}^{*\top}\boldsymbol{c}(\boldsymbol{x}_0)\geqslant 0$. 又 $\boldsymbol{\lambda}^*\geqslant\mathbf{0}$ 且 $\boldsymbol{c}(\boldsymbol{x}_0)\leqslant\mathbf{0}$, 故 $\boldsymbol{\lambda}^{*\top}\boldsymbol{c}(\boldsymbol{x}_0)\leqslant 0$. 因此 $\boldsymbol{\lambda}^{*\top}\boldsymbol{c}(\boldsymbol{x}_0)=0$. 于是根据鞍点的定义, 可得对于任意的 $\boldsymbol{x}\in C$, 有

$$\begin{aligned}f(\boldsymbol{x}_0)&=f(\boldsymbol{x}_0)+\boldsymbol{\lambda}^{*\top}\boldsymbol{c}(\boldsymbol{x}_0)+\boldsymbol{\mu}^{*\top}\boldsymbol{d}(\boldsymbol{x}_0)=L(\boldsymbol{x}_0,\boldsymbol{\lambda}^*,\boldsymbol{\mu}^*)\\&\leqslant L(\boldsymbol{x},\boldsymbol{\lambda}^*,\boldsymbol{\mu}^*)=f(\boldsymbol{x})+\boldsymbol{\lambda}^{*\top}\boldsymbol{c}(\boldsymbol{x})+\boldsymbol{\mu}^{*\top}\boldsymbol{d}(\boldsymbol{x}).\end{aligned}$$

这意味着 $f(\boldsymbol{x}_0)\leqslant g(\boldsymbol{\lambda}^*,\boldsymbol{\mu}^*)$. 由弱对偶定理立即可得 $f(\boldsymbol{x}_0)=g(\boldsymbol{\lambda}^*,\boldsymbol{\mu}^*)$. 因此, $\boldsymbol{x}_0$ 和 $(\boldsymbol{\lambda}_*,\boldsymbol{\mu}^*)$ 分别是原始问题 (7.23) 和对偶问题的最优解, 并且对偶间距为 0. □

事实上, 鞍点的存在性源于凸性假设和约束限定条件.

定理 7.21

如果优化问题 (7.33) 满足强对偶定理的约束限定条件, 那么存在一个鞍点 $(\boldsymbol{x}_0, \boldsymbol{\lambda}^*, \boldsymbol{\mu}^*) \in \mathbb{R}^n \times \mathbb{R}^m \times \mathbb{R}^p$, 其中 $\boldsymbol{\lambda}^* \geqslant \mathbf{0}$. ♡

证明　根据强对偶定理, 存在一个原始问题的最优解 $\boldsymbol{x}_0$, 使得 $f(\boldsymbol{x}_0) = g(\boldsymbol{\lambda}^*, \boldsymbol{\mu}^*)$, 其中 $\boldsymbol{\lambda}^* \geqslant \mathbf{0}$ 且 $\boldsymbol{\lambda}^{*\top}\boldsymbol{c}(\boldsymbol{x}_0) = 0$. 于是, 对于 $\boldsymbol{x} \in C$, 我们有

$$f(\boldsymbol{x}_0) = g(\boldsymbol{\lambda}^*, \boldsymbol{\mu}^*) \leqslant f(\boldsymbol{x}) + \boldsymbol{\lambda}^{*\top}\boldsymbol{c}(\boldsymbol{x}) + \boldsymbol{\mu}^{*\top}\boldsymbol{d}(\boldsymbol{x}) = L(\boldsymbol{x}, \boldsymbol{\lambda}^*, \boldsymbol{\mu}^*),$$

因为 $\boldsymbol{\lambda}^{*\top}\boldsymbol{c}(\boldsymbol{x}_0) = \boldsymbol{\mu}^{*\top}\boldsymbol{d}(\boldsymbol{x}_0) = 0$, 所以对于 $\boldsymbol{x} \in C$,

$$L(\boldsymbol{x}_0, \boldsymbol{\lambda}^*, \boldsymbol{\mu}^*) = f(\boldsymbol{x}_0) + \boldsymbol{\lambda}^{*\top}\boldsymbol{c}(\boldsymbol{x}_0) + \boldsymbol{\mu}^{*\top}\boldsymbol{d}(\boldsymbol{x}_0) \leqslant L(\boldsymbol{x}, \boldsymbol{\lambda}^*, \boldsymbol{\mu}^*), \quad \forall \boldsymbol{x} \in C.$$

另一方面, 由 $\boldsymbol{\lambda} \geqslant \mathbf{0}$, $\boldsymbol{c}(\boldsymbol{x}_0) \leqslant \mathbf{0}$ 和 $\boldsymbol{d}(\boldsymbol{x}_0) = \mathbf{0}$ 由定义立即可得不等式

$$L(\boldsymbol{x}_0, \boldsymbol{\lambda}, \boldsymbol{\mu}) \leqslant L(\boldsymbol{x}_0, \boldsymbol{\lambda}^*, \boldsymbol{\mu}^*).$$

因此, $(\boldsymbol{x}_0, \boldsymbol{\lambda}^*, \boldsymbol{\mu}^*) \in \mathbb{R}^n \times \mathbb{R}^m \times \mathbb{R}^p$ 是拉格朗日函数的鞍点. □

习　题　7

1. 利用凸函数二阶条件证明如下结论:

(1) **in-sum-exp 函数** $f(\boldsymbol{x}) = \ln\left(\sum_{k=1}^n \exp(x_k)\right)$ 是凸函数, 其中 $\boldsymbol{x} = [x_1, \cdots, x_n]^\top \in \mathbb{R}^n$;

(2) **几何平均** $f(\boldsymbol{x}) = \left(\prod_{k=1}^n x_k\right)^{\frac{1}{n}}$ 是凹函数, 其中 $\boldsymbol{x} = [x_1, \cdots, x_n]^\top \in \mathbb{R}^n$.

2. 令 C 是 $\mathbb{R}^m$ 的凸子集, 且使得集合 $\mathcal{X} = \{\boldsymbol{x} \in C \mid \boldsymbol{c}(\boldsymbol{x}) \leqslant \mathbf{0}_m\}$ 也是 $\mathbb{R}^m$ 的凸子集. 证明 KCQ(Karlin's constraint qualification) 等价于 SCQ(Slater constraint qualification), 即存在 $\boldsymbol{x} \in C$, 使得 $\boldsymbol{c}(\boldsymbol{x}) < \mathbf{0}$.

3. 令 $f : (\mathbb{R}^n_+ \cup \{\mathbf{0}\}) \times (\mathbb{R}^m_+ \cup \{\mathbf{0}\}) \to \mathbb{R}$ 是一个可微函数. 若 $(\boldsymbol{x}_0, \boldsymbol{r}_0)$ 是函数 f 的一个 Kuhn-Tucker 鞍点, 即对于任意的 $\boldsymbol{x} \in \mathbb{R}^n_+ \cup \{\mathbf{0}\}$ 和 $\mathbb{R}^m_+ \cup \{\mathbf{0}\}$, 有

$$f(\boldsymbol{x}_0, \boldsymbol{r}) \leqslant f(\boldsymbol{x}_0, \boldsymbol{r}_0) \leqslant f(\boldsymbol{x}, \boldsymbol{r}_0),$$

证明:

$$(\nabla_{\boldsymbol{x}} f)(\boldsymbol{x}_0, \boldsymbol{r}_0) \leqslant \mathbf{0}_n, \quad (\nabla_{\boldsymbol{x}} f)(\boldsymbol{x}_0, \boldsymbol{r}_0)^\top \boldsymbol{x}_0 = 0, \quad \boldsymbol{x}_0 \geqslant \mathbf{0},$$
$$(\nabla_{\boldsymbol{r}} f)(\boldsymbol{x}_0, \boldsymbol{r}_0) \geqslant \mathbf{0}_m, \quad (\nabla_{\boldsymbol{r}} f)(\boldsymbol{x}_0, \boldsymbol{r}_0)^\top \boldsymbol{r}_0 = 0, \quad \boldsymbol{x}_0 \geqslant \mathbf{0}.$$

4. 令 $f : (\mathbb{R}^n_+ \cup \{\mathbf{0}\}) \times (\mathbb{R}^m_+ \cup \{\mathbf{0}\}) \to \mathbb{R}$ 是一个可微函数. 若 $(\boldsymbol{x}_0, \boldsymbol{r}_0)$ 满足:

$$(\nabla_{\boldsymbol{x}} f)(\boldsymbol{x}_0, \boldsymbol{r}_0) \leqslant \mathbf{0}, \quad (\nabla_{\boldsymbol{x}} f)(\boldsymbol{x}_0, \boldsymbol{r}_0)^\top \boldsymbol{x}_0 = 0, \quad \boldsymbol{x}_0 \geqslant \mathbf{0},$$

$$(\nabla_{\boldsymbol{r}} f)(\boldsymbol{x}_0, \boldsymbol{r}_0) \geqslant \mathbf{0}_m, \quad (\nabla_{\boldsymbol{r}} f)(\boldsymbol{x}_0, \boldsymbol{r}_0)^\top \boldsymbol{r}_0 = 0, \quad \boldsymbol{x}_0 \geqslant \mathbf{0}.$$

且 $f(\boldsymbol{x}, \boldsymbol{r}_0)$ 是凹函数, $f(\boldsymbol{x}_0, \boldsymbol{r})$ 是凸函数. 证明 $(\boldsymbol{x}_0, \boldsymbol{r}_0)$ 是函数 f 的一个 Kuhn-Tucker 鞍点.

5. 证明 $\boldsymbol{x}^* = [1, \frac{1}{2}, -1]^\top$ 是优化问题

$$
\begin{aligned}
\min \quad & \frac{1}{2}\boldsymbol{x}^\top P\boldsymbol{x} + \boldsymbol{q}^\top\boldsymbol{x} + r, \\
\text{s.t.} \quad & -1 \leqslant x_i \leqslant 1, \quad i = 1, 2, 3
\end{aligned}
$$

的最优解, 其中

$$
P = \begin{bmatrix} 13 & 12 & -2 \\ 12 & 17 & 6 \\ -2 & 6 & 12 \end{bmatrix}, \quad \boldsymbol{q} = \begin{bmatrix} -22 \\ -14.5 \\ 13 \end{bmatrix}, \quad r = 1.
$$

6. 考虑优化问题

$$
\begin{aligned}
\min \quad & f_0(x_1, x_2), \\
\text{s.t.} \quad & 2x_1 + x_2 \geqslant 1, \\
& x_1 + 3x_2 \geqslant 1, \\
& x_1 \geqslant 0, \ x_2 \geqslant 0.
\end{aligned}
$$

对其可行集进行概括. 对下面的每个目标函数, 给出最优集和最优值.

(1) $f_0(x_1, x_2) = x_1 + x_2$;

(2) $f_0(x_1, x_2) = -x_1 - x_2$;

(3) $f_0(x_1, x_2) = x_1$;

(4) $f_0(x_1, x_2) = \max x_1, x_2$;

(5) $f_0(x_1, x_2) = x_1^2 + 9x_2^2$.

7. **最小二乘法的对偶问题**　考虑问题

$$
\begin{aligned}
\min \quad & \boldsymbol{x}^\top\boldsymbol{x}, \\
\text{s.t.} \quad & A\boldsymbol{x} = \boldsymbol{b},
\end{aligned}
$$

其中 $\boldsymbol{x} \in \mathbb{R}^n$, $A \in \mathbb{R}^{p\times n}$, $\boldsymbol{b} \in \mathbb{R}^n$. 求该问题的对偶问题.

8. **熵的最大化的对偶问题**: 考虑问题

$$
\begin{aligned}
\min \quad & \sum_{i=1}^{n} x_i \ln x_i, \\
\text{s.t.} \quad & A\boldsymbol{x} \leqslant \boldsymbol{b}, \quad \boldsymbol{1}^\top\boldsymbol{x} = 1,
\end{aligned}
$$

其中 $\boldsymbol{x} \in \mathbb{R}^n_+$, $A \in \mathbb{R}^{p\times n}$, $\boldsymbol{b} \in \mathbb{R}^n$. 求该问题的对偶问题.

9. 考虑优化问题

$$
\begin{aligned}
\min \quad & \text{tr}X - \ln\det X, \\
\text{s.t.} \quad & X\boldsymbol{s} = \boldsymbol{y},
\end{aligned}
$$

其中 $X \in \mathbb{R}^{n\times n}$ 是对称正定矩阵, 给定 $\boldsymbol{s} \in \mathbb{R}^n$, $\boldsymbol{y} \in \mathbb{R}^n$ 满足 $\boldsymbol{s}^\top \boldsymbol{y} = 1$.

(1) 推导 KKT 条件;

(2) 证明最优解可以写为下述形式:

$$X^* = I + \boldsymbol{y}\boldsymbol{y}^\top - \frac{1}{\boldsymbol{s}^\top \boldsymbol{s}} \boldsymbol{s}\boldsymbol{s}^\top.$$

Chapter 第8章

迭代算法

第8章课件

本章主要介绍与机器学习紧密相关的基本迭代算法. 绝大多数机器学习算法中至关重要的一个环节就是最小化损失函数, 找到最优解, 即求解最优化问题. 对于大多数最优化问题, 通常我们只能利用数值优化方法求近似解. 考虑无约束优化问题

$$\min_{\boldsymbol{x}\in\mathbb{R}^n} f(\boldsymbol{x}), \tag{8.1}$$

其中 $f:\mathbb{R}^n\longrightarrow\mathbb{R}$ 为目标函数. 基于线搜索的迭代算法是求解无约束优化问题 (8.1) 的基本方法之一. 此类算法简单并且效果良好, 被广泛地运用在机器学习的算法中. 在本章中, 我们简要叙述梯度下降法、牛顿法、共轭梯度法等常见的线搜索类的迭代算法.

8.1 线搜索方法

对于无约束优化问题 (8.1), 人们可以用一些迭代技术 (算法) 来数值求解, 直到结果符合给定的精度. 这些迭代方法具有如下的一般结构: 给定期望的数值精度 $\varepsilon>0$. 首先, 利用问题在当前迭代点 $\boldsymbol{x}_k(k=0,1,\cdots)$ 的信息, 通过某种特定的规则得到下一个迭代点 $\boldsymbol{x}_{k+1}$. 然后, 检查停止标准, 通常是验证当前点是否满足期望的精度水平 ε. 如果是, 那么返回当前点作为问题的数值解; 否则, 我们设置 $k\leftarrow k+1$, 并迭代该过程. 根据算法规则, 我们可将迭算法代分为两大类: 线搜索类算法和信赖域算法. 本书主要介绍线搜索类算法.

8.1.1 线搜索算法

在许多迭代算法中, 具有一个共同点, 当得到当前迭代点 $\boldsymbol{x}_k$ 后, 需要按照某种规则确定一个方向 $\boldsymbol{d}_k$, 再从 $\boldsymbol{x}_k$ 出发, 沿方向 $\boldsymbol{d}_k$ 在射线上求目标函数 $f(\boldsymbol{x})$ 的

极小值点，从而得到后继迭代点 $\boldsymbol{x}_{k+1}$，重复以上做法，直至得到满足要求的解. 这种搜索目标函数在直线上的极小值点，称为**线搜索**或**一维搜索**. 线搜索算法的数学表述为：给定当前迭代点 $\boldsymbol{x}_k$，首先需要按某种规则确定向量 $\boldsymbol{d}_k$，之后选取合适的正数 α_k，将下一个迭代点可写作

$$\boldsymbol{x}_{k+1} = \boldsymbol{x}_k + \alpha_k \boldsymbol{d}_k,$$

我们称 $\boldsymbol{d}_k$ 为迭代点 $\boldsymbol{x}_k$ 处的**搜索方向**，α_k 为相应的**步长**. 注意到，这里要求 $\boldsymbol{d}_k$ 是一个**下降方向**，这保证了沿着此方向搜索函数 f 的值会减小，如下算法 8.1 概述了通用的下降方法的基本思想.

算法 8.1 线搜索算法

1: 选择允许误差 $\varepsilon > 0$，选取初始点 $\boldsymbol{x}_0 \in \mathbf{dom} f$
2: 令 $k = 0$
3: 确定下降方向 $\boldsymbol{d}_k$
4: 确定步长 $\alpha_k > 0$
5: 令 $\boldsymbol{x}_{k+1} = \boldsymbol{x}_k + \alpha_k \boldsymbol{d}_k$
6: 如果误差 ε 满足，那么返回 x_k；否则令 $k \leftarrow k+1$，跳转第 3 步

用线搜索算法通过下降方法来求 (8.1)，经常被人们形象比喻成下山的过程. 假设 x 表示某人所在的当前位置，$f(x)$ 表示该位置的高度. 为了寻找最低点，在点 x 处不仅需要确定下一步该向哪一方向行走，而且还需要确定沿着该方向行走多远后停下，以便选取下一个下山方向. 以上这两个因素确定后，便可以一直重复，直至到达山谷.

因此，线搜索算法的行为取决于下降方向的实际选择，以及用于确定步长 α_k 的策略. 很显然，$\boldsymbol{d}_k$ 是一个下降方向这一事实并不意味着对任意步长 α_k，函数值都会下降，即都有 $f(\boldsymbol{x}_{k+1}) < f(\boldsymbol{x}_k)$. 见图 8.1，$\boldsymbol{d}_k$ 是下降方向，但 $f(\boldsymbol{x}_{k+1}^{II}) > f(\boldsymbol{x}_k)$. 而如果选取步长 α_k 足够小，那么 $f(\boldsymbol{x}_{k+1}^{I}) < f(\boldsymbol{x}_k)$，即函数值 f 就会减少. 这表明下降方向保证函数值减少是局部行为. 由此可见，此类算法的一个关键的问题是找到一个有限的步长来保证足够的减少，8.1.2 节我们将讨论步长选择的典型技术.

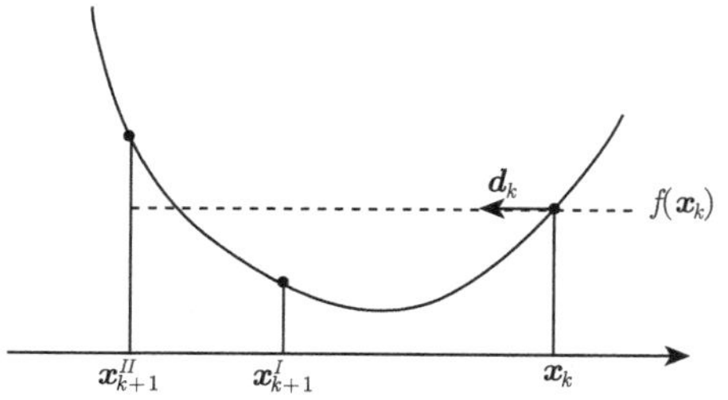

图 8.1 当确定下降方向 $\boldsymbol{d}_k$ 时，函数值的减少与步长 α_k 相关

8.1.2　步长的选择

在本小节, 我们将回答在确定下降方向 $\boldsymbol{d}_k$ 的情况下, 如何选取 α_k 这一问题. 选取 α_k 的方法在不同算法中非常相似. 线搜索算法的每次迭代需要求解目标函数 f 在射线 $\{\boldsymbol{x}_k+\alpha\boldsymbol{d}_k|\ \alpha>0\}$ 的极小值点. 为此, 我们构造 $f(\boldsymbol{x})$ 沿着方向 $\boldsymbol{d}_k$ 的辅助函数

$$\phi(\alpha):=f(\boldsymbol{x}_k+\alpha\boldsymbol{d}_k),\quad \alpha>0.$$

显然 ϕ 是关于变量 α 的一元函数且 $\phi(0)=f(\boldsymbol{x}_{\boldsymbol{k}})$. 选择一个合适的步长就是等于找到 $\alpha_k>0$, 使得 $\phi(\alpha_k)<\phi(0)$.

一个自然的想法是寻找到 $\alpha_k>0$, 使得 ϕ 取得最小值, 即

$$\alpha_k=\arg\min_{\alpha>0}\phi(\alpha).$$

这种线搜索算法被称为**精确线搜索算法**, α_k 为最佳步长. 使用精确线搜索算法时, 我们可以在多数情况下得到优化问题的解, 但通常需要很大计算量. 因此, 在实际算法中很少使用精确的线搜索.

另一个想法不要求 α_k 是 $\phi(\alpha)$ 的极小值点, 而是仅仅要求 $\phi(\alpha_k)$ 满足某些不等式性质 (通常称为**线搜索准则**), 以保证 ϕ 有足够的下降率, 这种线搜索方法被称为**非精确线搜索算法**. 线搜索的目标是选取合适的 α_k 使得 $\phi(\alpha_k)$ 尽可能减小. 但这一工作并不容易: α_k 应该使得 f 充分下降, 与此同时不应在寻找 α_k 上花费过多的计算量. 在实际应用中, 我们需要权衡这两个方面.

对于光滑的目标函数 $f(\boldsymbol{x})$, 如下的 Armijo 准则是我们经常采用的线搜索准则. 因为 $\boldsymbol{d}_k$ 是可微函数 f 的下降方向, 所以由定理 7.2 可知

$$\delta_k:=\nabla f(\boldsymbol{x}_k)^\top\boldsymbol{d}_k<0.$$

而 δ_k 恰好是 ϕ 在 0 处的切线

$$l(\alpha)=\phi(0)+\alpha\delta_k,\qquad \alpha>0$$

的斜率. 因此, 对于任意的 $s\in(0,1)$, 直线

$$\bar{l}(\alpha):=\phi(0)+\alpha(s\delta_k),\quad \alpha>0$$

位于 $l(\alpha)$ 的上方. 进一步地, 对于足够小的 $\alpha>0$, $\bar{l}(\alpha)$ 也位于 $\phi(\alpha)$ 的上方, 见图 8.2. 由于 ϕ 有下界而 $\bar{l}(\alpha)$ 无下界, 故至少存在一点使得 $\phi(\alpha)$ 与 $\bar{l}(\alpha)$ 相交. 设 $\bar{\alpha}$ 为这些交点的最小值. 因此, 所有满足 $\phi(\alpha)\leqslant\bar{l}(\alpha)$ 的 α 提供了足够的下降率. 下面的不等式称为 **Armijo 准则**, 其要求有效步长必须满足条件

$$\phi(\alpha)\leqslant\phi(0)+\alpha(s\delta_k),$$

即对给定的 $s \in (0,1)$, 满足

$$f(\boldsymbol{x}_k + \alpha \boldsymbol{d}_k) \leqslant f(\boldsymbol{x}_k) + \alpha(s\nabla f(\boldsymbol{x}_k)^\top \boldsymbol{d}_k). \tag{8.2}$$

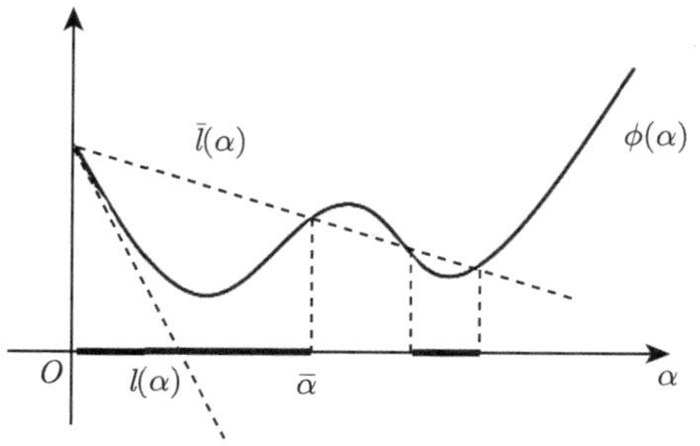

图 8.2 Armijo 准则和回退法搜索, 粗体段表示满足条件的区域

显然, 区间 $(0,\bar{\alpha})$ 中的任意点 α 均满足 Armijo 条件 (8.2), 它可使得函数值下降. 然而, 仅仅使用 Armijo 条件无法确保步长不会被选择得太小, 不能保证迭代的收敛性. 我们将在 8.2 节看到, 在梯度 Lipschitz 连续的条件下, 存在一个满足 Armijo 条件的恒定步长. 但是这种恒定的步长通常是事先未知的, 或者它对于该方法的实际效率来说很低.

通常寻找一个满足 Armijo 条件的步长最常用的方法是**回退法**. 具体的做法是给定步长初值 $\tilde{\alpha}$ 和参数 $\beta \in (0,1)$, 通过指数的方式缩小寻找步长, 找到一个满足 Armijo 条件 (8.2) 的点. 回退法的基本过程如算法 8.2所示.

算法 8.2 线搜索回退法

输入: f 可微, $\boldsymbol{x}_k \in \mathbf{dom} f$, $\boldsymbol{d}_k$ 为下降方向, 选择初始步长 $\tilde{\alpha} > 0$, 参数 $\beta, s \in (0,1)$

1: 令 $\alpha = \tilde{\alpha}$, $\delta_k = \nabla f(\boldsymbol{x}_k)^\top \boldsymbol{d}_k$

2: 如果 $f(\boldsymbol{x}_k + \alpha \boldsymbol{d}_k) \leqslant f(\boldsymbol{x}_k) + \alpha(s\delta_k)$, 那么返回 $\alpha_k = \alpha$;

3: 否则令 $\alpha \leftarrow \beta\alpha$, 跳转第 2 步

8.2 梯度下降法

人们在处理最小化问题 (8.1) 时, 总是希望从某一点出发, 选择一个目标函数值下降最快的方向, 以利于尽快到达极小值点. 梯度下降法正是基于这种想法提出的, 它是众所周知的最基本的算法, 对其他算法研究很有启发作用, 在线性回归、神经网络等机器学习模型有重要的应用. 梯度下降法的方向选取非常直观, 实际应用范围非常广. 因此它在优化算法中的地位可相当于高斯消元法在线性方程组算法中的地位.

8.2.1　梯度下降法

设目标函数 $f(\boldsymbol{x})$ 是一阶可微函数. 考虑迭代点 $\boldsymbol{x}_k \in \mathbf{dom} f$ 和方向 $\boldsymbol{d}_k \in \mathbb{R}^n$. 由 Taylor 展开可得

$$f(\boldsymbol{x}_k + \alpha \boldsymbol{d}_k) = f(\boldsymbol{x}_k) + \alpha \nabla f(\boldsymbol{x}_k)^\top \boldsymbol{d}_k + o\left(\alpha^2 \|\boldsymbol{d}_k\|^2\right), \quad \alpha > 0. \tag{8.3}$$

根据 Cauchy-Schwarz 不等式我们有

$$-\|\nabla f(\boldsymbol{x}_k)^\top\| \|\boldsymbol{d}_k\| \leqslant \nabla f(\boldsymbol{x}_k)^\top \boldsymbol{d}_k, \tag{8.4}$$

其中等式成立当且仅当 $\boldsymbol{d}_k = -\nabla f(\boldsymbol{x}_k)$. 于是由 (8.3) 和 (8.4) 易知: 当 α 足够小时, 取 $\boldsymbol{d}_k = -\nabla f(\boldsymbol{x}_k)$ 会使得目标函数局部下降最快, 即**负梯度方向**为最速下降方向.

梯度下降法的想法是从当前迭代 $\boldsymbol{x}_k$ 沿梯度下降方向移动 $\alpha_k \nabla f(\boldsymbol{x}_k)$ 得到下一个迭代点 $\boldsymbol{x}_{k+1}$. 因此, 梯度下降法就是选取 $\boldsymbol{d}_k = -\nabla f(\boldsymbol{x}_k)$ 的算法, 它的迭代格式为

$$\boldsymbol{x}_{k+1} = \boldsymbol{x}_k - \alpha_k \nabla f(\boldsymbol{x}_k), \tag{8.5}$$

其中步长 α_k 的选取可依赖于 8.1 节的线搜索算法, 也可直接选取固定的 α_k. 在一定的条件下, 可以证明此迭代序列 $\{\boldsymbol{x}_k\}$ 收敛于函数 f 的最小值点 $\boldsymbol{x}^*$, 即该序列 $\{\boldsymbol{x}_k\}$ 满足

$$\lim_{k \to +\infty} \nabla f(\boldsymbol{x}_k) = \mathbf{0}.$$

因此, 迭代的终止条件是函数的梯度接近于零向量. 若 $\varepsilon > 0$ 为允许误差值, 则算法的迭代终止条件为 $\|\nabla f(\boldsymbol{x}_k)\| \leqslant \varepsilon$. 梯度下降算法如算法 8.3 所示.

算法 8.3　梯度下降算法

1: 给定可微函数 f, 允许误差 $\varepsilon > 0$, 选取初始点 $\boldsymbol{x}_0 \in \mathbf{dom} f$, 令 $k = 0$
2: 计算搜索方向 $\boldsymbol{d}_k = -\nabla f(\boldsymbol{x}_k)$
3: 若 $\|\boldsymbol{d}_k\| \leqslant \varepsilon$, 则停止计算, 返回 $\boldsymbol{x}_k$; 否则, 从 $\boldsymbol{x}_k$ 沿 $\boldsymbol{d}_k$ 进行线搜索或直接选取确定步长 α_k
4: 令 $\boldsymbol{x}_{k+1} = \boldsymbol{x}_k + \alpha_k \boldsymbol{d}_k$, 置 $k \leftarrow k + 1$, 跳转第 2 步

如果在梯度下降算法中的采用精确线搜索确定步长 α_k, 即 α_k 满足

$$f(\boldsymbol{x}_k + \alpha_k \boldsymbol{d}_k) = \min_{\alpha \geqslant 0} f(\boldsymbol{x}_k + \alpha \boldsymbol{d}_k),$$

那么此时的梯度下降法就是欧几里得范数下的**最速下降法**. 为了直观地理解梯度下降法的迭代过程, 我们以二次函数为例来展示该过程.

例 8.1 用梯度下降法选取精确线搜索步长解最小化问题

$$\min f(\boldsymbol{x}) = x_1^2 + \frac{1}{2}x_2^2,$$

其中初始值为 $\boldsymbol{x}_0 = [1,1]^\top$, $\varepsilon = \dfrac{1}{30}$.

解 实际上, 该问题的最优解为 $x^* = [0,0]^\top$. 下面我们用梯度下降法来解该问题. 目标函数 $f(\boldsymbol{x})$ 在 $\boldsymbol{x}$ 处的梯度为 $\nabla f(\boldsymbol{x}) = [2x_1, x_2]^\top$. 令 $\phi_k(\alpha) = f(\boldsymbol{x}_k + \alpha \boldsymbol{d}_k)$, 其中 $\alpha > 0, k = 0, 1, \cdots$.

第一次迭代. $f(\boldsymbol{x})$ 在 $\boldsymbol{x}_0$ 处的负梯度方向以及梯度范数为

$$\boldsymbol{d}_0 = -\nabla f(\boldsymbol{x}_0) = [-2,-1]^\top, \quad ||\boldsymbol{d}_0|| = \sqrt{5} > \varepsilon = \frac{1}{30}.$$

下面从 $\boldsymbol{x}_0$ 沿负梯度方向 $\boldsymbol{d}_0$ 进行精确线搜索, 求最佳步长 α_0. 注意到

$$\phi_0(\alpha_0) = \min_{\alpha \geqslant 0} \phi_0(\alpha) = \min_{\alpha \geqslant 0} f(\boldsymbol{x}_0 + \alpha \boldsymbol{d}_0) = \min_{\alpha \geqslant 0} (1-2\alpha)^2 + \frac{1}{2}(1-\alpha)^2.$$

从而 $\phi_0'(\alpha_0) = 9\alpha_0 - 5 = 0$, 即 $\alpha_0 = \dfrac{5}{9}$. 于是第一次迭代点为

$$\boldsymbol{x}_1 = \boldsymbol{x}_0 + \alpha_0 \boldsymbol{d}_0 = \begin{bmatrix} 1 \\ 1 \end{bmatrix} + \frac{5}{9}\begin{bmatrix} -2 \\ -1 \end{bmatrix} = \begin{bmatrix} -\dfrac{1}{9} \\ \dfrac{4}{9} \end{bmatrix}.$$

第二次迭代. $f(\boldsymbol{x})$ 在 $\boldsymbol{x}_1$ 处的负梯度方向以及梯度范数为

$$\boldsymbol{d}_1 = -\nabla f(\boldsymbol{x}_1) = \left[\frac{2}{9}, -\frac{4}{9}\right]^\top, \quad ||\boldsymbol{d}_1|| = \frac{2}{9}\sqrt{5} > \varepsilon = \frac{1}{30}.$$

从 $\boldsymbol{x}_1$ 沿负梯度方向 $\boldsymbol{d}_1$ 的最佳步长 α_1 满足

$$\phi_1(\alpha_1) = \min_{\alpha \geqslant 0} f(\boldsymbol{x}_1 + \alpha_1 \boldsymbol{d}_1) = \min_{\alpha \geqslant 0} \frac{1}{81}(1-2\alpha)^2 + \frac{8}{81}(1-\alpha)^2.$$

从而 $\phi_1'(\alpha_1) = 0$ 可得 $\alpha_1 = \dfrac{5}{6}$. 于是第二次迭代点为

$$\boldsymbol{x}_2 = \boldsymbol{x}_1 + \alpha_1 \boldsymbol{d}_1 = \begin{bmatrix} -\dfrac{1}{9} \\ \dfrac{4}{9} \end{bmatrix} + \frac{5}{6}\begin{bmatrix} \dfrac{2}{9} \\ -\dfrac{4}{9} \end{bmatrix} = \begin{bmatrix} \dfrac{2}{27} \\ \dfrac{2}{27} \end{bmatrix}.$$

第三次迭代. $f(\boldsymbol{x})$ 在 $\boldsymbol{x}_2$ 处的负梯度方向以及梯度范数为

$$\boldsymbol{d}_2 = -\nabla f(\boldsymbol{x}_2) = \left[-\frac{4}{27}, \frac{2}{27}\right]^\top, \quad ||\boldsymbol{d}_2|| = \frac{2}{27}\sqrt{5} > \varepsilon = \frac{1}{30}.$$

从 $\boldsymbol{x}_2$ 沿负梯度方向 $\boldsymbol{d}_2$ 的最佳步长 α_2 满足

$$\phi_2(\alpha_2) = \min_{\alpha \geqslant 0} f(\boldsymbol{x}_2 + \alpha \boldsymbol{d}_2) = \min_{\alpha \geqslant 0} \frac{4}{27^2}(1-2\alpha)^2 + \frac{2}{27^2}(1-\alpha)^2.$$

由 $\phi_2'(\alpha_2) = 0$ 可得 $\alpha_2 = \dfrac{5}{9}$. 于是第三次迭代点为

$$\boldsymbol{x}_3 = \boldsymbol{x}_2 + \alpha_2 \boldsymbol{d}_2 = \begin{bmatrix} -\dfrac{2}{243} \\ \dfrac{8}{243} \end{bmatrix}.$$

这时,

$$||\nabla f(\boldsymbol{x}_3)|| = \frac{4}{243}\sqrt{5} < \varepsilon = \frac{1}{30}$$

在允许误差范围内. 于是得到近似解 $\tilde{\boldsymbol{x}} = \begin{bmatrix} -\dfrac{2}{243} \\ \dfrac{8}{243} \end{bmatrix}$. □

8.2.2 梯度下降法的收敛性

用迭代算法求优化问题 (8.1) 的最优解 $\boldsymbol{x}^*$, 就是以迭代的方式构造一组收敛到 $\boldsymbol{x}^*$ 的近似序列 $\{\boldsymbol{x}_n\}$, 其中 $\boldsymbol{x}_n \in \mathbf{dom} f$. 所以设计迭代算法要确保通过迭代方式所构造的序列 $\{\boldsymbol{x}_n\}$ 收敛到 $\boldsymbol{x}^*$, 同时也要考虑算法的收敛速度.

令序列 $\{\boldsymbol{x}_n\}$ 满足 $\lim_{n\to\infty} \boldsymbol{x}_n = \boldsymbol{x}^*$. 如果存在常数 $c \in [0,1)$ 和正整数 $n_0 \in \mathbb{N}$, 使得当 $n \geqslant n_0$ 时, 有 $|\boldsymbol{x}_{n+1} - \boldsymbol{x}^*| \leqslant c|\boldsymbol{x}_n - \boldsymbol{x}^*|$, 则我们称序列 $\{\boldsymbol{x}_n\}$ **线性收敛**于 $\boldsymbol{x}^*$.

如果存在一个序列 $\{c_n\}$ 满足 $\lim_{n\to\infty} c_n = 0$, 且存在正整数 $n_0 \in \mathbb{N}$, 使得当 $n \geqslant n_0$ 时, 有 $|\boldsymbol{x}_{n+1} - \boldsymbol{x}^*| \leqslant c_n|\boldsymbol{x}_n - \boldsymbol{x}^*|$, 则我们称序列 $\{\boldsymbol{x}_n\}$ **超线性收敛**于 $\boldsymbol{x}^*$.

如果存在常数 $p > 1$, $c \geqslant 0$ 和正整数 $n_0 \in \mathbb{N}$, 使得当 $n \geqslant n_0$ 时, 有 $|\boldsymbol{x}_{n+1} - \boldsymbol{x}^*| \leqslant c|\boldsymbol{x}_n - \boldsymbol{x}^*|^p$, 则我们称序列 $\{x_n\}$ **至少 $\boldsymbol{p}$ 阶收敛**于 $\boldsymbol{x}_*$. 特别地, 如果 $p = 2$ 则称序列 $\{\boldsymbol{x}_n\}$ **二次收敛** $\boldsymbol{x}^*$.

梯度下降法在一定的条件下是收敛的. 设 $f : \mathbb{R}^n \longrightarrow \mathbb{R}$ 是可微函数. 若存在 $L > 0$, 对任意的 $\boldsymbol{x}, \boldsymbol{y} \in \mathbf{dom} f$ 有

$$||\nabla f(\boldsymbol{x}) - \nabla f(\boldsymbol{y})|| \leqslant L||\boldsymbol{x} - y||,$$

则称 f 是**梯度 L-Lipschitz 连续**的. 梯度 Lipschitz 连续表明 $\nabla f(\boldsymbol{x})$ 的变化可以被自变量 x 的变化所控制, 满足该性质的函数具有很多好的性质, 这类函数在很多优化算法的收敛性证明中起了关键的作用. 下面给出如下重要性质, 其证明留作习题.

引理 8.1 二次上界

设 $f:\mathbb{R}^n \longrightarrow \mathbb{R}$ 是梯度 L-Lipschitz 连续函数. 则下列结论成立.

(1) $f(\boldsymbol{x})$ 具有二次上界

$$f(\boldsymbol{y}) \leqslant f(\boldsymbol{x}) + \nabla f(\boldsymbol{x})^\top(\boldsymbol{y}-\boldsymbol{x}) + \frac{L}{2}\|\boldsymbol{y}-\boldsymbol{x}\|^2,\ \forall \boldsymbol{x},\boldsymbol{y} \in \mathbf{dom} f. \tag{8.6}$$

(2) 若 $\boldsymbol{x}^*$ 是 f 的最小值点, 则

$$\frac{1}{2L}\|\nabla f(\boldsymbol{x})\|^2 \leqslant f(\boldsymbol{x}) - f(\boldsymbol{x}^*), \quad \forall\ \boldsymbol{x} \in \mathbf{dom} f. \tag{8.7}$$

♡

引理 8.1 实际上指的是 $f(x)$ 可被一个二次函数上界所控制.

引理 8.2 等价性

设 $f:\mathbb{R}^n \longrightarrow \mathbb{R}$ 是可微的凸函数. 则以下条件等价.

(1) f 是梯度 L-Lipschitz 连续的;

(2) 函数 $g(\boldsymbol{x}) = \frac{L}{2}\|\boldsymbol{x}\|^2 - f(\boldsymbol{x})$ 是凸函数;

(3) 对任意的 $\boldsymbol{x},\boldsymbol{y} \in \mathbb{R}^n$, 有

$$(\nabla f(\boldsymbol{x}) - \nabla f(\boldsymbol{y}))^\top(\boldsymbol{x}-\boldsymbol{y}) \geqslant \frac{1}{L}\|\nabla f(\boldsymbol{x}) - \nabla f(\boldsymbol{y})\|^2. \tag{8.8}$$

♡

有了上述引理, 下面我们可以介绍当 $f(\boldsymbol{x})$ 为梯度 Lipschitz 连续的凸函数时, 梯度下降法的收敛性质.

定理 8.1 凸函数条件下的收敛性

设 $f:\mathbb{R}^n \longrightarrow \mathbb{R}$ 为梯度 L-Lipschitz 连续的凸函数, $\boldsymbol{x}^*$ 为 $f(\boldsymbol{x})$ 的最小值点, 常数 α 满足 $0<\alpha<\frac{1}{L}$. 对于给定的 $\boldsymbol{x}_0$, 定义序列 $\{\boldsymbol{x}_k\}$ 如下:

$$\boldsymbol{x}_{k+1} = \boldsymbol{x}_k - \alpha\nabla f(\boldsymbol{x}_k), \quad k=0,1,\cdots.$$

则 $f(\boldsymbol{x}_k)-f(\boldsymbol{x}^*)=o\left(\frac{1}{k}\right)$. ♡

证明　因为 f 是梯度 L-Lipschitz 连续的, 所以由 (8.6) 以及 $0<\alpha<\frac{1}{L}$, 我们有

$$\begin{aligned}f(\boldsymbol{x}_{k+1})=f(\boldsymbol{x}_k-\alpha\nabla f(\boldsymbol{x}_k))&\leqslant f(\boldsymbol{x}_k)-\alpha\left(1-\frac{L\alpha}{2}\right)\|\nabla f(\boldsymbol{x}_k)\|^2\\&\leqslant f(\boldsymbol{x}_k)-\frac{\alpha}{2}\|\nabla f(\boldsymbol{x}_k)\|^2,\end{aligned}\tag{8.9}$$

其中 $k=0,1,\cdots$. 于是凸函数的一阶条件可得

$$\begin{aligned}f(\boldsymbol{x}_{k+1})&\leqslant f(\boldsymbol{x}^*)+\nabla f(\boldsymbol{x}_k)^\top(\boldsymbol{x}_k-\boldsymbol{x}^*)-\frac{\alpha}{2}\|\nabla f(\boldsymbol{x}_k)\|^2\\&=f(\boldsymbol{x}^*)+\frac{1}{2\alpha}\left(\|\boldsymbol{x}_k-\boldsymbol{x}^*\|^2-\|\boldsymbol{x}_k-\boldsymbol{x}^*-\alpha\nabla f(\boldsymbol{x}_k)\|^2\right)\\&=f(\boldsymbol{x}^*)+\frac{1}{2\alpha}\left(\|\boldsymbol{x}_k-\boldsymbol{x}^*\|^2-\|\boldsymbol{x}_{k+1}-\boldsymbol{x}^*\|^2\right),\end{aligned}\tag{8.10}$$

其中 $k=0,1,\cdots$. 将 (8.10) 对 $k=1,2,\cdots,n$ 求和并整理可得

$$\begin{aligned}\sum_{k=0}^{n-1}\left(f(\boldsymbol{x}_{k+1})-f(\boldsymbol{x}^*)\right)&\leqslant\frac{1}{2\alpha}\sum_{k=0}^{n-1}\left(\|\boldsymbol{x}_k-\boldsymbol{x}^*\|^2-\|\boldsymbol{x}_{k+1}-\boldsymbol{x}^*\|^2\right)\\&=\frac{1}{2\alpha}\left(\|\boldsymbol{x}_0-\boldsymbol{x}^*\|^2-\|\boldsymbol{x}_n-\boldsymbol{x}^*\|^2\right)\\&\leqslant\frac{1}{2\alpha}\|\boldsymbol{x}_0-\boldsymbol{x}^*\|^2.\end{aligned}$$

又由 (8.9) 的第一个不等式可知 $f(\boldsymbol{x}_k)$ 是非增的, 故

$$f(\boldsymbol{x}_n)-f(\boldsymbol{x}^*)\leqslant\frac{1}{n}\sum_{k=0}^{n-1}\left(f(\boldsymbol{x}_{k+1})-f(\boldsymbol{x}^*)\right)\leqslant\frac{1}{2n\alpha}\|\boldsymbol{x}_0-\boldsymbol{x}^*\|^2,$$

这表明 $f(\boldsymbol{x}_n)-f(\boldsymbol{x}^*)=o\left(\frac{1}{n}\right)$. 定理得证. □

定理 8.1 告诉我们, 如果目标函数是梯度 L-Lipschitz 连续的凸函数, 那么 (8.5) 的步长 α_k 可选取固定的步长 α, 只要 $\alpha\in\left(0,\frac{1}{L}\right)$, 由 (8.5) 得到的序列

$\{\boldsymbol{x}_k\}$ 收敛到 $\boldsymbol{x}^*$, 且在函数值的意义下收敛速度为 $o\left(\dfrac{1}{k}\right)$. 而如果目标函数 f 是 m-强凸函数, 则梯度下降法的收敛速度会进一步提升为线性收敛.

定理 8.2 强凸函数条件下的收敛性

设 $f:\mathbb{R}^n \longrightarrow \mathbb{R}$ 为梯度 L-Lipschitz 连续的 m-强凸函数, $\boldsymbol{x}^*$ 为 $f(\boldsymbol{x})$ 的最小值点, 常数 α 满足 $0<\alpha<\dfrac{2}{L+m}$. 对于给定的 $\boldsymbol{x}_0$, 定义序列 $\{\boldsymbol{x}_k\}$ 如下:

$$\boldsymbol{x}_{k+1}=\boldsymbol{x}_k-\alpha\nabla f\left(\boldsymbol{x}_k\right), \quad k=0,1,\cdots.$$

则序列 $\{\boldsymbol{x}_k\}$ 线性收敛到 $\boldsymbol{x}^*$. ♡

证明 因为 f 为梯度 L-Lipschitz 连续的 m-强凸函数, 所以根据强凸定义可得

$$g(\boldsymbol{x})=f(\boldsymbol{x})-\frac{m}{2}||\boldsymbol{x}||^2 \tag{8.11}$$

为凸函数, 进而由引理 8.2 可得

$$h(\boldsymbol{x})=\frac{L}{2}||\boldsymbol{x}||^2-f(\boldsymbol{x})=\frac{L-m}{2}||\boldsymbol{x}||^2-g(\boldsymbol{x})$$

也为凸函数. 再次根据引理 8.2 可得 $g(\boldsymbol{x})$ 是梯度 L-m-Lipschitz 连续的. 由 (8.8) 可得

$$(\nabla g(\boldsymbol{x})-\nabla g(\boldsymbol{y}))^\top(\boldsymbol{x}-\boldsymbol{y})\geqslant\frac{1}{L-m}\|\nabla g(\boldsymbol{x})-\nabla g(\boldsymbol{y})\|^2, \quad \forall \boldsymbol{x},\boldsymbol{y}\in\mathbb{R}^n. \tag{8.12}$$

从而根据 (8.11) 和 (8.12) 整理可得对任意的 $\forall \boldsymbol{x},\boldsymbol{y}\in\mathbb{R}^n$,

$$(\nabla f(\boldsymbol{x})-\nabla f(\boldsymbol{y}))^\top(\boldsymbol{x}-\boldsymbol{y})\geqslant\frac{mL}{L+m}\|\boldsymbol{x}-\boldsymbol{y}\|^2+\frac{1}{L+m}\|\nabla f(\boldsymbol{x})-\nabla f(\boldsymbol{y})\|^2. \tag{8.13}$$

取 $\boldsymbol{x}=\boldsymbol{x}_k, \boldsymbol{y}=\boldsymbol{x}^*$ 代入到 (8.13) 中, 并注意到 $\nabla f(\boldsymbol{x}^*)=0$, 我们有

$$\nabla f(\boldsymbol{x}_k)^\top(\boldsymbol{x}-\boldsymbol{x}^*)\geqslant\frac{mL}{L+m}\|\boldsymbol{x}_k-\boldsymbol{x}^*\|^2+\frac{1}{L+m}\|\nabla f(\boldsymbol{x}_k)\|^2. \tag{8.14}$$

于是由 $0<\alpha<\dfrac{2}{L+m}$ 和 (8.14) 可推得

$$\|\boldsymbol{x}_{k+1}-\boldsymbol{x}^*\|^2=\|\boldsymbol{x}_k-\alpha\nabla f\left(\boldsymbol{x}_k\right)-\boldsymbol{x}^*\|^2$$

$$
\begin{aligned}
&= \|\boldsymbol{x}_k - \boldsymbol{x}^*\|^2 - 2\alpha \nabla f(\boldsymbol{x}_k)^\top (\boldsymbol{x}_k - \boldsymbol{x}^*) + \alpha^2 \|\nabla f(\boldsymbol{x}_k)\|^2 \\
&\leqslant \left(1 - \alpha \frac{2mL}{m+L}\right) \|\boldsymbol{x}_k - \boldsymbol{x}^*\|^2 + \alpha \left(\alpha - \frac{2}{m+L}\right) \|\nabla f(\boldsymbol{x}_k)\|^2 \\
&\leqslant \left(1 - \alpha \frac{2mL}{m+L}\right) \|\boldsymbol{x}_k - \boldsymbol{x}^*\|^2 .
\end{aligned}
$$

因此我们有

$$
\|\boldsymbol{x}_k - \boldsymbol{x}^*\|^2 \leqslant c^k \|\boldsymbol{x}_0 - \boldsymbol{x}^*\|^2, \quad c = 1 - \alpha \frac{2mL}{m+L} < 1,
$$

即序列 $\{\boldsymbol{x}_k\}$ 线性收敛于 $\boldsymbol{x}^*$. □

定理 8.2 表明, 在强凸函数的条件下, 取适当的固定步长, 梯度下降法是线性收敛的. 如果 f 是二阶可微的 m-强凸函数, 那么根据强凸定义, 并对梯度 $\nabla f(\boldsymbol{x})$ 求方向导数可得

$$
\nabla^2 f(\boldsymbol{x}) \succeq mI, \quad \forall x \in \mathbf{dom} f. \tag{8.15}
$$

这说明二阶可微的 m-强凸函数在任意点的 Hessian 矩阵都是正定的. 因此, 在很多实际的问题中, 如果能够施加强凸和梯度 Lipschitz 连续的条件, 会对很多算法的性质有很大的改进. 事实上, 条件 (8.15) 是 f 为 m-强凸函数的等价条件之一, 见习题 8 第 3 题.

由于梯度下降法的所有重要收敛特性都是通过对该方法应用于二次问题的研究来揭示的, 我们在这里关注正定二次函数

$$
f(\boldsymbol{x}) = \frac{1}{2}\boldsymbol{x}^\top A\boldsymbol{x} - \boldsymbol{b}^T\boldsymbol{x}, \quad \boldsymbol{x} \in \mathbb{R}^n,
$$

其中 $A \in \mathbb{R}^{n\times n}$ 为正定矩阵, $\boldsymbol{b} \in \mathbb{R}^n$ 为常数向量. 显然 $\nabla^2 f(\boldsymbol{x}) = A$ 为正定矩阵. 因此, 正定二次函数是一类特殊的强凸函数. 实际上, 对正定二次函数有如下收敛定理, 其证明见文献 [24].

定理 8.3 正定二次函数的收敛性

设正定二次函数 $f(\boldsymbol{x}) = \dfrac{1}{2}\boldsymbol{x}^\top A\boldsymbol{x} - \mathbf{b}^\top \boldsymbol{x}$ 的最小值点为 $\boldsymbol{x}^*$. 若使用梯度下降法 (8.5) 并选取 α_k 为精确线搜索步长, 则迭代序列 $\{\boldsymbol{x}_k\}$ 线性收敛到 $\boldsymbol{x}^*$, 并且

$$
\|\boldsymbol{x}_{k+1} - \boldsymbol{x}^*\|_A^2 \leqslant \left(1 - \frac{2}{\kappa_2(A)+1}\right)^2 \|\boldsymbol{x}_k - \boldsymbol{x}^*\|_A^2,
$$

其中 $\kappa_2(A)$ 是矩阵 A 在欧几里得范数下的条件数, $\|\boldsymbol{x}\|_A = \sqrt{\boldsymbol{x}^\top A\boldsymbol{x}}$ 为由正定矩阵 A 诱导的椭圆范数. ♡

上述定理表明, 梯度下降法的线性收敛速度与正定矩阵 A 的条件数相关. 条件数越小, 收敛速度越快. 而条件数越大, 收敛速度越慢, 这说明梯度下降法有重大的缺陷. 事实上, 梯度下降法存在锯齿现象, 见图 8.3. 我们使用梯度下降法并选取精确线搜索步长去极小化目标函数时, 前后两次的搜索方向是正交的. 这是因为精确步长 α_k 是辅助函数 $\phi(\alpha) = f(\boldsymbol{x}_k - \alpha\nabla f(\boldsymbol{x}_k))$ 的驻点, 即

$$\phi'(\alpha_k) = -\nabla f(\boldsymbol{x}_k - \alpha_k \nabla f(\boldsymbol{x}_k))^\top \nabla f(\boldsymbol{x}_k) = -\nabla f(\boldsymbol{x}_{k+1})^\top \nabla f(\boldsymbol{x}_k) = 0.$$

这就说明了相邻两次的搜索方向是正交的, 也就是说迭代产生的序列 $\{\boldsymbol{x}_k\}$ 所循的路径 "之" 字形的. 当 $\boldsymbol{x}_k$ 逐渐靠近 $\boldsymbol{x}^*$ 时, 每次迭代移动的步长很小, 产生了锯齿现象, 影响了收敛速度. 当 Hessian 矩阵 $\nabla^2 f(\boldsymbol{x}^*)$ 的条件数很大时, 该现象更加严重.

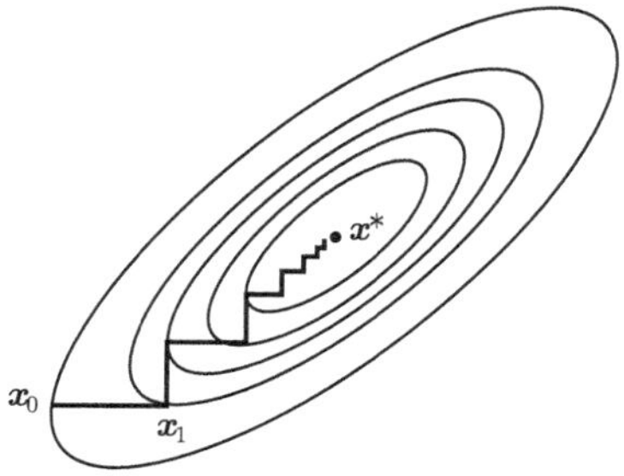

图 8.3 梯度下降法的锯齿现象

实际上, 梯度下降法反映了目标函数的局部性质. 从局部上看, 最速下降方向的确是下降最快的方向, 选择如此方向进行搜索是有益的. 当从全局看, 由于锯齿现象存在, 即使向最小值点移动不大的距离, 都要走不小的弯路, 导致收敛速度大为减慢. 因此, 从全局看梯度下降法并不是收敛速度最快的方法, 它一般适用于计算过程的前期迭代, 当接近极小值点时应采用其他搜索方法, 例如 Barzilar-Borwein 方法, 见文献 [3]. 使用 BB 方法的步长通常都会减少算法的迭代次数, 是常用的加速策略之一.

8.2.3 随机梯度下降法

在本小节, 我们简要介绍随机梯度下降法. 随机梯度下降 (SGD) 法与梯度下降法的不同之处在于, 下降方向被一个随机向量取代, 而这个随机向量的期望值为

下降方向. 而且随机梯度下降法适用于不一定可微的凸函数, 其基本思想是在当前近似下使用随机选择的目标函数的次梯度来构造函数最小值点的近似序列. 随机梯度下降算法的一般框架见算法 8.4.

算法 8.4 随机梯度下降法

输入: 凸函数 $f:\mathbb{R}^n \longrightarrow \mathbb{R}$, 正数 $\alpha > 0$, 迭代次数 m, 其中 $m \geqslant 1$

输出: 函数 f 的最小值点 $\boldsymbol{x}^*$ 的近似 $\tilde{\boldsymbol{x}}$

1: 初始化 $\boldsymbol{x}_1 = \mathbf{0}$
2: **for** $i = 1 : m$ **do**
3: 随机选择向量 $\boldsymbol{v}_i$ 使得 $E(\boldsymbol{v}_i|\boldsymbol{x}_i) \in \partial f(\boldsymbol{x}_i)$
4: 令 $\boldsymbol{x}_{i+1} = \boldsymbol{x}_i - \alpha \boldsymbol{v}_i$
5: **end for**
6: **return** $\tilde{\boldsymbol{x}} = \dfrac{1}{m}\sum\limits_{i=1}^{m} \boldsymbol{x}_i$

根据递推公式

$$\boldsymbol{x}_{i+1} = \boldsymbol{x}_i - \alpha \boldsymbol{v}_i,$$

其中 $\boldsymbol{v}_k$ 是一个随机向量, 它的条件期望 $E(\boldsymbol{v}_k \mid \boldsymbol{x}_k)$ 是函数 f 在 $\boldsymbol{x}_k$ 处的一个次梯度. 当迭代次数为 m 次时, 算法的输出向量为

$$\tilde{\boldsymbol{x}} = \frac{1}{m}\sum_{i=1}^{m} \boldsymbol{x}_i,$$

其中 $\boldsymbol{x}_i$ 是一个随机变量, 它的值由随机向量 $\boldsymbol{v}_1, \cdots, \boldsymbol{v}_{i-1}$ 共同确定.

如下定理告诉我们, 在一定条件下随机梯度下降法在一定条件下是收敛的, 在这里我们不予证明.

定理 8.4 随机梯度下降法的收敛性

设 $f:\mathbb{R}^n \longrightarrow \mathbb{R}$ 是凸函数, f 的最小值点为 $\boldsymbol{x}^*$. 对于给定的 $\boldsymbol{x}_0$, 假设

(1) 算法 8.4构造的序列为 $\boldsymbol{x}_1, \cdots, \boldsymbol{x}_m$;

(2) 函数 f 的一个最小值点属于闭球 $B[\mathbf{0}, r]$;

(3) 对于任意的序列点 $1 \leqslant k \leqslant m$, 有 $P(\boldsymbol{x}_k \in B(\mathbf{0}, r)) = 1$.

如果 $\alpha = \dfrac{b}{r\sqrt{m}}$, 那么 $E(f(\tilde{\boldsymbol{x}})) - f(\boldsymbol{x}^*) \leqslant \dfrac{br}{\sqrt{m}}$. ♡

当数据规模比较大时, 用梯度下降法每次计算所有数据的梯度的开销将会巨大. 而随机梯度下降可以大大减小计算开销. 因此, 随机梯度下降法被广泛应用于大规模机器学习中.

8.2.4 次梯度算法

前面讨论了梯度下降法, 此方法的前提为目标函数 $f(x)$ 是一阶可微的. 在实际应用中经常会遇到不可微的函数, 对于这类函数我们无法在每个点处求出梯度, 但往往它们的最优值都是在不可微点处取到的. 为了能处理这种情形, 这一小节我们简要介绍次梯度算法.

现在假设问题 (8.1) 中的 $f(x)$ 为凸函数. 对凸函数可以在定义域的内点处定义次梯度 $\boldsymbol{g} \in \partial f(\boldsymbol{x})$. 类比梯度法的构造, 可得如下次梯度算法的迭代公式:

$$\boldsymbol{x}_{k+1} = \boldsymbol{x}_k - \alpha_k \boldsymbol{g}_k, \quad \boldsymbol{g}_k \in \partial f(\boldsymbol{x}_k),$$

其中 $\alpha_k > 0$ 为步长.

次梯度算法的迭代方式虽然与梯度下降法类似, 但在很多方面次梯度算法有其独特性质. 由于次微分 $\partial f(\boldsymbol{x})$ 是一个集合, 次梯度算法只要求从此集合中选出一个次梯度即可, 但是在实际中不同的次梯度取法可能会产生不一样的效果. 对于梯度下降法, 判断一阶条件只需要验证梯度是否充分小即可, 但对于次梯度算法, 有 $0 \in \partial f(\boldsymbol{x}^*)$, 而这个条件在实际应用中往往是不易直接验证的, 这导致不能以此作为次梯度算法的停止条件.

虽然次梯度算法不一定要求目标函数 $f(\boldsymbol{x})$ 一阶可微, 但使用次梯度算法时, 无约束优化问题 (8.1) 中的目标函数 $f(\boldsymbol{x})$ 应满足如下基本条件: ① $f(\boldsymbol{x})$ 为凸函数; ② $f(\boldsymbol{x})$ 为 Lipschitz 连续的, 即

$$|f(\boldsymbol{x}) - f(\boldsymbol{y})| \leqslant L\|\boldsymbol{x} - \boldsymbol{y}\|, \quad \forall \boldsymbol{x}, \boldsymbol{y} \in \mathbb{R}^n,$$

其中 $L > 0$ 为 Lipschitz 常数; ③ $f(\boldsymbol{x})$ 至少存在一个有限的极小值点 $\boldsymbol{x}^*$, 且 $f(\boldsymbol{x}^*) > -\infty$.

次梯度算法的收敛性非常依赖于步长的选取, 常见的步长选取方式有如下三种: ① 固定步长 $\alpha_k = \alpha$; ② 固定 $\|\boldsymbol{x}_{k+1} - \boldsymbol{x}_k\|$; ③ 消失步长 $\alpha_k \to 0$ 且 $\sum\limits_{k=0}^{\infty} \alpha_k = +\infty$. 次梯度的算法的收敛性非常复杂, 可以证明无论是固定步长还是固定 $\|\boldsymbol{x}_{i+1} - \boldsymbol{x}_i\|$, 次梯度算法均没有收敛性, 只能收敛到一个次优的解, 这和梯度下降法的结论有很大的不同. 只有当 α_k 取消失步长时, 次梯度算法才具有收敛性. 一个常用的取法是 $\alpha_k = \dfrac{1}{k}$, 这样不但可以保证其为消失步长, 还可以保证 $\sum\limits_{k=0}^{\infty} \alpha_k^2$ 有界.

8.3　牛　顿　法

梯度下降法仅仅依赖函数值和一阶信息 (梯度), 收敛速度慢. 如果 $f(\boldsymbol{x})$ 二阶可微, 那么利用二阶信息 (Hessian 矩阵) 可以加快收敛速度. 在本节中, 我们将主要介绍牛顿法, 它是利用二阶导数信息的最典型迭代算法. 由于利用的信息变多, 牛顿法的实际表现可以远好于梯度下降法, 但是它对目标函数 $f(\boldsymbol{x})$ 的条件要求变得更多, 例如需要 Hessian 矩阵是可逆的. 而计算 Hessian 矩阵的计算量大, 并且可能会出现 Hessian 矩阵不可逆的情形. 为此, 我们也将简要介绍拟牛顿法, 该算法是对牛顿法的改进, 通过算法构造一个矩阵作为 Hessian 矩阵或其逆矩阵的近似.

8.3.1　经典牛顿法

牛顿法是经典的迭代技术, 最初用于寻找非线性单变量函数的根. 设 $g:\mathbb{R}\to\mathbb{R}$ 为可微函数. 为了确定 $g(x)=0$ 的解, 一维牛顿法进行如下操作: 从当前的迭代点 $x_k\in\mathbb{R}$ 开始, 考虑用 $g(x)$ 在 x_k 处的切线

$$\tilde{g}(x)=g(x_k)+g'(x_k)(x-x_k)$$

作为 $g(x)$ 的局部近似. 下一个迭代点 x_{k+1} 为这条切线与 x 轴的交点, 即 $\tilde{g}(x_{k+1})=0$, 则 $0=g(x_k)+g'(x_k)(x_{k+1}-x_k)$, 也就是说 x_{k+1} 可以表示为

$$x_{k+1}=x_k-\frac{g(x_k)}{g'(x_k)}. \tag{8.16}$$

换言之, 序列 $\{x_k\}$ 中的通项满足 $x_{k+1}=h(x_k)$, 其中 $h(x)=x-\dfrac{g(x)}{g'(x)}$, $x\in\mathbb{R}$, 如图 8.4 (a) 所示. 如果序列 $\{x_n\}$ 是收敛的且 $\lim_{n\to\infty}x_n=x^*$, 我们有 $x^*=x^*-\dfrac{g(x^*)}{g'(x^*)}$, 即 $g(x^*)=0$.

下面, 我们将一维牛顿法的想法推广到多元情形. 观察到我们想要寻找无约束问题 (8.1) 的最小值等价于求解 $\nabla f(\boldsymbol{x})=0$. 非正式地说, 上述的函数 $g(x)$ 恰好对应的是 $\nabla f(\boldsymbol{x})$, $g'(x)$ 对应的是 f 的 Hessian 矩阵 $\nabla^2 f(\boldsymbol{x})$. 因此, 经典的牛顿法的迭代公式为

$$\boldsymbol{x}_{k+1}=\boldsymbol{x}_k-\nabla^2 f\left(\boldsymbol{x}_k\right)^{-1}\nabla f\left(\boldsymbol{x}_k\right),\qquad k=0,1,\cdots. \tag{8.17}$$

并称

$$\boldsymbol{d}_k=-\nabla^2 f\left(\boldsymbol{x}_k\right)^{-1}\nabla f\left(\boldsymbol{x}_k\right)$$

为**牛顿方向**. 这个公式清楚地暗示了 Hessian 矩阵应该是非奇异的, 这样的迭代才有意义. 注意到, 在迭代公式 (8.17) 中, 步长 α_k 恒为 1, 即可以不额外考虑步长的选取. 我们也称步长为 1 的牛顿法为**经典牛顿法**.

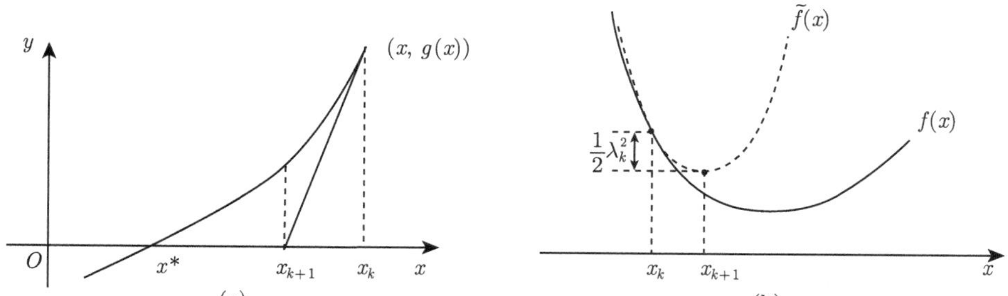

图 8.4 牛顿法: (a) 迭代公式 (8.16) 的几何解释; (b) 迭代公式 (8.17) 的几何解释

对于迭代公式 (8.17), 还有另一种更正式的解释. 对二次连续可微函数 $f(\boldsymbol{x})$, 考虑 $f(\boldsymbol{x})$ 在当前迭代点 $\boldsymbol{x}_k$ 处的二阶 Taylor 近似

$$f(\boldsymbol{x}) \approx \tilde{f}(\boldsymbol{x}) = f(\boldsymbol{x}_k) + \nabla f(\boldsymbol{x}_k)^\top (\boldsymbol{x} - \boldsymbol{x}_k) + \frac{1}{2}(\boldsymbol{x} - \boldsymbol{x}_k)^\top \nabla^2 f(\boldsymbol{x}_k)(\boldsymbol{x} - \boldsymbol{x}_k).$$

将二次近似函数 $\tilde{f}(\boldsymbol{x})$ 的最小值点作为下一个迭代点 $\boldsymbol{x}_{k+1}$, 它是 $\nabla\tilde{f}$ 的稳定点, 即满足方程

$$\nabla\tilde{f}(\boldsymbol{x}) = \nabla f(\boldsymbol{x}_k) + \nabla^2 f(\boldsymbol{x}_k)(\boldsymbol{x} - \boldsymbol{x}_k) = \boldsymbol{0}.$$

于是

$$\nabla^2 f(\boldsymbol{x}_k)(\boldsymbol{x} - \boldsymbol{x}_k) = -\nabla f(\boldsymbol{x}_k). \tag{8.18}$$

方程 (8.18) 也称为**牛顿方程**. 设 $\nabla^2 f(\boldsymbol{x}_k)$ 非奇异. 则由 (8.18) 立即可得牛顿法的迭代公式 (8.17). 进一步地, 若 $\nabla^2 f(\boldsymbol{x}_k)$ 是正定的, 则根据二阶充分条件可得

$$\min_x \tilde{f}(\boldsymbol{x}) = \tilde{f}(\boldsymbol{x}_{k+1}) = f(\boldsymbol{x}_k) - \frac{1}{2}\lambda_k^2,$$

其中

$$\lambda_k^2 = \nabla f(\boldsymbol{x}_k)^\top \nabla^2 f(\boldsymbol{x}_k)^{-1} \nabla f(\boldsymbol{x}_k),$$

并称 λ_k 为**牛顿衰减**, 如图 8.4 (b) 所示.

从分析过程可以看出, 牛顿法要求每次迭代的 Hessian 矩阵必须是非奇异的, 而且牛顿方向 $\boldsymbol{d}_k = -\nabla^2 f(\boldsymbol{x}_k)^{-1} \nabla f(\boldsymbol{x}_k)$ 未必是下降方向, 经过迭代目标函数后可能会是上升方向. 因此, 我们还需要在 8.3.2 小节讨论牛顿法的收敛性.

对于二次凸函数, 用牛顿法求解, 只需一次迭代即可达到最小值点. 设二次凸函数

$$f(\boldsymbol{x})=\frac{1}{2}\boldsymbol{x}^\top A\boldsymbol{x}+\boldsymbol{b}^\top\boldsymbol{x}+c,\quad \boldsymbol{x}\in\mathbb{R}^n,$$

其中 A 为正定矩阵, $\boldsymbol{b}\in\mathbb{R}^n$ 为常数向量, $c\in\mathbb{R}$ 为给定常数. 利用一阶条件可得最优解 $\boldsymbol{x}^*$ 满足 $\nabla f(\boldsymbol{x}^*)=A\boldsymbol{x}+\boldsymbol{b}=\boldsymbol{0}$, 于是 $\boldsymbol{x}^*=-A^{-1}\boldsymbol{b}$. 现在我们用牛顿法求解. 任取初始点 $\boldsymbol{x}_0$, 根据牛顿法的迭代公式 (8.17) 可得

$$\boldsymbol{x}_1=\boldsymbol{x}_0-A^{-1}\nabla f(\boldsymbol{x}_0)=\boldsymbol{x}_0-A^{-1}(A\boldsymbol{x}_0+\boldsymbol{b})=-A^{-1}\boldsymbol{b}=\boldsymbol{x}^*,$$

这表明一次迭代即达到最优值.

8.3.2　牛顿法的收敛性

经典牛顿法 (8.17) 有很好的局部收敛性质. 实际上我们有如下定理:

定理 8.5　经典牛顿法的收敛性

设 $f:\mathbb{R}^n\longrightarrow\mathbb{R}$ 是二阶连续可微的函数, $\boldsymbol{x}^*\in\mathbb{R}^n$ 满足 $\nabla f(\boldsymbol{x}^*)=0$, $\nabla^2 f(\boldsymbol{x}^*)\succ 0$, 并且 Hessian 矩阵在 $B(\boldsymbol{x}^*,\delta)$ 内是 Lipschitz 连续的, 即存在常数 $L>0$ 使得

$$\left\|\nabla^2 f(\boldsymbol{x})-\nabla^2 f(\boldsymbol{y})\right\|\leqslant L\|\boldsymbol{x}-\boldsymbol{y}\|,\quad \forall \boldsymbol{x},\boldsymbol{y}\in B(\boldsymbol{x}^*,\delta),\tag{8.19}$$

如果初始点 $\boldsymbol{x}_0$ 离 $\boldsymbol{x}^*$ 足够近, 那么由牛顿法 (8.17) 得到的迭代点列 $\{\boldsymbol{x}_k\}$ 二次收敛到 $\boldsymbol{x}^*$, 并且数列 $\{\|\nabla f(\boldsymbol{x}_k)\|\}$ 二次收敛到 0. ♡

证明　首先, 我们由 (8.17), $\nabla f(\boldsymbol{x}^*)=0$ 以及 Taylor 公式可得

$$\begin{aligned}
&\boldsymbol{x}_{k+1}-\boldsymbol{x}_*\\
=&\,\boldsymbol{x}_k-\nabla^2 f(\boldsymbol{x}_k)^{-1}\nabla f(\boldsymbol{x}_k)-\boldsymbol{x}^*\\
=&\,\nabla^2 f(\boldsymbol{x}_k)^{-1}\left(\nabla^2 f(\boldsymbol{x}_k)(\boldsymbol{x}_k-\boldsymbol{x}^*)-(\nabla f(\boldsymbol{x}_k)-\nabla f(\boldsymbol{x}^*))\right)\\
=&\,\nabla^2 f(\boldsymbol{x}_k)^{-1}\left(\nabla^2 f(\boldsymbol{x}_k)(\boldsymbol{x}_k-\boldsymbol{x}^*)-\int_0^1\nabla^2 f(\boldsymbol{x}_k+t(\boldsymbol{x}^*-\boldsymbol{x}_k))(\boldsymbol{x}_k-\boldsymbol{x}^*)\,\mathrm{d}t\right)\\
=&\,\nabla^2 f(\boldsymbol{x}_k)^{-1}\int_0^1\left(\nabla^2 f(\boldsymbol{x}_k)-\nabla^2 f(\boldsymbol{x}_k+t(\boldsymbol{x}^*-\boldsymbol{x}_k))\right)(\boldsymbol{x}_k-\boldsymbol{x}^*)\,\mathrm{d}t.
\end{aligned}\tag{8.20}$$

因为 $\nabla^2 f(\boldsymbol{x}^*)$ 是正定的且 f 二阶连续可微, 所以存在 $r>0$, 使得对任意满足 $\|\boldsymbol{x}-\boldsymbol{x}^*\|\leqslant r$ 的点 $\boldsymbol{x}$ 均有 $\|\nabla^2 f(\boldsymbol{x})^{-1}\|\leqslant 2\left\|\nabla^2 f(\boldsymbol{x}^*)^{-1}\right\|$. 因此, 如果 $\boldsymbol{x}_k\in$

while 未达到停机准则 **do**
  计算方向 $\boldsymbol{d}_k = -B_k^{-1}\nabla f(\boldsymbol{x}_k)$ 或 $\boldsymbol{d}_k = -H_k^\top \nabla f(\boldsymbol{x}_k)$
  通过线搜索找到合适的步长 $\alpha_k > 0$
  $\boldsymbol{x}_{k+1} = \boldsymbol{x}_k + \alpha_k \boldsymbol{d}_k$
  更新 Hessian 矩阵的近似矩阵 B_{k+1} 或其逆矩阵的近似 H_{k+1}
  $k = k+1$
end while

在实际应用中基于 H_k 的拟牛顿法更加实用, 这是因为根据 H_k 计算下降方向 $\boldsymbol{d}_k$ 不需要求解线性方程组, 而求解线性方程组在大规模问题上是非常耗时的. 但基于 B_k 的拟牛顿法有比较好的理论性质, 产生的迭代序列比较稳定. 如果有办法快速求解线性方程组, 我们也可采用基于 B_k 的拟牛顿法.

可以证明拟牛顿方法具有与梯度法相似的全局收敛速度, 而局部收敛速度为超线性. 下面, 我们介绍三种典型的拟牛顿矩阵的更新方式. 记

$$\boldsymbol{u}_k = \boldsymbol{x}_{k+1} - \boldsymbol{x}_k, \quad \boldsymbol{v}_k = \nabla f\left(\boldsymbol{x}_{k+1}\right) - \nabla f(\boldsymbol{x}_k), \quad \boldsymbol{w}_k = H_k \boldsymbol{v}_k.$$

- **秩一更新 (SR1)**

$$H_{k+1} = H_k + \frac{(\boldsymbol{u}_k - \boldsymbol{w}_k)(\boldsymbol{u}_k - \boldsymbol{w}_k)^\top}{(\boldsymbol{u}_k - \boldsymbol{w}_k)^\top \boldsymbol{v}_k}.$$

- **DFP 公式**

$$H_{k+1} = H_k + \frac{\boldsymbol{u}_k \boldsymbol{u}_k^\top}{\boldsymbol{v}_k^\top \boldsymbol{u}_k} - \frac{\boldsymbol{w}_k \boldsymbol{w}_k^\top}{\boldsymbol{v}_k^\top \boldsymbol{w}_k}.$$

- **BFGS 公式**

$$H_{k+1} = H_k + \frac{\boldsymbol{w}_k \boldsymbol{u}_k^\top + (\boldsymbol{w}_k \boldsymbol{u}_k^\top)^\top}{\boldsymbol{v}_k^\top \boldsymbol{w}_k} - \beta \frac{\boldsymbol{w}_k \boldsymbol{w}_k^\top}{\boldsymbol{v}_k^\top \boldsymbol{w}_k},$$

其中

$$\beta = 1 + \frac{\boldsymbol{v}_k^\top \boldsymbol{u}_k}{\boldsymbol{v}_k^\top \boldsymbol{w}_k}.$$

8.4 共轭梯度法

梯度下降法以及牛顿法都具有其自身的局限性. 本节将要介绍的共轭梯度法是介于梯度下降法与牛顿法之间的一种无约束优化算法, 它具有超线性的收敛速度, 而且算法结构简单, 容易编程实现. 此外, 与梯度下降法类似, 共轭梯度法只用到了目标函数及其梯度值, 避免了二阶导数的计算, 从而降低了计算量和存储量. 因此, 它是求解无约束优化问题的一种比较有效且常用的算法.

8.4.1　共轭方向

共轭梯度下降法是基于共轭方向的一种算法，为此需要引入共轭方向的概念.

设 $A \in \mathbb{R}^{n\times n}$ 是正定矩阵. 若两个向量 $\boldsymbol{d}_1, \boldsymbol{d}_2 \in \mathbb{R}^n$ 满足

$$\boldsymbol{d}_1^\top A \boldsymbol{d}_2 = 0,$$

则称这两个向量是 A **共轭的**，或者称 A **共轭正交**. 从定义中可以看出，$\boldsymbol{d}_1$ 与 $\boldsymbol{d}_2$ 是 A 共轭的等价于 $\boldsymbol{d}_1$ 与 $A\boldsymbol{d}_2$ 是正交的.

如果在一组向量 $\boldsymbol{d}_1, \boldsymbol{d}_2, \cdots, \boldsymbol{d}_k$ 中两两是 A 共轭的，那么称这组向量是 A 共轭的，或称这组向量为 A 的 k 个共轭方向.

下面，我们介绍共轭方向有一些重要的性质.

定理 8.6

设 $A \in \mathbb{R}^{n\times n}$ 是正定矩阵. 则任一组 A 共轭的非零向量是线性无关的. ♡

证明　设 $\boldsymbol{d}_1, \boldsymbol{d}_2, \cdots, \boldsymbol{d}_k$ 为 A 共轭的非零向量组，并且存在 $a_1, \cdots, a_k \in \mathbb{R}$，使得

$$\sum_{i=1}^k a_i \boldsymbol{d}_i = 0.$$

则在等式两边与 $A\boldsymbol{d}_j$ 作内积，并有共轭正交定义可得 $a_j \boldsymbol{d}_j^\top A \boldsymbol{d}_j = 0$. 又由 A 是正定矩阵可得 $a_j = 0,\ j = 1, 2, \cdots, k$. 因此，$\boldsymbol{d}_1, \boldsymbol{d}_2, \cdots, \boldsymbol{d}_k$ 线性无关. □

反过来，假设 $\boldsymbol{c}_0, \boldsymbol{c}_1, \cdots, \boldsymbol{c}_k$ 是 $\mathbb{R}^n$ 上的线性无关的向量，我们可以根据 Gram-Schmidt 正交化构造一组 A 共轭向量组 $\boldsymbol{d}_0, \cdots, \boldsymbol{d}_k$，使得对于 $0 \leqslant j \leqslant k$ 有

$$\mathbf{span}[\boldsymbol{c}_0, \cdots, \boldsymbol{c}_j] = \mathbf{span}[\boldsymbol{d}_0, \cdots, \boldsymbol{d}_j]$$

且 $\boldsymbol{d}_0 = \boldsymbol{c}_0$.

向量组的共轭与二次凸函数关系十分紧密. 设二次凸函数

$$f(\boldsymbol{x}) = \frac{1}{2}\boldsymbol{x}^\top A \boldsymbol{x} - \boldsymbol{b}^\top \boldsymbol{x} + a, \quad \boldsymbol{x} \in \mathbb{R}^n,$$

其中 $A \in \mathbb{R}^{n\times n}$ 为正定矩阵. 则 $\nabla f(\boldsymbol{x}) = A\boldsymbol{x} - \boldsymbol{b}$. 因此，$\nabla f(\boldsymbol{x}) = \boldsymbol{0}$ 当且仅当 $\boldsymbol{x}$ 是 $A\boldsymbol{x} - \boldsymbol{b} = \boldsymbol{0}$ 的解. 这表明我们最小化问题 $\min f(\boldsymbol{x})$ 等价于求解线性方程组 $A\boldsymbol{x} = \boldsymbol{b}$. 对于 $\boldsymbol{x} \in \mathbb{R}^n$，我们称 $\boldsymbol{r}(\boldsymbol{x}) = A\boldsymbol{x} - \boldsymbol{b}$ 为线性方程组 $A\boldsymbol{x} = \boldsymbol{b}$ 在 $\boldsymbol{x}$ 处的**残差**. 而残差恰好是二次函数 $f(\boldsymbol{x})$ 的梯度 $\nabla f(\boldsymbol{x})$.

求解 $Ax = b$ 时，最简单的方式是 $x = A^{-1}b$. 但是这种方法的问题很明显：求逆矩阵的计算复杂度非常高，即使我们考虑用矩阵分解的方式，仍然会很慢. 因此，我们尽可能考虑用迭代的方式，而不是直接求逆的方式来解这个问题. 根据向量组共轭的概念和定理 8.6，可以证明如下几个重要的定理，它是解决上述问题的关键结论.

定理 8.7 设 $A \in \mathbb{R}^{n\times n}$ 是正定矩阵，U 是由 A 共轭向量组 $\boldsymbol{d}_1, \boldsymbol{d}_2, \cdots, \boldsymbol{d}_k$ 生成的子空间，$L = \boldsymbol{x}_0 + U$ 仿射子空间. 则二次函数 $f(\boldsymbol{x}) = \frac{1}{2}\boldsymbol{x}^\top A\boldsymbol{x} - \boldsymbol{b}^\top \boldsymbol{x} + a$ 在 L 上的最小值点为

$$\boldsymbol{x}^* = \boldsymbol{x}_0 - \sum_{j=1}^{k} \frac{\boldsymbol{r}(\boldsymbol{x}_0)^\top \boldsymbol{d}_j}{\boldsymbol{d}_j^\top A\boldsymbol{d}_j}\boldsymbol{d}_j,$$

其中 $\boldsymbol{r}(\boldsymbol{x}_0) = A\boldsymbol{x}_0 - \boldsymbol{b}$. ♡

证明 设 $\boldsymbol{x} = \boldsymbol{x}_0 + \sum_{j=1}^{k} a_j\boldsymbol{d}_j \in L$. 则

$$f(\boldsymbol{x}) - f(\boldsymbol{x}_0) = \frac{1}{2}\left(\boldsymbol{x}^\top A\boldsymbol{x} - \boldsymbol{x}_0^\top A\boldsymbol{x}_0\right) - \boldsymbol{b}^\top(\boldsymbol{x} - \boldsymbol{x}_0). \tag{8.26}$$

因为 A 为正定矩阵且 $\boldsymbol{d}_1, \cdots, \boldsymbol{d}_k$ 为 $\mathbb{R}^n$ 上的 A 共轭向量组，所以

$$\begin{aligned}
\boldsymbol{x}^\top A\boldsymbol{x} &= \left(\boldsymbol{x}_0 + \sum_{j=1}^{k} a_j\boldsymbol{d}_j\right)^\top \left(A\boldsymbol{x}_0 + \sum_{j=1}^{k} a_jA\boldsymbol{d}_j\right)\\
&= \boldsymbol{x}_0^\top A\boldsymbol{x}_0 + \sum_{j=1}^{k} a_j\boldsymbol{d}_j^\top A\boldsymbol{x}_0 + \sum_{j=1}^{k} a_j\boldsymbol{x}_0^\top A\boldsymbol{d}_j + \sum_{j=1}^{k}\sum_{i=1}^{k} a_ia_j\boldsymbol{d}_i^\top A\boldsymbol{d}_j\\
&= \boldsymbol{x}_0^\top A\boldsymbol{x}_0 + 2\sum_{j=1}^{k} a_j\boldsymbol{d}_j^\top A\boldsymbol{x}_0 + \sum_{j=1}^{k} a_j^2\boldsymbol{d}_j^\top A\boldsymbol{d}_j.
\end{aligned} \tag{8.27}$$

从而根据 (8.26) 和 (8.27) 可得

$$\begin{aligned}
f(\boldsymbol{x}) - f(\boldsymbol{x}_0) &= \frac{1}{2}\left(2\sum_{j=1}^{k} a_j\boldsymbol{d}_j^\top A\boldsymbol{x}_0 + \sum_{j=1}^{k} a_j^2\boldsymbol{d}_j^\top A\boldsymbol{d}_j\right) - \boldsymbol{b}^\top(\boldsymbol{x} - \boldsymbol{x}_0)\\
&= \frac{1}{2}\sum_{j=1}^{k} a_j^2\boldsymbol{d}_j^\top A\boldsymbol{d}_j + \sum_{j=1}^{k} a_j\boldsymbol{d}_j^\top A\boldsymbol{x}_0 - \boldsymbol{b}^\top\sum_{j=1}^{k} a_j\boldsymbol{d}_j
\end{aligned}$$

$$=\sum_{j=1}^{k}\left(\frac{1}{2}a_j^2\boldsymbol{d}_j^{\top}A\boldsymbol{d}_j+a_j\boldsymbol{d}_j^{\top}\left(A\boldsymbol{x}_0-\boldsymbol{b}\right)\right).$$

于是, 我们可以通过分别最小化每一项

$$\frac{1}{2}a_j^2\boldsymbol{d}_j^{\top}A\boldsymbol{d}_j+a_j\boldsymbol{d}_j^{\top}\left(A\boldsymbol{x}_0-\boldsymbol{b}\right)$$

来最小化 f. 根据一阶条件可得, 对于 $1\leqslant j\leqslant k$, 我们有

$$a_j=-\frac{\boldsymbol{d}_j^{\top}\left(A\boldsymbol{x}_0-\boldsymbol{b}\right)}{\boldsymbol{d}_j^{\top}A\boldsymbol{d}_j}\boldsymbol{d}_j=-\frac{\boldsymbol{r}\left(\boldsymbol{x}_0\right)^{\top}\boldsymbol{d}_j}{\boldsymbol{d}_j^{\top}A\boldsymbol{d}_j}\boldsymbol{d}_j.$$ □

设 $A\in\mathbb{R}^{n\times n}$ 是正定矩阵, $\boldsymbol{d}_0,\cdots,\boldsymbol{d}_{n-1}$ 是一组 $\mathbb{R}^n$ 上的 A 共轭向量组, 给定初始点 $\boldsymbol{x}_0\in\mathbb{R}^n$, 构造迭代序列 $\{\boldsymbol{x}_1,\cdots,\boldsymbol{x}_n\}$ 如下:

$$\boldsymbol{x}_{k+1}=\boldsymbol{x}_k-\frac{\boldsymbol{r}_k^{\top}\boldsymbol{d}_k}{\boldsymbol{d}_k^{\top}A\boldsymbol{d}_k}\boldsymbol{d}_k,\quad 0\leqslant k\leqslant n-1, \tag{8.28}$$

其中 $\boldsymbol{r}_k=\boldsymbol{r}\left(\boldsymbol{x}_k\right)$ 是 $A\boldsymbol{x}=\boldsymbol{b}$ 在 $\boldsymbol{x}_k$ 处的残差, 我们称如此构造序列的方法为**共轭方向法**.

定理 8.8

设 $\{\boldsymbol{x}_1,\cdots,\boldsymbol{x}_n\}$ 如 (8.28) 所定义. 则二次函数 $f(\boldsymbol{x})=\frac{1}{2}\boldsymbol{x}^{\top}A\boldsymbol{x}-\boldsymbol{b}^{\top}\boldsymbol{x}+a$ 在一维仿射子空间 $L_k=\boldsymbol{x}_k+\mathbf{span}[\boldsymbol{d}_k]$ 上的最小值点为 $\boldsymbol{x}_{k+1}$. ♡

证明 考虑辅助函数 $\phi:\mathbb{R}\longrightarrow\mathbb{R}$ 定义为 $\phi(t)=f\left(\boldsymbol{x}_k+t\boldsymbol{d}_k\right)$. 根据 f 的定义, 我们有

$$\begin{aligned}
f\left(\boldsymbol{x}_k+t\boldsymbol{d}_k\right)=&\frac{1}{2}\left(\boldsymbol{x}_k+t\boldsymbol{d}_k\right)^{\top}A\left(\boldsymbol{x}_k+t\boldsymbol{d}_k\right)-\boldsymbol{b}^{\top}\left(\boldsymbol{x}_k+t\boldsymbol{d}_k\right)+a\\
=&\frac{1}{2}\boldsymbol{x}_k^{\top}A\boldsymbol{x}_k+\frac{1}{2}t\left(\boldsymbol{d}_k^{\top}A\boldsymbol{x}_k+\boldsymbol{x}_k^{\top}A\boldsymbol{d}_k\right)+\frac{1}{2}t^2\boldsymbol{d}_k^{\top}A\boldsymbol{d}_k-\boldsymbol{b}^{\top}\boldsymbol{x}_k-t\boldsymbol{b}^{\top}\boldsymbol{d}_k+a\\
=&\frac{1}{2}\boldsymbol{x}_k^{\top}A\boldsymbol{x}_k-\boldsymbol{b}^{\top}\boldsymbol{x}_k+a+t\left(\boldsymbol{d}_k^{\top}A\boldsymbol{x}_k-\boldsymbol{d}_k^{\top}\boldsymbol{b}\right)+\frac{1}{2}t^2\boldsymbol{d}_k^{\top}A\boldsymbol{d}_k\\
=&f\left(\boldsymbol{x}_k\right)+t\boldsymbol{r}\left(\boldsymbol{x}_k\right)^{\top}\boldsymbol{d}_k+\frac{1}{2}t^2\left(A\boldsymbol{d}_k,\boldsymbol{d}_k\right).
\end{aligned}$$

则根据一阶条件, 函数 $\phi(t)=f\left(\boldsymbol{x}_k+t\boldsymbol{d}_k\right)$ 的最小值点为 $t=-\dfrac{\boldsymbol{r}_k^{\top}\boldsymbol{d}_k}{\boldsymbol{d}_k^{\top}A\boldsymbol{d}_k}$, 对应于函数 f 的最小值点恰好为

$$\boldsymbol{x}_k-\frac{\boldsymbol{r}_k^{\top}\boldsymbol{d}_k}{\boldsymbol{d}_k^{\top}A\boldsymbol{d}_k}\boldsymbol{d}_k.$$

根据 (8.28) 立即可得定理成立. □

进一步地, 我们有如下结论.

定理 8.9

设 $\{\boldsymbol{x}_1,\cdots,\boldsymbol{x}_n\}$ 如 (8.28) 所定义. 则下列结论成立:

(1) 二次函数 $f(\boldsymbol{x})=\frac{1}{2}\boldsymbol{x}^{\top}A\boldsymbol{x}-\boldsymbol{b}^{\top}\boldsymbol{x}+a$ 在仿射子空间

$$M_k=\boldsymbol{x}_0+\mathbf{span}[\boldsymbol{d}_0,\cdots,\boldsymbol{d}_{k-1}],\quad 1\leqslant k\leqslant n$$

上的全局最小值点为 $\boldsymbol{x}_k$.

(2) 残差 $\boldsymbol{r}(\boldsymbol{x}_k)$ 与 A 共轭向量组 $\boldsymbol{d}_0,\cdots,\boldsymbol{d}_{n-1}$ 是正交的. ♡

证明 (1) 设 $\boldsymbol{x}^*=\boldsymbol{x}_0+\alpha_1\boldsymbol{d}_1+\cdots+\alpha_{k-1}\boldsymbol{d}_{k-1}$ 是 f 在 M_k 上的最小值点. 由定理 8.7 可知

$$\alpha_j=-\frac{\boldsymbol{r}\left(\boldsymbol{x}_0\right)^{\top}\boldsymbol{d}_j}{\boldsymbol{d}_j^{\top}A\boldsymbol{d}_j}\boldsymbol{d}_j,\quad 0\leqslant j\leqslant k-1$$

为 $\boldsymbol{d}_j$ 的系数. 若 $\boldsymbol{x}\in M_i$, 可设 $\boldsymbol{x}=\boldsymbol{x}_0+k_0\boldsymbol{d}_0+\cdots+k_{i-1}\boldsymbol{d}_{i-1}$, 则

$$\boldsymbol{r}\left(\boldsymbol{x}\right)=A\boldsymbol{x}_0+k_0A\boldsymbol{d}_0+\cdots+k_{i-1}A\boldsymbol{d}_{i-1}-\boldsymbol{b}=\boldsymbol{r}\left(\boldsymbol{x}_0\right)+k_0A\boldsymbol{d}_0+\cdots+k_{i-1}A\boldsymbol{d}_{i-1},$$

进而

$$\boldsymbol{r}(\boldsymbol{x})^{\top}\boldsymbol{d}_i=\boldsymbol{r}\left(\boldsymbol{x}_0\right)^{\top}\boldsymbol{d}_i+k_0\boldsymbol{d}_i^{\top}A\boldsymbol{d}_0+\cdots+k_{i-1}\boldsymbol{d}_i^{\top}A\boldsymbol{d}_{i-1}=\boldsymbol{r}\left(\boldsymbol{x}_0\right)^{\top}\boldsymbol{d}_i.$$

因此对于任意的 $\boldsymbol{x}\in M_i$ 有 $\boldsymbol{r}(\boldsymbol{x})^{\top}\boldsymbol{d}_i=\boldsymbol{r}\left(\boldsymbol{x}_0\right)^{\top}\boldsymbol{d}_i$. 故系数 α_j 与 (8.28) 的系数一致, 这证明了结论 (1).

(2) 考虑函数 $h:\mathbb{R}^k\longrightarrow\mathbb{R}$, 其中

$$h\left(t_0,\cdots,t_{k-1}\right)=f\left(\boldsymbol{x}_0+t_0\boldsymbol{d}_0+\cdots+t_{k-1}\boldsymbol{d}_{k-1}\right).$$

则由定理 8.7 可得, 向量 $\boldsymbol{\alpha}=[\alpha_0,\cdots,\alpha_{k-1}]^{\top}$ 是函数 h 的最小值点. 于是 $\nabla h(\boldsymbol{\alpha})=\mathbf{0}$. 注意到

$$\frac{\partial h}{\partial\alpha_j}=\boldsymbol{r}(\boldsymbol{x})^{\top}\boldsymbol{d}_j=0,\quad 0\leqslant j\leqslant k-1$$

这就证明了结论 (2). □

上述定理表明, 通过计算共轭向量组, 最多 n 步内就可得到方程组 $A\boldsymbol{x}=\boldsymbol{b}$ 的解, 即对于二次凸函数, 沿着一组共轭方向 (非零向量) 搜索, 经过有限步迭代必达到最小值点, 这是一种非常好的性质. 根据这种性质可以构造所谓的共轭梯度法.

8.4.2 共轭梯度法

共轭梯度法最初是为了求解线性方程组而提出的, 后来人们将此方法应用于无约束优化问题. 共轭梯度法的基本思想是把共轭性质和梯度下降法相结合, 利用已知点的梯度构造一组共轭方向, 并沿着这种方向进行搜索, 求出目标函数的最小值点. 比较典型的方法是 Fletcher-Reeves 共轭梯度法, 简称 FR 法.

在之前的定理中, A 共轭方向是给定的. 事实上, 使用 Gram-Schmidt 正交化从初始点 $\boldsymbol{x}_0$ 的负残差 $-\boldsymbol{r}(\boldsymbol{x}_0)$ 开始构造 A 共轭方向 $\boldsymbol{d}_1,\cdots,\boldsymbol{d}_k$, 其主要思想如以下定理所示.

定理 8.10

设 $A\in\mathbb{R}^{n\times n}$ 是正定矩阵, 初始点 $\boldsymbol{x}_0\in\mathbb{R}^n$ 满足 $\boldsymbol{d}_0=-\boldsymbol{r}(\boldsymbol{x}_0)\neq 0$, 记 $\boldsymbol{r}_k=\boldsymbol{r}(\boldsymbol{x}_k)$. 如果 $\boldsymbol{d}_1,\cdots,\boldsymbol{d}_k$ 和 $\boldsymbol{x}_1,\cdots,\boldsymbol{x}_k$ 由如下迭代公式定义:

$$\boldsymbol{d}_i=-\boldsymbol{r}_i+\sum_{j=0}^{i-1}\frac{\boldsymbol{r}_i^\top A\boldsymbol{d}_j}{\boldsymbol{d}_j^\top A\boldsymbol{d}_j}\boldsymbol{d}_j, \tag{8.29}$$

$$\boldsymbol{x}_{i+1}=\boldsymbol{x}_i+\frac{\|\boldsymbol{r}_i\|}{\boldsymbol{d}_i^\top A\boldsymbol{d}_i}\boldsymbol{d}_i, \tag{8.30}$$

其中 $1\leqslant i\leqslant k$, 那么向量 $\boldsymbol{r}_0,\cdots,\boldsymbol{r}_i$ 两两正交, 且

$$\boldsymbol{r}_{i+1}=\boldsymbol{r}_i+\frac{\|\boldsymbol{r}_i\|}{\boldsymbol{d}_i^\top A\boldsymbol{d}_i}A\boldsymbol{d}_i,\quad \boldsymbol{d}_i=-\boldsymbol{r}_i+\frac{\|\boldsymbol{r}_i\|}{\|\boldsymbol{r}_{i-1}\|^2}\boldsymbol{d}_{i-1}. \tag{8.31}$$

♡

证明　首先, (8.29) 说明向量 $\boldsymbol{d}_i$ 是 $\boldsymbol{r}_i$ 通过 Gram-Schmidt 正交化得到的. 于是

$$\mathbf{span}[\boldsymbol{d}_0,\cdots,\boldsymbol{d}_{k-1}]=\mathbf{span}[\boldsymbol{r}_0,\cdots,\boldsymbol{r}_{k-1}].$$

根据定理 8.9 可得 $\boldsymbol{r}_k$ 与 $\boldsymbol{d}_0,\ldots,\boldsymbol{d}_{k-1}$ 是正交的, 故 $\boldsymbol{r}_k$ 与 $\boldsymbol{r}_0,\cdots,\boldsymbol{r}_{k-1}$ 两两正交.

令 $\alpha_j=\dfrac{\|\boldsymbol{r}_j\|}{\boldsymbol{d}_j^\top A\boldsymbol{d}_j}, 0\leqslant j\leqslant i-1\leqslant k-1$. 显然 $\alpha_j\neq 0$. 否则由 (8.30) 则有

$\boldsymbol{x}_{j+1} = \boldsymbol{x}_j$, 这与 $\boldsymbol{r}_{j+1} \perp \boldsymbol{r}_j$ 矛盾. 进而由 (8.30) 可得

$$A\boldsymbol{d}_j = \frac{1}{\alpha_j}(A\boldsymbol{x}_{j+1} - A\boldsymbol{x}_j) = \frac{\boldsymbol{r}_{j+1} - \boldsymbol{r}_j}{\alpha_j},$$

这表明 (8.31) 的第一个等式成立. 进一步地, 对于 $j < i-1$ 有

$$\boldsymbol{r}_i^\top A\boldsymbol{d}_j = \frac{\boldsymbol{r}_i^\top(\boldsymbol{r}_{j+1} - \boldsymbol{r}_j)}{\alpha_j} = 0, \quad \boldsymbol{r}_i^\top A\boldsymbol{d}_{i-1} = \frac{\boldsymbol{r}_i^\top \boldsymbol{r}_i}{\alpha_{i-1}} = \frac{||\boldsymbol{r}_i||^2}{\alpha_{i-1}}.$$

由此, 关于 $\boldsymbol{d}_i$ 的表达式 (8.29) 可以简化为

$$\begin{aligned}\boldsymbol{d}_i &= -\boldsymbol{r}_i + \frac{\boldsymbol{r}_i^\top A\boldsymbol{d}_{i-1}}{\boldsymbol{d}_{i-1}^\top A\boldsymbol{d}_{i-1}}\boldsymbol{d}_{i-1} \\ &= -\boldsymbol{r}_i + \frac{1}{\boldsymbol{d}_{i-1}^\top A\boldsymbol{d}_{i-1}}\frac{||\boldsymbol{r}_i||^2}{\alpha_{i-1}}\boldsymbol{d}_{i-1}. \end{aligned} \tag{8.32}$$

又由 $\alpha_{i-1} = \dfrac{\|\boldsymbol{r}_{i-1}\|}{\boldsymbol{d}_{i-1}^\top A\boldsymbol{d}_{i-1}}$ 立即可得 (8.31) 成立. □

注意到, 由 (8.28) 和 (8.32) 立即可得上述定理中的条件 (8.30) 实际上是共轭方向法的简化. 因此, 共轭梯度方法 (CG) 是一种特殊的共轭方向法, 其核心思想是选取当前共轭方向为负梯度方向和前一个共轭方向的线性组合, 这个过程中初始共轭方向选择初始点的负梯度 (即负残差).

考虑问题

$$\min f(\boldsymbol{x}) = \frac{1}{2}\boldsymbol{x}^\top A\boldsymbol{x} - \boldsymbol{b}^\top\boldsymbol{x} + a, \quad \boldsymbol{x} \in \mathbb{R}^n,$$

其中 A 为正定矩阵. 用共轭梯度法求解二次凸函数的最小化问题的具体步骤见算法 8.9.

算法 8.9 共轭梯度法

输入: 正定矩阵 $A \in \mathbb{R}^{n\times n}$, 右端项 $\boldsymbol{b} \in \mathbb{R}^n$, 初始值 $\boldsymbol{x}_0 \in \mathbb{R}^n$
输出: 方程组 $A\boldsymbol{x} = \boldsymbol{b}$ 的解向量 $\boldsymbol{x}$

1: 令 $\boldsymbol{r}_0 = A\boldsymbol{x}_0 - \boldsymbol{b}$, $\boldsymbol{d}_0 = -\boldsymbol{r}_0$. 置 $k = 0$
2: **while** $\boldsymbol{r}_k \neq 0$ **do**
3: $\quad \alpha_k = \dfrac{\|\boldsymbol{r}_k\|}{\boldsymbol{d}_k^\top A\boldsymbol{d}_k}$
4: $\quad \boldsymbol{x}_{k+1} = \boldsymbol{x}_k + \alpha_k\boldsymbol{d}_k$
5: $\quad \boldsymbol{r}_{k+1} = \boldsymbol{r}_k + \dfrac{\|\boldsymbol{r}_k\|}{\boldsymbol{d}_k^\top A\boldsymbol{d}_k}A\boldsymbol{d}_k$
6: $\quad \beta_k = \dfrac{\|\boldsymbol{r}_k\|}{\|\boldsymbol{r}_{k-1}\|^2}$

$\boldsymbol{d}_k = -\boldsymbol{r}_k + \beta_k \boldsymbol{d}_{k-1}$
$k = k + 1$
end while

上述算法通常称为线性共轭梯度法. 若要求解非线性最小化问题 $\min f(x)$, 其中 $f(x)$ 为非线性函数. 我们需要将线性共轭梯度方法加以推广为一般的共轭梯度法. 与之前的方法相比需要做两点改动: 第一是步长线搜索步长 α_k 不能用 (8.28) 或 (8.30) 来确定, 需采用其他线搜索方法; 第二是残差 $\boldsymbol{r}$ 需要用 f 的梯度来代替. 可以证明: 对于一般函数, 共轭梯度法在一定条件下是收敛的.

习 题 8

1. 设 $f:\mathbb{R}^n \longrightarrow \mathbb{R}$ 是梯度 L-Lipschitz 连续函数. 试证明下列结论成立.

(1) $f(\boldsymbol{x})$ 具有二次上界

$$f(\boldsymbol{y}) \leqslant f(\boldsymbol{x}) + \nabla f(\boldsymbol{x})^\top (\boldsymbol{y}-\boldsymbol{x}) + \frac{L}{2}||\boldsymbol{y}-\boldsymbol{x}||^2, \quad \forall \boldsymbol{x}, \boldsymbol{y} \in \mathbf{dom} f.$$

(2) 若 $\boldsymbol{x}^*$ 是 f 的最小值点, 则

$$\frac{1}{2L}||\nabla f(\boldsymbol{x})||^2 \leqslant f(\boldsymbol{x}) - f(\boldsymbol{x}^*), \quad \forall\ \boldsymbol{x} \in \mathbf{dom} f.$$

2. 设 $f:\mathbb{R}^n \longrightarrow \mathbb{R}$ 是可微的凸函数. 证明以下几个条件是等价的.

(1) f 是梯度 L-Lipschitz 连续的;

(2) 函数 $g(\boldsymbol{x}) = \dfrac{L}{2}||\boldsymbol{x}||^2 - f(\boldsymbol{x})$ 是凸函数;

(3) 对任意的 $\boldsymbol{x}, \boldsymbol{y} \in \mathbb{R}^n$, 有

$$(\nabla f(\boldsymbol{x}) - \nabla f(\boldsymbol{y}))^\top (\boldsymbol{x}-\boldsymbol{y}) \geqslant \frac{1}{L}\|\nabla f(\boldsymbol{x}) - \nabla f(\boldsymbol{y})\|^2.$$

3. 设 $f:\mathbb{R}^n \longrightarrow \mathbb{R}$ 是二阶可微函数. 证明以下几个结论是等价的:

(1) f 是 m-强凸函数;

(2) $(\nabla f(\boldsymbol{x}) - \nabla f(\boldsymbol{y}))^\top (\boldsymbol{x}-\boldsymbol{y}) \geqslant m\|\boldsymbol{x}-\boldsymbol{y}\|^2, \ \forall \boldsymbol{x}, \boldsymbol{y} \in \mathbb{R}^n$;

(3) $\nabla^2 f(\boldsymbol{x}) \succeq mI, \ \forall \boldsymbol{x} \in \mathbb{R}^n$;

(4) $f(\boldsymbol{y}) \geqslant f(\boldsymbol{x}) + \nabla f(\boldsymbol{x})^\top (\boldsymbol{y}-\boldsymbol{x}) + \dfrac{m}{2}\|\boldsymbol{y}-\boldsymbol{x}\|^2, \ \forall \boldsymbol{x}, \boldsymbol{y} \in \mathbb{R}^n$.

4. 用梯度下降法 (精确步长) 求解问题 $\min x_1^2 - 2x_1x_2 + 4x_2^2 + x_1 - 3x - 2$. 取初值点 $\boldsymbol{x}_0 = [1,1]^\top$, 迭代两次.

5. 试用牛顿法做两次迭代求下列问题 $\min f(\boldsymbol{x}) = (x_1-1)^2 + x_2^2$ 的近似解.

6. 求函数 $f(\boldsymbol{x}) = (6 + x_1 + x_2)^2 + (2 - 3x_1 - 3x_2 - x_1x_2)^2$. 在点 $[-4,6]^\top$ 处的牛顿方向和最速下降方向.

7. 给定矩阵 $A = \begin{bmatrix} 1 & 2 \\ 2 & 5 \end{bmatrix}$, $B = \begin{bmatrix} 1 & -1 & 0 \\ -1 & 2 & 0 \\ 0 & 0 & 3 \end{bmatrix}$, 关于 A 和 B 各求出一组共轭方向.

8. 设 A 为 n 阶实对称正定矩阵, 证明 A 的 n 个互相正交的特征向量 $\boldsymbol{p}_1, \boldsymbol{p}_2, \cdots, \boldsymbol{p}_n$ 关于 A 共轭.

9. 用 FR 法求解问题 $\min f(\boldsymbol{x}) = x_1^2 + 2x_2^2$. 取初值点 $\boldsymbol{x}_0 = [5, 5]^\top$.

Chapter 第9章 机器学习模型

第9章课件

在本章，我们简要介绍几个经典的机器学习模型. 主要包括线性模型、支持向量机、神经网络和主成分分析等基本内容，它们在回归、分类、聚类等领域有广泛的应用.

9.1 线性模型

在本节，我们主要介绍机器学习中的线性模型. 线性模型形式简单、易于建模、许多非线性模型是在其基础上通过引入层级结构或高维映射而得，其具有很好的解释性.

9.1.1 线性回归

我们首先讨论线性回归模型. 这是一种广泛使用的方法，用于在给定实值输入向量 (也称为自变量或解释变量)$\boldsymbol{x} \in \mathbb{R}^D$ 时，来预测实值输出 $y \in \mathbb{R}$. 该模型的关键是将输出的期望值假设为输入的线性函数，即 $\mathbb{E}[y|\boldsymbol{x}] = \boldsymbol{w}^\top \boldsymbol{x}$. 这种假设使得线性回归模型易于解释，并且易于拟合数据.

一般的**线性回归模型**可以写成以下形式:

$$p(y|\boldsymbol{x}, \boldsymbol{\theta}) = N(y|w_0 + \boldsymbol{w}^\top \boldsymbol{x}, \sigma^2),$$

其中 $\boldsymbol{\theta} = (w_0, \boldsymbol{w}, \sigma^2)$ 是模型中的所有参数.

参数向量 $\boldsymbol{w} = [w_1, w_2, \cdots, w_D]^\top$ 又被称为**权重**或**回归系数**. 如果我们将相应的输入特征 x_d 改变一个单位，那么每个系数 w_d 便指定了我们期望的输出变化. 参数 w_0 表示**偏移**或**偏置**，用于在所有输入都为 0 时指定输出值，即 $w_0 = \mathbb{E}[y]$. 我们通常假设输入向量 $\boldsymbol{x} = [1, x_1, x_2, \cdots, x_D]^\top$，而偏置 w_0 便可以加入到权重 $\boldsymbol{w}$ 中，即 $\boldsymbol{w} = [w_0, w_1, w_2, \cdots, w_D]^\top$.

如果输入也是一维的, 即 $D=1$, 那么线性回归模型可以表示为

$$f(\boldsymbol{x};\boldsymbol{w})=\boldsymbol{w}^{\top}\boldsymbol{x}=ax+b,$$

这种形式称为**一元线性回归**, 或简单线性回归, 其中 $\boldsymbol{x}=[1,x]^{\top}$, $\boldsymbol{w}=[b,a]^{\top}$. 当输入是多维 $(D>1)$ 时, 线性回归模型可以表示为

$$f(\boldsymbol{x};\boldsymbol{w})=\boldsymbol{w}^{\top}\boldsymbol{x}=w_0+\sum_{d=1}^{D}w_dx_d,$$

这种形式称为**多元线性回归**, 其中

$$\boldsymbol{x}=[1,x_1,x_2,\cdots,x_D]^{\top},\quad \boldsymbol{w}=[w_0,w_1,w_2,\cdots,w_D]^{\top}.$$

如果输入和输出均为多维变量, 即 $\boldsymbol{x}\in\mathbb{R}^D$ 且 $\boldsymbol{y}\in\mathbb{R}^J$, 其中 $D>1$, $J>1$. 此时线性回归模型可以表示为一般形式:

$$p(\boldsymbol{y}|\boldsymbol{x},\boldsymbol{\theta})=\prod_{j=1}^{J}N(y_j|w_0+\boldsymbol{w}_j^{\top}\boldsymbol{x},\sigma_j^2).$$

一般来说, 一条直线不能很好地拟合大多数数据集. 因此, 我们可以对输入特征应用非线性变换, 即通过将 $\boldsymbol{x}$ 替换为 $\phi(\boldsymbol{x})$ 得到

$$p(y|\boldsymbol{x},\boldsymbol{\theta})=N(y|w_0+\boldsymbol{w}^{\top}\phi(\boldsymbol{x}),\sigma^2).$$

只要特征提取器 ϕ 的参数是固定的, 即使模型在输入中不是线性的, 其在参数中仍然保持线性. **多项式回归**便作为非线性变换的一个简单示例: 如果输入为一维的, 那么我们可以使用 d 维的多项式展开, 可设 $\phi(x)=[1,x,x^2,\cdots,x^d]^{\top}$. 图 9.1(a) 和 (b) 分别展示了使用直线和多项式来拟合给定数据集的情况.

线性回归与最小二乘法的关系十分紧密. 为了将线性回归模型拟合到数据中, 我们往往通过最小化负对数似然函数来训练模型, 其目标函数为

$$\begin{aligned}\mathrm{NLL}(\boldsymbol{w},\sigma^2)&=-\sum_{n=1}^{N}\log\left[\left(\frac{1}{2\pi\sigma^2}\right)^{\frac{1}{2}}\exp\left(-\frac{1}{2\sigma^2}(y_n-\boldsymbol{w}^{\top}\boldsymbol{x}_n)^2\right)\right]\\&=\frac{1}{2\sigma^2}\sum_{n=1}^{N}(y_n-\hat{y}_n)^2+\frac{N}{2}\log(2\pi\sigma^2),\end{aligned}$$

其中 $\hat{y}_n:=\boldsymbol{w}^{\top}\boldsymbol{x}_n$. 最小二乘估计在 $\nabla_{\boldsymbol{w},\sigma}\mathrm{NLL}(\boldsymbol{w},\sigma^2)=0$ 时取得, 我们可以首先优化 $\boldsymbol{w}$, 之后再求解最优的 σ. 若令 $X=[\boldsymbol{x}_1^{\top},\boldsymbol{x}_2^{\top},\cdots,\boldsymbol{x}_N^{\top}]\in\mathbb{R}^{N\times D+1}$, 此时, 对

于 NLL 关于 $\boldsymbol{w}$ 优化等价于对残差平方和 RSS 关于 $\boldsymbol{w}$ 优化, 即

$$\begin{aligned}\mathrm{RSS}(\boldsymbol{w}) &= \frac{1}{2}\sum_{n=1}^{N}(y_n - \hat{y}_n)^2 = \frac{1}{2}\sum_{n=1}^{N}(y_n - \boldsymbol{w}^\top \boldsymbol{x}_n)^2 \\ &= \frac{1}{2}||X\boldsymbol{w} - \boldsymbol{y}||_2^2 = \frac{1}{2}(X\boldsymbol{w} - \boldsymbol{y})^\top (X\boldsymbol{w} - \boldsymbol{y}).\end{aligned}$$

令 RSS 对 $\boldsymbol{w}$ 的偏导数为 0, 可得

$$\frac{\partial \mathrm{RSS}(\boldsymbol{w})}{\partial \boldsymbol{w}} = \frac{\partial \frac{1}{2}(X\boldsymbol{w} - \boldsymbol{y})^\top (X\boldsymbol{w} - \boldsymbol{y})}{\partial \boldsymbol{w}} = X^\top X\boldsymbol{w} - X^\top \boldsymbol{y} = 0. \tag{9.1}$$

若矩阵 X 是列满秩的, 即 $X^\top X$ 可逆, 则由 (9.1) 可得最小二乘解为

$$\hat{\boldsymbol{w}} = (X^\top X)^{-1} X^\top \boldsymbol{y}.$$

此时, Hessian 矩阵为

$$H(\boldsymbol{w}) = \frac{\partial^2 \mathrm{RSS}(\boldsymbol{w})}{\partial \boldsymbol{w}^2} = X^\top X.$$

又矩阵 X 列满秩, 故 Hessian 矩阵 H 是正定的, 即最小二乘解是唯一的.

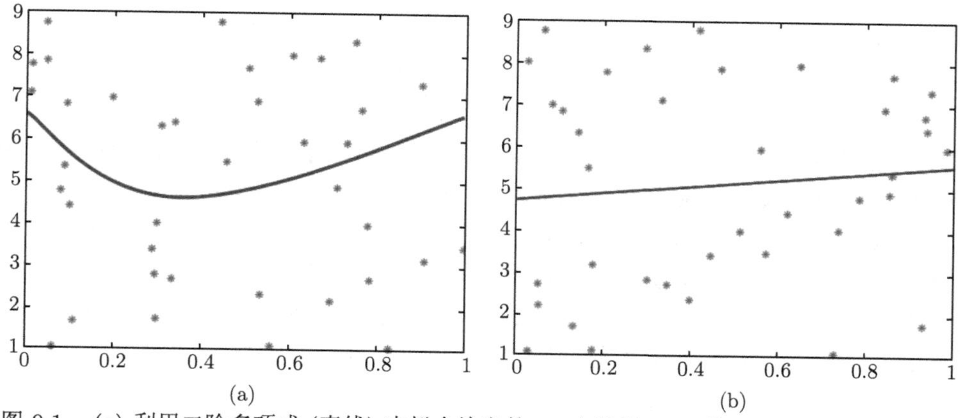

图 9.1　(a) 利用二阶多项式 (直线) 来拟合给定的 21 个数据. (b) 利用一阶多项式来拟合给定的 21 个数据

9.1.2　逻辑回归

逻辑回归是一种常用的判别分析模型 $p(y|\boldsymbol{x};\boldsymbol{\theta})$, 其中 $\boldsymbol{x} \in \mathbb{R}^D$ 是一个 D 维的输入向量, $y \in \{1, 2, \cdots, C\}$ 是类别标签, $\boldsymbol{\theta}$ 是模型的参数. 如果 $C = 2$, 这就是常见的二元逻辑回归; 如果 $C > 2$, 这就是多元逻辑回归.

1. 二元逻辑回归

我们首先来介绍二元逻辑回归. 称函数

$$\sigma(x) = \frac{1}{1+\mathrm{e}^{-x}}, \quad x \in \mathbb{R}^n$$

为 **sigmoid 函数**或 **logistic 函数**. **二元逻辑回归**模型一般表现为以下这种形式:

$$p(y|\boldsymbol{x};\boldsymbol{\theta}) = \mathrm{Ber}(y|\sigma(\boldsymbol{w}^\top \boldsymbol{x} + b)),$$

其中 σ 是 sigmoid 函数, $\mathrm{Ber}(y|\theta) = \theta^y(1-\theta)^{1-y}$ 为伯努利分布. 模型又可以写为

$$p(y=1|\boldsymbol{x};\boldsymbol{\theta}) = \sigma(a) = \frac{1}{1+\mathrm{e}^{-a}}, \tag{9.2}$$

其中 $a = \boldsymbol{w}^\top \boldsymbol{x} + b = \log\left(\dfrac{p}{1-p}\right), p = p(y=1|\boldsymbol{x};\boldsymbol{\theta})$.

上述二元逻辑回归中的类别标签 $y \in \{0,1\}$, 有时我们也会选择用 $\tilde{y} \in \{-1,+1\}$ 作为类别标签, 此时公式 (9.2) 可以改写为

$$p(\tilde{y}|\boldsymbol{x};\boldsymbol{\theta}) = \sigma(\tilde{y}a) = \frac{1}{1+\mathrm{e}^{-\tilde{y}a}}.$$

这里利用了 sigmoid 函数的性质 $\sigma(-a) = 1 - \sigma(a)$. 这种符号表示在机器学习的相关文献中被广泛使用.

下面我们介绍线性分类器. sigmoid 函数给出了标签为 $y=1$ 的概率, 如果每个标签错误分类的损失相同, 那么最佳分类规则是当且仅当类别 1 比类别 0 更有可能时, 将其分入类别 1, 即

$$f(\boldsymbol{x}) = \mathbb{I}\left(p(y=1|\boldsymbol{x}) > p(y=0|\boldsymbol{x})\right) = \mathbb{I}\left(\log\frac{p(y=1|\boldsymbol{x})}{p(y=0|\boldsymbol{x})} > 0\right) = \mathbb{I}(a>0),$$

其中 $a = \boldsymbol{w}^\top \boldsymbol{x} + b$. 可以写出预测函数如下:

$$f(\boldsymbol{x},\boldsymbol{\theta}) = \boldsymbol{w}^\top \boldsymbol{x} + b = b + \sum_{d=1}^{D} w_d x_d.$$

给定权重 $\boldsymbol{w} \in \mathbb{R}^D$ 和阈值 $b \in \mathbb{R}$, 上述函数实际上定义了一个线性超平面, 其法向量为 $\boldsymbol{w}$. 对于一个 D 维空间上的点 $\boldsymbol{x}_0$, 若我们令 $b = -\boldsymbol{w}^\top \boldsymbol{x}_0$, 则这个超平面经过 $\boldsymbol{x}_0$, 即超平面上的点满足 $\boldsymbol{w}^\top \boldsymbol{x} + b = 0$. 这个超平面将 D 维空间划分为两个半

空间, 因此又将这个超平面称为线性决策边界. 如果我们可以通过这样的线性边界完美地分离训练样本 (即不会在训练集上产生任何分类错误), 我们就说样本数据是**线性可分的**. 通常我们可以对输入数据进行适当的预处理使得数据是线性可分的.

除了线性分类器, 我们也可以类似定义非线性分类器. 令 $\phi(\boldsymbol{x})$ 是输入特征的转化形式, 例如, 假设 $\phi(x_1,x_2)=[1,x_1^2,x_2^2]^\top$, $\boldsymbol{w}=[-R^2,1,1]^\top$, 则

$$f(\boldsymbol{x})=\boldsymbol{w}^\top\phi(\boldsymbol{x})=x_1^2+x_2^2-R^2.$$

此时, $f(\boldsymbol{x})=0$ 对应的决策边界定义为一个半径为 R 的圆, 而函数 f 关于权重 $\boldsymbol{w}$ 和转化后的特征 $\phi(\boldsymbol{x})$ 而言依然是线性的, 如图 9.2 所示.

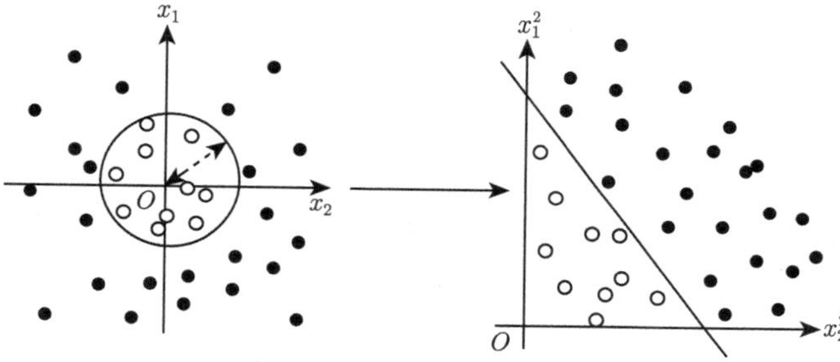

图 9.2　将特征从 $\boldsymbol{x}=[x_1,x_2]^\top$ 变换到 $\phi(\boldsymbol{x})=[1,x_1^2,x_2^2]^\top$ 之后, 便可以将一个二次决策边界转化为一个线性边界

2. 多元逻辑回归

现在我们来介绍多元逻辑回归. **多元逻辑回归**是一种判别分析模型, 形式为

$$p(y|\boldsymbol{x};\boldsymbol{\theta})=\mathrm{Cat}(y|S(W\boldsymbol{x}+\boldsymbol{b})),$$

其中 $\boldsymbol{x}\in\mathbb{R}^D$ 是输入向量, $y\in\{1,2,\cdots,C\}$ 是 C 个类别标签, W 是一个 $C\times D$ 的权重矩阵, $\boldsymbol{b}\in\mathbb{R}^C$ 是偏置向量, $\boldsymbol{\theta}=(W,\boldsymbol{b})$ 是模型的所有参数, Cat 定义为 $\mathrm{Cat}(y|\theta)=\prod\limits_{c=1}^{C}\theta^{I(y=c)}$, S 是 softmax 函数, 对于 $\boldsymbol{a}=[a_1,a_2,\cdots,a_C]^\top\in\mathbb{R}^C$, **softmax 函数**定义为

$$S(\boldsymbol{a}):=\left[\frac{\mathrm{e}^{a_1}}{\sum_{c=1}^C\mathrm{e}^{a_c}},\frac{\mathrm{e}^{a_2}}{\sum_{c=1}^C\mathrm{e}^{a_c}},\cdots,\frac{\mathrm{e}^{a_C}}{\sum_{c=1}^C\mathrm{e}^{a_c}}\right]^\top.$$

若令 $\boldsymbol{a}=W\boldsymbol{x}+\boldsymbol{b}$, 则多元逻辑回归模型又可以写为

$$p(y=c|\boldsymbol{x};\boldsymbol{\theta})=\frac{\mathrm{e}^{a_c}}{\sum_{c'=1}^C\mathrm{e}^{a_{c'}}}=\frac{\mathrm{e}^{\boldsymbol{W}_c\boldsymbol{x}+\boldsymbol{b}_c}}{\sum_{c'=1}^C\mathrm{e}^{\boldsymbol{W}_{c'}\boldsymbol{x}+\boldsymbol{b}_{c'}}},\quad c=1,2,\cdots,C.$$

对于任何给定的样本 $\boldsymbol{x}_n \in \mathbb{R}^D$, 都满足标准化条件

$$\sum_{c=1}^{C} p(y=c|\boldsymbol{x}_n;\boldsymbol{\theta})=1.$$

因此, 可以将权重矩阵的最后一行标准化为 $W_C=\mathbf{0}$, 将偏置向量的最后一个元素标准化为 $\boldsymbol{b}_C=0$.

对于一般的多分类问题, 我们假设分类标签是互斥的, 即对于任意的输入只有一个真正的标签. 但对于某些应用情形 (例如, 图像标记), 我们可能希望一个输入对应一个或多个标签. 在这种情况下, 可以令输出是标签集合 $\{1,2,\cdots,C\}$ 的一个子集, 这称为多标签分类问题, 而不是多分类问题. 多标签分类问题的输出空间还可以视为 $\mathcal{Y}=\{0,1\}^C$, 如果输入对应的输出中有第 c 个标签, 则第 c 个输出设置为 1. 我们可以使用具有多个输出的二元逻辑回归来解决这个问题

$$p(\boldsymbol{y}|\boldsymbol{x};\boldsymbol{\theta})=\prod_{c=1}^{C}\mathrm{Ber}(y_c|\sigma(\boldsymbol{w}_c^\top\boldsymbol{x}+b_c)),$$

其中输出 $\boldsymbol{y}=[y_1,y_2,\cdots,y_C]^\top\in\{0,1\}^C$.

9.1.3 正则化

在运用算法来拟合数据时可能会遇到过拟合和欠拟合的情况, 具体如下:

(1) **过拟合** 算法在样本数据中表现良好, 但在整体数据中表现不佳;

(2) **欠拟合** 算法在样本数据和整体数据中均表现不佳.

针对欠拟合, 我们可以通过增加模型的复杂度, 或增加训练样本来处理. 而对于过拟合, 我们便可以采用正则化的方法来限制模型的复杂度. 在这一节我们将介绍几种基于线性回归的正则化模型.

若假设输入特征为 $\boldsymbol{x}_n=[1,x_1,\cdots,x_D]^\top$, $n=1,2,\cdots,N$, 权重为 $\boldsymbol{w}=[w_0,w_1,\cdots,w_D]^\top$. 每一个输入 $\boldsymbol{x}_n$ 对应一个一维的真实输出 y_n, 记 $\boldsymbol{y}=\{y_1,y_2,\cdots,y_N\}$ 表示所有样本对应的真实输出. 则对于线性回归模型

$$\hat{y}_n=f(\boldsymbol{x}_n;\boldsymbol{w})=\boldsymbol{w}^\top\boldsymbol{x}_n,\quad n=1,2,\cdots,N,$$

我们可以在其残差平方和 RSS 中加入一个 l_p 正则化项 $R_{l_p}(\boldsymbol{w})$ 得到正则化回归模型的代价函数 $\mathrm{Loss}_{l_p}(\boldsymbol{w})$, 即

$$\mathrm{Loss}_{l_p}(\boldsymbol{w})=\mathrm{RSS}(\boldsymbol{w})+\lambda R_{l_p}(\boldsymbol{w})=\frac{1}{2}\sum_{n=1}^{N}(y_n-\boldsymbol{w}^\top\boldsymbol{x}_n)^2+\lambda R_{l_p}(\boldsymbol{w}),$$

其中 $R_{l_p}(\boldsymbol{w})=\dfrac{1}{p}||\boldsymbol{w}||_p^p=\dfrac{1}{p}\sum_{d=0}^{D}|w_d|^p$, 参数 λ 称为**正则化系数**, 用来衡量对于参数的限制程度. 记 $X=[\boldsymbol{x}_1^\top,\boldsymbol{x}_2^\top,\cdots,\boldsymbol{x}_N^\top]\in\mathbb{R}^{N\times D+1}$, 则 $\mathrm{Loss}_{l_p}(\boldsymbol{w})$ 的矩阵形式为

$$\mathrm{Loss}_{l_p}(\boldsymbol{w})=\frac{1}{2}(X\boldsymbol{w}-\boldsymbol{y})^\top(X\boldsymbol{w}-\boldsymbol{y})+\lambda R_{l_p}(\boldsymbol{w}).\tag{9.3}$$

根据正则化项的不同, 可以得到不同的回归模型. 下面来介绍三种常见的正则化模型.

1. l_2 正则化与岭回归

若采用 l_2 正则化项, 即 $R_{l_2}(\boldsymbol{w})=\dfrac{1}{2}||\boldsymbol{w}||_2^2=\dfrac{1}{2}\sum_{d=0}^{D}|w_d|^2$, 则加入该正则化项的线性回归称为**岭回归**. 特别地, 考虑一个二维问题 $\boldsymbol{w}=[w_1,w_2]^\top$, 则 l_2 正则化相当于把参数 $\boldsymbol{w}$ 限制在了一个以原点为圆心的圆中. 由 (9.3) 可得 $\mathrm{Loss}_{l_2}(\boldsymbol{w})$ 的矩阵形式为

$$\mathrm{Loss}_{l_2}(\boldsymbol{w})=\frac{1}{2}(X\boldsymbol{w}-\boldsymbol{y})^\top(X\boldsymbol{w}-\boldsymbol{y})+\frac{\lambda}{2}\boldsymbol{w}^\top\boldsymbol{w}.$$

令 $\mathrm{Loss}_{l_2}(\boldsymbol{w})$ 对 $\boldsymbol{w}$ 的偏导数为 0, 可得

$$\frac{\partial\mathrm{Loss}_{l_2}(\boldsymbol{w})}{\partial\boldsymbol{w}}=X^\top X\boldsymbol{w}-X^\top\boldsymbol{y}+\lambda\boldsymbol{w}=0.$$

若 $X^\top X+\lambda I$ 可逆, 则

$$\hat{\boldsymbol{w}}=(X^\top X+\lambda I)^{-1}X^\top\boldsymbol{y}.$$

岭回归有如下优点:

(1) 当输入特征之间有多重共线性时, $X^\top X$ 是半正定且奇异的, 但是加上 λI 后可以求逆.

(2) 岭回归放弃了最小二乘法的无偏性, 使得对 $\boldsymbol{w}$ 的估计从最佳线性无偏估计变为了最小方差估计, 这体现了参数估计中牺牲偏差换取方差的权衡思想. 正则化系数 λ 越大, 方差便越小, 而偏差则越大. 但是选择合适的正则化系数来权衡偏差和方差还没有统一的方法 (超参数的设置).

(3) 用 l_2 正则化项是二次函数形式, 与残差平方和 RSS 同构, 所以在计算中不会增加计算复杂度.

2. l_1 正则化与 Lasso 回归

若采用 l_1 正则化项, 即 $R_{l_1}(\boldsymbol{w}) = ||\boldsymbol{w}||_1 = \sum_{d=0}^{D} |w_d|$, 则加入该正则化项的线性回归称为 **Lasso 回归**. 特别地, 考虑一个二维问题 $\boldsymbol{w} = [w_1, w_2]^\top$, 则 l_1 正则化相当于把参数 $\boldsymbol{w}$ 限制在了一个正方形中. 由 (9.3) 可得 $\mathrm{Loss}_{l_1}(\boldsymbol{w})$ 的矩阵形式为

$$\mathrm{Loss}_{l_1}(\boldsymbol{w}) = \frac{1}{2}(X\boldsymbol{w} - \boldsymbol{y})^\top (X\boldsymbol{w} - \boldsymbol{y}) + \lambda ||\boldsymbol{w}||_1.$$

Lasso 回归有如下特点:

(1) $R_{l_1}(\boldsymbol{w}) = C$ 将参数限制在一个正方体中, 其在各个轴上的点比较突出, 这使得最后优化出的 $\hat{\boldsymbol{w}}$ 的各个分量更容易为 0, 从而产生了参数的稀疏性.

(2) Lasso 回归对应于采用的是 l_1, 因此不能求二次导, 在最优方法的选择上受限.

(3) Lasso 回归属于内嵌式正则化方法, 既有过滤在计算方面的优势, 又有包含在自动化方面的优势.

3. l_1 和 l_2 正则化的组合与 ElasticNet 回归

岭回归与 Lasso 回归两种正则化的方法存在明显的缺点和优点, 人们容易想到将这两种正则化的方法结合起来, 就能够发挥两种方法的优势, 这种组合的正则化算法就被称为弹性网络回归 (ElasticNet 回归). 此时, 我们需要将 l_1 正则化项和 l_2 正则化项作凸组合得到正则化项 $\lambda R_{EN}(\boldsymbol{w})$, 即

$$\lambda R_{EN}(\boldsymbol{w}) = \alpha \lambda_1 R_{l_1}(\boldsymbol{w}) + (1-\alpha)\lambda_2 R_{l_2}(\boldsymbol{w}), \quad 0 \leqslant \alpha \leqslant 1.$$

于是

$$R_{EN}(\boldsymbol{w}) = \alpha \frac{\lambda_1}{\lambda} R_{l_1}(\boldsymbol{w}) + (1-\alpha)\frac{\lambda_2}{\lambda} R_{l_2}(\boldsymbol{w}) = \alpha \frac{\lambda_1}{\lambda} ||\boldsymbol{w}||_1 + (1-\alpha)\frac{\lambda_2}{\lambda}\frac{1}{2}||\boldsymbol{w}||_2^2.$$

一般地, 取 $R_{EN}(\boldsymbol{w}) = \alpha ||\boldsymbol{w}||_1 + \dfrac{1-\alpha}{2}||\boldsymbol{w}||_2^2$. 此时, 由 (9.3) 可得 ElasticNet 回归的代价函数的矩阵形式为

$$\mathrm{Loss}_{EN}(\boldsymbol{w}) = \frac{1}{2}(X\boldsymbol{w} - \boldsymbol{y})^\top (X\boldsymbol{w} - \boldsymbol{y}) + \lambda\alpha ||\boldsymbol{w}||_1 + \frac{\lambda(1-\alpha)}{2}||\boldsymbol{w}||_2^2.$$

当 $\alpha = 1$ 时, $R_{EN}(\boldsymbol{w}) \sim R_{l_1}(\boldsymbol{w})$; 当 $\alpha = 0$ 时, $R_{EN}(\boldsymbol{w}) \sim \dfrac{1}{2}R_{l_2}(\boldsymbol{w})$. 因此, α 称为 l_1 比率, 但是对于参数 λ 和 α 的选择仍然没有很好的方法, 只能通过不断试错调整或基于经验选择.

9.2 支持向量机

在本节中, 我们将讨论一种用于分类和回归问题的 (非概率) 预测器——支持向量机 (SVM). 它的基本模型是定义在特征空间上的分类间隔最大的线性分类器, 其学习策略就是使分类间隔最大化, 可形式化为一个求解凸二次规划的问题, 也等价于正则化铰链损失函数的最小化问题.

9.2.1 最大分类间隔分类器

考虑一个二元分类器 $h(\boldsymbol{x}) = \text{sign}(f(\boldsymbol{x}))$, 其中决策边界 $f(\boldsymbol{x})$ 为简单的线性形式:

$$f(\boldsymbol{x}) = \boldsymbol{w}^\top \boldsymbol{x} + w_0.$$

在支持向量机中, 通常假设分类标签是 -1 和 $+1$, 而不是 0 和 1. 为了避免混淆, 我们使用 $\tilde{y}$ 而不是 y 来表示这些分类标签. 我们可能找到很多直线来分隔数据, 但是我们希望选择分类间隔最大的直线作为最佳分类器. 如图 9.3 所示: 直观上, (a) 中的分类器比 (b) 中的分类器有更高的容错率, 因为它对数据的扰动不太敏感.

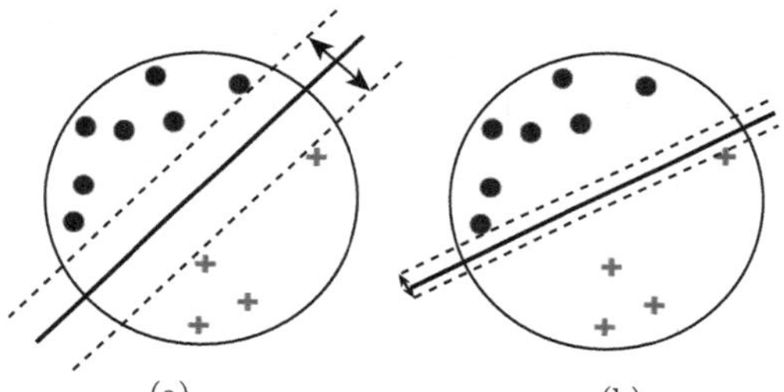

图 9.3 (a) 为具有更大分类间隔的分类超平面, (b) 为具有更小分类间隔的分类超平面

为了找到分类间隔最大的线性分类器, 我们首先需要定义一个点到决策边界的距离. 根据图 9.4 (a) 所示, $\boldsymbol{w}$ 是垂直于决策边界的法向量, w_0 控制决策边界到原点的距离, $\boldsymbol{x}_\perp$ 是 $\boldsymbol{x}$ 在决策边界上的正交投影. 对于任意的向量 $\boldsymbol{x}$, 可以将其分解为

$$\boldsymbol{x} = \boldsymbol{x}_\perp + r\frac{\boldsymbol{w}}{||\boldsymbol{w}||},$$

其中 r 是 $\boldsymbol{x}$ 与法向量为 $\boldsymbol{w}$ 的决策边界的距离, $\boldsymbol{x}_\perp$ 是 $\boldsymbol{x}$ 在这个边界上的正交投影. 我们想要最大化 r, 所以需要将它表示为 $\boldsymbol{w}$ 的函数, 注意到 $f(\boldsymbol{x})$ 可以表示为

$$f(\boldsymbol{x}) = \boldsymbol{w}^\top \boldsymbol{x} + w_0 = \boldsymbol{w}^\top \boldsymbol{x}_\perp + w_0 + r\frac{\boldsymbol{w}^\top \boldsymbol{w}}{||\boldsymbol{w}||} = \boldsymbol{w}^\top \boldsymbol{x}_\perp + w_0 + r||\boldsymbol{w}||.$$

因为 $f(\boldsymbol{x}_\perp)=\boldsymbol{w}^\top\boldsymbol{x}_\perp+w_0=0$, 所以 $f(\boldsymbol{x})=r||\boldsymbol{w}||$, 即 $r=\dfrac{f(\boldsymbol{x})}{||\boldsymbol{w}||}$.

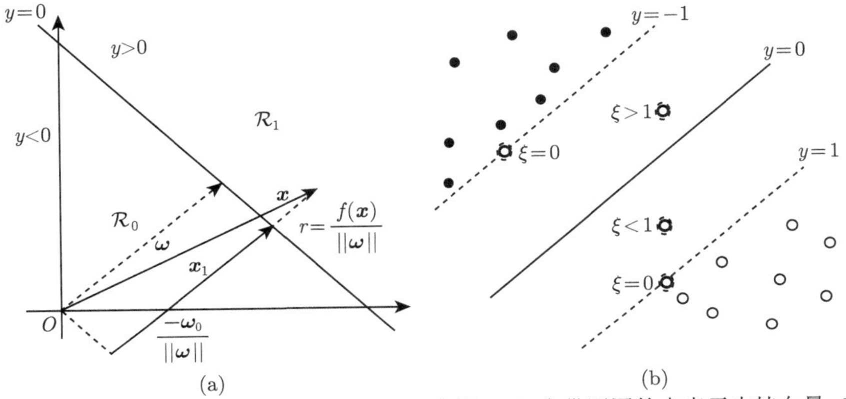

图 9.4 (a) 展示了一个二维决策边界的几何示意图. (b) 中带圆圈的点表示支持向量, 其对偶变量 $\alpha>0$. 在软间隔的情况下, 我们将松弛变量 ξ 与每个数据点相互关联: 如果 $0<\xi<1$, 则该点位于分类间隔内, 但位于决策边界正确的一侧; 如果 $\xi>1$, 则该点位于决策边界错误的一侧

对于线性分类器 $f(\boldsymbol{x})$, 其需要满足对于任意的数据 $\boldsymbol{x}_n$ 和标签 $\tilde{y}_n$, 满足 $f(\boldsymbol{x}_n)\tilde{y}_n\geqslant 0,\ n=1,2,\cdots,N$. 如图 9.4(a) 所示, 如果 $f(\boldsymbol{x})>0$, 则对应决策区域 $\mathcal{R}_1$; 如果 $f(\boldsymbol{x})<0$, 则对应决策区域 $\mathcal{R}_0$. 因此, 支持向量机的目标就是寻找能满足 $f(\boldsymbol{x}_n)\tilde{y}_n\geqslant 0,\ n=1,2,\cdots,N$ 的参数 $\boldsymbol{w}$ 和 w_0, 使得分类间隔 r 最大, 即

$$\max_{\boldsymbol{w},w_0}\frac{1}{||\boldsymbol{w}||^2},\qquad \text{s.t.}\qquad f(\boldsymbol{x}_n)\tilde{y}_n\geqslant 0,\ n=1,2,\cdots,N. \tag{9.4}$$

注意到对于线性分类器 $f(\boldsymbol{x})=\boldsymbol{w}^\top\boldsymbol{x}+w_0$, 对 $\boldsymbol{w}$ 和 w_0 同时进行放缩不会改变分类间隔 r 的值. 因此可以对参数进行缩放使得决策边界上的点满足 $f(\boldsymbol{x})\tilde{y}=1$, 我们将这样的点称为**支持向量**, 而对参数的约束则变为 $f(\boldsymbol{x}_n)\tilde{y}_n\geqslant 1,\ n=1,2,\cdots,N$. 最后将最大化 $\dfrac{1}{||\boldsymbol{w}||^2}$ 的问题改写为最小化 $||\boldsymbol{w}||^2$ 的问题, 则式 (9.4) 等价为

$$\min_{\boldsymbol{w},w_0}\frac{1}{2}||\boldsymbol{w}||^2,\qquad \text{s.t.}\qquad f(\boldsymbol{x}_n)\tilde{y}_n\geqslant 1,\ n=1,2,\cdots,N. \tag{9.5}$$

在使用 SVM 之前对输入变量进行缩放十分重要, 否则分类间隔将从所有输入的维度来度量点到决策边界的距离, 如图 9.5 所示.

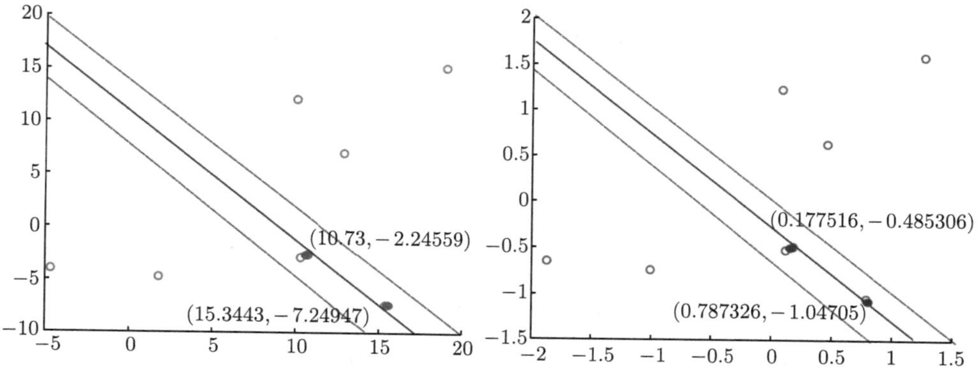

图 9.5　说明了在计算最大分类间隔线性分类器之前缩放输入特征的好处

9.2.2　对偶问题

9.2.1 小节中的式 (9.5) 是一个标准的二次规划问题, 其中有 $N+D+1$ 个变量满足 N 个约束条件. 在 7.3 节中, 我们知道在凸优化中, 对于每个原始问题, 都可以推导出一个对偶问题. 令 $\boldsymbol{\alpha} \in \mathbb{R}^N$ 为对偶变量, 对应于执行 N 个不等式约束的拉格朗日乘数, 上述问题的广义拉格朗日函数定义如下:

$$\mathcal{L}(\boldsymbol{w}, w_0, \boldsymbol{\alpha}) = \frac{1}{2}\boldsymbol{w}^\top \boldsymbol{w} - \sum_{n=1}^{N} \alpha_n(\tilde{y}_n(\boldsymbol{w}^\top \boldsymbol{x}_n + w_0) - 1). \tag{9.6}$$

对上式进行优化, 即找到一组 $(\hat{\boldsymbol{w}}, \hat{w_0}, \hat{\boldsymbol{\alpha}})$ 满足

$$(\hat{\boldsymbol{w}}, \hat{w_0}, \hat{\boldsymbol{\alpha}}) = \min_{\boldsymbol{w}, w_0} \max_{\boldsymbol{\alpha}} \mathcal{L}(\boldsymbol{w}, w_0, \boldsymbol{\alpha}).$$

根据优化的一阶条件, 我们有

$$\nabla_{\boldsymbol{w}} \mathcal{L}(\boldsymbol{w}, w_0, \boldsymbol{\alpha}) = \boldsymbol{w} - \sum_{n=1}^{N} \alpha_n \tilde{y}_n \boldsymbol{x}_n = 0,$$

$$\frac{\partial}{\partial w_0} \mathcal{L}(\boldsymbol{w}, w_0, \boldsymbol{\alpha}) = -\sum_{n=1}^{N} \alpha_n \tilde{y}_n = 0.$$

由此可得

$$\hat{\boldsymbol{w}} = \sum_{n=1}^{N} \alpha_n \tilde{y}_n \boldsymbol{x}_n, \qquad \sum_{n=1}^{N} \alpha_n \tilde{y}_n = 0.$$

将 $\hat{\boldsymbol{w}}$ 和 $\hat{w}_0$ 代入 (9.6) 可得

$$\begin{aligned}\mathcal{L}(\hat{\boldsymbol{w}},\hat{w}_0,\boldsymbol{\alpha}) &= \frac{1}{2}\hat{\boldsymbol{w}}^\top\hat{\boldsymbol{w}} - \sum_{n=1}^{N}\alpha_n(\tilde{y}_n(\hat{\boldsymbol{w}}^\top\boldsymbol{x}_n+\hat{w}_0)-1)\\ &= \frac{1}{2}\hat{\boldsymbol{w}}^\top\hat{\boldsymbol{w}} - \hat{\boldsymbol{w}}^\top\hat{\boldsymbol{w}} + \sum_{n=1}^{N}\alpha_n\\ &= -\frac{1}{2}\sum_{i=1}^{N}\sum_{j=1}^{N}\alpha_i\alpha_j\tilde{y}_i\tilde{y}_j\boldsymbol{x}_i^\top\boldsymbol{x}_j + \sum_{n=1}^{N}\alpha_n.\end{aligned}$$

这就是原问题的对偶形式. 我们通过对 α 进行优化, 使其满足约束 $\sum_{n=1}^{N}\alpha_n\tilde{y}_n = 0$ 且 $\alpha_n \geqslant 0, n=1,2,\cdots,N$. 这样我们便将有 $N+D+1$ 个变量的原问题变成了只有 N 个变量的对偶问题.

因为这是一个凸优化问题, 所以优化问题的最优解需要满足 KKT 条件, 即

$$\alpha_n \geqslant 0, \quad \tilde{y}_n f(\boldsymbol{x}_n)-1 \geqslant 0, \quad \alpha_n(\tilde{y}_n f(\boldsymbol{x}_n)-1)=0.$$

故要么有 $\alpha_n=0$ 成立, 要么有 $\tilde{y}_n f(\boldsymbol{x}_n)=1$ 成立. 当 $\tilde{y}_n f(\boldsymbol{x}_n)=1$ 时, 说明第 n 个数据位于决策边界上, 这样的数据点被称为支持向量, 如图 9.4(b) 所示, 我们将所有支持向量的集合记为 $\mathcal{S}$, 即若 $\boldsymbol{x}_n$ 是一个支持向量, 则 $n\in\mathcal{S}$.

为了执行预测, 我们使用

$$f(\boldsymbol{x};\hat{\boldsymbol{w}},\hat{w}_0) = \hat{\boldsymbol{w}}^\top\boldsymbol{x}+\hat{w}_0 = \sum_{n\in\mathcal{S}}\alpha_n\tilde{y}_n\boldsymbol{x}_n^\top\boldsymbol{x}+\hat{w}_0,$$

对于任意的支持向量 $\boldsymbol{x}_n$, 有 $\tilde{y}_n f(\boldsymbol{x};\hat{\boldsymbol{w}},\hat{w}_0)=1$, 则 $\hat{w}_0=\tilde{y}_n-\hat{\boldsymbol{w}}^\top\boldsymbol{x}_n(\tilde{y}_n^2=1)$. 在实践中, 我们一般通过对所有支持向量进行平均来获得更好的结果

$$\hat{w}_0 = \frac{1}{|\mathcal{S}|}\sum_{n\in\mathcal{S}}(\tilde{y}_n-\hat{\boldsymbol{w}}^\top\boldsymbol{x}_n) = \frac{1}{|\mathcal{S}|}\sum_{n\in\mathcal{S}}(\tilde{y}_n-\sum_{m\in\mathcal{S}}\alpha_m\tilde{y}_m\hat{\boldsymbol{x}}_m^\top\boldsymbol{x}_n).$$

9.2.3 软间隔分类器

我们之前都是假设数据集是线性可分的, 即存在一个超平面可以将不同类别的样本完全划分开. 但是实际上, 很难找到一个超平面能使训练样本在样本空间中线性可分, 或者即使线性可分也很难判断是否是由过拟合造成的. 因此, 当数据不是线性可分的, 即存在异常值不满足约束 $\tilde{y}_n f_n \geqslant 1, n=1,2,\cdots,N$, 我们可以引入软间隔 $\xi_n \geqslant 0$, 将原来的约束放松为 $\tilde{y}_n f_n \geqslant 1-\xi_n$. 当然在最大化间隔的同

时, 我们也希望不满足约束的样本尽量减少. 于是优化问题 (9.5) 可以改写为

$$\begin{aligned}
&\min_{\boldsymbol{w},w_0} \ \frac{1}{2}||\boldsymbol{w}||^2 + C\sum_{n=1}^{N}\xi_n,\\
&\text{s.t.} \quad \tilde{y}_n f(\boldsymbol{x}_n) \geqslant 1-\xi_n,\ \xi_n \geqslant 0,\quad n=1,2,\cdots,N,
\end{aligned}$$

其中 $C \geqslant 0$ 是一个超参数, 当 $C=\infty$ 时, 目标函数迫使所有的样本均满足 $\tilde{y}_n f_n \geqslant 1$, 则此时与原问题等价; 当 $0 \leqslant C < \infty$ 时, 软间隔允许部分样本可以不满足 $\tilde{y}_n f_n \geqslant 1$.

对应的软间隔拉格朗日函数为

$$\mathcal{L}(\boldsymbol{w}, w_0, \boldsymbol{\alpha}, \boldsymbol{\xi}, \boldsymbol{\mu}) = \frac{1}{2}\boldsymbol{w}^\top\boldsymbol{w} + C\sum_{n=1}^{N}\xi_n - \sum_{n=1}^{N}\alpha_n(\tilde{y}_n(\boldsymbol{w}^\top\boldsymbol{x}_n + w_0) - 1 + \xi_n) - \sum_{n=1}^{N}\mu_n\xi_n,$$

其中 $\alpha_n \geqslant 0$ 且 $\mu_n \geqslant 0$ 是拉格朗日乘子. 对 $\boldsymbol{w}$, w_0 和 $\boldsymbol{\xi}$ 进行优化可以得到原问题的对偶形式为

$$\mathcal{L}(\boldsymbol{\alpha}) = \sum_{n=1}^{N}\alpha_n - \frac{1}{2}\sum_{i=1}^{N}\sum_{j=1}^{N}\alpha_i\alpha_j\tilde{y}_i\tilde{y}_j\boldsymbol{x}_i^\top\boldsymbol{x}_j.$$

注意到软间隔的对偶形式与硬间隔相同, 但是约束条件是不同的, 此时的 KKT 条件为

$$0 \leqslant \alpha_n \leqslant C, \qquad \sum_{n-1}^{N}\alpha_n\tilde{y}_n = 0.$$

如果 $\alpha_n = 0$, 这一个样本可被忽略; 如果 $0 < \alpha_n < C$, 则有 $\xi_n = 0$, 即说明样本位于决策边界上; 如果 $\alpha_n = C$, 则说明样本位于分类间隔中, 并且当 $\xi_n \leqslant 1$ 时认为分类正确, 当 $\xi_n > 1$ 时认为分类错误, 如图 9.4(b) 所示. 因此 $\sum_{n=1}^{N}\xi_n$ 可以视为是错误分类的样本数的上界.

与之前一样, 我们也可以得到 $\hat{w}_0$ 的表达式

$$\hat{w}_0 = \frac{1}{|\mathcal{M}|}\sum_{n\in\mathcal{M}}\left(\tilde{y}_n - \sum_{m\in\mathcal{S}}\alpha_m\tilde{y}_m\hat{\boldsymbol{x}}_m^\top\boldsymbol{x}_n\right),$$

其中 $\mathcal{M}$ 是满足 $0 < \alpha_n < C$ 的样本集.

对于软间隔的 SVM 存在一种转变形式, 称为 v-SVM, 其目标为最大化

$$\mathcal{L}(\boldsymbol{\alpha}) = -\frac{1}{2}\sum_{i=1}^{N}\sum_{j=1}^{N}\alpha_i\alpha_j\tilde{y}_i\tilde{y}_j\boldsymbol{x}_i^\top\boldsymbol{x}_j,$$

并且满足如下约束

$$0 \leqslant \alpha_n \leqslant \frac{1}{N}, \quad \sum_{n-1}^{N} \alpha_n \tilde{y}_n = 0, \quad \sum_{n=1}^{N} \alpha_n \geqslant v.$$

v-SVM 的好处是使用一个参数 v 来替代 C, 这样可以将 v 解释为分类间隔中的样本数 ($\xi_n > 0$ 的点) 与总体样本数的比值. 通过调节 v 可以控制支持向量的数目和误差, 与 C 相比更具实际意义. 但是无论是 v 和 C 都属于超参数, 两者均没有最优化的设置标准.

9.3 神经网络

9.3.1 从线性模型到神经网络

在之前的章节中, 我们讨论了回归和分类的线性模型. 对于逻辑回归, 二分类问题对应的模型为 $p(y|\boldsymbol{x}, \boldsymbol{w}) = \mathrm{Ber}(y|\sigma(\boldsymbol{w}^\top \boldsymbol{x}))$, 而多分类问题对应的模型为 $p(y|\boldsymbol{x}, W) = \mathrm{Cat}(y|\mathcal{S}(W\boldsymbol{x}))$. 线性回归对应的模型为 $p(y|\boldsymbol{x}, w) = N(y|\boldsymbol{w}^\top \boldsymbol{x}, \sigma^2)$. 对于广义线性模型, 它将这些模型推广到其他类型的输出分布, 比如泊松分布. 然而, 所有这些模型都严格假设输入到输出的映射是线性的.

增加这些模型灵活性的一个简单方法是将 $\boldsymbol{x}$ 转换为 $\phi(\boldsymbol{x})$, 进行特征转换. 例如, 在一维情况下我们可以使用多项式变换 $\phi(x) = [1, x, x^2, x^3, \cdots]$. 这种方法有时也被称为基函数展开. 那么模型现在变为

$$f(\boldsymbol{x}; \boldsymbol{\theta}) = W\phi(\boldsymbol{x}) + \boldsymbol{b}.$$

变换后的模型在参数 $\boldsymbol{\theta} = (W, \boldsymbol{b})$ 上仍然是线性的, 因此模型依然很容易拟合 (负对数似然函数是凸的). 然而, 通过人工指定特征转换是非常有限的.

一个自然的扩展是赋予特征提取器自己的参数 θ_2, 则模型变为

$$f(\boldsymbol{x}; \boldsymbol{\theta}) = W\phi(\boldsymbol{x}; \boldsymbol{\theta}_2) + \boldsymbol{b},$$

其中 $\boldsymbol{\theta}_1 = (W, \boldsymbol{b})$, $\boldsymbol{\theta} = (\boldsymbol{\theta}_1, \boldsymbol{\theta}_2)$. 显然, 我们可以递归地重复这个过程, 以创建越来越复杂的函数. 如果我们组合 L 个函数, 可以得到

$$f(\boldsymbol{x}; \boldsymbol{\theta}) = f_l(f_{l-1}(\cdots(f_1((\boldsymbol{x}))\cdots))) \tag{9.7}$$

其中 $f_l(\boldsymbol{x}) = f(\boldsymbol{x}; \boldsymbol{\theta}_l)$ 是位于第 l 层的函数. 这便是深度神经网络 (DNN) 背后的关键思想.

术语 “DNN” 实际上包含了一个庞大的模型家族, 其中我们将可微函数组成任意类型的 DAG(有向无环图), 将输入映射到输出, (9.7) 是一个最简单的例子, 说明 DAG 是一个链. 称为前馈神经网络 (BPNN) 或多层感知机 (MLP).

MLP 假设输入是一个固定维向量 $\boldsymbol{x} \in \mathbb{R}^D$. 由于我们通常将这种数据存储于 $N \times D$ 的设计矩阵中, 因此将其称为 “结构化数据” 或 “表格数据”, 其中每一列 (特性) 都有特定的含义, 比如身高、体重、年龄等. 在后面, 我们将讨论更适合于 “非结构化数据”(如图像和文本) 的其他类型的 DNN, 这些网络的输入数据大小是可变的, 每个单独的元素 (如像素或单词) 本身往往没有意义. 特别地, 卷积神经网络 (CNN) 用于处理图像; 递归神经网络 (RNN) 和转换器用于处理序列; 图神经网络 (GNN) 用于处理图. 虽然 DNN 可以取得很好的效果, 但在具体使用中通常需要处理许多工程细节, 以获得良好的性能.

9.3.2 神经网络与生物学的联系

神经网络是一种由许多相互连接的元胞组成的网络系统. 人工神经网络的相关运用遍及各个学科, 如今已经形成了一个庞大的综合学科领域. 在神经网络 70 多年的发展历程中, 人们构建出各种模型和算法, 诸如感知机模型、前馈神经网络和递归神经网络等.

在生物学中, 神经元具有联络与传导信息的作用, 是构成神经系统最基本的细胞结构, 如图 9.6 所示. 神经元的树突和轴突即信号输入与输出端口, 信号由某神经元的树突导入, 在达到一定的阈值之后, 再通过轴突末端形成的神经末梢传递到其他神经元的树突, 从而完成信号的传递. 由此可见, 生物学中神经元的构造实际上非常复杂, 但是我们可以将其简化, 作为神经网络模型的最小元胞.

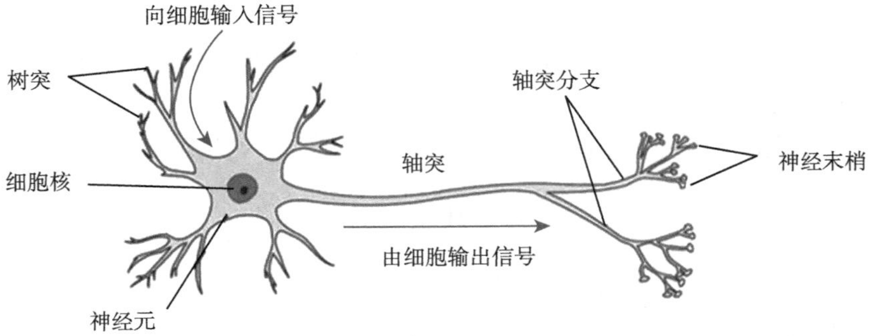

图 9.6 生物学中的神经元

我们首先考虑单个神经元的模型. 首先, 神经元 k 是否被激活取决于其输入的信号 $\boldsymbol{x} = [x_1, x_2, \cdots, x_D]^\top \in \mathbb{R}^D$, 以及传入连接的强度 $\boldsymbol{w}_k = [w_{1k}, w_{2k}, \cdots, w_{Dk}]^\top \in \mathbb{R}^D$, 假设神经元 k 的激活状态为 $h_k \in \{0, 1\}$, 其中 0 表示未激活, 1 表

示激活. 我们可以计算输入的加权和为 $a_k = \boldsymbol{w}_k^\top \boldsymbol{x}$, 其中权重可以看作是输入信号 x_d 和神经元 h_k 的 "线", 类似于生物学神经元中的树突. 然后, 将加权和 a_k 与阈值 b_k 进行比较, 如果 $a_k > b_k$, 则神经元触发, 这类似于神经元发出电信号或动作电位. 因此, 我们可以使用

$$h_k(\boldsymbol{x}) = H(\boldsymbol{w}_k^\top \boldsymbol{x} - b_k)$$

对神经元的行为进行建模, 其中 $H(a) = \mathcal{I}(a > 0)$ 是赫维赛德 (Heaviside) 函数. 上述模型由 McCulloch 和 Pitts 于 1943 年提出, 被称为 McCulloch-Pitts(MP) 神经元模型, 可以将其视为一个神经网络之中最基础的元胞, 模仿生物学神经元信号传递的原理, 实现信号在不同模型之间的传递. 受到此启发, 可以进一步建立若干简单的神经元模型, 使每个神经元与其他神经元相互连接从而构造出复杂的神经网络模型.

9.3.3 多层感知机

感知机 (LP) 是一种仅由两层 MP 神经元构造的简单神经网络模型, 属于单层前馈神经网络, 实际上是逻辑回归的确定性版本. 具体来说, 它是以下形式的映射:

$$f(\boldsymbol{x}; \boldsymbol{\theta}) = \mathbb{I}(\boldsymbol{w}^\top \boldsymbol{x} + b \geqslant 0) = H(\boldsymbol{w}^\top \boldsymbol{x} + b),$$

其中 $H(a)$ 是阶跃函数, 也称为线性阈值函数. 对于 $a \in \mathbb{R}$, 阶跃函数 H 定义如下: 当 $a > 0$, $H(a) = 1$; 当 $a < 0$ 时, $H(a) = 0$. 由于感知机所表示的决策边界是线性的, 它们所能表示的内容非常有限. 1969 年, Marvin Minsky 和 Seymour Papert 出版了一本著名的书叫作《感知机》. 在这本书中, 他们给出了许多感知机无法解决的模式识别问题的例子. 在讨论如何解决这个问题之前, 我们先举一个具体的例子.

1. XOR 问题

《感知机》一书中最著名的例子之一就是异或问题. 学习目标是计算具有两个二进制输入的异或函数. 这个函数的真值表如表 9.1 所示.

表 9.1 异或 (XOR) 函数真值表, $y = x_1 \veebar x_2$

x_1	x_2	y
0	0	0
0	1	1
1	0	1
1	1	0

我们在图 9.7 (a) 中可视化了这个函数. 显然这样的数据不是线性可分的, 所以感知机不能表示这种映射. 然而, 我们可以通过将多个感知机堆叠在一起来克

服这个问题, 这称为多层感知机 (MLP). 例如要解决 XOR 问题, 我们可以构建如图 9.7 (b) 所示的由 3 个感知机 h_1, h_2 和 y 组成的一个多层感知机. 节点 x_1 和 x_2 是输入节点, 节点 1 的是虚拟节点, 又称为偏置节点. 节点 h_1 和 h_2 被称为隐藏单元, 因为在训练数据中无法观察到它们的值.

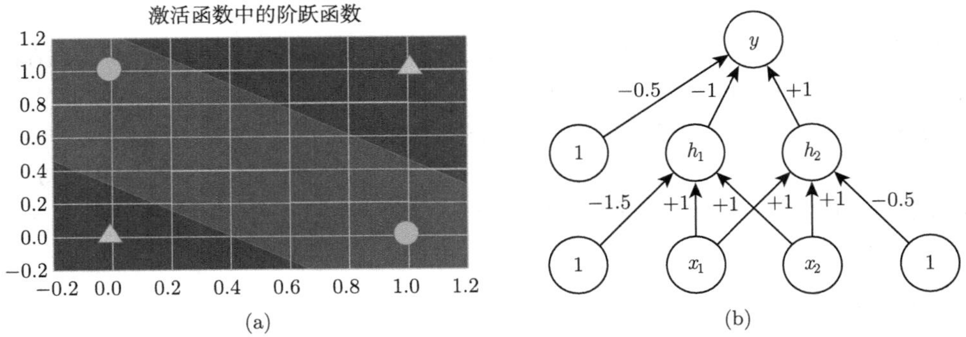

图 9.7　(a) 说明异或函数不是线性可分的, 但可以通过使用激活函数的两层模型分离. (b) 一个带有隐含层的神经网络, 其权值由人工构造来实现异或函数. h_1 是 AND 函数, h_2 是 OR 函数. 偏差项用值为 1 的常数节点的权值来实现

第一个隐藏单元通过预先设置的合适权重计算 $h_1 = x_1 \wedge x_2$, 其中 $\wedge$ 表示 AND 运算. 具体而言, 假设隐藏单元 h_1 具有来自输入节点 $\boldsymbol{x} = [x_1, x_2]^\top$ 权重为 $\boldsymbol{w}_1 = [1, 1]^\top$, 来自虚拟节点 1 的权重为 $b_1 = -1.5$(作为隐藏单元的输入偏置). 则对于特定的输入 $\boldsymbol{x} = [1, 1]^\top$, 隐藏节点 h_1 可以表示为

$$h_1 = \boldsymbol{w}_1^\top \boldsymbol{x} + b_1 = [1, 1]\begin{bmatrix}1\\1\end{bmatrix} - 1.5 = 0.5 > 0.$$

类似地, 第二个隐藏单元通过预先设置的合适权重计算 $h_2 = x_1 \vee x_2$, 其中 $\vee$ 表示 OR 运算. 最后, 计算输出 $y = \overline{h}_1 \wedge h_2$, 其中 $\overline{h}$ 表示 NOT 运算. 则输出 y 可以表示为

$$y = f(x_1, x_2) = \overline{x_1 \wedge x_2} \wedge (x_1 \vee x_2).$$

这便是 XOR 问题的函数形式.

2. 可微分的 MLP

我们在 9.3.3.1 小节讨论的 MLP 被定义为多个感知机的堆叠, 其中每个感知机都涉及不可微分的阶跃函数 $H(a)$, 这使得这些模型难以训练. 但是, 我们可以将阶跃函数 $H : \mathbb{R} \to \{0, 1\}$ 替换为一个可微的激活函数 $\varphi : \mathbb{R} \to \mathbb{R}$. 一般地, 假

设第 l 层有 K_l 个隐藏单元 $z_{l,k}$, $k=1,2,\cdots,K_l$. 则第 l 层的每一个隐藏单元 $z_{l,k}$ 均可以由第 $l-1$ 层所有隐藏单元的线性变换通过第 l 层的激活函数计算得到

$$z_{l,k}=\varphi_l\left(\sum_{i=1}^{K_{l-1}} w_{k,i}^l z_{l-1,i}+b_{l,k}\right), \quad k=1,2,\cdots,K_l,$$

其中 $w_{k,i}^l(i=1,2,\cdots,K_{l-1})$ 表示隐藏单元 $z_{l,k}$ 对应第 $l-1$ 层所有 K_{l-1} 个隐藏单元的权重, $b_{l,k}$ 表示隐藏单元 $z_{l,k}$ 对应的偏置. 若使用向量的方式表示, 则第 l 层的隐藏单元 $\boldsymbol{z}_l$ 满足

$$\boldsymbol{z}_l=f_l(\boldsymbol{z}_{l-1})=\varphi_l(\boldsymbol{W}_l\boldsymbol{z}_{l-1}+\boldsymbol{b}_l),$$

其中隐藏单元 $\boldsymbol{z}_l=[z_{l,1},z_{l,2},\cdots,z_{l,K_l}]^\top$, 偏置向量 $\boldsymbol{b}_l=[b_{l,1},b_{l,2},\cdots,b_{l,K_l}]^\top$, 权重矩阵 $\boldsymbol{W}_l$ 满足

$$\boldsymbol{W}_l=[w_{k,i}^l]_{K_l\times K_{l-1}}=\begin{bmatrix} w_{1,1}^l & w_{1,2}^l & \cdots & w_{1,K_{l-1}}^l \\ w_{2,1}^l & w_{2,2}^l & \cdots & w_{2,K_{l-1}}^l \\ \vdots & \vdots & & \vdots \\ w_{K_l,1}^l & w_{K_l,2}^l & \cdots & w_{K_l,K_{l-1}}^l \end{bmatrix}.$$

类似于 (9.7), 可以将 L 个函数组合在一起, 那么便通过使用链式法则计算每一层中的参数梯度, 然后将梯度传递给优化器, 从而最小化一些训练目标, 这种根据梯度训练 MLP 的算法又称为反向传播算法. 因此在之后的讨论中, 我们只考虑可微分的 MLP 形式, 而不再考虑具有不可微分阶跃函数的形式.

3. 激活函数

我们可以在每一层使用任意形式的可微激活函数, 而当使用线性的激活函数 $\varphi_l(a)=c_l a$ 时, 整个模型将会退化为一个线性模型, 若假设不考虑偏置项, 则 (9.7) 变为

$$\begin{aligned} f(\boldsymbol{x};\boldsymbol{\theta}) &= \boldsymbol{W}_L c_L(\boldsymbol{W}_{L-1}c_{L-1}(\cdots(\boldsymbol{W}_1 c_1\boldsymbol{x})\cdots)) \\ &= \boldsymbol{W}_L\boldsymbol{W}_{L-1}\cdots\boldsymbol{W}_1\boldsymbol{x}=\tilde{\boldsymbol{W}}\boldsymbol{x}, \end{aligned} \tag{9.8}$$

其中 $\tilde{\boldsymbol{W}}=\boldsymbol{W}_L\boldsymbol{W}_{L-1}\cdots\boldsymbol{W}_1$. 因此为了实现模型的有效应用, 需要考虑非线性的激活函数. 在神经网络的发展前期, 非线性激活函数的一个常见选择是使用 sigmoid 函数, 它可以看作是感知机阶跃函数的一种平滑近似. 然而, 如图 9.8(a) 所示, 对于足够大的正输入, sigmoid 函数将趋于 1; 而对于足够大的负输入, sigmoid

函数将趋于 0(tanh 函数与 sigmoid 函数具有相似的形状, 但随着输入的增加 (减少) 将趋于饱和).

在出现极端输入的情况下, 输出相对于输入的梯度将接近于零, 因此来自更高层的任何梯度信号都将无法反向传播到之前的层, 从而使得使用梯度下降训练模型变得困难, 这称为**梯度消失问题**. 为了使模型的训练可以正常进行, 关键之一是使用非饱和的激活函数, 如图 9.8(b) 展示的几种激活函数. 而目前最常使用的非饱和激活函数是 ReLU 函数, 定义为

$$\mathrm{ReLU}(a) = \max(a, 0) = a\mathbb{I}(a > 0).$$

利用 ReLU 函数可以简单地 “关闭” 负输入, 并保持不变地传递正输入.

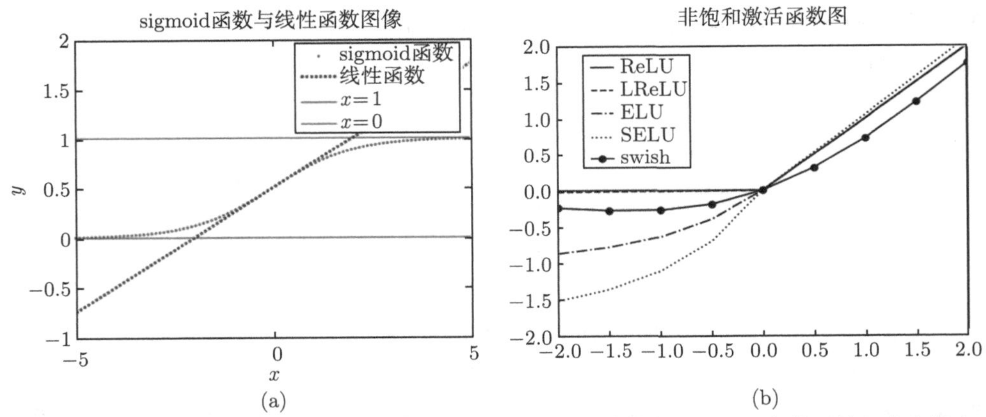

图 9.8　(a) 说明 sigmoid 函数对于接近 0 的输入近似是线性的, 但对于大的正输入和负输入趋于饱和.(b) 展示了一些流行的非饱和激活函数图像

9.3.4　反向传播

在本小节, 我们将介绍著名的反向传播算法, 该算法根据神经网络每一层的参数计算应用于网络输出的损失函数的梯度, 然后将该梯度反向传递给基于梯度的优化算法, 从而实现对于参数的优化训练.

我们首先考虑由若干堆叠层构成的简单线性链. 此时, 反向传播等价于重复应用微积分的链式法则, 图 9.9 展示了一个 4 层的简单线性链. 更一般地, 反向传播也可以推广到任意有向无环图, 此时这个一般的过程通常称为自动微分.

1. 正向与反向传播算法

考虑图 9.9中的结构. 若 $\boldsymbol{x} = [x_1, x_2, \cdots, x_n]^\top \in \mathbb{R}^n$ 表示输入, $\boldsymbol{o} = [o_1, o_2, \cdots, o_m]^\top \in \mathbb{R}^m$ 表示输出, $\boldsymbol{f}: \mathbb{R}^n \to \mathbb{R}^m$ 是一个从输入到输出的映射, 满足 $\boldsymbol{o} = \boldsymbol{f}(\boldsymbol{x})$,

且 $\boldsymbol{f}$ 由四个函数复合而成:

$$\boldsymbol{f}=\boldsymbol{f}_4\circ\boldsymbol{f}_3\circ\boldsymbol{f}_2\circ\boldsymbol{f}_1,$$

其中 $\boldsymbol{f}_1:\mathbb{R}^n\to\mathbb{R}^{m_1}$, $\boldsymbol{f}_2:\mathbb{R}^{m_1}\to\mathbb{R}^{m_2}$, $\boldsymbol{f}_3:\mathbb{R}^{m_2}\to\mathbb{R}^{m_3}$, $\boldsymbol{f}_4:\mathbb{R}^{m_3}\to\mathbb{R}^{m}$. 整个 4 层线性链的目的是计算 $\boldsymbol{o}=\boldsymbol{f}(\boldsymbol{x})$, 而在每一步需要计算 $\boldsymbol{x}_2=\boldsymbol{f}_1(\boldsymbol{x})$, $\boldsymbol{x}_3=\boldsymbol{f}_2(\boldsymbol{x}_2)$, $\boldsymbol{x}_4=\boldsymbol{f}_3(\boldsymbol{x}_3)$ 以及 $\boldsymbol{o}=\boldsymbol{f}_4(\boldsymbol{x}_4)$.

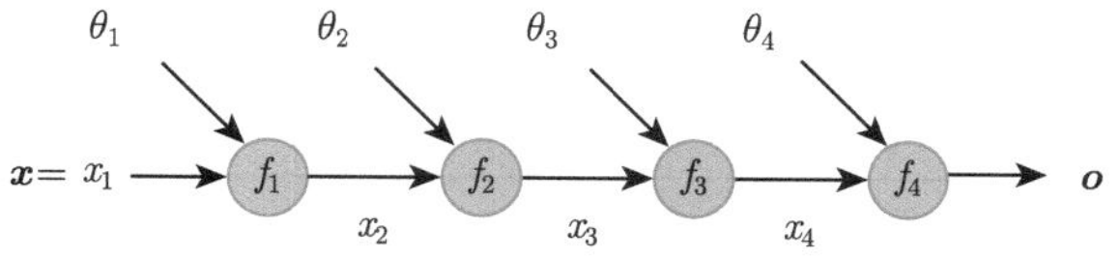

图 9.9 一个 4 层的简单线性链. 其中 $\boldsymbol{x}$ 是输入, $\boldsymbol{o}$ 是输出

我们可以利用链式法则计算 Jacobi 矩阵 $\mathrm{D}_{\boldsymbol{f}}(\boldsymbol{x})=\dfrac{\partial\boldsymbol{o}}{\partial\boldsymbol{x}}\in\mathbb{R}^{m\times n}$:

$$\begin{aligned}\frac{\partial\boldsymbol{o}}{\partial\boldsymbol{x}}&=\frac{\partial\boldsymbol{o}}{\partial\boldsymbol{x}_4}\frac{\partial\boldsymbol{x}_4}{\partial\boldsymbol{x}_3}\frac{\partial\boldsymbol{x}_3}{\partial\boldsymbol{x}_2}\frac{\partial\boldsymbol{x}_2}{\partial\boldsymbol{x}}\\&=\frac{\partial\boldsymbol{f}_4(\boldsymbol{x}_4)}{\partial\boldsymbol{x}_4}\frac{\partial\boldsymbol{f}_3(\boldsymbol{x}_3)}{\partial\boldsymbol{x}_3}\frac{\partial\boldsymbol{f}_2(\boldsymbol{x}_2)}{\partial\boldsymbol{x}_2}\frac{\partial\boldsymbol{f}_1(\boldsymbol{x})}{\partial\boldsymbol{x}}\\&=\mathrm{D}_{\boldsymbol{f}_4}(\boldsymbol{x}_4)\mathrm{D}_{\boldsymbol{f}_3}(\boldsymbol{x}_3)\mathrm{D}_{\boldsymbol{f}_2}(\boldsymbol{x}_2)\mathrm{D}_{\boldsymbol{f}_1}(\boldsymbol{x}).\end{aligned}$$

使用链式法则, 我们可以直接写出某个标量关于网络中任何产生该标量的节点的梯度表达式, 然而在实际的计算之中许多子表达式可能在梯度的整个表达式中重复出现若干次, 因此计算两次相同的子表达式可能会造成计算的浪费. 由于 $\mathrm{D}_{\boldsymbol{f}}(\boldsymbol{x})$ 的计算涉及多个 Jacobi 矩阵相乘, 考虑按列计算或按行计算 Jacobi 矩阵来简化计算的复杂度. 我们可以使用向量 Jacobi 积 (VJP) 来表示 Jacobi 矩阵的第 i 行, 即 $\nabla f_i(\boldsymbol{x})^\top=\boldsymbol{\varepsilon}_i^\top\mathrm{D}_{\boldsymbol{f}}(\boldsymbol{x})$, 其中 $\boldsymbol{\varepsilon}_i^\top\in\mathbb{R}^m$ 是第 i 个元素为 1 其余元素全为 0 的单位向量. 同理, 我们也可以用 Jacobi 向量积 (JVP) 来表示 Jacobi 矩阵的第 j 列, 即 $\dfrac{\partial\boldsymbol{f}}{\partial x_j}=\mathrm{D}_{\boldsymbol{f}}(\boldsymbol{x})\boldsymbol{\varepsilon}_j$, 其中 $\boldsymbol{\varepsilon}_j\in\mathbb{R}^n$ 是第 j 个元素为 1 其余元素全为 0 的单位向量.

如果 $n<m$, 那么可以对 $\mathrm{D}_{\boldsymbol{f}}(\boldsymbol{x})$ 的每一列从右到左使用 JVP, 右乘一个列向量 $\boldsymbol{v}$ 为

$$\mathrm{D}_{\boldsymbol{f}}(\boldsymbol{x})\boldsymbol{v}=\underbrace{\mathrm{D}_{\boldsymbol{f}_4}(\boldsymbol{x}_4)}_{m\times m_3}\underbrace{\mathrm{D}_{\boldsymbol{f}_3}(\boldsymbol{x}_3)}_{m_3\times m_2}\underbrace{\mathrm{D}_{\boldsymbol{f}_2}(\boldsymbol{x}_2)}_{m_2\times m_1}\underbrace{\mathrm{D}_{\boldsymbol{f}_1}(\boldsymbol{x})}_{m_1\times n}\underbrace{\boldsymbol{v}}_{n\times 1}.$$

上述计算可以使用正向传播算法来计算, 正向传播算法的伪代码如算法 9.1 所示. 假设 $m=1$ 且 $n=m_1=m_2=m_3$, 则计算 $\mathrm{D}_{\boldsymbol{f}}(\boldsymbol{x})$ 的复杂度为 $O(n^3)$.

算法 9.1　正向传播算法

$\boldsymbol{x}_1=\boldsymbol{x}$

$\boldsymbol{v}_j=\boldsymbol{e}_j\in\mathbb{R}^n$ for $j=1:n$

for $k=1:K$ **do**

　$\boldsymbol{x}_{k+1}=\boldsymbol{f}_k(\boldsymbol{x}_k)$

　$\boldsymbol{v}_j=\boldsymbol{D}_{\boldsymbol{f}_k}(\boldsymbol{x}_k)\boldsymbol{v}_j$ for $j=1:n$

end for

return $\boldsymbol{o}=\boldsymbol{x}_{K+1}$, $[\boldsymbol{D}_{\boldsymbol{f}}(\boldsymbol{x})]_{:,j}=\boldsymbol{v}_j$ for $j=1:n$

若 $n>m$, 则可以对 $\mathrm{D}_{\boldsymbol{f}}(\boldsymbol{x})$ 的每一行从左到右使用 VJP, 左乘一个列向量 $\boldsymbol{u}^\top$ 为

$$\boldsymbol{u}^\top\mathrm{D}_{\boldsymbol{f}}(\boldsymbol{x})=\underbrace{\boldsymbol{u}^\top}_{1\times m}\underbrace{\mathrm{D}_{\boldsymbol{f}_4}(\boldsymbol{x}_4)}_{m\times m_3}\underbrace{\mathrm{D}_{\boldsymbol{f}_3}(\boldsymbol{x}_3)}_{m_3\times m_2}\underbrace{\mathrm{D}_{\boldsymbol{f}_2}(\boldsymbol{x}_2)}_{m_2\times m_1}\underbrace{\mathrm{D}_{\boldsymbol{f}_1}(\boldsymbol{x})}_{m_1\times n}.$$

上述计算可以使用反向传播算法来计算, 反向传播算法的伪代码如算法 9.2 所示. 假设 $m=1$ 且 $n=m_1=m_2=m_3$, 则计算 $\mathrm{D}_{\boldsymbol{f}}(\boldsymbol{x})$ 的复杂度为 $O(n^2)$.

算法 9.2　反向传播算法

$\boldsymbol{x}_1=\boldsymbol{x}$

for $k=1:K$ **do**

　$\boldsymbol{x}_{k+1}=\boldsymbol{f}_k(\boldsymbol{x}_k)$

end for

$\boldsymbol{u}_i=\boldsymbol{e}_i\in\mathbb{R}^m$ for $i=1:m$

for $k=K:1$ **do**

　${\boldsymbol{u}_i}^\top={\boldsymbol{u}_i}^\top\boldsymbol{D}_{\boldsymbol{f}_k}(\boldsymbol{x}_k)$ for $i=1:m$

end for

return $\boldsymbol{o}=\boldsymbol{x}_{K+1}$, $[\boldsymbol{D}_{\boldsymbol{f}}(\boldsymbol{x})]_{i,:}={\boldsymbol{u}_i}^\top$ for $i=1:m$

通过接受 $\{\boldsymbol{v}_j\}_{j=1}^n$ 和 $\{\boldsymbol{u}_i\}_{i=1}^n$ 作为各自的输入, 算法 9.1 和 9.2 都可以针对任何输入向量集合来计算 JVP 和 VJP. 而将这些向量初始化为标准基对于生成完整的 Jacobi 矩阵特别有用.

2. MLP 中的反向传播算法

在 9.3.4.1 小节中, 我们考虑了一个简单的线性链模型, 其中每一层都没有任何可学习的参数. 在本节中, 我们考虑每个层都存在可学习的参数, 即 $\boldsymbol{\theta}_1$, $\boldsymbol{\theta}_2$, $\boldsymbol{\theta}_3$ 和 $\boldsymbol{\theta}_4$ 的关系如图 9.9所示. 为了简化分析, 我们假设输出为一个标量, 即映射的形

式为 $\mathcal{L}:\mathbb{R}^n\to\mathbb{R}$. 例如, 一个只含一个隐藏层的 l_2 损失函数的 MLP 为

$$\mathcal{L}((\boldsymbol{x},\boldsymbol{y}),\boldsymbol{\theta})=\frac{1}{2}||\boldsymbol{y}-W_2\varphi(W_1\boldsymbol{x})||_2^2.$$

类似 9.3.4.1 小节, 我们可以将其表示为以下的前馈模型

$$\boldsymbol{x}_2=\boldsymbol{f}_1(\boldsymbol{x}_1,\boldsymbol{\theta}_1)=W_1\boldsymbol{x},$$
$$\boldsymbol{x}_3=\boldsymbol{f}_2(\boldsymbol{x}_2,\boldsymbol{\theta}_2)=\varphi(\boldsymbol{x}),$$
$$\boldsymbol{x}_4=\boldsymbol{f}_3(\boldsymbol{x}_3,\boldsymbol{\theta}_3)=W_2\boldsymbol{x}_3.$$

于是

$$\mathcal{L}=\boldsymbol{f}_4\circ\boldsymbol{f}_3\circ\boldsymbol{f}_2\circ\boldsymbol{f}_1=\boldsymbol{f}_4(\boldsymbol{x}_4,\boldsymbol{\theta}_4)=\frac{1}{2}||\boldsymbol{y}-\boldsymbol{x}_4||_2^2=\frac{1}{2}||\boldsymbol{y}-W_2\varphi(W_1\boldsymbol{x})||_2^2,$$

其中我们使用 $\boldsymbol{f}_k(\boldsymbol{x}_k,\boldsymbol{\theta}_k)$ 表示第 k 层的函数, $\boldsymbol{x}_k$ 为之前层的输出, $\boldsymbol{\theta}_k$ 为当前层的最优参数.

在这个例子中, 最终的输出层为一个标量的 l_2 损失函数 $\mathcal{L}\in\mathbb{R}$, 此时使用反向传播算法来计算梯度向量更加有效 $(m=1<n)$. 我们接下来讨论如何根据每一层的参数计算标量输出的梯度. 首先, 我们可以使用向量微积分直接计算 $\dfrac{\partial\mathcal{L}}{\partial\boldsymbol{\theta}_4}$. 对于中间项, 我们可以使用链式法则计算

$$\frac{\partial\mathcal{L}}{\partial\boldsymbol{\theta}_3}=\frac{\partial\mathcal{L}}{\partial\boldsymbol{x}_4}\frac{\partial\boldsymbol{x}_4}{\partial\boldsymbol{\theta}_3},$$
$$\frac{\partial\mathcal{L}}{\partial\boldsymbol{\theta}_2}=\frac{\partial\mathcal{L}}{\partial\boldsymbol{x}_4}\frac{\partial\boldsymbol{x}_4}{\partial\boldsymbol{x}_3}\frac{\partial\boldsymbol{x}_3}{\partial\boldsymbol{\theta}_2},$$
$$\frac{\partial\mathcal{L}}{\partial\boldsymbol{\theta}_1}=\frac{\partial\mathcal{L}}{\partial\boldsymbol{x}_4}\frac{\partial\boldsymbol{x}_4}{\partial\boldsymbol{x}_3}\frac{\partial\boldsymbol{x}_3}{\partial\boldsymbol{x}_2}\frac{\partial\boldsymbol{x}_2}{\partial\boldsymbol{\theta}_1},$$

其中 $\dfrac{\partial\mathcal{L}}{\partial\boldsymbol{\theta}_k}=(\nabla_{\boldsymbol{\theta}_k}\mathcal{L})^\top$ 是一个 d_k 维的梯度行向量, d_k 是第 k 层的参数个数. 这些梯度都可以通过将第 k 层的梯度行向量乘以一个 $n_k\times n_{k-1}$ 的 Jacobi 矩阵 $\dfrac{\partial\boldsymbol{x}_k}{\partial\boldsymbol{x}_{k-1}}$ 计算, 其中 n_k 是第 k 层中隐藏单元的数量, 计算过程见算法 9.3.

算法 9.3 一个 K 层 MLP 中的反向传播算法

1: $\boldsymbol{x}_1=\boldsymbol{x}$

2: **for** $k=1:K$ **do**

```
    x_{k+1} = f_k(x_k, θ_k)
end for
u_{K+1} = 1
for k = K : 1 do
    g_k = u_{k+1}^⊤ ∂f_k(x_k, θ_k)/∂θ_k
    u_k^⊤ = u_{k+1}^⊤ ∂f_k(x_k, θ_k)/∂x_k
end for
return  L = x_{K+1}, ∇_x L = u_1, {∇_{θ_k} L = g_k : k = 1 : K}
```

9.4　主成分分析

在机器学习中，最简单和最广泛使用的降维方式是主成分分析 (PCA)，其基本思想是找到高维数据 $\boldsymbol{x} \in \mathbb{R}^D$ 到低维子空间 $\boldsymbol{z} \in \mathbb{R}^L$ 的线性正交投影. 如果我们将 $\boldsymbol{x}$ 进行投影或编码得到 $\boldsymbol{z} = W^\top \boldsymbol{x}$, 然后对 $\boldsymbol{z}$ 进行反投影或解码就可以得到 $\hat{\boldsymbol{x}} = W\boldsymbol{z}$, 要使得这样的低维表示是原始数据的 "良好近似", 我们希望 $\hat{\boldsymbol{x}}$ 在 l_2 距离内接近 $\boldsymbol{x}$, 我们可以定义以下重构误差

$$\mathcal{L}(W) \triangleq \frac{1}{N}\sum_{n=1}^{N} ||\boldsymbol{x}_n - \text{decode}(\text{encode}(\boldsymbol{x}_n; W); W)||_2^2,$$

其中编码与解码步骤均是线性映射. 对于一组数据 $\{\boldsymbol{x}_n\}_{n=1}^N$, 其经验协方差矩阵定义为

$$\hat{\Sigma} = \frac{1}{2}\sum_{n=1}^{N}(\boldsymbol{x}_n - \overline{\boldsymbol{x}})(\boldsymbol{x}_n - \overline{\boldsymbol{x}})^\top = \frac{1}{N} X_c^\top X_c,$$

其中 $\overline{\boldsymbol{x}} = \dfrac{1}{N}\sum_{n=1}^N \boldsymbol{x}_n$, $X_c \in \mathbb{R}^{N\times D}$ 是中心化之后的数据矩阵.

9.4.1　算法的推导

假设我们有一组不带标签的数据 $\mathcal{D} = \{\boldsymbol{x}_n : n = 1, 2, \cdots, N\}$, 其中 $\boldsymbol{x}_n \in \mathbb{R}^D$. 我们可以将所有数据写为一个 $N \times D$ 的数据矩阵 X. 假设数据已经经过了中心化, 即所有数据的均值 $\overline{\boldsymbol{x}} = \dfrac{1}{N}\sum_{n=1}^N \boldsymbol{x}_n = 0$.

我们想要用低维向量 $\boldsymbol{z}_n \in \mathbb{R}^L$ 去近似表示每一个 $\boldsymbol{x}_n$. 我们假设每个 $\boldsymbol{x}_n$ 都可以用基函数 $\{\boldsymbol{w}_k : k = 1, 2, \cdots, L\}$ 的加权组合来 "解释", 其中每个 $\boldsymbol{w}_k \in \mathbb{R}^D$, 而权重由 $\boldsymbol{z}_n = [z_{n1}, z_{n2}, \cdots, z_{nL}]^\top \in \mathbb{R}^L$ 给出, 即假设 $\boldsymbol{x}_n \approx \sum_{k=1}^L z_{nk}\boldsymbol{w}_k$. 向量 $\boldsymbol{z}_n$ 是 $\boldsymbol{x}_n$ 近似的低维表示, 因为它由数据中未观察到的潜在或隐藏值组成, 故被称为**潜在向量**, 而这些潜在向量的集合称为**潜在因子**. 我们可以测量这种近似产生的误差如下:

$$\mathcal{L}(W,Z)=\frac{1}{N}||X-ZW^{\top}||_F^2=\frac{1}{N}||X^{\top}-WZ^{\top}||_F^2=\frac{1}{N}\sum_{n=1}^{N}||\boldsymbol{x}_n-W\boldsymbol{z}_n||^2. \tag{9.9}$$

这被称为 (平均) 重构误差, 其中 Z 的行是 $\boldsymbol{X}$ 的行的低维近似, 我们用 $\hat{\boldsymbol{x}}_n=W\boldsymbol{z}_n$ 来近似每一个 $\boldsymbol{x}_n$.

我们的目标是最小化重构误差, 其中约束条件是 W 是正交矩阵. 接下来我们将会说明最优解为 $\hat{W}=U_L$, 其中 U_L 由经验协方差矩阵 $\boldsymbol{\Sigma}$ 最大的 L 个特征值对应的特征向量构成.

1. 基本情况

我们首先考虑使用第一个基向量 $\boldsymbol{w}_1\in\mathbb{R}^D$ 来估计时最优解的情况. 然后在此基础上去寻找基向量 $\boldsymbol{w}_2,\boldsymbol{w}_3$ 等向量. 现假设与第一个基向量对应的每个数据的系数表示为 $\tilde{\boldsymbol{z}}_1=[z_{11},z_{21},\cdots,z_{N1}]^{\top}\in\mathbb{R}^N$, 则根据 (9.9) 和正交假设 $\boldsymbol{w}_1^{\top}\boldsymbol{w}_1=1$ 可得重构误差为

$$\begin{aligned}\mathcal{L}(\boldsymbol{w}_1,\tilde{\boldsymbol{z}}_1)&=\frac{1}{N}\sum_{n=1}^{N}||\boldsymbol{x}_n-\boldsymbol{z}_{n1}\boldsymbol{w}_1||^2=\frac{1}{N}\sum_{n=1}^{N}(\boldsymbol{x}_n-\boldsymbol{z}_{n1}\boldsymbol{w}_1)^{\top}(\boldsymbol{x}_n-\boldsymbol{z}_{n1}\boldsymbol{w}_1)\\&=\frac{1}{N}\sum_{n=1}^{N}\left[\boldsymbol{x}_n^{\top}\boldsymbol{x}_n-2z_{n1}\boldsymbol{w}_1^{\top}\boldsymbol{x}_n+z_{n1}^2\boldsymbol{w}_1^{\top}\boldsymbol{w}_1\right]\\&=\frac{1}{N}\sum_{n=1}^{N}[\boldsymbol{x}_n^{\top}\boldsymbol{x}_n-2z_{n1}\boldsymbol{w}_1^{\top}\boldsymbol{x}_n+z_{n1}^2].\end{aligned}$$

对 z_{n1} 求导并令其等于零, 可得

$$\frac{\partial}{\partial z_{n1}}\mathcal{L}(\boldsymbol{w}_1,\tilde{\boldsymbol{z}}_1)=\frac{1}{N}[-2\boldsymbol{w}_1^{\top}\boldsymbol{x}_n+2z_{n1}]=0.$$

于是最优权重为 $z_{n1}^*=\boldsymbol{w}_1^{\top}\boldsymbol{x}_n$. 因此最优权重 z_{n1}^* 是通过将数据 $\boldsymbol{x}_n$ 正交投影到 $\boldsymbol{w}_1$ 上来获得的. 将其代入重构误差可得

$$\begin{aligned}\mathcal{L}(\boldsymbol{w}_1,\tilde{\boldsymbol{z}}_1^*(\boldsymbol{w}_1))&=\frac{1}{N}\sum_{n=1}^{N}\left[\boldsymbol{x}_n^{\top}\boldsymbol{x}_n-\boldsymbol{w}_1^{\top}\boldsymbol{x}_n\boldsymbol{x}_n^{\top}\boldsymbol{w}_1\right]\\&=\frac{1}{N}\sum_{n=1}^{N}\boldsymbol{x}_n^{\top}\boldsymbol{x}_n-\frac{1}{N}\sum_{n=1}^{N}\boldsymbol{w}_1^{\top}\boldsymbol{x}_n\boldsymbol{x}_n^{\top}\boldsymbol{w}_1.\end{aligned}$$

注意到 $\frac{1}{N}\sum_{n=1}^{N}\boldsymbol{x}_n^\top\boldsymbol{x}_n$ 是常数, 故为了求 $\boldsymbol{w}_1$, 我们可记

$$\mathcal{L}(\boldsymbol{w}_1) = -\frac{1}{N}\sum_{n=1}^{N}\boldsymbol{w}_1^\top\boldsymbol{x}_n\boldsymbol{x}_n^\top\boldsymbol{w}_1 = -\boldsymbol{w}_1^\top\boldsymbol{\Sigma}\boldsymbol{w}_1,$$

其中 $\boldsymbol{\Sigma}$ 为数据的经验协方差矩阵 (因为假设数据已经中心化). 显然我们可以通过令 $||\boldsymbol{w}_1|| \to \infty$ 使 $\mathcal{L}(\boldsymbol{w}_1)$ 最小. 因此, 为了使优化问题有意义, 我们施加约束条件 $||\boldsymbol{w}_1|| = 1$, 其优化目标变为

$$\tilde{\mathcal{L}}(\boldsymbol{w}_1) = -\boldsymbol{w}_1^\top\boldsymbol{\Sigma}\boldsymbol{w}_1 + \lambda_1(\boldsymbol{w}_1^\top\boldsymbol{w}_1 - 1),$$

其中 λ_1 为拉格朗日乘子. 对 $\boldsymbol{w}_1$ 求导并令导数为零可得

$$\frac{\partial}{\partial\boldsymbol{w}_1}\tilde{\mathcal{L}}(\boldsymbol{w}_1) = -2\boldsymbol{\Sigma}\boldsymbol{w}_1 + 2\lambda_1\boldsymbol{w}_1 = 0.$$

于是

$$\boldsymbol{\Sigma}\boldsymbol{w}_1 = \lambda_1\boldsymbol{w}_1.$$

因此数据投影的最佳方向是经验协方差矩阵的特征向量. 因为 $\boldsymbol{w}_1^\top\boldsymbol{w}_1 = 1$, 所以将上式两端同时乘以 $\boldsymbol{w}_1^\top$ 可得

$$\lambda_1 = \boldsymbol{w}_1^\top\boldsymbol{\Sigma}\boldsymbol{w}_1.$$

我们的目标是想要最大化 λ_1, 因此, 我们需要选择对应于最大特征值的特征向量.

2. 最优权重向量最大化投影数据的方差

由于数据已经经过了中心化, 我们有

$$\mathbb{E}[z_{n1}] = \mathbb{E}[\boldsymbol{x}_n^\top\boldsymbol{w}_1] = \mathbb{E}[\boldsymbol{x}_n]^\top\boldsymbol{w}_1 = 0.$$

因此投影之后数据的方差为

$$\mathbb{V}[\tilde{\boldsymbol{z}}_1] = \mathbb{E}[\tilde{\boldsymbol{z}}_1^2] - (\mathbb{E}[\tilde{\boldsymbol{z}}_1])^2 = \frac{1}{N}\sum_{n=1}^{N} z_{n1}^2$$

将 $z_{n1}(\boldsymbol{w}_1) = \boldsymbol{w}_1^\top\boldsymbol{x}_n$ 代入上式即可得到

$$\arg\min_{\boldsymbol{w}_1}\mathcal{L}(\boldsymbol{w}_1) = \arg\max_{\boldsymbol{w}_1}\mathbb{V}[\tilde{\boldsymbol{z}}_1(\boldsymbol{w}_1)].$$

这说明了最优权重向量 $\boldsymbol{w}_1$ 最大化投影数据的方差, 因此人们常说 PCA 寻找的是最大方差的方向, 如图 9.10所示.

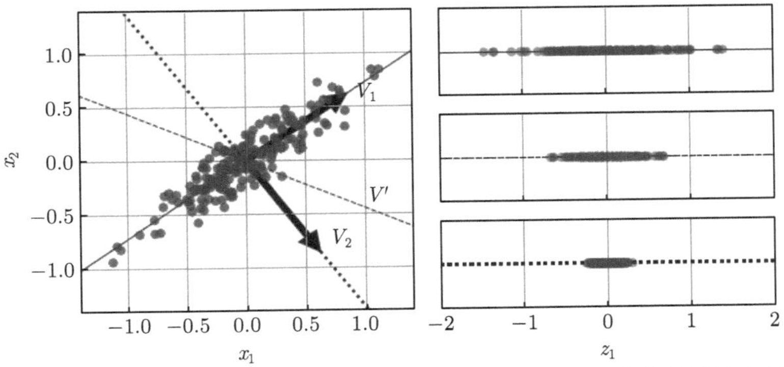

图 9.10 投影到不同的一维向量上的点的方差. $\boldsymbol{v}_1$ 是第一主成分, 它使投影的方差最大; $\boldsymbol{v}_2$ 是与 $\boldsymbol{v}_1$ 正交的第二个主成分; 而 $\boldsymbol{v}_0$ 是介于 $\boldsymbol{v}_1$ 和 $\boldsymbol{v}_2$ 之间的某个其他向量

3. 归纳步骤

现在加入第二个基向量 $\boldsymbol{w}_2$ 进一步最小化重构误差, 使得 $\boldsymbol{w}_1^\top\boldsymbol{w}_2 = 0$ 且 $\boldsymbol{w}_2^\top\boldsymbol{w}_2 = 1$. 此时, 其重构误差为

$$\mathcal{L}(\boldsymbol{w}_1, \tilde{\boldsymbol{z}}_1, \boldsymbol{w}_2, \tilde{\boldsymbol{z}}_2) = \frac{1}{N}\sum_{n=1}^{N}||\boldsymbol{x}_n - z_{n1}\boldsymbol{w}_1 - z_{n2}\boldsymbol{w}_2||^2. \tag{9.10}$$

对于 $\boldsymbol{w}_1$ 和 $\tilde{\boldsymbol{z}}_1$ 的优化和之前介绍的一样, 而对于 $\tilde{\boldsymbol{z}}_2$, 由 $\dfrac{\partial\mathcal{L}}{\partial z_{n2}} = 0$ 可得 $z_{n2} = \boldsymbol{w}_2^\top\boldsymbol{x}_n$, 代入 (9.10) 可得

$$\begin{aligned}\mathcal{L}(\boldsymbol{w}_1^*, \tilde{\boldsymbol{z}}_1^*(\boldsymbol{w}_1^*), \boldsymbol{w}_2, \tilde{\boldsymbol{z}}_2^*(\boldsymbol{w}_2)) &= \frac{1}{N}\sum_{n=1}^{N}\left[\boldsymbol{x}_n^\top\boldsymbol{x}_n - \boldsymbol{w}_1^{*\top}\boldsymbol{x}_n\boldsymbol{x}_n^\top\boldsymbol{w}_1^* - \boldsymbol{w}_2^\top\boldsymbol{x}_n\boldsymbol{x}_n^\top\boldsymbol{w}_2\right]\\ &= \frac{1}{N}\sum_{n=1}^{N}\boldsymbol{x}_n^\top\boldsymbol{x}_n - \boldsymbol{w}_1^{*\top}\boldsymbol{\Sigma}\boldsymbol{w}_1^* - \boldsymbol{w}_2^\top\boldsymbol{\Sigma}\boldsymbol{w}_2.\end{aligned}$$

注意到 $\dfrac{1}{N}\sum_{n=1}^{N}\boldsymbol{x}_n^\top\boldsymbol{x}_n - \boldsymbol{w}_1^{*\top}\boldsymbol{\Sigma}\boldsymbol{w}_1^*$ 与 $\boldsymbol{w}_2$ 无关, 故我们记

$$\mathcal{L}(\boldsymbol{w}_2) = -\boldsymbol{w}_2^\top\boldsymbol{\Sigma}\boldsymbol{w}_2.$$

类似于对 $\boldsymbol{w}_1$ 的优化, 为了使得优化问题有意义, 我们施加约束 $||\boldsymbol{w}_2|| = 1$, 同时满足 $\boldsymbol{w}_1^\top\boldsymbol{w}_2 = 0$, 则优化目标变为

$$\tilde{\mathcal{L}}(\boldsymbol{w}_2) = -\boldsymbol{w}_2^\top\boldsymbol{\Sigma}\boldsymbol{w}_2 + \lambda_2(\boldsymbol{w}_2^\top\boldsymbol{w}_2 - 1) + \lambda_{12}(\boldsymbol{w}_2^\top\boldsymbol{w}_1 - 0),$$

其中 λ_2 和 λ_{12} 为拉格朗日乘子, 对 $\boldsymbol{w}_2$ 求导并令导数为零可得优化问题的解是对应于第二大特征值的特征向量, 即

$$\boldsymbol{\Sigma w}_2 = \lambda_2 \boldsymbol{w}_2.$$

通过递推归纳容易得到 $\hat{\boldsymbol{W}} = \boldsymbol{U}_L$.

9.4.2 PCA 在应用中的问题

在本小节中, 我们将讨论与 PCA 应用相关的各种实际问题.

1. 协方差矩阵与相关系数矩阵

在之前的讨论中, 我们一直在研究协方差矩阵的特征分解, 但是更好的选择是使用相关系数矩阵. 使用协方差矩阵可能会使 PCA 仅仅因为测量尺度的差异而被方差高的方向"误导", 如图 9.11 所示. 在图 9.11(a) 中, 纵轴的测量范围比横轴更大, 这导致第一主成分看起来有些"不自然"; 而在图 9.11(b) 中, 我们展示了标准化数据后 PCA 的结果 (相当于用相关系数矩阵代替协方差矩阵), 结果看起来更好.

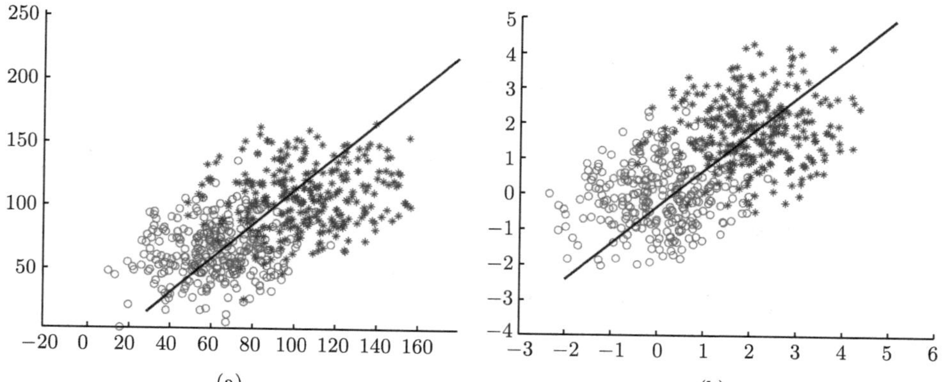

图 9.11　以身高/体重数据集为例 (圆圈"∘"表示女性, 星号"*"表示男性), 说明标准化对于 PCA 的影响. (a) 原始数据的 PCA. (b) 标准化数据的 PCA

2. 高维数据的处理

在寻找 $D \times D$ 维协方差矩阵 $X^\top X$ 的特征向量时, 如果 $D > N$, 那么使用 $N \times N$ 维的 Gram 矩阵 $XX^\top$ 可以使计算更加快速.

首先, 令 U 是矩阵 $XX^\top$ 的正交的特征向量组成的矩阵, 对应的特征值矩阵为 Λ. 根据定义有 $XX^\top U = U\Lambda$, 等式两端同时左乘 $X^\top$ 可得

$$(X^\top X)(X^\top U) = (X^\top U)\Lambda.$$

因此, $V = X^\top U$ 是矩阵 $X^\top X$ 对应于特征值 Λ 的特征向量矩阵. 然而, 这些特征向量没有被归一化, 因为 $||\boldsymbol{v}_j||^2 = \boldsymbol{u}_j^\top XX^\top \boldsymbol{u}_j = \lambda_j \boldsymbol{u}_j^\top \boldsymbol{u}_j = \lambda_j$, 归一化之后的特征向量为

$$V = X^\top U \Lambda^{\frac{1}{2}},$$

这提供了另一种计算 PCA 基的方法.

3. 使用 SVD 计算 PCA

在本节中, 我们展示了使用特征向量方法计算的 PCA 与截断 SVD 之间的等价性.

令 $U_\Sigma \Lambda U_\Sigma^\top$ 是协方差矩阵 Σ(若 X 已经中心化, 则 $\Sigma \propto X^\top X$) 对应前 L 个特征值的估计值. 根据之前的分析, 投影权重 W 的最优估计值为 $W = U_\Sigma$.

再令 $U_X S_X U_X^\top$ 是矩阵 X 的 L-截断 SVD 的估计值. 那么矩阵 $\boldsymbol{X}$ 的右奇异向量是矩阵 $X^\top X$ 的特征向量, 则 $V_X = U_\Sigma = W$.

现在假设我们不关注投影矩阵, 而是对投影点 (主成分或 PC 分数) 感兴趣, 我们有

$$Z = XW = U_X S_X V_X^\top V_X = U_X S_X.$$

最后, 如果我们想近似重构数据, 则有

$$\hat{X} = ZW^\top = U_X S_X V_X^\top,$$

这与截断的 SVD 近似完全相同. 因此, 我们可以使用 X 的特征分解或截断 SVD 分解来执行 PCA.

9.4.3 潜在维数的选择

在本节中, 我们将讨论如何为 PCA 选择潜在维数 L.

1. 重构误差与潜在维数

数据集 $\mathcal{D}$ 上的重构误差可以定义为一个关于潜在维数 L 的函数:

$$\mathcal{L}_L = \frac{1}{|\mathcal{D}|} \sum_{n \in \mathcal{D}} ||\boldsymbol{x}_n - \hat{\boldsymbol{x}}_n||^2,$$

其中 $\hat{x}_n = W\boldsymbol{z}_n + \boldsymbol{\mu}$, $\boldsymbol{z}_n = W^\top(\boldsymbol{x}_n - \boldsymbol{\mu})$, $\boldsymbol{\mu}$ 是经验均值, W 根据之前的介绍进行估计. 如果以 MUIST 数据集为例, 图 9.12(a) 展示了 $\mathcal{L}_L$ 与 L 的变化关系, 我们发现 $\mathcal{L}_L$ 下降得很快, 这表明我们可以用少量因素捕捉像素的大部分经验相关性.

当然, 如果我们令 $L = \text{rank}(X)$, 我们可以得到训练集上的重构误差为零. 为了避免过拟合, 我们可以在测试集上也绘制出重构误差的变化曲线. 如图 9.12(b)

所示, 我们发现随着模型变得更加复杂, 误差也会继续下降, 而不会出现在监督学习中通常看到的 U 形曲线. 其中的原因为 PCA 并不是正确的数据生成模型: 随着潜在维度的增加, 它将能够更准确地逼近测试数据. 我们将在下面讨论一些解决方案.

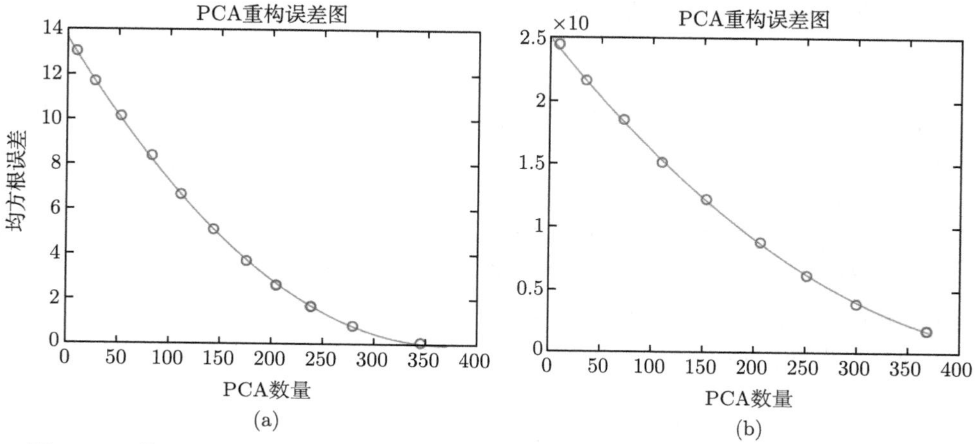

图 9.12　基于 MNIST 数据集的 PCA 的重构误差和潜在维度. (a) 训练集. (b) 测试集

2. *碎石图*

碎石图是一种常用的说明重构误差与潜在维数之间关系的图形方法, 其方法是按递减顺序绘制特征值 λ_j 与 j 的图像. 而 $\mathcal{L}_L$ 和 L 的关系为

$$\mathcal{L}_L = \sum_{j=L+1}^{D} \lambda_j.$$

因此, 随着潜在维数的增加, 对应的特征值会逐渐减小, 重构误差也会逐渐减小, 如图 9.13(a) 所示. 进一步, 我们可以定义被解释方差的比例为

$$F_L = \frac{\sum_{j=1}^{L} \lambda_j}{\sum_{j'=1}^{L^{\max}} \lambda_{j'}}.$$

这捕获了与碎石图相同的信息, 但会随 L 的增加而增加, 如图 9.13(b) 所示.

3. *截面似然估计*

尽管在 PCA 中我们得不到 U 型的重构误差曲线, 但有时曲线中会有一个"凹点", 使得误差突然从相对较大变为相对较小. 假设 L^* 是正确的潜在维数, 那么当我们选择的潜在维数 $L < L^*$ 时, 误差函数的下降率会很高; 而当选择的潜在维数 $L > L^*$ 时, 误差函数的下降率会很低, 因为此时的模型已经充分复杂到可以刻画真实的分布.

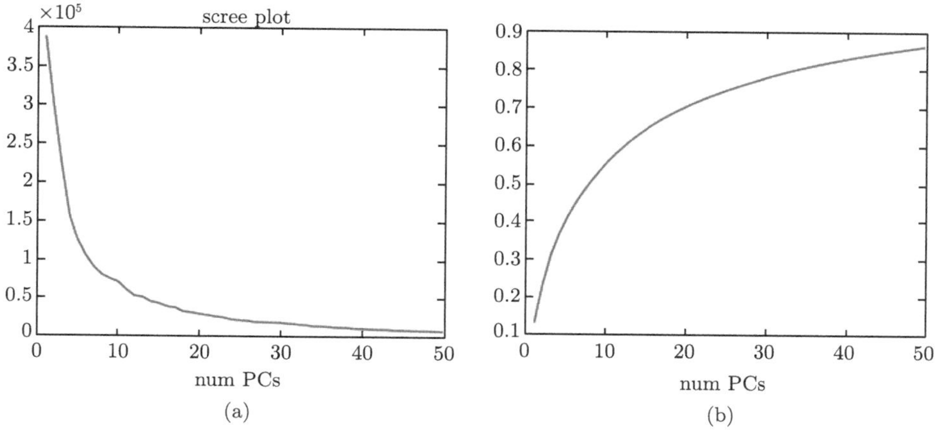

图 9.13 (a) 训练集的碎石图. (b) 被解释方差的比例

截面似然估计是自动检测这种曲线梯度变化的一种方法, 令 λ_L 是对潜在维数为 L 的模型误差的一种度量, 因此有 $\lambda_1 \geqslant \lambda_2 \geqslant \cdots \geqslant \lambda_{L^{\max}}$. 在 PCA 中, 这种误差的度量就是特征值, 但该方法也可以应用于 K 均值聚类的重构误差. 现在考虑将这些值划分为两组, 具体取决于 $k \leqslant L$ 还是 $k > L$, 其中 L 是我们将确定的某个阈值. 为了衡量 L 的好坏, 我们利用一个简单的分段模型, 其中, 如果 $k \leqslant L$, 则 $\lambda_k \sim N(\mu_1, \sigma^2)$; 如果 $k > L$, 则 $\lambda_k \sim N(\mu_2, \sigma^2)$. 模型的一个重要设定是令两个情况中的方差相等, 均为 σ^2, 以防止在一个情况中的数据少于另一个情况时出现过度拟合. 分别在每一种情况中, 我们假设 λ_k 都是独立同分布的, 这显然是不正确的, 但足以满足我们目前的目的. 对于每一个 $L = 1, 2, \cdots, L^{\max}$, 我们可以通过对数据进行分区并计算 MLE 来拟合这样的分段模型:

$$\mu_1(L) = \frac{1}{L} \sum_{k \leqslant L} \lambda_k,$$

$$\mu_2(L) = \frac{1}{L^{\max} - L} \sum_{k > L} \lambda_k,$$

$$\sigma^2(L) = \frac{1}{L} \left[\sum_{k \leqslant L} (\lambda_k - \mu_1(L))^2 + \sum_{k > L} (\lambda_k - \mu_2(L))^2 \right].$$

我们可以进一步估计截面对数似然函数

$$l(L)=\sum_{k=1}^{L}\log N(\lambda_k|\mu_1(L),\sigma^2(L))+\sum_{k=L+1}^{L^{\max}}\log N(\lambda_k|\mu_2(L),\sigma^2(L)).$$

如图 9.14 所示, 我们可以根据 $L^*=\arg\max l(L)$ 来确定最佳的潜在维数 L^*.

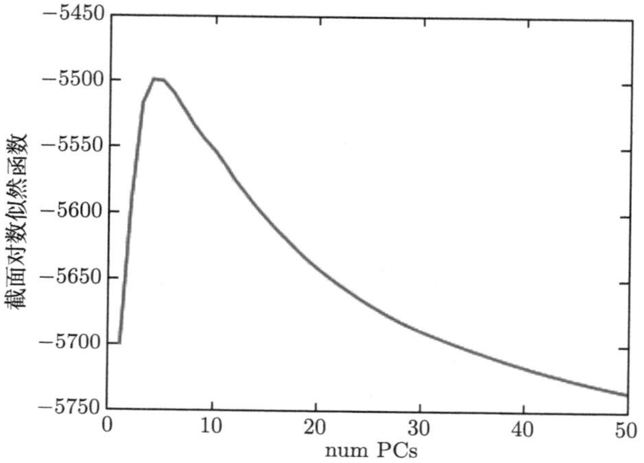

图 9.14　展示了与 PCA 相关的截面对数似然函数随潜在维数 L 的变化

REFERENCE / 参考文献

[1] 雷明. 机器学习: 原理、算法与应用. 北京: 清华大学出版社, 2019.

[2] 李航. 统计学习方法. 北京: 清华大学出版社, 2019.

[3] 刘浩洋, 户将, 李勇锋, 等. 最优化: 建模、算法与理论. 北京: 高等教育出版社, 2020.

[4] 苏中根. 随机过程. 北京: 高等教育出版社, 2016.

[5] 谢文睿, 秦州, 贾彬彬. 机器学习公式详解. 2 版. 北京: 人民邮电出版社, 2023.

[6] 杨庆之. 凸优化的理论和方法. 北京: 科学出版社, 2019.

[7] 赵亚莉, 王炳武. 凸分析及应用捷径. 北京: 科学出版社, 2015.

[8] 周志华, 王魏, 高尉, 等. 机器学习理论导引. 北京: 机械工业出版社, 2020.

[9] 周志华. 机器学习. 北京: 清华大学出版社, 2016.

[10] Abadi M, Agarwal A, Barham P, et al. TensorFlow:Large-scale Machine Learning on Heterogeneous Systems. Tensorflow, 1997.

[11] Boris S M, Nguyen M N.Convex Analysis and Optimization of Crystallization. 赵亚莉, 王炳武, 译. 北京: 科学出版社, 2016.

[12] Bosma W, Cannon J, Playoust C. The Magma algebra system I:the user language.Journal of Symbolic Computation, 2006.

[13] Rasmussen C E, Williams C K I. Gaussian Processes for Machine Learning. London: The MIT Press, 2006.

[14] Chambolle A, Pock T.A First-order Primal-dual Algorithm for Convex Problems with Applications to Imaging. Journal of Mathematical Imaging and Vision, 2011(40): 125-145.

[15] Dan A S. Mathematical Analysis for Machine Learning and Data Mining. Singapore: World Scientific, 2018.

[16] Gabay D, Mercier B.A Dual Algorithm for the Solution of Nonlinear Variational Problems via Finite Element Approximation. [S.l.]:Institut de recherched'informatique et d'automatique, 1975.

[17] Kutz J N. Data-Driven Modeling and Scientific Computation. Oxford: Oxford University Press, 2013.

[18] Chung K L, AitSahlia F. Elementary Probability Theory. New York: Springer-Verlag, 2003.

[19] Murphy K P. Probabilistic Machine Learning:An Introduction. Cambridge: The MIT Press, 2023.

[20] Kim S J, Koh K, Boyd S, et al. l_1 Trend Filtering. SIAM Review, 2009, 51(2): 339-360.

[21] Goodfellow L, Bengio Y, Courvile A. Deep Learning. 赵申剑, 黎彧君, 符天凡, 等, 译. 北京: 人民邮电出版社, 2017.

[22] Johnson L W, Riess R D, Amold J T. Introduction to Linear Algebra. 孙瑞勇, 译. 北京: 机械工业出版社, 2016.

[23] Luenberger D G, Ye Y. Linear and Nonlinear Programming. Berlin: Springer Publishing Company, 2015.

[24] Luenberger D G. Introduction to Linear and Nonlinear Programming. Boston: Addison-Wesley, 1973.

[25] Garcia S R, Horn R A. A Second Course in Linear Algebra. 张明尧, 译. 北京: 机械工业出版社, 2019.

[26] Boyd S, Vandenberghe L. Convex Optimization. 王书宁, 许鋆, 黄晓霖, 译. 北京: 清华大学出版社, 2019.

[27] Kotsiantis S, Kanellopoulos D. Discretization techniques: A recent survey. GESTS International Transactions on Computer Science and Engineering, 2006, 32(1): 47-58.

[28] Dougherty J, Kohavi R, Sahami M. Supervised and unsupervised discretization of continuous features//Machine Learning Proceedings 1995. Morgan Kaufmann, 1995: 194-202.

[29] Scott D W. On optimal and data-based histograms. Biometrika, 1979, 66(3): 605-610.

[30] Minsky M, Papert S A, Bottou L. Perceptrons: An Introduction to Computational Geometry，Cambridge: Cambridge MIT Press, 1969.

INDEX / 索引

W

X

Y

Z

其他